TRAITÉ

DE LA

FABRICATION

DE LA FONTE ET DU FER

ENVISAGÉE SOUS LES TROIS RAPPORTS

CHIMIQUE, MÉCANIQUE ET COMMERCIAL;

PAR

E. FLACHAT, A. BARRAULT ET J. PETIET,

INGÉNIEURS.

❦

TROISIÈME PARTIE.

EXAMEN STATISTIQUE ET COMMERCIAL.

DESCRIPTION DES PLANCHES.

❦

PARIS,

LIBRAIRIE SCIENTIFIQUE-INDUSTRIELLE

DE **L. MATHIAS** (Augustin),

QUAI MALAQUAIS, 15.

1846.

CINQUIÈME SECTION.

EXAMEN STATISTIQUE ET COMMERCIAL
DE LA FABRICATION DU FER.

———

1831. Les quatre premières sections de ce traité ont spécialement pour objet la description et l'appréciation des diverses méthodes de travail, et elles comprennent tout ce qui est relatif à la partie *technique* de la métallurgie du fer. Malgré son importance, ce point de vue n'est pas le seul auquel on doive envisager une fabrication ; indépendamment de la connaissance du mérite relatif des différents procédés qu'il peut employer, le fabricant doit encore être à même de juger des moyens de les mettre en œuvre de la manière la plus profitable à ses intérêts ; car c'est à cette seule condition qu'il peut constituer son industrie sur des bases solides et durables. Pour compléter notre travail, nous avons donc encore à présenter toutes les *données économiques* qui doivent servir de guide dans l'application des principes purement scientifiques et techniques que nous avons exposés.

Ces notions complémentaires sont utiles partout et en tout temps, mais elles le sont particulièrement en France et à notre époque, parce que la métallurgie s'y trouve engagée dans une période de transition dont nous avons déjà signalé le caractère : la cherté du combustible végétal qui mène progressivement à l'adoption des combustibles minéraux, les méthodes imparfaites et la position défectueuse de la plupart de nos usines au bois, donnent lieu à de nombreux déplacements et à d'importantes transformations dans les méthodes de fabrication. — Ces faits donnent évidemment une nouvelle importance à l'étude des éléments constitutifs de la métallurgie, au point de vue statistique et commercial.

1552. La cinquième section est divisée en deux parties dont l'une est spécialement relative à notre fabrication, tandis que la seconde embrasse la comparaison de la métallurgie en France et à l'étranger.

Dans les trois premiers chapitres, nous traitons successivement des *minerais*, des *combustibles*, des *moteurs* et des *usines*, en cherchant toujours à faire ressortir les véritables conditions de travail dans lesquelles se trouve la fabrication, et nous en concluons directement la marche à suivre pour l'amélioration des procédés, le déplacement ou la rénovation des usines et la création de nouveaux établissements. De l'examen comparatif de ces mêmes conditions de travail dans les différents groupes métallurgiques, nous déduisons aussi les faits qui se rapportent le plus directement aux questions de concurrence intérieure; c'est, en effet, sous ce rapport, beaucoup plus que sous celui de la concurrence étrangère, que la situation de l'industrie du fer est utile à connaitre, car les conditions de fabrication dans la Marne, par exemple, intéressent beaucoup plus le maitre de forges du Berry, que celles de l'Angleterre ou de la Belgique ; elles ont une influence beaucoup plus immédiate sur ses usines.

D'après l'ordre que nous avons adopté, la seconde partie se trouve dégagée de tous les faits qui servent à déterminer la marche de la grande lutte que la concurrence intérieure a excitée entre nos usines. Notre dernier chapitre est donc exclusivement consacré à l'étude de la *concurrence étrangère*. Nous y discutons les principes économiques qui justifient la protection du travail national, le mode suivant lequel cette protection doit s'exercer, et l'influence qu'on doit laisser exercer aux progrès du dehors, sur la fabrication française.

CHAPITRE PREMIER.

DU MINERAI.

———

1833. Il est peu de pays plus riches que la France en minerais de fer.

Les gîtes en sont à la fois abondants, nombreux, et heureusement répartis sur le territoire. Leur traitement est facile, et ils produisent généralement des fers de qualité.

Nous les considérerons successivement au point de vue du régime économique qui a le plus d'influence sur leur valeur, et à celui de leur position géographique et des conséquences que cette position doit exercer sur l'allure générale de la fabrication.

LÉGISLATION DES MINES ET MINIÈRES, ET DE SON INFLUENCE SUR LA VALEUR ET LE BON AMÉNAGEMENT DU MINERAI.

1834. *Caractère général de la législation des mines.* — Le fer étant une des matières les plus essentielles dans les travaux de l'industrie, son bas prix est d'un grand intérêt public. Il serait donc à désirer que les éléments qui entrent dans sa fabrication, n'eussent à supporter que les frais de mise en œuvre, et ne fussent point grevés d'une valeur artificielle.

Le gouvernement a presque toujours été préoccupé des considérations d'utilité publique qui s'attachent à l'exploitation des richesses minéralogiques en général. Il les a concédées à ceux qui lui offraient des garanties suffisantes comme extracteurs, et ne les a soumises qu'à de très-faibles redevances ou impôts. Toutes les fois qu'il n'a pas reconnu, aux propriétaires de la surface, l'aptitude à devenir concessionnaires du droit d'extraction, il le leur a refusé. Aucun lien n'a ainsi rattaché la propriété de la superficie à celle des gîtes minéralogiques.

Le plus grand bien est résulté de cette délégation des moyens d'utiliser la richesse publique, puisque, par le fait des mesures légales qui ont présidé à l'administration des concessions, on est arrivé à ce résultat, que la valeur de la plupart des minéraux extraits, de la houille par exemple, n'est, en général, que la représentation des dépenses d'extraction et de transport. Dans les dépenses d'extraction, nous comprenons l'intérêt du capital engagé en travaux d'extraction et frais directs. C'est dire que le capital d'achat des concessions n'accroît pas, ou n'accroît que très-faiblement le prix de la houille.

LOI DU 21 AVRIL 1810, ORDONNANCES ET CAHIERS DES CHARGES DES CONCESSIONS.

1833. *Caractère de cette loi.* — La loi du 21 avril 1810 est venue modifier, pour les minerais de fer, le régime préexistant; voici dans quelles circonstances :

En 1808, lorsque la loi qui devait régler la propriété et le droit d'exploitation des mines fut discutée au conseil d'État, les premières dispositions soumises à l'approbation de Napoléon consacraient le principe qui avait, dans l'ancienne législation, donné à l'État la propriété des minerais existant souterrainement ou répandus sur le sol. C'était le droit régalien.

Napoléon s'opposa à cette disposition et voulut joindre cette propriété à celle de la surface.

Les motifs qu'il présenta dans le conseil d'État ne pouvaient être la base véritable de l'opinion qu'il défendait. Telle parut être, du moins, la pensée de ceux auxquels la rédaction de la loi était confiée, car ces motifs ne furent pas sérieusement discutés dans le conseil. Convaincus par l'étude, que l'opinion de Napoléon était inconciliable avec les exigences de l'avenir, ils cherchèrent à l'éluder; mais la résistance qu'ils éprouvèrent ne leur permit pas d'atteindre complétement leur but.

Il était évident que Napoléon, qui s'était assuré les sympathies des classes riches et éclairées, par la forte constitution de la propriété que contenait le Code civil, voulait compléter son œuvre et acquérir de nouveaux droits à la reconnaissance de cette partie de la nation, en ajoutant aux droits de propriété de la superficie, une nouvelle source de richesse.

C'était donc un intérêt politique et provisoire qui l'animait dans cette circonstance.

Les rédacteurs de la loi obtinrent cependant une espèce de transaction avec les opinions de Napoléon.

1556. *Classement des gîtes.* — Les minerais de toute espèce furent divisés en deux catégories :

La première se compose de tous les minerais autres que les minerais de fer dits *d'alluvion*, les terres pyriteuses et alumineuses, et la tourbe ; elle comprend sous le nom de *mines* les minerais disposés en filons, couches ou amas souterrains ou apparents. Les minerais de fer en *filons* ou *couches* en font partie.

La deuxième comprend les matières exclues de la catégorie des mines, c'est-à-dire les minerais de fer dits *d'alluvion*, lesquels suivant les termes de la loi sont déclarés *minières*, les terres pyriteuses, les terres alumineuses et les tourbes.

1557. *Dispositions relatives aux mines.* — La propriété des mines est régie d'après les principes suivants :

Elles ne peuvent être exploitées qu'en vertu d'un acte de concession délibéré en conseil d'État. Mais une exception spéciale aux mines de fer en *filons* et *couches* a été faite à cet article; il n'est accordé de concessions de ces gîtes que dans les cas suivants :

1° Si l'exploitation à ciel ouvert cesse d'être possible, et si l'établissement de puits, galeries et travaux d'art est nécessaire ;

2° Si l'exploitation, quoique possible encore, doit durer peu d'années et rendre ensuite impraticable l'exploitation par puits et galeries.

L'acte de concession (1) règle les droits des propriétaires de la surface

_____

(1) Nous donnons ci-après le modèle des clauses que l'on insère actuellement dans les

880   FABRICATION DU FER.

sur le produit des mines concédées. Il donne la propriété perpétuelle de

ordonnances de concession de mines et dans les cahiers des charges de ces concessions. Ce modèle a été publié à la suite d'une circulaire émanée, le 8 octobre 1843, du ministère des travaux publics. Il est le résultat de la comparaison des différents actes intervenus depuis la législation de 1810 : il offre un résumé des dispositions fixes et variables adoptées par le conseil d'État dans les affaires de cette nature, par suite de ce que la pratique a appris et de ce que la jurisprudence a consacré; les premières sont inscrites dans toutes les ordonnances et dans tous les cahiers des charges, les autres varient avec la situation.

CLAUSES HABITUELLEMENT INSÉRÉES DANS LES ORDONNANCES DE CONCESSION DES MINES [*].

Article A. Il est fait concession au sieur ....., des mines de ...., comprises dans les limites ci-après définies, commune de ....., arrondissement de....., département de .....

Article B. Cette concession, qui prendra le nom de *concession de*... , est limitée, conformément au plan annexé à la présente ordonnance, ainsi qu'il suit; savoir :

. . . .

Lesdites limites renfermant une étendue superficielle de ..... kilomètres carrés ..... hectares.

Article C. La présente concession est faite sous toutes réserves des droits qui résultent, pour les propriétaires de la surface, des articles 59 à 69 de la loi du 21 avril 1810, tant à l'égard des minerais de fer dits d'*alluvion* que relativement aux minerais en filons ou en couches qui seraient situés près de la surface, et susceptibles d'être exploités à ciel ouvert, pourvu que ce mode d'exploitation ne rende pas impossible l'exploitation ultérieure, par travaux souterrains, des minerais situés dans la profondeur.

Sont pareillement réservés tous les droits résultant, pour les propriétaires de la surface, de l'article 70 de la même loi, à raison des exploitations qui auraient été faites au profit de ces propriétaires antérieurement à la concession.

En cas de contestation entre les propriétaires du sol et le concessionnaire sur la question de savoir si un gîte de minerai doit être ou non exploité à ciel ouvert, ou si ce genre d'exploitation, déjà entrepris, doit cesser, il sera statué par le préfet, sur le rapport des ingénieurs des mines, les parties ayant été entendues, sauf le recours au ministre des travaux publics.

Article D. Il n'est rien préjugé sur l'exploitation des gîtes de tout minerai étranger à celui de fer qui peuvent exister dans l'étendue de la concession de ..... La concession de ces gîtes de minerai sera accordée, s'il y a lieu, après une instruction particulière, soit au concessionnaire des mines de ..... soit à une autre personne. Les cahiers des charges des deux concessions régleront, dans ce dernier cas, les rapports des deux concessionnaires

[*] Les dispositions variables sont en italiques.

la mine, sans faculté de la partager. Les mines, les travaux, les bâtiments et le matériel d'exploitation, sont immeubles.

---

entre eux, pour la conservation de leurs droits mutuels et pour la bonne exploitation des deux substances.

Article E. * Les droits attribués aux propriétaires de la surface, par les articles 6 et 42 de la loi du 21 avril 1810, sur le produit des mines concédées, sont réglés à . . . .

. . . .

Ces dispositions seront applicables nonobstant les stipulations contraires qui pourraient résulter de conventions antérieures entre le concessionnaire et les propriétaires de la surface.

Article F. ** Le concessionnaire paiera, en outre, aux propriétaires de la surface, les indemnités déterminées par les articles 43 et 44 de la loi du 21 avril 1810, pour les dégâts et non jouissances de terrains, occasionnés par l'exploitation des mines.

Article G. *Le concessionnaire paiera* *** *au sieur ....., en exécution de l'article 16 de la loi du 21 avril 1810, et à titre d'indemnité, pour l'invention de ....., la somme de .....*

Article H. En exécution de l'article 46 de la loi du 21 avril 1810, toutes les questions d'indemnités à payer par le concessionnaire, à raison de recherches ou travaux antérieurs à la présente ordonnance, seront décidées par le conseil de préfecture.

Article I. Le concessionnaire paiera à l'État, entre les mains du receveur de l'arrondissement de ....., les redevances fixes et proportionnelles établies par la loi du 21 avril 1810, et conformément à ce qui est déterminé par le décret du 6 mai 1811.

Article J. Le concessionnaire se conformera exactement aux dispositions du cahier des charges annexé à la présente ordonnance, et qui est considérée comme en faisant partie essentielle.

Article K. En exécution de l'ordonnance royale du 18 avril 1842, il devra élire un domicile administratif, qu'il fera connaître par une déclaration adressée au préfet du département.

Article L. **** *La compagnie concessionnaire sera tenue, conformément à l'art. 7 de la loi du 27 avril 1838, de désigner, par une déclaration authentique faite au secrétariat de la préfecture, celui de ses membres ou toute autre personne à qui elle aura donné les pouvoirs nécessaires pour correspondre en son nom avec l'autorité administrative, et, en général, pour la représenter vis-à-vis de l'administration, tant en demandant qu'en défendant.*

Elle devra, en outre, justifier, aux termes du même article 7, qu'il a été pourvu, par une convention spéciale, à ce que les travaux d'exploitation soient soumis à une direction unique et coordonnés dans un intérêt commun.

---

* Pour les concessions anciennes maintenues par l'article 53 de la loi du 21 avril 1810, et qu'il s'agit seulement de délimiter, l'article E est supprimé; dans l'article F, on supprime alors les mots *en outre*, et on ajoute à cet article F celui qui suit :

Art. ... Ils seront tenus, en outre, conformément à l'article 53 de la loi du 21 avril 1810, d'exécuter les conventions qui seraient intervenues entre eux et les propriétaires du sol.

** Voir la note précédente.

*** S'il y a un droit d'invention à payer.

**** Cas où la concession est accordé à une société.

La recherche des mines n'est permise qu'avec l'assentiment du propriétaire de la surface, ou, sur son refus, avec l'autorisation du gou-

---

Faute par la compagnie d'avoir fait, dans le délai qui lui aura été assigné, la déclaration et la justification requises par le présent article, ou d'exécuter les clauses de la convention qui auraient pour objet d'assurer l'unité de la concession, les dispositions dudit article 7 de la loi du 27 avril 1838 et celles des articles 93 et suivants de la loi du 21 avril 1810, pourront lui être appliquées.

Article M. * Il y aura particulièrement lieu à l'exercice de la surveillance de l'administration des mines, en exécution des articles 47, 49 et 50 de la loi du 21 avril 1810, et du titre II du décret du 3 janvier 1813, si la propriété de la concession vient à être transmise d'une manière quelconque à une autre personne, par le concessionnaire. Ce cas arrivant, le nouveau propriétaire de la concession sera tenu de se conformer exactement aux conditions prescrites par la présente ordonnance et par le cahier des charges y annexé.

Dans le cas où la concession serait transmise à une société, celle-ci sera tenue de se conformer à ce qui est exigé par l'article 7 de la loi du 27 avril 1838, sous peine de l'application, s'il y a lieu, des mesures prescrites par ce même article et des dispositions des articles 93 et suivants de la loi du 21 avril 1810.

Article N. Dans le cas, prévu par l'article 49 de la loi du 21 avril 1810, où l'exploitation serait restreinte ou suspendue sans cause reconnue légitime, le préfet assignera au concessionnaire un délai de rigueur qui ne pourra excéder....., Faute par le concessionnaire de justifier, dans ce délai, de la reprise d'une exploitation régulière et des moyens de la continuer, il en sera rendu compte, conformément audit article 49, au ministre des travaux publics, qui prononcera, s'il y a lieu, le retrait de la concession, en exécution de l'article 10 de la loi du 27 avril 1838, et suivant les formes prescrites par l'article 6 de la même loi.

Article O. Provisoirement et jusqu'à ce que la décision du ministre soit rendue, le préfet déterminera, par un arrêté, le mode, suivant lequel il conviendra de procéder à l'exploitation des minerais de fer qui seraient nécessaires aux usines du voisinage.

Cet arrêté sera soumis à l'approbation du ministre des travaux publics.

Article P. ** *La présente concession ne préjudicie en rien aux droits acquis au concessionnaire des mines de ....., par l'ordonnance du ....., dans l'étendue aujourd'hui concédée pour l ... de pratiquer toutes les ouvertures qui seront reconnues utiles à l'exploitation de ....., soit près de la surface, soit dans la profondeur, sauf l'application réciproque, s'il y a lieu, des dispositions de l'article 45 de la loi du 21 avril 1810.*

---

* Si la concession est accordée à une compagnie, on remplacera, dans le premier paragraphe de l'article M, les mots : *vient à être transmise d'une manière quelconque à une autre personne par le concessionnaire*, par ceux-ci : *vient à être transmise d'une manière quelconque à une seule personne ou à une autre société*. Et on remplacera les mots : *ce cas arrivant, le nouveau propriétaire de la concession sera tenu*, par ceux-ci : *ce cas arrivant, le nouveau ou les nouveaux propriétaires de la concession seront tenus*, etc.

En outre, on supprimera le deuxième paragraphe de l'article M.

** Si la concession s'étend sur des terrains déjà concédés pour l'exploitation des gîtes de minéraux d'une autre nature.

vernement. Le propriétaire peut faire des recherches, mais il ne peut exploiter sans autorisation. Il ne jouit plus de ce droit si son terrain est compris dans des concessions antérieures.

Article Q. Si le concessionnaire veut renoncer à la totalité ou à une portion de la concession, il s'adressera, par voie de pétition, au préfet, six mois au moins avant l'époque à laquelle il aurait l'intention d'abandonner les travaux de ses mines, et il joindra à ladite pétition :

1° Le plan et l'état descriptif de ses exploitations ;

2° Un certificat du conservateur des hypothèques, constatant qu'il n'existe point d'inscriptions hypothécaires sur la concession, ou, dans le cas contraire, un état de celles qui pourraient avoir été prises.

Lorsque ces pièces auront été fournies, la pétition sera publiée et affichée, pendant quatre mois, dans les lieux et suivant les formes déterminées par les articles 24 et 25 de la loi du 21 avril 1810, pour les demandes en concession de mines.

Les oppositions, s'il s'en présente, seront reçues et notifiées dans les formes déterminées par l'article 26 de la même loi.

La renonciation ne sera valable que lorsqu'elle aura été acceptée, s'il y a lieu, par une ordonnance délibérée en conseil d'État.

Article R. La présente ordonnance sera publiée et affichée, aux frais du concessionnaire, dans l......, commune de ....., sur l..... quelle ..... s'étend la concession.

CLAUSES HABITUELLEMENT INSÉRÉES DANS LES CAHIERS DES CHARGES DES CONCESSIONS DE MINES[*].

Article A. Dans le délai de trois mois, à dater de la notification de l'ordonnance de concession, il sera planté des bornes sur tous les points servant de limites à la concession où cela sera reconnu nécessaire. L'opération aura lieu aux frais du concessionnaire, à la diligence du préfet, et en présence de l'ingénieur des mines, qui en dressera procès-verbal. Expéditions de ce procès-verbal seront déposées aux archives de la préfecture du département de ....., et à celles de la commune de .....

Articles B. (Ces articles prescrivent l'exécution immédiate de travaux pour l'exploration et la reconnaissance des gîtes concédés, de travaux d'art préparatoires ou nécessaires à l'aménagement des mines, ou le mode de continuation des travaux déjà en activité.)

Article C. Le concessionnaire exécutera, en outre, conformément à ce qui lui sera prescrit par le préfet, et sous la surveillance spéciale des ingénieurs des mines, les travaux qui seront jugés nécessaires pour compléter l'exploration des terrains compris dans la concession.

Article D. Les travaux prescrits ci-dessus devront être exécutés dans un délai de ....., à dater de la notification de l'ordonnance de concession.

[*] Les clauses variables sont en caractères italiques.

Chacun est apte à demander et obtenir une concession de mines, en justifiant des moyens de l'exploiter. Le gouvernement choisit entre le

---

Article E. * Après l'achèvement de ces travaux, et au plus tard dans un délai de ...... le concessionnaire adressera au préfet les plans et coupes de ses mines et des travaux déjà exécutés ; ces plans étant dressés à l'échelle de un millimètre par mètre et divisés en carreaux de dix en dix millimètres. Il y joindra un mémoire indiquant, avec détails, le mode d'exploitation qu'il se proposera de suivre. L'indication de ce mode d'exploitation sera aussi tracée sur les plans et coupes.

Article F. ** *Les plans et le mémoire fournis en exécution du précédent article, contiendront le tracé et la déclaration des propriétés territoriales que le champ d'exploitation devra embrasser. Un extrait de la déclaration, rédigé par l'ingénieur des mines, sera affiché pendant un mois, à la porte des mairies, dans toutes les communes où s'étend la concession.*

Article G. Le préfet, sur le vu de ces pièces, et après avoir consulté les ingénieurs des mines, autorisera, s'il y a lieu, l'exécution du projet de travaux.

S'il est reconnu, que ce projet peut occasionner quelques-uns des inconvénients ou dangers énoncés, tant dans le titre V de la loi du 21 avril 1810 que dans les titres II et III du décret du 3 janvier 1813, qu'il n'assure pas aux mines une exploitation régulière et durable ; qu'il ne se coordonne pas convenablement avec la marche des exploitations voisines ; enfin, qu'il serait un obstacle aux travaux d'intérêt général que l'administration peut avoir ultérieurement à prescrire, le préfet n'en autorisera l'exécution qu'en y apportant les modifications nécessaires.

En cas de réclamation de la part du concessionnaire, il sera définitivement statué par le ministre des travaux publics.

Article H. *** *Aussitôt que le concessionnaire portera l'extraction sous une propriété nouvelle, il sera tenu d'en prévenir le propriétaire du sol. Ce propriétaire pourra placer, à ses frais, sur la mine, un préposé pour vérifier la quotité des produits journaliers de l'exploitation.*

Article I. Il ne pourra être procédé à l'ouverture de puits ou galeries partant du jour, pour être mis en communication avec des travaux existants, sans une autorisation du préfet, accordée sur la demande du concessionnaire et sur le rapport des ingénieurs des mines.

Article J. Lorsque le concessionnaire voudra ouvrir un nouveau champ d'exploitation, il adressera au préfet un plan qui devra se rattacher au plan général de la concession, et un mémoire indiquant son projet de travaux ; le tout dressé conformément à ce qui est prescrit par l'article E ci-dessus. Le préfet, sur le rapport des ingénieurs des mines, approuvera ou modifiera ce projet, ainsi qu'il est dit à l'article G.

Article K. **** *Dans le cas où les travaux projetés par le concessionnaire devraient s'éten-*

---

* Lorsqu'il n'y a pas eu lieu à l'application des articles B, C et D, l'article E commence comme il suit : *Dans le délai de ... à partir de la notification de l'ordonnance de concession, le concessionnaire adressera, etc.*

** Cas où le concessionnaire est soumis à une redevance proportionnelle aux produits de l'extraction, en faveur des propriétaires des terrains sur lesquels l'exploitation a lieu.

*** Même cas que pour l'article F.

**** Cas où les travaux doivent s'étendre sous une ville, sous des habitations ou des édifices.

propriétaire de la surface, l'inventeur ou autres demandeurs en concession. Il donne à l'inventeur une indemnité, si la concession lui est refusée.

---

dre sous ....., ces travaux ne pourront être exécutés qu'en vertu d'une autorisation spéciale du préfet, donnée sur le rapport des ingénieurs des mines, après que le conseil municipal et les propriétaires intéressés auront été entendus, et après que le concessionnaire aura donné caution de payer l'indemnité exigée par l'article 15 de la loi du 21 avril 1810. Les contestations relatives, soit à la caution, soit à l'indemnité, seront portées devant les tribunaux et cours, conformément audit article.

L'autorisation d'exécuter les travaux sera refusée par le préfet, s'il est reconnu que l'exploitation peut compromettre la sûreté du sol, celle des habitants ou la conservation des édifices.

Article L. * Dans le cas où les travaux projetés par le concessionnaire devraient s'étendre sous ....., ou à une distance de ses bords moindre de ..... mètres, ces travaux ne pourront être exécutés qu'en vertu d'une autorisation du préfet, donnée sur le rapport des ingénieurs des mines, après que les propriétaires et les ingénieurs d .... auront été entendus, et après que le concessionnaire aura donné caution de payer l'indemnité exigée par l'article 15 de la loi du 21 avril 1810. Les contestations relatives soit à la caution, soit à l'indemnité, seront portées devant les tribunaux et cours, conformément audit article.

S'il est reconnu que l'autorisation peut être accordée, l'arrêté du préfet prescrira toutes les mesures de conservation et de sûreté qui seront jugées nécessaires.

Article M. ** Le concessionnaire ne pourra pratiquer aucune ouverture de travaux dans la forêt de ..... avant qu'il ait été dressé contradictoirement procès-verbal de l'état des lieux par les agents de l'administration des forêts, afin que l'on puisse constater, au bout d'un an, et successivement chaque année, les indemnités qui seront dues.

Les déblais extraits de ces travaux seront déposés aussi près qu'il sera possible de l'entrée des mines, dans les endroits les moins dommageables, lesquels seront désignés par le préfet, sur la proposition des agents forestiers locaux, le concessionnaire et l'ingénieur des mines ayant été entendus.

Article N. *** Le concessionnaire sera civilement responsable des dégâts commis dans la forêt par ses ouvriers ou par ses bestiaux, dans la distance fixée par l'article 31 du Code forestier.

Article O. **** Lorsque le concessionnaire abandonnera une ouverture de mine, il pourra être tenu de la faire combler en nivelant le terrain, et de faire repeupler ce terrain en essence de bois convenable au sol. Cette disposition sera ordonnée, s'il y a lieu, par un arrêté du préfet, sur le rapport des agents de l'administration forestière et de l'ingénieur des mines, le concessionnaire ayant été entendu, et sauf recours devant le ministre des travaux publics.

Article P. Chaque année dans le courant de janvier, le concessionnaire adressera au préfet

---

* Cas où les travaux sont situés dans le voisinage d'un canal, d'un bassin, d'un cours d'eau, d'une route ou d'un chemin de fer.

** Cas où les travaux doivent être ouverts dans une forêt domaniale ou communale.

*** Même cas que ci-dessus.

**** Même cas que ci-dessus.

Du moment où une mine est concédée, même au propriétaire de la surface, elle constitue une propriété nouvelle, distincte de celle de la surface.

---

les plans et coupes des travaux exécutés dans le cours de l'année précédente. Ces plans, dressés à l'échelle d'un millimètre par mètre de manière à pouvoir être rattachés aux plans généraux désignés dans les articles précédents, et renfermant toutes les indications mentionnées auxdits articles, seront vérifiés par l'ingénieur des mines.

Article Q. Dans le cas où, soit par suite de circonstances imprévues, soit par le fait seul de l'approfondissement des mines, il deviendrait nécessaire de changer le mode d'exploitation qui aura été déterminé, conformément aux articles E et G ci-dessus, il y sera pourvu de la manière indiquée auxdits articles, sur la proposition du concessionnaire ou sur le rapport des ingénieurs des mines, mais toujours après que le concessionnaire et les ingénieurs auront été entendus.

Article R. Aucune portion des travaux souterrains ne pourra être abandonnée qu'en vertu d'un arrêté du préfet. La déclaration d'abandon devra être faite à la préfecture par le concessionnaire; un plan des travaux sera joint à ladite déclaration. L'arrêté du préfet, pris sur le rapport de l'ingénieur des mines, prescrira, conformément aux articles 8 et 9 du décret du 3 janvier 1813, les mesures de police, de sûreté et de conservation jugées nécessaires.

Les ouvertures au jour des puits ou galeries, qui deviendront inutiles, seront comblées ou bouchées par le concessionnaire ou à ses frais, suivant le mode qui sera prescrit par le préfet, sur la proposition de l'ingénieur des mines, et à la diligence des maires des communes sur le territoire desquelles les ouvertures seront situées.

Article S. * *La déclaration du concessionnaire contiendra la désignation des propriétés auxquelles correspondra le champ de travaux qu'il s'agira d'abandonner. Cette déclaration sera affichée, ainsi qu'il est dit à l'article F ci-dessus. La décision du préfet sera notifiée aux propriétaires intéressés, à la diligence de ce magistrat, et aux frais du concessionnaire.*

Article T. Le concessionnaire tiendra l'exploitation de ses mines en activité constante, et ne pourra la suspendre sans cause reconnue légitime par l'administration.

Article U. Le concessionnaire devra exploiter de manière à pourvoir aux besoins des consommateurs et à ne compromettre ni la sûreté publique ni celle des ouvriers, ni la conservation de la mine. Il se conformera, à cet effet, aux instructions qui lui seront adressées par l'administration et par les ingénieurs des mines, d'après les observations auxquelles la visite et la surveillance des mines pourront donner lieu.

Article V. Dans les cas prévus par l'article 50 de la loi du 21 avril 1810, et généralement lorsque, par une cause quelconque, l'exploitation compromettra la sûreté publique ou celle des ouvriers, la solidité des travaux, la conservation du sol et des habitations de la surface, le concessionnaire sera tenu d'en donner immédiatement avis à l'ingénieur des mines, ou, à son défaut, au garde-mines et au maire de la commune où l'exploitation sera située.

---

* Cas où le concessionnaire est soumis à une redevance proportionnelle aux produits de l'extraction en faveur des propriétaires des terrains sous lesquels l'exploitation a lieu.

Ces principes qui laissent, à l'ancien droit régalien, la plus grande partie de son action, en ce qui constitue les mines, reçoivent, sans

---

Si le concessionnaire, sur la notification qui lui sera faite de l'arrêté que prendra le préfet pour faire cesser la cause de danger, n'obtempère pas à cet arrêté, il y sera pourvu selon ce qui est prescrit par les articles 4 et 5 de l'ordonnance royale du 26 mars 1843.

Article W. Le concessionnaire sera tenu de placer à l'orifice des puits, tant d'extraction que d'épuisement, des machines assez puissantes pour suffire aux besoins de la consommation, et pour assécher convenablement les travaux.

Ces machines devront toujours être garnies d'un frein en bon état.

Article X. * *En exécution de l'article 70 de la loi du 21 avril 1810, le concessionnaire fournira à .. usine .... d..., qui s'approvisionnai... sur des gîtes compris dans sa concession, la quantité de minerai nécessaire à l'alimentation de ce ..., au prix qui sera fixé par l'administration.*

Article Y. *Lorsque l'approvisionnement de l'usine ci-dessus désignée aura été assuré, le concessionnaire sera tenu de fournir, autant que ses exploitations le permettront, à la consommation des usines établies ou à établir dans le voisinage avec autorisation légale. Le prix des minerais sera alors fixé de gré à gré ou à dire d'experts, ainsi qu'il est enseigné en l'article 65 de la loi du 21 avril 1810, pour les exploitations des minières de fer.*

Article Z. En cas de contestation entre plusieurs maîtres de forges, relativement à leur approvisionnement en minerai, il sera statué par le préfet, conformément à l'article 64 de la même loi.

Article A'. Conformément à l'article 14 de la loi du 21 avril 1810 et à l'article 25 du décret du 3 janvier 1813, le concessionnaire ne pourra confier la direction de ses mines qu'à une personne qui aura justifié de la capacité suffisante pour bien conduire les travaux. Il ne pourra employer, en qualité de maîtres mineurs ou de chefs d'ateliers souterrains, que des personnes qui auront travaillé au moins pendant trois ans dans les mines, comme mineurs, boiseurs ou charpentiers, ou des élèves de l'école des mineurs de Saint-Étienne, ou de l'école des maîtres ouvriers mineurs d'Alais, ayant achevé leurs cours d'étude et pourvus d'un brevet.

Aux termes de l'article 26 du décret du 3 janvier 1813, le concessionnaire n'emploiera que des mineurs et ouvriers porteurs de livrets.

Article B'. En exécution des décrets des 18 novembre 1810 et 3 janvier 1813, il tiendra constamment en ordre et à jour sur chaque mine :

1° Les plans et coupes des travaux souterrains, dressés sur l'échelle d'un millimètre pour mètre ;

2° Un registre constatant l'avancement journalier des travaux et les circonstances de l'exploitation dont il sera utile de conserver le souvenir, telles que l'allure des gîtes, leur épais-

---

* Pour les anciennes concessions maintenues par l'article 53 de la loi du 21 avril 1810, et qu'il s'agit seulement de délimiter, les articles X, Y, Z devront être remplacés par l'article suivant :

Art. ... Le concessionnaire sera tenu de fournir aux usines qui auraient eu, antérieurement à l'ordonnance de délimitation, le droit de s'approvisionner de minerai de fer sur des exploitations comprises dans la concession, la quantité de minerai de fer qui sera fixée par l'administration, en se conformant aux anciens usages.

doute, quelque complication de l'espèce de transaction par laquelle on a fait intervenir la propriété de la superficie; mais le but industriel, celui de

---

seur, la qualité d........, la nature du toit et du mur, le jaugeage des eaux affluant dans la mine, etc., etc.;

3° Un registre de contrôle journalier des ouvriers employés aux travaux intérieurs et extérieurs;

4° Un registre d'extraction et de vente.

En exécution des articles 6, 27 et 28 du décret du 3 janvier 1813, le concessionnaire communiquera ces plans et registres aux ingénieurs des mines, toutes les fois qu'ils en feront la demande.

Conformément aux articles 36 du décret du 18 novembre 1810 et 27 du décret du 6 mai 1811, le concessionnaire transmettra au préfet, dans la forme et aux époques qui lui seront indiquées, l'état de ses ouvriers, celui des produits extraits dans le cours de l'année précédente, et la déclaration du revenu net imposable de son exploitation.

Article C′ *. *Les plans et registres mentionnés en l'article précédent, contiendront l'indication des propriétés territoriales sous lesquelles l'exploitation aura lieu.*

Article D′. Le concessionnaire sera tenu, en exécution de l'article 15 du décret du 3 janvier 1813, d'entretenir sur son établissement, dans la proportion du nombre des ouvriers et de l'importance de l'exploitation, les médicaments et autres moyens de secours qui lui seront indiqués par le préfet.

Article E′. Dans le cas où il négligerait, soit d'adresser au préfet, dans les délais fixés, les plans dont il est question dans les articles E et P, soit de tenir sur ses exploitations le registre et le plan d'avancement journalier des travaux exigés par l'article B′, soit enfin d'entretenir constamment sur ses mines les médicaments et autres moyens de secours, il y sera pourvu par le préfet, conformément aux dispositions de l'ordonnance royale du 26 mars 1843.

Le préfet pourra également ordonner la levée d'office, et aux frais du concessionnaire, des plans dont l'inexactitude aurait été constatée par les ingénieurs des mines.

Article F′. Faute par le concessionnaire d'adresser au préfet le projet d'exploitation exigé par l'article E, ou de se conformer dans ses travaux au mode d'exploitation qui aura été déterminé par le préfet, d'après l'article G, ses exploitations seront considérées comme pouvant compromettre la sûreté publique ou la conservation de la mine, et il y sera pourvu en exécution de l'article 50 de la loi du 21 avril 1810. En conséquence, la contravention ayant été constatée par un procès-verbal de l'ingénieur des mines, la mine sera mise en surveillance spéciale, et il y sera placé aux frais du concessionnaire un garde-mines ou tout autre préposé nommé par le préfet, à l'effet de lui rendre un compte journalier de l'état des travaux et de proposer telle mesure de police dont il reconnaîtra la nécessité.

Sur les propositions de cet agent, et sur le rapport des ingénieurs des mines, le préfet ordonnera l'exécution des travaux jugés nécessaires à la sûreté publique ou à la conservation de la mine, et à la suspension ou l'interdiction des ouvrages dangereux, sauf à en rendre compte immédiatement au ministre des travaux publics.

---

* Cas où le concessionnaire est soumis à une redevance proportionnelle aux produits de l'extraction, en faveur des propriétaires de terrains sous lesquels l'exploitation a lieu.

ne pas faire des prétentions du propriétaire une source d'accroissement exagéré du prix des matières minérales, est suffisamment atteint.

Les frais auxquels donnera lieu l'application de ces dispositions seront réglés par le préfet, et recouvrés conformément à ce qui est prescrit par l'article 5 de l'ordonnance royale du 26 mars 1843.

Article G'. * *Le concessionnaire sera tenu de souffrir toutes les ouvertures qui seraient pratiquées pour l'exploitation des mines de......, par le concessionnaire de ces dernières mines, ou même le passage à travers ses propres travaux, s'il est reconnu nécessaire ; le tout, s'il y a lieu, moyennant une indemnité qui sera réglée de gré à gré ou à dire d'experts. En cas de contestation sur la nécessité ou l'utilité de ces ouvertures, il sera statué par le préfet, sur le rapport des ingénieurs des mines, les parties ayant été entendues, et sauf le recours au ministre des travaux publics.*

Article H'. ** *Si l'exploitation des gîtes de....., objet de la présente concession, fait reconnaître qu'ils s'approchent des gîtes de ......, objet de la concession de........, le concessionnaire ne pourra exploiter que la partie de ces gîtes où l'extraction sera reconnue n'offrir aucun inconvénient pour les mines de la concession de......., situées dans le voisinage........ En cas de contestation à ce sujet, il sera statué par le préfet, ainsi qu'il est dit à l'article ci-dessus, et le concessionnaire devra se conformer aux mesures qui seront prescrites par l'administration, dans l'intérêt de la bonne exploitation des deux substances.*

Article I'. Si les gîtes à exploiter dans la concession de....... se prolongent hors de cette concession, le préfet du département pourra ordonner, sur le rapport des ingénieurs des mines, le concessionnaire ayant été entendu, qu'un massif soit réservé intact sur chaque gîte, près de la limite de la concession, pour éviter que les exploitations soient mises en communication avec celles qui auraient lieu dans une concession voisine, d'une manière préjudiciable à l'une ou à l'autre mine. L'épaisseur des massifs sera déterminée par l'arrêté du préfet qui en ordonnera la réserve.

Les massifs ne pourront être traversés ou entamés par un ouvrage quelconque que dans le cas où le préfet, après avoir entendu les concessionnaires intéressés, et sur le rapport des ingénieurs des mines, aura autorisé cet ouvrage et prescrit le mode suivant lequel il devra être exécuté. Dans le cas où l'utilité des massifs aurait cessé, un arrêté du préfet sera nécessaire pour autoriser les concessionnaires à exploiter la partie qui leur appartiendra.

Article J'. Toutes les fois que le concessionnaire exécutera des travaux sous des exploitations dépendant d'une autre concession ou dans leur voisinage immédiat, il sera tenu, aux termes de l'article 15 de la loi du 21 avril 1810, de donner caution de payer toute indemnité en cas d'accident. Les contestations relatives soit à la caution, soit à l'indemnité, seront portées devant les tribunaux et cours, conformément audit article.

Article K'. Dans le cas où il serait reconnu nécessaire à l'exploitation de la concession ou d'une concession limitrophe, d'exécuter des travaux ayant pour but, soit de mettre en communication les mines des deux concessions, pour l'aérage ou pour l'écoulement des eaux, soit d'ouvrir des voies d'aérage, d'écoulement ou de secours, destinées au service des mines

---

* Cas où la concession s'étend sur des terrains déjà concédés pour l'exploitation de mines d'une autre nature.
** Même cas que ci-dessus.

Le droit des propriétaires de la superficie n'a jamais constitué, du reste, qu'une très-minime portion du produit des mines (1).

de la concession voisine, le concessionnaire sera tenu de souffrir l'exécution de ces travaux et d'y participer dans la proportion de son intérêt.

Ces ouvrages seront ordonnés par le préfet, sur le rapport des ingénieurs des mines, le concessionnaire ayant été entendu, et sauf recours au ministre des travaux publics.

En cas d'urgence, les travaux pourront être entrepris sur la simple réquisition de l'ingénieur des mines du département, conformément à l'article 14 du décret du 3 janvier 1813.

Dans ces divers cas, il pourra y avoir lieu à indemnité d'une mine en faveur de l'autre, et le règlement s'en fera par experts, conformément à ce qui est prescrit par l'article 45 de la loi du 21 avril 1810, pour les travaux servant à l'évacuation des eaux d'une mine dans une autre mine.

Article L'. Dans le cas où le gouvernement reconnaîtrait la nécessité de travaux communs à plusieurs exploitations situées dans des concessions différentes, soit pour assécher des mines inondées, soit pour garantir de l'inondation des mines qui n'en seraient pas encore atteintes, le concessionnaire se conformera à tout ce qui sera prescrit en vertu de la loi du 27 avril 1838, relativement au système et au mode d'exécution et d'entretien des travaux d'épuisement, ainsi qu'à la répartition des taxes que les différents concessionnaires auront à acquitter.

Le refus de paiement de la quote-part attribuée au concessionnaire, donnera lieu, contre lui, à l'application de l'article 6 de la loi du 27 avril 1838.

Article M'. L'exécution et la conservation des travaux dont il est question dans les deux articles précédents, seront soumises à la surveillance spéciale des agents des mines.

Article N'. Si des gîtes de minerais étrangers à......, compris dans l'étendue de la concession de........., sont exploités légalement par les propriétaires du sol, ou deviennent l'objet d'une concession particulière accordée à des tiers, le concessionnaire des mines de......, sera tenu de souffrir les travaux que l'administration reconnaîtrait utiles à l'exploitation desdits minerais, et même, si cela est nécessaire, le passage dans ses propres travaux; le tout, s'il y a lieu, moyennant indemnité, laquelle sera, selon le cas, réglée de gré à gré ou à dire d'experts, ou renvoyée au jugement du conseil de préfecture, en exécution de l'article 46 de la loi du 21 avril 1810.

Article O'. Le concessionnaire ne pourra établir des usines pour la préparation mécanique ou le traitement minéralurgique des produits de ses mines, qu'après avoir obtenu une permission à cet effet, dans les formes déterminées par les articles 73 et suivants de la loi du 21 avril 1810.

(1) L'Administration est chargée de régler cette redevance, qui varie selon les coutumes et les localités; tantôt elle fixe l'indemnité à une rente, par hectare de terrain, pour tous les propriétaires de la surface concédée; tantôt à une rente le plus souvent proportionnelle à la quantité de minerai extrait et payée aux propriétaires seuls sous le terrain desquels on exploite; tantôt enfin cette dernière indemnité vient s'ajouter à la première.

Voici les divers droits stipulés pour les propriétaires dans les actes de concession les plus récents.

En 1831 : 5 cent., 15 cent., 50 cent. par hectare, à tous les propriétaires de la surface concédée; 10 cent. par quintal métrique de minerai extrait trié et non grillé, 7 cent.

1858. *Dispositions relatives aux minières.* — Le régime des minières est tout à fait spécial :

L'autorité délivre des permis d'exploitation, pour la limiter et la régler sous le rapport de la sûreté et de la salubrité publiques.

Le propriétaire d'un fonds contenant du minerai de fer d'alluvion, est tenu d'exploiter en quantité suffisante pour fournir, s'il est possible, aux besoins des usines du voisinage; s'il s'y refuse, les maîtres de forges ont la faculté d'exploiter à sa place, en remplissant les conditions de mise en demeure et d'obtention de permission stipulées dans la loi (1).

---

par quintal métrique de minerai lavé, aux propriétaires sous le terrain duquel on exploite; 1 fr. 25 cent. par mètre cube extrait, aux communes propriétaires des terrains concédés.

En 1832 : 10 cent., 20 cent., à tout propriétaire de la surface concédée.

En 1833 : 5 cent. par hectare à tout propriétaire de la surface concédée, et de plus 300 fr. par an à la commune propriétaire d'une partie du terrain concédé.

En 1834 : 5 cent. par hectare à tout propriétaire de la surface concédée.

En 1837 : 15 cent. par hectare à tout propriétaire de la surface concédée, et de plus 8 fr. une fois payés, par are de terrain excavé, aux propriétaires sur le terrain desquels l'extraction a lieu.

En 1841 : 5 cent. par hectare à tout propriétaire de la surface concédée, et de plus 25 cent. par 1 000 kilog. de minerai extrait, à tout propriétaire sous le terrain duquel on exploite.

En 1842 : 70 cent. par mètre cube extrait, à la commune propriétaire des terrains concédés; 5 cent. pour tout propriétaire des terrains concédés, et de plus 30 cent. par mètre cube de minerai lavé, aux propriétaires des terrains sous lesquels on exploite; 5 cent. pour tout propriétaire de la surface concédée, et, de plus, 20 cent. par 1 000 kilog. de minerai propre à la fusion, à ceux sous le terrain desquels il est exploité.

(1) Voici la partie de la loi du 21 avril 1810 qui a rapport aux minières :

TITRE VII, SECTION II.

Art. LIX. Le propriétaire du fonds sur lequel il y a du minerai de fer d'alluvion, est tenu d'exploiter en quantité suffisante pour fournir, autant que faire se pourra, aux besoins des usines établies dans le voisinage avec autorisation légale: en ce cas, il ne sera assujetti qu'à en faire la déclaration au préfet du département; elle contiendra la désignation des lieux : le préfet donnera acte de cette déclaration, ce qui vaudra permission pour le propriétaire, et l'exploitation aura lieu par lui sans aucune autre formalité.

Art. LX. Si le propriétaire n'exploite pas, les maîtres de forges auront la faculté d'exploiter à sa place, à la charge, 1° d'en prévenir le propriétaire, qui, dans un mois, à compter de la notification, pourra déclarer qu'il entend exploiter lui-même ; 2° d'obtenir du préfet, la permission, sur l'avis de l'ingénieur des mines, après avoir entendu le propriétaire.

Art. LXI. Si, après l'expiration du délai d'un mois, le propriétaire ne déclare pas qu'il

Si l'extraction est faite par le propriétaire de la surface, le prix du minerai est réglé entre lui et le maître de forges, *de gré à gré*, ou par des experts choisis ou nommés d'office, qui doivent avoir égard à *la*

---

entend exploiter, il sera censé renoncer à l'exploitation ; le maître de forges pourra, après la permission obtenue, faire les fouilles immédiatement dans les terres incultes ou en jachère ; et après la récolte, dans toutes les autres terres.

Art. LXII. Lorsque le propriétaire n'exploitera pas en quantité suffisante, ou suspendra ses travaux d'extraction pendant plus d'un mois, sans cause légitime, les maîtres de forges se pourvoiront auprès du préfet pour obtenir la permission d'exploiter à sa place.

Si le maître de forges laisse écouler un mois sans faire usage de cette permission, elle sera regardée comme non avenue, et le propriétaire du terrain rentrera dans tous ses droits.

Art. LXIII. Quand un maître de forges cessera d'exploiter un terrain, il sera tenu de le rendre propre à la culture, ou d'indemniser le propriétaire.

Art. LXIV. En cas de concurrence entre plusieurs maîtres de forges pour l'exploitation dans un même fonds, le préfet déterminera, sur l'avis de l'ingénieur des mines, les proportions dans lesquelles chacun d'eux pourra exploiter, sauf le recours au conseil d'État.

Le préfet réglera de même les proportions dans lesquelles chaque maître de forges aura droit à l'achat du minerai, s'il est exploité par le propriétaire.

Art. LXV. Lorsque les propriétaires feront l'extraction du minerai pour le vendre aux maîtres de forges, le prix en sera réglé entre eux de gré à gré, ou par des experts choisis ou nommés d'office, qui auront égard à la situation des lieux, aux frais d'extraction et aux dégâts qu'elle aura occasionnés.

Art. LXVI. Lorsque les maîtres de forges auront fait extraire le minerai, il sera dû au propriétaire du fonds, et avant l'enlèvement du minerai, une indemnité qui sera aussi réglée par experts, lesquels auront égard à la situation des lieux, aux dommages causés, à la valeur du minerai, distraction faite des frais d'exploitation.

Art. LXVII. Si les minerais se trouvent dans les forêts royales, dans celles des établissements publics ou des communes, la permission de les exploiter ne pourra être accordée qu'après avoir entendu l'administration forestière. L'acte de permission déterminera l'étendue des terrains dans lesquels les fouilles pourront être faites : ils seront tenus, en outre, de payer les dégâts occasionnés par l'exploitation, et de repiquer en glands ou plants les places qu'elle aurait endommagées, ou une autre étendue proportionnelle déterminée par la permission.

Art. LXVIII. Les propriétaires ou maître de forges et d'usines exploitant les minerais de fer d'alluvion, ne pourront, dans cette exploitation, pousser des travaux réguliers par des galeries souterraines, sans avoir obtenu une concession, avec les formalités et sous les conditions exigées.

Art. LXIX. Il ne pourra être accordé aucune concession pour minerai d'alluvion, ou pour des mines en filons ou couches, que dans les cas suivants :

1° Si l'exploitation à ciel ouvert cesse d'être possible, et si l'établissement de puits, galeries et travaux d'art est nécessaire ;

situation des lieux, aux *frais d'extraction* et aux *dégâts* qu'elle a occasionnés.

Si l'extraction est faite par les maîtres de forges, il est dû au propriétaire du fonds une *indemnité* qui est aussi réglée par experts, lesquels doivent avoir égard à *la situation des lieux, aux dommages causés*, à *la valeur du minerai distraction faite des frais d'exploitation.*

Les propriétaires ou maîtres de forges exploitant les minerais de fer d'alluvion, ne pourront pousser des travaux réguliers par galeries souterraines, sans avoir obtenu une concession.

Dans ce cas, la *minière* est régie par le droit des *mines.*

Le concessionnaire est alors tenu de fournir aux usines qui s'approvisionneraient sur les lieux, la quantité de minerai nécessaire à leur exploitation, au prix porté au cahier des charges ou fixé par l'administration. Il est aussi tenu d'indemniser les propriétaires de la surface au profit desquels l'exploitation avait lieu, dans la proportion du revenu qu'ils en tiraient.

Il ne peut d'ailleurs être accordé de concession pour les *minerais d'alluvion*, de même que pour des mines en filons ou couches, que si l'exploitation à ciel ouvert cesse d'être possible et si l'établissement de puits, galeries et travaux d'art est nécessaire, ou si l'exploitation à ciel ouvert, quoique possible encore, doit ne durer que peu d'années et rendre ensuite impossible l'exploitation par puits et galeries.

1359. *Obscurités de ces dispositions.* — La part faite au propriétaire de la surface, dans cette législation, semble simple au premier coup d'œil.

Il est reconnu propriétaire du minerai ; sa propriété n'a d'autre servitude que l'obligation d'en vendre, s'il y a acheteur. Quant au prix , la loi a posé une limite à ses prétentions, en lui donnant le caractère d'une *indemnité* et en laissant aux parties le droit de le régler par voie d'expertise.

Mais des complications graves naissent des détails mêmes introduits dans les termes de la loi.

---

2 Si l'exploitation , quoique possible encore , doit durer peu d'années , et rendre ensuite impossible l'exploitation avec puits et galeries.

Art. LXX. En cas de concession, le concessionnaire sera tenu toujours : 1° de fournir aux usines qui s'approvisionneraient de minerai sur les lieux compris en la concession la quantité nécessaire à leur exploitation, au prix qui sera porté au cahier des charges ou qui sera fixé par l'administration ; 2° d'indemniser les propriétaires au profit desquels l'exploitation avait lieu dans la proportion du revenu qu'ils en tiraient.

C'est ainsi que, voulant fixer aux experts les éléments d'après lesquels
ils devront régler l'indemnité, la loi, après avoir rappelé que les frais
d'extraction et les dégâts occasionnés, doivent entrer dans le calcul, y
ajoute *la situation des lieux* et *la valeur des minerais*, sans préciser la
signification de ces deux éléments du prix.

Par l'influence que la situation des lieux peut exercer sur le prix du
minerai, la loi a-t-elle entendu, par exemple, que les experts pourraient
donner au minerai placé près d'un canal, un prix plus élevé qu'au minerai
voisin d'une route?

Par ces mots, *valeur du minerai*, est-ce la valeur de qualité compa-
rative, ou la valeur causée par l'importance du besoin et la concurrence
des acheteurs, qu'il faut entendre?

Ces interprétations, toutes contradictoires avec le mot *d'indemnité*
par lequel la loi a exprimé la redevance due au propriétaire pour le
prix du minerai, ont, jusqu'à présent, laissé subsister une grande obs-
curité sur les bases de l'expertise.

Sous un autre point de vue, la loi présente des questions dont la solution est bien difficile.

Les minerais de tout genre, en filons, couches et *amas*, sont *mines
concessibles*. Les minerais de fer en filons et couches sont également
mines concessibles; mais si ces derniers peuvent être exploités à ciel
ouvert sans compromettre l'avenir de l'extraction, ils rentrent dans la
catégorie des *minières*, et ne sont plus concessibles. Enfin, s'ils deviennent concessibles, les concessionnaires devront indemniser le propriétaire
dans la proportion du revenu qu'il en tirait quand elles étaient considérées
comme *minières*.

Il y a dans ces dispositions un mélange fâcheux, produit par l'intention
qu'ont eue les rédacteurs de la loi de faire intervenir l'intérêt public et
ses exigences, là, où Napoléon n'entendait placer que le droit absolu de la
propriété (1).

INFLUENCE DE LA LOI DE 1810 SUR LE BON AMÉNAGEMENT ET LA VALEUR DU MINERAI.

1540. *Effets désastreux de cette loi.* — Après avoir exposé la jurisprudence des mines, il importe de faire connaître quelle a été l'influence,

_____

(1) Quand une loi est imparfaite, l'étude de la jurisprudence établie par les interprétations
à l'aide desquelles les tribunaux cherchent à faire disparaître les contradictions, devient

sur la fabrication, des droits créés par la loi du 21 avril 1810, en faveur de la propriété.

---

tout à fait indispensable. Nous allons donc reproduire ici les principales décisions qui ont été rendues au sujet des minières; leur connaissance est aussi indispensable que celle de la loi même.

DÉCISIONS RELATIVES À L'EXPLOITATION DES MINIÈRES.

1° EXPLOITATION PAR DES CESSIONNAIRES DES PROPRIÉTAIRES.

Arrêté du Ministre des travaux publics, du 12 juin 1837.

(Cet arrêté est l'objet d'une circulaire du 30 septembre 1837.)

Art. 1er. Les déclarations qui seraient formées par des tiers, pour l'exploitation des minerais de fer d'alluvion, comme cessionnaires du propriétaire sur le terrain duquel existent ces minerais, pourront être admises, à la condition qu'elles soient accompagnées de pièces authentiques attestant qu'ils ont reçu de ce propriétaire le mandat de faire en son nom la déclaration qu'exige de sa part l'article 59 de la loi du 21 avril 1810.

Dans ce cas, le préfet pourra donner acte desdites déclarations, lequel ne vaudra que pour le propriétaire du sol.

Art. 2. Les maîtres de forges continueront à s'adresser directement au propriétaire du sol pour le mettre en demeure de fournir aux besoins des usines, dans les circonstances prévues par l'article 60 de la loi du 21 avril 1810.

Arrêté du Ministre des travaux publics, du 18 novembre 1837.

1° Lorsque des particuliers se présentent, avec des pièces authentiques attestant leur mandat des propriétaires du sol, pour extraire du minerai de fer sur un terrain, il doit leur être donné acte de cette déclaration, encore bien qu'ils ne se trouvent pas dans les conditions exigées pour employer ce minerai à leur propre usage.

Seulement ils sont tenus d'en fournir en quantité suffisante aux besoins des usines du voisinage légalement établies.

2° Le propriétaire du sol a d'ailleurs un mois pour s'expliquer sur la sommation qui lui est faite par un maître de forges, et rien n'empêche que, dans cet intervalle, il cède à un tiers sa faculté d'exploiter.

3° Le maître de forges ne peut être autorisé à extraire lui-même, que si l'exploitation n'a pas lieu, et que si le propriétaire du sol, auquel il conserve le droit de s'adresser, refuse de lui fournir le minerai ou de le lui faire livrer par ses cessionnaires.

Arrêté du Ministre des travaux publics, du 21 juin 1841.

Les déclarations pour exploiter, présentées en vertu de l'article 59 de la loi du 21 avril 1810, ne doivent être admises, quand elles sont produites par des tiers se disant aux droits du propriétaire, qu'autant que le mandat n'est point contesté.

Depuis que le nombre des usines s'est accru, la propriété des gîtes de minerai de fer a augmenté de valeur par l'effet de la concurrence qui s'est

---

2° EXPLOITATION PAR DES MAÎTRES DE FORGES EN PLACE DU PROPRIÉTAIRE QUI S'Y REFUSE.

Arrêté du Ministre des travaux publics, du 31 juillet 1837.

1° Lorsqu'un maître de forges veut obtenir la permission d'extraire du minerai de fer sur le terrain d'autrui, il doit adresser sa demande au préfet et justifier en même temps qu'il l'a notifiée au propriétaire du sol.

2° C'est par lui, et non administrativement, que cette notification doit être faite.

Le propriétaire a un mois pour faire connaître s'il veut exploiter lui-même.

Il faut, en outre, qu'il ait été entendu par l'administration, ou mis par elle en demeure de se faire entendre avant que la permission puisse être délivrée.

3° Si, dans ces intervalles, le propriétaire vend son terrain à un tiers, et que ce dernier déclare être dans l'intention d'exploiter, il n'y a pas lieu d'autoriser le maître de forges à opérer l'extraction; mais l'acquéreur du terrain sera tenu de lui fournir du minerai, si l'usine est dans les conditions requises pour y avoir droit.

DÉCISIONS RELATIVES AU DROIT D'USAGE DES MAÎTRES DE FORGES SUR LE MINERAI SITUÉ EN LA PROPRIÉTÉ D'AUTRUI.

Arrêté du Ministre des travaux publics, du 30 juin 1837.

Toutes les fois que des questions de *voisinage* se présenteront pour des usines, relativement à des minières de fer, le préfet déterminera, suivant chaque espèce, selon la nature des circonstances locales, et sauf recours devant qui de droit, l'application qui devra être faite à telles ou telles usines de l'expression de *voisinage* employée par l'article 59 de la loi.

En aucun cas, il ne pourra être désigné, dans les minières, de cantonnements pour l'approvisionnement desdites usines.

Arrêt de la Cour de Cassation du 23 mai 1838, et décision du Ministre des travaux publics, du 5 juin 1843.

Le propriétaire d'un terrain sur lequel il existe une minière de fer, bien qu'il soit en même temps propriétaire d'un haut-fourneau, n'a pas un droit exclusif sur le minerai que ce terrain renferme, et il ne peut empêcher les maîtres de forges voisins d'y venir puiser, si leurs usines sont légalement établies.

Arrêté du préfet du Nord, du 12 juin 1837.

1° L'exploitation d'une minière ne peut avoir lieu sans permission.

2° Bien que le propriétaire du terrain ait cédé à un maître de forges la faculté d'extraire le minerai de fer que son terrain renferme, ce dernier n'en est pas moins tenu de se pourvoir d'une autorisation pour exploiter; et tout autre propriétaire d'une usine du voisinage légalement établie, ayant besoin de ce même minerai, peut obtenir la permission d'y venir puiser. Dans ce cas, le préfet règle les portions qui devront être attribuées à chacun.

élevée entre les consommateurs. Les forges les plus considérables, voulant assurer leur roulement, se sont vues dans l'obligation d'acquérir des champs

---

3° Une usine qui manque d'une quantité de minerai, dont le mélange est nécessaire à sa fabrication, doit être considérée comme se trouvant dans le cas prévu par l'article 59 de la loi du 21 avril 1810, auquel cas elle peut contraindre le propriétaire du terrain qui contient ce minerai à lui en fournir, encore bien qu'elle ait à sa disposition d'autres produits, mais d'une qualité différente.

Arrêté du Ministre des travaux publics, du 18 septembre 1840.

Tout propriétaire de minière, ou son cessionnaire, est tenu d'exploiter pour les usines du voisinage légalement permissionnées.

S'il est lui-même maître de forges, il a seulement le droit d'être admis au partage du minerai.

L'ancienneté d'une usine ne confère aucun privilége sur les minières. Toutes les usines ont également droit d'être servies dans la proportion de leurs besoins, dès qu'elles sont régulièrement établies, quelle que soit l'époque de leur établissement.

Arrêté du Ministre des travaux publics, du 5 octobre 1840.

Lorsqu'un maître de forges, légalement permissionné, demande à extraire du minerai, on ne peut lui imposer l'obligation d'en réserver une partie pour d'autres maîtres de forges du voisinage, si ceux-ci ne réclament point.

La question de savoir si ses minerais sont disponibles, est, dans tous les cas, exclusivement du ressort de l'autorité administrative.

Arrêté du Ministre des travaux publics, du 5 octobre 1840.

Le maître de forges conserve son droit au partage du minerai, soit que ce minerai se trouve encore dans le terrain, soit qu'il ait été extrait par un autre maître de forges, cessionnaire du propriétaire du sol, ou par ce propriétaire lui-même. Dès que le minerai existe en nature, il doit être réparti entre tous les chefs d'usines du voisinage, en proportion de leurs besoins.

Le propriétaire d'une usine légalement permissionnée a seul qualité pour être admis à ce partage.

C'est au préfet qu'il appartient de régler la délivrance des minerais en cas de contestation entre un maître de forges et le propriétaire de la minière, comme lorsqu'il y a concurrence entre plusieurs maîtres de forges sur le même fonds.

Arrêt de la Cour de Cassation, du 9 février 1842.

La convention par laquelle le propriétaire d'une minière, en vendant une usine qui lui appartenait, aurait en même temps cédé aux acquéreurs de cette usine un droit d'exploitation, n'empêche pas que lorsqu'il devient lui-même maître de forges, il ne puisse participer aux produits de cette minière.

Dans ce cas, comme dans tous ceux où plusieurs usines se trouvent en concurrence sur un même fonds, il appartient à l'administration, nonobstant toutes stipulations antérieures, de régler la part de chaque usine, suivant ses besoins.

---

de mines. Les droits d'extraire ou d'acheter étant illimités, les dépôts les plus riches ont été recherchés à la fois, non-seulement par les usines voisines, mais encore par celles dont le voisinage résultait de la seule facilité des transports. Dans beaucoup de cas, les maîtres de forges propriétaires de gîtes minéraux ou cessionnaires du droit d'extraire, se sont fait vendeurs de minerai, et ont eu intérêt à l'élévation du prix de redevance. L'incertitude des termes de la loi sur les bases qui doivent servir à en régler le chiffre, a été habilement mise à profit; aujourd'hui, il a pris dans la valeur du minerai une grande importance, et son exagération a donné lieu à de fâcheux résultats.

L'exploitation des minières se fait avec un désordre déplorable, par suite de la liberté laissée aux extracteurs. Pour peu que, dans un gîte régu-

---

DÉCISIONS RELATIVES AU RESSORT, EN CAS DE CONTESTATIONS OU DISCUSSIONS.

Quelques-unes des décisions qui précèdent se rapportent déjà au cas qui nous occupe en ce moment; voici, du reste, deux nouveaux arrêtés sur cette matière :

Arrêté du Ministre des travaux publics, du 7 octobre 1837.

Les dispositions de la section B, § 1er, de l'instruction ministérielle du 3 août 1810, sont rapportées en ce qui concerne l'exécution des articles 10, 43 et 44 de la loi du 21 avril 1810, comme ayant fait à cet égard une fausse interprétation de cette loi.

La section B, § 1er, est ainsi conçue :

Toutes discussions relatives à la disposition des mines, minières, usines et carrières, toutes celles ayant pour objet l'acquittement des indemnités déterminées par le décret de concession ou de permission, ainsi que les contestations sur les dédommagements pour dégâts occasionnés à la surface des terrains, sont du ressort des tribunaux ordinaires.

Arrêt de la Cour de Cassation, du 13 novembre 1839.

C'est à l'autorité administrative qu'il appartient de statuer sur les discussions relatives à l'usage d'une minière, à la répartition des minerais nécessaires aux besoins des usines.

Les contestations qui concernent le règlement du prix des minerais sont du ressort des tribunaux ordinaires.

Remarque. Il n'existe qu'une seule exception, faite par la loi, aux dispositions qui précèdent. C'est quand il est question, sur un gîte de fer qui devient l'objet d'une concession, de fixer le prix auquel le concessionnaire devra fournir du minerai à des usines qui s'approvisionnaient à ce gîte avant qu'il fût concédé. Au terme de l'article 70 de la loi du 21 avril 1810, ce prix doit alors être réglé par l'administration, parce que c'est elle qui est appelée à déterminer les conditions et charges de la concession.

lier où des travaux d'ensemble pourraient conduire à l'enlèvement presque complet des minerais, il se rencontre des parties plus pauvres, l'extracteur est porté à les abandonner, par suite du haut prix de la redevance que ces minerais ne sauraient supporter. Son premier soin est de chercher la partie la plus accessible d'un gîte, d'en écrémer la superficie, laissant à l'avenir toutes les difficultés d'une exploitation dans un terrain remué, couvert de déblais, criblé de fosses plus ou moins profondes.

Dans les exploitations souterraines, les parties extraites ne vont souvent qu'au dixième de la masse, tandis que des travaux poussés régulièrement et opérant par écroulements successifs, suivant la méthode employée dans les houillères de Blanzy, permettraient l'extraction de la masse entière.

Les exploitations sont généralement conduites sans ordre, sans suite, sans connaissance de l'étendue et de l'importance des gîtes, sans travaux préparatoires. L'élévation des prix de redevance ne constitue plus qu'un intérêt : celui de trouver, au jour le jour, le minerai le plus riche, le moins cher d'extraction et de préparation, sans aucun souci de l'avenir.

En ce qui concerne la main-d'œuvre, les suites de la loi du 21 avril 1810 sont également désastreuses. L'extraction, au lieu d'être conduite régulièrement, n'est, en général, effectuée que pendant une partie de l'année et dans l'intervalle des travaux agricoles. Les extractions et les préparations se font par voie de marchandage; la méthode et la direction des travaux sont abandonnées aux terrassiers.

Sous l'empire de cette législation, qui ne protége ni le fabricant ni l'intérêt public, et des conséquences que nous venons d'exposer, la redevance grève aussi sérieusement la fabrication du fer dans le présent, par l'abus de son chiffre, qu'elle tend à la grever dans l'avenir, par l'influence fâcheuse qu'elle exerce sur l'extraction.

1841. *Chiffres actuels de la redevance.* — En 1841, elle s'est élevée à 1 208 639 francs pour 2 322 859 tonnes de minerai en terre extrait; d'où résultent les chiffres suivants :

	Nombre de tonnes.	Redevance totale.	Redevance par tonne.
Minerai en terre......	2 322 859	1 208 639	0f,51c,8
Minerai lavé..........	936 000	»	1 ,28
Fonte brute..........	358 000	»	3 ,37
Fer fabriqué..........	256 000	»	4 ,72

Le tableau suivant, extrait des documents de l'administration des mines, présente, pour chaque département, les quantités de minerai extraites, et les redevances payées.

TABLEAU LXXXI. — QUANTITÉS DE MINERAI EXTRAIT, ET REDEVANCES PAYÉES, DANS CHAQUE DÉPARTEMENT (1841).

NOMS des DÉPARTEMENTS.	POIDS			REDEVANCE PAYÉE		REDEVANCE totale par tonne de minerai propre à la fusion.
	DU MINERAI brut extrait des mines.	DU MINERAI brut extrait des minières.	TOTAL du minerai propre à la fusion.	A L'ÉTAT.	aux propriétaires.	
	tonnes.	tonnes.	tonnes.	fr.	fr.	fr. c.
Ain.................	720	»	720	180	442	0 86,4
Allier..............	»	1 138	637	»	875	1 37,2
Ardèche............	51 262	»	44 608	3 016	891	0 08,7
Ardennes...........	»	107 112	58 700	»	19 008	0 32,4
Ariége.............	24 226	»	20 593	187	10	0 00,9
Aube..............	»	6 336	2 112	»	6 336	3 00,0
Aude..............	1 225	»	1 027	101	15	0 11,3
Aveyron............	46 000	8 000	32 800	1 168	4 500	0 17,3
Cantal.............	80	»	80	»	»	»
Charente...........	»	15 457	8 613	»	9 199	1 06,1
Cher..............	»	215 683	122 246	»	170 283	1 39,3
Corrèze............	300	360	560	51	43	0 16,8
Côte-d'Or...........	»	109 838	70 305	»	107 799	1 53,3
Côtes-du-Nord.......	»	9 723	9 018	»	4 817	0 53,4
Dordogne...........	»	32 281	24 239	»	26 007	1 07,3
Doubs.............	10 402	10 848	11 169	90	4 211	0 38,5
Eure..............	»	29 510	20 408	»	22 118	1 08,9
Eure-et-Loir........	»	3 743	3 119	»	2 495	0 71,0
Gard.	39 429	»	31 720	113	29 446	0 93,3
Gironde............	»	7 630	5 085	»	1 898	0 37,3
Hérault	237	»	237	91	»	0 38,4
Ille-et-Vilaine.......	»	4 748	4 653	»	1 026	0 22,0
Indre.............	»	23 493	13 200	»	16 367	1 24,0
Indre-et-Loire.......	»	4 284	2 267	»	2 496	1 10,1
Isère.	4 496	»	3 597	1 728	»	0 48,0
Jura..............	1 594	25 524	9 313	»	8 312	0 89,2
Landes	»	18 205	10 977	»	35 279	3 21,4
Loire	2 184	1 100	2 524	249	5 166	2 04,8
Loire-Inférieure......	»	6 599	6 542	»	873	0 13,3
Loir-et-Cher........	»	3 254	1 716	»	4 082	1 14,5
Lot...............	»	1 925	1 522	»	2 468	1 62,0
Lot-et-Garonne.......	»	12 364	10 215	»	6 499	0 63,6
Manche............	»	2 136	1 811	»	737	0 40,0
Marne.............	»	3 795	1 265	»	3 162	2 49,9
Marne (Haute-)......	»	369 837	132 810	»	174 811	1 31,6
Mayenne...........	»	13 616	8 830	»	2 049	0 23,2
Meurthe...........	»	2 584	2 569	»	136	0 05,3
Meuse.............	»	112 670	42 524	»	50 440	1 18,6
Morbihan..........	»	7 475	7 264	»	2 113	0 29,1
Moselle............	34 764	217 698	64 802	2 682	155 891	2 44,7
Nièvre.............	»	80 302	29 869	»	38 958	1 30,4
Nord...	6 526	52 027	25 952	437	16 311	0 64,5
Orne.............	703	17 711	10 762	130	»	0 04,2
Pas-de-Calais........	»	12 655	15 683	»	6 390	0 40,7
Puy-de-Dôme........	2 000	»	1 500	»	1 500	1 00,0
Pyrénées (Basses-).....	2 558	633	2 790	1 656	573	0 79,8
Pyrénées Orientales....	10 759	»	9 697	1 357	»	0 14,0
Rhin (Bas-)	924	39 375	16 219	136	9 246	0 57,7
Rhin (Haut-)	1 918	18 036	3 318	1 069	4 508	1 95,2
Saône (Haute-).......	2 801	285 331	85 756	410	222 475	2 59,9
Saône-et-Loire.......	15 000	4 350	17 056	568	10 910	0 67,3
Sarthe.............	»	7 100	4 173	»	»	»
Sèvres (Deux-).......	457	1 784	1 542	»	1 524	0 98,8
Tarn....	»	2 310	513	»	217	0 40,0
Tarn-et-Garonne......	»	2 500	924	»	185	0 20,0
Vaucluse...........	»	1 357	2 250	»	180	0 08,0
Vienne.............	»	6 532	3 969	»	1 675	0 42,2
Vosges.............	3 065	2 767	4 489	1 004	1 044	0 45,5
Yonne.............	»	47 092	10 915	»	11 128	1 29,1
Totaux..............	264 690	2 058 149	1 013 921	17 380	1 208 639	

Il est difficile d'établir, par des documents certains, la progression de l'accroissement annuel de la redevance ; il est généralement admis qu'il y a quinze ans à peine, elle était à peu près nulle, c'est-à-dire qu'elle ne s'étendait pas au delà du dommage fait à la superficie ; c'est surtout dans ces dernières années qu'a eu lieu l'accroissement le plus rapide (1).

MOYENS A EMPLOYER POUR FAIRE BAISSER LE PRIX DU MINERAI.

1542. *Intervention du gouvernement dans la fixation des redevances.* — Il existe deux moyens de remédier aux fâcheux effets de la loi de 1810. L'un serait de modifier la loi dans la disposition qui attribue, aux tribunaux, le règlement du prix de la redevance par voie d'expertise.

En parlant du principe, malheureusement écrit dans la loi, que les minerais dont les gîtes rentrent dans la catégorie des minières, au lieu d'être une propriété publique, sont une propriété privée, on conçoit que de prime abord les questions relatives à la disposition de cette propriété aient été attribuées aux tribunaux ; mais un examen plus attentif aurait fait comprendre qu'il n'y avait pas là une simple action privée, puisque certaines conditions d'utilité publique ont forcé de dévoluer à l'État les règles d'extraction, de répartition des minerais, ainsi que la détermination des bases qui servent à en régler le prix. Les intérêts que défend le fabricant ne le concernent pas seul, puisque la loi les protége et limite les exigences auxquelles il peut être exposé ; l'intervention des tribunaux ordinaires dans la constitution de ces expertises n'était donc pas applicable.

De deux choses l'une ; — ou aucun intérêt public ne s'attache au bon emploi des richesses naturelles métallurgiques, et alors il faut réformer toute la partie de nos lois qui a astreint la propriété à certaines servitudes, et renoncer à toute intervention administrative dans l'exploitation des minerais ; — ou bien, cette exploitation a été placée sous la sauvegarde de l'utilité publique, et alors l'administration doit intervenir dans le prix auquel le propriétaire de la surface vend le droit d'extraire. Ce qui est dit dans la loi relativement à la redevance, — le mot indemnité d'abord, l'expertise obligée en cas de désaccord sur le prix, l'obligation d'extraire ou de vendre sur un prix fait par d'autres, — toutes ces servitudes ont

_____

(1) Dans l'arrondissement d'Avesnes (Nord), l'indemnité payée aux propriétaires du sol, pour valeur du minerai extrait dans leurs terres, était, en 1836, de 8 c. par mètre cube de mine brute ; en 1840, elle était arrivée au chiffre de 90 c. (Extrait d'une notice de M. Drouot, ingénieur des mines, *Annales des mines*.)

pour origine l'utilité publique, et cet intérêt, qui les a créées et leur sert de justification, doit exercer une influence sérieuse sur le prix. Si ces servitudes étaient privées, elles seraient du ressort des tribunaux, mais elles sont publiques, elles sont donc du ressort administratif.

1543. *Conversion des minières en mines.* — Un second remède, plus facile, plus prochain aussi, en ce qu'il est à la disposition des fabricants, c'est la transformation des *autorisations* d'extraction, en *concessions* de mines; c'est l'application du régime des *mines* à une grande partie des gîtes considérés jusqu'à présent comme *minières*.

Cette transformation est possible pour tous les gîtes souterrains; elle est possible aussi pour les gîtes affleurants et exploités à ciel ouvert, lorsque ce mode d'exploitation compromet l'extraction des parties inférieures des couches, filons ou amas.

Il y a, dans cette transformation, une question de droit et une question d'art que nous examinerons l'une et l'autre.

1544. *Cas où les gîtes sont souterrains.* — Pour les gîtes souterrains autres que ceux dits d'alluvion, la question de droit n'est point douteuse. Rien dans la loi ne s'oppose à la concession, dès que les travaux sont souterrains, et quelle qu'en soit la nature.

Pour les gîtes dits d'alluvion, il convient d'interpréter l'article 68 qui en défend l'exploitation par travaux réguliers, lorsqu'il n'y a pas concession préalable, sans expliquer catégoriquement ce qu'il entend par ce mot *régulier.* Dans les premières années qui suivirent la publication de la loi des mines, l'administration à laquelle appartient la classification des gîtes minéraux, profitant à bon droit de ce défaut d'explicité, considérait comme concessibles tous les gîtes d'alluvion exploités autrement qu'à ciel ouvert, que les travaux fussent de durée ou non. Mais bientôt des réclamations s'élevèrent; elles partaient probablement de maîtres de forges, désireux d'éviter les délais toujours assez longs qu'exige l'obtention des concessions, et de profiter plus facilement et plus incontestablement de leur position de propriétaires des terrains à gîtes minéraux ou d'acquéreurs à bon marché du droit d'y extraire. — Ces réclamations furent écoutées, et l'administration cessa de ranger parmi les gîtes d'alluvion concessibles, ceux qui étaient exploités par des puits ou galeries à boisages volants ou provisoires.

Nous citerons, dans son entier, la circulaire du 30 juin 1819 émanée de l'administration générale des mines, qui exprime la profonde et déplorable modification qui fut alors consentie par elle au régime suivi jusqu'alors. Voici cette circulaire :

« — L'époque à laquelle messieurs les ingénieurs des mines doivent pro-
« céder à la visite annuelle des exploitations, et préparer l'assiette des
« redevances, étant arrivée, je dois appeler votre attention sur quelques
« parties du service, qui n'ont point atteint la perfection dont elles sont
« susceptibles.

« M'étant fait rendre compte de plusieurs réclamations présentées par
« des maîtres de forges exploitant des minières de fer d'alluvion, imposées
« aux redevances, j'ai reconnu que ces réclamations n'étaient point moti-
« vées sur la surtaxe, auquel cas elles eussent été du ressort des conseils de
« préfecture, mais qu'elles dérivaient de l'irrégularité de la classification,
« qui est du ressort purement administratif.

« La discussion des réclamations fondées sur ce second motif a fait voir
« que les articles 68 et 69 de la loi du 21 avril 1810, sont susceptibles de
« deux interprétations différentes, suivant le sens que l'on attache aux
« expressions de *puits, galeries, travaux d'art, travaux réguliers*, qui s'y
« trouvent employées.

« Comme ces deux interprétations sont presque également soutenables,
« il n'est pas étonnant que, dans les anciennes instructions de la direction
« générale des mines, on ait adopté celle qui classait parmi les minières
« concessibles, tous les gîtes d'alluvion qui étaient exploités autrement qu'à
« ciel ouvert. Cette manière de procéder avait paru plus favorable aux inté-
« rêts des maîtres de forges; elle permettait de leur concéder les minières
« en toute propriété, et elle les exemptait de la patente, au moyen de rede-
« vances extrêmement modérées.

« Mais, soit que ces avantages généraux n'aient point été sentis, soit
« qu'ils se trouvent balancés par quelques inconvénients particuliers, il
« paraît que la très-grande majorité des maîtres de forges qui ne se sont
« point ouvertement mis en réclamation, forme des vœux pour que la
« seconde interprétation soit substituée à la première et qu'il y ait une
« révision de la classification des minières de fer d'alluvion qui ont
« été déclarées concessibles en vertu des articles 68 et 69 de la loi du
« 21 avril 1810.

« Son excellence le ministre secrétaire d'État des finances, auquel j'ai
« soumis cette question, ne mettant aucun obstacle à ce que la révision
« soit opérée, je vous invite, monsieur, à vous faire rendre compte, par
« l'ingénieur des mines de votre département, des circonstances qui carac-
« térisent le gisement des minières de fer d'alluvion qui o. t été imposées
« jusqu'à présent, et de la nature des travaux d'exploitation qu'on y pratique.

« Vous voudrez bien ne maintenir dans la classe des minières conces-
« sibles et imposables, que celles où l'extraction est poussée par travaux
« souterrains réguliers, ou dans lesquelles l'établissement de ces travaux
« est devenu indispensable pour assurer la durée de l'exploitation.

« Par cette expression de travaux réguliers, il ne faut pas entendre des
« fouilles de quelques mètres de profondeur, pratiquées çà et là au moyen
« de petits puits de toutes dimensions, soutenues par un boisage provisoire
« ou souvent même sans boisage, et destinées à être abandonnées au bout
« de quelques semaines ou de quelques mois. Cette expression ne s'applique
« pas non plus à des chambres sans suite, à des boyaux étayés par un
« boisage volant, et à de petites galeries non coordonnées entre elles,
« dont la direction se règle au hasard, suivant la rencontre des nids de mi-
« nerai. A plus forte raison, ne devez-vous pas considérer, comme travaux
« d'art, de véritables excavations à ciel ouvert, parce qu'elles se combine-
« raient avec quelque fouille souterraine momentanée, ou parce que les en-
« tailles auraient lieu par banquettes étayées, ou bien encore parce que
« l'extraction s'exécuterait au moyen de treuils ou de tout autre mécanisme.

« Vous remarquerez, monsieur, que cette révision du classement des
« minières de fer d'alluvion, ne saurait porter sur celles qui ont été con-
« cédées, soit avant, soit après la loi de 1810, non plus que sur celles qui
« seraient actuellement l'objet de demandes en concessions. Il est aisé de
« sentir qu'elles doivent continuer à payer les redevances comme par
« le passé. »

Aucun motif puisé dans les termes précis de la loi ne justifiait cette
modification au système suivi jusqu'alors, et l'administration dont elle
émane, semblait ne l'accomplir qu'à regret. C'est donc là une erreur
fâcheuse, à la suite de laquelle se sont constitués de puissants intérêts qui
lutteront désormais contre le retour au système primitif. Cependant, il
n'y a pas lieu de désespérer; les convictions des administrateurs éclairés
sont en faveur de l'emploi du mode de concession, partout où il peut être
appliqué en restant dans les termes de la loi.

Ainsi, au point de vue légal, rien en réalité ne s'oppose à ce que l'on
adopte le régime des *concessions* pour les gîtes souterrains, à l'exclusion
de celui des *minières* dont nous avons déjà signalé les résultats déplorables.
Ce régime de concessions, l'utilité publique le réclame à haute voix; c'est
lui surtout qui peut mettre fin à ce gaspillage des richesses du sol qui est
la suite inévitable de travaux irréguliers et sans vue d'avenir; tous les
efforts doivent tendre à exclure autant que possible de semblables travaux,

dont la circulaire imposée à l'administration a considérablement augmenté le nombre.

1545. *Cas où les gîtes sont affleurants.* — D'après la loi du 21 avril 1810, un filon qui vient au jour, un amas qui se montre à la surface, une couche qui paraît en affleurement, sont exploitables, sur permission d'extraire, par voie de *découvert*, aussi profondément que ce mode d'exploitation ne compromet pas l'extraction souterraine; au delà, l'exploitation ne serait plus autorisée que moyennant concession. Il pourrait donc se faire qu'un filon, un amas ou une couche de minerai de fer, fussent exploités d'après les deux méthodes, par permission et par concession. Le droit à la propriété du minerai, est lui-même modifié par le changement du régime d'extraction : tant que l'extraction à ciel ouvert est possible sans compromettre l'exploitation par travaux souterrains, le minerai appartient au propriétaire de la surface, sauf les servitudes légales; au point où commencent les travaux souterrains, le droit de propriété sur le minerai s'éteint pour le propriétaire de la surface; il échoit au concessionnaire de la mine.

Cette distinction du droit, organisée par la loi de 1810, est heureusement susceptible de peu d'applications; c'est ce que nous allons démontrer en passant successivement en revue les minerais en filons, en couches et en amas.

L'extraction à découvert d'un *filon* qui vient au jour, est un fait exceptionnel dans l'exploitation minérale de notre pays; il n'en est pas de même des minerais en couches et amas, et c'est ici que se présente une question d'art que nous devons traiter.

Si le minerai est *en couches,* pour peu qu'elles soient superposées et à une profondeur qui permette l'établissement de galeries, l'exploitation à ciel ouvert des couches qui se sont montrées en affleurement compromet celle des couches inférieures, s'il en existe; elle peut même compromettre quelquefois la couche même que l'on exploite en affleurement, si cette couche inclinée se développe à une certaine profondeur.

En général, lorsqu'un gîte est en couches réglées, les travaux à ciel ouvert se concilient difficilement avec une exploitation souterraine. Autour des tranchées, les terrains se relâchent et compriment plus fortement les galeries. Le poids des terres mises en cavalier s'ajoute souvent à celui du sol et produit des perturbations. — Nous n'entrerons pas dans le détail de la multitude d'accidents que cause le mélange des deux exploitations; il suffit de dire qu'ils ont été si bien appréciés par l'administration des mines, qu'elle a acquis la conviction que les gîtes minéralogiques disposés en couches réglées, étaient immédiatement concessibles, s'ils étaient exploités par travaux souterrains réguliers ou susceptibles de l'être, et que ce serait compromettre l'avenir que d'en autoriser l'extraction par simples permissions, suivant le régime des minières.

Si le minerai affleurant est en *amas*, ou d'un gisement peu régulier, le régime des concessions est moins généralement rendu nécessaire par le mode de travaux qu'il est convenable d'adopter; cependant, dans un grand nombre de cas où la profondeur est une cause de difficultés pour l'exploitation à ciel ouvert, l'extraction superficielle a obligé d'abandonner la partie inférieure et a occasionné ainsi la déperdition de richesses considérables. Il n'y a point de doute que des gîtes puissent et doivent être déclarés concessibles dans de semblables conditions; le but de la loi, ses termes le prouvent suffisamment, est de rendre concessibles tous ceux qui réclament des travaux propres à assurer la bonne conduite de l'extraction.

En général, il est reconnu, dans les règles de l'art, que la conduite de l'extraction d'un amas susceptible d'être exploité à sa partie supérieure à ciel ouvert, et à sa partie inférieure par travaux souterrains, doit commencer par l'exploitation souterraine.

1546. Nous nous résumerons ainsi :

1° Les gîtes en couches réglées, souterrains ou affleurants, peuvent toujours être déclarés concessibles, pour peu que leur profondeur permette l'établissement de galeries ; or, l'exploitation en concession est toujours préférable, parce qu'elle soustrait le minerai à une trop forte élévation de la redevance, et qu'elle conduit, par le bon mode d'extraction qui en est la conséquence, à n'abandonner qu'une faible partie du produit.

2° Les gîtes en amas, dits d'alluvion, pour peu qu'ils aient de la profondeur, peuvent aussi être rangés dans la classe des gîtes concessibles.

DES GÎTES DE MINERAI, AU POINT DE VUE GÉOGRAPHIQUE. GÉOLOGIQUE ET STATISTIQUE.

1547. Les minerais en couches réglées sont ceux pour lesquels la nécessité d'employer des travaux souterrains réguliers se fait le plus souvent sentir ; les circonstances de gisement et la circulaire administrative du 30 juin 1819, créent donc, en réalité, un régime spécial aux minerais remaniés et en amas.

Cette considération qui rend si essentielle, aux fabricants, la connaissance de la nature et du gisement des minerais qu'ils peuvent rencontrer autour d'eux, nous semble donner un grand intérêt aux notions géographiques, géologiques et statistiques qui vont suivre, et qui seront souvent empruntées aux travaux récents de l'administration des mines. Cette administration dont les efforts sont dirigés d'une manière incessante vers les mesures propres à simplifier les conditions de fabrication du fer, chargea ses ingénieurs de visiter les localités sur lesquelles se sont groupées les usines métallurgiques ; leur mission était d'observer la nature des gîtes ainsi que leur position géologique et d'examiner si, d'après les circonstances de leur gisement et le mode d'exploitation suivi ou susceptible d'être suivi, ces gîtes ne seraient point classés dans la catégorie des mines susceptibles d'être concessibles.

Nous ferons précéder ces notions par quelques indications extraites de l'introduction au texte explicatif de la carte géologique de MM. Elie de Beaumont et Dufrénoy ; elles serviront à définir des expressions qui reviendront sans cesse et fixeront les idées sur la division basique des minerais en deux catégories : 1° *minerais formés sur place*, comprenant les gîtes en filons et ceux en couches réglées ; 2° *minerais remaniés*.

NOTIONS PRÉLIMINAIRES.

1348. *Terrains en masses et terrains stratifiés.* — Notre globe était, à son origine, dans un état de fusion complète. La matière liquide dont il était formé s'est refroidie progressivement et s'est solidifiée en formant des roches cristallines, sans aucune trace de stratification, auxquelles on a donné le nom de *terrains en masses* ou *roches non stratifiées*.

Laissons parler MM. Elie de Beaumont et Dufrénoy :

« La première couche de matières solides qui s'est formée par refroidis-
« sement sur la surface du globe, d'abord complétement en fusion, a dû,
« même lorsqu'elle était encore très-mince, permettre aux vapeurs qui
« entouraient notre planète de se condenser sous forme d'eau. Constam-
« ment réunis depuis lors dans les cavités plus ou moins profondes que
« la surface de la terre a pu présenter, elles ont formé les mers et les
« lacs dans lesquels les terrains de sédiment se sont déposés.

« Ces terrains sont toujours formés de couches distinctes, dont chacune
« conserve une épaisseur sensiblement uniforme sur une grande étendue.

« Cette disposition particulière des masses minérales est désignée sous le
« nom de *stratification*, et les terrains formés de pareilles couches sont
« appelés *terrains stratifiés* ou *terrains de sédiment*.

1549. *Révolutions du globe.* — « Les terrains cristallins ont formé
« dès l'origine du globe la croûte extérieure de sa masse générale. Les
« terrains de sédiment, dont le dépôt n'a pu commencer qu'à partir de
« cette première époque, présenteraient une chaîne continue dans toute
« l'étendue de leur formation, si l'action ignée n'avait elle-même
« continué à agir; mais le repos de l'action ignée n'a jamais été qu'ap-
« parent.

« La masse liquide qui occupe l'intérieur du globe éprouve un retrait
« graduel par suite de son refroidissement progressif. La croûte solide,
« forcée par son propre poids de suivre ce mouvement interne, s'écrase sur
« elle-même, produit une ride à la surface de la terre, et, réagissant sur
« la matière pâteuse située au-dessous d'elle, force une partie de cette der-
« nière à s'élever en formant les axes d'un système de chaînes de montagnes.

« Les Pyrénées donnent une idée très-nette de ce mode de formation
« des montagnes; la régularité dans leur direction et leur épaisseur s'ac-
« corde parfaitement avec ce qui aurait lieu si un mur de quatre-vingts
« lieues de long et d'une hauteur correspondante s'élevait tout construit au
« milieu d'un pays de plaine. On conçoit qu'un semblable surgissement, se
« faisant au milieu d'un sol résistant, doit avoir eu pour conséquence de le
« *relever* ou de le *soulever*.

« La chaîne des Pyrénées offre également un exemple fort remarquable
« de la disposition relative des masses non stratifiées et des terrains de sédi-
« ment. Le granit, ainsi que l'indique la figure placée quelques lignes plus
« bas, en occupe l'axe principal sur une grande partie de sa longueur, et
« forme les sommités saillantes des Hautes-Pyrénées, notamment celle de
« la Maladette. Les terrains de sédiment, qui appartiennent à trois ordres
« de terrains différents, se relèvent de chaque côté de la chaîne.

« Le même mouvement qui a déchiré, de l'est à l'ouest, les terrains de
« sédiment des Pyrénées, a également occasionné des fissures perpendicu-
« laires à cette direction et a donné naissance aux nombreuses vallées
« transversales qui sillonnent cette chaîne.

Maladette.

g. Granit.　　　　　*j.* Calcaire jurassique.　　　*c'.* Craie supérieure.
i. Schiste de transition.　*c''.* Grès vert.　　　　　*m.* Terrain tertiaire.

1550. *Terrains métamorphiques.* — « Les deux classes principales de ter-
« rains, les terrains stratifiés et les terrains non stratifiés résultent générale-
« ment de phénomènes neptuniens ou plutoniques indépendants les uns des
« autres. Cependant on conçoit que ces phénomènes ont pu exercer suc-
« cessivement leur influence sur les mêmes masses.

« De là sont en effet résultés des terrains ambigus qui, étant à la fois
« stratifiés et cristallins, se liant en même temps aux dépôts les plus évi-
« demment sédimentaires et aux masses cristallines d'origine éruptive, ont
« été, parmi les géologues, le texte de longues discussions. Ils ont fourni
« de nombreux arguments pour classer les granits parmi les roches nep-
« tuniennes, jusqu'à ce qu'on ait compris que de grandes masses de ter-
« rains pouvaient conserver, dans leur stratification, des traces d'un pre-
« mier dépôt sous les eaux, et avoir subi ensuite, par l'influence de la
« chaleur et de certains agents chimiques, un changement dans leur état
« cristallin et même dans leur composition. Ces altérations qui n'ont pas
« nécessité une fusion complète, et qui ont laissé subsister la stratification,
« ont reçu depuis quelques années le nom de *métamorphisme*. Les roches
« métamorphiques passent, d'une manière insensible, aux roches sédimen-
« taires non altérées.

1551. *Filons.* — « Les altérations que les dépôts sédimentaires ont
« éprouvées de la part des roches d'origine éruptive ne se sont pas bornées à
« des bouleversements et à des changements de texture moléculaire; souvent
« de nouveaux principes y ont été introduits. Quelquefois ces nouveaux
« principes se répandant dans toute la masse, en ont changé la nature.
« Ainsi des masses calcaires ont été changées en gypse ou en dolomie par
« l'introduction de l'acide sulfurique ou de la magnésie; d'autres fois ces
« matières adventives, au lieu de se répandre dans la masse entière du ter-
« rain pénétré, se sont concentrées dans les fentes qu'il présentait. Telle
« est l'origine des *filons* dans lesquels se trouvent un grand nombre de mi-
« néraux cristallisés, et qui forment le gisement le plus habituel des métaux.

« Les filons sont des fentes ou des cavités irrégulières remplies après
« coup.

« Le remplissage ne s'est pas toujours opéré de la même manière.

« Quelques filons métalliques ont été remplis de matières fondues qui
« y ont été injectées, et en cela ils ressemblent aux filons de basalte ou de
« porphyre.

« D'autres filons paraissent avoir été remplis par des matières sublimées
« ou entraînées par un courant gazeux.

« D'autres enfin, et la plupart des filons métalliques sont dans ce cas,
« paraissent avoir été remplis par des matières tenues en dissolution dans
« des eaux qui peut-être étaient à une haute température.

« Les filons se trouvent généralement près des lignes de contact des ro-
« ches stratifiées et des roches non stratifiées qui les ont pénétrées; et telle
« est aussi la position la plus habituelle des sources thermales, qui, de nos
« jours, déposent encore assez fréquemment diverses substances pierreuses
« ou métalliques dans les canaux qu'elles parcourent.

1552. *Alluvions* (1). — « Les terrains d'*alluvion* ou de *transport* sont
« formés par l'accumulation des débris de roches que les eaux ont aban-
« donnés en ralentissant leurs cours dans les plaines ou dans de larges vallées;
« ils ont, par conséquent, une grande analogie, mais aussi d'assez notables
« différences, avec les autres terrains de sédiment déposés, pour la plupart,
« dans des masses d'eau permanentes, telles que des mers et des lacs. Ils
« possèdent une stratification grossière, due à un certain triage, par ordre
« de grosseur, des matériaux qui entrent dans leur composition; mais ce
« qui les en distingue principalement, c'est que ces matériaux sont rare-
« ment agglutinés par un ciment quelconque; ils sont ordinairement sans
« adhérence ou *meubles*.

« Les terrains d'alluvion existent principalement dans le fond des val-
« lées; ils occupent quelquefois des espaces considérables, comme dans la
« vallée du Rhin, dans les plaines des Bouches-du-Rhône; néanmoins ils
« ne recouvrent, du moins avec une épaisseur notable, qu'une faible par-
« tie de la surface du globe.

---

(1) Nous placerons ici une observation relative à l'emploi souvent impropre de l'expression
d'*alluvion* :

Les révolutions qui se sont succédé dans la constitution de l'écorce du globe ont, chacune à leur tour, déplacé les eaux qui la couvraient. Des indices de ce déplacement se montrent partout, et l'époque géognostique en est caractérisée par l'état de mélange dans lequel
se trouvent, avec d'autres formations, les débris remaniés par les eaux. De ce point de vue,
les brèches, les poudingues, les sables et grès, les conglomérats de tous genres sont les
alluvions de certaines époques géognostiques.

Si ces terrains remaniés ne doivent point porter le nom d'alluvions, c'est parce que les
formations avec lesquelles ils ont été mélangés, soit pendant leur déplacement même, soit
par voie d'infiltration après leur déplacement, ont agi sur eux avec des forces d'agrégation
qui leur ont ôté généralement le caractère *meuble* que comporte cette expression d'alluvion.
C'est donc à tort que l'on donne parfois le nom d'alluvions à des terrains qu'on ne devrait
désigner que par l'expression de *remaniés*.

« L'époque diluvienne est celle dont les alluvions contiennent des débris organiques.

1555. *Définition des mots terrain et formation*. — « Ainsi que nous l'avons déjà fait remarquer plus haut, l'arrivée au jour des roches non stratifiées qui, surtout dans les périodes modernes de l'histoire du globe, a eu lieu le plus souvent à l'état pâteux, quelquefois à un état complet de solidité, n'a pu manquer d'interrompre brusquement le dépôt tranquille des terrains de sédiment.

« Les couches de transport et de sédiment, déposées entre deux révolutions successives, sont liées entre elles par des relations intimes qui en font un tout complet qu'on ne saurait désunir. On a désigné ces ensembles de couches par le nom de *terrain*. On leur applique également le nom de *formation*, de sorte que, dans le langage géologique, les mots terrain et de formation sont à peu près synonymes, et qu'on dit presque indistinctement *terrain houiller* et *formation houillère*. Toutefois, le mot terrain indique plutôt une composition uniforme, et celui de formation, une origine pareille et simultanée.

1554. *Classification des terrains*. — « Plusieurs terrains de sédiment, malgré la séparation tranchée qui existe entre eux, présentent cependant une certaine analogie qui les a fait se réunir en quatre groupes désignés sous les noms suivants :

      1° Terrains de transition ;
      2° Terrains secondaires ;
      3° Terrains tertiaires ;
      4° Terrains d'alluvion. »

Le nom des trois derniers groupes s'explique de lui-même. Quant à l'expression de *terrains de transition*, elle a besoin d'une courte définition :

Les roches *métamorphiques*, dont nous avons indiqué l'origine, existent à la base des terrains stratifiés non altérés, ce qui s'explique par le flux intense de chaleur auquel ont été exposés les premiers dépôts de terrains sédimentaires. Ces roches métamorphiques ont reçu, conjointement avec les roches d'origine purement plutonique, le nom de *roches primitives*, et les terrains qui les renferment celui de *terrains primitifs*. — C'est immédiatement au-dessus des terrains primitifs que viennent se placer les *terrains de transition*. Aussi ces terrains, quoique neptuniens, présentent-ils des caractères particuliers de compacité et de tissu qui les rapprochent un peu des terrains primitifs ; en un mot, les roches de transition offrent encore des traces de métamorphisme.

Les sous-divisions des quatre groupes de terrains de sédiment sont faciles à apprécier : la différence de stratification, le retour périodique des couches de transport violent et de sédiment tranquille, la nature des fossiles que l'on trouve disséminés au milieu des couches, sont autant d'indices qui servent à les distinguer l'une de l'autre.

Le tableau suivant, emprunté au beau travail de MM. Elie de Beaumont et Dufrénoy, fera connaître la position relative de ces diverses sous-divisions.

Voir le tableau ci-contre, n° LXXXII.

DESCRIPTION DES DIFFÉRENTS GROUPES DE MINERAI DE FER.

1555. L'administration des mines, dans les comptes rendus annuels des travaux de ses ingénieurs, divise les exploitations de minerais de fer en douze groupes, suivant les analogies de situation géographique, de gisement, de nature de minerai et de débouchés, que présentent ces exploitations.

Nous avons adopté la même division pour la description qui va suivre et pour laquelle nous avons réuni, sur les gîtes de minerais de fer, des notions géographiques, géologiques et statistiques dues, en grande partie, aux travaux et aux communications de M. Le Play, ingénieur en chef des mines.

Nous renvoyons, pour cette description, aux cartes nos 87, 88, 89, 90, 91 et 92. La première représente, pour toute la France, l'ensemble des gîtes et des usines à fer, les bassins houillers et les voies de transport. Les autres sont spéciales pour les différents groupes de minerai ; elles ont été relevées sur la carte géologique de France de MM. Dufrénoy et Elie de Beaumont, et comprennent, comme elle, les gîtes métallurgiques, l'indication de la nature des terrains qui les renferment et les voies de transport à leur portée ; nous y avons ajouté les voies de transport plus récentes et les bois et forêts dont la proximité a tant d'influence sur l'exploitation et le traitement des minerais.

Nous croyons nécessaire, avant d'aller plus loin, de donner une classification des gîtes de minerai, destinée à en simplifier beaucoup la description.

1556. *Classification des minerais.* — Les minerais qui alimentent les usines offrent une variété remarquable et qu'on ne trouve au même degré dans aucune autre contrée d'Europe. On peut cependant, suivant certaines analogies, les ramener tous à un petit nombre de catégories ; nous proposons de les diviser en six classes, qui seraient :

1° Les minerais charriés ou remaniés récemment : leurs amas con-

TABLEAU LXXXII. — TABLEAU DES FORMATIONS. (1)

ORDRE.	SOUS-GROUPE de FORMATIONS.	FIGURES.	NOMS DES FORMATIONS.
ALLUVIONS.	L'homme existe sur la surface du globe.		*Terrains d'alluvion*, volcans modernes éteints et brûlants : les grands volcans des Andes ont été soulevés pendant cette période.
TERRAINS TERTIAIRES.	Les mammifères commencent à paraître à la partie inférieure de ce groupe et deviennent très-abondants vers son milieu.		**SYSTÈME DE LA CHAINE PRINCIPALE DES ALPES.** *Terrain tertiaire supérieur.* terrains subapennins, sables des landes, alluvions anciennes de la Bresse, tuf à ossements de l'Auvergne. Les éruptions de trachytes et de basaltes correspondent, en grande partie, à cette époque. **SYSTÈME DES ALPES OCCIDENTALES.** *Terrains tertiaires moyens.* { Faluns de la Touraine. Calcaire d'eau douce avec meulières : contient beaucoup de lignites dans le midi de la France et en Allemagne. Grès de Fontainebleau. **SYSTÈME DES ILES DE CORSE ET SARDAIGNE.** *Terrains tertiaires inférieurs.* { Marnes avec gypse, ossements de mammifères. Calcaire grossier, pierre de taille de Paris. Argile plastique, lignites du Soissonnais.
TERRAINS SECONDAIRES.	Terrains ou formations crétacées.		**SYSTÈME DES PYRÉNÉES ET DES APENNINS.** *Craie supérieure.* { Couches avec silex. Couches sans silex. **SYSTÈME DU MONT VISO.** *Craie inférieure.* { Craie tufeau. Grès vert. Grès et sables ferrugineux, terrain néocomien, formation wealdienne.
	Terrains de calcaire du Jura. / terrains oolithiques / Calcaire oolithique.		**SYSTÈME DE LA COTE D'OR.** *Étage supérieur.* { Calcaire de Portland. Argile de Kimmeridge, argile de Honfleur. *Étage moyen.* { Oolithe d'Oxford, calcaire de Lisieux, coral-rag. Argile d'Oxford, argile de Dives. *Étage inférieur.* { Corn-brash et forest-marble, calcaire à polypiers, grand oolithe (calcaire de Caen), fuller's-earth (banc bleu de Caen), oolithe inférieur. Marnes et calcaires à bélemnites, marnes supérieures du lias, lignites dans les départements du Tarn et de la Lozère. *Lias ou calcaire* { Calcaire à gryphées arquées.

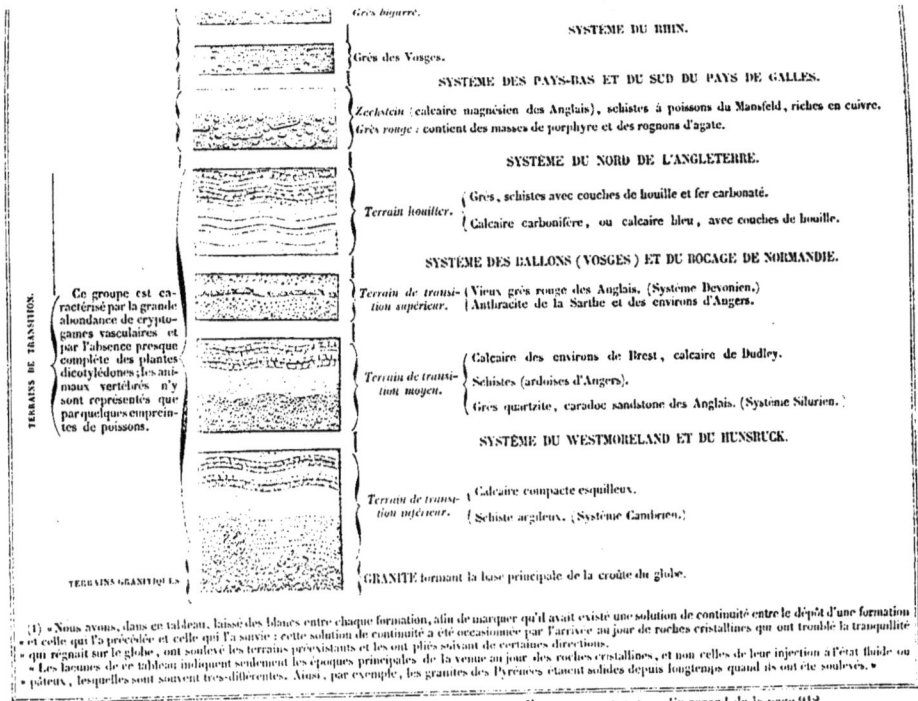

SYSTÈME DU RHIN.

Grès bigarré.

Grès des Vosges.

SYSTÈME DES PAYS-BAS ET DU SUD DU PAYS DE GALLES.

Zechstein (calcaire magnésien des Anglais), schistes à poissons du Mansfeld, riches en cuivre.
Grès rouge : contient des masses de porphyre et des rognons d'agate.

SYSTÈME DU NORD DE L'ANGLETERRE.

Terrain houiller. { Grès, schistes avec couches de houille et fer carbonaté.

{ Calcaire carbonifère, ou calcaire bleu, avec couches de houille.

SYSTÈME DES BALLONS (VOSGES) ET DU BOCAGE DE NORMANDIE.

Terrain de transi- { Vieux grès rouge des Anglais. (Système Devonien.)
tion supérieur. { Anthracite de la Sarthe et des environs d'Angers.

Terrain de transi- { Calcaire des environs de Brest, calcaire de Dudley.
tion moyen. { Schistes (ardoises d'Angers).
{ Grès quartzite, caradoc sandstone des Anglais. (Système Silurien.)

SYSTÈME DU WESTMORELAND ET DU HUNSRUCK.

Terrain de transi- { Calcaire compacte esquilleux.
tion inférieur. { Schiste argileux. (Système Cambrien.)

GRANITE formant la base principale de la croûte du globe.

TERRAINS DE TRANSITION. Ce groupe est caractérisé par la grande abondance de cryptogames vasculaires et par l'absence presque complète des plantes dicotylédones ; les animaux vertébrés n'y sont représentés que par quelques empreintes de poissons.

TERRAINS GRANITIQUES.

(1) « Nous avons, dans ce tableau, laissé des blancs entre chaque formation, afin de marquer qu'il avait existé une solution de continuité entre le dépôt d'une formation et celle qui l'a précédée et celle qui l'a suivie : cette solution de continuité a été occasionnée par l'arrivée au jour de roches cristallines qui ont troublé la tranquillité qui régnait sur le globe, ont soulevé les terrains préexistants et les ont pliés suivant de certaines directions.
« Les lacunes de ce tableau indiquent seulement les époques principales de la venue au jour des roches cristallines, et non celles de leur injection à l'état fluide ou pâteux, lesquelles sont souvent très-différentes. Ainsi, par exemple, les granites des Pyrénées étaient solides depuis longtemps quand ils ont été soulevés. »

EXPLICATION DE FER. — En regard de la page 912.

tiennent des débris organiques; ils sont plus rarement recouverts que ceux qui vont suivre, et on les rencontre disséminés dans une masse dominante de sables et d'argiles.

2° Les minerais remaniés à une époque antérieure : leurs gîtes ne renferment pas de débris organiques; ils sont généralement recouverts, presque toujours exploitables souterrainement, et par conséquent concessibles comme tous ceux qui suivent.

3° Les gîtes formés en place, soit dans les terrains tertiaires supérieurs, soit dans le terrain néocomien, soit à la limite de ce terrain et du calcaire jurassique. Cette classe comprendrait les minerais pisiformes, les minerais oolithiques en roche et les minerais en grains oolithiques miliaires. Dans cette classe rentreraient également les hydroxydes et les oxydes rouges à structure compacte, qui forment souvent des couches si puissantes dans les terrains jurassiques.

4° Les minerais de fer carbonaté lithoïde qui se trouvent principalement dans le terrain houiller, soit en couches réglées et continues alternant avec les strates de ce terrain, soit en rognons disséminés avec une abondance variable dans certaines couches marneuses et friables de ce même terrain.

5° Les minerais répandus à la séparation des terrains primitifs et secondaires.

6° Les minerais en filons, en amas, etc., dans des terrains non stratifiés ou à stratification très-tourmentée : ces minerais, ordinairement fort distincts des précédents, sont caractérisés par les circonstances de leur gisement, par la nature des gangues qui y sont associées et par les moyens d'exploitation qu'on leur applique ; ce sont les fers carbonatés spathiques, les oxydes concrétionnés, et surtout les hématites brunes manganésifères, le fer oligiste compacte, cristallin et micacé, le fer oxydulé, le grenat ferrifère, etc.

Les minerais de la première, deuxième et troisième classe, se rencontrent dans toute la France, et il s'en faut de beaucoup certainement que l'on connaisse, aujourd'hui, tous les gîtes qui pourraient donner lieu à une fabrication de fer importante. Ils sont surtout répandus avec profusion dans les départements des Ardennes et de la Moselle, près de la frontière de Belgique et du Luxembourg;—dans les départements de la Haute-Marne et de la Haute-Saône; dans plusieurs cantons de la Nièvre et du Cher;—dans les départements de la Dordogne et des Landes, etc. Ceux de la troisième classe abondent dans la Côte-d'Or, dans la Haute-Marne et sur le versant occidental du Jura;—dans le voisinage des gîtes de minerai d'alluvion de la Haute-Saône; ils forment encore des dépôts importants dans les départements de la Moselle, de l'Ain, de la Loire, de l'Ardèche, du Gard et de l'Aveyron.

L'Aveyron, le Gard, la Loire et le Puy-de-Dôme sont les départements où le minerai de la quatrième classe se fait voir en plus grande quantité.

Celui de la cinquième classe existe dans le Gard et dans la presqu'ile de Bretagne.

Enfin les minerais de la sixième classe se présentent en gîtes nombreux, sinon étendus, dans les terrains anciens du Morbihan, des Côtes-du-Nord et de l'Ille-et-Vilaine. Les plus importants que l'on exploite aujourd'hui, se trouvent cependant dans la chaîne des Vosges, dans les Alpes du Dauphiné et dans les Pyrénées.

1557. L'absence de recherches géologiques suffisamment complètes ne nous permettrait pas toujours une distinction des minerais, aussi détaillée que le comporte notre division en six classes. D'ailleurs les résumés des travaux statistiques de l'administration des mines, auxquels nous emprunterons un grand nombre de documents, ne divisent les minerais qu'en trois classes; c'est donc aussi la division que nous suivrons généralement, nous réservant de spécialiser davantage chaque fois que cela nous sera possible.

Voici ces trois classes :

1° *Les minerais dits d'alluvion*. Ce sont ordinairement des hydroxydes de fer oolithiques, c'est-à-dire en grains sphéroïdaux de toute grosseur, en rognons, en fragments irréguliers, etc., disséminés, en proportions fort variables, dans une masse dominante de sables et d'argiles déposés en quantités considérables à la surface du sol, soit dans les vallées, soit sur les plateaux où ces matières de transport nivellent souvent les anfractuosités des terrains inférieurs.

2° *Les minerais en couches réglées dans divers étages des terrains secondaires*. Cette classe comprend principalement les minerais oolithiques en roches, dans le gisement même où ils ont été formés, minerais dont une partie a été enlevée et désagrégée par diverses révolutions de la surface du globe, pour former des dépôts tertiaires ou d'alluvion; dans cette classe rentrent également les hydroxydes et les oxydes rouges à structure compacte; le fer carbonaté lithoïde qui se trouve principalement dans le terrain houiller, soit en couches réglées et continues, alternant avec les strates de ce terrain, soit en rognons, ordinairement de forme ellipsoïdale, disséminés avec une abondance variable dans certaines couches marneuses et friables de ce même terrain, etc.

5° *Les minerais en filons, en amas, etc., dans des terrains non stratifiés ou à stratification très-tourmentée.* Ces minerais, ordinairement fort distincts des précédents, sont les fers carbonatés spathiques, les oxydes concrétionnés, et surtout les hématites brunes manganésifères, le fer oligiste compacte, cristallin et micacé, le fer oxydulé, le grenat ferrifère, etc.

Nous allons maintenant passer en revue les douze groupes de minerai de fer.

Premier groupe.

(*Mines et minières du nord-est.*)

1338. Ce groupe (Pl. 88 fig. 1; Pl. 89 fig. 1, et Pl. 90 fig. 1, 2 et 3) dont les minerais sont propres à produire toutes les qualités de fer que réclame le commerce, comprend les mines et minières de France qui forment une zone presque continue le long de la frontière du Nord, à l'ouest de la Moselle, et qui se trouvent réparties dans les Ardennes et dans une partie de la Meuse et de la Moselle; départements auxquels nous ajouterons ceux du Nord, de l'Oise et du Pas-de-Calais, dont les minerais ne sont traités qu'avec les houilles de la Belgique et du Nord.

Les dépôts ferrifères qui existent sur notre frontière du nord-est, sont en connexion intime avec ceux qui alimentent les forges du Hainaut, de Namur et du Luxembourg; toutefois la répartition de cette richesse n'a point été faite également entre la France et la Belgique, aux divers points de la frontière. Nos mines et minières du département du Nord et celles qui existent probablement à l'extrémité nord-est du département de l'Aisne, ne sont qu'un prolongement peu remarquable des vastes et riches dépôts belges situés entre Sambre-et-Meuse; — à partir de la Meuse, au contraire, les gîtes ferrifères abandonnent à peu près complétement le territoire belge pour donner lieu aux importantes exploitations des Ardennes et de la Meuse; — à Montmédy, ils pénètrent de nouveau sur le territoire belge où ils sont activement exploités aux environs de Virton et de Luxembourg, sans que, toutefois, leurs minerais acquièrent jamais l'abondance et les bonnes qualités qui se font remarquer dans ceux du département de la Moselle.

Les gîtes du premier groupe font presque tous partie des deux premières classes; ils sont répartis sur un sol qui appartient principalement aux divers étages du terrain jurassique. Telle est, en effet, la composition des Ardennes, de la Meuse et de la partie de la Moselle qui dépend du premier groupe, le grès vert apparaissant le long des limites méridionales de cette formation. Cette disposition n'est cependant point générale; ainsi dans les Ardennes, au nord de Mézières, autour de Rocroy et jusqu'à Givet, on rencontre des gites de minerai dans des terrains de transition; — dans le Nord, on voit apparaître à la fois le terrain de transition, le calcaire carbonifère et le terrain tertiaire inférieur, les gites se trouvant surtout dans les deux premiers genres de terrains; — dans le Pas-de-Calais, divers étages du terrain jurassique souvent recouverts par le grès vert, forment un système qui environne Boulogne; tout autour il s'en développe un autre composé de craie entremêlée de terrain tertiaire, mais c'est dans la circonscription du terrain jurassique que se rencontrent les gites de fer; — enfin dans l'Oise, le minerai de fer se trouve dans le grès vert qui forme une zone au milieu de terrains tertiaires et de craie.

1559. *Ardennes* (Pl. 88, fig. 1 et Pl. 89, fig. 1). — Ce département renferme cent trente minières en activité (1).

On y rencontre des minerais de fer de première et de troisième classe; ceux de la première sont des hydroxydes en grains, rognons, plaques, fragments, disséminés dans les sables et dans les argiles qui recouvrent les anfractuosités du terrain jurassique; ceux de la troisième sont des oxydes et des hydroxydes formant des dépôts dans le terrain de transition dit de l'*Ardenne*.

Nous signalerons quelques-uns des dépôts les plus importants :

Près de l'Aire affluent de l'Aisne, les minières de Grandpré et environs où le minerai, de deuxième classe, se trouve à l'état de petits grains irréguliers noirâtres et mélangés de grains de quartz; elles fournissent 56882 tonnes de minerai brut. — Non loin de Stenay, près de divers affluents de la Meuse, les minières de Sommerance et environs, où le minerai, de deuxième classe, est à l'état de petits grains noirâtres et irréguliers; elles fournissent 9020 tonnes. — Entre Aisne et Meuse, à portée du fourneau le Hurtaut, près du Chiers affluent de la Meuse, la minière de Margut, où le minerai d'alluvion est à l'état de petits grains et fragments irréguliers; sa production est de 18 000 tonnes. — On remarque encore divers dépôts : Près de l'Ennemanne affluent de la Meuse. — Sur la rive gauche de la Meuse, près de Flize. — Près de Signy-le-Petit. — Autour de Remvez sur la Sarmonne. — Entre Mézières et Carignan sur la rive droite du Chiers. — Enfin nous citerons près du Semois affluent de la Meuse, les minières de Foix et des environs, où le mi-

_____

(1) Les documents statistiques de cette description sont relatifs à l'année 1841.

nerai, de deuxième classe, est à l'état de petits grains ronds, très-fins, dans une argile sableuse; ce minerai se nomme mine noire et produit 47 910 tonnes.

1360. *Meuse* (Pl. 88, fig. 1 et Pl. 89, fig. 1). — Ce département renferme vingt-huit minières en activité. Leurs minerais, de première classe, sont de même nature que ceux des Ardennes.

Nous signalerons, dans la portion de la Meuse qui fait partie du premier groupe, divers dépôts :

Près de l'Azenne, affluent de la Meuse; — près de la Wiseppe, autre affluent de la Meuse; — près de la Thonne, affluent du deuxième ordre de cette rivière; c'est à ces derniers dépôts qu'appartiennent les minières de Thonne-le-Thil, où le minerai d'alluvion est à l'état de peroxyde hydraté, en grains et fragments irréguliers dans une gangue argileuse, et dont le produit est de 8 160 tonnes.

1361. *Moselle* (Pl. 88, fig. 1). — Ce département renferme cent trente-six minières en activité. Leurs minerais appartiennent principalement à la deuxième classe; ce sont des hydroxydes à structure oolithique, en couches subordonnées dans la partie supérieure de la formation jurassique. On y trouve aussi du minerai de première classe, à l'état d'hydroxydes de toutes formes, disséminés dans les sables et argiles qui recouvrent le terrain jurassique.

Dans la portion de ce département qui fait partie du premier groupe, on remarque divers dépôts ferrifères :

— Autour des fourneaux d'Hayange et de Moyeuvre; c'est à ces dépôts qu'appartiennent les fameux gîtes de Saint-Pancré, Aumetz, Audun-le-Tiche, etc., qui fournissent une des meilleures qualités de fer de l'Europe; le minerai y est de première classe et à l'état d'hydroxyde de fer en grains disséminé dans des argiles d'alluvion qui recouvrent les anfractuosités du terrain jurassique; les trois minières que nous venons de nommer produisent collectivement 147 215 tonnes de minerai; c'est encore aux mêmes dépôts qu'appartiennent les mines d'Hayange et de Moyeuvre, où le minerai est à l'état d'hydroxyde oolithique en couches; Hayange produit 15 159 tonnes. — Près de Metz, entre Orne et Moselle. — Près de l'Alzette affluent de la Moselle. — Près de Longwy et Longuyon, et de divers affluents de la Meuse. — Enfin à l'est de la Moselle, près de Metz.

1362. *Nord* (Pl. 89, fig. 1). — Ce département renferme cent soixante-sept minières et trois mines en activité. Leurs minerais font partie des deux premières classes ; ceux de la première sont des hydroxydes de toutes formes disséminés dans les sables et argiles qui recouvrent les anfractuosités du terrain de transition; ceux de la deuxième sont des oxydes rouges en grains agglutinés par un ciment argileux et formant des couches intercalées dans le terrain de transition.

Les principaux dépôts ferrifères sont situés :

Près des fourneaux de Maubeuge, du Hagon, de Berlaimont, etc., et parmi eux nous citerons les mines de Frelon et Ohain, arrondissement d'Avesnes, composées de minerai de troisième classe, oxydé rouge, en couches dans le terrain de transition; leur produit est de 1090 tonnes. — On distingue aussi parmi les mêmes dépôts les mines dites de l'arrondissement d'Avesnes, dont le minerai d'alluvion, oxydé hydraté, se trouve en fragments irréguliers dans l'argile, et alimente le fourneau de Maubeuge; leur produit est de 20226 tonnes.

Nous extrayons de la notice de M. P.-A. Drouot, ingénieur des mines, sur le minerai de fer, dit d'alluvion, de l'arrondissement d'Avesnes, les passages suivants (1) :

« — Les formations géologiques qui constituent le sol de l'arrondissement « d'Avesnes consistent en terrain de transition recouvert par du terrain « tertiaire.

« La partie supérieure du terrain de transition est composée de bancs de « schiste plus ou moins argileux. La partie inférieure consiste en bancs de « calcaire bleuâtre.

« Le terrain tertiaire ne présente pas de stratification distincte. Il occupe « principalement les sommités et parait avoir été déposé postérieurement « au soulèvement du terrain de transition. Il est composé de dépôts argi- « leux et sablonneux, sans mélange de calcaire.

« Le minerai de fer se trouve au-dessous du terrain tertiaire, dans des « cavités du terrain de transition, le plus souvent entre le calcaire et le « schiste, mais quelquefois entièrement encaissé dans l'une ou l'autre de ces « roches. Il est en masses cunéiformes.

« En Belgique il existe de ces amas de minerai, qui s'étendent sur plu- « sieurs kilomètres de longueur sans discontinuité. Dans l'arrondissement « d'Avesnes, on n'a pas exploité ainsi sur 500 mètres de longueur, et on « n'a jamais extrait 15000 mètres cubes de minerai brut du même gîte. « Dans cette dernière localité, on regarde un gîte comme abondant lors- « qu'il fournit 4000 mètres cubes de mine brute. La largeur de ces gîtes

---

(1) *Annales des mines.* 1841.

« est très-variable : il y en a de 15 et même 100 mètres à leur maximum ;
« assez souvent cette largeur se réduit à quelques mètres dès qu'on atteint
« la profondeur de 6 à 7 mètres, et plus bas la masse se termine en forme
« de coin. La profondeur à laquelle le gîte s'étend est elle-même très-
« variable. En Belgique, et récemment en France, on a trouvé du minerai
« jusqu'à 30 mètres et au delà.

« Les gîtes exploités en ce moment pour les hauts-fourneaux au coke de
« Denain, Maubeuge, Ferrière-la-Grande et Aulnois-lès-Berlaimont, ainsi
« que pour les hauts-fourneaux au charbon de bois de Sars Poterie, Four-
« mies et Trélon, sont au nombre de cent vingt environ. Ils se trouvent
« presque tous au midi de la Sambre; il y en a cependant quelques-uns sur
« la rive gauche de cette rivière, en aval de Maubeuge.

« Le minerai consiste presque uniquement en peroxyde hydraté, mais
« M. Boudousquié ayant remarqué dans les minières qui approvisionnent
« les hauts-fourneaux de Hourpes (Belgique) une pierre argileuse, bleu
« verdâtre, d'une grande pesanteur spécifique, qu'il reconnut être un fer
« carbonaté de bonne qualité, j'ai examiné les gîtes de l'arrondissement
« d'Avesnes, et j'ai trouvé dans presque tous du fer carbonaté avec em-
« preintes de coquilles nombreuses qui n'ont pas encore été déterminées.

« Ce fer carbonaté, toujours en minime proportion, se rencontre au
« centre des blocs de peroxyde hydraté; de telle sorte qu'on doit regarder
« le peroxyde hydraté comme provenant de la décomposition du carbonate.
« Cette opinion est motivée encore sur ce que le fer carbonaté se trouve
« dans les parties inférieures des gîtes, parties non altérées par les cou-
« rants qui ont déposé le terrain tertiaire ou creusé les vallées.

« Les parties supérieures des gîtes paraissent avoir été remaniées par
« de forts courants. Le minerai s'y trouve presque toujours en fragments
« argileux, quelquefois très-petits, quelquefois de la grosseur du poing, et
« rarement en masses d'un quintal. Ces fragments sont disséminés dans de
« l'argile dont on les sépare par le lavage. Les matières étrangères qui
« restent après le lavage sont des fragments de schiste, quelques fragments
« de calcaire et de silex. Ces derniers sont heureusement fort rares, car
« leur mélange rend les minerais très-réfractaires, et nuit ainsi à la qualité
« de la fonte.

« Dans les parties inférieures des gîtes, le minerai se présente quelque-
« fois en masses poreuses presque sans mélange; le plus souvent il y est en
« blocs irréguliers entourés d'argile. Ces blocs irréguliers sont désignés par
« les mineurs sous le nom de grains, par opposition au nom de mine fine,

« sous lequel ils désignent le minerai en petits fragments disséminés dans
« l'argile.

  « Le minerai qui se trouve en contact avec le calcaire désigné par les
« mineurs sous le nom de *pierre bleue*, à cause de sa couleur bleue noi-
« râtre, ce minerai, dis-je, est presque toujours riche. Il n'en est pas de
« même des parties en contact avec les schistes désignés par les mineurs
« sous le nom d'*aguaises*. Ces schistes perméables, en s'imbibant de la
« liqueur ferrugineuse, ont appauvri les gîtes; en outre, le minerai qui
« avoisine ces schistes ne présente pas de séparation bien distincte avec
« la roche encaissante; souvent même la masse de ce minerai contient de
« nombreux fragments de ce schiste, dont il est difficile de le débarrasser
« par le triage. Ce schiste, argileux, micacé, imprégné d'oxyde de fer,
« n'est pas très-réfractaire, mais il a l'inconvénient d'appauvrir le minerai,
« et donne lieu à une plus grande consommation de combustible et de
« castine.

  « J'ai dit précédemment que le minerai de fer se trouve le plus souvent
« entre le schiste et le calcaire; ainsi en marquant sur la carte les affleu-
« rements de ces deux roches, on peut suivre leur ligne de contact par-
« tout où elle se montre au jour, et faire des sondages dans les parties
« recouvertes par le terrain tertiaire.

  « Les minerais de fer dont je viens de parler ne sont pas les seuls qui se
« trouvent dans l'arrondissement d'Avesnes. On exploite encore dans la
« partie orientale de cet arrondissement, aux environs de Fourmies et de
« Trélon, d'autres minerais concessibles qui forment deux couches presque
« verticales de un à deux mètres d'épaisseur dans des schistes argileux cal-
« caires de transition. Ces minerais eux-mêmes, un peu calcaires, sont en
« petits grains de la grosseur d'une tête d'épingle, assez mal agglutinés, et
« se réduisent facilement en une sorte de poudre lorsqu'ils sont secs. Ils
« ont une grande analogie avec les minerais exploités en plusieurs localités
« de France, dans le lias ou l'oolithe. Ces minerais employés seuls don-
« neraient de la fonte de médiocre qualité. »

  1863. *Pas-de-Calais* (pl. 90, fig. 3). — Ce département renferme
95 minières en activité. On y exploite des hydroxydes en grains, fragments
et géodes, formant des dépôts importants dans des sables et argiles et
principalement dans le Boulonnais, près des fourneaux de Marquise.

  On remarque parmi les gîtes du Pas-de-Calais : les minières de l'isse-
vert, composées d'hydroxydes en grains et petites masses, dont le produit
est de 1350 tonnes; — les minières de Bainghen et de la Malassise où le

minerai est à l'état d'hydroxyde et carbonate en amas superficiels et dont le produit est de 3 625 tonnes.

1364. *Oise* (pl. 5 , fig. 2). — Enfin, pour terminer, nous mentionnerons quelques dépôts situés dans l'Oise près de Beauvais, dans la circonscription du grès vert.

Deuxième groupe.

(*Mines et minières du nord-ouest.*)

1365. Ce groupe (pl. 90, fig. 4 ; et pl. 91, fig. 1), — dont les minerais donnent presque tous des fontes tendres pour le moulage des poteries communes et des fers cassants à froid , et qui, dans le Morbihan, la Sarthe et l'Orne, produit des fers doux et ployants, — comprend les mines et minières du nord-ouest de la France, situées dans les départements des Côtes-du-Nord, Eure, Eure-et-Loir, Ille-et-Vilaine, Loire-Inférieure, Manche, Mayenne, Morbihan, Orne et Sarthe.

Les minerais de ces départements appartiennent à la première et à la troisième classe; ceux de la partie occidentale, dans les Côtes-du-Nord, le Morbihan et les localités voisines , font partie, pour la plupart, de la troisième (sixième de notre division); ceux de la partie orientale appartiennent plus particulièrement à la première, et sont alors composés d'hydroxydes presque toujours disséminés dans des terrains de transport.

« Ceux qui alimentent les hauts-fourneaux appartiennent pour la plupart « aux terrains tertiaires; cependant il en existe en assez grande quantité « à la ligne de contact des terrains de transition et des roches anciennes (1).»

Aucun des gîtes dont on vient de parler ne paraît avoir l'importance de ces grands amas de minerais qui se trouvent ailleurs dans les mêmes conditions géologiques; mais ils paraissent être assez nombreux , et donneraient certainement lieu à une fabrication de fer plus étendue que celle qui existe aujourd'hui, si cette partie de la France était plus riche en combustible végétal.

Le sol des départements du deuxième groupe est formé de divers terrains, qui sont : à l'ouest, les terrains primitifs, et les terrains de transition, ces derniers fréquemment interrompus par le soulèvement des terrains primitifs, principalement des granits, enfin le terrain tertiaire qui ne se fait voir que sur des portions peu étendues; à la limite de ces terrains ,

---

(1) M. Dufrénoy (*Explication de la carte géologique de France*).

à l'est, on rencontre les terrains jurassiques, le grès vert et le terrain tertiaire.

Les terrains primitifs occupent une large zone continue, le long des bords de la mer, depuis Pont-Croix jusqu'à la Loire; ils se font également voir au nord de Brest. Le terrain de transition fréquemment interrompu par les granits, embrasse une vaste étendue bornée à l'est par une ligne qui passe à peu près par Sablé, Frenai, Alençon et Falaise. C'est à partir de cette ligne que se montrent successivement : l'étage inférieur et l'étage moyen du système oolithique du terrain jurassique, recouverts fréquemment par de petites étendues de terrain tertiaire, et ayant pour limite, à l'est, une ligne qui passe par La Flèche, le Mans et Mortagne; — le terrain du grès vert recouvert, plus fréquemment et sur des surfaces plus étendues que les autres formations, par le terrain tertiaire; — enfin le terrain tertiaire qui règne seul à partir de Moulins-la-Marche et à petite distance de Nogent-le-Rotrou.

Dans la circonscription des terrains primitifs on ne rencontre que quelques gîtes; dans le terrain de transition le nombre en est beaucoup plus grand; mais c'est dans le terrain tertiaire qu'ils sont le plus abondants.

1566. *Côtes-du-Nord.* — Ce département renferme treize minières en activité et pas une concession de mines; les concessions sont du reste à peu près nulles dans le groupe dont nous nous occupons.

La plupart des minerais exploités dans les Côtes-du-Nord ainsi que dans le Morbihan, appartiennent à la troisième classe; ce sont des hydroxydes passant à l'hématite, des oxydes rouges, des fers oxydulés, des grenats ferrifères, etc., gisant en amas, filons et couches, dans le terrain ancien.

Les gîtes les plus importants dans les Côtes-du-Nord sont :

Autour du fourneau de Coat-an-Noz, arrondissement de Guingamp, les minières de Lescalon et celles de Louargat dont le produit collectif est de 2757 tonnes; leur minerai est de troisième classe, c'est un hydroxyde en veines et amas dans le terrain de transition. — Près de la rivière le Blavet, à quelque distance de Rostrenen, les minières de Gouarec qui alimentent le fourneau des Salles et dont le minerai, de troisième classe, est aussi un hydroxyde de fer en veines et amas dans le terrain de transition; leur produit est de 382 tonnes. — Autour des fourneaux Le Pas et de Vaublanc, les minières du Bas-Vallon-l'Hermitage, arrondissement de Saint-Brieuc, dont le minerai de troisième classe est un silico-aluminate de fer en amas dans des schistes; leur produit est de 268 tonnes de minerai.

1367. *Eure*. — Il y existe vingt-deux minières en exploitation. Ces minières sont situées dans le terrain tertiaire. Nous en signalerons non loin d'Évreux, sur la rivière Iton ; — et près du fourneau de Broglie.

1368. *Eure-et-Loir*. — Il y existe trois minières en activité ; ces minières sont dans le terrain tertiaire.

1369. *Ille-et-Vilaine*. — Ce département renferme sept minières en activité. Elles sont comprises dans la partie du groupe qui appartient au terrain de transition. Il en existe près des fourneaux de Sérigné et de La Vallée ; — entre Rennes et Saint-Aubin; — sur la Vilaine.

1370. *Loire-Inférieure*. — Ce département renferme trois minières en activité, comprises dans les limites du terrain de transition. Elles se trouvent entre l'Erdre et le Don ; — près du fourneau de la Hunaudière : — entre Saint-Gildas et la Roche-Bernard.

1371. *Manche*. — Sept minières en activité aux environs du fourneau de Bourberouge (p. Mortain); elles produisent des fers durs de bonne qualité.

1372. *Mayenne*. — Ce département renferme neuf minières en activité. Elles sont comprises dans les limites du terrain de transition. Nous en signalerons près d'Évron et sur l'Orthe.

1373. *Morbihan*. — Ce département renferme dix minières en activité, soit dans le terrain tertiaire, soit dans le terrain de transition. Il en existe : sur la Scorf; — près du fourneau de Trédion; — non loin de Malétroit; — sur l'Artz, près de Rochefort; — enfin près de Baud et de Locminé.

1374. *Orne*. — On compte dans ce département dix-neuf minières en activité et une mine qui était la seule concession du deuxième groupe qui existât en 1841. Ces gîtes sont, partie dans le terrain tertiaire, partie dans celui de transition. Dans les limites du terrain tertiaire, nous en signalerons : près de l'Eure et de Mortagne; — près de l'Avre, — et près de la rivière de Charenton. Dans le terrain de transition il en existe sur la rivière de Varenne ; — près d'Écouché — et sur la rivière de Sarthon.

1375. *Sarthe*. — On y remarque dix minières en activité, situées dans diverses formations. Il en existe dans les limites du terrain de transition, près de la rivière de Vègre ; d'autres dépôts se font voir dans divers terrains près du Mans, de Beaumont, de Frenay et d'Alençon, à portée des fourneaux d'Anthignié, de l'Aulne et de la Gaudinière.

Troisième groupe.

(Mines et minières des Vosges.)

1576. Le groupe des Vosges (Pl. 88, fig. 2 et 3) comprend les mines et
minières de la Meurthe et du Bas-Rhin et une partie de celles des départements de Moselle , Haut-Rhin , Haute-Saône et Vosges.

Les minerais exploités dans cette région montagneuse appartiennent
soit à la première, soit à la troisième classe.

Les minerais de la troisième classe donnent en général des fers d'excellente qualité; ils sont presque toujours exempts de pyrite de fer; ceux qui
produisent du fer un peu cassant à chaud, paraissent devoir cette qualité nuisible à la présence de la baryte sulfatée. Quant aux minerais de première classe, ils renferment : — Des hydroxydes terreux ou œtites, c'est-
à-dire des fers carbonatés lithoïdes décomposés, disséminés dans des argiles
et des sables; ils sont ordinairement phosphoreux et donnent en conséquence une fonte peu propre à la fabrication du bon fer, mais excellente
pour le moulage de poteries communes et de petits objets, surtout depuis
l'emploi de l'air chaud dans les hauts-fourneaux ; — des hydroxydes
du terrain tertiaire qui produisent une fonte d'excellente qualité et du fer
intermédiaire entre le fer métis et le fer fort; quelques variétés de ces derniers minerais donnent lieu à du fer fort et à du fer cassant; leur mélange
avec les œtites produit d'excellentes fontes de moulage; — Des hydroxydes
d'alluvion, provenant de dépôts formés aux dépens du terrain tertiaire;
ils ne donnent que des fontes de qualité médiocre.

Les gîtes les plus remarquables de ce groupe, qui est, du reste, un des
plus importants comme production de fonte, appartiennent à la troisième
classe (sixième de notre division) et forment un système de filons dont on
retrouve fréquemment les traces depuis l'extrémité méridionale du département des Vosges jusque dans les départements du Bas-Rhin et de la Moselle, près de la frontière de la Bavière rhénane et du grand-duché du Rhin.
— De semblables gîtes se retrouvent également dans la Bavière rhénane,
dans le prolongement de la direction principale du troisième groupe, et
cette même formation de filons se reproduit encore sur la rive droite
du Rhin, dans les montagnes de la Forêt-Noire.

Le sol du troisième groupe est formé ainsi qu'il suit :

La partie ouest appartient au trias; il s'étend jusqu'à la rencontre du
grès des Vosges qui règne du nord au sud, parallèlement au Rhin, de-

puis Bitche jusqu'à Plombières et interrompt le terrain du trias en
d'autres endroits encore, notamment à l'ouest de Sarrebruck, autour du
haut-fourneau de Creutzwald; au sud, autour de Saint-Dié et de Giromagny, le grès rouge apparait au milieu du grès des Vosges qui est aussi
remplacé par les terrains primitifs en plusieurs endroits, notamment
à l'est de Remiremont et aux environs de Saint-Dié, où l'on rencontre
le granit sur une assez grande étendue. A l'est du grès des Vosges, on
retrouve de nouveau, et toujours suivant une zone parallèle au Rhin,
le terrain du trias qui cependant ne règne pas sans interruption : il est recouvert par le terrain jurassique entre Saverne et Haguenau, sur une assez
vaste étendue et souvent remplacé, au sud, par un terrain plus ancien,
celui de transition. Enfin le long des bords du Rhin, dans le fond de la
vallée, le sol appartient aux alluvions; toutefois, à l'est de Belfort et au sud
d'Altkirch, il existe une assez vaste étendue de terrain tertiaire supérieur.

1577. Meurthe. — On compte cinq minières en activité dans ce département où le minerai de fer n'a qu'une faible importance.

1578. Bas-Rhin. — Ce département renferme trente-deux minières et
deux mines en activité.

La partie septentrionale qui est formée en grande partie par le grès des
Vosges, contient plusieurs dépôts ferrifères de fer hydraté, qui s'y présente fréquemment sous forme de belle hématite brune; on trouve plusieurs filons de ce genre au-dessus de Wissembourg et dans les environs
de Lembach, à Katzenthal, Rörenthal, Fleckenstein, Schlettenbach,
Erlenbach, Friensbourg, Dahlenberg, etc.; les filons de Fleckenstein et
ceux d'Erlenbach sont souvent très-puissants et remplis, en partie, de
blocs de grès des Vosges confusément entassés; ces divers gîtes sont à
portée des fourneaux de Jægerthal, Niederbrunn, Mutterhausen, etc.
Plus au sud, on rencontre plusieurs gîtes disséminés dans les argiles et
sables appartenant à de véritables alluvions, ou dans un bassin argileux
tertiaire recouvrant le calcaire jurassique, ou encore dans un dépôt allu-
vial formé aux dépens du terrain tertiaire. — Les minerais de la 1re classe
du groupe qui nous occupe ne forment de dépôts importants que dans
le département du Bas-Rhin où ils présentent des nuances assez variées
par leurs qualités et par les circonstances de leur gisement; ces dépôts
alimentent les hauts-fourneaux que nous venons de nommer, et parmi eux
on peut citer les minières de Vierzelfeld et de Wachholderberg (arrondissement de Wissembourg), dont le produit est de 3 265 tonnes; leur
minerai se compose de débris d'œtites du lias, disséminés dans un dépôt

diluvien et alimente principalement les fourneaux de Niederbrunn et de Zinsweiler.

1579. *Moselle.* — Dans ce département dont il a été déjà fait mention, les dépôts ferrifères qui appartiennent au 3e groupe se trouvent disséminés autour du fourneau de Creutzwald et sont situés principalement dans les limites du grès des Vosges, à l'état de filons; tels sont les gites de Creutzwald et de Diesen qui font partie de la 3e classe, et qui se composent d'hématites de fer.

1580. *Haut-Rhin.* — Ce département renferme douze minières et sept mines en activité, mais assez pauvres en général. Ceux de ces dépôts qui font partie du 3e groupe sont de 3e classe; et parmi eux l'on peut citer les gites de Massevaux, près de Thann, qui sont composés de filons de fer hydraté compris dans le terrain de transition.

1581. *Haute-Saône.* — Ce département renferme deux cent trentecinq minières et six mines, en activité : mais ceux de ces dépôts qui font partie du 3e groupe, sont en petite quantité; ce sont quelques gites entre Giromagny et Luxeuil.

1582. *Vosges.* — Il y existe six minières et onze mines en activité. C'est principalement autour de Framont que l'on exploite les minerais de fer de ce département, qui font partie du groupe qui nous occupe.

« A Framont (1) ,on exploite depuis un temps immémorial des amas
« aplatis de fer oligiste et de fer hydraté. La ressemblance du premier de
« ces minerais avec celui de l'ile d'Elbe a été remarquée depuis longtemps.
« Ces amas sont disposés avec symétrie autour d'une protubérance
« porphyrique. On observe aussi près de Framont des filons de fer hydraté
« qui se prolongent dans le grès des Vosges. »

Autour de Framont, on trouve le fer oligiste dans les mines de Grandfontaine, du Donon, du Bas-Bacpré et de Noire-Maison, et le fer hydraté dans les mêmes mines de Grandfontaine et de Noire-Maison; on y trouve encore du fer oxydé rouge en filons, de la roche de grenat trèsriche, du fer silicaté et du fer oxydulé.

Les diverses concessions de Framont produisent 3 965 tonnes.

_____

(1) M. Élie de Beaumont, *Description de la carte géologique.*

Quatrième groupe.

(Mines et minières du Jura.)

1583. Le groupe du Jura (pl. 88, fig. 4) comprend les mines et minières du Jura, du Doubs et d'une partie de la Côte-d'Or, de la Haute-Marne, du Haut-Rhin et de la Haute-Saône.

C'est dans la Haute-Saône et dans les parties riveraines du Haut-Rhin, des Vosges et du Jura que se trouvent concentrés les gîtes du 4° groupe, qui renferme les trois classes de minerais, tout en ne recevant réellement d'importance que de la première.

Les minerais de la 1re classe présentent deux variétés principales, différant beaucoup par leur origine, leur gisement et leurs qualités, bien qu'on les désigne communément l'une et l'autre sous le nom assez impropre de *minerais d'alluvion*. — La première variété (classe n° 2 de notre division) est un hydroxyde de fer en grains sphéroïdaux de grosseur variable, mais n'excédant jamais celle d'un pois; ces grains sont formés de couches concentriques distinctes; ils sont toujours entiers, ordinairement isolés et indépendants dans la couche argilo-sableuse qui les renferme, sauf quelques masses peu volumineuses agglutinées par un ciment calcaréo-ferrugineux. Le minerai est toujours accompagné d'une argile ocreuse dont la proportion est de deux à huit fois le volume du minerai. Ce mélange forme des amas peu étendus, épais de deux mètres au plus, dans une couche d'argile recouverte elle-même par une série de couches régulières dont l'épaisseur totale n'excède jamais vingt mètres. Cette formation ferrifère, qui appartient au terrain du grès vert, remplit les dépressions du calcaire jurassique et se trouve fort développée sur le versant occidental du Jura. — La 2me variété de minerais dits d'*alluvion* (classe n° 1 de notre division), est composée de minerais de même nature que la première, avec cette différence que les grains en sont ordinairement brisés et associés à des coquilles et autres débris d'animaux, ainsi qu'à des matières de transports de nature plus variée et aussi en proportion plus considérable. L'ensemble de cette formation ferrifère offre tous les caractères de dépôts formés à une époque très-récente aux dépens des gîtes de la première variété. Ces gîtes remaniés reposent indistinctement sur tous les terrains de la chaîne du Jura, tantôt dans les dépressions du sol, tantôt à des niveaux fort élevés, tantôt enfin dans des fissures et même dans des cavités souterraines formées à diverses époques dans les calcaires jurassiques. Parmi cette classe particulière de dépôts, on peut signaler des cavités formées dans le sens de la stratification, d'où résulte, pour le terrain de transport qui les remplit, l'apparence d'une couche intercalée contemporaine de la formation calcaire.

Une classe encore plus remarquable de gites ferrifères se compose de longs boyaux sinueux ayant 10 à 12 mètres carrés de section transversale, creusés entièrement dans la masse du calcaire jurassique et dont l'axe de figure affecte généralement une disposition horizontale. Ces boyaux sont resserrés de distance en distance par des étranglements, et communiquent de temps en temps avec la surface par des cheminées à peu près verticales ayant 7 à 8 mètres carrés de section transversale, et 10 à 55 mètres de longueur. L'argile ferrifère, dont toutes les cavités sont remplies, contient de 0,25 à 0,40 de minerai propre à la fusion.

Les minerais de la deuxième classe sont des hydroxydes oolithiques en couches dans les trois étages du terrain jurassique et particulièrement dans les étages supérieur et inférieur.

Le seul gite de la troisième classe qui existe dans le groupe, est composé de fer oligiste et d'oxyde rouge en filons dans une roche porphyrique.

Les minerais du grès vert, non remaniés, produisent les excellentes qualités de fonte et de fer recherchées dans le commerce sous le nom de *fontes* et de *fers de la Franche-Comté*, lesquelles ont été l'objet, depuis un temps immémorial, de ces nombreuses élaborations secondaires, qui, telles que la fabrication de la tôle fine, du fer-blanc, du fil de fer, exigent les fers les plus purs et les plus ductiles. Les minerais remaniés donnent lieu à des produits de qualité inférieure, parce qu'ils sont associés à du phosphate de chaux appartenant à des débris de coquilles et d'animaux, et aussi à diverses autres substances nuisibles, telles que des rognons siliceux provenant du terrain tertiaire lacustre et contenant du soufre.

1384. Nous allons extraire du travail de M. Thirria, sur le terrain néocomien de la Franche-Comté(1), les parties qui se rapportent le plus directement au minerai de fer, et celles qui font connaitre la disposition des divers terrains du quatrième groupe. Ce travail est le résultat d'une mission confiée à M. Thirria dans le but d'observer la nature et la position des gites, et d'examiner si, d'après les circonstances de leur gisement et le mode d'exploitation suivi ou susceptible d'être suivi, ils ne seraient point dans la classe des gites concessibles.

« — Le Jura, en France et en Suisse, dit M. Thirria, est constitué

(1) *Annales des mines*, tome X, 3e série, IVe livraison.

« par un ensemble de groupes de montagnes allongées qui se dirigent
« généralement du sud-ouest au nord-est, et dont les principales dépres-
« sions ont la même direction.

« Considérées perpendiculairement à leur direction, les chaînes du Jura
« sont disposées comme des gradins, de plus en plus proéminents à mesure
« qu'on avance vers l'Est, dont les plus élevés se trouvent sur une ligne à
« peu près droite allant de Bâle à Nantua, ligne où les sommités les plus
« hautes s'élèvent jusques à 1 700 mètres au-dessus du niveau de la mer,
« et dont les derniers, situés à peu de distance au delà de cette ligne, se
« terminent sur le territoire suisse par des escarpements abrupts.

« Le Haut-Jura français s'étend à partir de la Suisse, jusqu'à peu de
« distance à l'Ouest d'une ligne presque droite passant par St-Hippolyte,
« Pontarlier et St-Claude, espace dans lequel se trouve la haute vallée du
« Doubs, qui se dirige aussi du sud-ouest au nord-est. Le Jura moyen, où
« les plus hautes sommités atteignent encore 875 mètres au-dessus du
« niveau de la mer, règne jusque vers une ligne à peu près droite, qui passe
« par Belfort, Besançon et Louhans, en comprenant la vallée basse du
« Doubs, exactement parallèle à la vallée haute, grandes vallées qui se
« réunissent par une vallée transversale formée jusqu'à St-Hippolyte, par
« la naissance ou le pied de plusieurs chaînons parallèles à la direction
« générale, et, à l'ouest de cette ville, par une grande fracture du terrain
« jurassique sensiblement perpendiculaire à cette direction. Enfin, la
« partie basse du Jura français s'étend à l'ouest de cette seconde ligne et
« comprend toute la partie occidentale de la Franche-Comté, où les plus
« hautes montagnes ne s'élèvent pas à plus de 600 mètres au-dessus du
« niveau de la mer.

« Ces différentes zones ont aussi des caractères géologiques qui leur sont
« propres : dans le Haut-Jura, on rencontre seulement le terrain
« néocomien que nous allons décrire, et les deux étages supérieurs du
« terrain jurassique, qui s'y présentent avec une puissance considérable,
« et qui ont cela de remarquable que les assises marneuses y sont généra-
« lement peu développées, tandis que les assises calcaires y sont au
« contraire très-puissantes. La zone moyenne offre un dépôt tertiaire
« d'eau douce fort circonscrit (à Charmont et Nommay, dans le départe-
« ment du Doubs); le terrain néocomien en couches moins puissantes que
« le Haut-Jura; des dépôts peu étendus de minerai de fer pisiforme, dont
« quelques lambeaux commencent déjà à se montrer dans la partie
« occidentale du Haut-Jura, minerai de fer que nous considérons comme

« contemporain du terrain néocomien; les trois étages du terrain
« jurassique; le terrain liassique, le terrain keupérien et le terrain du
« muschelkalk. Enfin la partie basse du Jura offre un dépôt tertiaire d'eau
« douce assez étendu (aux environs de la Charité, dans le département de
« la Haute-Saône); quelques lambeaux peu puissants et très-circonscrits
« de terrain néocomien; de grands dépôts de minerai de fer pisiforme;
« les trois étages du terrain jurassique peu puissants, mais avec des assises
« marneuses très-développées; le terrain liassique; le terrain keupérien;
« le terrain du muschelkalk; le grès bigarré; le grès vosgien; le grès rouge
« et même des roches d'épanchement plutonique (forêt de la Serre, dans
« le département du Jura;)

« Le terrain auquel on a donné le nom de néocomien et que nous avions
« d'abord nommé jura-crétacé parce qu'il se lie par ses caractères paléonto-
« logiques avec le terrain jurassique et le terrain crétacé, se présente dans
« les vallées du Jura, adossé sur des calcaires appartenant au troisième
« étage du terrain jurassique et quelquefois au deuxième étage de ce terrain,
« en stratification toujours discordante, mais peu différente de celle de ces
« calcaires.

« On peut conclure de la disposition des couches néocomiennes qu'elles
« ont été redressées de la même manière que celles du terrain jurassique,
« et avant que les unes et les autres fussent parfaitement consolidées.

« La puissance de tout dépôt dont la formation est due principalement à
« des sources d'eaux minérales sourdant dans un bassin, devant être
« sensiblement proportionnelle à la durée de son séjour dans les eaux de ce
« bassin, un fait géogénique des plus remarquables, nous semble résulter
« de ce que la puissance du terrain jurassique décroît à mesure qu'on
« avance vers le Bas-Jura, à savoir que le Bas-Jura a été élevé d'abord hors
« du sein des eaux, que le Jura moyen a été démergé ensuite, et que le
« Haut-Jura n'a entièrement dominé les eaux qu'en dernier lieu, qu'après
« la formation complète dans ses vallées du terrain néocomien qui s'était
« déposé en même temps, avec plus ou moins de développement, dans les
« vallées des deux autres parties du Jura qui communiquaient avec celles
« du Haut-Jura, et qu'occupaient encore les eaux. Dès que le Haut-Jura
« eut été porté vers le niveau qu'il occupe aujourd'hui, le bassin de la
« mer néocomienne ne s'étendit plus qu'à l'est des monts Jura; mais il
« était encore très-vaste, puisqu'il comprenait sans doute l'emplacement
« actuel des Alpes occidentales; et ce fut dans ce bassin, occupé ensuite
« par la mer crétacée, que se déposèrent d'abord les assises moyennes et

« supérieures du grès vert, puis le terrain crétacé des Alpes. Toutefois les
« eaux n'abandonnèrent pas entièrement le sol jurassique après le dépôt du
« terrain néocomien; elles occupèrent encore quelques bassins plus ou moins
« étendus, où se formèrent, pendant la période tertiaire, la molasse suisse
« et les dépôts d'eau douce des départements de la Haute-Saône et du
« Doubs. Quant au terrain du minerai de fer pisiforme, des considérations
« que nous exposerons plus loin, nous font penser qu'il est contemporain
« du terrain néocomien, et synchronique de ses assises inférieures. En
« conséquence, son existence dans le Bas-Jura se concilie avec notre hypo-
« thèse sur les surgissements successifs des monts Jura; et on conçoit qu'il
« a pu s'y former avec étendue sous l'influence de circonstances favorables,
« tandis que, dans le Haut-Jura, des circonstances différentes, provenant
« peut-être d'une profondeur d'eau plus considérable dans les vallées
« jurassiques, de la nature particulière des matières sédimentaires qui y
« étaient transportées, et de la prédominance des sources minérales
« chargées de carbonate de chaux, se seront opposées à ce que le dépôt des
« sources minérales ferrugineuses y présentât les mêmes caractères.

« Le terrain néocomien se compose de couches alternantes de marnes et
« de calcaires. Sa puissance va en augmentant de l'ouest vers l'est, comme
« nous l'avons déjà dit : ainsi, dans le département de la Haute-Saône, elle
« n'excède pas 12 mètres, tandis qu'elle atteint 50 à 55 mètres dans le
« Haut-Jura. Les marnes sont accompagnées de dépôts de gypse et de bancs
« subordonnés de sable; les calcaires renferment des minerais de fer. Les
« assises inférieures de ces calcaires, empâtent ordinairement des grains
« plus ou moins nombreux de minerai de fer, de forme irrégulière, mais
« presque toujours aplatie, fort petits, à surface lisse et luisante, et qui
« ne présentent jamais nettement la structure à couches concentriques,
« comme le minerai de fer pisiforme, que nous rapportons à la même
« époque géognostique. On les exploite pour les hauts-fourneaux, quand
« les grains de minerai y sont abondants.

« On exploite des minerais de fer appartenant au terrain néocomien à
« Métabief, à Oie, aux Fourgs, aux Hôpitaux-Vieux et aux Longevilles,
« dans le département du Doubs, et à Boucherans, dans le département
« du Jura.

« Le gîte de Métabief est constitué par une couche de calcaire marneux,
« chargé de petits grains de minerai de fer, d'un brun luisant, qui sont la
« plupart oblongs ou aplatis. Ce calcaire a généralement une couleur verte
« très-prononcée qui tire sur le vert-de-gris.

« Ce gîte est exploité par travaux souterrains réguliers, consistant en
« galeries de pendage et d'allongement séparés par des piliers de minerai
« de 4 à 5 mètres de longueur sur une largeur égale. Les travaux s'étendent
« dans le sens du pendage sur une largeur d'environ 150 mètres et suivant
« la direction, sur une longueur de 200 mètres environ. L'extraction au
« jour se fait par une grande galerie de pendage débouchant sur le flanc de
« la montagne, où le transport du minerai a lieu dans un tombereau que
« traine un cheval.

« La mine de Métabief est évidemment concessible puisqu'elle est exploi-
« tée par travaux souterrains, permanents et réguliers.

« La mine d'Oie est ouverte sur un banc de calcaire marneux d'un gris
« verdâtre, puissant de 1m65, dans lequel sont disséminés des grains de
« minerai de fer d'un brun luisant, et qui se présente en plaquettes entre-
« mêlées de marne jaunâtre. Ce gîte est exploité par des galeries d'allonge-
« ment et de pendage, qui s'étendent dans le sens de la direction, sur une
« longueur de 120 mètres environ, et dans le sens du pendage, sur une
« largeur de 30 à 40 mètres seulement.

« L'allure régulière du gîte d'Oie et la régularité des travaux d'exploita-
« tion souterrains qu'il comporte, le rendent évidemment concessible.

« Le gîte des Fourgs est constitué par une couche de calcaire marneux,
« chargé de petits grains de minerai de fer d'un brun luisant, d'une forme
« irrégulière, mais généralement aplatie, dont la puissance est de 1m90.
« Cette couche, composée de plaquettes calcaires entremêlées de marne,
« repose sur un calcaire compacte lamellaire, rougeâtre, empâtant quelques
« grains de minerai, qui a été reconnu dans les puisards de plusieurs puits,
« sur une hauteur de 2 à 5 mètres. Deux puits profonds de 10 à 12 mètres,
« au bas desquels se trouvent des galeries d'allongement recoupées par des
« galeries de pendage, servent à l'exploitation du gîte, et les travaux qu'ils
« desservent occupent une zone longue de 225 mètres, et large de 50
« mètres environ.

« Le gîte des Fourgs doit être rangé dans la catégorie des mines conces-
« sibles, puisqu'il est constitué par une couche bien réglée de minerai, qui
« peut être exploitée par travaux souterrains permanents et réguliers.

« La mine des Hôpitaux-Vieux est ouverte sur un gîte de même nature
« que celui de Métabief dont il est le prolongement. Ce gîte a été attaqué
« par trois puits profonds de 4, 10 et 13 mètres, qui communiquent par
« des galeries d'allongement et de pendage, auxquelles aboutissent des tra-
« verses de recoupement pratiquées dans le sens de la direction et dans celui

« du pendage, à 4 ou 5 mètres les unes des autres. L'étendue des travaux
« souterrains est de 135 mètres environ en longueur, sur 25 à 50 mètres
« en largeur.

« Le gîte des Hôpitaux est évidemment concessible, puisqu'il comporte
« des travaux souterrains permanents et réguliers.

« La mine des Longevilles est ouverte sur une couche de calcaire marno-
« compacte, chargée de très-petits grains oblongs de minerai de fer, d'un
« brun très-luisant, laquelle est formée d'un ensemble de plaquettes entre-
« mêlées de marne, et a 2 mètres de puissance environ. Les travaux d'ex-
« ploitation de cette mine consistent en trois puits distants de 16 à 50
« mètres, et profonds de 15, 16 et 17 mètres, au bas desquels se trouve
« une galerie d'allongement, recoupée par des galeries d'amont et d'aval-
« pendage distantes de 4 à 5 mètres, qui sont elles-mêmes recoupées par
« des traverses pratiquées à 5 mètres les unes des autres. Ces travaux s'éten-
« dent sur une longueur d'environ 170 mètres suivant la direction du gîte,
« et sur une largeur de 55 mètres suivant l'aval-pendage, toute la partie
« du gîte située dans l'amont-pendage de la galerie d'allongement étant
« exploitée.

« Les travaux d'exploitation de la mine des Longevilles ont été jusqu'à
« présent souterrains et réguliers, et ceux à faire ultérieurement seront
« susceptibles de la même régularité, et devront être également souterrains;
« en conséquence ce gîte est concessible,

« La mine de Boucherans est ouverte sur un banc de calcaire marno-
« compacte qui se présente en plaquettes entremêlées de marne sablon-
« neuse verdâtre, lesquelles sont chargées de très-petits grains oblongs
« d'un minerai de fer d'un brun jaunâtre très-éclatant, dont le reflet est,
« pour quelques-uns, peu différent de celui de la pyrite jaune de fer. Ce
« banc a 1m60 de puissance. Les travaux d'exploitation y consistent en une
« galerie de pendage diagonale débouchant au jour, qui sert de galerie de
« roulage, et en un grand nombre de galeries poussées suivant la direction
« et la pente du gîte. Ces galeries ont 3 à 4 mètres de largeur, et sont
« séparées par des piliers de 6 à 7 mètres de côté. Les ouvrages souterrains
« s'étendent suivant la direction, sur une longueur de 3 à 400 mètres, et
« suivant la pente, sur une largeur de 200 à 250 mètres.

« La régularité de l'allure du gîte de Boucherans, et celle des travaux
« d'exploitation qui ne peuvent être exploités que souterrainement, ren-
« dent évidemment ce gîte concessible.

« Il existe dans le département du Doubs, aux Essarts, commune des

« Hôpitaux-Vieux, à Montperreux et aux Grangettes-les-Saint-Point ; et
« dans le département du Jura, aux Grangettes, commune de Censeau, et
« aux Gaudins, commune de Cuvier, d'anciens travaux d'exploitation pra-
« tiqués souterrainement sur des gites analogues à ceux que nous venons
« de décrire. Ces travaux ont été abandonnés.

   « Le minerai de fer qui vient de nous occuper diffère, sous le rapport
« minéralogique, du minerai pisiforme ou en grains que l'on exploite en
« Franche-Comté, et principalement dans le département de la Haute-
« Saône, en ce qu'il n'a pas, comme celui-ci, une structure sphéroïdale à
« couches concentriques, ou du moins, si cette structure existe, elle n'est
« pas bien nette; mais il s'en rapproche par la composition chimique,
« puisque les deux variétés de minerai contiennent les mêmes principes
« constituants dans des proportions peu différentes. Sous le rapport géo-
« logique, les deux minerais offrent des analogies remarquables; en effet,
« les grains quartzeux dont le minerai pisiforme est accompagné sont
« semblables à ceux des couches de sable du terrain néocomien, analogue
« lui-même au sable qui recouvre souvent les gites de minerai pisiforme;
« la marne endurcie, dite grabon, dans laquelle on trouve, en quelques
« points, le minerai pisiforme empâté, diffère peu du calcaire marneux qui
« recèle le minerai de fer du terrain néocomien; le minerai pisiforme
« paraît avoir succédé immédiatement au terrain jurassique, le poudingue
« qui l'accompagne passant souvent au calcaire portlandien constitué fré-
« quemment dans ses assises supérieures, soit par des calcaires en pla-
« quettes, rognons et nodules entremêlés de marne, soit par des calcaires
« bréch.formes, de même que le terrain néocomien succède évidemment
« au terrain jurassique; enfin leur manière d'être orographique est absolu-
« ment la même, puisque le terrain du minerai de fer pisiforme et le ter-
« rain jura-crétacé se présentent l'un et l'autre dans les dépressions et val-
« lées des monts Jura, sans se montrer jamais sur leurs sommités. Ajou-
« tons que l'existence dans le minerai pisiforme de certains fossiles à l'état
« ferrugineux (*nerinea*, *ferebratula*, *hamites*, *ammonites*), dont on
« observe aussi les espèces dans le terrain jurassique, prouve que sa for-
« mation a été très-voisine de celle de ce terrain; et d'un autre côté,
« l'empâtement ou les impressions de grains de minerai pisiforme à la
« surface des calcaires jurassiques qui avoisinent les minerais des environs
« de Gray, Pesmes, Belfort et Montbéliard, indiquent aussi que les assises
« supérieures du terrain jurassique n'étaient pas encore parfaitement con-
« solidées quand le minerai pisiforme s'est déposé. Ainsi les deux dépôts de

minerai offrent les plus grandes analogies sous tous les rapports, à côté
d'une seule différence peu importante due à la structure. En conséquence,
il semble rationnel de les rapporter au même niveau géographique, en
admettant que des circonstances particulières ont favorisé dans le Bas-
Jura la formation du minerai pisiforme, tandis que dans le Haut-Jura,
les causes qui ont produit le développement du terrain néocomien, se
sont opposées à ce que le dépôt des sources minérales ferrugineuses s'y
formât de la même manière.

« Comme le minerai de fer pisiforme non remanié est recouvert en
quelques points par un dépôt appartenant aux terrains tertiaires, on
pourrait penser peut-être qu'il doit être rapporté à l'un des étages de
ces terrains, ainsi qu'un grand nombre de gîtes de minerai exploités
dans le centre de la France; mais cette assimilation ne nous semble pas
admissible par plusieurs raisons, dont les principales sont : l'empâtement
et les impressions de grains de minerai de fer dans certains calcaires
jurassiques qui avoisinent leurs gîtes, fait qui prouve que le minerai
pisiforme des monts Jura s'est formé à une époque fort rapprochée du
dépôt des assises supérieures du terrain jurassique; la présence, dans un
grand nombre de gîtes, d'un poudingue jurassique, dont l'analogie avec
certaines couches portlandiennes annonce qu'il a succédé immédiatement au terrain jurassique; enfin la nature des fossiles bien intacts et
entièrement ferrugineux qu'on y observe, fossiles qui sont nécessairement contemporains du minerai, et qui se rapportent comme ceux du
terrain néocomien, les uns au terrain jurassique, et les autres au grès
vert proprement dit.

« Toutefois, nous devons convenir que notre opinion sur l'âge géognostique du minerai de fer pisiforme du versant occidental des monts Jura,
n'est que conjecturale, et qu'elle pourra être controversée tant qu'on
n'aura pas observé quelque assise appartenant au grès vert ou à la craie
en recouvrement sur des gîtes de ce minerai.

« Nous ajouterons, en résumé, et pour terminer, que le dépôt de minerai de fer pisiforme ou en grains, situé dans sa position originaire sur
le versant occidental des monts Jura, a de l'analogie, tant sous le rapport minéralogique que sous le rapport géognostique, avec le minerai
de fer en grains des assises inférieures du terrain néocomien; sa manière
d'être orographique est absolument la même que celle de ce terrain, et
leurs caractères paléontologiques offrent quelques similitudes, de sorte
qu'on peut présumer que le terrain du minerai de fer pisiforme de la

« Franche-Comté est contemporain du terrain néocomien, et synchro-
« nique de ses assises inférieures. »

Afin d'achever la description du quatrième groupe, nous allons donner,
comme précédemment, quelques détails sur les départements qui en font
partie.

1585. *Doubs.* — Ce département renferme six minières et huit concessions de mines en activité.

On y rencontre des gites ferrifères : près des fourneaux d'Audincourt,
de Bourguignon, de Montagney, de Larian, de Clerval, de la Grâce-Dieu,
et enfin sur le Doubs, près du fourneau de Rochejean.

Parmi les dépôts ferrifères qui alimentent Audincourt, nous citerons
les minières de Nomay et Charmont, de Béthoncourt, de Pesol et de Bour-
bet, dont le minerai, de la première classe, se compose de fer hydroxydé en
grains mélangé d'argile; ces diverses minières produisent collectivement
10.488 tonnes de minerai; nous signalerons encore les minières de Cha-
mesol dont le minerai, de deuxième classe, se compose de fer hydroxydé en
grains aplatis avec ciment calcaire (terrain jurassique), et dont le produit
est de 1 052 tonnes.

La mine de Rougemont, arrondissement de Besançon, produit 2945
tonnes; son minerai est du fer hydroxydé oolithique (terrain jurassique).

1586. *Jura.* — On compte dans ce département dix minières, dont huit
en exploitation, et deux concessions de mines, dont une en activité. Ces
dépôts ferrifères sont situés principalement dans les arrondissements de
Lons-le-Saulnier et de Dôle. Dans ce dernier, on en remarque une série
autour des fourneaux de Fraisans et Foucherans; dans celui de Lons-le-
Saulnier, il en existe près de Poligny.

Nous citerons, dans l'arrondissement de Dôle, les minières de Dampierre, des Marais, de Peintre, de la première classe, qui se composent de
fer hydroxydé en grains irréguliers, avec mélange d'argile et de sable, et
dont le produit collectif se monte à 16620 tonnes ; — celle de Malange, de
la deuxième classe, composée de fer hydroxydé oolithique avec ciment
calcaire, et fournissant 340 tonnes.

Dans l'arrondissement de Lons-le-Saulnier, la minière de Bletterans, de
la première classe, également composée de fer hydroxydé en grains irréguliers en mélange avec de l'argile et du sable, fournit 2089 tonnes.

1587. *Côte-d'Or.* — La Côte-d'Or renferme quatre-vingt-dix-huit minières en exploitation. Ceux de ces dépôts, qui font partie du quatrième
groupe, sont situés principalement dans les terrains tertiaires supérieurs.

On en rencontre autour des fourneaux de Cussey, de Fontaine-Française, de Noiron, de Beziotte, de Fauverney, de Brazey, etc. Parmi ces dépôts, nous remarquerons ceux : de Magny-St.-Tille; — de Charmes; — de Saint-Seine; — de Fontaine-Française; — de Thomirey; — tous ces gîtes sont composés de minerais d'alluvion, et fournissent collectivement 21 452 tonnes.

1388. *Haute-Marne.* — Ce département renferme cinq cent quarante-huit minières en activité. Celles qui font partie du groupe qui nous occupe sont en petit nombre et se trouvent dans le terrain jurassique, sur le ruisseau le Vesin.

1389. *Haut-Rhin.* — Les dépôts ferrifères du quatrième groupe qui se trouvent dans ce département, dont il a déjà été fait mention, sont situés à son extrémité méridionale; partie entre Belfort et Montbéliard, partie près de la frontière suisse. Ces différents gîtes sont enclavés dans la portion de ce département qui appartient au terrain jurassique; nous citerons parmi eux les gîtes de Winckel, dont les minerais sont sous forme de grains mêlés d'argile, et en amas dans le calcaire jurassique.

1390. *Haute-Saône.* — Ce département renferme deux cent trente-cinq minières et six mines concédées en activité. Ceux de ces dépôts ferrifères qui appartiennent au quatrième groupe, se trouvent enclavés dans le terrain jurassique principalement, et, plus rarement, dans le terrain tertiaire.

Nous en signalerons : tout autour de Gray; — le long du cours de l'Oignon; — près de Lure; — près du fourneau de Chagey; — non loin de Belfort et Montbéliard; — autour de Port-sur-Saône et de Vesoul.

Parmi tous ces gîtes nous citerons :

Les minières d'Autrey qui produisent 57 856 tonnes; — celles d'Auvet, 5460 tonnes; — celles de Montureux, 12 094 tonnes; — celles d'Oyrières, 1960 tonnes; — celles de Pesmes, 28 549 tonnes; — celles de Trécourt, 700 tonnes; — celles de Vaudey, 2 457 tonnes; — toutes ces minières, situées dans l'arrondissement de Gray, sont de la première classe et se composent d'hydroxydes en grains disséminés dans l'argile. Nous remarquerons encore les minières de Percey-le-Grand, de première classe, situées dans le même arrondissement de Gray; elles produisent 7 210 tonnes, et se composent d'un hydroxyde oolithique en grains très-fins, constituant une couche subordonnée à l'argile d'Oxford.

Nous indiquerons aussi :

Les minières d'Aroz, toujours de première classe, situées dans l'arrondissement de Vesoul; elles produisent 11 520 tonnes, et se composent de

minerais d'alluvion hydroxydés, en grains disséminés dans une argile du terrain tertiaire moyen.—Les minières de Noidans; elles produisent 69 40 tonnes
et leur minerai est semblable à celui qui précède. — La mine de Fleurey-
les-Taverney, arrondissement de Vesoul; elle produit 1676 tonnes, et se
compose de minerai de fer de la deuxième classe; c'est un hydroxyde oolithique en grains, situé à la partie inférieure des calcaires oolithiques. — La
mine de Saulnot, arrondissement de Lure; elle se compose de fer oxydé
rouge en amas, de la troisième classe, et produit 87 tonnes.

Cinquième groupe.

(*Mines et minières de Champagne et Bourgogne.*)

1591. Ce groupe (Pl. 89, fig. 2, et Pl. 92, fig. 1) comprend en entier les
mines et minières de l'Aube, de la Marne et de l'Yonne et une partie de
celles de la Côte-d'Or, de la Haute-Marne, de la Meuse et des Vosges.

Les minerais exploités dans ces départements appartiennent aux deux
premières classes, mais ils présentent tant d'analogie, au moins pour les
détails généraux, dans les deux sortes de gîtes, qu'il serait difficile d'en
distinguer ici les nuances principales, sans entrer dans de trop grands
développements. Ces minerais sont des hydroxydes de forme variée et disséminés dans des sables et des argiles. Une partie de ces dépôts ferrifères
appartient à des formations alluviales ou tertiaires, tandis que l'autre
est subordonnée soit aux terrains jurassiques et particulièrement aux
marnes de l'étage inférieur et de l'étage moyen, soit aux terrains de
grès vert. Les meilleures qualités de minerai se rencontrent dans la Haute-
Marne; la Côte-d'Or donne généralement du minerai de qualité inférieure.

Ces divers minerais ou plutôt leur association en diverses proportions,
produisent à peu près toutes les qualités de fer que réclame le commerce.
Les fers qui viennent de ce groupe portent les noms de *roche*, *Vosges*,
demi-roche et de *Bourgogne*.

Le sol du cinquième groupe appartient presque entièrement aux trois
étages du système oolithique du terrain jurassique : les autres terrains n'y
entrent que d'une manière secondaire; le grès vert vient y recouvrir le
terrain jurassique dans les départements de l'Aube, de la Marne, de la
Haute-Marne et de la Meuse, et passe, en longeant ce dernier terrain, par
Vendœuvre, Vassy, un peu à l'est de Saint-Dizier, en faisant une pointe
dans la Meuse et dans la Marne; le grès vert se retrouve encore dans
l'Yonne, à l'ouest de Tonnerre et Auxerre.

1592. *Aube.* — Il y existe une minière en activité, près de Vendœuvre.

1593. *Marne.* — Il y existe, comme dans l'Aube, une minière située également dans le grès vert.

1594. *Yonne.* — Ce département renferme deux minières en activité : elles sont dans les limites du terrain jurassique, au sud-est de Tonnerre, non loin du fourneau de Frangey. Nous citerons le dépôt de Gigny, Sennevoy et Jully, composé de minerais très-fins dont la production est de 41 572 tonnes; — et celui d'Irouer qui se compose de minerai en grain et produit 572 tonnes.

1595. *Côte-d'Or.* — Les gîtes du cinquième groupe qui sont répartis dans ce département déjà mentionné, sont situés près d'Arnay-le-Duc, mais le plus grand nombre autour de Châtillon-sur-Seine. Nous distinguerons parmi eux les minières de Villecomte qui produisent 5 677 tonnes; — celles d'Etrochey, 10 701 tonnes; — celles de Cerilly, 8 971 tonnes; — toutes ces minières sont de la deuxième classe et se composent d'hydroxydes en couches généralement remarquables par leur fusibilité. Nous signalerons encore le dépôt de Thostes, de la troisième classe, qui se compose de fer oligiste, et produit 1 663 tonnes.

1596. *Haute-Marne.* — Nous donnons ici une partie du travail de M. Thirria sur le terrain néocomien de ce département (1).

« Les dépôts de minerais de fer qui alimentent les nombreux hauts-« fourneaux du département de la Haute-Marne, se rapportent à quatre « époques différentes qui sont : 1° l'époque du premier étage du terrain « jurassique qui ne comprend qu'un seul gîte en exploitation, celui de « Farincourt, situé en couche dans la partie inférieure du premier étage « du terrain jurassique; 2° l'époque du deuxième étage du même terrain « qui comprend un grand nombre de gîtes, savoir ceux de Latrecé, Châ-« teauvilain, Orges, Blessouviller, Montfaôn, Villiers-le-Sec, Jonchery, « Laharmand, Maraux, Prey-sous-la-Fauche, Percey-le-Petit, Isone, « Ossey, Mont-Saugeon et Dommarien, lesquels forment deux couches « très-voisines, dites l'une mine grise et l'autre mine noire, dans la par-« tie inférieure des marnes oxfordiennes du deuxième étage jurassique; « 3° l'époque du terrain néocomien à laquelle se rapportent les gîtes qui « sont l'objet de cette notice; 4° enfin l'époque diluvienne, de laquelle « dépendent des gîtes constitués par des minerais d'une formation plus

(1) *Annales des Mines.*

« ancienne, déplacés de leur position originaire par les eaux diluviennes,
« savoir : ceux de Poissons, Saint-Urbain, Montreuil, Thonnance, Osne-
« le-Val, Sailly et Noncourt, qui proviennent des gîtes du terrain néoco-
« mien ; ceux de Nijon, Champigneuille, Huilécourt et Pouilly, qui sont
« constitués par des minerais pisiformes de l'âge des terrains tertiaires
« supérieurs remaniés, par des eaux diluviennes (1), et les gîtes dits mines
« rouges qui se trouvent à la surface du sol près des dépôts de minerais du
« deuxième étage jurassique, et qui sont dus à un remaniement de ces
« dépôts, opéré presque sur place.

« Le terrain néocomien de la Haute-Marne diffère un peu par ses carac-
« tères pétrographiques des assises qui lui correspondent dans le terrain
« néocomien de la Franche-Comté et du Jura neufchâtellois, mais il est
« identique avec lui par ses caractères paléontologiques. Il constitue évi-
« demment l'étage inférieur du terrain du grès vert très-développé dans
« ce département, relation qui n'est pas évidente en Franche-Comté et en
« Suisse, à cause de l'absence des assises moyennes et supérieures du grès
« vert ; et il repose à stratification discordante sur les calcaires portlandiens
« du troisième étage jurassique, lesquels sont tout à fait semblables à ceux
« qu'on observe dans les chaînes du Jura.

« L'étage moyen du grès vert qui est superposé immédiatement au ter-
« rain néocomien, est constitué par des assises de grès et de sables carac-
« térisés par leurs couleurs verdâtres ; nous lui donnerons le nom de ter-
« rain des sables verts.

« Enfin l'étage supérieur du grès vert, que recouvre la craie, se com-
« pose d'un dépôt puissant d'argile et de marne argileuse qui correspond
« au gault des Anglais, et que, pour cette raison, nous appellerons terrain
« du gault.

---

(1) Les minerais de fer pisiforme de l'est de la France, dont l'âge géognostique n'a pu
être déterminé jusqu'à présent d'une manière certaine, appartiennent très-probablement aux
terrains tertiaires supérieurs, car des gîtes récemment découverts dans le département de la
Côte-d'Or, sur les territoires des communes de Beire-le-Châtel et du Magny-Saint-Médard,
dans le canton de Mirebeau, et qui ont la plus grande analogie avec les gîtes bien en place
des environs de Belfort et de Gray, se présentent immédiatement au-dessus d'assises peu
puissantes de calcaires compactes avec Planorbes et Lymnées, empâtant un grand nombre
de grains de minerai, et superposés à un petit dépôt de gault et de craie, bien caractérisé
par ses débris organiques ; ces gîtes sont recouverts sur une hauteur de quelques mètres,
par des bancs de calcaire marneux également de formation lacustre.

« Les trois étages du terrain du grès vert sont parfaitement développés
« dans l'arrondissement de Vassy.

« La puissance du terrain néocomien de la Haute-Marne est d'environ
« 70 mètres. Il se compose de trois assises distinctes : la première ou la
« plus élevée est constituée par un dépôt d'argiles grises, vertes, jaunes, ou
« rose-bigarrées, auxquelles sont subordonnées des couches de sable
« siliceux de couleur variable passant à un grès tendre, et un banc de
« minerai de fer en oolithes miliaires disséminées dans une argile plus ou
« moins endurcie ; l'assise moyenne présente des alternances de calcaires
« marneux, marno-compactes ou compactes de couleur jaunâtre, de
« calcaires lamellaires rougeâtres et de marnes bleuâtres ou jaunâtres ; enfin
« l'assise inférieure est formée par un sable siliceux d'un jaune ocracé,
« renfermant des amas de fer hydroxydé en plaquettes géodiques et des
« couches subordonnées de calcaires marneux dolomitiques, d'argiles
« endurcies, de calcaires sableux rougeâtres et de calcaires oolithiques
« jaunâtres ou rougeâtres à pâte un peu siliceuse et à tissu lâche.

« L'assise supérieure du terrain néocomien, assise dont la puissance
« totale est d'environ 25 mètres, renferme dans le haut, un dépôt argileux
« d'environ 15 mètres de puissance. Ce dépôt se montre bien développé à
« St-Dizier, près de la ferme Saint-Pantaléon, à Valcourt, à Humbécourt,
« à Allichamp, à Louvemont, à Attancourt et à Bailly-aux-Forges. On le
« voit dans la plupart de ces localités, au-dessous des sables verts et immé-
« diatement au-dessus du banc de minerai de fer oolithique. On l'observe,
« en outre, sur une hauteur plus ou moins grande, dans les nombreuses
« minières de l'arrondissement de Vassy, où il forme le toit des gîtes
« exploités.

« La couche d'argile avec minerai de fer, qui est située au-dessous du
« dépôt précédent, est puissante de 1^m,20 à 1^m,60. Elle est presque
« toujours jaunâtre et quelquefois noirâtre, très-consistante et entremêlée
« de quelques plaquettes ou nodules calcaires. Le minerai s'y présente
« disséminé en grains sphériques à couches concentriques, dont la grosseur
« ordinaire est celle du millet. Quelques-unes de ces oolithes, et ce sont les
« plus petites, sont attirables à l'aimant. Des morceaux fragmentaires de
« fer hydroxydé d'une forme irrégulière et à surface lisse, et des plaquettes
« géodiques de minerai semblables à celles de l'assise inférieure, accom-
« pagnent le minerai oolithique. On y observe aussi des noyaux bien
« sphériques de fer sulfuré de la grosseur d'une balle de fusil et parfois plus
« gros, avec des tiges bacillaires de la même substance.

« Le minerai en oolithes miliaires s'exploite partout à ciel ouvert.
« Le mètre cube de ce minerai coûte moyennement, sur les minières, 1 fr.,
« savoir :

Frais d'extraction...................... 0f,80c;
Indemnité au propriétaire du sol.......... 0 ,20 ;
                                          _____
        Total...................... 1 ,00.

« Et il revient sur les ateliers de préparation à 6 fr. 75 c. le mètre cube,
« savoir :

Valeur sur les minières de 2m,9 de minerai brut à 1 fr...... 2f,90c;
Transport aux ateliers de préparation................... 2 ,50 ;
Frais de bocardage et de lavage..................... 0 ,75 ;
Frais divers............................... 0 ,60 ;
                                                    _____
        Total...................... 6 ,75.

« Le minerai propre à la fusion, transporté sur les hauts-fourneaux, à
« une distance moyenne de 4 kilomètres, revient à 8 fr. 65 c. le mètre
« cube, pesant 1 600 kil. environ. On obtient les 1 000 kilogrammes de
« fonte avec :

45 pieds cubes ou 2 610 kil. de minerai ;
160 pieds cubes ou 1 120 kil. de charbon de bois ;
10 pieds cubes ou   400 kil. de castine.

« D'où il suit que le minerai en oolithes miliaires rend 38 pour 100 de
« fonte par le traitement dans les hauts-fourneaux. Cette fonte affinée,
« soit au charbon de bois, soit à la houille, donne de bons fers.

« Ce minerai de fer en oolithes miliaires, quoique exploité depuis long-
« temps, présente des ressources immenses. Plus de 120 minières sont
« aujourd'hui en exploitation sur les territoires des communes de Somme-
« voire, Ville-en-Blaisois, Ragecourt, Vaux-sur-Blaise, Vassy, Louvemont,
« Prez-sur-Marne, Eurville, Narcy et quelques autres. Ces minières
« produisent annuellement 900 000 quintaux métriques environ de
« minerai propre à la fusion.

« Le banc de minerai de fer oolithique repose sur une assise argileuse
« composée d'alternances d'argile d'une belle couleur rose et de sable sili-
« ceux d'une couleur variable.

« L'assise moyenne est constituée par des argiles marneuses, des marnes
« et des calcaires lamellaires ou marneux en couches alternantes.

« Quant à l'assise inférieure du terrain néocomien, elle se compose d'un
« sable siliceux à gros grains, d'un jaune ocracé, qui passe quelquefois à

« un grès tendre et qui renferme des amas de fer hydroxydé en plaquettes
« géodiques, d'autres couches et bancs et enfin des rognons et amas de
« grès ferrugineux rougeâtre, toujours peu consistant, qui se présentent çà
« et là dans le dépôt sableux.

« Ces amas de minerai de fer existent dans la partie supérieure du dépôt
« de sable, car ils sont partout très-voisins et quelquefois même tout à fait
« au contact des marnes ou des calcaires bréchiformes de la partie infé-
« rieure de l'assise moyenne. Ils sont constitués par un fer hydroxydé en
« plaquettes géodiques, les unes juxtaposées et les autres entremêlées de
« sable ou de grès auquel elles adhèrent souvent très-fort. Leurs cavités
« sont remplies de sable rougeâtre ou de grès ferrugineux friable. Ces
« plaquettes sont presque toujours accompagnées de fer hydroxydé en
« oolithes miliaires disséminées, une argile sablonneuse endurcie et de cou-
« leur jaunâtre. Quelques-unes de ces oolithes se présentent empâtées dans
« les plaquettes dont la texture semble parfois être un passage du minerai
« compacte au minerai oolithique. Il arrive aussi que des fragments de
« plaquettes et des oolithes ferrugineuses sont empâtés dans les calcaires
« bréchiformes de l'assise moyenne qui avoisinent les gîtes de minerai, ce
« qui donne à ces calcaires l'apparence d'un conglomérat ferrugineux, par
« exemple aux minières de Bettancourt. Ainsi il existe une liaison intime,
« sous le rapport minéralogique, entre les deux variétés de minerai de fer
« du terrain néocomien, puisque le minerai oolithique renferme des
« plaquettes de fer hydroxydé, comme nous l'avons dit en parlant de ce
« minerai, et que le minerai en plaquettes est accompagné d'oolithes
« miliaires, tellement que chacun des deux minerais offre une sorte de
« passage d'une variété à l'autre. Mais, sous le rapport géologique, la
« différence de position n'est pas la seule qui distingue les deux minerais :
« ils diffèrent encore essentiellement par leur mode de gisement, le minerai
« en plaquettes ne formant pas une couche continue, mais bien des amas
« plus ou moins puissants et plus ou moins espacés, qui semblent n'être
« qu'un accident dans le dépôt sableux. Malgré l'irrégularité de ce mode
« de gisement, le minerai en plaquettes géodiques qui n'a encore été que
« peu exploité, et seulement aux affleurements de l'assise inférieure, offre
« des ressources d'une grande importance, les amas qu'il constitue étant
« puissants et étendus à en juger par ceux aujourd'hui exploités, où le
« minerai se présente avec une puissance qui varie de 3 à 6 mètres. Ces
« gîtes d'ailleurs sont très-riches, puisque le minerai brut rend par le
« bocardage et le lavage, 40 à 50 pour 100 en volume de minerai propre à

« la fusion, lequel produit par le traitement dans les hauts-fourneaux 42 à
« 45 pour 100 de fonte.

« Le mètre cube de ce minerai coûte moyennement 0 fr. 70 c. sur les
« minières, savoir :

> Frais d'extraction...................... 0ᶠ,50ᶜ ;
> Indemnité au propriétaire du sol.......... 0 ,20 ;
>
> Total.................. 0 ,70.

« Et il revient sur les ateliers de préparation à 4 fr. 85 c. le mètre cube,
« savoir :

> Valeur sur les minières de 2ᵐ,22 de minerai brut à 0 fr. 70 c.   1ᶠ,55ᶜ ;
> Transport aux ateliers de préparation................... 2 ,00 ;
> Frais de bocardage et de lavage..................... 0 ,70 ;
> Frais divers....... .... 0 ,60 ;
>
> Total. .... 4 ,85.

« Transporté sur les hauts-fourneaux à une distance moyenne de 6 kilo-
« mètres, le minerai propre à la fusion coûte 7 fr. 67 c. environ par
« mètre cube. Comme il contient une forte proportion de sable siliceux,
« on ne peut le traiter seul dans les hauts-fourneaux et on le fond avec un
« tiers ou moins en volume de minerai en oolithes miliaires dont la gangue
« est argileuse, et une addition de castine. Il exige à peu près la même
« consommation de charbon que le minerai oolithique, c'est-à-dire, 1150 à
« 1200 kilogrammes par 1000 kilogrammes de fonte produite. Cette fonte
« est plus estimée que celle provenant du minerai oolithique, et les fers
« qu'elle donne sont dits *fers demi-roche* du nom du minerai qu'on
« appelle *demi-roche*, soit parce qu'il a moins de consistance à cause du
« minerai oolithique qui l'accompagne que le minerai remanié dont nous
« parlerons ci-après, soit parce qu'il n'est que voisin des roches calcaires au
« milieu desquelles se trouve ce dernier.

« Les seules localités où l'on exploite le minerai en plaquettes sont
« celles de Bettancourt, Chatonrupt, Guindrecourt, Nomécourt, Moran-
« court et Prez–sur–Marne. Une cinquantaine de minières sont ouvertes
« sur les territoires de ces six communes et fournissent annuellement
« 500 000 quintaux métriques environ de minerai propre à la fusion.

« Les deux gîtes ferrifères du terrain néocomien de la Haute-Marne ont
« subi l'action diluvienne, comme les gîtes tertiaires du minerai de fer
« pisiforme de la Franche-Comté. Leurs débris se sont amoncelés pêle-

« mêle dans les dépressions, cavités, boyaux et fentes du terrain jurassique
« et se sont ainsi soustraits à un transport violent. En examinant atten-
« tivement les gîtes qu'ils constituent, on reconnaît aisément que leurs
« éléments ont été déplacés de leur position originaire. En effet, les deux
« sortes de minerai s'y présentent entremêlées et irrégulièrement disposées;
« des fragments de grès ferrugineux, d'argile sablonneuse et de calcaires
« néocomiens et jurassiques les accompagnent ; le sol des dépressions qu'ils
« remplissent, de même que les parois des cavités, boyaux et fentes qui les
« recèlent, ont une surface lisse et polie tout à fait semblable à celle des
« grottes qui, dans les montagnes du Jura, renferment des lambeaux de
« terrain diluvien avec des débris d'animaux de cette époque; la structure
« de ces cavités, boyaux et fentes, est d'ailleurs absolument la même que
« celle des cavités, boyaux et fentes qui, en Franche-Comté, contiennent
« des gîtes de minerai de fer pisiforme déplacé par les eaux diluviennes;
« enfin, on y a trouvé (minières de Poissons) des débris d'animaux anté-
« diluviens de l'espèce *elephas primigenius.*

« Le minerai de fer en plaquettes géodiques est beaucoup plus abondant
« dans ces gîtes remaniés que le minerai oolithique du terrain néocomien,
« sans doute parce qu'il a mieux résisté à la désagrégation que le minerai
« oolithique dont la gangue terreuse a facilité la trituration et le transport
« au loin. D'ailleurs comme les parties terreuses et sablonneuses qui accom-
« pagnent les gîtes en place ont été enlevées en presque totalité par les
« eaux diluviennes, il en résulte que le minerai des gîtes remaniés est plus
« riche que celui qui n'a pas été déplacé. Les gîtes remaniés sont aussi plus
« puissants que les gîtes en place, ou du moins ils l'étaient avant d'être
« exploités, ainsi qu'on le reconnaît à Poissons, où il existait des cavités
« jurassiques entièrement remplies de minerai, qui avaient plus de
« 1000 mètres carrés de superficie et 50 mètres de profondeur moyenne.
« Aussi ces gîtes ont-ils joui d'une grande célébrité, tant à cause de leur
« importance qu'à cause de la richesse de leur minerai, auquel on a donné
« le nom de *mine de roche*, parce qu'il s'exploite entre des roches calcaires;
« et on a appelé *fer de roche* celui qu'on obtient avec les fontes qui pro-
« viennent de sa fusion. Ce fer est le plus réputé de ceux qu'on fabrique en
« Champagne. Malheureusement les gîtes de mine de roche, dont la
« première exploitation se perd dans la nuit des temps, sont presque
« entièrement épuisés, et leur disposition géologique s'oppose à ce qu'ils
« se prolongent à travers les roches calcaires à la manière des filons,
« comme on l'a cru pendant longtemps, mais ils pourront être remplacés

« par les gîtes de minerai en plaquettes géodiques qui sont nombreux,
« puissants et presque intacts.

« Le minerai remanié revient sur les minières à 1 fr. 30 c. le mètre cube,
« à 7 fr. après le bocardage et le lavage sur les ateliers de préparation, et
« à 9 fr. sur les hauts fourneaux. Il s'y fond très-bien seul avec une addition
« de castine.

« Les gîtes de minerai remanié sont exploités sur les territoires des
« communes de Poissons, Thonnance-lès-Joinville, Saint-Urbain, Non-
« court, Sailly, Montreuil-lès-Thonnance et Osne-le-Val. Près de 300 mi-
« nières y sont ouvertes et fournissent annuellement 320 000 quintaux
« métriques environ de minerai propre à la fusion. »

« Nous terminons notre description par une indication sommaire des
« parties constituantes principales du terrain néocomien de la Haute-
« Marne. »

Craie.

Terrain du gault.
- Argile jaunâtre ou verdâtre..............................
- Argile marneuse bleuâtre, veinée de jaune et de vert........   } 100m,00
- Marne argileuse bleuâtre................................

Terrain des sables verts.
- Sable siliceux vert, avec quelques couches de sable blanc à grains fins....
- Sable siliceux jaunâtre, à gros grains, passant souvent à un grès dur....   } 15 ,00
- Sable siliceux grisâtre, un peu argileux................

Terrain du grès vert. — Terrain néocomien.

Assise supérieure.
- Argile grise, avec couches minces de sable siliceux jaunâtre................................ 4,00
- Argile verte, avec couches subordonnées d'argile jaunâtre, grise ou bleuâtre.............. 11,00
- Argile jaunâtre, quelquefois noirâtre, avec minerai de fer hydroxydé en oolithes miliaires.. 1,25
- Sable siliceux rougeâtre, avec grès ferrugineux jaunâtre veiné de noir................... 0,50   } 24,75
- Argile rose, marbrée de jaune et de vert, avec couches subordonnées de sable siliceux, verdâtre, rougeâtre ou blanchâtre, et plaquettes ou rognons de grès ferrugineux, rougeâtre ou brunâtre............................... 8,00

Assise moyenne.
- Marne argileuse, grisâtre ou verdâtre, avec bancs minces de calcaire lamellaire grisâtre ou jaunâtre, et cristaux de gypse................ 6,00
- Marne bleuâtre................................. 0,75   } 25,00
- Marne argileuse grisâtre, avec bancs de calcaire lamellaire jaunâtre et cristaux de gypse...... 5,25
- Calcaire marneux jaunâtre.................. 6,00
- Marne bleuâtre ou jaunâtre, avec bancs de calcaire parfois bréchiforme, et cristaux de gypse. 7,00

Assise inférieure.
- Sable siliceux jaune, ocracé, à gros grains, passant parfois à un grès tendre, avec amas de fer hydroxydé en plaquettes géodiques et concrétions de calcaire saccharoïde rougeâtre..... 6,00
- Argile jaunâtre sableuse, avec bancs de sable blanc micacé, et lits de calcaire sublamellaire roux, sableux, en plaquettes............. 2,25
- Calcaires sableux, tendres, grisâtres ou jaunâtres, alternant avec de petits bancs de sable grisâtre, des argiles endurcies jaunâtres ou bleuâtres, des calcaires dolomitiques jaunâtres, et des calcaires compactes subgrenus, bleuâtres ou verdâtres..... 4,00   } 20,25
- Calcaires oolithiques siliceux, à tissu lâche, blanchâtres, verdâtres, jaunâtres ou rougeâtres, alternant avec des calcaires sableux, jaunâtres ou rougeâtres, et des calcaires compactes jaunâtres ou grisâtres................... 8,00

} 70 .00

Terrain jurassique.

Total.......................... 185m,00

« Quatre coupes sont jointes à notre notice :

« La coupe suivante, prise entre le village de Chatonrupt, près de Join-
« ville, et les minières du dessus de la côte de Chatonrupt, fait voir

« comment le terrain néocomien s'est déposé dans les dépressions du
« terrain jurassique et représente une faille qui a relevé à la fois les deux
« terrains.

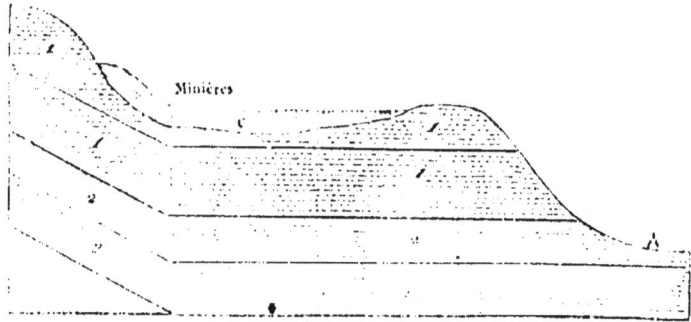

Coupe du village de Chatonrupt aux minières du dessus de la côte.

Échelle : Pour la longueur 0^m,001 pour 125 mètres. Pour la hauteur 0^m,001 pour 5^m,15

Légende : c. Assise inférieure du terrain néocomien. 1. Calcaire portlandien. 2. Marne
kimméridienne.

———

« La coupe suivante, passant par les villages de Prez-sur-Marne, Fontaine
« et Chevillon, représente d'une part les importantes minières du Mont-
« Gérard, commune de Prez-sur-Marne, ouvertes sur la couche de minerai
« de fer en oolithes miliaires, et de l'autre les belles carrières de Chevillon
« dans lesquelles on exploite les calcaires à tissu lâche de la partie inférieure
« du terrain néocomien. Une faille qui est le prolongement de celle de
« Chatonrupt, et qui se dirige du sud sud-est au nord nord-ouest, en
« passant près du village de Fontaine, a placé les terrains portlandien et
« néocomien des environs de Chevillon à un niveau beaucoup plus élevé
« que celui qu'ils occupent à Prez-sur-Marne.

Coupe entre Prez-sur-Marne et Chevillon.

Échelle de la longueur 0^m,001 pour 250 mètres ; de la hauteur 0^m,001 pour 6^m,250.

Légende : a, Assise supérieure. b, Assise moyenne. c, Assise inférieure du terrain néocomien.
1, Calcaire portlandien. 2, Marne kimméridienne.

———

« La coupe suivante est prise entre les villages de Narcy et de Brillon

« (Meuse); elle fait voir à Narcy la série complète des couches du terrain
« néocomien; au hameau de la Houpette, et à Haronville, le terrain
« portlandien dont les dépressions renferment de petits lambeaux de
« terrain néocomien; et à Brillon, la partie inférieure de ce terrain sur
« laquelle sont ouvertes les belles carrières de cette localité. »

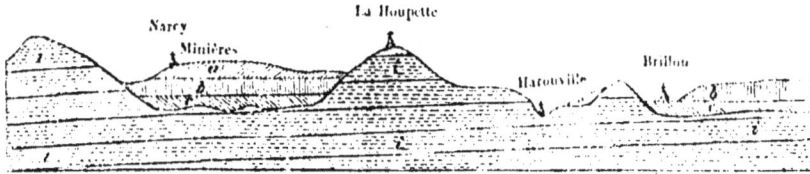

Coupe entre Narcy et Brillon. (Meuse.)

Échelle : Pour les longueurs 0ᵐ,001 pour 250 mètres. Pour les hauteurs 0ᵐ,001 pour 6ᵐ,250.

Légende : *a*, Assise supérieure. *b*, Assise moyenne. *c*, Assise inférieure du terrain néocomien.
i, Calcaire portlandien.

_____

« Enfin la coupe ci-après, qui va de Neufchâtel (Suisse) à Vitry-le-
« Français, présente l'ensemble des relations de position des trois étages
« du terrain du grès vert, de la craie qui les recouvre et du terrain
« jurassique sur lequel ils reposent. Elle fait voir approximativement la
« grande différence de niveau qui existe entre le terrain néocomien de la
« Champagne et celui des monts Jura, par suite des différents soulève-
« ments que ces montagnes ont éprouvés pendant la formation du terrain
« jurassique et postérieurement, jusqu'après le dépôt des terrains tertiaires
« supérieurs. »

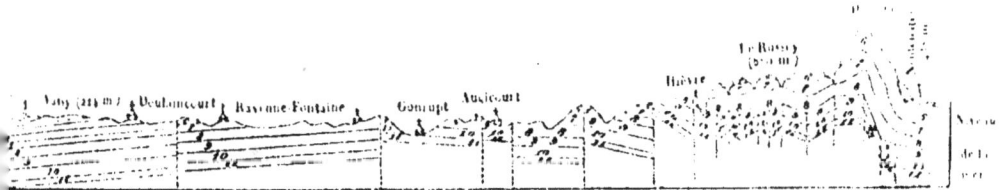

Coupe de Neufchâtel (Suisse) à Vitry-le-Français (Marne.)

Échelle des longueurs 0ᵐ,001 pour 2000 mètres. Échelle des hauteurs 0ᵐ,001 pour 100 mètres.

Légende : 1, Terrain diluvien. 2, Craie. 3, Gault. 4, Terrain des sables verts. 5, Terrain néocomien.
6, Troisième étage jurassique. 7, Deuxième étage jurassique. 8, Premier étage jurassique.
9, Terrain liassique. 10, Terrain keupérien. 11, Terrain de muschelkalk.

Nous ajouterons à ce travail de M. Thirria une coupe du terrain des
minières de Chatonrupt et la coupe des pots de minerai du même village,

accident assez fréquent dans ces minières; ces deux coupes sont dues à M. Vuillemin, ingénieur aux forges d'Abainville.

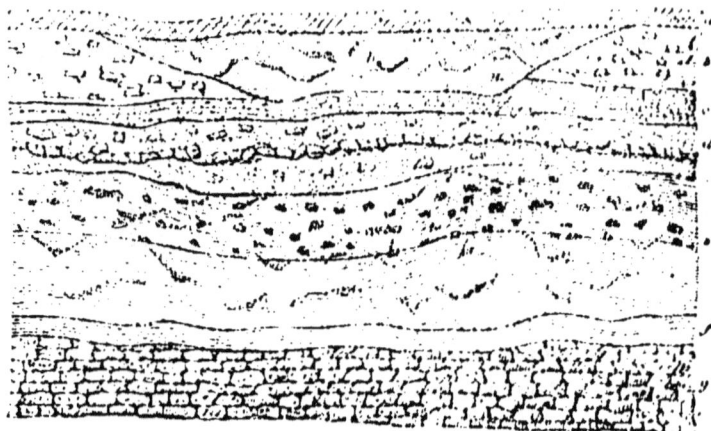

Coupe du terrain des minières de Chatonrupt (Haute-Marne).

Légende : *a*, Terre végétale. *b*, Calcaire en rognons et marne. *c*, Sable et argile. *d*, Sable bleu et jaune avec grès en pierre. *e*, Minerai. *f*, argile plastique. *g*, Calcaire jurassique. *h*, Argile veinée de jaune.

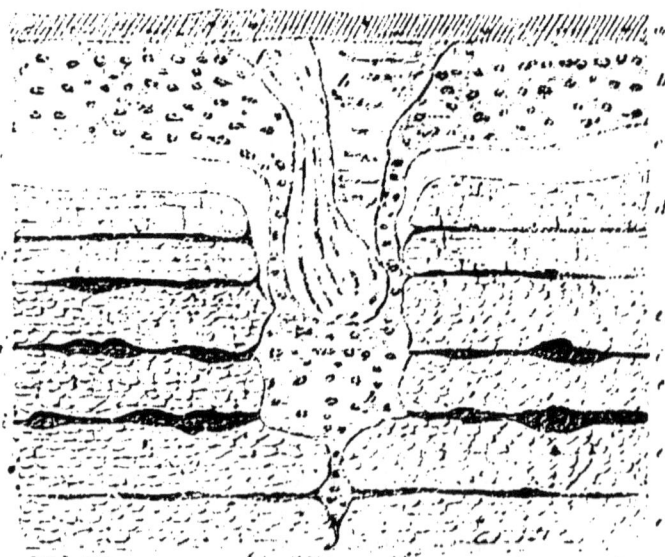

Pots de minerai (accident assez fréquent) dans les minières de Chatonrupt (Haute-Marne).

Légende : *a*, Terre végétale. *b*, Minerai. *c*, Argile plastique. *d*, Calcaire jurassique conchoïde. *e*, Calcaire subcristallin. *f*, sable blanc veiné de jaune. *h*, Argile grise veinée de jaune. *i*, Espace vide.

Enfin nous compléterons ce qui a rapport au département de la Haute Marne par quelques détails empruntés aux documents de M. Leplay.

On peut signaler dans ce département : les minières de Poissons dont on extrait un minerai d'alluvion qui se compose de fragments d'hydroxyde déposés dans des cavités du calcaire jurassique, au milieu d'une argile rouge ; elles produisent 27358 tonnes ; — les minières de Montsaugeon qui produisent 1084 tonnes ; — celles de Villiers-le-Sec qui produisent 5 664 tonnes ; celles de Laharmand qui produisent 41 075 tonnes ; elles sont de la deuxième classe et se composent de minerai de l'Oxford Clay en grains lenticulaires ; — enfin les minières de Bellefays, formées de minerai hydroxidé lenticulaire de la deuxième classe, dans la partie moyenne du grès vert ; elles produisent 40 145 tonnes.

1897. *Meuse.* — Dans ce département déjà mentionné, les minières qui font partie du 5ᵉ groupe se composent de minerai de la deuxième classe, en petits grains. Elles sont situées principalement : entre Bar-le-Duc et Gondrecourt, dans la partie riveraine de la Haute-Marne ; — et près de Commercy et du fourneau de Boncourt. Nous signalerons celles de Biencourt situées dans le terrain néocomien ; et celles de Treveray dont le minerai se trouve dans une ocre du terrain jurassique oolithique supérieur : la première produit 25409 tonnes et la deuxième 16810.

1898. *Vosges.* — Les dépôts ferrifères du 5ᵉ groupe qui appartiennent à ce département déjà mentionné sont situées dans la circonscription du terrain jurassique, près de Neufchateau ; nous citerons parmi eux la minière d'Imbrecourt, renfermant un minerai de première classe à l'état d'hydroxyde dans un terrain d'alluvion qui repose sur le calcaire ; elle produit 1853 tonnes.

Sixième groupe.

(Mines et minières du Centre.)

1899. — Ce groupe (Pl. 92, fig. 2) comprend en entier les départements de la Nièvre et de Saône-et-Loire, et en partie ceux de l'Allier et du Cher.

Les minerais qui y sont exploités appartiennent aux trois classes, cependant c'est la première qui seule a de l'importance. — Les minerais de cette classe sont situés sur la rive gauche de la Loire, dans la vallée de l'Aubois, et, sur la rive droite du même fleuve, à l'est de Nevers et de la vallée de la Nièvre ; ceux qui se trouvent à l'ouest du groupe qui nous occupe, sont de même nature que ceux de la vallée du Cher dont nous parlerons dans le groupe suivant, et sont connus sous le nom de *minerais du Berry;* ce sont des hydroxydes en grains isolés, de la grosseur d'un pois, à couches concentriques, et disséminés dans des argiles tertiaires. Les minerais de première classe de la Nièvre présentent à peu près les mêmes caractères que ceux du Cher; on doit cependant y signaler particulièrement une variété en grains un peu aplatis et de forme lenticulaire; ce minerai donne une qualité excellente de fonte, très-propre à la fabrication de l'acier de forge par le procédé nivernais; au reste, les minerais de première classe du Berry, du Nivernais et du Bourbonnais donnent, en général, d'excellentes qualités de fonte et de fer, tandis que ceux de Saône-et-Loire et les minerais d'autres classes de ce groupe donnent, au contraire, des produits de qualité médiocre. —Les minerais de la deuxième classe, qui s'exploitent dans la Nièvre et dans Saône-et-Loire, sont des hydroxydes de structure diverse, et notamment en grains très-fins, arrondis, empâtés par un ciment calcaire, le tout constituant des bancs subordonnés au calcaire jurassique; ils forment un fondant d'excellente qualité pour les minerais quartzeux et argileux; on les connaît, par ce motif, sous le nom de *mines chaudes;* ils ont l'inconvénient d'être un peu sulfureux ou phosphoreux et de nuire à la qualité du fer, mais ils donnent de bons moulages. —Enfin, il existe, dans le sud et dans l'ouest de ce groupe, des minerais de la troisième classe, composés de fer oxydé rouge et d'hydroxyde hématite, formant des filons et des amas assez puissants dans le terrain ancien; ces minerais sont de mauvaise qualité et ne peuvent s'employer en forte proportion dans les hauts-fourneaux.

Le sol du sixième groupe est de deux natures très-différentes : en Saône-et-Loire le terrain jurassique est peu répandu; on le rencontre au nord de Charolles et près d'Autun sur des surfaces très-bornées, tandis que les roches plutoniques, les terrains cristallisés, et le trias se font voir en grandes masses; — les terrains cristallisés et le trias règnent également dans l'Allier, où l'on trouve aussi du terrain tertiaire; — le Cher et la Nièvre, au contraire, appartiennent presque exclusivement au terrain tertiaire et aux divers étages du terrain jurassique. Pour ces quatre départements, c'est dans les circonscriptions de terrain tertiaire et de terrain jurassique qu'on rencontre presqu'exclusivement les dépôts ferrifères.

1600. *Nièvre.* — Ce département renferme quarante-sept minières en activité. Elles sont disséminées à droite de la Loire, au milieu et autour d'une quantité innombrable d'usines à fer, et leur minerai appartient, comme nous l'avons dit, principalement à la première classe.

Nous distinguerons parmi ces dépôts : celui de La Bougauderie, de première classe, composé de grains et fragments, et produisant 18348 tonnes; — celui de Vilatte, semblable au précédent, et produisant 6622 tonnes; — celui de Limon, dont le minerai de première classe est en fragments, et produit 1800 tonnes; — enfin celui de Vandenesse, de deuxième classe, composé de minerai calcaire pauvre et produisant 7557 tonnes de minerai.

1601. *Saône-et-Loire.* — Il y existe deux minières et une mine, toutes trois en activité. Ce sont les minières de Perrecy (arrondissement de Charolles), dont le minerai, de première classe, se compose de fer hydroxydé en fragments irréguliers et alimente le fourneau de Perrecy; son produit est de 4550 tonnes, — et la mine de Chalencey composée de fer oxydé oolithique en couches dans le lias; son produit est de 15000 tonnes.

Le département de Saône-et-Loire, où l'abondance du combustible permettrait à la fabrication du fer de prendre une grande extension, éprouve, en plusieurs points, une véritable disette de minerai; il est probable, cependant, que des recherches actives pourraient y faire découvrir des ressources encore inconnues.

1602. *Allier.* — En 1841, il y existait deux minières en activité, renfermant du minerai de première classe. En 1842 on n'a retiré de produits que des minières de Saint-Léon, dont le minerai, de troisième classe, se compose de fer oxydé en couches; ces minières ont fourni 355 tonnes.

1603. *Cher.* — Quarante-neuf minières en activité en 1841; ceux des dépôts de ce département qui font partie du sixième groupe, sont situés sur les bords de l'Aubois, et nous ne pouvons mieux faire que citer, relativement à ces gîtes, une partie du travail de M. Malinvaud sur les minerais de fer de la vallée de l'Aubois. (*Annales des mines.*)

« La vallée de l'Aubois est située dans le département du Cher, sur les « confins du département de la Nièvre; elle s'étend dans la direction sud « sud-ouest, nord nord-est, depuis le village de la Chapelle-Saint-Hugon « jusqu'à celui d'Aubigny, sur une longueur d'environ deux myriamètres.

« On trouve dans cette vallée des minerais de fer en grains analogues à « ceux qu'on exploite dans le reste du Berry; ces minerais alimentent un « grand nombre de hauts-fourneaux dont les fontes approvisionnent « l'usine de Fourchambault et plusieurs autres forges.

« On trouve, dans la vallée de l'Aubois, trois espèces de terrains bien « distincts :

« 1° La formation de calcaire jurassique ;

« 2° Le terrain qui renferme le minerai de fer ;

« 3° Un terrain plus récent, composé de cailloux et de sables, et qui doit
« être rapporté à l'époque du diluvium.

« 1° *Calcaire jurassique.* Ce terrain forme la base du terrain de la vallée
« de l'Aubois. Il n'est pas facile de déterminer, d'après l'inspection des
« carrières où on l'exploite pour castine, auquel des trois étages de la for-
« mation oolithique appartient ce calcaire. Il est fort probable, d'après les
« caractères du calcaire qui recouvre celui qui nous occupe, que ce dernier
« appartient soit à l'étage moyen, soit à l'étage supérieur du terrain ooli-
« thique.

« Au reste, la détermination exacte de l'étage de ce calcaire est assez
« indifférente pour la fixation de l'époque à laquelle s'est déposé le minerai
« de fer dont il est question.

« 2° *Terrain renfermant le minerai de fer.* Ce terrain repose immédia-
« tement sur le calcaire dont nous venons de parler ; il consiste en général
« en argiles plus ou moins sableuses et de couleur jaunâtre, qui recouvrent
« la surface du calcaire précédemment dégradée ; le minerai de fer se trouve
« disséminé dans ces argiles.

« On n'a pas, jusqu'à présent, rencontré de minerai sur la rive droite
« de l'Aubois, et il ne paraît pas qu'il en existe ; toutes les exploitations
« se trouvant sur la rive gauche, les principales sont dans l'espace compris
« entre le haut-fourneau de Torteron, celui de Sautay, celui de Sale et le
« Petit-Beaurenard.

« Le minerai de fer se trouve disséminé dans l'argile en grains ou en ro-
« gnons ; les grains sont le plus souvent sphériques et de la grosseur d'un
« gros pois ; leur surface est lisse et leur couleur brune ; ils sont composés
« de fer oxydé hydraté, disposés en couches concentriques concrétionnées ;
« on ne distingue point à leur centre de petit grain de pyrite qui puisse faire
« soupçonner qu'ils proviennent de la décomposition du sulfure de fer ;
« l'argile qui les renferme contient de petits grains de quartz et des frag-
« ments plus gros de quartz et de calcaire roulés. Les rognons sont des
« masses concrétionnées dont la surface est ordinairement tuberculeuse et
« polie ; l'intérieur se compose de grains à couches concentriques de fer
« oxydé hydraté tout à fait semblables aux grains isolés, et qui sont réunis
« entre eux par un ciment ferrugineux de même nature ; on y distingue de
« petits points de fer oxydé rouge, et de petits grains de quartz dont la
« surface est quelquefois recouverte par une couche de cet oxyde ; ces frag-

« ments de quartz ne se trouvent qu'en fort petites quantités dans certains
« rognons ; quelques-uns même en sont presque complétement exempts ;
« mais ils se trouvent, au contraire, en très-grande abondance dans d'autres
« rognons, où ils sont fortement agglutinés par le ciment ferrugineux, de
« manière que leur séparation serait à peu près impossible dans la prépara-
« tion mécanique, quand même on briserait les rognons.

« La surface des rognons n'est tuberculeuse et polie que lorsque l'agglo-
« mérat des grains de minerai est recouvert par une couche concrétionnée
« de même nature que le ciment qui réunit les grains ; mais on trouve des
« agglomérats de minerai qui ne sont point recouverts d'une pareille
« couche, et c'est principalement dans ceux-ci que l'on trouve des grains
« de quartz en très-grande abondance ; ce ne sont même quelquefois que
« des fragments de quartz agglutinés entre eux par un ciment argilo-
« ferrugineux.

« Outre les rognons que je viens de décrire, on en trouve d'autres qui
« ne diffèrent des précédents qu'en ce que le ciment, qui réunit les grains
« entre eux, est calcaire ; on les rencontre principalement dans les parties
« des argiles ferrugineuses qui avoisinent le calcaire dont je vais parler.

« Ce calcaire forme une espèce de couche ou plutôt de banc qui recouvre
« l'argile qui contient le minerai de fer ; sa cassure est ordinairement
« compacte et présente un grand nombre de petites cavités dont l'intérieur
« est enduit d'une couche très-mince de calcaire cristallin ; sa couleur est
« tantôt blanche, tantôt gris de cendre, tantôt jaunâtre ; on y trouve
« empâtés de petits fragments de quartz, et, de plus, dans les parties qui
« sont en contact avec les argiles ferrugineuses, on trouve des grains de
« minerai de fer qui y sont également empâtés ; d'autres échantillons de
« ce calcaire présentent une cassure oolithique parfaitement caractérisée
« avec une multitude de petites oolithes, parmi lesquelles on en remarque
« de ferrugineuses ; ces échantillons montrent de la manière la plus
« évidente que les grains de minerai de fer et le calcaire dont il est question
« sont de formation contemporaine ; et d'ailleurs d'après la manière dont
« ce calcaire se trouve au milieu des argiles ferrugineuses, il est impossible
« de séparer ces deux formations.

« L'existence de ce calcaire est ici fort importante ; car, quoique nous
« n'y ayons point trouvé de fossiles, sa ressemblance complète avec
« certains calcaires d'eau douce, dont l'âge est déterminé d'une manière à
« peu près positive, servira avec d'autres analogies à fixer l'époque à
« laquelle se sont formés les minerais en grains qui nous occupent.

« Ce calcaire ne se trouve pas partout où il existe du minerai de fer; il ne
« recouvre les argiles ferrugineuses que dans certains endroits; cette
« circonstance s'explique, au reste, d'une manière toute naturelle; on
« conçoit en effet qu'à l'époque où se formaient les minerais de fer, les
« eaux au fond desquelles ce dépôt avait lieu, pouvaient très-bien déposer
« du calcaire en certains points, tandis qu'en d'autres endroits elles
« déposaient des argiles; d'autant plus que, comme tout porte à le croire,
« leur profondeur était peu considérable; au reste, cette diversité de
« terrains déposés simultanément est un caractère qui appartient à la
« formation à laquelle je rapporterai les minerais de fer de la vallée de
« l'Aubois.

« Au-dessus du calcaire que je viens de décrire, on trouve encore des
« argiles qui renferment du minerai de fer, du moins sur certains points;
« elles contiennent plus de fragments de quartz blanc que les inférieures,
« et le minerai qu'elles fournissent est, d'après le rapport des ouvriers, de
« moins bonne qualité que celui qui est fourni par l'argile inférieure.

« Les argiles ferrugineuses contiennent des quantités très-variables de
« minerai de fer; les plus riches en renferment environ un tiers; mais la
« proportion est ordinairement moindre; on en exploite qui n'en ren-
« ferment qu'un dixième, et quelquefois moins encore.

« Quant à l'épaisseur de la formation des argiles ferrugineuses et à la
« profondeur à laquelle elles se trouvent, elles sont très-variables; le
« minerai de fer se rencontre quelquefois à la surface du sol, ou n'est
« recouvert que par une épaisseur peu considérable d'argile sableuse
« stérile; d'autres fois, au contraire, on est obligé d'aller le chercher à
« une profondeur de 5, 6 et 7 mètres.

« Nous avons longtemps cherché, mais sans succès, des fossiles dans ce
« terrain, nous avons seulement trouvé dans un tas de minerai de fer une
« coquille qui paraît être une modiole; mais elle est adhérente à un
« fragment de calcaire qui provient, sans nul doute, du terrain sur lequel
« repose la formation des minerais de fer, et ne peut, par conséquent,
« nullement servir à la détermination de l'âge de cette formation.

3° *Terrain diluvien.* Sur la rive gauche de l'Aubois, près du village de
« Fontmorigny, on trouve des carrières où l'on exploite pour sable un
« dépôt composé de sable, de cailloux roulés et de quelques parties
« argileuses de peu d'étendue; ce dépôt qui a une épaisseur assez considé-
« rable est bien évidemment supérieur au terrain qui renferme les mine-
« rais de fer.

« Quant aux minerais en grains de la vallée de l'Aubois et à ceux du reste
« du Berry, qui, bien évidemment, appartiennent à la même époque, ils
« nous paraissent, d'après leur position et les relations du terrain qui
« les renferme avec d'autres terrains voisins, devoir être rapportés à
« l'étage moyen des terrains tertiaires, c'est-à-dire à l'étage qui comprend
« les meulières et le grès marin du bassin de Paris.

. « Le terrain qui contient les minerais de fer du département du Cher se
« lie immédiatement aux sables de la Sologne, dont il forme la prolon-
« gation : on passe donc sans interruption du terrain de meulière ou du
« calcaire d'eau douce du bassin de Paris aux terrains qui renferment les
« minerais du Berry ; terrains qui font partie du grand plateau d'eau douce
« que l'on peut suivre depuis les falaises de la Manche jusqu'à la Loire, et
« de là jusque dans les hautes vallées de l'Auvergne.

« Nous n'avons pas appris que, jusqu'à présent, l'on ait trouvé dans les
« minerais de fer du Berry des débris d'animaux diluviens ; il ne serait
« cependant pas étonnant qu'on en trouvât en certains points, car ces
« minerais ont été très-probablement remaniés par des courants diluviens,
« comme le prouve le terrain diluvien que l'on trouve dans la vallée de
« l'Aubois, et qui a été vraisemblablement déposé par des courants
« descendant de la Limagne. »

Septième groupe.
(Mines et minières de l'Indre et de la Vendée.)

1604. Le groupe de l'Indre et de la Vendée (Pl. 90, fig. 5 et 6 ; et
Pl. 92, fig. 3 et 3 bis) comprend en entier les mines et minières des départements de Charente-Inférieure, Indre, Indre-et-Loire, Loir-et-Cher,
Deux-Sèvres, Vendée et Vienne, et en partie celles des départements de
l'Allier, de la Charente, du Cher et de la Loire-Inférieure.

Tous les gîtes exploités dans ce groupe appartiennent sans exception à la
première classe de minerais ; mais aucun de ceux que l'on connaît aujourd'hui
n'a une importance comparable à celle des dépôts ferrifères du Jura et de
la Champagne. Néanmoins, si l'on remarque qu'il existe des hauts-
fourneaux et des exploitations de minières dans la plupart des localités
où la proximité du bois en rend l'établissement possible, on doit regarder
comme probable que les minerais de fer sont très-fréquents sinon très-
abondants, en chaque lieu, dans le périmètre qui comprend les exploitations actuelles ; et la production du fer pourrait sans doute prendre dans cette

région un assez grand développement, si les ressources qu'elle présente en combustible végétal devenaient plus considérables.

Les principales minières de ce groupe sont situées dans sa partie orientale, vers la limite commune des départements de l'Indre et du Cher. Les minerais s'y trouvent, d'ailleurs, dans les mêmes conditions que les hydroxydes de formation récente, décrits dans les groupes précédents et donnent, en général, des fers de bonne qualité.

Le sol du septième groupe se partage entre le terrain tertiaire et le grès vert, au travers desquels vient pénétrer quelquefois le terrain jurassique dont le développement dans ce groupe est beaucoup moindre que celui des deux autres terrains : c'est du reste dans la circonscription du terrain tertiaire que l'on rencontre le plus grand nombre de dépôts ferrifères.

Dans la revue que nous allons passer des divers départements de ce groupe, nous ne ferons pas mention de quelques départements de la partie occidentale où il n'existait point de gîtes exploités en 1841.

1605. *Indre.* — Ce département renferme quarante-huit minières en activité. Il en existe dans la circonscription du terrain tertiaire, près du Modon; — sur les bords du Theole; — entre Chateauroux et Issoudun; — autour de Cluis; — au bord de la rivière d'Abloux; — à portée des fourneaux de Charneuil et de Gateville; — et enfin sur les bords de la rivière de Claise.

1606. *Indre-et-Loire.* — Onze minières en activité; nous en signalerons dans la circonscription du terrain tertiaire, non loin du fourneau de Château-Lavallière.

1607. *Loir-et-Cher.* — Vingt et une minières en activité; il en existe au nord de la Loire, et, plus au nord encore, autour de Vendôme.

1608. *Deux-Sèvres.* — Quatre minières et une mine en activité; ces gîtes se trouvent au nord de Parthenay, et près de Saint-Maixent.

1609. *Vienne.* — Sept minières en activité; elles sont dans la circonscription du terrain tertiaire et se font voir entre Saint-Savin et Bélabre, et à l'ouest de Montmorillon.

1610. *Allier.* — Il a déjà été fait mention de ce département dans un des groupes précédents; les gîtes compris dans le septième se trouvent au nord-ouest du département, au sud de Charenton.

1611. *Charente.* — Dans ce département, dont il sera fait mention plus loin, il n'est question, pour le septième groupe, que des dépôts qui se trouvent un peu au nord de Ruffec, aux bords de la Charente.

1612. *Cher.* — Quarante-neuf minières en activité; parmi celles de ce département qui font partie du groupe qui nous occupe, nous signalerons les gîtes suivants, tous d'alluvions :

Les dépôts de Bourges, minerai en grains riches produisant 18 106 tonnes ; — ceux de Mehun et Bois-Gerissey, minerai en grains et fragments, produisant 4515 tonnes ; — ceux de Dun-le-Roi, minerai en grains produisant 53 867 tonnes ; — et enfin ceux de Meneton, minerai en grains produisant 63 411 tonnes.

1613. *Loire-Inférieure.* — Trois minières en activité.

Huitième groupe.

(Mines et minières des houillères du sud.)

1614. Le groupe des houillères du sud comprend les mines et minières que l'on rencontre dans les départements suivants : Ain, Ardèche, Aveyron, Cantal, Gard, Loire, Puy-de-Dôme et Corrèze.

Les dépôts ferrifères de ce groupe appartiennent presque tous à la deuxième classe, mais ils présentent des variétés nombreuses fort distinctes par leur gisement, par leur nature minéralogique, par la qualité des fers que l'on obtient , etc. Les minerais les plus abondants sont des oxydes rouges et des hydroxydes intercalés, en général, dans des terrains secondaires, et des fers carbonatés lithoïdes en couches et enrognons dans le terrain houiller ; cette dernière variété formant la cinquième classe de notre division. A l'extrémité nord-ouest du groupe, il existe des minerais de fer carbonaté lithoïde disséminés dans une formation houillère ; mais ces gîtes n'ont aucune importance jusqu'à présent.

Le sol du huitième groupe ne peut pas se diviser suivant de grandes masses homogènes, nous en ferons donc, autant que possible, la description département par département.

1615. *Ain* (Pl. 88, fig. 5). — Il y existe une mine en activité. Les minerais de ce département sont des hydroxydes oolithiques en roche ; ils forment plusieurs couches, situées à la partie inférieure du terrain jurassique qui règne dans l'Ain, épaisses de $0^m,20$ à 2 mètres, et s'étendant sur une surface considérable. L'exploitation de ces minerais, qui, du reste, donnent des fontes de qualité médiocre, est à peu près suspendue à cause du haut prix du transport jusqu'au Rhône ; on les rencontre près de ce fleuve, à l'est de Lagnieu et au sud de Saint-Rambert.

1616. *Ardèche* (Pl. 90, fig. 7). — Ce département renferme trois mines en exploitation. Le besoin croissant de minerai de fer dans le bassin de la Loire a fait entreprendre récemment beaucoup de recherches dans la vallée du Rhône; elles ont amené la découverte de plusieurs gisements d'hydroxydes de fer, déposés à la surface du terrain de lias dans le département de l'Ardèche, à peu de distance du Rhône; on en a déjà extrait des quantités très-considérables.

Il existe dans ce département, à la Voulte, sur la rive gauche du Rhône, à la hauteur du confluent de la Drôme, un gîte fort riche de minerai de fer de la deuxième classe, qui offre pour cette partie de la France une certaine compensation de l'absence du minerai de fer dans le bassin de la Loire. C'est un oxyde rouge, ordinairement schisteux et plus rarement à structure compacte ou d'hématite; il forme trois couches régulières intercalées dans les marnes bleues du terrain de lias. C'est le gîte le plus productif de la France, et la quantité de fonte qu'il produit est le trentième environ de la production totale des hauts-fourneaux; en 1841, il a fourni 52 742 tonnes de minerai brut.

Nous signalerons encore, dans l'Ardèche, les minières des Routes et de Sonat, composées d'un hydroxyde rouge barytique de la troisième classe, en amas dans un agglomérat de grès et calcaire; elles produisent 656 tonnes.

1617. *Aveyron* (Pl. 90, fig. 8).— Il y existe une minière et deux mines en activité. Le bassin houiller de l'Aveyron et les formations plus modernes qui l'avoisinent sont riches en minerai de fer. Après les minerais carbonatés des houillères, viennent, dans l'ordre d'abondance, des oxydes de diverses natures, subordonnés en général aux terrains jurassiques, et particulièrement des oxydes rouges plus ou moins quartzeux, manganésifères, à structure oolithique; des hydroxydes en roche; des castines ferrifères, etc. On y exploite encore, mais en moindre quantité, des minerais de la première classe, c'est-à-dire des hydroxydes en grains disséminés dans des argiles ferrifères, à la surface du sol.

Voilà du reste ce que dit M. Elie de Beaumont, dans la *Description de la carte géologique de France,* du fer oxydulé que l'on trouve dans les mines de Combenègre, situées dans le département qui nous occupe.

« Dans quelques circonstances assez rares, le fer oxydulé forme des « amas plus ou moins puissants : la montagne de Combenègre, près de « Villefranche d'Aveyron, en offre un exemple remarquable par l'abon- « dance de ce minerai de fer.

« Le terrain qui compose cette montagne est du gneiss, passant fréquem- « ment au granite et contenant des amas d'un porphyre feldspathique qui

« lui-même se fond dans le granite. Le fer oxydulé se présente dans le gneiss
« de Combenègre de deux manières différentes : il y forme des amas lenti-
« culaires et il est disséminé dans la roche même dont il fait alors partie
« intégrante en remplaçant le mica, précisément de la même manière que
« le fer oligiste remplace cette substance dans le schiste micacé de Villa-Rica
« au Brésil. Cette disposition du fer oxydulé donne à la roche une structure
« rubanée, et de loin, le minerai de fer se détache en bandes noires comme
« le ferait le mica.

Gisement du fer oxydulé à Combenègre.

sm. Schiste micacé.   F. Amas de fer oxydulé.

« La figure ci-dessus représente la partie de la montagne de Combenègre
« où sont situées les exploitations. On remarquera que les différentes
« ouvertures pratiquées pour la recherche du minerai sont sur une même
« ligne, et qu'elles sont disposées dans le sens de la direction des feuillets
« du gneiss, de sorte que le fer oxydulé forme dans le terrain schisteux
« une espèce de couche irrégulière d'une assez grande épaisseur. Plusieurs
« tranchées ouvertes en différents points de la montagne, et notamment
« sur le revers opposé, ont appris que le gisement de fer oxydulé de
« Combenègre se prolonge sur une assez grande étendue.

« Depuis trois ans on a commencé, à la forge de Decazeville, à mélanger
« le fer oxydulé de Combenègre, dans une assez forte proportion, avec les
« autres minerais qu'elle possède : ce minerai, fort riche, communique du
« nerf au fer, et le rend plus résistant; seulement il présente quelque diffi-
« culté à la fonte, à cause de l'abondance du quartz qui l'accompagne. »

Voici maintenant ce que dit M. Élie de Beaumont, dans le même ouvrage, du fer carbonaté lithoïde en général, et en particulier de celui de
l'Aveyron.

121

« On trouve fréquemment, dans les schistes, des rognons aplatis de fer
« carbonaté lithoïde, disposés par lits. Ce fer carbonaté se trouve égale-
« ment en petites couches subordonnées. Il est tantôt compacte et tantôt
« grenu, ayant, dans ce dernier état, l'apparence oolithique. Les couches
« qu'il forme au milieu du schiste argileux, et même de la houille, sont
« assez continues, principalement dans le schiste. Souvent, cependant, ces
« couches s'interrompent par intervalles, puis on les retrouve à une cer-
« taine distance; souvent aussi, surtout dans la houille, le minerai est en
« rognons isolés ou en masses un peu aplaties, distinctes les unes des autres,
« et qui forment, néanmoins, une espèce de lit parallèle à la couche qui
« les renferme.

    « Du reste, ce fer carbonaté des houillères, si précieux quand il existe
« avec quelque abondance, est réparti dans les terrains houillers avec une
« grande irrégularité. En France, il est fort rare. Le bassin de l'Aveyron
« est le seul qui en contienne des couches assez puissantes pour alimenter
« des hauts-fourneaux. Le riche bassin de Saint-Étienne en recèle dans
« quelques points; mais les deux couches qu'on y exploite, les seules con-
« nues dans cette localité, sont minces et produisent un minerai peu riche.
« Les grands dépôts houillers de Valenciennes, d'Alais, d'Autun et du
« Creusot en sont presque entièrement dépourvus.

    « Les dessins ci-après représentent, le premier, un plan des environs
« de Decazeville, et le second, la disposition générale des minerais de fer
« qui alimentent cette usine.

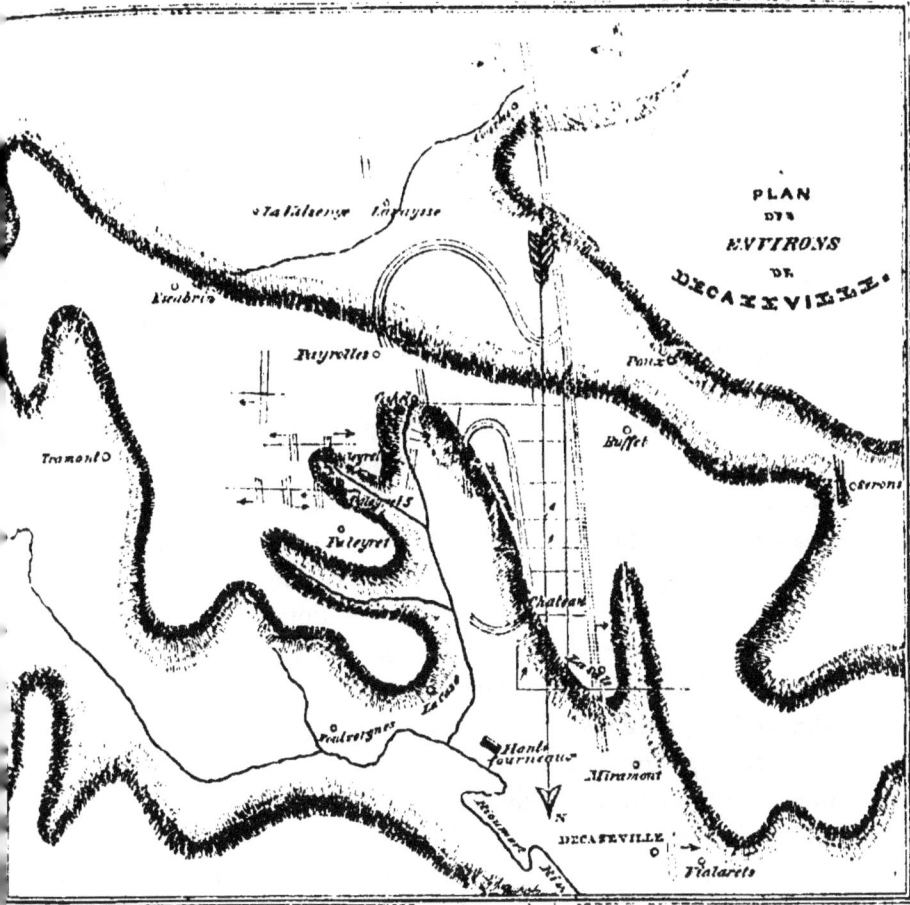

PLAN
DES
ENVIRONS
DE
DECAZEVILLE.

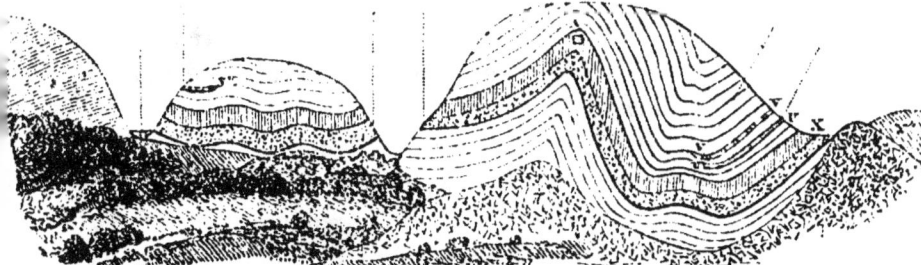

Disposition générale des couches de houille dans le bassin de Decazeville.

Y. Granite et gneiss.
S. Serpentine formant le Puy del Voll.
π. Porphyre.
V V. Couche de houille supérieure dite de Miramont.

U U. Couche de minerai de fer réparaissant en V″.
X. Mine de Serons, exploitée sur l'extrémité de la couche de la Grange.
A. Galerie n° 9 de la Grange.

« Le terrain houiller de l'Aveyron contient une grande quantité de mi-
« nerai de fer en rognons et en couches. Le minerai en rognons est le plus
« pur et le plus riche; mais sa présence n'est pas constante : il est disséminé
« dans les schistes qui avoisinent la houille, et quelquefois au milieu de la
« houille même. Le minerai en couches est régulier, et son exploitation,
« sous ce rapport, est plus avantageuse que celle des rognons; mais le fer
« qu'il produit est beaucoup moins bon. Il forme une couche supérieure
« à la grande veine de houille. On le retrouve dans cette position près de
« la mine de Serons et dans celle de la Grange. Dans cette dernière loca-
« lité, elle constitue le minerai dit de la Machine. Le minerai de fer de
« Tramont parait être également le prolongement de cette même couche;
« du moins il est entièrement analogue, et se voit, comme le premier,
« au-dessus de la houille. Cette couche de minerai n'est pas uniforme dans
« toute son étendue : sa puissance est de 4 mètres dans la mine de la Ma-
« chine; mais elle se réduit à 1 mètre sur une partie de sa longueur, et
« présente, dans la mine de Miramont, une série de renflements et de
« rétrécissements qui lui communiquent la disposition connue des mineurs
« sous le nom de *mine en chapelets*. Outre l'inégalité de son allure, le mi-
« nerai de fer en couches en offre dans sa richesse, ce qui tient à ce que
« les minerais de ce genre ne sont autre chose que des couches de grès fin,
« plus ou moins imprégnées de carbonate de fer.

« La couche de minerai de fer de la Machine est pénétrée par un grand
« nombre de failles qui la rejettent à différentes profondeurs. A l'est et à
« l'ouest, la couche s'appauvrit et finit par disparaitre entièrement. Au sud
« et au nord elle est entièrement limitée par des failles qu'on n'a pas en-
« core traversées. L'étendue des travaux du nord au sud est d'environ
« 150 mètres; elle est de 200 de l'est à l'ouest.

« Le minerai en couche est schisteux; il est d'un gris foncé, avec des
« veines noires, charbonneuses, qui lui donnent une texture rubanée. Sa
« richesse moyenne est de 27 pour 100, tandis que le minerai en rognons
« produit jusqu'à 40 pour 100. »

Il nous reste à signaler parmi les mines de l'Aveyron :

La mine d'Aubin, commune de Decazeville, qui produit 45 000 tonnes,
et celle d'Aubignac qui en produit 8 000; la première composée de fer
carbonaté des houillères, et la deuxième d'hydroxyde oolithique de la
première classe, alimentent toutes deux l'usine de Decazeville.

1618. *Cantal.* — Une mine concédée.

1619. *Gard* (Pl. 91, fig. 2). — Ce département renferme quatre mines en exploitation. Les minerais de fer y sont répandus avec abondance; ils appartiennent à deux variétés fort distinctes : la première est un hydroxyde argileux en masses souvent cariées et cloisonnées, formant des amas superficiels fort puissants à la limite du terrain houiller et du lias, ou remplissant des cavités et des fentes de toutes formes et de toutes grandeurs dans ce dernier terrain; quelquefois même ce minerai, en s'insinuant entre les couches du terrain de lias, semble y former de véritables couches subordonnées; — la deuxième variété est le fer carbonaté des houillères, qui abonde surtout dans la partie occidentale du bassin houiller, où il se présente à la fois en rognons et en couches réglées. Il existe encore des gîtes importants de minerai hydraté, cloisonné dans le terrain de lias, à proximité du bassin houiller du Vigan. On connaît aussi, près de ce même bassin, un gîte de minerai de fer oxydulé dans une roche amphibolique; mais ces dépôts ne pourraient être exploités sur une grande échelle, que si l'on découvrait dans le bassin houiller du Vigan des gîtes de houille plus abondants et de meilleure qualité que ceux qui ont été reconnus jusqu'à présent.

Voilà ce que dit M. Élie de Beaumont dans le texte explicatif de la carte géologique de France, des minerais que l'on traite aux forges d'Alais dans le Gard : « Les minerais de fer sont assez fréquents le long de la ligne de « contact des terrains anciens et des terrains secondaires. Les minerais « fondus aux belles forges d'Alais existent dans cette position géologique. « La formation de ces minerais ne paraît pas être en relation avec le sou- « lèvement des granites de la Côte-d'Or, lesquels ont relevé les terrains « secondaires de cette partie de la France : du moins les minerais métal- « liques sont également abondants sur toute la limite des terrains anciens, « même dans les localités où le calcaire du Jura repose en couches hori- « zontales sur le granite. »

Nous signalerons : les mines d'Alais, dont le minerai de troisième classe se compose d'un hydroxyde brun en amas dans le lias, et alimente le fourneau du Gournier; et celles du Travers, dont le minerai de deuxième classe se compose d'un hydroxyde brun en couches dans le grès du lias et alimente le fourneau de Bessège. La première de ces mines produit 24000 tonnes et la deuxième 3627.

1620. *Loire* (Pl. 88, fig. 6). — Il y existe une minière et deux mines en activité. Le terrain houiller de la Loire, si riche en combustible, n'offre malheureusement à l'industrie du fer que des ressources insignifiantes en minerai. Cependant tous les rognons de fer carbonaté rencontrés par les mineurs, pendant l'abattage de la houille, sont soigneusement mis à part pour le service des hauts-fourneaux. La majeure partie du minerai extrait du département de la Loire provient d'un dépôt de fer hydraté quartzeux qui remplit les fentes d'un micaschiste et d'un conglomérat houiller, au nord de la ville de Saint-Étienne.

Voici ce que disent MM. Élie de Beaumont et Dufrénoy, dans le texte explicatif de la carte géologique de France, du fer carbonaté lithoïde que renferme le département de la Loire, et dont un des dépôts principaux est celui de Saint-Chamond (arrondissement de Saint-Étienne).

« Le dessin qui vient ci-après fait voir la disposition du fer carbonaté « lithoïde dans la mine du Treuil qui, seule, des deux couches de ce mi- « nerai que renferme le bassin de Saint-Étienne, est encore exploitée pour « le service des fourneaux de Terre-Noire.

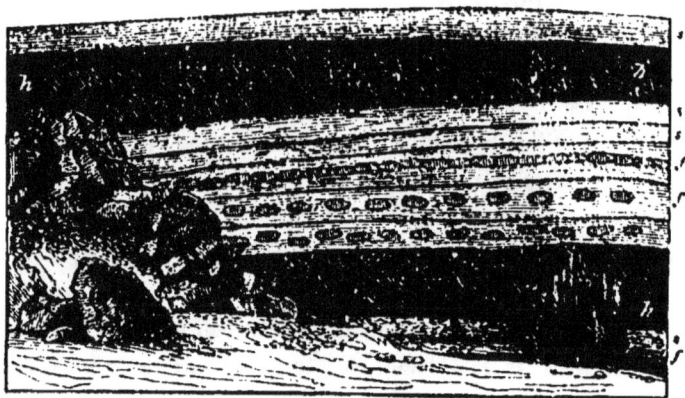

Disposition du fer carbonaté lithoïde dans la mine du Treuil.

f. Minerai de fer en rognons contigus.   s. Schiste houiller avec nombreuses
h. Couches de houille.   empreintes végétales.

« Celle des deux mines, dont nous venons de parler, qui n'est pas « exploitée, est connue sous le nom de mine du Cros; le minerai de fer y « constitue trois couches. Deux irrégulières se composent de rognons « isolés au milieu de l'argile schisteuse; la troisième, régulière, est épaisse « de 0m,40 à 0m,70 : elle est comprise entre les deux couches irrégulières, « dont elle n'est séparée que par des lits d'argile schisteuse, qui peuvent « avoir 0m,15 d'épaisseur. Cette bande de minerai de fer est intercalée entre « deux couches de houille.

« La seconde mine de fer est celle du Treuil, près de Saint-Étienne. Le « minerai y forme également une zone comprise entre deux couches de houille qui, par leur épaisseur et leur position dans le terrain houiller, paraissent correspondre aux deux couches de houille du Gros. L'épaisseur de la zone ferrifère est de 4 mètres environ. On exploite trois couches au Treuil : l'une d'elles, la supérieure, est presque continue, et le minerai y est en plaquettes ; dans les deux autres, les rognons sont fort riches, mais inégalement distants, de sorte que ce gisement est irrégulier. Le minerai de fer est intercalé au milieu de l'argile schisteuse ; ce minerai est accompagné de taches de galène, de blende et de cristaux de baryte sulfatée. »

1621. *Puy-de-Dôme* (Pl. 90, fig. 9). — Ce département renferme deux mines en activité. Les amas de scories de forge qu'on rencontre dans les cantons de Bourg-Lastic et d'Herment, font espérer que les filons de minerai de fer spathique qui y existent, pourraient devenir de nouveau la base d'une industrie importante.

Les dépôts ferrifères de ce département sont compris dans la circonscription des roches primitives ; nous en signalerons près du haut-fourneau de Chavanon ; — dans la Corrèze, il en existe près de Bort, dans la partie limithrophe du Puy-de-Dôme.

Neuvième groupe.

(Mines et minières du Périgord.)

1622. Le groupe du Périgord (Pl. 90 ; fig. 10 et 8 *bis*), comprend les mines et minières que l'on rencontre dans une partie des départements de la Charente, de la Corrèze et de Lot-et-Garonne, et dans ceux de la Dordogne, du Lot, du Tarn et de Tarn-et-Garonne.

Comme plusieurs des précédents, ce groupe important offre à l'industrie du fer des ressources inépuisables ou du moins infiniment au-dessus de la production actuelle.

Les meilleures qualités de minerais du Périgord peuvent soutenir la comparaison avec celles des mines et minières du nord-est, du Jura, de la Champagne et du Centre ; elles ont en outre une teneur en fer plus considérable.

Beaucoup de ces variétés sont assez riches pour pouvoir être traitées avantageusement par le procédé catalan qu'on applique même encore aujourd'hui à des minerais du département du Lot. En mélangeant convenablement les divers minerais de ce groupe, on pourrait produire en abondance chacune des qualités de fer que réclame le commerce.

Tous les minerais du neuvième groupe appartiennent à la première classe. Presque tous les dépôts de terrains tertiaires, composés de sables et d'argiles avec silex, qui recouvrent, sur tant de points, la craie et les formations jurassiques, en renferment des gîtes abondants, mais exploités seulement en un petit nombre de localités. De nombreux tas de scories de forges, gisant sur les hauteurs, attestent l'existence d'anciennes exploitations ouvertes sur des gîtes aujourd'hui négligés et dont les produits ont été convertis en fer, à une époque reculée, dans de petites forges à bras.

Les minerais sont des hydroxydes non communément en grains, comme dans la plupart des groupes précédents, mais plutôt en gros fragments et en masses compactes fibreuses ou mamelonnées. La partie du sol qui renferme des gîtes de fer, appartient au grès vert, au terrain tertiaire et aux terrains jurassiques.

1623. *Charente.* — Ce département renferme douze minières en activité.

Le terrain qui comprend ces dépôts appartient en majeure partie au terrain jurassique, interrompu par divers dépôts de terrain tertiaire et de grès vert ; c'est entre les deux premiers terrains que se partagent les dépôts ferrifères. On y exploite des hydroxydes en fragments et masses, et des hydroxydes en grains à couches concentriques, qui sont d'ailleurs tantôt isolés, tantôt agglutinés par un ciment ferrugineux, calcaire ou quartzo-ferrugineux.

Il existe des minières sur le Son, près du fourneau de Puyraveau ; — près de la Dordogne et du fourneau de la Mothe ; — et près du fourneau de Combiers. Parmi ces dépôts nous signalerons la minière de Fleurignac qui renferme du minerai de la première et de la deuxième classe ; il se compose principalement d'hydroxyde en grains, rognons et masses dans une argile des formations oolithiques ; cette minière produit 3 848 tonnes ; — celles de Combiers, Charas, Feuillade et Meinzac ; le minerai y est de même nature que celui du gîte précédent, et produit 3 159 tonnes.

1624. *Dordogne.* — Trente-six minières en exploitation. La partie de ce département qui les renferme appartient au terrain jurassique, au grès vert et au terrain tertiaire, la plus forte portion des dépôts ferrifères se trouvant dans ce dernier terrain. La Dordogne est tellement riche en minerais qu'il faudrait de longues recherches pour indiquer toutes les localités où l'on pourrait en exploiter au besoin. Comme nous l'avons dit, en parlant des minerais que l'on rencontre le plus souvent dans ce groupe, les minerais de la Dordogne sont généralement des hydroxydes en gros fragments et en masses compactes, fibreuses ou mamelonnées.

On rencontre plusieurs de ces dépôts : autour du fourneau de Jommel-ères; — à l'ouest de Nontron ; — autour d'Exideuil ; — près du haut-four-eau les Ans; — sur les frontières de la Corrèze; — près de la Haute-ezère; — près des fourneaux de Forge-Neuve, et des Eyzies; — autour es fourneaux de la Mouline, de la Brame, etc., etc. Nous signalerons armi ces minières : celles d'Hautefort, dont le minerai de première classe compose d'hydroxydes disséminés dans des sables et des argiles de la for-ation tertiaire, et dont la production, en 1842, a été de 8972 tonnes; —et celles de Bugues, dont le minerai, semblable à celui du gîte précédent, produit 2275 tonnes en 1842.

1625. *Lot.* — Trois minières en activité. La partie de ce département ui les renferme, a la même composition géologique que la Dordogne dont lle est voisine; leur minerai est identique; elles sont groupées autour des forges atalanes de Péchaurié et, sur la frontière, au nord du fourneau de Bourzole.

1626. *Lot-et-Garonne.* — Dix-sept minières en activité. La composition éologique et minéralogique de la partie de ce département qui dépend du euvième groupe est la même que celle des départements qui précèdent ; s minières y sont principalement dans la circonscription du terrain ter-iaire; nous en signalerons près des frontières de la Dordogne.

1627. *Tarn-et-Garonne* et *Tarn.* — Cinq minières en activité. Le Tarn-et-Garonne est mieux pourvu que le Tarn ; ses minerais ressemblent ceux de la Charente, et sa composition géologique également. Les dépôts e ce département sont disséminés autour du fourneau de Bruniquel; ceux u Tarn également.

Dixième groupe.

(Mines et minières des Alpes.)

1628. Le dixième groupe comprend les départements des Hautes et Basses-Alpes, de l'Isère, des Bouches-du-Rhône, du Var et de la Vaucluse.

Les principaux gîtes exploités dans ce groupe appartiennent à la troisième classe et en occupent la partie septentrionale. C'est le fer spathique qui domine presque partout; les autres minerais appartiennent en général à la deuxième classe, mais ils n'ont qu'une faible importance, et ne sont plus xploités, pour la plupart, à cause du manque de combustible végétal.

1629. *Hautes* et *Basses-Alpes* (Pl. 91, fig. 5 et 3 *bis*). — Il n'y avait lus d'exploitations, en 1841, dans ces départements, quoiqu'on ait extrait u minerai, il y a peu d'années encore, de la partie qui appartient aux épôts du terrain tertiaire et du grès vert.

122

1630. *Isère* (Pl. 88, fig. 7). — Ce département renferme quarante-cinq mines en activité. Elles sont comprises dans le terrain primitif qui a pénétré à travers les dépôts des formations jurassiques et situées à l'est de Grenoble, près de la frontière; on en remarque près de Vizille et, plus au nord, autour d'Allevard. Les filons qui composent les mines des environs d'Allevard sont de la troisième classe, et présentent sur une étendue de plus de 3o kilomètres carrés, dans une chaîne de collines primitives de schiste talqueux, sur le versant oriental de la vallée d'Allevard; ces filons coupent la montagne d'Allevard dans toutes les directions et sont remplis de fer carbonaté spathique, à grandes ou à petites lames, associé communément à une gangue de quartz et accidentellement au fer oligiste, au cuivre pyriteux, à la galène, etc. Trois gîtes de même nature se retrouvent dans l'Oisans, sur les bords de la Romanche.

Les minerais des montagnes d'Allevard et de l'Oisans produisent des fontes d'une nature particulière, éminemment propres à la fabrication d'un excellent acier naturel et semblables à celles que fournissent plusieurs localités du grand-duché du Rhin, dans la Styrie, dans la Carinthie, etc.

Nous signalerons encore, dans l'Isère, le gîte de Saint-Quentin, dont le minerai de deuxième classe se compose de fer hydroxydé oolithique.

1631. *Bouches-du-Rhône.* — Les exploitations avaient cessé, dans ce département, en 1841; il y existe des dépôts ferrifères dans la partie qui est formée de terrain tertiaire, entremêlé de grès vert.

1632. *Var.* — Point d'exploitations.

MM. Élie de Beaumont et Dufrénoy font remarquer que sur les bords de la mer, entre Agay et Boulouris, on rencontre un filon de fer oligiste dont l'existence se rattache sans doute à celle des porphyres, et rappelle les gîtes de fer oligiste que nous avons signalés dans les Vosges.

1633. *Vaucluse* (Pl. 91, fig. 4). — Une minière exploitée. Les gîtes de la Vaucluse sont composés d'un hydroxyde en fragments, passant souvent à l'hématite brune, gisant, soit en couches réglées dans le terrain tertiaire, soit dans de grandes cavernes creusées dans le terrain de craie. Nous en signalerons près d'Apt.

Onzième groupe.

(Mines et minières des Landes.)

1634. Ce groupe (Pl. 91, fig. 5) comprend les mines et minières des départements de la Gironde, des Landes et d'une partie du Lot-et-Garonne. Les dépôts qui le constituent diffèrent complétement des gîtes exploités dans le groupe du Périgord et dans la partie du Lot-et-Garonne que nous avons rattachée à ce groupe. Leurs minerais sont des hydroxydes de la première classe, et offrent deux variétés distinctes par leur gisement, par leur structure et par la qualité des fontes qu'on en extrait.

La première se présente en veines ou en petites couches disséminées çà et là au milieu des couches friables d'un terrain inférieur à la grande formation sableuse qui recouvre toute cette partie de la France, et que l'on désigne communément sous le nom de *sable des Landes*. Ce minerai contient beaucoup de parties argileuses et difficiles à laver.

La seconde variété est un hydroxyde argileux formant des gîtes excessivement nombreux, mais de peu d'étendue, dans le terrain de sable quartzeux des Landes. C'est ce minerai qui a donné naissance, il y a un siècle environ, à l'industrie du fer dans cette partie de la France; on y peut distinguer deux nuances principales, eu égard à la structure du minerai et à la qualité du fer qu'on en extrait. — La première de ces sous-divisions se compose de minerais en grains, d'un très-petit volume, tantôt libres, tantôt agglutinés par un ciment ferrugineux de même nature; ainsi agglutinés, ils forment des rognons et des masses aplaties qui courent dans les sables à la manière des grès; on les trouve ordinairement en nids de o^m,o5 à o^m,5o d'épaisseur, et de 1o à 5o mètres cubes, situés à quelques décimètres seulement au-dessous de la surface du sol; par un phénomène dont on peut encore observer journellement les effets, ces grains ont été modelés en général par des infiltrations ferrugineuses agissant sur des corps organisés, tels que des glands avec leurs capsules, des fragments de bois, d'écorce. Ces minerais, après le lavage, donnent 4o à 45 pour 1oo de fonte d'excellente qualité. — Les minerais de la seconde espèce sont en fragments isolés ou en masses aplaties, dont l'épaisseur excède quelquefois o^m,4o; ils sont disséminés dans une argile pénétrée de filets ferrugineux assez abondants, par places, pour que l'argile se trouve intercalée entre ces filets, comme le miel entre les cloisons des gâteaux d'abeilles; ils se trouvent dans le même gisement que les précédents, mais ils ne renferment que rarement des fragments ligniformes et donnent une mauvaise qualité de fer.

Le sol du onzième groupe appartient aux terrains tertiaires.

1635. *Gironde.* — Neuf minières en activité. Nous en signalerons aux bords de la Leyre; un plus grand nombre encore sur le Ciron.

1636. *Landes.* — Vingt-trois minières en activité. Elles sont réparties : sur la rive droite de l'Adour, près de Dax et de Mont-de-Marsan; — sur l'Estrigon; — sur l'Estampon, non loin de Roquefort; — sur la Leyre, etc.

Nous signalerons le gîte d'Abesse, de la première classe, qui se compose d'hydroxyde en masses tuberculeuses coquillières, et dont la production a été de 2425 tonnes en 1842.

1637. *Lot-et-Garonne.* — Dans ce département déjà mentionné, les minières du onzième groupe sont situées dans la partie riveraine de la Gironde et des Landes, près de Castel-Jaloux et du Ciron.

Douzième groupe.

(*Mines et minières des Pyrénées.*)

1638. Ce groupe (Pl. 92, fig. 4 et 4 *bis*) comprend les départements de l'Ariège, Aude, Hérault et Pyrénées Basses et Orientales.

Les minerais que l'on y exploite appartiennent tous, sans exception, à la troisième classe. La variété la plus abondante, et qui alimente le plus grand nombre des forges situées dans cette partie de la France, est un hydroxyde compacte presque toujours d'une grande pureté, souvent concrétionné et constituant ces excellentes hématites brunes manganésifères qui donnent, partout où on les emploie, des qualités de fer si supérieures. Cette variété est souvent associée intimement au fer carbonaté spathique, manganésifère lui-même et ordinairement décomposé en partie, c'est-à-dire dans l'état où il est le plus propre au traitement métallurgique. Les minerais de fer carbonaté spathique, de fer oligiste et de fer oxydulé, qui sont fréquemment associés, comme le manganèse, aux hydroxydes de fer, forment également des gîtes distincts et d'une grande importance.

Les minerais des Pyrénées se distinguent parmi les nombreuses variétés que recèle notre territoire par leur pureté et surtout par leur forte teneur en fer. C'est cette circonstance surtout qui a fait naître et qui a conservé la méthode *catalane* dans cette partie de la France, à l'exclusion de tout autre procédé de fabrication.

Le sol de ce groupe se compose généralement, le long de la frontière, de terrains de transition au travers desquels le granite apparaît en grandes masses'; en s'éloignant de la frontière on rencontre successivement le terrain jurassique, le grès vert, la craie et le terrain tertiaire : c'est le terrain de transition qui est le mieux pourvu en dépôts ferrifères.

1639. *Ariège.* — Ce département renferme treize mines dont cinq en activité. Le gîte le plus important est celui de Rancié, dont le minerai, de troisième classe, se compose d'hydroxyde de fer et d'hématite brune; il alimente diverses forges catalanes dans les environs, et produit 24880 tonnes de minerai, c'est-à-dire plus des deux tiers du minerai consommé par le douzième groupe d'usines.

Nous signalerons encore la mine de Lercoul, qui alimente la forge catalane de Guihot; son minerai est de même nature que le précédent, et produit 378 tonnes.

Nous empruntons aux travaux de M. Jules François, sur le *gisement* et le *traitement du fer* dans l'Ariège, la coupe suivante, faite dans les mines de Rancié; elle peut donner une idée de l'importance de ce gîte.

MINES DE RANCIÉ.
Coupe verticale suivant est-ouest.

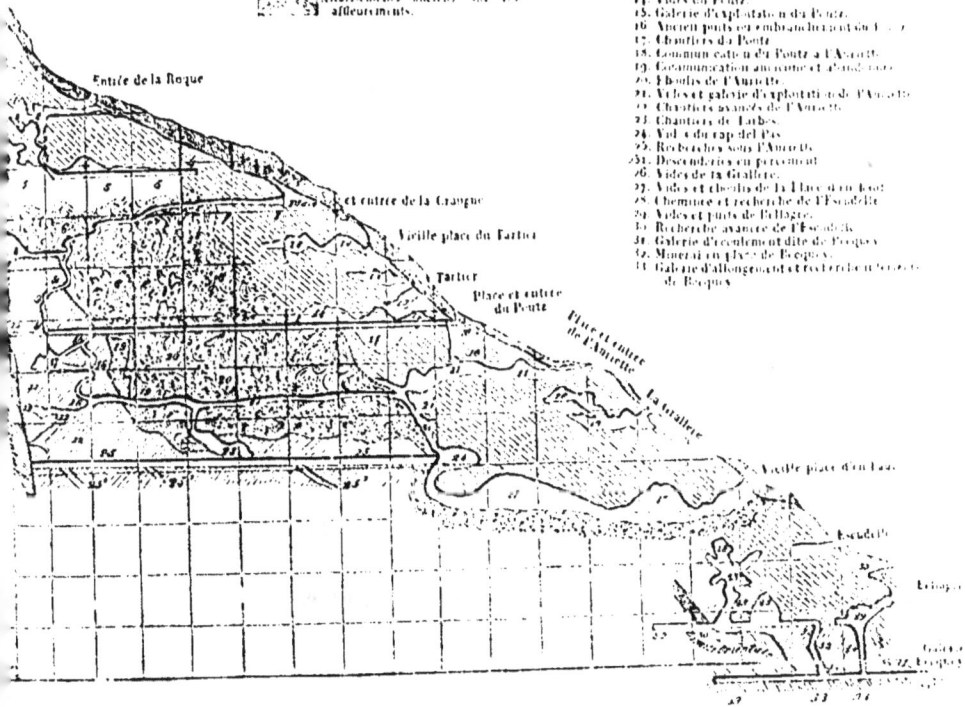

1640. *Aude.* — Neuf mines, dont cinq en activité.

Dans ce département, le manganèse oxydé se trouve mêlé en forte proportion au minerai de fer; souvent même il est tout à fait dominant.

Les dépôts ferrifères sont répartis principalement : près de la Boulsane ; — près de l'Orbieu ; — entre les forges de Saint-Pierre-des-Champs et de Padern ; — près de l'Agly, etc. Nous signalerons les mines de Las Coupes et Terre Mitzanne, dont le minerai de troisième classe est composé d'un hydroxyde compacte manganésé, et produit 619 tonnes.

1641. *Hérault.* — Quatre mines concédées, dont une en activité.

Les nombreux et puissants filons de Notre-Dame-de-Maurian pourraient donner lieu à une importante fabrication de fer, si l'on parvenait à les traiter avec les combustibles du bassin houiller près duquel ces gîtes sont situés.

1642. *Basses-Pyrénées.* — Ce département renferme onze minières, dont quatre en activité et trois mines en activité. Les dépôts ferrifères sont répartis près des forges de Nogarot ; — non loin de Lieq, sur le Gave d'Aspe ; — au nord de Saint-Jean-de-Luz ; — et sur la Nive. Nous signalerons le grand amas de Baburet, qui fait partie des gîtes de fer composés d'hydroxyde de fer et d'hématite brune qui sont si nombreux dans ce groupe.

1643. *Pyrénées-Orientales.* — Vingt-trois mines concédées, dont seize en activité. Elles sont situées entre les forges catalanes de Nyers et de Sahorres ; — autour des forges catalanes de Llech et de Velmanya ; — et près de la frontière à l'extrémité occidentale. Nous signalerons les gîtes d'hydroxyde de fer et d'hématite brune de la montagne de Batère et du Canigou ; — et les mines de Fillols, dont le minerai de la troisième classe se compose de fer hydroxydé manganésifère et d'hématite brune.

EXTRACTION, PRÉPARATION ET TRANSPORT DES MINERAIS.

EXTRACTION.

1644. *Du mode d'extraction.* — Avant de nous occuper des frais d'extraction du minerai de fer, nous passerons rapidement en revue, dans les douze groupes de mines et minières, les divers modes d'extraction qui y sont en vigueur, et qui ont une influence si directe sur son prix de revient (1).

1645. Dans le premier groupe, celui du nord-est, les minerais de la première classe sont exploités, en général, par tranchées à ciel ouvert,

---

(1) Documents empruntés, en grande partie, aux travaux de M. Leplay, ingénieur en chef des mines.

dont la profondeur n'est ordinairement que de quelques mètres ; cependant
ces excavations atteignent quelquefois une grande profondeur, 7 à 8 mètres dans les Ardennes, 8 à 10 mètres dans la Meuse, et jusqu'à 40 mètres
dans la Moselle. Les minerais, à ces grandes profondeurs, sont le plus
souvent exploités par travaux souterrains, à l'aide de puits de construction très-économique, dont les parois sont soutenues avec des branchages,
et dans lesquels le minerai est élevé par des treuils à bras. Il existe dans
les Ardennes des puits de cette espèce, dont la profondeur va jusqu'à
70 mètres, et au fond desquels on pratique des travaux d'exploitation
s'étendant en toutes directions autour du puits, jusqu'à une distance de
100 mètres.

Les minerais de la deuxième classe, surtout ceux de la Moselle, sont
ordinairement exploités par travaux souterrains.

Dans le nord, arrondissement d'Avesnes, « lorsque la masse de minerai
« n'est recouverte que par 2 ou 3 mètres de terrain stérile, on l'exploite
« à découvert ; mais à une plus grande profondeur l'exploitation a lieu par
« petits puits de 0ᵐ,95 de diamètre, non permanents, et boisés avec de
« petites perches et des branchages. Les puits vont rencontrer le minerai
« à la partie la plus basse, et l'exploitation se fait, en remontant, au moyen
« de galeries de 1 mètre de largeur au plus et boisées à peu près comme
« les puits (1). »

1646. Dans le deuxième groupe, celui du nord-ouest, le minerai est
le plus souvent à la surface du sol, quoiqu'il s'enfonce quelquefois à une
assez grande profondeur. Il est en général exploité par travaux à ciel ouvert,
de très-faible profondeur ; cependant, dans la Mayenne, on voit des excavations qui ont de 15 à 20 mètres de profondeur, et jusqu'à 100 mètres de
diamètre. Des déblais d'une pareille importance ne s'exécutent que pour des
dépôts d'une assez grande richesse ; les minerais dont la profondeur excède
8 à 10 mètres sont le plus souvent exploités par puits et galeries ; quelques
travaux souterrains de ce genre s'étendent dans la Sarthe jusqu'à 25 mètres
de profondeur.

1647. Dans le troisième groupe, celui des Vosges, l'exploitation des
mines et minières de la deuxième classe se fait ordinairement à ciel
ouvert, par tranchées dont la profondeur varie entre 1 et 4 mètres ;
quelquefois le déblai est plus considérable ; mais dès qu'il atteint 7 mètres,
on n'exploite plus que par des puits à boisage volant, dont la durée varie

(1) M. Drouot, ingénieur des mines, *Annales des mines*, 1841.

de un à trois ans. Le creusement des puits étant peu dispendieux, on
trouve plus d'avantage à multiplier ces derniers qu'à faire des galeries
étendues, ou à donner plus de solidité aux boisages. L'eau extraite, comme
les minerais et la matière stérile, par des treuils à bras, est versée dans
de petits réservoirs servant au débourbage ou au lavage du minerai brut;
l'aérage s'y fait le plus souvent avec un ventilateur à moulinet. On applique
aux minerais de la troisième classe les moyens qui conviennent généralement aux mines en filons; on les exploite par grandes galeries d'allongement, pratiquées à différents niveaux, dans la direction des filons. Les
massifs compris entre ces galeries sont enlevés par des travaux dirigés, suivant les circonstances, en montant ou en descendant. Quand les filons
ont une grande épaisseur, on les exploite par des ouvrages en travers avec
remblais.

1648. Dans le quatrième groupe, celui du Jura, les méthodes d'exploitation sont encore de deux sortes. Les travaux ont toujours lieu à ciel
ouvert, tant que la profondeur n'est point trop considérable; la limite à
laquelle cessent les exploitations à ciel ouvert varie avec la richesse et la
régularité des dépôts ferrifères. Les puits qui servent à l'extraction n'ont
ordinairement que peu de durée. — Dans les environs de Chatenois et
de Belfort, à l'extrémité méridionale du département du Haut-Rhin, il
existe cependant d'importantes minières nommées *grabonnières,* dont l'une
offre un dépôt ferrifère de 45 000 mètres cubes et qui sont exploitées par
des puits circulaires, assez soigneusement boisés; d'autres puits à section
carrée servent à l'épuisement des eaux qui s'écoulent quelquefois par une
galerie spéciale. — Les gites en boyaux, dans le calcaire jurassique, sont
exploités au moyen de puits percés au travers des bancs de ce calcaire, ou
même lorsque les circonstances le permettent, par des *cheminées naturelles.*

1649. Dans le cinquième groupe, celui de Champagne et de Bourgogne,
la grande majorité des minières est exploitée à ciel ouvert, très-souvent à
une profondeur moindre que 2 mètres; beaucoup d'exploitations n'exigent
d'autre préparation que l'enlèvement d'une couche très-mince de terre
végétale. Cependant, dans la Haute-Marne, dans les minières de Thou-
nance, Poissons, Montreuil, etc., on exploite dans le calcaire jurassique,
au milieu d'une argile rouge, d'excellents minerais *de roche,* composés de
fragments d'hydroxyde, à 50 et 70 mètres de profondeur.

1650. Dans le sixième groupe, celui du centre, l'exploitation n'a rien
qui mérite la peine d'être signalé; elle a lieu généralement par tranchées à

iel ouvert; on y est très-souvent gêné par les eaux, aussi n'exploite-t-on
vec activité que pendant la saison sèche.

Les excavations se conduisent souvent par gradins, de telle sorte que
'extraction n'est pas complétement suspendue quand les eaux envahissent
es gradins inférieurs; beaucoup d'exploitations par puits, au contraire,
orcent les exploitants à abandonner leurs travaux pendant les pluies
bondantes, et cette circonstance occasionne fréquemment des pertes con-
idérables de minerai.

1651. Dans le septième groupe, celui de l'Indre et de la Vendée, la plu-
art des gîtes sont exploités à ciel ouvert, sans qu'il y ait de limites précises
le profondeur pour l'emploi des travaux souterrains; certaines minières de
'Indre présentent des excavations à ciel ouvert de 16 mètres de profon-
leur, tandis que dans la Vienne, dans l'Indre et dans le Cher, il existe des
xploitations souterraines dont les puits n'ont que 5 à 6 mètres de profon-
leur.

1632. Dans le huitième groupe, celui des houillères du sud, le minerai
st dans des conditions d'exploitation très-diverses, et n'offre rien qui
nérite d'être signalé dans son extraction.

1653. Dans le neuvième groupe, celui du Périgord, les méthodes d'exploitation sont de trois sortes : — dans les nombreuses localités où les
lépôts ferrifères sont à la surface même du sol, les variations atmosphériques produisent naturellement la séparation des matières terreuses et
les fragments de minerai que l'on recueille en abondance après les fortes
pluies, ou après les labourages. Les minerais obtenus de cette manière, se
nomment *mines ramassées*, et produisent généralement les meilleures qualités de fer. — Les dépôts qui se trouvent à une profondeur, comprise
entre 1 et 8 mètres, s'exploitent ordinairement par tranchées à ciel ouvert.
— Les dépôts plus profonds sont exploités à l'aide de puits soutenus par
les branchages; la majeure partie de ces puits est percée à une profondeur
comprise entre 10 et 20 mètres; plusieurs d'entre eux vont cependant
jusqu'à 30 et 35 mètres. Au bas de ces puits, qui servent à la fois à l'extraction, à l'aérage et à l'épuisement, on pratique des galeries ou des
chambres d'exploitation boisées avec soin, mais irrégulières comme le
gîte dans lequel elles sont creusées. La préparation d'une exploitation est
toujours peu dispendieuse, et la durée totale n'en est guère que de six mois.

1654. Dans le dixième groupe, celui des Alpes, on exploite par travaux
souterrains; dans l'Isère, la puissance des filons varie depuis quelques centimètres jusqu'à 6 et 7 mètres.

1655. Dans le onzième groupe, celui des Landes, l'extraction a toujours lieu à ciel ouvert; elle se fait à l'aide de pelles et de pioches, par tranchées que le mineur remblaie immédiatement avec les matières qu'il enlève devant lui. La recherche de ces minerais gisant dans un sol meuble à une profondeur qui est presque toujours au-dessous de 1 mètre se fait d'une manière très-simple par des ouvriers armés d'une tige longue de 1 mètre à 1^m,3o. Les ouvriers qui sont exercés à ce genre de recherches reconnaissent la présence du minerai par les taches de rouille qui restent adhérentes à la tige, lorsque celle-ci a rencontré dans le sol des fragments de minerai.

1656. Enfin, dans le douzième groupe, celui des Pyrénées, l'exploitation se fait parfois à ciel ouvert; mais cette méthode ne s'applique guère qu'aux gîtes de peu d'importance ou à ceux dont on n'extrait que de faibles quantités de minerai ; la plupart des gîtes, et notamment ceux qui donnent les produits les plus abondants, sont exploités par travaux souterrains, par des méthodes analogues à celles qu'on applique en général aux mines métalliques.

FRAIS D'EXTRACTION.

1657. *Frais d'extraction par groupes.* — Le tableau suivant donne, pour 1841 (1), les quantités de minerai en terre extrait dans chaque groupe, la quantité de minerai propre à la fusion qui en résulte, les frais de redevance et ceux d'extraction proprement dite.

---

(1) En 1842, on a extrait 2 565 897 tonnes de minerai brut ayant en valeur 6 095 487 fr.; la redevance, pour ce chiffre, s'est élevée à 1 476 825 fr., et les frais d'extraction à 4 618 662 fr. La redevance par tonne de minerai brut a donc été de 0 fr. 57 c., et les frais d'extraction de 1 fr. 80 c.; ainsi les frais afférents à la redevance sont encore augmentés.

Tableau LXXXIII. — Des frais d'extraction du minerai de fer, dans chaque groupe.

NUMÉROS des groupes.	POIDS du minerai en terre extrait.	POIDS du minerai propre à la fusion, qui en résulte.	VALEUR du minerai en terre extrait.	REDEVANCE			FRAIS D'EXTRACTION		
				TOTALE	par tonne de minerai en terre.	par tonne de minerai propre à la fusion.	TOTAUX	par tonne de minerai en terre.	par tonne de minerai propre à la fusion.
	tonnes.	tonnes.	francs.	francs.	fr. c.	fr. c.	francs.	fr. c.	fr. c.
1	489779	165137	686143	200719	41	1,22	485424	0,99	2,94
2	99433	76607	512533	36688	37	0,48	475845	4,79	6,21
3	69595	26626	297684	18040	26	0,68	279644	4,01	10,46
4	446336	176545	865007	343327	77	1,94	521680	1,17	2,94
5	569730	189626	663906	248910	44	1,31	414996	0,73	2,19
6	208632	108686	403179	136453	65	1,26	266726	1,28	2,45
7	147645	83847	347246	109455	74	1,30	237791	1,61	2,83
8	152775	113048	712577	46701	31	0,41	665876	4,36	5,84
9	53990	36431	392512	36152	67	0,99	356360	6,60	9,78
10	6996	5847	60674	1908	33	0,33	58766	8,40	10,05
11	38280	26277	141959	43076	1,11	1,66	98283	2,57	3,74
12	39639	34344	375135	3990	10	0,12	371145	9,36	10,80
TOTAUX 1841.	2322839	1043921	5458555	1226019	0,53	1,17	4232536	1,82	4,05

Le prix général d'extraction du minerai en terre, obtenu en divisant le chiffre total 4232536 fr., par le nombre de tonnes de minerai brut ou 2322839, est donc de 1 f. 82 c. par tonne de minerai brut, et de 4 f. 05 c. par tonne de minerai propre à la fusion; soit 1 fr. 46 c. par mètre cube de minerai brut.

Les comptes rendus des mines indiquent, pour 1841, l'emploi de 12160 ouvriers à l'extraction des minerais; ce qui, pour une extraction de 2322839 tonnes de minerai en terre, suppose 191 tonnes extraites annuellement par un ouvrier. Le poids du mètre cube de minerai en terre étant de 800 kil. environ, ce serait 240 mètres cubes extraits par ouvrier. Cette faible quantité s'explique par le fait que les ouvriers ne se livrent, pour la plupart, à l'extraction des minerais que dans l'intervalle des travaux agricoles.

1688. *Frais accessoires.* — Le tableau précédent ne résume pas complétement les charges que supporte l'industrie du fer relativement à l'extraction du minerai. Un élément de dépense important n'y paraît pas; c'est le capital consacré, par les propriétaires de forges, à l'achat des minières.

Les renseignements transmis aux ingénieurs de l'État n'expriment le plus souvent que les dépenses payées directement, parce que peu de maîtres de forges spécialisent leur comptabilité au point de ramener, au compte des différentes matières employées dans la fabrication, tous les frais indirects qui les concernent.

C'est ainsi que l'intérêt et l'amortissement du capital d'achat des minières, — ou la partie du bail des forges qui doit être attribuée à la libre disposition des terres à mine dépendant de la propriété, — les appointements et frais de déplacement du commis des mines, — souvent aussi les achats de matériaux nécessaires à l'extraction, — ne sont pas portés au débit du compte de minerai.

Le chiffre de la redevance doit être augmenté des deux premiers articles mentionnés ci-dessus, car si la loi des mines n'avait pas modifié d'une manière désastreuse l'ancien droit régalien, les minerais de fer seraient exploités par voie de concessions, et le prix en serait presque limité aux frais d'extraction, l'obtention des concessions étant à peu près gratuite.

La proportion des frais de redevance aux frais d'exploitation, qui est de 1 226 019 à 4 232 536 fr., soit 29 pour 100, nous paraît devoir être portée pour ces causes à 33 pour 100, ce qui attribuerait environ 2 000 000 fr. aux chapitres des dépenses que nous venons d'indiquer.

1689. *Distinction des produits des mines et des minières.* — Il est nécessaire de pousser plus loin les investigations relatives aux frais d'extraction, et de distinguer l'exploitation des mines de celle des minières.

Le minerai extrait des premières a été de 265 614 tonnes de 1 000 kil., valant 1 456 764 fr., extraites par 1 969 ouvriers. La redevance à l'État, pour ce minerai, s'est élevée (voir le tableau LXXXI, page 900) à 17 580 fr. seulement; l'indemnité payée aux particuliers n'est point séparée; cependant il est facile de voir, en examinant le tableau, qu'elle n'a pas même atteint le chiffre de 60 000 fr.; — supposons la redevance totale égale à 77 380 fr.; les frais d'extraction, c'est-à-dire la différence entre la valeur du minerai brut et la redevance, ont donc été de 1 379 384 fr., et ceux de la tonne de 5 fr. 19 c.; il y a eu 135 tonnes extraites par ouvrier.

Le minerai tiré des minières a été de 2 057 225 tonnes valant 4 001 791 fr.; or les indemnités aux propriétaires du sol ayant été de 1 208 639 fr., dont il faut défalquer les 60 000 fr. que nous avons attribués aux mines, il s'ensuit que le prix total d'extraction a été de 2 853 152 fr.; soit 1 fr. 38 c. par tonne de minerai brut, et 1 fr. 10 c. par mètre cube. En défalquant de ce prix de 1 fr. 10 c. la fouille et le jet de pelle qui coûtent o fr. 43 c. par mètre cube, il reste o fr. 67 c. environ pour couvrir tous autres frais de découvert, mise en tas, établissement de puits et galeries. Ajoutons que l'exploitation des minières a employé 10 191 ouvriers, d'où résulte que le nombre de tonnes extrait par ouvrier est 200, et celui de mètres cubes, 250.

1660. *Séparation par classes.* — La séparation que nous venons de faire n'est pas entièrement rigoureuse; d'ailleurs elle n'est pas suffisante. Il est nécessaire, pour arriver à une appréciation exacte des prix d'extraction, de ne pas mêler les exploitations à ciel ouvert avec les exploitations souterraines.

Le tableau suivant, relatif à l'année 1842, donne les prix d'extraction des trois classes de minerai, dans les principaux départements : observons que la première classe est le plus souvent exploitée à ciel ouvert, la deuxième par l'une ou l'autre des deux méthodes, et la troisième presque toujours par travaux souterrains :

TABLEAU LXXXIV. — Des frais d'extraction du minerai, pour chacune des classes, dans les principaux départements.

DÉPARTEMENTS	CLASSES.	QUANTITÉS de minerai brut extrait.	PRIX D'EXTRACTION		RENDEMENT p. 100, en minerai propre à la fusion
			total.	par tonne.	
		tonnes.	francs.	fr. c.	
Ardennes.....	1re classe.....	33 900	29 385	0,87	33
	2e classe.....	117 147	104 452	0,89	36
Cher.........	1re classe.....	238 787	272 760	1,15	57
Côte-d'Or.....	1re classe.....	33 730	33 477	0,99	28
	2e classe.....	69 853	71 311	1,02	41
	3e classe.....	2 063	4 465	2,16	100
Dordogne.....	1re classe.....	32 879	274 623	8,35	71
Doubs........	1re classe.....	11 708	14 060	1,20	9,56
	2e classe.....	1 936	10 454	5,40	100
	3e classe.....	9 139	30 036	3,28	100
Jura.........	1re classe.....	29 070	52 392	1,80	29
	2e classe.....	3 456	11 373	3,30	100
Landes.......	1re classe.....	16 629	30 375	1,82	55
Moselle......	1re classe.....	266 543	160 915	0,60	6
	2e classe.....	37 979	50 569	1,33	15
	3e classe.....	272	2 200	8,09	90
Nièvre.......	1re classe.....	69 502	74 424	1,07	36
	2e classe.....	10 780	7 584	0,70	35
	3e classe.....	80	360	4,50	100
Nord........	1re classe.....	130 512	302 061	2,31	25
	3e classe.....	2 139	28 789	13,45	77
Haute-Saône..	1re classe.....	356 440	397 623	1,11	31
	2e classe.....	1 564	6 606	4,22	6
	3e classe	122	405	3,32	100
Vosges.......	1re classe.....	3 212	4 039	1,25	36
	3e classe et un peu de 2e...	4 292	78 727	18,34	91

Ce tableau indique que, pour les deux premières classes, le prix moyen d'extraction est de 1 f. 20 c. environ, et pour la troisième classe, de 8 f. 00 c.

1661. *Séparation par mode d'exploitation.* — La séparation des diverses extractions n'est pas encore entièrement satisfaisante : pour la compléter, nous allons donner, séparément, les frais d'extraction dans les principaux gîtes, suivant qu'ils sont exploités — à ciel ouvert, — par travaux souterrains sans durée, — et par travaux souterrains de durée; ces chiffres sont relatifs à l'année 1841.

Tableau LXXXV. — Des frais d'extraction du minerai de fer dans les principales mines exploitées par travaux souterrains définitifs.

NOMS des mines exploitées.	DÉPARTEMENTS.	NATURE du minerai.	quantités extraites.	PRIX D'EXTRACTION. total	par tonne.	RENDEMENT pour 100 en minerai propre à la fusion.	OBSERVATIONS.
			tonnes	francs	fr. c.		
La Voulte	Ardèche	Fer oxydé oligiste compacte, en couches dans les marnes du lias (2e classe).	52 712	261 750	1,96	82	Couches de 1 à 5 m. d'épaiss.
Rancié	Ariége	Fer oxydéhydraté compacte (3e classe).	21 880	226 051	9,10	100	Puits de 33 m., 4 404 m. de galeries.
Las-Coupes et Terre-Mitzanne.	Aude	Hydroxyde compacte manganésé (3e classe).	820	13 916	17,01	91	On enlève le minerai entre les roches.
Aubin (Decazeville)	Aveyron	Fer carbonaté des houillères.	45 000	225 000	5,00	53	Puits et galeries.
Rougemont	Doubs	Hydroxyde oolithique (2e cl.).	2 943	11 065	3,83	100	Galeries de 20 à 10 m.
Hayange	Moselle	Hydroxyde oolithique en couches (2e cl.).	15 139	32 959	2,18	100	Galerie principale, 246 m., Hayange et Moyeuvre, ont, en galeries, un développement de 3000 m.
Trelon et Ohain.	Nord	Oxyde rouge en couches dans le terrain de transition (3e cl.).	1 090	14 043	12,72	86	Puits principal, 50 m., un autre de 43 m. et des galeries.
Fleurey-les-Taverney.	Haute-Saône.	Hydroxyde oolithique en grains à la partie inférieure des calcaires oolithiq. (2e classe).	771 / 905	3 778 / 4 435	4,75 / 1,90	100 / 80	Galer. de 830 m. de développem.
Chalencey (Creuzot).	Saône-et-Loire	Oxyde oolithique en couches dans le lias.	15 000	38 550	2,57	100	Puits de 5 à 12m. 20 puits en activité.
Grandfontaine	Vosges	Oligiste et oxyde rouge en filons (3e classe).	2 154	51 260	23,32	88	Puits principal 120 m.
Mine Jaune	Idem	Roche de grenat et fer oxydéhydraté avec parties quartzeuses (3e classe).	403	9 160	23,75	95	Puits de 8 m.; ces deux dernières mines font partie des concessions de Framont. L'épuisement et l'extraction s'y font par puits séparés et par la méthode que nous avons indiquée pour les minerais de la 3e classe dans le 3e groupe.
Totaux	....	....	164 817	892 000	5,52	90	

Tableau LXXXVI. — Des frais d'extraction du minerai de fer dans les principaux gîtes exploités par travaux souterrains provisoires.

NOMS des gîtes exploités.	DÉPARTEMENTS.	NATURE du minerai.	Quantités extraites.	PRIX D'EXTRACTION.		RENDEMENT pour 100 en minerai propre à la fusion.	OBSERVATIONS.
				total	par tonne.		
			tonnes.	francs.	fr. c.		
Magny-sur-Tille.	Côte-d'Or...	Alluvions (1re cl.)	8 847	5 727	0,65	53	1m,60 de tranchées et puits de 4 à 5 m.
Lescalon - Plougonvert......	Côtes - du - Nord. ...	Hydroxyde en veines et amas intercalés dans le terrain de transition (3e cl.)	1 580	7 726	4,89	93	A ciel ouvert et par petits puits.
Nomey et Charmont.........	Doubs. ...	Hydroxydes en grains (1re cl.).	4 250	6 710	1,57	7	A ciel ouvert et par travaux souterrains sans étendue et sans durée.
Bethoncourt....	Idem.	Idem.	2 280	4 314	1,89	7	
Bourbel.....	Idem......	Idem.	758	2 160	2,84	9	
Montsangeon...	Haute-Marne.	De l'oxford Clay en grains lenticulaires (2e cl.).	1 084	4 685	4,32	58	Puits de 3 à 4 m. et galer. de 3 m.
Limon......	Nièvre	Minerai en fragments (1re cl.)	1 800	2 110	1,19	45	Petite profond.
Arrondissement d'Avesnes.....	Nord.	Oxyde hydraté en fragments irréguliers dans l'argile (1re cl.).	20 226	41 572	2,05	62	Puits non permanents de 10 à 12 m. de profondeur et de 0m,95 de diam.; galeries de 1 m. de largeur, ou à ciel ouvert.
Montureux.....	Haute-Saône.	Hydroxydes en grains disséminés dans de l'argile du terrain tertiaire moyen (1re classe).	12 094	11 191	0,92	26	Puits de 4 m. et à ciel ouvert.
Autrey........	Idem......	Idem.	37 856	53 004	1,40	30	Puits de 2 à 10 m. et petits nids à la superficie.
Aroz.........	Idem......	Idem.	11 520	14 803	1,28	29	Puits de 8 m. et à ciel ouvert.
Perrecy.....	Saône - et - Loire......	Hydroxyde en fragments irréguliers.	4 350	14 200	3,26	47	Tranchées de 2 à 3 m. et puits de 8 à 10 m.
Totaux........	....		106 645	168 232	1,58	39	

TABLEAU LXXXVII. — FRAIS D'EXTRACTION DU MINERAI DE FER DANS LES PRINCIPALES MINIÈRES EXPLOITÉES A CIEL OUVERT.

NOMS des MINIÈRES	NOMS des DÉPARTEMENTS	NATURE du MINERAI	Quantités extraites.	PRIX D'EXTRACTION total.	PRIX D'EXTRACTION par tonne.	RENDEMENT pour 100 en minerai propre à la fusion.	OBSERVATIONS.
			tonnes.	francs.	f. c.		
Gouttes-Pommiers.	Allier......	En grains (alluv.).	803	680	0,84	12	
Dun-le-Roi......	Cher.......	Alluvions en grains.	53867	88628	1,65	68	Pet. profondeur.
Grand-Pré et environs.......	Ardennes...	Petits grains noirâtres-mélangés de petits grains de quartz (2e classe).	36882	56670	1,50	29	Excavations de 2 à 3 m.
Etrochey......	Côte-d'Or .	Hydroxyde en conches (2e classe).	1772 / 3667 / 4121 / 1141	2213 / 4611 / 2234 / 619	1,26 / 1,27 / 0,54 / 0,54	75 / 76 / 63 / 65	3 m. de découvert.
Pesol..........	Doubs......	Fer hydroxydé en grains (1re classe).	3200	1000	0,31	5	
Alais..........	Gard	Hydroxyde brun en amas dans le lias (3e classe).	24000	33253	1,38	79	
Leharmand.	Haute-Marne.	De l'Oxford { gris. / Clay (2e cl.) { rouge.	15204 / 25871	5367 / 3708	0,35 / 0,14	26 / 17	Excavations de 1m,5 à 2 m.
Bellefays........	Idem.	Hydroxydé lenticulaire, de la partie moyenne du grès vert. (2e classe).	40115	26037	0,65	58	A ciel ouvert par tranchées parallèles; excavations de 2 à 3 m.
Treveray.......	Meuse......	En grains dans une ocre déposée dans le terrain jurassique oolithique supérieur (2e classe).	16810	15717	0,93	13	Dans la Meuse il y a des excavations qui vont jusqu'à 8 et 10 m.
Bletterans.......	Jura......	Fer hydroxydé en grains irréguliers avec mélange d'argile et de sable (1re classe).	2089	627	0,30	50	Tranchées de 3 m.
Saint-Pancré. ...	Moselle.....	Hydrox. en grains disséminés dans les argiles d'alluvion qui recouvrent le calcaire oolithique inférieur (1re classe).	107400	29503	0,27	6	Tranchées de 40 m. quelquefois.
Audun-le-Tiche..	Idem.	Idem.	26100	16317	0,63	23	
Labougauderie...	Nièvre....	Grains et fragments (1re classe).	18348	11163	0,77	18	Pet. profondeur
Baincthun (Marquise)........	Pas-de-Calais.	Hydroxyde et carbonate en amas superficiels dans les argiles et sables qui paraissent appartenir au grès vert (1re classe).	1920 / 1705	2496 / 4454	1,30 / 2,61	100 / 48	
Schwabwiller....	Bas-Rhin....	Pisiforme, hydrox. dans des argiles (1re classe).	5552	14094	2,54	37	Tranchées de 5m,10 et 3m,70.
Percey-le-Grand.	Haute-Saône.	Hydrox. oolithique en grains très-fins en couches subordonnées à l'argile d'Oxford (1re cl.).	7210	2532	0,35	38	
Imbrecourt......	Vosges.....	Hydrox. en terrain d'alluvion reposant sur un calcaire (1re classe).	1853	1269	0,68	40	Tranchée de 1m,80.
Gigny, Sennevoy et Jully.......	Yonne......	Minerai très-fin.	41372	21823	0,60	25	
Totaux.........			411032	351084	0,70	40	

Les tableaux qui précèdent nous font voir que les gites pris pour exemple parmi les exploitations souterraines et consistantes, ont produit, en 1841, 161 847 tonnes de minerai brut, dont l'extraction a coûté 892 900 fr.; c'est donc environ 5 fr. 52 c. par tonne de minerai brut, et 6 fr. 3 c. par tonne de minerai propre à la fusion. Nous avions déterminé précédemment le chiffre de 5 fr. 19 c., en séparant en bloc les mines des minières; la différence, très-peu considérable il est vrai, qui existe entre ces deux chiffres, vient de ce qu'une certaine quantité de mines sont exploitées à ciel ouvert, ce qui doit nécessairement amoindrir le chiffre général du prix d'extraction.

Les gites exploités par travaux souterrains provisoires, ont produit 106 645 tonnes de minerai brut, dont l'extraction a coûté 168 232 fr.; ce qui fait 1 fr. 58 c. par tonne de minerai brut, et 4 fr. par tonne de minerai propre à la fusion, le rendement étant environ de 40 pour cent.

Les principaux gites exploités à ciel ouvert, ont produit collectivement 441 032 tonnes de minerai brut, dont l'extraction a coûté 351 084 fr.; c'est donc 0 fr. 79 c. par tonne de minerai propre à la fusion, puisque le rendement est d'environ 40 pour cent.

Les prix d'extraction, pour les deux derniers modes, ne sont différenciés que par la méthode même de l'extraction; or, le système des concessions pour les gites à travaux souterrains provisoires, tendrait à niveler ces prix d'extraction.

En effet, le tableau LXXXI, page 900, lorsqu'on considère séparément les départements où il n'y a que minières et ceux où il n'y a que mines, conduit à ce résultat, que la redevance est d'environ 0 fr. 50 c. par tonne pour le cas de permission, et de 0 fr. 20 c. par tonne pour le cas de concession. Ainsi la valeur de la tonne de minerai brut, tirée de travaux souterrains provisoires, deviendrait 1 fr. 78 c. sous le régime des concessions, au lieu de 2 fr. 08 c., qu'elle est sous le régime des permissions, et serait beaucoup moins distante qu'actuellement de la valeur de la tonne de minerai exploité à ciel ouvert, qui est de 1 fr. 29 c.

PRÉPARATION DU MINERAI.

1662. *Imperfection des méthodes de lavage.* — Parmi les préparations du minerai, la plus importante est celle qui consiste à le séparer des terres avec lesquelles il est confondu.

En général, l'industrie du lavage des minerais est restée dans l'enfance.

Les appareils n'ont éprouvé, depuis longues années, à peu de chose près aucune modification, et chaque province en a de différents. Cette langueur s'explique d'ailleurs facilement ; elle est la même pour toutes les industries auxquelles les hommes employés aux travaux agricoles s'adonnent dans la saison où la culture n'emploie pas leurs bras ; il n'en a pas été autrement de la filature et du tissage du lin et du chanvre, de la vannerie, etc.

Tant que les ouvriers travaillent isolés, toute innovation leur est antipathique ; leur défaut d'instruction les empêche d'en apprécier immédiatement les avantages, et ils sont disposés à croire que les améliorations n'ont pour but que d'obtenir d'eux plus d'ouvrage et plus de peine pour le même prix. Cette classe d'hommes est ignorante, mais elle n'est pas simple, et la défiance lui donne une répugnance très-vive pour toute nouvelle idée.

Ces obstacles sont difficiles à surmonter, à cause de l'irrégularité actuelle des travaux. Dans des exploitations suivies à l'année, l'ouvrier se laisse plus facilement diriger, parce qu'il est plus facile de l'intéresser aux améliorations, en l'en faisant profiter par un peu moins d'emploi de force, plus d'emploi d'intelligence et un peu plus de profit.

AVANTAGES DE LA PRÉPARATION SUR PLACE.

1663. La première règle à suivre, que nous devons signaler parce qu'elle est trop généralement négligée, c'est d'effectuer le lavage, en tout ou en partie, sur le lieu d'extraction même.

1664. *Conditions dans lesquelles se trouve l'industrie du lavage.* — Les frais de transport, dont le minerai en terre est grevé, sont d'autant plus considérables que le rendement est moindre ; mais ce qui les rend surtout onéreux c'est que les chemins de service de la minière aux lavoirs, sont de simples chemins de saison, rarement des chemins vicinaux, plus rarement encore des routes. Malheureusement l'organisation irrégulière des travaux d'extraction s'oppose aux améliorations, si désirables, que comporterait l'état actuel des exploitations de minières.

De ce que l'extraction est suivie seulement dans les intervalles des travaux agricoles, il en résulte que le lavage sur place demanderait à la fois de trop grandes quantités d'eau, un matériel trop considérable et un grand nombre de bras.

Or, généralement, il n'y a pas d'eau courante sur les minières ; on s'empresse donc de transporter, pendant les beaux jours, le minerai en terre, près du cours d'eau voisin, pour le laver à bras et avec de grandes masses d'eau, dans la saison pluvieuse. Cette première opération se fait le plus près possible du bocard ou du patouillet où le minerai doit repasser avant d'être transporté au lieu de fusion. Si le bocard est éloigné de la minière et des lavoirs à mains, il faut un double transport pour achever la préparation.

Au lieu de cela, quand l'extraction s'opère régulièrement, le lavage, ou plutôt un débourbage préparatoire, peut suivre immédiatement l'extraction; des rigoles et des réservoirs sont établis pour amener les eaux pluviales sur la mine; ces eaux divisées par bassins, laissent successivement déposer les terres que le débourbage met en suspension; les terres produites par cette opération, servent de remblai, et les transports peuvent alors s'opérer sur une masse beaucoup moindre.

1665. *Exemples de l'économie du débourbage sur place.* — L'étude des transports des minerais aux lavoirs, dont les résultats seront présentés plus loin, achève de démontrer de quel intérêt il est aujourd'hui de développer l'emploi des moyens de débourbage sur les lieux d'extraction; mais nous citerons dès à présent quelques exemples propres à appuyer les considérations que nous venons de présenter.

On a extrait des gîtes minéralogiques du Cher, en 1841, 215683 tonnes de minerai en terre, à 2 fr. 40 c. la tonne; on en a obtenu, par le débourbage, 133908 tonnes de minerai, ce qui fait pour le prix d'extraction du minerai préparé . . . . 3 fr. 86 c.

Ce débourbage s'est opéré sur la minière au prix de. . . 1   30
la tonne.

Il a été dépensé pour transporter ce minerai du lieu d'extraction au lieu de débourbage, par tonne. 0   41
qui auraient pu être en grande partie épargnés.

Ce même minerai a supporté une dépense de transport de 6 fr. 12 cent. par tonne, pour être ensuite transporté à l'atelier de fusion. Il a fallu 165 de mine en terre, pour 100 de mine propre à la fusion. Le débourbage sur les lieux a donc économisé les frais de transport dans la proportion de 165 à 100.

Dans la Nièvre, 67960 tonnes de minerai en terre ont été extraites à 1 fr. 70 c. la tonne, et ont produit 29646 tonnes de minerai préparé, coûtant ainsi par tonne. . . . . 3 fr. 90 cent.
le débourbage s'est fait aux prix de. 1   20
L'extraction et la préparation ont donc coûté par tonne. 5   10

Les frais de transport pour rendre ce minerai aux ateliers de fusion, ont été de 5 fr. 10 c. : comme il a fallu 219 de minerai brut pour 100 de minerai préparé, les transports ont été réduits dans cette proportion par le débourbage local.

Dans ces deux exemples, le débourbage sur le lieu d'extraction a été une opération obligée, à cause de la distance à laquelle sont les usines de fusion; mais l'avantage et la possibilité du débourbage n'en sont pas moins démontrés.

1666. *Autre inconvénient du lavage sur cours d'eau.* — Un autre intérêt que celui de l'économie des transports, recommande les méthodes de préparation sur le lieu d'extraction : ce sont les embarras que donnent les fosses épuratoires dans les ateliers de lavage sur cours d'eau.

De jour en jour la position des fabricants s'est empirée en ce qui concerne les appareils de préparation de minerai situés dans cette position.

Pour les lavoirs à bras, il faut acheter de grandes surfaces de terrains.

La crainte de la concurrence des spéculateurs en minerai ou de nouveaux fabricants, force ces derniers à acheter les propriétés bordant les cours d'eau voisins des minières, et sur lesquels des ateliers de bocardage et de lavage pourraient être établis.

Ces cours d'eau étant très-variables, il arrive souvent que l'inondation porte les eaux troubles sur les prés où elles déposent les argiles qu'elles tiennent en suspension; de là de nouvelles réclamations qui ne s'éteignent d'ordinaire que par de nouveaux achats.

Le plus grand nombre des forges situées dans les pays à cours d'eau, a subi ces exigences, et c'est ici le lieu de revenir sur ce que nous avons dit plus haut, que, pour les préparations des minerais, plus encore que pour l'extraction, il était des sources de frais accessoires qui devaient grossir les chiffres des dépenses de préparation, beaucoup au delà des indications fournies à MM. les ingénieurs des mines, auxquels les fabricants ne signalent que les frais directs.

MAINTIEN DU RÉGIME DES COURS D'EAU.

1667. Nous ne terminerons pas ces considérations, sans rappeler aux fabricants, que les plaintes si nombreuses et si générales qui s'élèvent, soit de leur part contre les servitudes qu'entraînent les bassins d'épuration, soit de la part des riverains contre les dépôts portés par les eaux de lavage sur leurs propriétés, seraient fort atténuées par les soins qu'ils devraient porter dans le maintien du régime des cours d'eau sur lesquels leurs lavoirs sont situés.

1668. *Conditions de ce maintien.* — La condition principale est de maintenir la section du cours d'eau dans des dimensions assez régulières pour que le courant y soit uniforme et aussi rapide que le permet la pente du lit. Pour cela, il importe de réclamer le curage toutes les fois que la section du cours d'eau a diminué par des attérissements. Une très-grande partie des réclamations des riverains ou des communes, à raison des eaux troubles, peut être combattue par l'établissement de profils en travers du lit, démontrant que l'écoulement des eaux étant arrêté par la diminution de section que les attérissements ont produite, il en résulte des remous, des eaux répandues en plaine et presque stagnantes, qui, par cela même qu'elles ne sont animées que d'une très-faible vitesse, abandonnent sur les prairies les troubles qu'elles tiennent en suspension.

Les curages doivent être exécutés de manière à amener une espèce d'encaissement du cours d'eau. Les pentes des vallées qu'ils arrosent étant toujours très-considérables, la vitesse de l'eau variera entre $1^m 50$ et 3^m par seconde. Or, à cette vitesse, non-seulement les troubles ne sont pas déposés, mais le lit doit présenter beaucoup de consistance pour que les terres qui le composent ne soient pas entraînées (1).

----

(1) Les limites des vitesses de stabilité admises par les ingénieurs sont :

Pour les terres détrempées brunes.............	$0^m,076$;
— argiles tendres......................	$0,152$;
— sables........................	$0,305$;
— graviers.........................	$0,609$;
— cailloux........................	$0,614$;
— pierres cassées, silex..............	$1,220$;
— cailloux agglomérés, schistes tendres....	$1,520$;
— roches en couches..................	$1,830$;
— roches dures......................	$3,050.$

Les vitesses de fonds sous lesquelles commencent à être entraînés les divers terrains dans lesquels les canaux sont établis, sont :

Argile de poterie.............................	$0^m,081$;
Gravier gros comme un grain d'anis.............	$0,108$;
Gros sable jaune.............................	$0,117$;
Gravier gros comme un pois....................	$0,189$;
— — une fève......................	$0,315$;
Galets arrondis de $0^m,027$ de diamètre..........	$0,650$;
Pierres à fusil anguleuses de la grosseur d'un œuf de poule..	$0,975.$

Les propriétaires de lavoirs doivent donc porter la plus grande attention sur les causes qui produisent, au dehors du lit du cours d'eau, les dépôts des argiles que le lavage met en suspension dans l'eau courante. S'ils doivent mettre les riverains à l'abri des dépôts de troubles, par l'effet de bassins d'épuration, d'un autre côté, les riverains leur doivent la conservation du lit et de la section du cours d'eau dans des conditions qui rendent l'eau uniformément courante, suivant les différentes pentes de la vallée qu'il arrose.

1669. Nous croyons utile de citer ici les ordonnances et règlements qui régissent le curage des cours d'eau, et nous commencerons par ceux qui sont relatifs aux patouillets et lavoirs dont les cahiers des charges d'établissement réglementent généralement le curage.

ÉTABLISSEMENT DES PATOUILLETS ET LAVOIRS.

1670. *Règlements relatifs à cet établissement.* — C'est la loi du 21 avril 1810, qui régit l'établissement des patouillets et lavoirs (1).

---

(1) Voici les articles de cette loi qui ont rapport à la question qui nous occupe :

Article 73. « Les fourneaux à fondre les minerais de fer et autres substances métalliques, « les forges et martinets pour ouvrer le fer et le cuivre, les usines servant de patouillets et « bocards, etc., ne pourront être établis que sur une permission accordée par un règlement « d'administration publique. »

Article 74. « La demande ou permission sera adressée au préfet, enregistrée le jour de « la remise, sur un registre spécial à ce destiné, et affichée pendant quatre mois dans le chef-« lieu du département, dans celui de l'arrondissement, dans la commune où sera situé « l'établissement projeté et dans le lieu du domicile du demandeur, etc. »

Article 75. « Les impétrants des permissions pour les usines supporteront une taxe une « fois payée, laquelle ne pourra être au-dessous de 50 fr. ni excéder 500 fr. »

Article 76. « Les permissions seront données à la charge d'en faire usage dans un délai « déterminé; elles auront une durée indéfinie, à moins qu'elles n'en contiennent la limi-« tation. »

Article 77. « En cas de contravention, le procès-verbal dressé par les autorités compé-« tentes sera remis au procureur près le tribunal, lequel poursuivra la révocation de la per-« mission, s'il y a lieu, et l'application des lois pénales qui y sont relatives. »

Article 80. « Les impétrants sont autorisés à établir des patouillets, lavoirs et chemins de « charroi, sur les terrains qui ne leur appartiennent pas; mais sous les restrictions portées « en l'article 11 *; le tout à charge d'indemnité envers les propriétaires du sol, et en les « prévenant un mois d'avance. »

* Article 11. « Nulle permission de recherches ni concession de mines ne pourra, sans le consentement formel « du propriétaire de la surface, donner le droit de faire des sondes et d'ouvrir des puits ou galeries, ni celui « d'établir des machines ou magasins dans les enclos murés, cours ou jardins, ni dans les terrains attenants aux « habitations, ou clôtures murées, dans la distance de cent mètres desdites clôtures ou habitations »

Il existe en outre, une ordonnance du 30 juillet 1838, relative à l'interprétation de cette loi.

Il en ressort, que :

« Aucune distance n'est prescrite pour établir dans le voisinage des propriétés bâties, des patouillets et lavoirs à mines, lorsqu'on est propriétaire ou aux droits du propriétaire, du terrain sur lequel ils seront construits.

« L'interdiction portée en l'article 80, de placer ces ateliers à moins de 100 mètres des habitations et clôtures murées, ne concerne que le cas où, en vertu de ce même article, un maître de forges les établit sur le fonds d'autrui.

« Toutes les fois que le terrain lui appartient, il n'est assujetti qu'aux simples servitudes qui règlent les droits de voisinage entre les propriétés ordinaires d'après le Code civil, et aux conditions qu'imposent, pour l'établissement d'usines minéralurgiques et l'usage des eaux, la loi du 21 avril 1810, et les lois sur les cours d'eau. »

Les cahiers des charges des ordonnances qui portent autorisation des patouillets et lavoirs, règlent la question de la marche du lavoir, outre celle du curage et de l'établissement de bassins épuratoires, que nous allons traiter à part. Ils établissent souvent que cette marche doit être interrompue le dimanche, afin de laisser aux propriétaires des prairies riveraines, la faculté de faire des irrigations, et l'interdisent, dans le plus grand nombre des cas, du 15 avril au 15 octobre environ.

Nous allons nous occuper maintenant des lois, règlements et ordonnances qui régissent les questions de curage.

CURAGE.

1671. *Règlements relatifs au curage en général.* — Il est pourvu au curage des cours d'eau de la manière prescrite aux règlements existants ou aux anciens usages (1).

---

(1) Cet article et ceux qui suivent, appuyés sur un grand nombre d'ordonnances et décisions, tirent leur source principale de la loi du 14 floréal an XI (4 mai 1803) qui est ainsi conçue :

Art. 1er. Il sera pourvu au curage des canaux et rivières non navigables, et à l'entretien des digues et ouvrages d'art qui y correspondent, de la manière prescrite par les anciens règlements, ou d'après les usages locaux.

Art. 2. Lorsque l'application des règlements, ou l'exécution du mode consacré par l'usage

« mant l'extrémité postérieure du bassin, sera couronnée par un massif,
« bien imperméable, de terre argileuse de 20 centimètres de hauteur,
« dont le dessus affleurera les bords du bassin. Elle devra, d'ailleurs, être
« construite avec soin et entretenue en bon état de service.

« Ledit batardeau sera pourvu d'une vanne de décharge, destinée à
« régler l'écoulement de l'eau pendant le lavage, de manière que son niveau,
« en amont de la digue filtrante, demeure constamment à 1 ou 2 déci-
« mètres, au plus, du contre-bas de la plate-forme de celle-ci.

« Art. 5. Ledit bassin d'épuration sera curé à fond, toutes les fois que
« les eaux de lavage sortiront troubles de la digue filtrante, ou que le
« dépôt boueux s'élèvera jusqu'à 15 centimètres du niveau de la surface de
« l'eau, à 25ᵐ en amont de cette digue.

« Art. 6. Les matières terreuses provenant des curages, seront dépo-
« sées sur le terrain de M. (dans un grand nombre d'ordonnances, il
« est ajouté, ou *sur ceux de voisins consentants*), en des points disposés
« de manière à ce qu'elles ne puissent jamais être entraînées par les grandes
« eaux.

« Art. 7. Faute par M. de se conformer aux dispositions des deux
« articles précédents, il y sera pourvu d'office à ses frais, par les soins de
« l'autorité locale (Loi du 14 floréal an XI).

« Art. 8. Il se soumettra, au surplus, à toutes les mesures qui pour-
« raient être ordonnées par l'administration pour garantir les propriétés
« riveraines des dégâts que causeraient les boues provenant du lavage du
« minerai, dans le cas où les dispositions prescrites ci-dessus, seraient re-
« connues insuffisantes. »

La portion de cette ordonnance que nous venons de citer, renferme, à
peu de chose près, toutes les prescriptions essentielles qui peuvent se
rencontrer dans les autres ordonnances sur la même matière. Toutefois, quelles que soient ces prescriptions, elles laissent les autorisés responsables devant les tribunaux des dégâts que le lavoir ou patouillet
peut occasionner aux propriétés voisines, nonobstant les précautions
prescrites par l'ordonnance; plusieurs d'entre elles le mentionnent et contiennent un article semblable à celui que nous empruntons à une ordonnance du 19 mars 1834, relative à un patouillet autorisé dans la Haute-
Saône.

« La présente permission n'est accordée que sous la condition ex-
« presse, pour les impétrants ou leurs ayants droit, d'être civilement res-
« ponsables de tous les dommages qui, à une époque quelconque, résulte-

« raient du lavage du minerai dans le patouillet dont il s'agit, et, le cas
« échéant, d'être garants pour le paiement des indemnités qui seraient dues
« à cet égard. »

FRAIS DE PRÉPARATION DES MINERAIS.

1674. *Frais de préparation par groupes.* — Nous commencerons par
indiquer, pour chaque groupe, les frais de lavage et de grillage du minerai
en 1841 (1); nous ferons observer que le grillage du minerai de fer est
plutôt une calcination qu'un grillage proprement dit:

TABLEAU LXXXVIII. — FRAIS DE PRÉPARATION PAR GROUPE.

NUMÉROS des GROUPES.	FRAIS de lavage du MINERAI.	FRAIS de grillage du MINERAI.	FRAIS totaux de PRÉPARATION.	FRAIS RÉUNIS de redevance et d'extraction.
	francs.	francs	francs.	francs.
1	269 024	»	269 024	686 143
2	159 726	»	159 726	512 533
3	48 226	6 720	54 946	297 684
4	332 782	138	332 920	865 007
5	439 422	»	439 422	663 906
6	222 549	»	222 549	403 179
7	184 220	»	184 220	347 246
8	»	177 248	177 248	712 577
9	69 581	1 078	70 659	392 512
10	»	13 490	13 490	60 674
11	75 486	916	76 402	141 959
12	»	8 483	8 483	375 135
TOTAUX.	1 801 016	208 073	2 009 089	5 458 555

1675. *Appréciation des résultats de ce tableau.* — En rapprochant
ces chiffres de ceux du tableau LXXXIII, il en résulte que le minerai préparé
coûte en moyenne 3 fr. 21 c. par tonne de minerai brut, et 7 fr. 15 c. par

---

(1) En 1842, les frais de lavage ont été de 2 105 703 fr., ceux de grillage de 179 671 fr.;
soit en tout 2 285 374 fr. de frais de préparation portant sur 2 565 897 tonnes de minerai brut,
ce qui fait, pour les frais de préparation, 0f,89 par tonne.

tonne de minerai propre à la fusion ; — que les frais de préparation montent à 0 fr. 86 c. par tonne de minerai brut, et 1 fr. 92 c. par tonne de minerai propre à la fusion ; ces frais augmentant de 37 pour 100 le prix du minerai brut extrait.

Mais ces frais de lavage et grillage, portés à 2 009 089 fr. pour les 2 322 839 tonnes extraites en 1841, doivent être évalués beaucoup plus haut. Ici plus encore qu'en ce qui concerne l'extraction, il y a de nombreux éléments de frais qui doivent entrer dans les dépenses de préparation et qui n'y sont pas introduits par suite de formes vicieuses de comptabilité employées par les fabricants.

Du reste, il ne faut compter pour l'appréciation des dépenses de lavage que la somme des minerais qui ont subi cette opération, soit 2 045 924 tonnes qui ont produit 863 706 tonnes de minerai propre à la fusion, soit 42 pour 100.

Le lavage a donc coûté 2 fr. 08 c. 5 par tonne de minerai propre à la fusion, ou 0 fr. 88 c. par tonne de minerai en terre.

Ce résultat général est assez exactement l'expression de ce qui a lieu dans chacun des groupes ferrifères, à cause de l'identité d'état dans laquelle se trouvent les minerais dans notre pays.

1676. *Frais de lavage dans les principaux gîtes.* — Nous donnerons, néanmoins, le relevé des frais de lavage sur les gîtes les plus abondants.

TABLEAU LXXXIX. — FRAIS DE LAVAGE DU MINERAI DE FER DANS LES PRINCIPAUX GÎTES.

NOMS des GÎTES.	DÉPARTEMENTS.	NATURE du MINERAI.	QUANTITÉS de minerai en terre.	QUANTITÉS de minerai lavé.	DÉPENSE DU LAVAGE		OBSERVATIONS
					totale.	par tonne de minerai lavé.	
			tonnes.	tonnes.	francs.	fr. c.	
Gouttes-Pommiers..	Allier..........	En grains (1re classe).	803	358	670	1.98	Un debourbage suivi d'un lavage à bras.
Grandpré et environs.	Ardennes......	Petits grains noirâtres mélangés de petits grains de quartz (2e cl.)	36882	10600	33875	3,20	Un lavage à bras.
Combier et Charas..	Charente *.....	Hydroxyde en grains, rognons et masses dans une argile de formation oolithique (1re et 2e classé).	3159	1755	2633	1,50	Un debourbage suivi d'un lavage à bras.
Dun-le-Roi..........	Cher...........	Alluvions en grains (1re classe).	53867	24946 8200	84820 20305	3,17 2,48	Un debourbage suivi d'un lavage. Un debourbage.
Lescalon - Plougon - vert...............	Côtes-du-Nord.	Hydroxyde en veines et amas intercales dans le terrain de transition (3e classe).	1580	1465	2412	1,42	Un debourbage.
Etrochey............	Côtes d'Or....	Hydroxyde en couches (2e classe).	5893 4808	3945 3517	2322 4042	0,59 1,15	Un lavage à machine. Deux lavages à machine et bras.
Magny-sur-Tille.....	Idem.	Alluvions (1re classe).	8847	4656	14134	3,04	Un debourbage suivi d'un lavage à bras.
Bethoncourt.. Bourbet.... Nomex et Charmont.	Doubs.......... Idem......... Idem.......	Hydroxyde en grains (1re classe). Idem. Idem.	2280 755 4250	165 73 294	461 272 1834	2,79 3,58 4,20	Un lavage à machine. Idem. Idem.
Pesol...............	Idem.........	Idem.	3200	160	651	4,07	Un lavage à bras.
Ecletterans.........	Jura..........	Fer hydroxydé en grains irréguliers avec melange d'argile et de sable (1re classe).	2059	1043	1869	1,79	Un lavage à cheval.
Bellefays...........	Haute-Marne..	Hydroxyde lenticulaire, de la partie moyenne du grès vert (2e classe).	40145	22347	25429	1,14	Un lavage à machine.
Montsangeon........	Idem.......	Grains lenticulaires de minerai de l'Oxford-Clay (2e classe.	1081	637	15	0,02	Un lavage à bras.
Poissons............	Idem.......	Alluvions du remaniement du grès vert (1re classe).	27359	5254 2461	12820 1052	2,44 0,43	Deux lavages à bras et machine. Un lavage à machine
Treveray............	Meuse........	En grains dans une ocre du terrain jurassique.	16810	7186	25059	3,49	Un lavage à machine.
Audun-le-Tiche......	Moselle.......	Hydroxyde en grains disseminés dans les argiles d'alluvion qui recouvrent le calcaire (1re classe).	25100	5873	18815	3,23	Un lavage à bras.
Saint-Pancré.......	Idem.......	Idem.	107400	6712	31636	4,71	Un lavage à bras.
Labougauderie......	Nièvre **.....	Grains et fragments (1re classe).	18348	3381	10418	3,08	Un debourbage suivi d'un lavage à bras.
Limon..............	Idem........	Fragments (1re classe).	1800	810	750	0,88	Idem.
Arrond. d'Avesnes...	Nord	Oxyde hydraté en fragments irréguliers dans l'argile (1re classe).	20226	12672	49210	3,89	Deux lavages à bras.
Schwabwiller.......	Pas-Rhin......	Pisiforme hydroxyde dans une argile (1re cl.)	5552	2059	1910	0,93	Un lavage à bras.
Aroz...............	Haute-Saône...	Hydroxydes en grains disseminés dans l'argile (1re classe).	11520	3259	7339	2,23	Un lavage à cheval et machine.
Autrey.............	Idem........	Idem.	37856	11716	15775	1,55	Un lavage à bras, cheval et machine.
Montureux.........	Idem........	Idem.	12094	3102	17599	5,67	Un lavage à machine.
Percey-le-Grand....	Idem........	Hydroxyde oolithique en grains très-fins en couche subordonnée à l'argile d'Oxford (1re cl.)	7210	2752	6359	2,31	Un lavage à machine, cheval et bras.
Imbrecourt.........	Vosges........	Hydroxyde en grains d'alluvions reposant sur un calcaire (1re cl.)	1853	758	709	0,94	Un lavage à machine.
Guigny, Sennevoy et Jully..............	Yonne.........	Minerai très-fin.	41372	10343	21704	2,10	Un lavage à bras, cheval et machine.
Totaux........			505145	166497	423078	2,54	0fr,84 par tonne en terre.

* Dans la Charente, comme dans tout le groupe du Périgord, la grosseur des fragments de minerai permet souvent de séparer ceux-ci de l'argile qui y est associée, non comme ailleurs, par le lavage, mais par un triage à la main, ou simplement au moyen de la claie.

** Dans le Cher et la Nièvre, la proportion de minerai pur contenu dans l'argile varie de un dixième à un tiers.

Lorsqu'il n'existera pas de règlement pour le curage des cours d'eau, soit navigables, flottables ou non, ou lorsque ceux existants devront être modifiés, l'administration, soit d'office, soit sur la demande des tiers intéressés, procédera, ainsi qu'il suit, à la confection desdits règlements.

Le préfet prendra un arrêté portant projet de règlement. Cet arrêté sera par lui soumis au ministre du commerce et de l'agriculture, lequel, après avoir pris l'avis du directeur général des ponts et chaussées, soumettra ledit projet au conseil d'État.

Ce projet sera converti en une ordonnance en forme de règlement d'administration publique.

Il contiendra : 1° l'époque et l'ordre des travaux ; 2° le mode de paiement des frais.

L'exécution de l'ordonnance royale, portant règlement, sera poursuivie par le préfet. En conséquence, à l'époque déterminée, il donnera aux agents de l'administration chargée de ce service l'ordre de faire procéder au curage de la manière et suivant le mode convenable.

Il indiquera les lieux où devront être déposés les terres et matériaux extraits des cours d'eau, et prendra généralement toutes les mesures particulières qui pourraient être utiles à l'exécution de ces travaux.

Les frais que nécessiteront les travaux de curage devront être supportés, en totalité ou en partie, par les usiniers riverains qui auront intérêt aux travaux effectués.

Pour arriver à la répartition des sommes, le préfet dressera un rôle comprenant tous les usiniers riverains qui doivent contribuer à la dépense et les sommes pour lesquelles ils seront imposés (1).

éprouvera des difficultés, ou lorsque des changements survenus exigeront des dispositions nouvelles, il y sera pourvu par le gouvernement, dans un règlement d'administration publique rendu sur la proposition du préfet du département, de manière que la quotité de la contribution de chaque imposé soit toujours relative au degré d'intérêt qu'il aura aux travaux qui devront s'effectuer.

Art. 3. Les rôles de répartition des sommes nécessaires au paiement des travaux d'entretien, réparation ou reconstruction, seront dressés sous la surveillance du préfet, rendus exécutoires par lui, et le recouvrement s'en opérera de la même manière que celui des contributions publiques.

Art. 4. Toutes les contestations relatives au recouvrement de ces rôles, aux réclamations des individus imposés, et à la confection des travaux, seront portées devant le conseil de préfecture, sauf le recours au gouvernement, qui décidera en conseil d'État.

(1) Les articles qui précèdent sont extraits du *Code des établissements industriels*, par Mirabel Chambaud (1841).

1672. *Curage à la charge spéciale des propriétaires de patouillets ou lavoirs.* — Il arrive souvent que les ordonnances portant autorisation de lavoirs ou patouillets, rappellent l'obligation des propriétaires de contribuer, comme les autres usiniers, au curage du cours d'eau sur lequel leurs usines sont situées, quelles que soient d'ailleurs les prescriptions spéciales de précautions ou de curage, renfermées dans ces ordonnances. Ainsi l'ordonnance du 12 février 1843, autorisant le maintien en activité d'un patouillet (Ardennes), contient l'article 19 ainsi conçu :

« Dans le cas où l'administration ordonnerait le curage de la rivière « de . . ., les permissionnaires, comme les autres riverains qui seraient « reconnus devoir profiter de ce curage, en supporteront les frais. »

Ceci est de droit général et conforme aux dispositions de la loi du 14 floréal an XI.

Mais, en outre, les cahiers des charges des ordonnances d'autorisation mettent souvent à la charge spéciale des propriétaires du lavoir ou patouillet, le curage tout entier du cours d'eau ou fraction de cours d'eau qui est envasé par suite des opérations de leurs usines. Ainsi, l'ordonnance du 24 décembre 1835, qui autorise l'établissement d'un patouillet sur le ruisseau de . . ., affluent de la Marne, porte, article 10, ce qui suit : « M. ou ses « ayants cause seront entièrement chargés du curage de toute la partie « du ruisseau de . . ., comprise entre les patouillets dont il est question « et la rivière de Marne. »

1673. *Établissement des bassins épuratoires.* — Dans le plus grand nombre de cas, les ordonnances prescrivent des mesures préventives, c'est-à-dire l'établissement de bassins épuratoires, dont la disposition et les dimensions sont fixées de même que l'époque du curage, et que les eaux sales doivent traverser avant d'être remises en liberté. Nous citerons à l'appui de ce que nous venons de dire, l'ordonnance du 17 février 1834, autorisant l'établissement d'un lavoir à cheval, et de trois lavoirs à bras, dans la Haute-Saône.

« Art. 4. M. est tenu d'établir : 1° un bassin de 150 mètres de lon- « gueur sur 4 mètres de largeur et 1 mètre 35 de profondeur, son fond « étant horizontal ; 2° une digue filtrante composée d'une couche verticale « de sable interposée entre deux couches de gravier, laquelle aura 3 mè- « tres de longueur sur 1 mètre 15 de hauteur, et dont la largeur ou l'épais- « seur sera déterminée de manière que les eaux du lavage se trouvent « parfaitement clarifiées après l'avoir traversée.

« Cette digue qui devra être placée à 2 mètres environ du batardeau for-

Ce tableau fait voir que la moyenne des frais de lavage, pour les principaux gîtes, est de 2 fr. 54 c. par tonne de minerai propre à la fusion, et de 0 fr. 84 c. par tonne de minerai en terre. C'est à peu près le résultat auquel nous avaient menés les chiffres généraux; le chiffre 2 fr. 54 c. qui paraît un peu élevé, le doit en partie à ce que nos gîtes les plus abondants sont en même temps ceux qui demandent le plus de lavages.

1677. *Statistique des lavoirs.* — Nous terminerons ce qui a rapport au lavage du minerai par l'indication des diverses espèces de lavoirs qui ont fonctionné pendant les années 1841 et 1842, et des chiffres qui y sont relatifs :

		1841.		1842.	
Lavoirs à machine ou patouillets	actifs	228		237	
	inactifs	58	286	54	291 :
Lavoirs à cheval	actifs	52		65	
	inactifs	21	73	16	81 ;
Lavoirs à bras	actifs	1 134		1 152	
	inactifs	844	1 978	830	1 982 ;
Nombre total des lavoirs			2 337		2 354 :
Nombre total d'ouvriers			3 432		4 321 :
Consommation de ces lavoirs en minerai brut			2 045 924ᵗ		2 108 808ᵗ ;
Valeur de ce minerai			7 129 703ᶠ		7 078 610ᶠ ;
Produit en minerai lavé			863 706ᵗ		884 945ᵗ ;
Valeur de ce minerai lavé			8 930 719ᶠ		9 184 313ᶠ.

FRAIS DE TRANSPORT DES MINERAIS.

1678. *Indications générales sur le transport.* — Nous commencerons par quelques indications générales sur le transport des minerais de chacun des groupes.

1679. Les mines et minières du nord-est alimentent les hauts-fourneaux du dixième groupe (1) d'usines à fer, et tous les fourneaux du sixième groupe compris entre la Sambre et la Moselle; une certaine quantité du minerai extrait des gîtes situés près de la Moselle, est exportée dans le grand-duché du Rhin. Le transport a presque toujours lieu par les routes de terre, excepté pour les minerais du Bas-Boulonnais qui sont principalement amenés aux fourneaux par la voie des canaux. Ces minerais, embarqués à Guines, sont transportés sur l'Escaut par les canaux qui mettent cette

_____

(1) Voir plus loin la division par groupes des usines à fer.

rivière en communication avec la Manche. « Dans le département du Nord
« les transports de minerai s'opèrent presque uniquement sur de grands
« chariots attelés de quatre à six chevaux, suivant la charge. Ils ont lieu
« principalement aux époques pendant lesquelles les travaux d'agriculture
« sont suspendus. Les hauts-fourneaux de Maubeuge, placés sur la rive
« gauche de la Sambre, peuvent recevoir une partie de leurs minerais par
« bateaux (1). »

1680. Le groupe du nord-ouest correspond exactement au deuxième
groupe d'usines à fer et en alimente tous les hauts-fourneaux. Les transports
se font exclusivement par des routes de terre, et ne s'effectuent jamais à
de grandes distances. Le minerai est fondu, presque exclusivement, dans le
département d'où il est extrait.

1681. Les minerais du groupe des Vosges alimentent les hauts-fourneaux du sixième groupe d'usines à fer, situé à l'est de la Moselle, et ceux
de l'extrémité septentrionale du premier groupe. Les transports ont lieu
par des routes de terre et à des distances qui ne sont jamais très-considérables.

1682. Les mines et minières du groupe du Jura alimentent tous les hauts-
fourneaux du premier groupe d'usines à fer, à l'exception de ceux de l'extrémité septentrionale de ce groupe. On exporte en outre une quantité considérable de minerais dans le département de Saône-et-Loire, à l'ouest du huitième
groupe d'usines à fer, — et dans les départements de la Loire et de l'Isère, au
nord du onzième groupe, — localités dans lesquelles la fabrication du fer est
restreinte par le manque de minerais. Le transport pour la consommation
locale s'effectue toujours par des routes de terre, mais l'exportation dans
les autres groupes d'usines à fer a lieu par la Saône et par le Rhône, ainsi
que par les canaux et les chemins de fer qui aboutissent à ces voies navigables. Les inépuisables dépôts ferrifères du Jura doivent avoir une haute
influence sur le développement de la fabrication du fer dans le centre et
dans l'est de la France; mais toute leur importance ne se fera sentir que
lorsque la navigation du Rhône et de la Saône sera améliorée, et lorsqu'une
voie économique de transport sera établie entre Gray, extrémité navigable
de la Saône, et le centre des groupes d'usines à fer de Champagne et de
Bourgogne.

1683. Les minerais du groupe de Champagne et de Bourgogne ne subissent
pas de longs transports comme ceux du Jura; sauf quelques exceptions

---

(1) M. Drouot, ingénieur des mines, *Annales des Mines*, t. XX, 1841.

sans importance, ils sont tous consommés dans le septième groupe d'usines à fer, qui correspond à peu près au groupe de gîtes ferrifères qui nous occupe. Les transports se font exclusivement par des routes de terre.

1684. Le sixième groupe, celui du centre, correspond à peu près à celui des usines à fer du même nom, et en alimente les hauts-fourneaux ; ceux-ci, cependant, tirent une certaine quantité de minerai des quatrième et septième groupes de mines et minières. Le département de Saône-et-Loire, qui éprouve une véritable disette de minerai verra accroître l'importance de son industrie du fer, quand les prix de transport à la descente de la Saône auront été réduits.

1685. Les minières de la partie orientale du groupe de l'Indre et de la Vendée alimentent tous les hauts-fourneaux du troisième groupe d'usines à fer et une partie de ceux qui sont situés dans l'ouest du huitième groupe. Les minières, situées à l'ouest de ce groupe, acquerront une plus grande importance quand les houilles de Commentry (Allier) pourront être amenées à bas prix sur le canal du Cher.

1686. Le groupe des houillères du sud correspond exactement au groupe d'usines à fer du même nom. Aucune partie du produit de ses mines n'est consommée hors de ce groupe. Les transports considérables auxquels donne lieu l'approvisionnement des usines de la Loire se font par le Rhône, par la Saône, par le canal de Givors et par le chemin de fer de Lyon à Saint-Étienne. L'exploitation des mines de l'Ain, qui ne se fait plus qu'en petite quantité, pourrait avoir lieu sur une grande échelle et répandre abondamment le minerai dans le bassin de la Loire, si les frais de transport depuis les mines jusqu'au Rhône se trouvaient convenablement réduits ; il faudrait, à cet effet, établir des plans inclinés et de très-courtes lignes de chemins de fer depuis les escarpements où sont ouvertes les mines jusqu'aux bords du Rhône. Les mines de la Voulte alimentent les hauts-fourneaux au coke de l'Isère et de la Loire, et ceux qui existent près de la mine même, où l'on apporte, en retour du minerai exporté, la houille et le coke de la Loire. Les importantes mines du Gard n'alimentent encore que les deux usines de ce département. Tous les minerais exploités dans l'Aveyron sont consommés dans les deux grandes usines élevées sur le principal bassin houiller de ce département.

1687. Le groupe du Périgord correspond exactement au groupe d'usines à fer du même nom et en alimente exclusivement les hauts-fourneaux et les foyers catalans. Les minerais sont presque toujours transportés par des routes de terre, et jamais à de grandes distances.

1688. Les produits du groupe des mines et minières des Alpes sont consommés en totalité dans le cinquième groupe d'usines à fer, qui ne reçoit point d'ailleurs de minerais d'une autre origine.

1689. Tous les minerais du groupe des Landes sont consommés par les hauts-fourneaux situés dans le neuvième groupe d'usines à fer, au nord de l'Adour. Les usines rapprochées de ce fleuve ne trouvent dans leur voisinage que des minerais fort médiocres; en conséquence, elles améliorent la qualité de leurs produits en employant une certaine proportion des excellents minerais des Basses-Pyrénées, c'est-à-dire de l'extrémité occidentale du douzième et dernier groupe des mines et minières.

1690. Les mines et minières de la partie occidentale du groupe des Pyrénées, alimentent les hauts-fourneaux situés dans la même localité, dans le neuvième groupe d'usines à fer, et, en partie, comme on l'a dit précédemment, plusieurs hauts-fourneaux situés plus au nord dans le même groupe, à peu de distance de l'Adour. A cette exception près, le groupe des Pyrénées correspond exactement au douzième groupe d'usines à fer, et en alimente tous les foyers catalans. Plus des deux tiers de l'approvisionnement de ces forges sont fournis par la célèbre mine de Rancié (Ariége), exploitée depuis l'antiquité la plus reculée, et qui a sans doute donné naissance à l'industrie du fer dans cette partie de la France; les minerais sont transportés jusqu'aux forges les plus éloignées au moyen de mulets ou de charrettes qui rapportent, en retour, des charbons aux nombreuses forges réunies autour de ce gîte.

1691. *Frais de transport par groupe.* — Le tableau suivant donne les frais de transport du minerai extrait dans les douze groupes, en 1841 (1).

_____

(1) En 1842 les frais de transport se sont élevés à 6 918 109 fr., le minerai brut présentant un total de 2 565 897 tonnes au lieu de 2 322 839, chiffre de l'année 1841.

Tableau XC. — Tableau des frais de transport dans chaque groupe.

NUMÉROS des GROUPES.	FRAIS de TRANSPORT.	FRAIS de redevance, extraction et préparation, réunis.
	francs	francs
1	919 481	955 167
2	355 090	672 259
3	101 983	352 630
4	1 102 340	1 197 927
5	1 152 028	1 103 328
6	611 032	625 728
7	465 416	531 466
8	452 251	889 825
9	282 233	463 171
10	37 782	74 164
11	262 254	218 361
12	695 741	583 618
Totaux.....	6 437 631	7 467 644

Ainsi, les frais de transport augmentent, de 86 pour 100, le prix du minerai lavé, et ce chiffre énorme est encore dépassé dans certains groupes.

Nous avons vu, dans le tableau relatif aux frais d'extraction du minerai, qu'en 1841 l'exploitation des mines et minières de fer avait produit 1 043 921 tonnes de minerai préparé. Les frais de transport du lieu d'extraction aux usines de fusion se sont donc élevés à 6 fr. 16 c. par tonne de minerai propre à la fusion, soit 17 fr. 40 c. par tonne de fonte, et 23 fr. 5o c. par tonne de fer.

Les frais réunis d'extraction et de préparation, par tonne de minerai propre à la fusion, se sont élevés à 5 fr. 98 c., ainsi que nous l'avons établi; si l'on rapproche de ce chiffre celui de 6 fr. 16 c. afférent aux seuls frais de transport, on sera frappé de l'importance qu'acquièrent, pour les usines, le voisinage des gîtes de minerai, ou l'amélioration des moyens de transport.

1692. *Séparation des transports en deux catégories.* — Nous confondrons, sous la dénomination de débourbage, la première épuration que subit le minerai en terre, toutes les fois qu'elle n'est pas complète et qu'il faut procéder à une seconde opération épuratoire.

Quand le minerai est en grains disséminés dans une argile d'alluvion très-meuble, un lavage à bras ou bien avec patouillets mus par chevaux, machines ou roues hydrauliques, suffit très-souvent. Pour peu que le minerai soit engagé dans des terres résistantes ou qu'il soit en roches, ce premier lavage à bras est suivi d'un passage au bocard avec second lavage. Les deux opérations ne sont pas mélangées, d'abord à cause de la distance qui sépare habituellement la minière du bocard et parce que les fosses d'épuration seraient trop rapidement encombrées si toutes les terres d'extraction étaient portées au bocard.

Or, le débourbage et le lavage s'opèrent rarement sur le lieu d'extraction et se font habituellement sur le bord du cours d'eau le plus voisin. Il y a donc lieu de considérer, d'une part, le transport du minerai en terre, de l'autre, le transport du minerai épuré, soit du lieu de débourbage aux lavoirs, soit des lavoirs aux usines.

TRANSPORT DU MINERAI EN TERRE.

1693. *Manière dont s'effectue ce transport.* — Nous nous occuperons d'abord du transport qui s'effectue de la mine au cours d'eau le plus voisin.

Ces transports se font dans la belle saison; le matériel qui y est employé consiste généralement en tombereaux légers dans lesquels la charge d'un cheval varie entre 500 et 750 kil., suivant l'état des chemins et la force des animaux. Ce matériel appartient aux ouvriers employés aux transports.

1694. *Nature des chemins qui y sont affectés.* — Les chemins sont, le plus souvent, des chemins de saison, quand l'extraction n'a pas lieu sur des gîtes très-puissants où les travaux soient réguliers. Les chemins de saison sont même assez généralement la seule voie de transport usitée des minières aux cours d'eau, par le motif que, pour établir un chemin fixe, les fabricants seraient obligés d'acquérir le terrain. Les frais d'établissement et d'entretien seraient également assez onéreux.

L'antipathie des classes agricoles pour toutes les mesures qui tendent à substituer des travaux réguliers à ceux qui emploient les hommes, les chevaux et le matériel, pendant la morte-saison des travaux de culture, est encore là un obstacle sérieux. Les chemins établis par les fabricants qui veulent y faire les charrois avec leur propre matériel sont souvent labourés en partie, souvent jonchés de pierres provenant du nettoyage des champs; souvent aussi les sillons y aboutissent de manière à y amener l'écoulement des eaux pluviales. La surveillance que la commune exerce sur ses propres chemins est à peu près suffisante, parce que chacun se sait un intérêt à les conserver; mais il est difficile de tenir en état ceux des fabricants que l'on a souvent intérêt à détruire.

1695. *Droit d'ouverture de chemins de charroi.* — La loi des mines a donné aux extracteurs le droit d'ouvrir des chemins de charroi à travers les terrains qui ne leur appartiennent pas. L'opinion des jurisconsultes est que l'occupation des terrains, pour cet objet, peut subsister aussi long-temps que le besoin qui la motive, qu'elle peut, ainsi, avoir une certaine permanence sans constituer l'expropriation; que ces chemins peuvent être construits avec toute la solidité et les travaux d'art que leur destination exige; ils pensent enfin que, dans ce cas, l'indemnité due au propriétaire du sol doit être réglée au double de ce qu'aurait produit net le terrain endommagé, et que si l'occupation dure plus d'une année, ou rend le terrain impropre à la culture, le propriétaire peut exiger que le fabricant lui achète son terrain. La jurisprudence n'est pas encore fondée, par des arrêts, sur ce point.

1696. *Établissement de chemins de fer de transport.* — L'administration des mines avait été d'avis que les dispositions de l'article 80 permettaient l'établissement d'un chemin de fer pour le transport du minerai. Le conseil d'État ne l'a pas pensé (1). Il a été d'avis que la loi n'avait concédé qu'un droit de passage temporaire; que le terme *indemnité* employé dans cet article démontre que le législateur n'a eu en vue qu'un abandon momentané de jouissance du terrain en faveur des usiniers; qu'enfin une occupation de terrain temporaire et essentiellement limitée au besoin qui la motive ne peut se concilier avec la nature des travaux que nécessite l'exécution d'un chemin de fer.

Cette décision du conseil d'État a d'autant plus de gravité que l'administration des mines et ce même conseil avaient, par une décision antérieure, refusé aux chemins de fer desservant les minières le caractère d'utilité publique, bien qu'elle eût été admise par une enquête locale.

S'il fallait regarder la jurisprudence comme fixée par ces différents avis, les améliorations qu'on peut attendre de l'établissement de chemins d'exploitation seraient fort compromises. Mais il y a lieu de croire que le progrès des idées conduirait aujourd'hui à une autre solution.

Un certain nombre de chemins de fer desservant les houillères ont été autorisés en vertu d'un caractère d'utilité publique qui se motive ainsi :

_____

(1) Avis du conseil d'État du 26 avril 1838.

Le bas prix de la houille est d'utilité publique; le chemin de fer établi pour la livrer aux consommateurs est directement utile à ceux-ci.

Or, au même point de vue, les chemins de fer peuvent être autorisés pour desservir les gîtes métallurgiques, pourvu que leur importance donne à l'économie de leur exploitation un intérêt général. Car le bas prix du minerai de fer est d'utilité publique, et si le gîte de minerai de fer alimente un certain nombre d'usines, on peut dire avec vérité que le chemin de fer sera directement utile au consommateur de fer, quoique l'avantage résultant de l'économie du transport doive d'abord passer par les mains des fabricants de fer.

Ce que cette utilité a d'indirect n'est pas une objection, ou elle porterait également sur la houille. Ce n'est pas seulement au point de vue du chauffage domestique, mais surtout à celui de son emploi dans les fabrications industrielles, que l'économie du transport de la houille est d'intérêt public, et, sous ce rapport, elle est matière première comme le minerai de fer.

Il est à regretter sans doute que, dans la circonstance qui a motivé les avis ci-dessus, la généralité de l'intérêt fût affaiblie par certains faits spéciaux à la localité. Nous sommes disposé à croire que d'autres demandes du même genre seraient aujourd'hui mieux accueillies (1).

1697. *Frais de transport du minerai en terre.* — Nous avons recueilli quelques données générales sur l'importance des transports de minerai en terre aux ateliers de première épuration, dans les départements où se font les extractions les plus importantes; en voici le résultat pour 1842 :

---

(1) Les avis de l'administration et du conseil d'État, que nous venons de rapporter, ont été pris à propos d'une demande en concession que nous avions été chargé de suivre pour un chemin de fer partant de minières et s'embranchant sur un chemin vicinal. L'enquête locale, ouverte dans un pays où l'intérêt vinicole hostile à l'industrie du fer composait la majorité de la commission, avait conclu, après une discussion très-approfondie, que le projet avait un caractère réel d'utilité publique; cet arrêt avait été pris à l'unanimité et savamment motivé par un magistrat membre de la commission d'enquête.

TABLEAU XCI. — TABLEAU DES FRAIS DE TRANSPORT DU MINERAI EN TERRE DANS
LES PRINCIPAUX DÉPARTEMENTS.

DÉPARTEMENTS.	QUANTITÉ de mine en terre.	RENDEMENT en minerai ayant subi une seule épuration.		DÉPENSE DE TRANSPORT.		NATURE des établissements où sont conduits les minerais.
		total.	pour cent	totale	par tonne.	
	tonnes.	tonnes.		francs.	fr. c.	
Haute-Marne. . .	368 296	149 719	40,6	520 712	1,41	Lavoirs.
Cher..	238 787	148 536	62,2	76 753	0,32	Débourbage.
Haute-Saône.. .	356 440	111 119	31,2	390 220	1,09	Lavoirs.
Côte-d'Or.. . . .	103 583	67 453	65,1	93 869	0,91	Lavoirs et débourbage.
Moselle..	266 543	37 071	13,9	152 676	0,57	Lavoirs
Ardennes.. . . .	151 047	53 890	35,6	131 213	0,86	Lavoirs.
Meuse..	26 906	10 041	37,3	24 608	0,91	Lavoirs.
Nièvre..	80 282	32 442	40,4	22 997	0,29	Débourbage.
Nord..	130 512	36 189	27,7	4 368	0,03	Lavoirs.

1698. *Motifs de l'élévation de ces frais.* — En rapprochant les prix
de transport des distances parcourues, qui varient de 1 à 6 kilomètres,
on arrive à cette conclusion que, pour les plus fortes distances, c'est-à-dire
de 3 à 6 kilomètres, le transport coûte de 22 à 40 cent. par kilomètre; —
de 1 à 3 kilomètres il varie de 40 cent. à 1 fr. 20 cent. par kilomètre.

Nous avons eu souvent communication de contrats pour ce genre de
transports, dont le prix était de 40 cent. et même de 60 cent. par kilomètre, et nous serions disposé à croire que ce dernier chiffre exprime la
moyenne réelle des transports par chemins de saison, d'exploitation ou
vicinaux, en plaine ou en forêts, toutes les fois que la distance est de moins
de 3 kilomètres.

Il y aurait cependant beaucoup de raisons pour que ces transports se
fissent à bas prix : dans la saison où ils s'effectuent, les chevaux ne sont
pas employés aux travaux de culture, et, souvent alors, les prix de transport descendent à ce qui est strictement nécessaire pour la nourriture des
chevaux et de leur conducteur. On ne peut donc pas attribuer à autre chose
qu'au mauvais état des chemins, ou plutôt à l'absence des chemins, les
hauts prix dont nous venons de parler.

Le roulage ordinaire effectue ses transports au prix de 18 à 20 cent. environ par kilomètre, lorsque la charge est également répartie dans les deux

directions; à 25 cent. environ lorsque le *retour* ne fournit en chargement que la moitié de l'*aller*; — cependant les séjours sont longs dans les villes; la nourriture des chevaux et leurs gîtes sont plus chers sur les routes que sur les chemins.

Quoique dans le transport des minerais de cette catégorie le retour des tombereaux se fasse à vide, et que les parcours indiqués ci-dessus doivent être doublés, toujours est-il que le prix en est élevé à raison des considérations qui précèdent.

1699. *Moyens de les atténuer.* — Dans la plupart des situations, les transports peuvent être améliorés par l'emploi d'un matériel meilleur et d'un meilleur chemin. L'établissement de petits chemins de fer portatifs leur serait applicable, parce que, la charge étant faible, ses rails peuvent être légers et la pose sur le sol peu dispendieuse.

Sur ces chemins de fer, les frais de transport peuvent être réduits à 15 ou 18 cent. par tonne et par kilomètre, intérêt du matériel de transport et de chemin compris; les grandes pentes pouvant d'ailleurs être servies par des plans inclinés, des puits et galeries, et même des glissières.

En résumé, les transports des minerais en terre doivent donc être, comme l'extraction et la préparation, l'objet des plus sérieuses préoccupations du fabricant.

TRANSPORT DES MINERAIS LAVÉS.

1700. *Importance de ces transports.* — Les usines ont été chercher, loin des minières et des lavoirs, le combustible végétal et les moteurs hydrauliques.

La chute d'eau était regardée comme le point capital dans l'établissement d'une forge; l'exploitation des forêts n'étant facilitée par aucun chemin, il fallait être au milieu ou sur la lisière des bois. Aujourd'hui il n'en serait plus ainsi, et si les fabricants avaient à choisir, ils ne s'éloigneraient plus des gîtes de minerai de fer, en considération du moteur. La mauvaise situation des usines exige donc leur déplacement ou l'amélioration des moyens de transport.

Peu de faits sont nécessaires pour démontrer à quel degré l'état actuel des choses pèse sur l'industrie du fer, et l'urgence d'en sortir par des mesures efficaces.

1701. *Frais de transport pour les principaux gîtes.* — Examinons les parcours des minerais de nos principaux gîtes ferrifères, après la première épuration.

Tableau XCII. — Tableau des frais et des distances de transport, pour les principaux gîtes.

GITES de minerai	DÉPARTEMENTS	QUANTITÉ de minerai lavé ou propre à la fusion.	NATURE des voies de transport.	DISTANCE parcourue du lieu de lavage à l'atelier de fusion.	FRAIS de transport par tonne lavée et kilomètre.
		tonnes.		kilomètres.	fr. c.
Lavoulte........	Ardèche.....	43 088	Rivière.	120 et 140	0,15
Foix..........	Ardennes....	19 150	Route de terre. Rivière.	12 à 50 / 20 à 25	0,17
Grandpré et environs........	Idem........	10 600	Route de terre.	4 à 20	0,30
Bourges.......	Cher........	11 991	Route de terre. Canal.	7 à 31 / 32 à 307	0,06
Dun-le-Roy....	Idem	40 319	Route de terre. Canal.	4 à 74 / 24 à 280	0,115
Menetou..... ..	Idem	41 415	Route de terre. Canal. Chemin de fer.	2 à 21 / 26 à 201 / 10	0,12
Etrochey......	Côte-d'Or....	7 532	Route de terre.	2 à 17	0,28
Magny – sur – Tille........	Idem..	4 918	Route de terre. Canal.	3 à 6 / 8	0,21
Bellefays.......	Haute-Marne.	12 519	Route de terre.	0,8 à 63	0,15
Montsaugeon...	Idem........	637	Route de terre.	18 à 38	0,30
Poissons.......	Idem........	4 745	Route de terre.	0,33 à 35	0,25
Audun-le-Tiche.	Moselle......	5 823	Route de terre.	1,5 à 72	0,205
Autrey........	Haute-Saône.	11 716	Route de terre. Canal. Rivière.	0,5 à 30 / 42 à 43 / 67	0,24
				Moyenne par tonne de minerai lavé.	0,20

Ce qu'il y a de frappant dans les indications qui précèdent, c'est la distance considérable qui sépare les lavoirs des hauts-fourneaux.

Ce sont aussi les longs parcours du minerai pour passer d'un groupe à l'autre. Le Rhône, la Saône, le canal du Rhône au Rhin, ceux du Centre, du Berry et du Nord transportent des quantités de minerai toujours croissantes.

L'étude des moyens de transport est devenue une des nécessités de l'industrie du fer; son existence semble liée aux améliorations qu'elle peut obtenir sous ce rapport.

Notre intention est de donner tous les développements nécessaires à cette importante étude, développements qui viennent compléter ce que nous avons dit du transport du minerai en terre. — Mais les mêmes questions devant se reproduire au chapitre des combustibles, nous avons préféré reporter tout le travail à l'article des houilles; les considérations dans lesquelles nous entrerons s'appliqueront à la fois aux minerais lavés et au combustible.

RÉSUMÉ.

1702. Nous terminerons le chapitre des minerais par une statistique d'ensemble qui fera ressortir à la fois, et l'importance de nos richesses naturelles, et les véritables obstacles qui s'opposent à une mise en œuvre économique.

En 1842, le nombre des exploitations a été de 2 263. Le minerai brut extrait a été de 2 565 897 tonnes; en 1841, le nombre n'en avait été que de 2 322 839 tonnes, et de 2 248 630 seulement en 1840; il y a donc augmentation.

Les importations de l'île d'Elbe, de la Suisse et de l'Allemagne ne se sont point élevées, du reste, en 1842, à plus de 4 467 tonnes.

La redevance, l'extraction et la préparation de ces minerais ont créé une valeur de 15 298 970 fr.

Quant à la main-d'œuvre, voici comment elle se répartit :

Extraction.....................	12 103 ouvriers.
Lavage.........................	4 321
Grillage.......................	370
Total..........................	16 794

indépendamment des hommes employés au transport.

Ces chiffres suffisent pour démontrer l'importance qu'a, dès à présent, cette branche de notre industrie.

Quant à son développement complet, il est paralysé par quelques obstacles dont les chiffres suivants peuvent faire apprécier la portée :

Les divers frais dont est grevée notre production en minerai préparé, montant ensemble à 15 298 970 fr., se répartissent ainsi :

Transport des mines ou minières à l'atelier de premier lavage.................................	2 121 421 fr.	
Transport de l'atelier de premier lavage à celui de second.	1 376 933	
Transport des lieux d'exploitations ou des ateliers précédents, aux ateliers de grillage...................	449 260	6 918 109
Transport des lieux d'exploitations ou des ateliers précédents, aux ateliers de fusion...................	2 970 495	
Redevance { à l'État.....................	37 374	1 476 825
{ aux particuliers...................	1 439 451	
Extraction................................	4 618 662	
Lavage...................................	2 105 703	6 904 036
Grillage.................................	179 671	
Total....................................		15 298 970 fr.

Le chiffre des transports qui, à lui seul, grève plus l'industrie du fer que l'extraction et la préparation réunies, fait toucher au doigt la véritable plaie de notre production minéralurgique ; ce chiffre représente les 45 centièmes de la valeur totale créée. Les minerais rendus aux usines valent moyennement 13 fr. 20 c. par tonne ; sur ce chiffre, 7 fr. 30 c. seulement sont afférents à la redevance, à l'extraction et à la préparation ; et encore la redevance pourra-t-elle être réduite en multipliant les concessions de gîtes de minerais.

Abondance de minerai, répartition sur tous les points de la France, variétés de natures et de qualités, voilà ce que nous offre notre sol, et nous sommes loin, cependant, de connaître toutes nos richesses. Le progrès de la métallurgie dépend donc presque entièrement des moyens de communication.

CHAPITRE II.

DES COMBUSTIBLES.

1705. *Division du travail.* — Si le minerai est la base première de la fabrication du fer, le combustible est d'une importance tout aussi essentielle à cette industrie.

En France, le nombre des grands gisements de houille est assez restreint, et ils produisent des qualités assez variables; mais ce qui nous met surtout, sous ce rapport, dans une infériorité marquée vis-à-vis de l'Angleterre, c'est le défaut de simultanéité des gîtes houillers et ferrifères, ce sont les longs parcours qu'il faut faire franchir à ces deux éléments avant de pouvoir les combiner et les réunir. — D'autre part, le bois manque dans plusieurs parties de la France, et dans celles où il existe, son haut prix, l'irrégularité des ressources dont il permet de disposer, en rendent l'application difficile et coûteuse à la fonte du minerai et à l'élaboration du fer.

Ce sont ces conditions qui donnent à l'étude des combustibles une assez haute utilité pour que nous nous en occupions en détail. Nous commencerons par la houille.

A mesure que le développement de la consommation et la nécessité de fabriquer à bon marché, amènent le renchérissement des bois et que l'emploi du charbon de terre se substitue, dans la fabrication du fer, au combustible végétal, les notions sur nos richesses houillères deviennent de plus en plus utiles aux fabricants.

Nous avons résumé brièvement, dans ce chapitre, les indications relatives à la position, à la puissance et à l'appropriation aux travaux métallurgiques des divers bassins houillers de notre pays; nous les décrirons presque tous, parce qu'il en est bien peu dont les produits soient sans intérêt pour le développement de la fabrication du fer.

Après avoir indiqué les prix d'extraction sur les différents bassins, nous avons traité la question des transports, à laquelle nous avons donné d'autant plus de développements que les résultats en sont applicables à presque toutes les matières qui concourent à la production du fer.

La seconde partie de ce chapitre est relative aux bois. Nous suivrons, pour ce combustible, la même marche que nous venons d'indiquer pour la houille; nous présenterons successivement divers renseignements de statistique, et quelques données sur les adjudications, les prix et les transports des produits de nos forêts.

DESCRIPTION DES BASSINS HOUILLERS.

1704. *Classification.* — Les révolutions du globe n'ont pas eu, sur la contexture des terrains, une action générale, simultanée et identique.

Les différents dépôts sédimentaires qui se sont succédé dans les diverses phases de la nature minérale sont presque au complet sur certaines étendues du globe, tandis qu'en d'autres contrées le terrain primitif se montre à nu, comme si aucun dépôt n'était venu modifier l'enveloppe refroidie de la terre, depuis la période ignée.

C'est à ces interruptions qu'est dû le nom de *bassin*, par lequel on distingue la circonscription dans laquelle certaines formations sont venues se déposer.

Nous emploierons, par extension, le mot *bassins* pour désigner les formations houillères.

Afin de simplifier la description des différents gîtes houillers, nous les avons groupés d'après les zones à l'approvisionnement desquelles leurs produits sont employés.

Ainsi, nous distinguons cinq groupes : du nord, du nord-est, du centre, du midi et de l'ouest.

Les bassins des groupes du nord, du nord-est, du midi et de l'ouest, versent à peu près exclusivement leurs produits dans les départements qui font partie de la zone de notre territoire, dont ces groupes portent le nom ; les bassins du groupe du centre, outre qu'ils desservent les départements du milieu de la France, font pénétrer leurs houilles sur les parties du territoire approvisionnées par les bassins des autres groupes.

Dans chacun des groupes, les bassins sont décrits dans l'ordre de leur importance.

Sous le rapport des propriétés des houilles, nous avons adopté la classification de l'administration des mines qui en reconnaît cinq espèces : 1° les houilles anthraciteuses; 2° les houilles dures à courte flamme; 3° les houilles grasses maréchales; 4° les houilles grasses à longue flamme; 5° les houilles maigres à longue flamme.

Les houilles *anthraciteuses* qui se rapprochent souvent d'une manière insensible des houilles dures dont nous parlerons ci-après, sont les plus chargées de toutes en carbone; elles changent très-peu d'aspect à la calcination, leurs fragments conservent leurs arêtes vives et ne se collent que difficilement l'un à l'autre. Elles brûlent difficilement et jusqu'à présent ne sont guère employées que pour la cuisson de la brique et de la chaux. Toutefois on les a déjà utilisées avec succès pour le chauffage et pour les hauts-fourneaux; il est probable que cette houille prendra dans la suite une importance égale à la quantité de calorique qu'elle est capable de donner, quantité qui est fort grande par rapport à l'unité de volume.

Les *houilles dures* sont moins chargées de carbone que les anthracites, mais plus que les houilles dont nous allons parler ci-après; elles brûlent plus facilement que les premières et plus difficilement que les secondes. Elles sont les plus estimées pour les opérations métallurgiques qui demandent un feu soutenu, et donnent le meilleur coke pour les hauts-fourneaux; mais elles sont moins bonnes que les houilles maréchales, pour la forge. Ces houilles sont grasses; leur coke est métalloïde boursouflé, mais moins gonflé et plus lourd que celui des houilles maréchales.

Les houilles *grasses maréchales* sont les plus estimées pour la forge. Elles sont d'un beau noir, elles ont un éclat gras; le plus souvent elles sont fragiles et se divisent en fragments rectangulaires. Comme type de cette espèce, nous citerons la houille de la Grand-Croix, du bassin de la Loire. Le coke en est métalloïde et très-boursouflé.

Les houilles à longue flamme sont moins propres à la forge; le carbone y est en plus petite quantité que dans les autres houilles, et l'hydrogène et les matières bitumineuses en plus grande quantité. Les houilles *grasses à longue flamme* sont très-recherchées pour la grille et le gaz d'éclairage, ou lorsqu'il faut, comme dans le puddlage, donner un coup de feu vif. Quelquefois même elles donnent un bon coke pour les hauts-fourneaux, mais toujours en assez petite quantité. Ce coke est encore assez boursouflé, mais moins que celui des houilles maréchales; souvent on y reconnaît encore les différents fragments de houille employés à la carbonisation; mais ces fragments sont toujours très-bien collés les uns aux autres : le flénu de Mons, bassin de Valenciennes, peut servir de type à ces houilles. Les houilles *maigres* ou sèches *à longue flamme* sont encore bonnes pour la grille, mais préférables pour les opérations métallurgiques; leur flamme est longue, mais elle passe rapidement, et elles ne donnent point de chaleur intense. Le coke est métalloïde à peine fritté; souvent même les divers fragments ne contractent qu'une adhérence très-faible.

Nous allons maintenant passer à la description des divers bassins (1).

GROUPE DU NORD.

1705. Bassin de Valenciennes (Nord). — Le bassin de Valenciennes
est le prolongement, au nord de la France, de cette immense formation
houillère qui traverse à découvert tout le pays compris entre le Rhin et
l'Escaut, et qui, après celle du pays de Galles, est peut-être la plus riche
actuellement connue. Jusque vers 1850, Anzin a été le principal centre de
la production française; depuis lors, l'excellente qualité des houilles extraites à Denain a fait, de cette concession, le véritable centre du bassin
de Valenciennes.

En 1842, on comptait dix-neuf concessions dans le bassin de Valenciennes, savoir : Vieux-Condé, Fres..es, Odomez, Bruille, Saint-
Saulve, Raismes, Anzin, Denain, Douchy, Aniche, Crespin, Château-
l'Abbaye, Marly, Hasnon, Azincourt, Vicoigne, Escaupont, Thivencelles,
Saint-Aybert. Ces concessions, considérées ensemble, occupent une superficie de plus de 54 245 hectares.

1706. Sa puissance. — Ce qui distingue principalement les couches
du terrain houiller du nord de la France, de celles des bassins du centre
et du midi, c'est leur grand nombre et leur faible épaisseur; ces couches ont $0^m,30$ à $0^m,75$ et au maximum un mètre d'épaisseur. En quelques points du bassin, on en a reconnu jusqu'à 50; mais si elles sont peu
épaisses, leur réunion présente une puissance de 4 à 6 mètres de houille
dans l'exploitation de laquelle on peut avoir confiance, car elles sont
régulières et homogènes et ne présentent presque jamais ces renflements
et rarement ces crains (2), qui se rencontrent si fréquemment dans
les bassins circonscrits des autres parties de la France.

Une masse de terrain stérile et presque toute pénétrée d'eau, connue
sous le nom de *mort-terrain* et appartenant à la formation crayeuse, recouvre partout le terrain houiller qui est lié au terrain de transition;

---

(1) Pour cette description, nous avons puisé dans l'*Explication de la carte géologique* de
MM. Dufrénoy et Élie de Beaumont, dans les *Comptes rendus des Mines* et dans les *Annales
des Mines*. Nous nous bornerons à citer une fois pour toutes ces trois sources principales
qu'il faudrait sans cela rappeler trop souvent; quant aux autres emprunts, nous en indiquerons l'origine en leur lieu.

(2) Les crains consistent dans la substitution d'une roche stérile en place de la matière
exploitable.

l'épaisseur de ce mort-terrain va en augmentant à mesure qu'on s'avance vers le sud-ouest, dans l'intérieur de la France. Les travaux d'Anzin sont les plus profonds du pays, et la grande veine y a été poursuivie à près de 500 mètres de profondeur. Du reste, le triage de la houille, une fois abattue, est toujours facile.

1707. *Propriétés de ses houilles.* — Les houilles du nord ne varient pas de qualité dans la même couche, et les couches d'un même faisceau sont analogues, si ce n'est identiques. Considérée de faisceau à faisceau, la houille se modifie; elle devient de plus en plus sèche à mesure qu'on arrive vers les couches les plus anciennes. On peut, suivant les diverses qualités, diviser le terrain houiller en trois étages renfermant :

Le premier ou l'inférieur, des houilles anthraciteuses;

Le deuxième, des houilles maigres;

Le troisième ou supérieur, des houilles grasses.

L'accident le plus commun, dans le bassin qui nous occupe, est la présence du fer sulfuré que l'on rencontre en lames très-minces, ou disséminé en masses très-petites.

Les charbons d'Anzin sont demi-gras, peu sableux, denses et homogènes; ils tiennent longtemps le feu et sont les meilleurs de tout le bassin pour les fours à réverbère et les usines évaporatoires; assez propres à la fabrication du coke, et médiocrement à la forge.

Ceux de Raismes, au nord d'Anzin, fournissent un charbon de grille maigre, plus brillant, plus gailleteux que celui d'Anzin, mais traversé de barres; il est plus sulfureux, plus difficile à embraser, brûle plus lentement, donne moins de chaleur et s'effleurit avec facilité.

Ceux de Denain, moins collants que les précédents, sont gras, donnent d'excellent coke, et présentent pour la grille toutes les qualités du flénu de Mons; quelques veines sont même propres à la forge.

Ceux de Lourches (près Douai) sont analogues à ceux de Denain, mais ils sont brisés, probablement par l'effet de quelque glissement, de manière à ne fournir que des houilles menues.

Ceux d'Abscon et d'Aniche, à l'ouest d'Anzin, sont d'une nature semblable aux charbons d'Anzin, Denain, Douchy, quoique de moins bonne qualité, en ce qu'elles sont moins grasses et laissent une plus grande proportion de cendres. Ces charbons sont plus propres que ceux d'Anzin à la forge et à la fabrication du coke; ils sont ordinairement menus et le triage en est peu soigné.

Vers la lisière opposée du terrain houiller, les houilles sont d'une nature différente; cela vient de ce qu'elles appartiennent aux couches inférieures du système; — elles sont maigres et sèches, bien qu'offrant extérieurement la cassure et les faces éclatantes d'une houille grasse; elles ont une densité supérieure de un cinquième à celle de la houille ordinaire, brûlent sans flamme ni fumée, et enfin elles sont mélangées de pyrites qui limitent leur emploi à la chaufournerie et à la briqueterie; on les rencontre dans les mines de Bruille, Château-l'Abbaye, Hergnies, Odomez, les Sartiaux, Vieux-Condé et Fresnes.

1708. *Essais.* — Voici le résultat de quelques essais relatifs au bassin de Valenciennes (1) :

TABLEAU XCIII. — COMPOSITION DES HOUILLES DU BASSIN DE VALENCIENNES.

INDICATION des CHARBONS.	PESANTEUR SPÉCIFIQUE.	PERTE au feu EN CENTIÈMES.	CENDRES en CENTIÈMES.	COULEUR des CENDRES.
Fresnes, anthracite...	1,360	7,20	0,75	Brun fauve.
Fresnes, strié.......	1,369	9,60	4,25	Blanc.
Fresnes, très-strié....	1,354	9,40	2,25	*Id.*
Anzin............	1,284	25,00	3,50	Brun.

1709. *Usages.* — En général les houilles du bassin de Valenciennes peuvent être divisées en deux classes : les houilles anthraciteuses et les houilles grasses à longue flamme. Elles embrassent tous les usages; elles servent au chauffage domestique, aux machines à vapeur, aux fabriques de sucre indigène, verreries, fabriques de chaux, de briques, de poteries, de produits chimiques, aux brasseries, féculeries, filatures, forges, fonderies, usines à gaz, etc., etc.

Nous ne terminerons point sans quelques indications sur les bassins de Mons et de Charleroi, situés près de notre frontière du nord, et appartenant tous deux à cette immense formation houillère dont nos gîtes du nord sont le prolongement.

1710. Bassin de Mons. — Le terrain houiller de Mons repose sur un terrain de transition, et il est recouvert, sur une épaisseur variable, par des alluvions auxquelles on a donné le nom de *mort-terrain*. La direction

(1) Michel Chevalier, *Annales des Mines.*

générale des couches du terrain houiller, est de l'est à l'ouest, c'est-à-dire dans le sens de la longueur de la bande houillère.

La portion la plus remarquable du gîte qui nous occupe, soit comme qualité, soit comme quantité, est située tout entière au couchant de Mons, entre cette ville et le village de Boussu. Il forme dans cet espace une bande d'environ un myriamètre de largeur.

1711. *Puissance, qualités et usages de ses houilles.* — En allant de l'extérieur au centre du bassin, on trouve successivement :

Treize couches d'un charbon sec, bon pour la cuisson des briques et de la chaux ;

Vingt-trois couches de charbon de fine forge, nullement pyriteux, mat, d'un noir peu prononcé sans être terne, donnant 65 à 68 pour 100 d'un bon coke ; toutes ne sont pas exploitables ; la principale est celle dite *Grande-veine*, qu'on a attaquée en un grand nombre de points. — Toutefois ce charbon est inférieur pour la forge à celui de Saint-Étienne ;

Vingt-neuf couches de charbon *dur*, bitumineux, collant, donnant un beau coke, susceptible d'être utilisé dans les fonderies et hauts-fourneaux. Ces charbons brûlent avec une chaleur vive et soutenue, mais sont lents à s'embraser ; ils sont très-peu pyriteux ;

Quarante-neuf couches de charbon dit *flénu*. C'est le flénu qui a fait la réputation du bassin de Mons, et il forme la majeure partie des exploitations. C'est un charbon brillant, qui ne se réduit pas en poussière, éminemment facile à embraser, brûlant avec une flamme vive et longue, et très-peu pyriteux ; mais le coke qui en provient est moins serré, moins solide que celui que donne le charbon dur. En un mot, c'est, avant tout, un charbon à chaudières.

Le nombre total des couches du bassin de Mons est de 114, mais elles sont loin d'être toutes exploitables ; l'épaisseur du charbon varie, pour la plupart, de 0ᵐ,40 à 0ᵐ,70 ; quelques-unes ont 2 mètres ; elles offrent toutes beaucoup de régularité.

1712. Bassin de Charleroi. — Le terrain houiller de ce bassin est le prolongement de celui de Mons ; il a 2 myriamètres de long sur 16 kilomètres de large. La houille qu'il fournit est d'excellente qualité pour le chauffage et pour les usages métallurgiques ; elle convient également à la forgerie ; son principal emploi est, à l'état de coke, dans les hauts-fourneaux.

1713. Bassin de Hardinghen (Pas-de-Calais). — Le dépôt du Bas-Boulonnais se compose, à Hardinghen, d'éléments correspondants à ceux de la bande houillère de Valenciennes et de Mons.

Trois concessions, celles de Hardinghen, Fergues et Fiennes, sont établies sur ce bassin, et comprennent une surface de 5 226 hectares.

Les couches de houille reconnues sont au nombre de cinq, et s'amincissent, à ce qu'il paraît, en s'avançant vers l'est, direction dans laquelle elles se prolongent peu; peut-être se renouvellent-elles au sud-est.

L'exploitation se fait à 68 mètres de profondeur environ, et fournit deux sortes de houille : l'une grasse à longue flamme, l'autre maigre à longue flamme; l'une collante, assez pure et propre à la forge, l'autre fortement chargée de pyrites et employée avantageusement dans la fabrication de la chaux.

GROUPE DU NORD-EST.

1714. Le nord-est de la France ne contient pas une seule grande exploitation. Voici les petits bassins que nous y signalerons :

1715. Bassin de Gémonval (Haute-Saône). — Les gîtes carbonifères qui ont donné lieu aux trois concessions de Corcelles, Gémonval et le Vernois, appartiennent aux terrains des marnes irisées; ces concessions sont contiguës, occupent une surface de 4 131 hectares, et la puissance des gîtes ne dépasse point 0^m,70.

·Voici l'analyse des houilles de Corcelles (1).

Cendres................. .	0,145 ⎫
Matières volatiles	0,366 ⎬ 1,000.
Matières charbonneuses....	0,489 ⎭

Le coke est métalloïde, boursouflé et poreux.

Les houilles grasses à longue flamme de ce bassin font marcher des forges, des fabriques de toile peinte, des filatures, des sucreries, etc.

1716. Bassin de Norroy (Vosges). — Les arrondissements de Mirecourt et de Neufchâteau renferment un terrain carbonifère très-étendu dans les marnes irisées des terrains secondaires. On y a institué quatre concessions : celles de Saint-Menge, Norroy, Bulgnéville et la Vacheresse, embrassant ensemble une étendue de 10 204 hectares.

Une seule couche de 0^m,90 à 1 mètre d'épaisseur a été rencontrée jusqu'ici.

La houille en est très-impure ; elle renferme beaucoup de pyrites ; elle est d'un beau noir, mais terne; sa cassure est inégale et nullement schisteuse; calcinée, elle ne change pas de forme, les morceaux ne se collent pas entre

---

(1) M. Drouot, *Annales des Mines.*

eux (1). Sa poussière est brune; sa densité est de 1,41. Les cendres sont rouges. Cinq grammes de houille donnent 3,03 de coke. Elle renferme :

Hydrogène	4,35	
Carbone	64,28	100.
Oxygène et azote	13,17	
Cendres	19,20	

On emploie ce charbon, qui est de la classe des houilles grasses à longue flamme, dans le pays même; il sert au puddlage de la fonte, au chauffage des chaudières et à la calcination de la pierre à chaux.

1717. Bassin de Ronchamp et Champagney (Haute-Saône). — Le terrain houiller qui existe dans les deux communes de Ronchamp et Champagney, est le plus riche en houille que l'on rencontre dans les Vosges; il est situé au nord de Montbelliard, entre Belfort et Luxeuil, près du canal du Rhône au Rhin. Sa puissance n'excède pas 28 à 32 mètres. Il contient deux couches qui ont ensemble une épaisseur moyenne de 2 à 3 mètres. La couche inférieure qui repose sur le terrain de transition est la moins épaisse et la plus sujette à des amincissements; sa houille est de médiocre qualité à cause de la forte proportion de parties terreuses et de pyrite de fer qu'elle contient; il est rare qu'elle offre plus de 1m,30 de houille exploitable; malheureusement c'est la seule qui promette encore des produits. La couche supérieure est presque épuisée; sa houille grasse à longue flamme est de bonne qualité, d'un noir éclatant, et a une pesanteur spécifique de 1,32; 100 parties donnent 60 à 65 de coke. Ce sont des argiles schisteuses qui séparent les deux couches et forment le toit de la couche supérieure.

Jusqu'à présent la houille de Ronchamp a alimenté plusieurs usines de la Haute-Saône et un grand nombre de fabriques de toiles peintes du Haut-Rhin.

1718. Bassin de Gouhenans (Haute-Saône). — Ce bassin, qui comprend les concessions de Gouhenans, Athesans et Vy-les-Lure, offre des caractères identiques avec ceux du précédent. Il est situé entre Lure et Villersexel, et ses concessions embrassent une surface de 3428 hectares.

1719. Bassin de Saint-Hippolyte (Haut-Rhin). — Le bassin de Saint-Hippolyte se trouve sur la pente occidentale des Vosges, en face de Schelestadt; les concessions de Saint-Hippolyte et Roderen, y ont été

---

(1) M. V. Regnault, *Annales des Mines.*

instituées sur une surface de 2 600 hectares. La couche exploitée n'a que quelques pouces d'épaisseur; elle repose sur un grès qui passe d'une manière graduelle et insensible au granit; c'est le grès rouge et le grès des Vosges qui la recouvre; du reste, elle passe elle-même, quelquefois, à l'état terreux; elle est tourmentée par des plis et traversée par des failles nombreuses. L'épuisement de ce gite parait assez prochain. La houille en est grasse, à longue flamme, collante et fort estimée, malgré son état pulvérulent.

1720. Lambeaux houillers du Haut-Rhin. — Il existe dans le Haut-Rhin un grand nombre d'autres petits lambeaux houillers qui n'ont pas même assez d'importance pour être mentionnés ici. Celui de Hury, cependant, situé dans la commune de Sainte-Croix-aux-Mines, a donné lieu à une concession qui embrasse une surface de 145 hectares; le gite a 0ᵐ,20 de puissance, tourmenté par des crains et des plis; la houille en est sèche, très solide et donne beaucoup de chaleur.

Les houilles du Haut-Rhin sont consommées sur le lieu même, et servent aux ateliers de salinerie, de maréchalerie, de serrurerie et de charronnerie.

1721. Bassin de Villé (Bas-Rhin). — On ne connait dans le Bas-Rhin que des lambeaux houillers. L'un d'eux est situé aux environs de la petite ville de Villé, dans l'intérieur des Vosges, entre Schelestadt et Strasbourg. Le terrain houiller repose sur des schistes de transition, et est, en partie, recouvert par le grès rouge.

Il n'y a qu'une concession d'instituée sur ce bassin, c'est celle de Lalaye, qui comprend une surface de 1 149 hectares. On y a rencontré une seule couche de quelques pouces d'épaisseur seulement, et qui n'a été exploitée qu'à cause de la grande cherté du combustible dans cette contrée; cette couche est du reste à peu près épuisée maintenant; il est probable cependant que le terrain houiller de Lalaye se prolonge plus loin.

La houille de Lalaye est de la classe des houilles dures à courte flamme, sèche, mais assez pure, et produit une forte chaleur; elle est accompagnée d'argile schisteuse noire impressionnée.

En général, la houille du bassin de Villé ne sert qu'au chauffage domestique.

1722. Bassin de Forbach (Moselle). — Ce bassin, qui ne donne pas de produits, est le prolongement, en France, du vaste bassin allemand de Sarrebruck, dont nous allons dire quelques mots.

1723. Bassin de Sarrebruck (grand-duché du Rhin). — Entre

Sarrebruck et Kreutznach (1), le long du pied méridional de la chaine du Hundsruck, on remarque un vaste terrain houiller qui s'étend du nord-est au sud-ouest sur 25 lieues de long et 4 à 7 lieues de largeur.

Ce terrain, comme ceux de l'intérieur des Vosges, est déposé dans une dépression entourée de montagnes de transition et de montagnes de grès des Vosges.

Les couches de houille ne sont remarquables que dans deux parties peu étendues que l'on a nommées, l'une, bassin de la Sarre, et l'autre, bassin de la Glane.

1724. *Sous-bassin de la Glane.* — Le bassin de la Glane est très-pauvre en combustible; les couches de houille sont presque toujours recouvertes par une substance étrangère d'un jaune sale ou d'un brun noirâtre, ou d'un mélange de ces couleurs; quelquefois cette matière les divise en deux lits; elle renferme souvent du zinc sulfuré. La houille est généralement sèche et de mauvaise qualité; elle sert principalement à cuire le calcaire avec lequel elle se trouve mêlée.

1725. *Sous-bassin de la Sarre.* — Le bassin de la Sarre est infiniment plus riche que le précédent. A Duttweiler on connait 32 couches, et dans l'ensemble du bassin on n'en compte pas moins de 103 dont la puissance varie de $0^m,50$ à $3^m,30$. L'exploitation ne se fait que sur 50 couches environ, dont la principale, puissante de 4 mètres, est connue depuis Sarrebruck jusqu'à Neukirchen.

1726. *Prolongement en France.* — C'est près de la frontière française que se trouvent les portions les plus riches du bassin qui nous occupe. Du reste, outre l'intérêt actuel qu'offre le bassin de Sarrebruck pour la fabrication française, il y a lieu d'espérer qu'on pourra retrouver la prolongation de ses couches sous le sol français, à une profondeur accessible; on peut espérer aussi, vu la meilleure qualité de la houille de Sarrebruck à proximité de la frontière française, que si cette prolongation était découverte en France, elle donnerait lieu à une exploitation susceptible d'une assez grande valeur industrielle. On a découvert à Schœnecken (bassin de Forbach), à l'extrême frontière française, plusieurs petites couches de houille; il y aurait peut-être lieu de faire des recherches dans le département de la Moselle, en les dispersant sur l'espace compris entre Sarrebruck, Metz et Sierck.

---

(1) Élie de Beaumont et Dufrénoy, *Explication de la Carte géologique de France.*

GROUPE DU CENTRE.

1727. Bassin de la Loire (Loire). —Le bassin de la Loire, le plus important de France par son étendue, sa position et la qualité de ses produits,
occupe dans sa plus grande dimension, qui est de 46 250 mètres, toute la
largeur de cette zone étroite du Forez qui sépare la Loire du Rhône, aux
points où ces deux fleuves s'approchent le plus l'un de l'autre; entre Saint-
Rambert et Givois, il traverse la vallée du Rhône, et on l'exploite
dans le département de l'Isère, à Fernay et à Communay. La surface totale
du bassin de la Loire est évaluée à 27 355 hectares. Sa plus grande largeur
est de 13000 mètres dans le méridien de Roche-la-Molière; mais vers Saint-
Chamond il se rétrécit; à Rive-de-Gier, il n'a plus que 2 300 mètres, et à
Tartaras encore moins.

Il est intercalé dans une dépression d'origine primitive, dont les parois sont principalement formées de gneiss. Cependant à l'ouest et au
nord-ouest il est assez ordinaire qu'il repose, sans intermédiaire, sur le
granite.

Le terrain houiller de la Loire est partagé en deux parties par la ligne
de faîte, qui établit un point de partage entre les eaux de la Loire et celles
du Rhône. L'espace qui sépare ces deux parties, que nous désignerons sous
les noms de bassin de Saint-Étienne et de bassin de Rive-de-Gier, est presque entièrement stérile en houille. La vaste concession de Saint-Chamond
forme la liaison entre les deux bassins de Saint-Étienne et Rive-de-Gier,
et l'on remarque que les exploitations y sont rares, tandis qu'elles sont
très-rapprochées dans les deux bassins extrêmes. Il se pourrait cependant
que les couches du bassin de Rive-de-Gier passassent au-dessous de celles
de Saint-Étienne, mais cette opinion n'est pas généralement admise.

Le bassin de Saint-Étienne comprend les concessions suivantes: Unieux et
Fraisse, Firminy et Roche-la-Molière, Montrambert, la Béraudière, Dourdel
et Montsalson, Beaubrun, Villars, la Chana, Quartier-Gaillard, le Clusel,
la Porchère, le Cros, la Roche, Méons, le Treuil, Bérard, la Chazotte,
Chaney, Sorbiers, Montiel, Reveux, la Baralière, Villebœuf, Janon, Ronzy,
Terre-Noire, Montieux, Côte-Thiollière, Saint-Jean, Bencla, Sibertière.

Celui de Rive-de-Gier comprend les concessions qui suivent : Saint-
Chamond, la Grande-Croix la Péronnière, le Reclus, le Banc, la Montagne-
du-Feu, la Cappe, Corbeyre, Collenon, Gravenand, Mouillon, Crozagaque,
Couloux, la Verrerie, Combes et Égarande, Couzon, Trémolin, la Pomme.

Combeplaine, Frigerin, Montbressieux, Gourdmarin, Verchères (Fleur-de-lys), Verchères (Felain), Catonnière, Grandes-Flaches, Sardon, Martoret, Tartaras, Givors, Ternay, Communay.

Toutes ces concessions, au nombre de 63, embrassent une superficie de 23 281 hectares.

1728. *Sa puissance.* — La houille constitue, dans le bassin de la Loire, des couches nombreuses de puissance variable; on en exploite qui n'ont que 0^m,48 d'épaisseur, mais le plus souvent on a affaire à des couches dont l'épaisseur moyenne varie entre 1 et 5 mètres; sur certains points les couches atteignent quelquefois 16 à 20 mètres.

1729. *Propriétés de ses houilles.* — La houille qu'on y exploite présente toutes les variétés, excepté celle anthraciteuse; c'est la houille grasse à longue flamme qu'on en retire en plus grande quantité; c'est de ce bassin surtout que provient cette houille grasse, si connue sous le nom de houille *maréchale*, et si recherchée par les usines.

1730. *Sous-bassin de Saint-Étienne.* — Ce bassin est le plus vaste et le plus riche des deux.

1731. *Puissance, qualités de ses houilles.* — Les couches y sont au nombre de 15.

La principale, exploitée dans la mine du Treuil, est désignée sous les noms de Grande-Masse, Grande-Couche, Troisième-Couche; elle a 3 mètres à 3^m,50 de puissance moyenne; son charbon est de bonne qualité, assez dur et employé spécialement au chauffage, à l'exclusion de la forge. Au-dessus de cette couche il y en a deux de 1^m,00 et 1^m,40, dont la houille est médiocre. Au-dessous on en rencontre plusieurs dans l'ordre suivant : la première, de 1^m,30, donne une houille médiocre, assez dure, impropre pour la forge; — la deuxième a 1^m,50 à 1^m,70 de puissance; elle donne une excellente houille très-estimée pour la forge; sa cendre est rouge, ce qui la distingue de toutes les autres qui donnent de la cendre blanche; — la troisième, de faible puissance, n'est exploitée nulle part; — la quatrième, de 1^m,20 à 1^m,30 de puissance, donne un bon charbon de chauffage, mais impropre à la forge; la quantité de gros charbon ou *pérat* fourni par cette couche est considérable, le menu est presque sans valeur; les deux dernières couches de très-faible puissance, sont actuellement inexploitables.

Dans la mine du Cros, on trouve une couche de 3^m,30 de puissance, donnant du charbon très-dur; une autre couche de 1^m,60 donne du menu de bonne qualité.

Dans la partie de la concession de Terre-Noire, qui avoisine les hauts-fourneaux du Janon, et dans la concession de Côte-Thiolière, la grande couche acquiert une puissance considérable; dans cette dernière elle s'élève jusqu'à 8 ou 10 mètres.

A côté de Saint-Étienne, au lieu dit *les Basses-Villes*, on retrouve la Troisième ou Grande-Couche; la plupart des caves du quartier de la ville, dit *Polignay*, sont taillées dans le charbon; cette couche a de 7 à 8 mètres.

Dans la mine de Firminy, on exploite à ciel ouvert, dans le bourg même, une couche de 10 mètres de puissance au moins; elle donne une houille de qualité particulière, d'un brun noir, compacte, avec cassure fibreuse et rayonnée, et ressemble au charbon *raffaud* de Rive-de-Gier. Une seconde couche, de 6 à 7 mètres d'épaisseur, fournit du charbon de forge très-estimé.

Dans la concession de Montsalson, on signale : la Troisième ou Grande-Couche; elle y est pour ainsi dire formée de la réunion d'amas puissants, séparés les uns des autres par des étranglements; souvent elle renferme le charbon particulier, désigné à Saint-Étienne sous le nom de *mouve* : c'est un charbon très-tendre, terne, d'un noir mat et fort léger; très-gros, il brûle avec une vivacité remarquable, et donne du coke de qualité supérieure; il est exempt de pyrites et de matière terreuse; — la cinquième couche, de 1^m,20 à 1^m,50 de puissance, qui donne du charbon de bonne qualité et laisse une cendre rouge caractéristique; — la treizième couche de 10 à 12 mètres de puissance; le charbon en est dur et renferme plus de cendres que celui de la troisième couche.

1732. *Essais.* — La houille maréchale est celle qu'on carbonise de préférence dans les hauts-fourneaux qui existent aux environs de Saint-Étienne; elle fournit en coke (1) :

> Dans les fours... 60 p. 100 de coke ;
> En plein air. ... 50 p. 100.

Voici l'analyse de trois variétés de coke employées aux fourneaux du Janon; elle est due à M. J. A. Raby.

	Carbone.	Soufre.	Cendres.
Coke de la Chaux. ...	87,959	0,301	11,740
Coke du Gat.	85,759	0,900	13,150
Coke de Poyeton.	85,800	0,600	13,690

(1) M. M. Chevalier, *Annales des Mines.*

1733. *Usages.* — Le coke de Saint-Étienne est très-solide, très-serré; dans un fourneau à courant d'air forcé, il brûle avec une très-vive chaleur; néanmoins il paraît peu propre à la production de la fonte douce dans les hauts-fourneaux, et à sa conservation dans les fourneaux à la Wilkinson.

Le bassin de Saint-Étienne fournit deux variétés de houille: — l'une est la houille maréchale, qui donne lieu à la plus grande partie des exploitations, brillante, d'un beau noir, à structure schisteuse, laminaire ou grenue, tendre, supportant peu les transports, éminemment collante. En général, elle est passablement pyriteuse; sa pesanteur spécifique est de $1^m,30$ environ; elle perd au feu 30 à 35 pour 100 de son poids, et les meilleures qualités renferment 2 à 2,5 pour 100 de matières terreuses. Sur la grille elle colle et brûle avec une chaleur extrême; les matières terreuses dont elle est mêlée, se fondent et forment du mâchefer sur les barreaux. La pyrite qu'elle renferme ronge les barreaux et attaque les appareils en tôle, en fonte ou en cuivre, qui sont en contact avec la flamme; — la deuxième variété est beaucoup plus inflammable, plus solide, s'abat mieux en gros; c'est spécialement du charbon de grille et de chauffage. Elle s'échauffe trop vite à la forge et brûle le fer. Plusieurs houilles de cette variété s'améliorent, pour la forgerie, par l'exposition à l'air ou par le transport par eau à l'état de menu.

1734. *Sous-bassin de Rive-de-Gier.* — Cette partie du bassin de la Loire est resserrée entre deux chaînes de montagnes anciennes; sa plus grande largeur ne dépasse pas 2 kilomètres; la couche supérieure, ou Grande-Masse, se trouve à environ 300 mètres de la surface du sol, dans les puits les plus profonds.

1735. *Puissance, qualités et usages de ses houilles.* — Les couches y sont généralement plus régulières que dans le bassin de Saint-Étienne, mais moins nombreuses.

On en connaît à Rive-de-Gier, huit, que l'on retrouve dans la plupart des exploitations; leur épaisseur est variable, celle de la Grande-Masse surtout, dont la puissance, de 8 mètres en moyenne, va quelquefois jusqu'à 15 mètres, et se réduit d'autres fois à 2 mètres. La Grande-Masse est divisée en deux parties: l'inférieure a 3 ou 4 mètres d'épaisseur et porte le nom de *raffaud;* le banc supérieur, appelé *maréchal,* a 3 à 4 mètres. Nous y signalerons encore les couches dites Bâtardes et de la Bourrue, qui ont $1^m,25$ à 2 mètres de puissance. — Toutes les mines importantes sont ouvertes sur la Grande masse qui commence à s'épuiser sur bien des points.

L'exploitation de la Grand-Croix donne des houilles plus collantes (1), plus maréchales que les autres mines de Rive-de-Gier; leur menu est très-recherché pour la fabrication du coke; la Grande-Masse y a une épaisseur de 10 à 12 mètres, celle des Bâtardes est de 4 mètres environ.— La couche maréchale de la Grande-Masse y donne une excellente houille, très-collante; elle se divise en fragments grossièrement rectangulaires, mais jamais elle ne présente de feuillets plans. Elle est d'un beau noir, son éclat est gras et très-vif; elle donne un coke très-boursouflé, une poussière brune, et sa densité est de 1,298. Ses cendres sont très-ocreuses. — La couche du raffaud donne une houille d'une cassure plus schisteuse, moins homogène que la précédente, et produisant un coke moins boursouflé. Cette houille est plus dure que celle de la couche maréchale; sa poussière est brune, sa densité de 1,302; ses cendres sont blanches.

L'exploitation Corbeyre, au puits Henry ouvert sur les Bâtardes, donne une houille qui se rapproche, par l'aspect, du raffaud de la Grand-Croix. Elle tient le milieu entre les houilles dures et sèches de Rive-de-Gier et les houilles maréchales de la Grand-Croix. Sa poussière est brune, sa densité de 1,315, la cendre est à peu près incolore. Elle est plus anthraciteuse que celle de la Grand-Croix.

L'exploitation du Cimetière, concession des Combes et Égarande, donne des houilles peu propres à la forge, mais très-recherchées pour les chaudières et le chauffage domestique. Dans la couche de la Bourrue, elles ont un éclat moins vif et moins gras que dans les autres exploitations; leur texture schisteuse est beaucoup plus marquée; elles donnent un coke boursouflé, mais moins brillant que les autres; leur poussière est brune, la densité 1,288, les cendres à peu près incolores. La houille tirée de la Seconde-Bâtarde est semblable à celle de la Bourrue; sa texture est schisteuse, à très-larges feuillets dans un sens; sa poussière est brune, sa densité 1,294.

La Grande-Masse, dans la concession de Couzon, n'a plus la même qualité que dans les autres; les Bâtardes y sont plus régulières que dans le reste du bassin, et leur charbon est de meilleure qualité. La houille de ces dernières a une texture schisteuse très-prononcée, et un éclat très-vif; elle donne un coke boursouflé semblable à celui du Cimetière; sa poussière est brune, sa densité 1,298, ses cendres blanches. La houille de la Grande-Masse, à Couzon, n'a que très-peu d'éclat;

sa cassure est inégale, mais nullement schisteuse; son coke est boursouflé, mais bien moins que celui des houilles de la Grand-Croix, car on distingue encore souvent les divers fragments soumis à la carbonisation. Sa poussière est noir-brun, sa densité 1,311, sa cendre légèrement ocreuse.

1736. *Essais.* — Nous avons réuni ici les diverses analyses faites sur les houilles de ce sous-bassin.

TABLEAU XCIV. — COMPOSITION DES HOUILLES DE RIVE-DE-GIER.

	EXPLOITATION DE LA GRAND-CROIX.		EXPLOITATION DU CIMETIÈRE.		EXPLOITATION DE COUZON.		EXPLOITA- TION CORBEYRE.
	Couche de la Grande-Masse.	Couche Raffaud.	Couche de la Bourrue,	Couche de la Seconde-Bâtarde.	Couches des Bâtardes,	Couche de la Grande-Masse.	Couches des Bâtardes.
ANALYSES.							
Hydrogène.....	5,14	4,86	5,27	5,61	5,59	4,99	4,90
Carbone.......	87,45	87,79	82,04	84,83	82,58	81,71	87,85
Oxygène et azote.	5,63	5,91	9,12	6,57	9,11	7,98	4,29
Cendres......	1,78	1,44	3,57	2,99	2,72	5,32	2,96
	100,00	100,00	100,00	100,00	100,00	100,00	100,00
CARBONISATION.							
Cendres........	1,8	1,4	3,6	3	2,7	5,3	7
Coke..........	67,2	68,8	68,4	67	62,8	62,1	74
Matières volatiles.	31,0	29,8	28,0	30	34,5	32,6	23
	100,0	100,0	100,0	100	100,0	100,0	100

1737. Bassin du Creusot et de Blanzy (Saône-et-Loire). — Le bassin du Creusot et de Blanzy, auquel le canal du centre, qui le traverse, donne une si grande valeur, s'étend au midi d'Autun, en forme d'ellipse allongée du sud-ouest au nord-est; sa longueur est de 54 kilomètres, et sa plus grande largeur est de 15 kilomètres.

Il comprend les concessions suivantes : le Creusot, Blanzy, Saint-Bérain, le Ragny, Longpendu, les Fauches, les Badauds, les Porrots, la Theurée-Maillot, les Crépins, les Perrins, les Petits-Châteaux, Montchanin, Grandchamp, les Moquets et Pully, renfermant une surface totale de 52 732 hectares.

Ces diverses exploitations sont placées sur la circonférence extérieure du bassin, disposition qui tient à ce qu'elles ont été toutes ouvertes sur des affleurements. C'est sur la ligne d'affleurements qui suit le canal, qu'elles ont le plus d'étendue.

1738. *Position géologique et disposition de ses couches.* — Le bassin dont nous nous occupons est déposé dans une vaste cavité ouverte dans le terrain ancien de la Bourgogne; le terrain houiller se montre à découvert sur le périmètre du bassin, et marque lui-même ses limites ainsi que celles des roches primitives qui l'encaissent. La partie centrale est recouverte par des grès et des conglomérats dépendants de la formation du trias.

La disposition et l'inclinaison des couches de houilles, situées aux deux extrémités opposées du bassin, avaient généralement fait supposer que les couches de houille étaient continues, et qu'elles régnaient sur tout le fond de la cavité que présentent en ce lieu les terrains primitifs, cavités dont le terrain houiller paraît avoir suivi la forme. Mais les extracteurs s'accordent presque tous, depuis longues années, à douter de cette continuité. Les oppositions d'inclinaison des deux extrémités du bassin ne sont pas constantes partout; la nature de la houille, les roches qui l'accompagnent, les épaisseurs des couches, tout est variable, et peut-être le bassin de Saône-et-Loire se compose-t-il d'une série de petits bassins circonscrits; la découverte de nouvelles exploitations dans le centre du grand bassin, n'est du reste nullement en désaccord avec cette hypothèse.

Nous ne pouvons mieux faire qu'en citant, sur le sujet qui nous occupe, un extrait du travail de M. Manès (*Annales des Mines*).

« La formation du grès houiller de ce bassin constitue deux bandes distinctes : l'une, située à la lisière sud, s'étend sans discontinuité de Charrecey à Perrecy; et l'autre, située à la lisière nord, est composée de dépôts morcelés. Il existe de notables différences dans la nature des roches sur lesquelles s'appuie cette formation, suivant qu'elles appartiennent à l'une ou à l'autre bande. »

« La zone sud offre des houilles généralement sèches et terreuses. Elles sont disposées tantôt en couches minces, qui sont séparées les unes des autres par 20 à 50 mètres de rocher, et parfaitement stratifiées; tantôt en couches épaisses, qui paraissent résulter de la réunion des premières par la diminution d'épaisseur des bancs de grès intermédiaires, et prennent sur quelques points l'apparence de vrais amas. On peut remarquer que les couches de houille de cette zone ont généralement leur pendage au nord, excepté vers Blanzy, où elles montrent le double pendage au

nord et au midi, par suite d'un soulèvement granitique qui a été positi-
vement reconnu dans les travaux de Louche. On peut encore observer que
les couches les plus puissantes se trouvent vers le milieu de la zone, à
Montceau et à Montchanin ; que toutes sont sujettes à beaucoup d'accidents et d'irrégularités ; qu'ainsi, outre les accidents déjà signalés, et qui
les font paraitre dans différentes mines en veines séparées ou réunies, en
couches réglées ou en amas, souvent, dans la même veine, il se trouve
de nombreux brouillages provenant du remplacement de la houille par
des barres de grès ou de schistes, ou résultant du croisement de plusieurs
failles qui les rejettent plus ou moins. Ces accidents ont pris surtout beaucoup de gravité dans l'intervalle qui sépare les mines de Montchanin de
celles du Montceau, et qui correspond à peu près au point culminant du
bassin ou au point de partage. »

« La zone nord, qui s'appuie sur les grauwackes de Montcenis, montre
des houilles grasses plus ou moins terreuses qui sont en couches généralement peu importantes et disposées en chapelet. L'inclinaison générale des
bancs parait être ici au sud ou sud-ouest. Le gite du Creusot est le seul
de cette zone qui contienne une grande richesse ; il parait, du reste, avoir
été aussi fort tourmenté dans sa partie occidentale, où s'observent de
fortes ondulations, et il donne des houilles dont la nature varie depuis la
plus grasse jusqu'à la plus sèche. »

Voici maintenant ce que pense M. Manès des chances de succès que
peuvent offrir des recherches, en dehors des terrains aujourd'hui reconnus :
« Le terrain houiller de Blanzy peut se prolonger au nord-est, sous les
terrains secondaires, au-dessous desquels on le rechercherait par des sondages
placés aux environs de Dennevy ; mais il y a plus de raison de croire qu'il
se poursuit au sud-ouest, sous les terrains tertiaires de la vallée de la
Loire, pour aller se relier au terrain houiller de Bert qui offre absolument
même position, même direction et même composition ; et les sondages
les plus intéressants à entreprendre sont ceux qu'on placerait dans les
environs de Coulanges. Si d'ailleurs on considère que les terrains de
transition de Bert et Montcenis d'une part, et celui des environs de
Bourbon-Lancy d'autre part, paraissent appartenir aux deux versants
opposés des chaines granitiques de Chatelperon à Neuvy, on pourra penser
que, de même qu'aux terrains de transition de Bert et de Montcenis
succède un terrain houiller, de même il est possible qu'au terrain de transition de Bourbon-Lancy vienne aussi s'adosser un gite de même nature,
maintenant caché par les dépôts tertiaires de la surface. Ce gite, qui se

relierait au terrain houiller de Decize, pouvant encore être rattaché au Morvand et offrant aussi de grands rapports de composition avec le terrain houiller de Blanzy, se rechercherait par des sondages placés dans l'anse de Cressy. »

1759. *Puissance et propriétés des houilles.* — Les mines de Saint-Bérain, les premières au nord-est, occupent une surface de 120 kilomètres carrés; les travaux ont constaté trois couches de 0^m,90 à 4 mètres de puissance, dont les deux premières sont exploitées. Les charbons de ces mines sont maigres et d'un triage difficile; néanmoins les puits Jumeaux et Saint-Charles en fournissent de bonne qualité, qui peuvent servir à la fabrication du coke.

Dans les mines des Fauches et de Longpendu, on a reconnu deux couches dont la principale est exploitée dans la concession de Longpendu, où elle a de 1^m,50 à 4 mètres de puissance.

A Montchanin, la première couche a une puissance énorme de 50 à 75 mètres. On y exploite encore deux couches de 2 à 4 mètres. La houille de la couche principale est bonne et propre à la fabrication du coke; il est probable que ce renflement est suivi d'un crain tout aussi grand, car des recherches faites dans son prolongement pour rencontrer la houille n'ont amené aucun résultat.

Au Ragny, les trois couches en exploitation ont de 1 mètre à 2 mètres de puissance.

Aux Crépins on exploite, sur une puissance de 2 mètres, l'une des trois couches ci-dessus mentionnées.

Dans la concession de Blanzy, on remarque six couches principales; mais comme elles n'ont point été reconnues dans le même puits, on ne peut affirmer qu'elles soient distinctes. Elle renferme les mines de Blanzy, des Communautés, des Estivaux, du Montceau et de Lucy, et comprend une surface de 43 kilomètres. On y exploite la houille sur une épaisseur de 2 à 5 mètres à Blanzy et de 12 à 20 mètres au Montceau et à Lucy. Dans cette concession, comme dans celle du Creusot, la masse exploitée est presque verticale; elle a souvent 24 mètres et atteint même quelquefois 45 mètres d'épaisseur. Le charbon qu'on en retire est d'excellente qualité pour la grille; il diffère entièrement de ceux du Creusot qui sont collants et donnent un coke de bonne qualité, tandis que les houilles de Blanzy sont maigres et flambantes.

Après la mine de Lucy, et toujours en suivant la vallée du canal du Centre, on rencontre les concessions réunies de la Theurrée-Maillot, des

Badeauds et des Porrots, où se retrouvent les trois couches qui caractérisent cette partie du bassin ; à la Theurrée-Maillot, elles ont 1ᵐ,50 à 1ᵐ,80 de puissance.

Le point le plus important des lignes d'affleurements occidentales, est le Creusot. La grande couche de houille, la seule exploitée, y a une puissance de 12 à 15 mètres. Cette concession a 63 kilomètres de surface ; les travaux ont atteint 200 mètres de profondeur.

Aux Petits-Châteaux, à Pully et à Grandchamp, on exploite de deux à trois couches de 0ᵐ,50 à 6 mètres d'épaisseur ; à Grandchamp on connaît cinq couches.

De toutes ces concessions, trois : les Fauches, les Perrins et les Badeauds sont inexploitées. Six sont en exploitation régulière, savoir : Blanzy, le Creusot, Montchanin, Montmaillot, Saint-Bérain et Longpendu ; les trois premières sont riches, Montchanin surtout ; Longpendu paraît avoir un avenir peu assuré. Les six concessions restantes sont à l'état d'exploitation irrégulière.

En général, la houille du bassin du Creusot et Blanzy, qui se divise en trois classes — houille grasse maréchale, houille grasse à longue flamme et houille maigre à longue flamme, — est inférieure en qualité à celle de Saint-Étienne.

Celle de Blanzy présente une cassure largement lamelleuse, très-brillante ; cependant elle ne possède pas l'éclat des houilles maréchales ; elle a peu de consistance. Lorsqu'on la calcine, les morceaux se collent mal ; ses angles seulement s'arrondissent ; elle est légère, brûle avec une flamme vive qui dure peu et est impropre à la fabrication du coke.

La houille du Creusot, plus riche en matières charbonneuses que celle de Blanzy, produit du coke de bonne qualité.

Dans la plupart des concessions, le coke obtenu est très-terreux ; il est généralement gris foncé, sans éclat, peu agglutiné, le plus souvent seulement fritté et tombant en poussière quand on le touche. Celui que donnent les houilles communes des puits des Vignes et de la Molière, présente un grand nombre de parties schisteuses et argileuses. Le plus beau, après celui du Creusot, provient des mines de Blanzy et des Communautés. Quant aux cendres, elles sont plus ou moins colorées par l'oxyde de fer ; celles de la Theurée-Maillot et celles de Blanzy sont cependant entièrement blanches.

M. Manès traite ainsi qu'il suit, de la qualité des charbons du bassin du Creusot et Blanzy :

« Ce bassin, dit-il, comprend les quatre espèces de houille suivantes :

« 1° Des houilles anthraciteuses à coke pulvérulent, qui donnent par l'analyse immédiate, 85 à 90 pour 100 de coke peu chargé de cendres, et dans lesquelles le rapport des matières volatiles à celui de la houille sans cendres, est celui de 10 à 15 pour 100. Ce charbon n'a encore été employé qu'au chauffage des chaudières.

« 2° Des houilles grasses à coke boursouflé, dont on peut distinguer deux variétés : l'une tendre, très-éclatante, brûlant avec flamme courte et presque sans fumée, celle-ci rend en petit plus de 70 pour 100 de coke à teneur de 5 à 10 pour 100 de cendres, lequel convient bien à la fusion des minerais, et le rapport des matières volatiles à celui de la houille pure y varie de 20 à 25 pour 100. Cette houille est propre à la généralité des usages industriels.

« L'autre variété, plus dure et moins éclatante que la précédente, brûle avec longue flamme et beaucoup de fumée ; elle donne encore plus de 70 pour 100 de coke ; mais celui-ci tenant de 20 à 25 pour 100 de cendres, est impropre à la fusion des minerais. Le rapport des matières volatiles à celui de la houille pure est ici de 34 à 36 pour 100. Cette houille forme le passage à la suivante.

« 3° Des houilles mi-grasses à coke peu boursouflé, qui donnent de 60 à 70 pour 100 d'un coke poreux et friable, et dans lesquelles le rapport des matières volatiles à celui de la houille pure varie de 35 à 45 pour 100. Ces houilles sont recherchées pour les chaudières, en ce qu'elles font beaucoup de flamme et donnent un feu soutenu.

« 4° Enfin des houilles sèches à coke fritté qui brûlent avec longue flamme, donnent de 50 à 60 pour 100 de coke, et dans lesquelles on a le rapport de 40 à 45 pour 100 pour celui des matières volatiles ; la houille sans cendres. Ces houilles sont encore employées au chauffage des chaudières, elles conviennent au mieux pour les foyers domestiques. »

« Les houilles anthraciteuses et maréchales se trouvent seulement et exclusivement dans la zone septentrionale du bassin de Blanzy. La variété anthraciteuse n'est connue que sur un point de cette zone, et elle compose dans la région ondulée de la partie occidentale du gîte du Creusot, la veine la plus éloignée des terrains anciens. Les houilles grasses à courte flamme ne se trouvent encore qu'au Creusot ; elles occupent principalement la partie orientale de ce gîte, sont les plus grasses aux environs du puits Chaptal et 14, et deviennent d'autant moins collantes qu'on s'éloigne davantage, de part et d'autre, de ce point. Enfin les houilles grasses à longue flamme commencent à paraître à Saint-Eugène, et composent les gîtes compris entre Saint-Eugène et Grandchamp. »

« Les houilles mi-grasses et les houilles maigres à longue flamme constituent seules la zone méridionale. »

« Pour l'évaporation, ces divers charbons peuvent être divisés en trois
classes :

« La première comprend les charbons gras du Creusot qui consomment 38 à
40 kil. par heure, et qui évaporent 5ᵏ,60 à 6 kil. d'eau par kil. de charbon.

« La deuxième comprend les charbons secs du Montceau et ceux mi-
collants de Montchanin et de Longpendu qui brûlent de 55 à 60 kil. par
heure, et qui évaporent 4 kil. à 4,74 par kil. de charbon brûlé.

« Enfin, la troisième comprend les charbons mi-collants de Saint-Bérain
et des Communautés, et les charbons secs de Lucy et de Montmaillot,
qui brûlent de 52 à 58 kil. par heure, c'est-à-dire à peu près la même
quantité que les précédents, mais qui n'évaporent que 3ᵏ,33 à 3ᵏ,78 par
kil. de charbon brûlé. »

1740. *Essais.* — Voici, du reste, le résultat des essais faits par M. Ja-
nicot, répétiteur à l'école de Saint-Étienne, pour déterminer la quantité de
coke que pouvaient fournir les houilles du bassin qui nous occupe :

TABLEAU XCV. — COMPOSITION DES HOUILLES DU BASSIN DU CREUSOT ET BLANZY.

DESIGNATION DES HOUILLES.	HOUILLE.	COKE.	CENDRES.
CONCESSION DE SAINT-BÉRAIN.			
Puits de la Mollière. Houille en gros fragments (pérat).	100	72,50	26,47
— Houille menue..............	100	74,00	28,52
Puits des Jumeaux. Houille pérat...............	100	67,50	20,93
— Houille menue..............	100	68,75	22,63
Puits des Jumeaux, 1ʳᵉ classe. Houille pérat.......	100	65,00	20,00
— Houille menue......	100	68,75	24,00
Puits des Vignes. Houille pérat..............	100	72,50	25,48
— Houille menue................	100	73,52	26,50
Puits des Quatre-Bras. Houille pérat...	100	62,75	15,70
— Houille menue............	100	66,80	19,80
Puits de Saint-Charles. Houille pérat............	100	50,67	19,50
— Houille menue..........	100	69,25	22,10
CONCESSION DE LA THEURÉE-MAILLOT............	100	59,50	12,20
CONCESSION DES COMMUNAUTÉS..................	100	67,75	5,45
CONCESSION DE MONTCHANIN..................	100	61,25	9,00
CONCESSION DE LONGPENDU...................	100	60,00	8,00
CONCESSION DU RAGNY.	100	63,20	8,55
CONCESSION DE BLANZY.			
Puits Montceaux.......................	100	58,00	5,00
Puits Lucie..........................	100	65,00	14,00
CONCESSION DU CREUSOT (1)................	100	65,40	3,40

(1) Les chiffres du Creusot appartiennent à M. Berthier.

1741. Bassin d'Épinac (Saône-et-Loire). — Le bassin d'Épinac est situé au nord d'Autun. Il occupe une étendue d'environ 50 000 hectares, et s'étend de l'ouest à l'est sur une longueur de 37 000 mètres, depuis le pied des montagnes porphyriques et granitiques du Morvan, jusqu'aux montagnes de calcaire jurassique qui forment, près de Nolay (Côte-d'Or), le partage des eaux entre la Loire et la Saône ; au sud il est limité par des montagnes granitiques à la base desquelles se montre souvent le gneiss.

Circonscrit de tous côtés, il ne peut donner lieu à aucune recherche d'extension.

Cinq concessions sont établies sur ce bassin auquel l'établissement du chemin de fer d'Épinac a donné beaucoup d'activité ; ce sont les concessions d'Épinac, de Chambois, du Grand-Moloy, de Pauvray et de Sully, occupant ensemble une surface de 8 292 hectares.

Placé à proximité des forges de Bourgogne, il aurait amené d'heureuses modifications dans la fabrication du fer, si son charbon était plus convenable aux usages métallurgiques. Jusqu'à ce jour l'industrie a reculé devant l'inaptitude du coke d'Épinac à la fabrication de la fonte. Le coke et la houille de Saint-Étienne et de Rive-de-Gier arrivent sur tous les points que peut atteindre la houille d'Épinac, ce qui, joint à l'infériorité de prix de la dernière, suffit à constater son manque de qualité.

1742. *Sa puissance.* — La concession d'Épinac, située à l'est, est jusqu'à présent la plus importante. Les couches que l'on y exploite sont au nombre de deux : la première a 1 mètre à 2^m,50 (1) de puissance ; la deuxième, 2 mètres à 7 mètres. Ces deux couches, qui se réunissent souvent en une seule, sont connues sur un développement de plus de 1 200 mètres en direction ; elles gagnent, du reste, en régularité, à mesure qu'on s'approfondit ; l'avenir de cette concession paraît donc assuré pour longtemps.

On connaît, dans la concession de Moloy, deux couches qui, placées comme celles d'Épinac, à la lisière du terrain primitif, sont composées de houille de même nature, mais de qualité inférieure ; cette concession pourra donner lieu à une extraction assez considérable quand elle deviendra l'objet de travaux plus importants ; ses deux couches ont 1 mètre à 1^m,50 de puissance.

La concession de Sully est exploitée sur une couche de 1 mètre à 1^m,30

---

(1) M. Manès, *Annales des Mines.*

de puissance, qui donne une houille de meilleure qualité que celle de Moloy ; cette concession a probablement de l'avenir.

Dans la concession de Chambois, située au centre du bassin, on rencontre deux veines puissantes de 0ᵐ,60 et 1ᵐ,10, qui contiennent beaucoup de milieux stériles, et n'augmentent nulle part de puissance ; cette concession ne parait pas susceptible d'acquérir plus d'importance.

On connait, dans la concession de Pauvray, une couche de 1 mètre qui n'est point exploitée.

1743. *Propriétés et essais de ses houilles.* — La houille d'Épinac (1) est à cassure schisteuse, les fissures en sont remplies de pyrites ou d'efflorescences pyriteuses ; aussi perd-elle facilement sa consistance à l'air et se réduit-elle en menu. Calcinée, elle n'augmente pas sensiblement de volume ; elle donne un coke métalloïde collé, mais dans lequel on reconnait facilement les différents morceaux qui ont servi à le former. La poussière de cette houille est brune, sa densité est de 1,353, ses cendres un peu ocreuses ; 5 grammes donnent 3,18 de coke ; elle renferme :

$$\left. \begin{array}{ll} \text{Cendres.} \dotfill & 2,5 \\ \text{Charbon.} \dotfill & 61,1 \\ \text{Matières volatiles.} \dotfill & 36,4 \end{array} \right\} 100.$$

Le bassin houiller qui nous occupe renferme, en général, suivant M. Manès, des houilles de toute nature, depuis les houilles anthraciteuses, jusqu'aux houilles grasses à longue flamme. Celles exploitées sont généralement mi-grasses ; elles donnent, à l'essai, 65 à 70 pour 100 d'un coke peu boursouflé, et le rapport des matières volatiles à celui de la houille sans cendres, varie de 37 à 33 pour 100. La houille de Sully est la plus collante et la plus propre au travail de la maréchalerie, tandis que pour les évaporations, c'est la houille de la couche inférieure d'Épinac qui l'emporte de beaucoup sur les autres. Pour ce dernier emploi, les houilles de Sully et de Chambois occupent le second rang et celles du Moloy le dernier.

1744. Bassin de Commentry, Doyet et Bezenet (Allier). — Ce bassin est très-important par sa richesse et sa proximité du canal du Berry, auquel il va être uni par un chemin de fer. Il se compose de quatre sous-bassins, savoir : celui de Commentry, celui de Doyet et ceux de l'Aumance et de la Barre, reliés ensemble par des langues très-étroites de grès houiller. Il est découpé, en partie, par des roches granitoïdes qui se montrent au jour en plusieurs points, et notamment à Commentry, où le terrain houiller n'est séparé du granite rose que par une faible couche de gneiss.

---

(1) M. V. Regnault, *Annales des Mines.*

On a institué sept concessions sur le bassin qui nous occupe : Commentry, Doyet, Bezenet, les Ferrières, les Bourdignats, le Marais et les Biolles, comprenant une superficie totale de 3 638 hectares.

1745. *Sa puissance.* — L'exploitation de Commentry est assise sur une grande couche d'une épaisseur moyenne de 14 mètres ; on ne l'a point retrouvée aux deux côtés opposés du mamelon primitif auquel elle est adossée, et son allure, sujette à quelques irrégularités, peut faire présumer qu'elle contourne ce mamelon ; au-dessus de cette couche il en existe une autre de 3 mètres de puissance qui donne de bonne houille, et enfin il existe une troisième couche de 1 mètre de puissance au-dessous de la veine principale.

Le bassin de Doyet, coupé en deux par la route de Montluçon à Montmarault, présente, sous forme de filons, le porphyre micacé qui forme des masses stratifiées dans le bassin de Commentry. La concession de Doyet a fait connaître six couches qui ont ensemble une épaisseur de plus de 20 mètres ; la principale a 5 mètres de puissance.

Le bassin de l'Aumance, qui s'étend du nord au sud-est, est le plus étendu des quatre, mais il est pauvre.

Le bassin de la Barre, séparé de celui de Commentry par une crête granitique très-allongée, se fait voir principalement dans la vallée de l'OEuil et celle du Voirat.

1746. *Propriétés de ses houilles.* — Le coke de Commentry est métalloïde, peu boursouflé, d'un gris presque blanc et simplement fritté ; les cendres sont rougeâtres. Sa houille maigre, à longue flamme, a la texture schisteuse, la cassure cuboïde en grand, la couleur d'un brun prononcé ; sur les marchés où elle rencontre les houilles de Brassac et de Saint-Étienne, elle est recherchée pour la grille et les prime à cet égard, tandis qu'au contraire elle est primée pour les fours à chaux et les forges maréchales par les houilles à courte ou moins longue flamme de l'Auvergne et du Forez.

Les cokes de Doyet, de Bezenet et des Bourdignats sont métalloïdes, peu boursouflés ; les cendres sont rougeâtres pour Doyet, blanches et volumineuses pour Bezenet et les Bourdignats. Les houilles de ces exploitations sont en tout point analogues à celles de l'exploitation de Commentry, mais de moindre qualité. Quant au charbon des Marais, il est anthraciteux.

1747. *Essais.* — Voici, selon M. Regnault (*Annales des Mines*), la composition du charbon de Commentry :

Cendres.................	0,20	
Charbon.................	63,20	100.
Matières volatiles..........	36,60	

Nous terminerons par le résultat des expériences de M. Baudin :

Tableau XCVI. — Tableau de la composition des houilles du bassin de Commentry, etc.

NOMS des CONCESSIONS.	NOMS des COUCHES.	DENSITÉ.	COKE.	PRODUITS VOLATILS.	CENDRES.
Commentry.....	Amenat.........	1,27	60,80	39,20	2,00
Doyet..........	La Souche......	1,30	60,40	36,60	5,60
Bezenet........	Grande-Masse ..	1,32	61,20	38,80	10,10
Les Bourdignats.	Bourdignat.....	1,28	60,87	39,13	3,20
Le Marais.....	Marais.........	1,38	88,40	11,60	4,70

1748. Bassin de Brassac (Haute-Loire et Puy-de-Dôme). — A la limite des départements de la Haute-Loire et du Puy-de-Dôme se trouve un dépôt assez considérable de terrain houiller, reconnu depuis fort long-temps. Il est situé dans la vallée de l'Allier, dans le sens de laquelle il s'étend en longueur; sa surface est d'environ 3o kilomètres carrés, et il est encaissé dans une cavité profonde, ouverte dans le gneiss qui constitue toute la contrée.

Ce bassin renferme les neuf concessions suivantes : Celle et Combelle, Charbonnier, Armois, Mégécoste, Fondary, Grosménil, la Taupe, les Barthes, et la Mothe, comprenant une superficie de 4 561 hectares.

1749. Sa puissance. — M. Baudin, ingénieur des mines, divise le terrain houiller de Brassac en trois assises ayant chacune 400 mètres de puissance environ.

L'inférieure sur laquelle sont ouvertes principalement les mines de Combelle, Charbonnier et Armois, renferme six couches, dont la dernière a, dans quelques exploitations, une épaisseur de 22 mètres. L'épaisseur moyenne de cette partie du terrain de Brassac est évaluée à 4m,5o.

L'assise moyenne, qui se trouve principalement exploitée dans les concessions de Grosménil, de Fondary et de la Taupe, comprend deux couches; l'une d'elles, exploitée à Grosménil, a présenté un renflement de 16 mètres, mais sa puissance moyenne est de 7 mètres. Les concessions de Mégécoste et des Barthes sont instituées sur l'assise supérieure et alimentées par onze couches de houille; l'épaisseur moyenne de ces onze couches prises ensemble est de 5m,5o.

M. Baudin pense que le sol houiller jusqu'ici exploré, n'est qu'une faible portion de celui qui existe réellement.

1750. *Propriétés de ses houilles.* — Les houilles de Brassac sont légères, friables et médiocrement grasses; on extrait de ce bassin de l'anthracite, de la houille dure et de la houille grasse maréchale.

Les mines de Charbonnier fournissent une houille légère à cassure brillante, parfois conchoïdale, qui constitue un véritable anthracite dont le seul emploi est la cuisson de la chaux pour le menu, et le chauffage domestique pour le gros. Ces charbons anthraciteux appartiennent à l'assise inférieure du terrain; tandis que la houille grasse est exploitée dans les mines ouvertes sur l'assise supérieure.

Les charbons de la Combelle, etc., sont d'un beau noir, d'une texture schisteuse, peu homogène, manquent de corps pour la forge maréchale et servent à la ferronnerie. Cette concession retire cependant de la couche de la Rouzière une houille plus collante.

Le charbon de l'Armois forme le passage des houilles à coke fritté aux houilles à coke boursouflé, ou, en d'autres termes, des houilles sèches à courte flamme aux houilles grasses à courte flamme.

Les houilles des mines de Fondary, de la Taupe, de Grosménil et de la sixième couche de Mégécoste, ont une texture schisteuse, une belle couleur noire en masse, et brune en poussière; elles n'ont point de spécialité, et servent à la forge maréchale et à tous les usages industriels; elles serviraient au coke, n'était leur fréquente impureté. Celles de la Taupe, couche de la Grande-Masse, se rapprochent des bonnes houilles maréchales de Rive-de-Gier, et jouissent d'une grande réputation pour le travail de la forge.

Les houilles de Mégécoste et des Barthes ont une texture schisteuse et peu homogène; leur couleur est noire en masse, brune en poussière. Elles servent à la grille, et sont inférieures aux houilles de Grosménil et de la Taupe pour la forge maréchale; ce sont des houilles grasses à longue flamme.

1751. *Essais.* — Voici les résultats des expériences de M. Baudin sur les houilles du bassin qui nous occupe :

TABLEAU XCVII. — TABLEAU DE LA COMPOSITION DES HOUILLES DU BASSIN DE BRASSAC.

NOMS des CONCESSIONS.	DÉSIGNATION des COUCHES.	DENSITÉ.	COKE.	RÉSIDU de L'INCINÉRA-TION.	PRODUITS VOLATILS.	NATURE DU COKE et DES CENDRES.
Charbonnier............	Grande couche.............	1,43	87,80	10,20	12,20	Coke pulvérulent ou fragmentaire à angles vifs ; cendres grises.
La Combelle, etc........	Idem...................	1,38	82,30	10,10	17,70	Coke noirâtre, fritté, pour houille pulvérulente et métalloïde ; peu boursoufflé pour l'autre houille ; cendres grises.
Idem.................	La Rouzière.............	1,36	80,60	8,40	19,40	Coke noirâtre, fritté, en poussière ; métalloïde, peu boursoufflé, en fragments ; cendres grises.
Armois...............	Fontaine-du-Chien.........	1,38	80,00	11,20	20,00	Cokes peu boursoufflés ; cendres rougeâtres.
Idem................	Chamas.................	1,41	80,50	16,00	19,50	
Grosménil.............	Grande couche.............	1,35	77,50	8,00	22,50	
Fondary..............	Les Vignes..............	1,30	75,90	3,00	24,10	Cokes métalloïdes boursoufflés ; cendres grises pour Grosmenil, Mégécoste et la Taupe ; rougeâtres pour les autres.
La Taupe, etc..........	Arrest.................	1,32	74,12	4,10	25,88	
Mégécoste, etc.........	6ᵉ couche (de 4 pieds).....	1,34	75,60	9,60	24,40	
La Taupe, etc..........	Grande-Masse.............	1,33	73,60	6,40	26,40	
Les Barthes, etc........	Bâtard (de 3 pieds).........	1,36	74,20	9,80	25,80	
Idem...............	Grande couche (de 8 pieds)...	1,39	74,40	14,60	25,60	
Mégécoste, etc.........	7ᵉ couche (de 8 pieds)......	1,34	72,30	7,40	27,70	Cokes métalloïdes boursoufflés ; cendres grises pour les nᵒˢ 12, 14, 17 ; brunes pour le nᵒ 13 ; rougeâtres pour les nᵒˢ 11, 16, 18, et rouges pour le nᵒ 15.
Les Barthes, etc........	Garnoire (de 3 pieds)........	1,45	70,80	22,50	20,20	
Mégécoste, etc.........	1ʳᵉ couche (de 6 pieds)......	1,34	72,00	9,10	27,40	
Les Barthes, etc........	Sole (de 3 pieds).........	1,35	71,70	9,70	28,30	
Mégécoste, etc.........	4ᵉ couche (de 7 pieds)......	1,49	75,90	26,80	24,10	
Les Barthes, etc........	Lefeu.................	1,33	69,40	7,90	30,00	
Lamothe (près Brioude)...	Preissat.................	1,32	62,90	8,40	37,10	Coke boursoufflé ; cendres rouges.

1752. Bassin de Decize (Nièvre). — Il n'y a, sur ce bassin, qu'une seule concession, c'est celle de Decize dont la surface est de 8 010 hectares. Cette mine est située à dix lieues au sud-ouest de Nevers et à six kilomètres seulement de la Loire; sa position est admirable, et sa proximité des nombreux gisements de fer de la Nièvre et de l'Allier lui donne une haute importance; malheureusement sa houille, généralement sèche et anthraciteuse, est peu propre à la forge maréchale et à la fabrication du coke.

Le terrain houiller y est caché de tous côtés sous les couches du grès bigarré ou du lias.

1753. *Sa puissance, propriétés de ses houilles.* — M. l'ingénieur Burdin évaluait, il y a quelques années, à 90 582 916 hectolitres, la quantité de houille reconnue dans ce bassin, ce qui équivaut à une exploitation annuelle de 600 000 hectolitres pendant cent cinquante ans. On connaît sept couches dans les mines de Decize; elles comprennent ensemble une épaisseur de 12m,30 de charbon, en défalquant celles des lits schisteux intercalés; la profondeur des puits est d'environ 260 mètres.

La première couche donne une houille de qualité médiocre, un peu collante et pouvant être employée à la fabrication du coke; son épaisseur est de 2 mètres.

La deuxième couche a, en houille, une puissance de 1m,50; son charbon est moins collant que le précédent; il est moins pur et mélangé souvent de sulfate de chaux.

La troisième couche, nommée Gros-Benoît, a une puissance de 2m,30 en charbon. C'est celle qui fournit la meilleure houille de Decize; une certaine portion est de la catégorie des houilles maréchales.

La houille de Decize, généralement maigre à longue flamme, est employée au puddlage, aux fours à recuire de tôlerie, et au chauffage des machines à vapeur.

1754. Bassin de Bert (Allier). — Ce bassin, situé aux environs de Bert, au nord-ouest de la Palisse, et presqu'à égale distance de l'Allier et de la Loire, forme une petite plaque allongée, dans laquelle on connaît trois couches de houille dont la principale et la seule qui ait de l'importance, a 8 mètres de puissance; les autres ont de 3 à 4 mètres. Ce bassin a donné lieu à deux concessions, Bert et Montcombroux, embrassant une surface de 1 712 hectares.

Sur une portion de son pourtour, le terrain houiller s'appuie sur le granite, et sa limite, de ce côté, est bien nette; mais sur plusieurs points, il est recouvert par du terrain tertiaire; il est donc possible qu'il soit plus étendu qu'on ne le suppose.

1755. *Propriétés et usages de ses houilles.* — La houille y est généralement maigre à longue flamme, quoiqu'on en tire une certaine quantité de houille maréchale; elle a un aspect rubané résultant de l'alternance des filets de houille pure avec de la houille plus terreuse et plus terne. C'est, en résumé, un charbon de qualité médiocre; il alimente des forges maréchales et des fours à chaux.

1756. *Essais.* — La densité de la houille de la grande couche est 1,36; son coke est métalloïde, boursouflé, ses cendres rougeâtres.

Voici sa composition (1) :

Coke......................	64,20	⎫ 100,00.
Produits volatils..............	35,80	⎭
Résidu de l'incinération........	13,75	

1757. Bassin de Sainte-Foy-l'Argentière (Rhône). — Ce bassin se trouve dans la petite vallée de la Brevenne, qui prend sa source dans les montagnes anciennes au sud-ouest de Lyon. Il est allongé, dans le sens de la vallée qu'il recouvre, sur une longueur de 10 000 mètres; sa largeur est de 2 000 mètres. On y a institué une concession, celle de Sainte-Foy-l'Argentière, qui embrasse une surface de 1 552 hectares.

Le terrain houiller repose immédiatement sur les couches de gneiss et de schistes micacés.

On connaît trois couches de houille dans ce petit bassin; la plus puissante et la seule exploitée a 1m,80 d'épaisseur, les deux autres sont mélangées de schistes qui en ont empêché l'exploitation.

Sa houille est maigre à longue flamme, sèche et peu collante. Les usines à cuivre en forment le principal débouché.

1758. Bassin de la Chapelle-sous-Dhun (Saône-et-Loire). — Ce bassin est situé au sud du département de Saône-et-Loire, sur le revers occidental des montagnes anciennes qui séparent la vallée de la Saône de celle du Rhône, un peu au-dessus de Roanne. Il ne comprend qu'une concession, celle de la Chapelle-sous-Dhun, instituée sur une surface de 750 hectares.

Le terrain houiller s'appuie immédiatement sur les granites et les porphyres de la Clayette, et il est recouvert par les grès du lias, qui sont fort développés dans cette localité; ses limites sont incertaines.

On distingue quatre couches dans cette concession; leur puissance est de 2m,50, 0m,80, 1m,60 et 3m,50; la première et la dernière sont seules susceptibles d'exploitation, et c'est principalement sur la quatrième que se font les travaux.

---

(1) M. Baudin, *Annales des Mines.*.

La houille que fournit ce bassin est maigre à longue flamme et sert à la chaufournerie, et à la grille.

1759. Bassin de Fins et Noyant (Allier). — Le terrain houiller de Fins est situé dans la vallée de la Queune, qui se jette dans l'Allier, un peu au-dessous de Moulins; sa direction est du nord-est au sud-ouest; il s'appuie sur le granite dont il remplit une dépression.

Quatre concessions, Fins, les Gabeliers, le Montet, Noyant, ont été instituées sur ce bassin, et comprennent une surface de 3 537 hectares.

1760. *Sa puissance.* — Ces exploitations ont fait connaître trois couches principales sujettes à des renflements et des rétrécissements considérables; il y a des renflements qui présentent une puissance de 50 mètres. La troisième couche est la plus importante; son épaisseur est moyennement de 3 mètres, et son charbon, comparable à celui de Saint-Étienne, est le meilleur de cette exploitation.

1761. *Propriétés et usages de ses houilles.* — Le coke du Montet, des Gabeliers et des Deux-Chaises est métalloïde boursouflé; les cendres des deux premières sont grises, et rougeâtres dans la troisième.

Leurs houilles sont d'une texture schisteuse, peu homogène, d'un beau noir en masse, d'un noir brunâtre en poussière; elles sont classées parmi les houilles grasses à courte flamme. Elles alimentent des forges maréchales, fours à chaux, etc.

Les houilles de Fins passent pour être bonnes à la forge.

Le coke de Noyant est métalloïde boursouflé; les cendres rougeâtres. Sa houille, moins estimée que celle de Fins, occupe un rang assez distingué dans la série des houilles grasses à longue flamme; ce n'est plus une houille maréchale, mais une houille grasse, flambante, plus ou moins propre à la grille, suivant sa pureté.

1762. *Essais.* — Voici le résultat des expériences de M. Baudin :

TABLEAU XCVIII. — TABLEAU DE LA COMPOSITION DES HOUILLES DU BASSIN DE FINS ET NOYANT.

NOMS DES EXPLOITATIONS.	DENSITE.	COKE.	PRODUITS VOLATILS.	CENDRES.
Montet...............	1,38	78,20	21,80	12,00
Gabeliers............	1,34	76,50	23,50	6,30
Fins................	»	70,40	29,60	15,70
Noyant..............	1,30	66,25	33,75	7,30
Deux-Chaises sur la couche Chapette.	1,48	81,00	19,00	26,30

1763. Bassin de Saint-Éloy (Puy-de-Dôme). — Le bassin de Saint-Éloy

est situé dans le canton de Montaigu, arrondissement de Riom, et forme
dans la vallée de la Bouble une bande allongée du nord nord-est, au sud
sud-ouest; sa longueur n'est guère que d'un kilomètre.

On y a institué les concessions de la Vernade et de la Roche, sur une
superficie de 352 hectares.

On y connait plusieurs couches puissantes de 1 à 2 mètres; l'ensemble
des couches exploitées présente une épaisseur qui va jusqu'à 15 mètres.

Le coke est fritté, métalloïde; les cendres blanches et volumineuses.

Quant à la houille, qui est classée parmi les maigres à longue flamme,
sa couleur brunâtre, sa légèreté, sa cassure cuboïde en grand, schisteuse et conchoïde en petit, la différencient des autres houilles de l'Auvergne qui ne présentent pas un autre exemple de houilles sèches à longue
flamme.

D'un mauvais emploi pour la forge, elle alimente des fours à chaux avec
son menu; le reste sert à la grille.

Voici le résultat des expériences de M. Baudin sur les houilles de ce
bassin :

Noms des concessions.	Densité.	Coke.	Produits volatils.	Cendres.
La Roche........	1,30	59,80	40,20	5,20
La Vernade......	1,30	60,40	39,60	8,70

1764. Bassin de Terrasson (Dordogne et Corrèze). — Ce petit bassin,
qui s'étend dans les deux départements de la Corrèze et de la Dordogne,
est situé dans la vallée de la Vezère; il y existe deux concessions, celle de
Lardin et celle de Cublac, occupant ensemble une superficie de 2 555 hectares. Les deux terrains houillers de Cublac et de Lardin sortent tous deux
de dessous le grès bigarré qui forme les coteaux de la vallée de la
Vezère.

Dans la concession de Lardin on exploite une couche de houille de 0ᵐ,30
à 0ᵐ,40 d'épaisseur qui affleure au Lardin. Cette houille est sèche, mélangée de schistes; elle offre seulement quelques veinules luisantes et bitumineuses; elle contient des écailles blanches insolubles; elle est de qualité
inférieure à la houille de Cublac.

A Cublac on connait une couche mince de houille de 0ᵐ,50 à 0ᵐ,66 de
puissance. Le charbon en est noir et brillant par veines; il est un peu
terreux et parsemé d'écailles blanches; il colle facilement, mais sans se
boursoufler, et donne une flamme longue et brillante.

Les houilles de Terrasson, classées parmi les houilles dures et les houilles maigres à longue flamme, sont employées avec succès au puddlage de la fonte.

1765. Bassin d'Ahun (Creuse). — Le bassin d'Ahun, situé dans la vallée de la Creuse, depuis Ahun jusqu'à Lioreix, renferme deux concessions, Ahun nord et Ahun sud, sur une surface de 1920 hectares.

Les roches qui accompagnent la houille sont formées presqu'exclusivement de débris de roches granitiques. Ce bassin se dirige du sud-est au nord ouest sur une longueur d'un myriamètre et demi, et une largeur moyenne de 600 mètres.

Les gîtes reconnus ont une épaisseur totale de 9 mètres dans la première de ces concessions, et de 11 mètres dans la seconde.

Le charbon de ce bassin est classé parmi les houilles maigres à longue flamme, et sert à la grille et à la forge comme la houille de Bourganeuf.

1766. Bassin de Meimac (Corrèze). — Ce bassin est situé dans l'arrondissement d'Ussel, orienté du nord au sud; il a 900 mètres de côté sur 410 mètres de longueur. Il est enclavé dans le granite porphyroïde, sous la forme d'un coin.

Une seule concession, celle de la Pléau, y a été instituée sur une superficie de 3 500 hectares.

La couche de houille exploitée est de $3^m,30$ d'épaisseur, mais elle éprouve des étranglements fréquents.

Le charbon de cette couche est noir, brillant, d'un éclat gras; il est classé parmi les houilles maréchales; lorsqu'on le brûle il se boursoufle, colle bien et donne une chaleur intense; il est rarement schisteux et contient fréquemment des pyrites; malgré ces défauts, c'est un charbon estimé des forgerons.

1767. Bassin de Langeac (Haute-Loire). — Le terrain houiller de Langeac est situé dans la petite vallée de Marsanges, qui vient aboutir à l'Allier. Il est encaissé dans le terrain primitif.

Une seule concession, celle de Marsanges, y est instituée; elle comprend une superficie de 687 hectares, et s'étend sur la rive gauche de l'Allier.

On a reconnu trois couches de houille dans ce bassin : la première, de un mètre de puissance, est mélangée de schistes et d'argiles, et contient quelques rognons épars de fer carbonaté; la deuxième est schisteuse, donne une houille collante et de bonne qualité, et sa puissance est de 3 mètres; la troisième couche est également de bonne qualité, quoique donnant un charbon plus sec que la précédente; elle est parfois pyriteuse;

son épaisseur varie de 4 à 5 mètres, y compris quelques veines minces de schiste bitumineux.

Le coke est métalloïde boursouflé, les cendres grises.

Voici, sur elle, le résultat des expériences de M. Baudin :

Densité..........	1,34
Coke.............	74,00
Produits volatils....	26,00
Résidus..........	7,10

Le charbon de Langeac, classé par l'administration des mines parmi les houilles dures à courte flamme, n'a encore donné lieu qu'à une faible exploitation et alimente des forges maréchales.

1768. Bassin de Bourg-Lastic (Puy-de-Dôme). — Ce bassin est situé à l'extrémité sud-ouest du Puy-de-Dôme. Il est enclavé dans le terrain primitif qui l'entoure de tous côtés. Sa direction est du nord nord-est au sud sud-ouest.

On y a institué deux concessions, celle de Messeix et celle de Singles, comprenant une superficie de 1471 hectares. Dans chacune des concessions on connaît deux couches dont les épaisseurs réunies sont de 6 mètres.

Le coke de Messeix est pulvérulent ou fragmentaire à angles vifs, les cendres grises.

Celui de Singles est métalloïde très-boursouflé, les cendres rougeâtres.

Voici les résultats des expériences de M. Baudin sur ces houilles :

Noms des concessions.	Noms des couches.	Densité.	Coke.	Produits volatils.	Cendres.
Messeix....	Clydane.....	1,39	86,24	13,76	5,20
Singles. ...	Morilleau....	1,38	75,00	25,00	13,00
Singles.....	Guinguette. .	1,32	68,00	32,00	8,20

Celle de Messeix est un véritable anthracite, employé surtout à la cuisson de la chaux et au grillage des minerais de fer; celle de Singles est grasse à longue flamme et très-propre à la forge.

1769. Bassin de Champagnac (Cantal). — Le bassin de Champagnac est situé au sud-ouest de Bort. On y a institué les concessions suivantes : Lempret, Madic, Prodelles, la Graille et Champleix, renfermant une superficie de 3320 hectares.

Ce bassin se rattache au bassin houiller des environs de Bourg-Lastic.

Les gîtes houillers y présentent une épaisseur totale d'environ 1m,80.

Les cokes sont métalloïdes très-boursouflés, les cendres grises ou rougeâtres, suivant les couches.

Quant aux charbons, ils appartiennent à la classe des houilles grasses à longue flamme; ils sont d'un noir éclatant en masse, d'un brun prononcé à l'état pulvérulent, et d'une texture schisteuse peu homogène.

Voici, sur eux, le résultat des expériences de M. Baudin :

TABLEAU XCIX. — TABLEAU DE LA COMPOSITION DES HOUILLES DE CHAMPAGNAC.

NOMS des CONCESSIONS.	NOMS des COUCHES.	DENSITÉ.	COKE.	PRODUITS VOLATILS.	CENDRES.
Lempret....	Couche nouvelle.	1,38	70,40	29,60	4,20
Madie......	Couche de l'air.	1,35	62,20	51,80	14,00
	2e couche......	1,27	69,00	31,00	2,20
Prodelles. .	1re couche......	1,31	68,12	31,88	6,10
	3e couche......	1,40	76,80	33,20	29,10
Champleix. .	Champleix.....	1,38	71,30	28,70	15,40

La houille de ce bassin alimente des forges maréchales; celles de Lempret et de Madic sont surtout propres à la forge, et toutes sont bonnes pour la grille.

1770. Bassin d'Argentat (Corrèze). — Ce bassin, reconnu seulement dans les communes d'Argentat et de Saint-Chamand, est fort étendu; le terrain houiller y est superposé au micaschiste. On n'y a institué qu'une concession, celle d'Argentat, renfermant une superficie de 1139 hectares.

Le gîte exploitable n'a, dans cette concession, qu'une épaisseur moyenne de 1m,20.

La houille est de bonne qualité, grasse maréchale, mais souvent mélangée de schiste et d'argile.

1771. Bassin de Bourganeuf (Creuse). — Ce petit bassin, qui s'étend sous les communes de Bosmoreau, Thauron, Saint-Dizier et Bourganeuf, est situé dans le fond d'un vallon arrosé par plusieurs affluents du Thorion; son allongement est du nord au sud.

Il renferme trois concessions, Bosmoreau, Bouzogle et Mazuras, sur une surface totale de 1251 hectares.

Il y a à Bosmoreau plusieurs couches exploitées, dont l'ensemble forme une puissance de 12 mètres environ; l'une d'elle, de 2 mètres de puissance, est assez pure; néanmoins elle donne encore une assez forte proportion de cendres.

Le charbon de ce bassin est classé parmi les houilles maigres à longue flamme; mêlé à de la houille grasse, il peut être employé au forgeage du fer.

1772. Bassin d'Alais (Ardèche et Gard). — Le terrain houiller d'Alais est déposé au pied des Cévennes, sur le revers qui regarde le Rhône; il s'étend, du nord au sud, sur une longueur de 32 000 mètres, depuis les Vans jusqu'à Alais; sa plus grande largeur est de 14 000 mètres.

Le bassin d'Alais comprend les concessions suivantes : Pigère et Mazel, Salfermouse, Montgros, Doulovy, Rochebelle, Trescol et Pluzor, la Grand'-Combe, la Levade, Champelauson, la Fenadou, Saint-Jean de Valerisele, Bessège et Molière, Portes et Senechas, Lalle, Olympie, Tre-lyset, Palmesalade, Combéredonde, Cessous et Trébian, Malataverne, Bor-dezac, Salles de Ganières, Martinet de Ganières, renfermant une superficie de 22 394 hectares.

Toutes ces concessions peuvent se répartir entre deux sous-bassins, déterminés par une chaîne de schiste micacé qui court au sud-est et s'avance vers Saint-Jean de Valerisele : le bassin de Saint-Ambroise, situé au nord — et le bassin d'Alais proprement dit.

1773. *Sa puissance.* — Les limites du bassin d'Alais ne sont pas bien dé-terminées : au nord, le bassin est recouvert par le calcaire jurassique; mais ce calcaire, à la montagne du Barry, repose immédiatement sur les schistes micacés; il est certain que le terrain houiller ne se prolonge que fort peu dans cette direction. A l'ouest elles sont marquées par des roches anciennes; mais à l'est et au sud, le terrain houiller s'enfonce sous le calcaire juras-sique, et ses limites ne sont point tracées avec certitude; il y a cependant plusieurs îlots qui signalent sa marche et prouvent qu'il peut s'avancer assez loin vers l'est; le petit bassin de Saint-Jean de Valerisele, qui surgit au milieu des calcaires, est le plus important; au sud il constitue les col-lines de Montaut et de Cendras à proximité de la ville d'Alais, auprès de laquelle on connaît 18 à 20 couches, et l'on n'a pas encore exploré toute la richesse de ce dépôt.

Les couches de houille du bassin qui nous occupe, sont assez régulières et peu sujettes aux renflements et aux rétrécissements si fréquents dans plu-sieurs des mines du centre.

1774. *Bassin d'Alais proprement dit.* — Toutes les exploitations im-portantes se trouvent dans ce bassin, à l'exception toutefois des mines de Bessège.

Il se subdivise lui-même en deux groupes : l'un près d'Alais, isolé de l'autre par une ceinture de calcaire jurassique, nous l'appellerons groupe de Rochebelle; — l'autre, le groupe de Portes, enclavé dans le terrain ancien.

Groupe de Rochebelle. — A Rochebelle on connaît trois couches : la première a une épaisseur moyenne de 1 mètre, la deuxième de 3 mètres, la troisième de 8^m,50 à 9^m,50; le charbon de cette dernière, quoique sec et anthraciteux, donne un coke légèrement fritté; la houille de la deuxième couche est dure et brillante à sa partie supérieure, tendre et lâche à la partie inférieure.

La densité est de 1,322.

La poussière est d'un noir brun et les cendres blanches.

Groupe de Portes. — Dans la mine de Champelauson, on a reconnu six couches; la principale, qui donne de la houille sèche assez flambante, mais impropre à la fabrication du coke et à la forge, a une puissance de 4^m,50 ; les autres varient de 0^m,80 à 1^m,50.

A la Grand'-Combe, sur la rive droite du Vallat, on a reconnu quatre couches; la quatrième, celle de la Grand'-Baume, a 14 mètres de puissance; la deuxième ou grande couche, qui donne du charbon impur très-bitumineux et contenant jusqu'à 13 pour 100 de cendres, a une puissance de 3^m,60; les autres ont une épaisseur de 0^m,80 et 1^m,10.

A la Grand'-Combe, rive gauche du Vallat, on a reconnu 15 couches; la deuxième a 3^m,20 et donne une houille collante et de bonne qualité; la troisième a 1^m,40, et s'exploite aux trois quarts en gros charbon; la septième 2 mètres, et donne une houille collante de première qualité; la neuvième, 1^m,50, et donne moitié menu et une houille collante propre à la forge; les autres couches ont de 0^m,50 à 2 mètres de puissance.

Au Frenot, cinq couches de 0^m,50, 1, 1,25, 1,50, et 4 mètres de puissance.

Frenot, Grand'-Combe et Champelauson, ont à elles trois 25 couches d'une puissance totale de 53^m,10.— Les couches de la Grand'-Combe et de Frenot sont très-régulières ; leur houille est dure et toujours assez collante pour faire du coke. Sous ce rapport elles sont supérieures à celles de Rochebelle.

1778. *Sous-bassin de Saint-Ambroise.* — A Bessége, qui est l'exploitation la plus importante de ce bassin, on a reconnu douze couches de houille; la troisième, qui a 2 mètres de puissance, donne une houille collante de bonne qualité; la quatrième a 1^m,80 d'épaisseur, et donne une houille ana-

logue à la précédente ; la septième et la huitième ont 1ᵐ,10 et 2ᵐ,30 de
puissance, et donnent de la houille collante, ainsi que la onzième et le
douzième qui ont 1ᵐ,80 et 2 mètres d'épaisseur ; les autres ont de 0ᵐ,30 à
1 mètre de puissance.

1776. *Essais des houilles d'Alais.* — Voici les résultats des essais faits
par M. Varin (*Annales des Mines*) sur les houilles du bassin d'Alais :

TABLEAU C. — TABLEAU DE LA COMPOSITION DES HOUILLES D'ALAIS.

DÉSIGNATION DES HOUILLES.	CHARBON.	MATIÈRES VOLATILES.	CENDRES.	OBSERVATIONS.
Concession de la Grand'-Combe.				
Couche Fournier...............	0,760	0,160	0,080	
Couche du Plomb..............	0,700	0,170	0,130	
Couche de la Barraque (banc supér.).	0,805	0,145	0,050	
Grande couche d'Abilon.........	0,810	0,140	0,050	Cendres très-blanches et soyeuses
Couche du Velours (banc supérieur).	0,750	0,140	0,110	
Couche du Bosquet (banc supérieur).	0,740	0,200	0,060	Cendres rougeâtres de peu de volume.
Couche Rotschild (portail supérieur).	0,735	0,165	0,100	
Concession de Rochebelle (1).				
Moyenne des couches.	76,6	22,0	0,14	
Concession de Trescol.				
Couche de la Levade (banc inférieur).	0,770	0,180	0,050	
Couche des Trois-Mâchoires......	0,775	0,180	0,050	
Couche des Cinq-Pans (banc infér.).	0,780	0,195	0,025	
Concession des Portes.				
Couche de la Taranière (banc sup.).	0,650	0,185	0,165	
Couche de la Rouvière (banc supér.).	0,785	0,140	0,075	
Concession de Bessège.				
Grande-couche...............	0,675	0,205	0,120	Cendres jaunâtres.
Concession de Champelauson.				
Couche de Champelauson........	0,795	0,130	0,075	
Concession de Saint-Jean-de-Valeriscle.				
Couche de la Remise...........	0,720	0,090	0,190	

1777. *Usages.* — Le bassin d'Alais fournit des houilles de tout genre ;
cependant c'est la houille grasse à longue flamme qu'on en extrait en la plus

(1) Cette analyse est due à M. Regnault, *Annales des mines.*

grande quantité. Elles sont le plus souvent noires à structure lamelleuse.
— Celle de la Grand'-Combe et de Bessège est comparable à la houille
de Rive-de-Gier et de Saint-Étienne. Celle de Rochebelle, quoique de bonne
qualité, est dure et difficile à brûler, ce qui tient à sa richesse en carbone;
elle fournit d'excellent coke pour le haut-fourneau; ce coke est métalloïde
boursouflé, mais plus dense que celui des houilles maréchales. Les houilles
de Trescol se distinguent par leur pureté et par leur nature collante;
elles sont propres à la fabrication du coke.

1778. Bassin d'Aubin (Aveyron). — Le bassin d'Aubin ou de Decazeville, a une longueur de 18 000 mètres; il commence un peu au nord du
Lot, et se prolonge jusqu'à Bournassel; sa largeur est de 5 500 mètres dans
la partie traversée par le Lot; mais à la hauteur d'Aubin, au centre du bassin, elle est de 8 000 mètres. Il s'appuie de tous côtés sur les roches anciennes, mais il est recouvert, à Montbazens et près de Marcillac, par du
calcaire jurassique.

Ce bassin a donné lieu aux concessions suivantes : Latapie, Bouquiès et
Cahuac, le Broual, Sérons et Paleyret, la Salle, Combes, la Vergne,
Cransac, le Rial, le Rioumort, Lacaze, renfermant une surface de
5 009 hectares.

La couche principale est subdivisée en trois veines par des bancs de schiste
intercalés; la veine supérieure a 30 mètres de puissance dans certaines
mines, et 10 dans la plupart d'entre elles; la deuxième a constamment
7 mètres, et la troisième 3 mètres d'épaisseur. Il existe encore deux autres
couches au nord du bassin. A l'est on en a reconnu une de 4 à 5 mètres de
puissance, qui, en certains endroits, donne un charbon très-bon pour la forge.

Le charbon de Decazeville est classé parmi les houilles grasses à longue
flamme. Il n'est pas le même dans tout le bassin : la couche supérieure
en fournit de comparable à celui de Saint-Étienne et de Newcastle, néanmoins de qualité inférieure; il colle moins, il éprouve une plus grande
perte dans sa transformation en coke, et contient plus de cendres.

1779. *Propriétés et essais de ses houilles.* — Voici le résultat des
essais de M. Senez (*Annales des Mines*) :

La houille de Paleyret n° 3 est très-légère, noir mat, schisteuse; elle
brûle facilement sans donner beaucoup de flamme; calcinée en vase clos,
elle produit un coke très-boursouflé, gris de fer, très-éclatant; ses cendres
sont d'un blanc grisâtre, demi-frittées.

La houille de Paleyret n° 4 est très-légère, plus éclatante et friable que
la précédente; sa flamme est plus allongée; elle rend 0,64 de coke.

La houille de Bourran est compacte, d'un noir éclatant; elle brûle très-facilement avec une flamme longue, et est presque complétement exempte de pyrites.

La houille de Fontagnes se rapproche de la précédente, mais rend un peu moins en coke.

La houille de Farciret, d'un noir éclatant et friable, ne contient point de pyrites et brûle avec une flamme blanche et courte; le coke obtenu en vase clos est léger, brillant et un peu boursouflé.

La houille de Bouquiès vient de la grande couche de ce nom; elle est plus compacte que la précédente; elle contient quelques pyrites disséminées.

La houille de Cransac se rapproche de la précédente; elle renferme 0,010 de pyrites, son coke est fritté et d'un bel éclat.

La houille de Lavergne est légère et friable, à structure schisteuse; elle renferme 0,012 de pyrites; son coke est fritté, très-peu boursouflé.

La houille du Poux est schisteuse, d'un noir brillant, tachetée de pyrites; le coke en est léger et boursouflé.

La houille de Lagrange donne un coke que l'on peut employer aux hauts-fourneaux (1).

TABLEAU CI. — COMPOSITION DE LA HOUILLE D'AUBIN.

DÉSIGNATION du COMBUSTIBLE.	CHARBON.	CENDRES.	MATIÈRES VOLATILES.
Paleyret, n° 3............	0,675	0,059	0,266
Id. n° 4..........	0,610	0,062	0,328
Bourran................	0,715	0,039	0,246
Fontagnes.............	0,630	0,042	0,272
Farciret...............	0,530	0,087	0,383
Bouquiès.......	0,698	0,051	0,251
Cransac...............	0,532	0,075	0,393
Lavergne..............	0,500	0,080	0,420
Le Poux...............	0,550	0,070	0,380
Houille de Lagrange	0,612	0,046	0,342

1780. Bassin de Carmeaux (Tarn). — Ce bassin est situé à trois lieues au nord d'Alby. Le terrain houiller de Carmeaux est de petite étendue. Au nord-ouest il s'appuie sur le terrain primitif; dans cette direction,

_____

(1) L'essai de la houille de Lagrange appartient à M. Regnault.

sa limite est quelquefois cachée par des sables du terrain tertiaire; — au sud et au sud-ouest il plonge sous le terrain tertiaire d'Alby; sa limite n'est pas bien déterminée dans ce sens; — le seul côté où l'on pourrait espérer que le bassin s'étendît un peu plus loin qu'on ne le suppose, c'est du côté de l'ouest, où il s'enfonce sous le grès bigarré.

On y a institué une concession, celle de Carmeaux, sur une superficie de 8 800 hectares.

Il présente généralement cinq couches assez régulières :

La première couche, la supérieure, est abandonnée; la deuxième a une puissance de 2 mètres de bonne houille; la troisième de 2^m,66; la quatrième, dite Grand'-Veine, se compose de deux veines de 1^m,66 d'épaisseur chacune; la cinquième a une puissance qui varie de 1^m,33, à 2^m,40.

La houille de Carmeaux est de deux qualités :

La première, *la houille du ravin de la Grand'-Veine*, présente une cassure esquilleuse et irisée; elle s'enflamme difficilement, donne une flamme courte, peu éclatante, se ramollit et éprouve un boursouflement assez considérable par l'effet de la chaleur. Elle se compose ainsi :

Charbon...................	72,60	
Cendres..................	3,80	100,00.
Matières volatiles...........	23,60	

La houille de seconde qualité, qu'on nomme houille *du Castillan*, est compacte. Elle s'enflamme aisément et brûle avec une flamme longue et brillante, mais sans boursouflement. Elle se compose ainsi :

Charbon...................	74,50	
Cendres..................	4,60	100,00.
Matières volatiles...........	20,90	

La houille de Carmeaux est classée parmi les houilles grasses à longue flamme; elle est collante et de bonne qualité, mais s'obtient peu en gros morceaux.

1781. Bassin de Saint-Gervais (Hérault). — Le bassin de Saint-Gervais est situé à l'extrémité nord-est du département de l'Hérault, près de Lodève. La difficulté des transports l'empêche seule de prendre de l'importance. Il a 18 000 mètres de longueur; sa largeur moyenne est de 1 500 mètres et atteint jusqu'à 2 600 mètres. Sur les deux tiers de sa longueur il court de l'est à l'ouest, mais il s'infléchit un peu vers le nord à son extrémité orientale. Il a été déposé dans une dépression ouverte, soit dans le granite, soit dans les schistes de transition; à son extrémité orientale il s'enfonce sous le grès bigarré. A mesure que l'on s'éloigne du centre du bassin pour se rapprocher des extrémités, soit du côté de l'est, soit du côté de l'ouest, le nombre des affleurements diminue et la qualité de la houille devient moins bonne.

On y a institué six concessions : Bousquet d'Orbe, le Devois-de-Graisse-sac, Boussague, Saint-Gervais, Saint-Geniès de Varansal, Castanet-le-Haut, sur une superficie de 8 222 hectares.

1782. *Sa puissance; propriétés et essais de ses houilles.* — Dans la concession du Bousquet on a reconnu sept couches, ayant ensemble une épaisseur de 15 mètres. La couche n° 3 donne du charbon de bonne qualité, également propre à la forge et à la grille, mais elle est presque épuisée.

La concession de Boussague est la plus riche; on y connait onze couches de houille d'une puissance totale de 19 mètres.

La concession du Devois-de-Graissesac a fait reconnaître neuf couches. La couche n° 3 est de première qualité et a 0m,80 de puissance. La couche n° 5, qui a 2 mètres d'épaisseur, donne du charbon de bonne qualité propre à la forge et à la grille. La couche n° 7, de 1 mètre de puissance, donne de la houille de première qualité. La couche n° 9 a 1m,50 de charbon de forge et 1m,80 de charbon supérieur. Les autres couches varient de 0m,60 à 2m,50.

La concession de Saint-Gervais est alimentée par cinq couches; la deuxième donne de la houille propre à la forge, mais non à la grille; sa puissance est de 1m,50; la quatrième donne du charbon propre à la forge, au mur, et du charbon maigre au toit. Le charbon de cette concession est, le plus souvent sec par excès de carbone et se rapproche de l'anthracite, il donne 63 pour 100 de coke et sa composition est la suivante :

Carbone.....................	78,30 ⎫
Cendres.....................	5,30 ⎪ 100.
Matières huileuses ou bitumineuses.	8,90 ⎬
Matières gazeuses.............	7,50 ⎭

Il est brillant, léger, écailleux, sa poussière est noire, il brûle avec une longue flamme et se boursoufle légèrement.

La houille fournie par les concessions de Saint-Geniès de Varansal et Castanet-le-Haut, est sèche, peu collante et impropre au travail du fer.

En résumé, le bassin de Saint-Gervais fournit de la houille de toute espèce; mais de la houille maigre à longue flamme surtout. Dans la partie orientale, le charbon est généralement bon pour la forge et la grille, tandis que les couches de la partie occidentale, quoique fort puissantes, ne donnent qu'un combustible de qualité médiocre qui se délite quand il est sur la grille, et tombe dans le cendrier sans avoir été complétement brûlé ; aussi ne sert-il guère qu'à la cuisson de la chaux.

1783. Bassin de Vigan (Gard). — Le terrain houiller forme, près du Vigan, deux petits bassins séparés, dont un seul a de l'importance. Il se dirige du nord-ouest au sud-est ; au nord il s'appuie sur le schiste micacé, et il est recouvert vers le sud et le sud-ouest par du calcaire jurassique.

Ce terrain a donné lieu aux deux concessions de Cavaillac et Soulanon, comprenant une superficie de 5 685 hectares.

On y connaît quatre couches de houille. La deuxième et la troisième sont seules importantes ; la deuxième a un mètre de puissance, et la troisième de 1^m,50 à 1^m,80 ; mais cette dernière est sujette à des renflements qui lui donnent quelquefois 4 à 5 mètres d'épaisseur.

La houille du Vigan, maigre à longue flamme, est bonne pour la grille ; elle brûle avec une flamme vive et une odeur sulfureuse due à de la chaux sulfatée. Elle contient 6 à 8 pour 100 de cendres.

1784. Bassin de Rhodez (Aveyron). — Le bassin de Rhodez est situé à l'endroit de la dépression jurassique que détermine la vallée de l'Aveyron, un peu au-dessus de Rhodez ; il a une longueur de 36 kilomètres environ, depuis Sensac jusqu'à une petite distance de Severac-le-Château. Dans presque tous les ravins qui existent sur la rive gauche de l'Aveyron, entre Sensac et Bertholène, on retrouve des traces du terrain houiller ; la direction de ses couches, qui est constamment du sud-est au nord-ouest dans toute la longueur, et leur position relative font présumer qu'il forme une bande continue dans tout le bassin de l'Aveyron, depuis Rhodez jusqu'à Severac-le-Château.

Neuf concessions sont instituées sur le bassin de Rhodez : Sensac, Bennac, Galtiès, Bertholène, la Planche, le Puech de Bastide, la Draye, la Devèze et le Méjanel, renfermant une superficie de 3 845 hectares.

On a trouvé dans ce bassin jusqu'à cinq couches, mais on n'en rencontre le plus souvent que trois. La deuxième, dite *veine du milieu*, est celle qui donne le meilleur charbon ; c'est la plus puissante ; son épaisseur moyenne est de 2^m,20. La troisième n'est connue que sur 0^m,40 d'épaisseur ; son charbon est dur et brûle avec difficulté. La première a un mètre de puissance environ et fournit un charbon sec, mais capable cependant de servir à la forge.

Le charbon du bassin de Rhodez est classé parmi les houilles dures à courte flamme.

1785. Bassin de Ronjan (Hérault).—Le bassin de Ronjan se trouve au nord-ouest de Pezenas. Le terrain houiller repose sur les schistes de transition, et il est recouvert par les terrains tertiaires; son allongement est du nord-est au sud-ouest.

Trois concessions, Moniau, Bosquet-de-Roquebrune et Caylus, y sont instituées sur une superficie de 7 129 hectares.

On y a reconnu cinq couches de houille. Les deux seules qui aient de l'importance ont ensemble $1^m,20$ de puissance, qui se réduit à $0^m,80$ dans la mine de Caylus.

Le charbon du bassin de Ronjan est classé parmi les houilles maigres à longue flamme; il est fréquemment schisteux et pyriteux; toutefois il est assez collant et propre à la forge. Son exploitation est peu active à cause de la difficulté des transports.

1786. Bassin d'Aubenas (Ardèche). — Ce bassin s'étend à l'ouest d'Aubenas, et forme un parallélogramme allongé du nord-est au sud-ouest. Le granite l'entoure de toutes parts; à l'est, le grès du lias s'en approche de quelques centaines de mètres, mais le terrain primitif les sépare.

Il comprend la concesssion de Prades et Niaigles sur une superficie de 6 061 hectares.

Les couches de houille y sont assez nombreuses, mais peu suivies; elles forment plutôt des veines que des couches. Elles se divisent en deux groupes: le premier, près de la limite nord-est du bassin, est presque épuisé; il comprend trois couches qui ont $1^m,80$, 2 mètres et $0^m,50$ de puissance; — le deuxième se compose de 5 couches, qui ont une épaisseur moyenne de 2 mètres.

Ce bassin donne une houille sèche et friable, anthraciteuse.

Elle sert aux usines à soie, papeteries et fours à chaux.

1787. Bassin de Durban et Ségure (Aude). — Il existe à l'extrémité orientale des Pyrénées, sur le revers méridional du groupe de montagnes désigné sous le nom de Corbières, deux petits bassins houillers, celui de Durban près de Durban, et celui de Ségure près de Ségure, ayant donné lieu chacun à une concession, et comprenant ensemble une surface totale de 1 759 hectares.

1788. *Sous-bassin de Ségure.* — Le petit bassin de Ségure a environ 4000 mètres de longueur sur une largeur moyenne de 1 000 mètres; on y connait quatre couches, dont la supérieure, de $0^m,95$ de puissance, a seule de l'importance. Les couches y sont dirigées de l'est nord-est à l'ouest sud-ouest; dans quelques parties les parois sont formées extérieurement d'un porphyre.

Voici les différences de composition que présentent les houilles de Ségure, suivant les essais de MM. Berthier, Bouis et le Play :

	M. Berthier.	M. Bouis.	M. Leplay.			
Charbon.........	56,00	60	71,60	70,60	70,10	71,60
Cendres.........	20,00	18	4,40	5,00	5,50	3,80
Matières volatiles..	24,00	22	24,00	24,40	24,40	24,60

Les cendres sont blanches.

Selon M. Paillette (*Annales des Mines*), il y a quatre variétés de houille dans la concession de Ségure : une houille anthraciteuse; un charbon mélangé, contenant de la houille pareille à la précédente, mélangée de petites bandes schisteuses et renfermant 10 à 12 pour 100 de cendres; un charbon très-schisteux qui contient près de 25 pour 100 de cendres; enfin un charbon tout à fait inférieur.

1789. *Sous-bassin de Durban.* — Le petit bassin de Durban a 2000 mètres de longueur sur 1000 mètres de largeur; les couches y sont dirigées du nord-est au sud-ouest. Le terrain houiller est recouvert en partie par la craie et repose sur des schistes argileux de transition.

On n'a encore reconnu qu'une couche de charbon dont l'épaisseur varie de 0m,10 à 0m,50, et qui fournit un charbon collant qui donne naissance à un coke boursouflé; cette houille est bien supérieure à celle de Ségure.

Voici, suivant M. Berthier, la composition du charbon de Durban :

Charbon.................	49,00
Cendres.................	17,50 } 100.
Matières volatiles...........	33,50

Les houilles du bassin de Durban et Ségure sont classées parmi les charbons maigres à longue flamme.

1790. *Bassin de Milhau* (Aveyron). — Ce bassin comprend six concessions : celles de Creissels, Saint-Georges, la Cavalerie, les Fenères, les Mioles, Lescure, comprenant une superficie de 2667 hectares.

La houille de ce bassin est classée parmi les charbons durs à courte flamme.

Groupe de l'Ouest.

1791. *Bassin de Littry* (Calvados et Manche). — Le bassin de Littry comprend deux sous-bassins; celui de Littry et celui du Plessis, qui ont ont donné lieu chacun à une concession; ces deux concessions embrassent une superficie de 16342 hectares. Le terrain houiller y est enclavé dans des dépressions du terrain de transition et recouvert par le grès bigarré.

1792. *Sous-bassin de Littry.* — Le sous-bassin de Littry, dont la direction est de l'est à l'ouest, se subdivise encore en deux autres petits bassins :
l'un a la forme d'une ellipse dont le grand axe présente une longueur de
1 000 mètres environ et le petit 760; l'autre a une largeur maximum de
200 mètres.

On n'y exploite qu'une seule couche dont l'épaisseur moyenne est de 1m,60
environ. Elle se subdivise en plusieurs lits; — dans l'ancienne exploitation
il y en a quatre; deux d'entre eux sont de houille maréchale et fournissent un
charbon collant et de bonne qualité; leur puissance réunie est de 1m,30;
les deux autres ont une épaisseur totale de 0m,86, et ne donnent qu'un
charbon maigre et de qualité inférieure; — dans la nouvelle exploitation, la couche est moins puissante; la houille maréchale y est moins
abondante; elle se partage en trois parties distinctes, dans les proportions
suivantes :

Houille maigre, avec schiste...... 1m,00;
Houille maréchale.............. 0 ,32;

et le reste est de l'argile schisteuse.

La houille de Littry sert à la cuisson de la chaux.

1793. *Sous-bassin du Plessis.* — Le sous-bassin du Plessis renferme
deux couches; la supérieure a environ un mètre de puissance; l'inférieure
1m,80. Elles se composent, comme celle de Littry, de plusieurs lits.

La houille du Plessis est maigre, et ne sert guère qu'à la cuisson de la
chaux et des briques; cependant cette mine peut produire, en légère proportion, du charbon de forge.

Les comptes rendus des mines classent les houilles de ces deux sous bassins
parmi les anthracites.

1794. *Bassin de la Basse-Loire* (Loire-Inférieure, Maine-et-Loire).
— Le bassin de la Basse-Loire s'étend depuis les environs de Doué (Maine-
et-Loire) jusqu'à Nort (Loire-Inférieure), sur un développement total de
100 kilomètres. Sur ce long espace il quitte la rive gauche de la Loire pour
y revenir, et la quitter de nouveau définitivement.

On y a institué les concessions suivantes : Chaudefonds, Layon-et-Loire,
Saint-Georges-sur-Loire, Montjean, Montrelais, Languin, les Touches,
Saint-Germain-des-Prés, Doué, Desert. Ces concessions embrassent une
superficie de 31 737 hectares.

1795. *Sa puissance.* — Dans la partie sud du bassin, on connaît dix couches
qui, réunies, forment un massif de 15 mètres en moyenne; le charbon est

disséminé en espaces lenticulaires, au lieu de présenter des nappes. C'est du reste une disposition assez générale dans le dépôt qui nous occupe.

Sur la rive gauche de la Loire, concession de Layon-et-Loire, la somme des épaisseurs moyennes des couches est de 8 mètres.

Sur la rive droite, concession de Montrelais, elle n'est guère que de 7 mètres.

A l'extrémité nord-ouest, concession de Languin, l'épaisseur atteint à peine 2 mètres.

1796. *Essais de ses houilles.*—Voici le résultat des essais de M. Lechatelier (*Annales des Mines*) sur les houilles de ce bassin :

TABLEAU CII. — COMPOSITION DES HOUILLES DU BASSIN DE LA BASSE-LOIRE.

NOMS des CONCESSIONS.	NOMS des PUITS.	CENDRES.	COKE.	MATIÈRES volatiles.	NATURE des HOUILLES.
	Sainte-Barbe... {	3,79	80,21	17,00	Houille brillante, coke aggloméré.
		4,41	77,59	18,00	Houille pulvérulente, coke peu boursouflé; sert à la forge.
Layon et-Loire.	Du Bocage.....	4,11	82,39	13,20	Coke déformé.
	Des Barres	16,37	67,03	16,60	Houille pulvérulente, coke non aggloméré.
	De l'Ouest	12,08	69,92	18,00	Houille menue, terne; coke boursouflé.
Montjean.....	Saint-Nicolas...	10,72	65,88	23,40	Houille grasse; coke boursouflé.
		3,90	73,76	22,34	*Idem.*
	De Beausoleil...	6,78	74,02	19,20	Maigre; coke un peu boursouflé.
Saint-Georges-sur-Loire....	De l'Arche... .	8,73	63,40	27,87	Très-grasse; coke boursouflé.
Chaudefonds...	De Sainte-Barbe.	16,43	73,57	10,00	Houille anthraciteuse.
	Saint-Nicolas...	16,62	71,78	11,60	*Idem.*
	De la Conception {	11,69	72,71	15,60	Houille dure.
Saint-Georges-Chatelaison. .		11,20	65,00	23,80	Houille pulvérulente; coke assez boursouflé.
	Adèle.........	9,61	80,99	9,40	Houille pulvérulente.
	Du Pavé...... .	3,50	78,10	18,40	En gros fragments; noir brillant.
Doué.........	Des Minières...	6,92	65,28	27,80	Houille grasse.

1797. *Propriétés et usages.* — N'était la nature collante d'une portion du charbon obtenu dans quelques mines du bassin de la Basse-Loire, dans celles de Montrelais et de Languin particulièrement, nature qui justifie le classement des charbons de ce bassin parmi les houilles, on serait porté à les comprendre parmi les gîtes anthracifères. Dans la Loire-Inférieure on rencontre de la houille grasse très-propre à la forge et à la fabrication du coke; en Maine-et-Loire la houille est plus ou moins maigre, et une portion se rapproche tout à fait de l'anthracite.

Les comptes rendus des mines classent les charbons du bassin qui nous occupe parmi les houilles anthraciteuses et les houilles dures ; — elles sont généralement maigres.

1798. *Bassin de Saint-Pierre-la-Cour* (Mayenne). — La Mayenne, si riche en anthracite, ne contient qu'un seul petit bassin de houille, celui de Saint-Pierre-la-Cour, près Laval, qui est déposé dans une dépression du terrain de transition; il a une étendue de 2 kilomètres carrés. On y a institué une concession, celle de Saint-Pierre-la-Cour, sur une superficie de 1 539 hectares.

Il y a plusieurs couches dans le bassin de Saint-Pierre; la plus importante, assez régulière du reste, a 1^m,30 de puissance, quoiqu'en réalité ce chiffre se réduise à 0^m,60 ou 0^m,65, à cause des schistes qui viennent s'y intercaler.

La houille de ce bassin est médiocrement collante; elle sert surtout à la fabrication de la chaux. Les comptes rendus des mines la classent parmi les houilles grasses à longue flamme.

1799. *Bassin de Vouvant et de Chantonnay* (Vendée et Deux-Sèvres). — Ce bassin est situé sur la pente sud des montagnes granitiques de la Vendée, et s'étend de Saint-Laurs (Deux-Sèvres) aux Essarts (Vendée), dans une direction de sud-est à nord-ouest, et sur près de 60 kilom. de long. Cette dépression est formée, sur la plus grande partie de sa longueur, par des calcaires jurassiques; mais, à ses deux extrémités, le terrain houiller surgit de dessous le calcaire, et se relève sur les roches de gneiss qui cernent partout le bassin qui nous occupe.

Les deux sous-bassins de Vouvant et Chantonnay, en lesquels il se décompose, font partie, selon toute apparence, du même dépôt, et se continuent l'un l'autre.

On y a institué les concessions de Faymoreau, la Boufferie, Puyrinsant, Saint-Laurs, la Tabarière, sur une superficie de 2 096 hectares.

1800. *Puissance et propriétés de ses houilles.* — Dans le sous-bassin de Chantonnay, on remarque trois couches de 2 mètres à 1^m,45, à peu près stériles, et qui ont été reconnues sur toute la longueur du bassin. Les couches 4 et 5 ne l'ont été qu'au Temple et à la Mourière, points où le bassin a le plus de largeur. La couche 5 paraît être la plus riche; elle est subdivisée en trois couches de 0^m,44, 0^m,35 et 0^m,25 d'épaisseur. Elle ne donne, quoique la plus importante, que de la houille de qualité inférieure.

Le bassin de Vouvant, dont le terrain houiller a 1 500 mètres de long sur 300 minimum, renferme plusieurs couches; on en a reconnu 7, dont la plus importante est la troisième, qui a une puissance moyenne de 2 mètres.

Elle est divisée en deux parties dont l'une donne de la houille grasse, l'autre de la houille sèche bonne pour la grille; les autres couches ont des épaisseurs qui varient de 0^m,60 à 0^m,70.

La houille de Faymoreau, selon M. Fournel, n'est pas de première qualité;—elle est propre à la grille et à la forge, et une partie peut être employée à la fabrication du coke.

Le bassin fournit, en général, de la houille dure à courte flamme, et davantage de la houille grasse à longue flamme.

1801. *Essais.* — Voici une analyse de la houille de Faymoreau, par M. Berthier (*Annales des Mines*) :

Elle est d'un noir assez brillant; elle brûle avec une flamme courte; son coke est compacte, boursouflé, assez brillant.

Charbon......................	0,651	} Coke 0,725.
Cendres......................	0,074	
Matières liquides..............	0,202	
Matières gazeuses.............	0,073	
	1,000	

Les cendres n'ont qu'une teinte briquetée pâle, elles sont donc peu ferrugineuses.

M. Berthier a analysé la houille de Chantonnay (*Annales des Mines*) : elle est noire, très-fragile, à cassure transversale lamellaire et éclatante; à vase clos, elle donne un beau coke fritté qui forme les 0,72 de son poids. Elle brûle avec une flamme jaune et laisse 0,15 de cendres. Essentiellement composée de carbonate de chaux, elle contient en pyrite de fer 0,025, 0,627 en charbon, et 0,200 en matières volatiles bitumineuses et aqueuses.

FRAIS D'EXTRACTION DE LA HOUILLE.

1802. Le tableau suivant résume, pour 1842, les frais totaux d'extraction, c'est-à-dire le prix de la houille sur le puits, dans les principaux bassins :

TABLEAU CIII. — PRIX MOYENS DE LA HOUILLE SUR LES PRINCIPAUX BASSINS.

NOMS DES BASSINS.	DÉPARTEMENTS sous lesquels s'étend chaque bassin.	POIDS du combustible extrait.	PRIX moyen de la tonne.
		tonnes.	fr. c.
Loire.................	Loire, Rhône, Isère........	1 290 415	7,60
Valenciennes.............	Nord.................	907 160	10,60
Alais.........	Ardèche, Gard...........	292 139	7,20
Creusot et Blanzy.........	Saône-et-Loire.	232 944	9,40
Aubin..................	Aveyron.................	125 493	5,20
Épinac.................	Saône-et-Loire............	64 995	9,90
Littry.................	Manche, Calvados..........	62 172	11,60
Commentry, Doyet, Bezenet.	Allier.................	49 391	6,90
Brassac.................	Puy-de-Dôme, Haute-Loire...	46 659	8,60
Basse-Loire.............	Loire-Inférieure, Maine-et-Loire.	43 646	19,90
Decize.................	Nièvre..................	40 692	10,40
Carmeaux......	Tarn..................	36 580	15,70
Saint-Gervais............	Hérault.................	22 428	10,80
Hardinghen..............	Pas-de-Calais.............	17 877	14,60
Bert..................	Allier.................	14 726	4,00
Sainte-Foy l'Argentière.....	Rhône..................	14 141	12,60
La Chapelle-sous-Dun.	Saône-et-Loire............	12 750	10,60
Tous les autres bassins carbonifères réunis............	»	317 876	»
Totaux pour les 63 bassins exploités (258 mines), répartis sous 49 départements, et comprenant une surface concédée de 433 403 hectares..	....	3 592 084	9,30

Ces frais d'extraction ne sont point excessifs; la redevance n'y entre du reste que pour une part tout à fait insignifiante; rien donc ne justifierait l'état d'infériorité que nous avons à déplorer sous le rapport du combustible, si les frais de transport auxquels il est assujetti ne venaient en expliquer la cause.

FRAIS DE TRANSPORT.

1803. *Importance de ces frais quant à la houille.* — Les frais de transport de la houille ont, comme ceux du minerai, une importance extrême en France. Plusieurs causes concourent à donner à cet élément une puis-

sante action sur le prix du fer : ce sont les grandes distances d'abord qui,
dans une contrée aussi vaste que la France, séparent tout naturellement
les points de consommation de ceux de production; — c'est, en outre,
l'inégale répartition sur notre sol des richesses minérales et du combustible; — c'est encore la mauvaise position des usines par rapport aux matières premières qui les alimentent; — enfin, et surtout, ce sont les
mauvaises conditions et même l'absence des voies de transport.

Nous donnerons une idée de l'imperfection de notre système de viabilité
en signalant ce fait, que le transport et ses frais accessoires augmentent
souvent le prix de la houille dans le rapport de 1 à 6, et moyennement
de 10 à 23; cette moyenne est, du reste, trop faible, parce qu'elle porte
sur la totalité des combustibles extraits, dont une partie est consommée
sur le lieu même d'extraction, sans qu'aucuns nouveaux frais viennent en
hausser la valeur.

1804. *Modes de transport de la houille.* — Les combustibles de nos bassins
indigènes donnent lieu, dans le cas le plus général, aux transports suivants :
une partie assez importante est consommée dans un rayon peu étendu autour
des exploitations, et le transport se fait par charretage; — quant à la portion
du combustible consommée en dehors du rayon des mines, elle est d'abord
transportée soit par chemins de fer, soit, et c'est le cas le plus général, par des
routes de terre, jusqu'à la voie navigable la plus rapprochée; une suite de voies
d'eau sert ensuite à la conduire, à de grandes distances souvent du lieu d'embarquement; enfin, un dernier transport effectué par route de terre l'amène
aux divers lieux de consommation; — mentionnons, en outre, le cabotage qui
contribue à répartir sur notre littoral maritime une partie des combustibles
extraits des bassins de Valenciennes, de la Loire, de Blanzy, etc.; — enfin,
faut-il l'avouer? de quelques bassins carbonifères situés en pays de montagne, c'est à dos de cheval, de mulet et même d'homme, que l'on expédie une partie du combustible vers les lieux de dépôt ou de consommation.

Le tableau suivant, extrait des comptes rendus de l'administration des
mines publiés en 1840, donne, pour les principaux bassins, la distance
moyenne que parcourent leurs houilles, et la valeur créée par ces parcours.

TABLEAU CIV. — TABLEAU DES PARCOURS DE LA HOUILLE, ET DU PRIX DE CES PARCOURS POUR LES PRINCIPAUX BASSINS.

NOMS des BASSINS.	DISTANCE moyenne parcourue par la houille.	VALEUR CRÉÉE PAR LE TRANSPORT		NATURE DES TRANSPORTS et LEURS PARCOURS MOYENS RESPECTIFS.
		par tonne.	par tonne à 1 kilom.	
	kilomètres.	fr. c.	fr. c.	kilomètres.
Loire............	165	12,60	0,08	Cabotage, 91; chemin de fer, 44; canaux, 95; fleuves et riv., 183; charretage, 17.
Valenciennes........	66	7,30	0,11	Cabotage, 100; chemin de fer, 2; canaux, 47; fleuves et riv., 43; charretage, 11.
Alais.............	20	9,60	0,48	Charretage, 20; dos de mulet, 26.
Creuzot et Blanzy....	126	8,00	0,06	Cabotage, 5; canaux, 104; fleuves et rivières, 59; charretage, 12.
Aubin............	54	2,40	0,04	Fleuves et rivières, 111; charretage, 37.
Épinac.........	158	14,80	0,09	Chemin de fer, 28; canaux, 100; fleuves et riv., 56; charretage, 16.
Littry.............	11	7,30	0,66	Charretage, 11.
Commentry, Doyet, Bezenet..........	166	13,90	0,08	Canaux, 128; fleuves et riv., 53; charretage, 19.
Brassac...........	122	21,20	0,17	Chemin de fer, 1; canaux, 113; fleuves et riv., 172; charret., 10.
Basse-Loire........	58	6,80	0,12	Canaux, 52; fleuves et riv., 71; charretage, 21.
Decize............	82	9,90	0,12	Canaux, 59; fleuves et riv., 65; charretage, 12.
Carmeaux..........	140	11,40	0,08	Fleuves et riv., 58; charretage, 76.
Saint-Gervais.......	57	19,40	0,34	Canaux, 90; charretage, 59; dos de mulet, 2.
Hardinghen........	20	4,70	0,23	Charretage, 20.
Bert.............	24	4,00	0,17	Charretage, 24.
Ste-Foi l'Argentière..	15	5,70	0,38	Charretage, 15.
La Chapelle-sous-Dun.	12	4,70	0,39	Charretage, 12.
Fins et Noyant......	199	16,90	0,08	Canaux, 91; fleuves et riv., 113; charretage, 24.
Valeur moyenne pour tous les bassins réunis.	....	10 fr.		

Ce qui frappe au premier coup d'œil, dans ce tableau, ce sont les immenses trajets que la houille est forcée de parcourir. Aussi le transport vient-il plus que doubler la valeur de ce combustible; la moyenne du prix de la tonne sur le puits d'extraction n'étant, comme on sait, que de 9 fr. 30 c.

1805. En examinant attentivement ce même tableau, il n'est pas impossible d'apprécier l'heureuse influence qu'exercent les voies d'eau; cependant la séparation n'est point assez complète pour que l'on en puisse tirer aucune conclusion précise.

Nous renvoyons donc à l'étude que nous allons entreprendre, de chacun des modes de transport, séparément.

Nous passerons successivement en revue les transports par voies de terre, par chemins de fer, par fleuves et rivières, et enfin les transports par canaux; donnant le plus de généralité possible à nos appréciations, et terminant par la comparaison de ces divers transports au point de vue économique.

TRANSPORTS PAR ROUTES DE TERRE.

1806. Les chiffres que nous allons donner pour le transport par routes de terre comprennent tous les frais réunis, chargement et déchargement compris.

1807. Dans la catégorie des routes de terre, on retrouve les chemins de saison, d'exploitation et vicinaux, dont nous nous sommes occupés dans le chapitre des minerais; mais, pour les houilles, comme pour les minerais *lavés*, les routes de grande vicinalité, départementales et royales, servent à la plus grande masse des transports.

1808. *Cas particulier de transport par routes.* — Nous citerons d'abord un exemple de dépense de transport, par route de terre, pour le service de différentes mines de houille, organisé sur une grande échelle, avec ordre et économie. La route qui sert à ces transports est belle et comprend, dans le sens de la charge, des différences de niveau correspondant à 70 mètres de rampes et 165 mètres de pente; le retour a lieu à vide. Voici les chiffres :

Pour les distances de 11 kil.   29ᶜ,10 par tonne à un kilom. ;
—   —   13   28 ,7 ;
—   —   15   29 ,20 ;
—   —   22   24 ,20 ;
—   —   25   25 ,0.

1809. *Frais moyens de ces transports.* — Voici maintenant comme on peut établir les prix de transport moyens sur chemins de saison et vicinaux, et sur routes de grande vicinalité, départementales et royales; ces prix résultent de renseignements qui sont à la portée de tout le monde, et des documents de l'administration des mines. — Il est inutile d'observer qu'ils sont souvent dépassés de beaucoup.

Pour des distances de :	1 à 3 kil.	3 à 9 kil.	9 à 25 kil.	25 à 75 kil.
Chemins de saison et vicinaux....	1ᶠ,08ᶜ à 1ᶠ,22ᵉ	33ᶜ à 45ᶜ	30ᶜ à 36ᶜ	26ᶜ à 29ᶜ;
Routes de grande vicinalité, départementales et royales........	0ᶠ,52ᶜ	12ᶜ à 29ᶜ	12ᶜ à 26ᶜ	12ᶜ à 22ᵉ.

1810. *Nécessité d'améliorer les routes.* — Les différences considérables que l'on remarque entre ces chiffres démontrent à quel point les circonstances locales influent sur les prix. Il est donc utile que les fabricants portent toute leur attention à la discussion de leurs marchés de transport. Autant que possible, il convient de faire des expériences directes pour se rendre compte des prix. Malgré l'amélioration des routes et chemins, les anciens prix subsistent souvent par l'influence de la routine et du laisser aller.

Les améliorations qui, dans ces dernières années, ont sensiblement modifié la viabilité des chemins vicinaux ont exercé une heureuse influence sur le prix des transports. Les hommes engagés dans l'industrie du fer doivent faire tous leurs efforts pour entretenir et activer l'impulsion que le pays a reçue des dernières lois. Ils le peuvent sans scrupule, parce qu'ils paient une large part de l'impôt général et de l'impôt spécial à ces travaux.

Ce qui est progrès de ce genre n'est pas, d'ailleurs, un service rendu à une industrie spéciale seulement; tous les intérêts y sont engagés. Dans un pays à usines, où les transports sont nombreux, la viabilité générale des chemins enrichit l'agriculture qui possède le matériel des transports et les chevaux, parce qu'elle en tire de plus grands services; la charge peut être plus forte, le matériel plus léger; les chevaux faibles peuvent être utilisés. Une part de ces avantages se convertit en abaissement de prix et chacun en profite.

Ce n'est donc pas pour les chemins qui servent au transport des houilles, bois ou minerais, qu'il faut se borner à rechercher des améliorations; c'est pour l'ensemble des voies de transport.

Quant aux chemins d'exploitation appartenant aux usiniers, leur amélioration est généralement facile. Elle consiste à peu près uniquement dans le choix d'hommes expérimentés qui sachent établir les profils et la forme des chemins, de manière à favoriser l'écoulement des eaux qui s'y rendent, et qui soient capables de tirer parti des matériaux que peuvent fournir les champs voisins ou qui sont rapportés en chargement de retour. Les ouvriers aptes à ces travaux sont aujourd'hui assez faciles à trouver, et la conservation d'un chemin peut devenir ainsi l'objet d'un abonnement annuel, que les hommes livrés à la petite culture prendront avec empressement pour y trouver une occupation profitable pendant les intervalles de repos que laissent les travaux agricoles.

TRANSPORTS PAR CHEMINS DE FER.

1811. *Spécification des frais de transport.* — Les frais de transport sur chemins de fer peuvent s'établir ainsi qu'il suit :

Le halage, qui comprend les frais d'hommes, chevaux, bœufs ou locomotives employés à remorquer les convois; opéré par locomotives, il se subdivise en frais de machinistes et chauffeurs, graissage, combustible et réparations.

L'entretien des wagons destinés au transport.

Le service des transports, qui comprend les frais du personnel des convois et des stations.

Les frais de chargement et déchargement des marchandises.

L'entretien et la surveillance de la voie, des travaux d'art et des constructions.

Les frais d'administration générale.

L'annuité qui représente l'intérêt et l'amortissement du capital consacré au matériel des transports.

Enfin l'annuité qui représente l'intérêt et l'amortissement du capital d'achat de terrains, d'établissement de terrassements, travaux d'art, constructions diverses et de pose de rails; — ce facteur doit être remplacé, pour les chemins amortis, par les frais relatifs au renouvellement de la voie et des constructions.

GRANDES VOIES DE FER A VOYAGEURS.

1812. Dans l'étude qui va suivre, nous n'avons point eu pour but de déterminer les prix qui sont perçus pour le transport sur chemins de fer; ces prix sont arbitraires et variables et la distinction que font les cahiers des charges des concessions de railways, entre les frais de transport et le péage, n'est basée sur rien de réel. Ce que nous allons essayer, c'est l'appréciation des divers frais de détail, qui concourent à former le véritable prix de revient du transport.

Dans cette appréciation, d'ailleurs, nous n'avons à nous occuper que de la part afférente aux marchandises.

Une pareille recherche présente de grandes difficultés, parce que les comptes rendus des exploitations de chemins de fer n'établissent point une séparation suffisante entre les voyageurs et les marchandises.

C'est donc surtout une méthode de décomposition que nous comptons mettre sous les yeux des fabricants : méthode qui leur permette, avant

entre les mains les documents spéciaux aux chemins de fer qui les concernent, d'en conclure le coût réel du transport.

Pour les grands chemins à voyageurs, nous prendrons, comme exemple,
le réseau des chemins de fer de Belgique, parce que les documents publics
qui le concernent sont les plus détaillés de tous; la méthode que nous
lui appliquerons sera à peu près semblable à celle dont s'est servi M. Jullien, ingénieur en chef des ponts et chaussées.

1813. *Bases.* — Pour l'année 1842, la longueur du parcours développé
de tous les convois de marchandises de Belgique a été de 357 965 kilomètres,
et le nombre de tonnes transportées à 1 kilomètre, ou d'unités de trafic, a
été de 14 265 860 tonnes.—La charge moyenne d'un convoi de marchandises
peut donc s'évaluer, en 1842, à $\dfrac{14\,265\,860}{357\,965} = 39.85$ tonnes.

Ajoutons à ces données, que le nombre des convois de marchandises a
été, la même année, de 6 101, et celui des wagons placés dans ces convois de 129 877; d'où résulte qu'il entrait moyennement dans chaque
convoi $\dfrac{6\,101}{129\,877} = 21.29$ wagons.

1814. *Frais de halage et d'entretien du matériel.* — Or, pour un des
convois moyens, on a dépensé par kilomètre de parcours (1) :

Pour le service et l'entretien de la locomotive................	1f,3236
Pour l'entretien du matériel des wagons, 21 29×0,0084.......	0 ,1788
	1f,5024

(1) Voici comment on peut arriver à la détermination des prix élémentaires :

La dépense totale pour la traction et l'entretien du matériel a été, en 1842, de   2 351 708 fr.
Il faut déduire de cette somme la dépense faite pour la traction des con-
vois de sable employés à l'entretien de la voie, qui ont parcouru ensemble
une longueur développée de 61 075 kilomètres. On peut estimer cette dépense
par kilomètre, y compris l'entretien du matériel, par analogie avec le marché passé pour le chemin de fer de Paris à Rouen *, à 1 fr. 20 c. On aura
ainsi, pour la dépense du service de traction des sables, 61 075×1.20.....   73 290

Et il restera pour les voyageurs et marchandises ensemble... *A reporter.*   2 278 418 fr.

* On paie à l'entrepreneur, sur le chemin de Rouen, 1 fr. 10 c. par chaque kilomètre que parcourt un convoi
de marchandises de 25 wagons et au-dessus, ce qui équivaut à 100 000 kilos. Pour chaque wagon en plus, ou
pour tout accroissement de poids, la compagnie paie une augmentation proportionnelle jusqu'à ce que le train
ait atteint 33 wagons ou 132 000 kilos; alors est ajoutée une seconde machine, le train est considéré comme
double, et paie à raison de 2 fr. 20 c. par kilomètre.

On paie en outre au même entrepreneur, pour l'entretien et la réparation, 0f,0084 par wagon de marchandises.
Pour les convois de voyageurs, la compagnie paie 1 fr. 10 c. par kilomètre, pour un convoi de 12 voitures ou

Et le prix moyen d'une tonne de marchandises transportée à un kilomètre sera, pour les frais de traction et d'entretien du matériel seulement : $\dfrac{1,5024}{39,85} = 0^f,0377$.

En 1843, on est parvenu à obtenir des convois moyens plus chargés et conséquemment des frais de locomotion moins élevés; il en est ressorti le chiffre de $0^f,024$ environ au lieu de $0^f,0377$.

C'est le chiffre de 1843 que nous allons envisager, et auquel nous ajouterons les autres frais qui viennent concourir à la formation du prix total de transport.

1815. *Frais du service des transports, d'entretien et de surveillance*

Report.............. 2 278 418 fr.

Supposons maintenant que l'entretien du matériel soit payé d'après les bases du chemin de Rouen :

Un convoi de voyageurs, composé moyennement de 8,27 voitures, a dû coûter par kilomètre, en supposant qu'il y ait 1,50 voitures de première classe, 6,77 de deuxième, de troisième, de bagages, de chaises de poste et de chevaux, savoir : $1,50 \times 0,0336 + 6,77 \times 0,0168 = 0^f,1641$. Et comme les convois de voyageurs ont parcouru une longueur développée de 1 170 050 kil., l'entretien s'élève à $1\,170\,050 \times 0,1641$, soit.............. 192 005 fr.

Un convoi de marchandises, de 21,29 wagons en moyenne, a dû coûter, par kilomètre, $21,29 \times 0,0084 = 0,1788$; donc, pour le parcours développé de 357 965 kilom., l'entretien a été de.. 64 004

Total......................... 256 009   256 009

Il restera, pour les dépenses réunies des convois de marchandises et de voyageurs.. 2 022 409 fr.

Or, en supposant, faute de documents plus précis, que la traction moyenne des convois de voyageurs ait coûté le même prix que celle des convois de marchandises, et remarquant que la longueur totale de ces deux genres de convois est de $1\,170\,050 + 377\,965 = 1\,528\,015$ kil., il viendra pour le prix moyen de la traction par kilomètre, soit de voyageurs, soit de marchandises, $\dfrac{2\,022\,409}{1\,528\,011} = 1^f,3236$.

---

au-dessous; au-dessus de 12, il est payé, pour chaque voiture, un douzième en sus jusqu'à 16 voitures inclusivement; passé ce nombre, il est employé deux locomotives, et la locomotion est payée à raison de 2 fr. 20 c. jusqu'à 21 voitures inclusivement. Au delà, le même principe est appliqué quant aux augmentations.

Enfin, l'entretien et la réparation, pour les voitures à voyageurs, sont payés à raison de $0^f,0336$ par voiture de première classe; $0^f,0168$ par voiture de deuxième et troisième classe, par wagon de bagages, par wagon de chaises de poste et par wagon-écurie.

de la voie et d'administration générale. — En 1843, les frais de traction et d'entretien du matériel, pour les 322 491 voyageurs (1) au parcours entier de 497 kilomètres, se sont élevés à 0ᶠ,012 environ, c'est-à-dire à moitié de ceux d'une tonne; nous assimilerons donc une tonne à deux voyageurs, et la circulation complète sur le chemin belge pourra être représentée par 434 937 voyageurs.

Or, les dépenses totales, par kilomètre, se sont élevées :

Pour le halage et l'entretien du matériel de transport, à........   5 337ᶠ,20ᶜ
Pour le service des transports (2), à......................   2 147 ,00
Pour l'entretien et la surveillance de la voie et l'administration gé-
nérale, à..   3 380 ,99

En divisant chacun de ces chiffres par le nombre total des voyageurs, soit 434 937, et doublant les résultats obtenus, on obtiendra, pour chacun de ces chapitres, les frais d'une tonne à 1 kilomètre, à savoir :

Halage et entretien du matériel.............................   0ᶠ,0245
Service des transports.....................................   0 ,0098
Entretien et surveillance de la voie, administration générale......   0 ,0156

D'autre part, le capital d'achat du matériel est de 40 000 fr. par kilomètre; nous croyons rester au-dessous de la vérité en évaluant à 8 pour 100 son intérêt et renouvellement, soit 3 200 fr.

Par voyageur, la part serait de $\frac{3\,200}{434\,937} = 0^f,0074$, et par tonne de marchandises, de 0ᶠ,0148.

1816. *Péage.* —Enfin, le capital de construction et celui de pose de la voie peut être évalué, en Belgique, à 260 000 fr.; l'intérêt à 5 pour 100, et l'amortissement à 1/2 pour 100 (3), en tout 5 1/2 pour 100, équivalent à 14 300 fr.; et remarquons de suite que cette somme est au-dessous de la réalité, car il faut considérer en outre le renouvellement partiel des rails et des traverses.

Quoi qu'il en soit, cette somme, répartie sur les 434 937 voyageurs, donne un chiffre de 0ᶠ,0329 par voyageur; soit par tonne de marchandises, 0ᶠ,0658.

---

(1) Il s'agit ici, soit de voyageurs proprement dits, soit d'objets à grande vitesse traduits en voyageurs.

(2) Fonctionnaires employés, ouvriers, gardes-convois attachés au transport, et frais divers de ce service.

(3) Constitué en vue d'une opération de 50 ans de durée environ.

1817. *Résumé.* — En résumé, sur le chemin belge, les frais afférents à une tonne de marchandise, transportée à 1 kilomètre, se répartissent ainsi :

$$
\text{Transport.}
\begin{cases}
\text{Traction.}
\begin{cases}
\text{Halage et entretien du matériel de traction} \dots\dots\dots\dots\dots\dots\dots 0^f,0245 \\
\text{Service des transports} \dots\dots\dots\dots\dots 0,0098 \\
\text{Intérêt et renouvellement du matériel} \dots 0,0148
\end{cases} 0^f,0491 \\[2pt]
\text{Entretien et surveillance de la voie, administration générale. } 0,0156
\end{cases} 0^f,0647
$$

Péage ou intérêt et amortissement du capital de construction et pose de la voie… 0,0658
$$\overline{\qquad\qquad\qquad 0^f,1305}$$

Ainsi, en faisant la part de la complication du service en Belgique, on peut évaluer les frais de transport à 0 fr. 06 c. par tonne et kilomètre, non compris le chargement et déchargement qui se paient en dehors; — et le péage à 0^f,065 environ.

CHEMINS DE FER MIXTES.

1818. Nous entendons par chemins de fer mixtes, ceux qui ne sont pas construits principalement en vue des voyageurs; ils peuvent avoir une seule voie et être établis en général dans des conditions moins coûteuses.

1819. *Détermination du produit brut minimum.* — Toutefois, dès qu'un chemin de fer admet des locomotives à grande vitesse, il doit être muni d'une voie solide, capable de résister à de grands efforts; les courbes et les pentes d'une semblable voie demandent encore, sur la partie dévolue aux locomotives, un degré de perfection tout particulier, d'où résulte un débours d'environ 150 000 fr. par kilomètre pour une voie seulement et matériel compris.

Or, l'annuité nécessaire pour couvrir un intérêt industriel de 5 pour 100 et une dotation de 1 1/2 pour 100 qu'il faut certainement admettre dans ces entreprises d'importance secondaire, absorbe annuellement une somme de 9 750 francs environ, à laquelle il faut joindre les frais d'exploitation que nous évaluerons moyennement à 45 pour 100 des produits bruts (en nous basant sur ce que le chemin belge dépense plus de 50 pour 100 de frais d'exploitation, ce qui tient à la complication de ses services et de ses embranchements, et que les chemins français et anglais dépensent les uns un peu moins, les autres un peu plus que 45 pour 100). — De là la nécessité d'un revenu d'environ 18 000 fr. par kilomètre.

1820. *Circulation correspondante.* — Quelle est la circulation qui correspond à un pareil chiffre?

A 12^c,5, tarif normal du chemin de Belgique, la circulation correspondante serait de 140 000 tonnes; et si l'on suppose, comme au chemin de Saint-Étienne, que les voyageurs entrent pour un quart dans le revenu brut total, il faudra évaluer la circulation à 72 000 voyageurs (1 tonne étant assimilée à deux voyageurs), et à 108 000 tonnes de marchandises par kilomètre.

C'est un chiffre de circulation fort élevé, quoique nous ayons pris des minima; d'où il faut conclure qu'un tarif de 12c,5 ne sera pas généralement suffisant sur les chemins mixtes.

Ces chemins peuvent être établis, il est vrai, à moins de 150 000 fr. par kilomètre, ce qui diminue un peu les chiffres de circulation que nous venons de faire ressortir. Cependant, lorsque le capital d'établissement n'atteint pas 100 000 à 125 000 fr., on ne peut plus employer les locomotives.

Nous allons nous occuper de deux chemins de fer français qu'on peut considérer comme mixtes, et examiner quels sont les tarifs ou les circulations nécessaires à leur existence.

Chemin de fer de Saint-Étienne à Lyon (1).

1821. *Description du chemin.* — La longueur totale de ce chemin de fer, qui a deux voies, est de 58 kilomètres, partagée en trois divisions : l'une, de Saint-Étienne à Rive-de-Gier, a 21 000 mètres, et présente une pente continue de 0m,014; — la seconde, de Rive-de-Gier à Givors, a 17 000 mètres, et une pente de 0m,0055; — Enfin, de Givors à Lyon, il y a 20 000 mètres, dont 18 000 sur une rampe de 0m,0005 et 2000 sur diverses rampes et pentes. Il résulte de cette disposition que les convois de houille lancés de Saint-Étienne, parcourent, jusqu'à Givors, 38 000 mètres par la seule action de la pesanteur; les transports vers Lyon n'emploient donc la locomotive qu'à partir de Givors, et pour 20 000 mètres seulement, c'est-à-dire pour le tiers du parcours environ. — Ce chemin présente un souterrain de 1500 mètres et plusieurs autres encore moins importants, ainsi que de nombreux travaux d'art. Le rayon des courbes est moyennement de 500 mètres.

1822. *Recherche des frais de halage.* — Nous donnerons, pour ce railway seulement, une décomposition détaillée des prix de traction qui puisse servir, non pas de résultat absolu, mais comme méthode d'organisation de frais.

---

(1) Les chiffres que nous donnerons comme exemples, se rapportent à l'année 1841, époque d'un voyage industriel que fit l'un de nous, M. J. Petiet.

Le service des houilles, sur le chemin de Saint-Étienne à Lyon, peut se diviser en quatre parties distinctes :

1823. *Service n° 1, de Saint-Étienne à Saint-Chamond.* — Longueur totale 11000 mètres; pente 0^m,014.

Le service à la descente se fait par la gravité, et par des chevaux à la remonte. Les wagons vides pèsent 1400 ou 1500 kilog., le chargement est de 3000 kilog.; le poids d'un wagon chargé est de 4 tonnes 1/2 en moyenne. Le train se compose de 18 à 36 wagons, menés par 3 à 6 conducteurs gagnant 75 fr. par mois.

Trois chevaux traînent 2 wagons pleins, c'est-à-dire 9000 kilog. et quelquefois même 3 wagons, c'est-à-dire 13500 kilog.; c'est donc, par cheval, un effort de 57 à 85 kilog. Deux chevaux traînent 5 et quelquefois 6 wagons vides, c'est-à-dire 7000 à 8500 kil., et par cheval 66 à 82 kil. Un cheval fait un et demi à deux voyages par jour.

Frais de halage par tonne. — Or, on peut admettre, en moyenne, que les conducteurs emploient une demi-journée pour descendre à Saint-Chamond; c'est une dépense de 1 fr. 25 c. pour 6 wagons ou 18 tonnes de chargement; soit par tonne 0 fr.07 c. et par tonne à 1 kilomètre. . . . 0^f,007

Il y a, en outre, une grande dépense de bois de freins qui coûtent 0 fr. 75 c. et font, en moyenne, de deux à trois voyages; en supposant cinq voyages entre Saint-Étienne et Saint-Chamond, c'est par voyage 0 fr. 15 c., et par tonne à 1 kilomètre. . . . . . 0 ,0008

La descente de la houille coûte donc par tonne et par kilomètre. 0^f,0078

A la remonte par chevaux, il est payé de Saint-Chamond à Pont-de-l'Ane, sur un parcours de 9 kilomètres, 1 fr. 15 c. par wagon vide; il faut donc ajouter pour chaque tonne $\frac{1,15}{9\times3}$ = 0^f,04^c,25. Ce qui porte le prix total de traction d'une tonne descendante, à 0 fr. 05.

Chaque wagon porte d'habitude 1^t,2 de marchandises diverses, à la remonte du parcours dont nous venons de nous occuper. Le même prix de 1 fr. 15 c. est alloué pour ce chargement; soit, par tonne à 1 kilomètre, $\frac{1,15}{9\times1,2}$ = 0^f,10^c,62.

Frais de halage par dynamie. — Nous rappellerons que l'on nomme dynamie, le travail développé pour élever une tonne à 1 mètre. Il y a lieu de rechercher, pour la remonte dont il vient d'être question, quel est le coût pour cette unité.

Si l'on admet que l'effort destiné à vaincre l'adhérence puisse être repré-

135

senté par une hauteur rachetable de $0^m,005$, et si l'on se souvient que l'inclinaison de Saint-Étienne à Saint-Chamond est de $0^m,014$ par mètre, il en ressortira tout naturellement qu'un wagon vide absorbera (1) par mètre de parcours $(0,005 + 0,014) \times 1,5$ dynamies, puisque ce wagon pèse 1 tonne 1/2. Par kilomètre, ce sera $1000 (0,005+0,014) 1,5$ dynamies; en tout, pour la part afférente à chacune des trois tonnes de chargement :

$$\frac{1000 (0,005+0,014) 1,5}{3} = 9^{dyn.},5.$$

La dynamie coûte donc $\frac{0,04^c,25}{9,5}$, et les 1000 dynamies 4 fr. 05 c.

Quant au travail dynamique relatif au chargement de remonte, il est évident qu'il sera, par tonne et par kilomètre, de $1000 (0,005 + 0,014)$ = 19 dyn.; enfin, le prix d'une de ces dynamies sera de $\frac{0,10620}{19}$, soit, pour mille, 5 fr. 60 c.

1824. *Résumé.* — En résumé, si l'on admet que le nombre de tonnes par jour, soit à la descente de 919, et à la remonte de 147, en tout 1066 tonnes par jour, il ressort des prix déterminés ci-dessus que les frais moyens de traction sont de 5 c. 3/4 par tonne à 1 kilomètre, et de 5 fr. 35 c. pour 1000 dynamies, y compris la descente.

En faisant des calculs analogues pour les autres services, on arrive au tableau résumé suivant :

(1) Le travail est égal au poids multiplié par la hauteur franchie.

TABLEAU CV. — TABLEAU RÉSUMÉ DES FRAIS DE TRACTION SUR LES DIVERS SERVICES
DU CHEMIN DE FER DE SAINT-ÉTIENNE (POUR UN SEMESTRE, 1841).

DÉSIGNATION des SERVICES.	NATURE des incli- naisons	INCLINAISON par mètre.	LONGUEUR.	NATURE des frais et de la conduite.	NOMBRE de tonnes à 1 kilom.	FRAIS totaux.	FRAIS par tonne.	NOMBRE de dynamies.	PRIX de revient de 1000 dynamies.
			kil.	TRANSPORT A LA DESCENTE.		fr. c.			
St-Étienne à St-Chamond.. ..	Pente..	0,014	10 000	Conducteur de wagon... Remonte par chevaux....	1 651 530	12 408,75 70 317,75	0,05	9,5	5,25
St-Chamond à Rive-de-Gier.	Pente..	0,014	10 000	Conducteur de wagons... Remonte par chevaux....	1 905 230	15 211,80 76 209,20	0,012	9,5	5,05
Rive-de-Gier à Givors......	Pente..	0,0055	17 000	Conducteur de wagons... Remonte par chevaux... Conducteur de wagons... Remonte par chevaux....	4 479 398	2 687,60 30 907,80 6 271,20 62 711,60	0,023	5,25	4,38
Givors à Lyon.	Rampe. Rampe.	0,0005 0,0015	18 000 2 000	Aller et ret. par machine. Id. par chevaux.	3 058 280	91 409,00 19 879,00	0,0374	10,25	3,65
							moyenne.	moyenne.	moyenne.
				Totaux pour la descente.	11 097 438	391 013,70	0,0353	8	4,41
				TRANSPORT A LA REMONTE (sans compter le poids des wagons).					
St-Chamond à St-Étienne....	Rampe.	0,014	10 000	Chevaux...............	265 300	28 121,80	0,106	19	5.53
Rive-de-Gier à St-Chamond...	Rampe.	0,014	10 000	Chevaux...............	331 280	33 428,00	0,100	19	5,26
Givors à Rive-de-Gier..	Rampe.	0,0055	17 000	Chevaux............... Machine...............	563 159	9 292,00 18 922,00	0,050	10,5	4,75
Lyon à Givors.	Pente..	0,0005	20 000	Machine...............	186 940	6 412,00	0,0343	10,25	3,35
							moyenne.	moyenne.	moyenne.
				Totaux pour la remonte.	1 349 679	96 175,80	0,0715	14,2	5
				Totaux généraux.......	12 417 117	487 219,50	0,0392	8,7	4,52

1825. *Observations sur le tableau précédent.* — Ce tableau fait bien
sentir l'influence des pentes.

On peut aussi en faire ressortir la comparaison entre les frais de traction
par chevaux et locomotives.

En laissant de côté les frais de conducteurs de wagons pour la descente
avec frein, il vient :

Prix de revient de 1 000 dynamies.

Traction par chevaux......	à la descente... 4,34 à la remonte.... 5,38	4,57
Traction par locomotives..	à la descente... 3,52 à la remonte.... 4,20	3,60

Il faut tenir compte en outre de l'intérêt et amortissement du capital
engagé dans le matériel en locomotives, ce qui élèverait au moins à 4 fr.
la traction par locomotives, qui ne différerait plus alors, d'une manière
essentielle, de celle par chevaux.

Il reste en faveur des locomotives, lorsque toutefois l'économie de con-struction du chemin ne les fait pas rejeter, l'avantage de la rapidité et de la régularité des transports, qui permettent d'augmenter la circulation dans des proportions immenses.

1826. *Frais complets de transport.* —Nous terminerons par le détail de toutes les dépenses d'exploitation et de capital d'établissement du che-min de fer; ce sera l'objet du tableau suivant :

TABLEAU CVI. — FRAIS DE TRANSPORT D'UNE TONNE A UN KILOMÈTRE, SUR LE CHEMIN DE SAINT-ÉTIENNE A LYON.

DÉSIGNATION DES DÉPENSES.			FRAIS PAR TONNE à un kilomètre. (nombre total de tonnes à parcours entier = 380 000 (*).)				
Frais de halage, d'entretien du matériel et de conduite...	Traction par chevaux........				2°,10		
	Traction par machines.	Machinistes; chauffeurs.	0°,18				
		Graissage..........	0 ,06				
		Combustible	0 ,36		1 ,54	3°,00	
		Réparation	0 ,49				
		Frais divers........	0 ,45				
	Conducteur de wagons...........				0 ,26		
	Wagons. — Graissage..........				0 ,15		
	—	Main-d'œuvre........	0 ,35			1 ,50	7°,50
	—	Matériaux..........	0 ,40		1 ,35		
	—	Roues et essieux......	0 ,59				
	—	Frais divers........	0 ,01				
Entretien de la voie.....	Entretien des bâtiments........				0 ,13		
	Main-d'œuvre.................				0 ,63	1 ,50	
	Matériaux...................				0 ,725		
	Frais divers..................				0 ,015		
Frais géné-raux......	Portiers, gardes, distributeurs, mar-queurs, graisseurs, surveillants...				0 ,38	0 ,60	
	Frais généraux proprement dits....				0 ,22		
Intérêt du ca-pital et amor-tissement...	Intérêt industriel de 5 p. 100 sur 265 000 fr. (**).............				3 ,49	4 ,54	
	Dotation de 1 et demi sur 265 000 fr.				1 ,05		
	Tarif normal (***)....					12°,04	

(*) C'est la circulation de l'année à laquelle se rapportent nos chiffres.
(**) C'est le chiffre afférent aux marchandises.
(***) Depuis cette époque le tonnage a augmenté, et les frais de transport sont descendus à 11°,5 par tonne.

Il y a, en outre, d'autres frais spéciaux se montant, pour chevaux servant à aller aux points de chargement et de déchargement, à. . . . . . . o°,18

A reporter. . . . . o°,18

Report. . . . . . 0^c,18

Frais à l'expédition et à l'arrivage des marchandises par entreprise, pertes, avaries, remboursements, etc. . . . .   0 ,03

Chargement et déchargement. . . . .   0 ,25

Divers. . . . .   0 ,10
                                                                 ──────
                                                              0^c,56

Mais ces frais ne doivent être considérés que comme de simples avances
remboursées par les marchandises.

On voit donc qu'en se basant sur une annuité de 6 1/2 pour 100 du capital d'établissement par kilomètre (cette annuité correspond à une durée
moyenne de 30 à 35 ans, qu'il est naturel de supposer dans des entreprises
du genre de celle qui nous occupe), l'on est conduit à un tarif de 12 c.
par kilomètre, peu différent de celui qui ressort des frais de transport sur
le chemin belge.

Nous observerons que ce tarif doit sa faible élévation relative, à ce que
la circulation du chemin de Saint-Étienne est immense, et que ce railway n'est en définitive qu'un long plan incliné sur une grande partie
duquel les frais de descente sont à peu près nuls.

Chemin de fer d'Alais à Beaucaire.

1827. *Description du chemin.* — Ce chemin, qui a été surtout construit en vue du transport de la houille, est à une voie de 87 000 mètres de
longueur; il est construit avec solidité.

Il se divise en quatre parties : l'embranchement de la Grand'-Combe,
le chemin de la Grand'-Combe à Alais, celui d'Alais à Nîmes et celui de
Nîmes à Beaucaire.

De la Grand'-Combe à Alais, on remarque des courbes dont les rayons
n'ont pas plus de 215 et 250 mètres de rayon : la moyenne des inclinaisons par mètre est de 0^m,00395.

D'Alais à Nîmes, le rayon moyen des courbes est de 1 075 mètres; les
pentes varient de 0^m,0024 à 0^m,01.

De Nîmes à Beaucaire, le rayon moyen des courbes est de 2 100 mètres,
et les pentes varient de 0^m,002 à 0^m,007.

En résumé, le rayon moyen des courbes de toute la ligne est de 840 mètres. Elle présente du reste un grand nombre de travaux d'art, un
beau pont, et plusieurs souterrains. L'embranchement de la Grand'-Combe
contient deux plans automoteurs.

Le chemin d'Alais est entièrement exploité par locomotives, sauf l'embranchement de la Grand'-Combe.

1828. *Recherche des frais de transport.* — Ce chemin a coûté 184 000 fr. par kilomètre.

Or, le produit des voyageurs a été, en 1841, de 6 300 fr. par kilomètre; et, à cette époque, la part de capital, afférente aux marchandises, pouvait être évaluée à 140 000 fr.

Sur cette somme, l'annuité de 6 1/2 pour 100 représente 9 100 fr. qui, répartis sur les 100 000 tonnes de circulation annuelle, font 0f,091 par tonne à un kilomètre, auxquels il faut ajouter les frais d'exploitation qui se répartissent ainsi :

Entretien des wagons..................	1f,1
Entretien de la voie..................	1 ,6
Frais généraux.......................	0 ,8
Frais de traction....................	2 ,0
Frais totaux d'exploitation...............	5f,5

Le tarif normal du chemin d'Alais est donc de 0f,146.

CHEMINS DE FER DES HOUILLÈRES.

1829. *Nature de ces chemins.* — Ces chemins, à moins que leur circulation ne soit immense, doivent être construits avec la plus grande économie; on y souffre de grandes inclinaisons, afin d'éviter les fortes tranchées et les souterrains; l'usage des plans inclinés y est aussi généralement admis. Les courbes peuvent y avoir de faibles rayons, parce que ces chemins ne demandent guère que des vitesses de 4 à 5 kilomètres à l'heure lorsque la traction se fait avec des chevaux, et de 12 à 16 kilomètres lorsqu'elle se fait par machines fixes ou locomotives; les voies se font étroites, afin de contribuer à rendre moins dangereux l'emploi des petits rayons de courbure.

Lorsque la circulation n'est point très-active, il est impossible de remorquer par locomotives; les péages deviendraient trop élevés. Les machines fixes ne doivent même y être appliquées qu'avec réserve; ainsi, en Angleterre, on a recherché, pour les chemins houillers, l'économie de premier établissement avant toute chose; puis, lorsque le mouvement a pris un grand développement, les frais ont été diminués par l'emploi de machines fixes et de cordages, dont les dépenses fixes peuvent être couvertes, alors, par les produits de la circulation qui croissent plus vite qu'elles.

1830. *Détermination du produit brut minimum.* — Quelle que soit l'économie que l'on mette à la construction des chemins houillers, leurs frais d'établissement se montent à environ 50 ou 60000 fr. par kilomètre, matériel compris. Une annuité de 7 1/2 pour 100 pour couvrir l'intérêt du capital et l'amortissement en 20 ou 25 ans, absorberait 3 750 fr.; les frais d'exploitation 45 pour 100 des produits bruts; — d'où résulte la nécessité d'un produit brut de 6800 fr. environ.

1831. *Circulation correspondante.* — Or, en supposant un tarif de 0 fr. 12 c. seulement, par tonne, ce produit brut représente une circulation de plus de 56000 tonnes; et ce n'est là encore qu'une circulation restreinte.

Quoi qu'il en soit, l'emploi des chemins de fer, dans ces conditions, offre encore de grands avantages sur les routes, et surtout celui de la régularité dans les transports.

Chemin de fer de Roanne à Andrésieux.

1832. *Description de ce railway.* — Parmi les chemins houillers, nous citerons le chemin de Roanne qui est à une voie d'une longueur de 67000 mètres; il renferme divers ponts sur quelques petites rivières, et des remblais élevés; il a deux souterrains dans le rocher, de 100 à 150 mètres chacun; cinq plans inclinés de 0m,03 à 0m,05 d'inclinaison, et un plan automoteur de 0m,045 de pente. L'un des plans inclinés est desservi par une machine fixe de 60 chevaux, les autres par chevaux à la remonte. Les autres pentes varient de 0m,0015 à 0m,01. Les courbes ont de 1000 à 1500 mètres dans la plaine, et se réduisent, dans les montagnes, à 400 mètres au maximum; il en est de 300 mètres.

Ce chemin est exploité par locomotives sur une longueur de 58 kilomètres environ.

1833. *Recherche des frais de transport.* — Il a coûté, d'établissement, 130000 fr. par kilomètre, applicables à peu près entièrement aux marchandises; on peut évaluer la circulation à 100000 tonnes. Quant aux frais d'exploitation, on peut les répartir ainsi :

Frais de traction............................	5f,21
Frais d'entretien du matériel................	1 ,35
Frais généraux..............................	0 ,93
Frais d'entretien de la voie................	1 ,50
Total................	8f,99

Il est probable que ces frais pourraient se réduire à 7 c. avec une bonne organisation.

Quoi qu'il en soit, si l'on ajoute à ce chiffre de 8^c,99 par tonne, l'annuité destinée à couvrir l'intérêt industriel et l'amortissement qui doivent être évalués à 7 1/2 pour 100 — soit 6^c,5 — il en résulte, pour le chemin de Roanne, un tarif normal de 15 c. environ.

Chemin de fer du Creusot au canal du Centre.

1834. *Description de ce railway.* — Le chemin du Creusot, également chemin houiller, est à une voie d'une longueur de 10000 mètres; les travaux d'art y sont d'une très-faible importance; ils consistent principalement en petits aqueducs pour l'écoulement des eaux; il y a un seul petit pont sur une rigole. Les inclinaisons sont en moyenne de 0^m,01 par mètre; les courbes ont moyennement 500 mètres de rayon; la remonte se fait avec des chevaux, et la descente par la gravité.

1835. *Recherche des frais de transport.* — Il a coûté, d'établissement, 40000 fr. par kilomètre, dont 8000 fr. pour le matériel; 32000 fr. à 7 1/2 pour 100 d'annuité, grèvent de 0^f,048, chacune des 50000 tonnes que ce chemin transporte. Il faut ajouter à ces frais :

Intérêt et amortissement du capital de matériel.......	1^c,3
Entretien des wagons...........................	2 ,0
Entretien de la voie...........................	1 ,5
Frais généraux...............................	0 ,5
Frais de traction.............................	8 ,0
Total..................	13^c,3

Le tarif normal, sur ce chemin, est donc de 18^c,1.

Chemin de fer d'Épinac.

1836. *Description de ce railway.* — Ce chemin, qui sert spécialement au transport de la houille, est à une voie d'une longueur de 27000 mètres. Les travaux d'art y sont assez nombreux, mais peu importants; on y remarque deux ponts en charpente sur des affluents de rivière, un pont-aqueduc sur un ruisseau, et quelques ponts en charpente pour des chemins qui passent au-dessus des rails.

Les courbes ont un rayon moyen de 500 mètres; il y existe, du reste, un plan incliné à machine fixe, un plan automoteur et diverses pentes ou rampes dont l'inclinaison ne dépasse pas 0^m,016. — Le service se fait par des chevaux ou des bœufs.

1857. *Recherche des frais de transport.* — Le chemin d'Épinac a coûté, d'établissement, 60000 fr. par kilomètre, ce qui grève de 7^c,5, chacune des 60000 tonnes qu'il transporte. Si l'on y ajoute les frais d'exploitation qui sont :

Entretien des wagons........................ 1^c,6
Entretien de la voie........................ 1 ,65
Frais généraux..... .... 0 ,5
Frais de traction.......................... 7 ,45

Total.................. 11^c,2

On arrive à un tarif normal de 18^c,7 par tonne à un kilomètre (1).

---

(1) Nous ne terminerons pas ce qui est relatif au transport par chemins de fer, sans donner les tarifs légaux que l'on a institués pour eux, et le tarif légal en usage dans les concessions que l'on accorde aujourd'hui.

Tarifs des anciennes concessions de chemins de fer.

NOTA. La 1re classe de marchandises comprend les pierres à chaux et à plâtre, cailloux, tuiles, briques, ardoises et autres matériaux de même nature.—La 2e classe, les blés, grains, farines, minerais, coke, bois de charpente, pierres de taille, marbres, métaux non ouvrés.—La 3e classe, les métaux ouvrés, vins, vinaigres, épiceries, denrées coloniales et objets manufacturés.			DROITS PAR KILOMÈTRE et par tonne de marchandises de			
			1re classe.	2e classe.	3e classe.	Houille.
			fr. c.	fr. c.	fr. c.	fr. c.
CHEMINS DE FER.						
De Saint-Étienne à Lyon..........	descente.........	péage, transport.	0 10			
	remonte.........	........id......	0 11			
D'Andrezieux à Roanne..........	descente.........	........id......	0 115	Mêmes droits pour toutes marchandises.		
	remonte.........	........id......	0 175			
D'Épinac au canal de Bourgogne...	descente.........	........id......	0 13			
	remonte.........	........id......	0 15			
De Montbrison à Montrond..........		........id......	0 15			
De Paris à Saint-Germain..........	descente et remont.	péage........	0 07	0 09	0 10	0 05
		transport......	0 05	0 05	0 06	0 03
De Paris à Versailles (rives dr. et g.)	........id......	péage........	0 07	0 08	0 09	0 05
		transport......	0 05	0 06	0 07	0 03
De Saint-Waast-la-Haut à Denain..	........id......	péage........	0 06	Mêmes droits pour toutes les marchandises.		
		transport......	0 01			
D'Abscou à Denain..........	........id... ..	........id......	id.			
De Montpellier à Cette..........	........id......	péage........	0 07	0 086	0 10	0 06
		transport......	0 05	0 051	0 06	0 01
De la Grand-Combe à Alais........	descente.........	péage........	0 09	0 09	0 09	0 07
Nota. Les minerais de fer paient mêmes droits que la houille.		transport......	0 06	0 06	0 06	0 05
	remonte.........	péage........	0 09	0 09	0 03	0 07
		transport..... .	0 08	0 08	0 08	0 05
De Villers-Cotterets au port aux Perches..........	descente et remont.	péage........	0 10	0 11	0 12	0 10
		transport......	0 06	0 07	0 08	0 06
De Mulhouse à Thann..........	........id......	péage........	0 10	0 105	0 11	0 08
		transport......	0 05	0 055	0 06	0 04
De Bordeaux à la Teste-de-Buch... Nota. Les poissons et gibiers sont taxés de 0 fr. 026 à 0 fr. 07. Le sel marin a 0 fr. 01 de moins que la houille.	........id......	péage........	0 07	0 086	0 10	0 06
		transport......	0 05	0 051	0 06	0 01
De Strasbourg à Bâle et Mulhouse... Nota. Toutes les marchandises en transit paient même droit que la houille.	........id......	péage........	0 07	0 08	0 095	0 05
		transport......	0 05	0 06	0 065	0 01
De Paris à Orléans..........		........id......	id.	id.	id.	id.
Du Creuzot au canal du Centre.....	descente et remont	péage........	0 08	0 075	0 12	0 08
		transport......	0 01	0 095	0 06	0 01
De Commentry à Montluçon.......	........id......	péage........	0 075	Mêmes droits pour toutes marchandises.		
		transport......	0 095			

TRANSPORTS PAR FLEUVES ET RIVIÈRES.

1838. Avant de nous occuper des frais de transport par fleuves et rivières, nous croyons utile de donner quelques renseignements statistiques sur nos principaux cours d'eau, et l'indication des droits de navigation auxquels ils sont soumis.

1839. *Documents statistiques sur les fleuves et rivières.* — Dans le tableau suivant nous avons réuni diverses données sur leur parcours, la longueur des parties flottables et navigables, et les bateaux qui les fréquentent :

(Suite de la note de la page précédente.)

Tarifs des grands chemins de fer nouvellement concédés.

TARIF.			PRIX DE		TOTAL.
			péage.	transport.	
			f. c.	f. c.	f. c.
Par tonne et par kilomètre.	Marchandises de	1re Classe. — Fontes moulées, fer et plomb ouvrés, cuivre et autres métaux ouvrés ou non, vinaigres, vins, boissons, spiritueux, huiles, cotons et autres lainages, bois de menuiserie, de teinture et autres bois exotiques, sucre, cafés, drogues, épiceries, denrées coloniales et objets manufacturés.....	0,10	0,08	0,18
		2e Classe. — Blés, grains, farines, sels, chaux et plâtre, minerais, coke, charbon de bois, bois à brûler (dit de corde), perches, chevrons, planches, madriers, bois de charpente, marbre en bloc, pierre de taille, bitumes, fonte brute, fer en barres ou en feuilles, plomb en saumons..........................	0,09	0,07	0,16
		3e Classe. — Pierre à chaux et à plâtre, moellons, meulières, cailloux, sable, argile, tuiles, briques, ardoises, pavés et matériaux de toute espèce pour la construction et la réparation des routes.	0,08	0,06	0,14
		Houille, marnes, fumiers et engrais.........	0,06	0,04	0,10
	Objets divers...	Wagon, chariot ou autre voiture destinée au transport sur le chemin de fer, y passant à vide, et machine locomotive ne traînant pas de convoi..........................	0,15	0,10	0,25
		Tout wagon, chariot ou voiture dont le chargement en marchandises, ne comportera pas un péage au moins égal à celui qui serait perçu sur ces mêmes voitures à vide, sera considéré et taxé comme étant vide.			
		Les machines locomotives seront considérées et taxées comme ne remorquant pas de convoi, lorsque le convoi remorqué, soit en voyageurs, soit en marchandises, ne comportera pas un péage au moins égal à celui qui serait perçu sur une machine locomotive avec son allége, marchant sans rien traîner.			

TABLEAU CVII. — TABLEAU DES DIMENSIONS DES PRINCIPAUX FLEUVES ET RIVIÈRES
ET DES BATEAUX QUI LES DESSERVENT.

NOMS des fleuves et rivières.	DÉPARTEMENTS sur lesquels s'opère le flottage et la navigation.	LONGUEUR de flottage.	LONGUEUR de navigation.	LARGEUR des écluses, passe-lits, pertuis, portes d'èbe et de flot, vannes, etc.	DIMENSIONS (1) des bateaux.	OBSERVATIONS.
		kil.	kil.			
Aa............	Pas-de-Calais, Nord...	»	29	4ᵐ,60	33ᵐ sur 4ᵐ,55 de larg.; tirant d'eau 1ᵐ,50.	18ᵐ de largeur; profondeur, de 1ᵐ,10 à 1ᵐ,70.
Acheneau.......	Loire-Inférieure......	»	20	4ᵐ,88	12ᵐ sur 5ᵐ, sur 1ᵐ.	
Adour...........	Landes, Basses-Pyrénées.	38	128	»	22ᵐ sur 5ᵐ, sur 0ᵐ,80.	3ᵐ de profondeur aux vives eaux.
Ain.............	Jura, Ain, Isère......	83	87	»	30ᵐ sur 5ᵐ, sur 1ᵐ.	1ᵐ,50 de pente par kilom.
Aisne..........	Aisne, Oise.........	»	119	de 4ᵐ,85 à 10ᵐ	15ᵐ sur 8ᵐ, sur 1 à 2ᵐ.	
Allier..........	Haute-Loire, Puy-de-Dôme, Allier, Nièvre et Cher.	43	231	»	29ᵐ,25 sur 4ᵐ,50, sur 1ᵐ.	2ᵐ,66 de pente p. kilom.
Ardèche........	Ardèche............	58	8	»	8ᵐ sur 3ᵐ, sur 0ᵐ,60.	
Ariège.........	Haute-Garonne......	5	32	6ᵐ	16ᵐ,40 sur 3ᵐ,25, sur 0ᵐ,85.	
Armançon.......	Yonne.............	10	»	6ᵐ,50	»	
Aube...........	Aube, Marne.........	63	45	7ᵐ,80	40ᵐ,50 sur 7ᵐ,22, sur 1ᵐ,15.	
Auzise.........	Vendée............	»	19	»	20ᵐ sur 3ᵐ, sur 0ᵐ,90.	
Baïse..........	Gers, Lot-et-Garonne.	»	48	4ᵐ	24ᵐ sur 2ᵐ,20, sur 1ᵐ.	
Bienne.........	Jura...............	17	»	»	»	
Boutonne.......	Charente-Inférieure...	»	31	6ᵐ	21ᵐ,50 sur 5ᵐ, sur 1ᵐ,20.	
Charente.......	Charente et Charente-Inférieure.......	»	192	2ᵐ et 6ᵐ,50	29ᵐ,31 sur 5ᵐ,25, sur 1ᵐ,35.	Bateaux de 90 tonnes.
Cher...........	Allier, Cher, Loir-et-Cher, Indre-et-Loire.	17	264	7ᵐ à 8ᵐ	26ᵐ sur 4ᵐ,60, sur 0ᵐ,90.	
Creuse.........	Creuse, Indre, Indre-et-Loire, Vienne.....	132	8	4ᵐ,90 à 8ᵐ	20ᵐ sur 4ᵐ, sur 0ᵐ,80.	
Cure...........	Yonne.............	17	»	»	»	
Dordogne.......	Corrèze, Cantal, Lot, Dordogne, Gironde...	»	372	»	24ᵐ sur 5ᵐ, sur 1ᵐ,30.	2ᵐ,09 de pente p. kilom. sur une partie du parc.
Doubs..........	Doubs, Jura, Saône-et-Loire.	»	206	»	»	Pente moyenne, 0ᵐ,431 par mètre.
Dronne.........	Dordogne, Gironde...	»	27	»	24ᵐ sur 5ᵐ, sur 1ᵐ,30.	
Drôme..........	Drôme.............	70	»	»	»	
Dropt..........	Dordogne, Lot-et-Garonne, Gironde......	»	88	»	24ᵐ sur 2ᵐ,20, sur 1ᵐ.	
Durance........	Hautes-Alpes, Basses-Alpes, Bouches-du-Rhône, Vaucluse....	253	»	»	»	
Escaut.........	Nord..............	»	66	5ᵐ,20	A l'écluse d'Iwuy tirant 1ᵐ,20, et à celle de Fresnes tirant 1ᵐ,55.	Largeur moyenne 35 à 40ᵐ, profondeur 1ᵐ,60 à 1ᵐ,90.
Eure...........	Eure-et-Loir, Eure....	»	86	5ᵐ à 8ᵐ	42ᵐ sur 4ᵐ,80, sur 1ᵐ.	Un canal de dérivation avec une écluse de 5ᵐ.
Gardon.........	Gard..............	21	»	»	»	
Garonne........	Haute-Garonne, Tarn-et-Garonne, Lot-et-Garonne, Gironde...	»	391	6ᵐ à 20ᵐ	37ᵐ sur 5ᵐ, sur 1ᵐ,30.	3500ᵐ de largeur près de Blaye et 14000ᵐ de largeur maximum.
Gave-de-Pau....	Bas-Pyrénées, Landes.	101	8	7ᵐ	17ᵐ sur 5ᵐ, sur 0ᵐ,60.	
Hérault........	Hérault............	»	8	»	»	
Ill............	Haut-Rhin, Bas-Rhin..	»	99	4ᵐ à 7ᵐ	22ᵐ,50 sur 2,50, sur 0,75.	
Isère..........	Isère, Drôme........	»	164	»	33ᵐ sur 6ᵐ,50 sur 1ᵐ,50.	
Isle...........	Dordogne, Gironde...	»	140	»	24ᵐ sur 5ᵐ, sur 1ᵐ,30.	
Layon.........	Maine-et-Loire.......	»	60	»	»	
Loir...........	Sarthe, Maine-et-Loire.	10	110	1ᵐ,50 à 5ᵐ	27ᵐ,28 sur 4ᵐ, sur 1ᵐ,20.	
Loire..........	Haute-Loire, Loire, Saône-et-Loire, Allier, Nièvre, Cher, Loiret, Loir-et-Cher, Indre-et-Loire, Maine-et-Loire, Loire-Inférieure.....	48	827	5ᵐ sur 5ᵐ,30, sur 1ᵐ,50.	35ᵐ sur 5ᵐ,30, sur 1ᵐ,50.	De Digoin à Briare 0ᵐ,50 de pente par kil. —1ᵐ,95 à 2ᵐ,90 de profondeur; navigation de 7 à 8 mois.
Lot...........	Aveyron, Lot, Lot-et-Garonne...........	»	300	4ᵐ	24ᵐ sur 2ᵐ,20, sur 1ᵐ.	
Lys...........	Pas-de-Calais, Nord ..	»	24	5ᵐ,23	Tir d'eau 1ᵐ,10 sur la Lys sup., et 1ᵐ,60 sur l'inf.	1ᵐ,50 à 2ᵐ de profond.; pente de 0ᵐ,07 à 0ᵐ,115 par kilom.

(1) Ce sont les dimensions des plus forts bateaux qui font le service courant des rivières.

NOMS des fleuves et rivières.	DÉPARTEMENTS sur lesquels s'opère le flottage et la navigation.	LONGUEUR de flottage. (kil.)	LONGUEUR de navigation. (kil.)	LARGEUR des écluses, passe-lits, per-tuis, portes d'èbe et de flot, vannes, etc.	DIMENSIONS des bateaux.	OBSERVATIONS.
Marne	Haute-Marne, Marne, Aisne, Seine-et-Marne, Seine-et-Oise, Seine.	1	359	6m,92 à 24m	42m sur 7m, sur 1m,35.	
Mayenne	Mayenne, Maine-et-Loire	»	93	4m,50 à 5m	28m sur 4m, sur 1m,30.	
Meurthe	Vosges, Meurthe	112	12	2m à 4m	25m à 30m sur 3m à 3m,50, sur 0m,60 maximum.	
Meuse	Meuse, Ardennes	»	261	3m,40 à 6m,82	43m,58 sur 3m,90 sur 1m,30.	De Sédan à la frontière, 0m,38 de pente par kil. —1m,60 de tirant d'eau.
Midouze	Landes	»	43	»	17m sur 5m, sur 0m,60.	
Mignon	Deux-Sèvres, Charente-Inférieure	»	18	»	»	Bateaux de 2 à 3 tonnes.
Morin (Grand-)	Seine-et-Marne	»	16	4m,33	15m sur 4m, sur 0m,60.	
Moselle	Vosges, Meurthe, Moselle	139	117	2m à 5m,75	32m sur 4m, sur 1m,79.	A partir de Metz 0m,77 de pente par kilom.
Nive	Basses-Pyrénées	37	20	6m	22m sur 5m, sur 0m,80.	
Oise	Aisne, Oise	»	55	8m	46m sur 8m, sur 1m,80.	Bateaux de 150 tonnes.
Ornain	Meuse, Marne	33	»	2m,16	»	
Orne	Calvados	»	19	»	20m sur 6m, sur 3m.	2 à 3 trois mètres de profondeur, pendant moitié de l'année.
Rhin	Haut-Rhin, Bas-Rhin	»	220	»	32m,60 sur 4m,80; tirant au-dessus de Strasbourg 0m,98, au-dessous jusqu'à Neubourg 1m,30, au delà 1m,65.	
Rhône	Ain, Isère, Rhône, Loire, Ardèche, Drôme, Gard, Vaucluse, Bouches-du-Rhône	»	480	»	27m sur 7m, sur 1m,50.	0m,77 de pente par kil. — Le petit Rhône qui s'étend de Fourques à la mer, a 59 kilom. de parcours.
Salat	Ariége, Haute-Garonne	10	17	6m à 8m	15m,80 sur 3m, sur 0m,55.	
Saône	Haute-Saône, Côte-d'Or, Saône-et-Loire, Ain, Rhône	134	283	4m à 8m	32m sur 8m, sur 1m,60.	Souvent le tirant de gr.-Saône = 0m,90; de pet.-Saône = 0m,50.
Sarthe	Sarthe, Maine-et-Loire	»	128	4m,50 à 5m	27m,28 sur 4m, sur 1m,20.	
Saux	Marne	19	»	»	»	
Scarpe	Pas-de-Calais, Nord	»	31	4m,61 à 6m,78	Bateaux de 70 tonneaux; tirant 1m,10 Scarpe supérieure, et 1m,20 infér.	
Seille	Saône-et-Loire	»	40	6m,50	20m sur 6m,30, sur 1m,30.	
Seine	Aube, Marne, Seine-et-Marne, Seine-et-Oise, Seine, Eure, Seine-Inférieure	»	411	1m,30 à 2m,60 en Côte d'Or, 7m,90 à Nogent, 10m à Pont-de-l'Arche, 16m à Besons.	60m sur 9m, sur 2m,10.	De Paris à Rouen 0m,13 de pente par kilomètre.
Seudre	Charente-Inférieure	»	25	5m,80	»	
Sèvre-Nantaise	Charente-Inférieure	»	17	5m,80	31m sur 5m, sur 1m.	
Sèvre-Niortaise	Deux-Sèvres, Vendée, Charente-Inférieure	»	72	1m,30	22m sur 3m,15, sur 0m,80.	
Somme	Aisne, Somme	»	157	»	Tir. d'eau 1m,05 à 3m,25.	
Tarn	Tarn, Haute-Garonne, Tarn-et-Garonne	»	147	5m à 8m	37m, sur 5m, sur 1m.	
Thouet	Maine-et-Loire	»	11	4m,60	30m sur 4m,50, sur 1m,25.	
Touques	Calvados	»	34	»	10m sur 4m,50, sur 1m.	
Vendée	Vendée	»	23	»	20m sur 3m, sur 0m,90.	
Vézère	Dordogne	»	59	»	24m sur 5m, sur 1m,30.	
Vienne	Vienne, Indre-et-Loire	»	79	2 à 4m	32m, sur 5m,30, sur 1m,10.	
Vilaine	Ille-et-Vilaine, Morbihan	»	133	3m,8 à 1m,70	70 tonneaux.	
Yonne	Nièvre, Yonne, Seine-et-Marne	65	117	4m,90 à 28m	40m sur 7m, sur 1m,10.	

1840. *Droits de navigation.* — Voici le tarif des droits qui sont établis sur les fleuves et rivières suivants :

Acheneau, Adour, Ain, Aisne, Allier, Ardèche, Ariége, Armançon,

Aube, Autise, Bayse, Bienne, Boutonne, Charente, Cher, Creuse, Cure, Dordogne, Doubs, Drôme, Durance, Eure, Gardon, Garonne, Gave-de-Pau, Indre, Isère, Isle, Layon, Loir, Loire, Lot, Marne, Mayenne, Meurthe, Meuse, Midouze, Mignon, Morin (Grand-), Moselle, Nive, Oise, Ornain, Orne, Rhône, Petit-Rhône, Roubion, Salat, Saône, Sarthe, Saulx, Seille, Seine, Seudre, Sèvre-Nantaise, Sèvre-Niortaise, Tarn, Thouet, Toucques, Vendée, Vezère, Vienne, Vilaine, Yonne.

Ce tarif est perçu par l'État suivant les bases ci-après indiquées, à la remonte comme à la descente, et suivant la charge réelle (1) :

Marchandises de {
1re classe (2) par tonne et kilomètre................... 0f,0035
2e classe (2) par tonne et kilomètre................... 0 ,0015

Bascules à poisson par mètre cube du réservoir et kilomètre...... .... 0 ,0015

Trains par décastère à un kilomètre :

1° Sur la partie navigable des rivières.. {
Trains chargés................. 0 ,0080
— non chargés............ 0 ,0040

2° Sur la partie purement flottable..... {
Trains chargés................. 0 ,0040
— non chargés............ 0 ,0020

Le tableau suivant établit les droits qui sont perçus sur divers autres cours d'eau.

---

(1) Ce tarif ne s'applique qu'à la navigation fluviale. La navigation maritime, à l'embouchure des fleuves, est différente; sa perception s'effectue, du reste, encore suivant le tonnage possible.

(2) Marchandises de deuxième classe :

1° Les bois de toute espèce autres que les bois étrangers d'ébénisterie ou de teinture, le charbon de bois ou de terre, le coke et la tourbe, les écorces et les tans ;

2° Le fumier, les cendres et les engrais de toute sorte ;

3° Les marbres et granits bruts ou simplement dégrossis, les pierres et moellons, les laves, les grès, le tuf, la marne et les cailloux ;

4° Le plâtre, le sable, la chaux, le ciment, les briques, tuiles, carreaux et ardoises ;
Enfin le minerai, le verre cassé, les terres et les ocres.

Toutes les marchandises non dénommées ci-dessus, sont imposées à la première classe du tarif.

TABLEAU CVIII. — TABLEAU DES DROITS DE NAVIGATION PERÇUS SUR DIVERS COURS D'EAU.

NOMS des FLEUVES ET RIVIÈRES.	PAR TONNE À 1 KILOMÈTRE.			
	Fers.	Bois de construction.	Pierres de taille.	Houille, minerai, charbon de bois, matériaux de construction.
	fr.	fr.	fr.	fr.
Aa (charge possible) (a)................	0,00528	0,00528	0,00528	0,00528
* Dronne, descente.................	0,01240	0,02150	»	»
—— remonte................	»	»	0,09930	»
* Dropt.......................	0,02270	0,02270	0,02270	0,02270
Escaut (charge possible) (b)..........	0,00470	0,00470	0,00470	0,00470
Hérault (c).....................	0,08000	0,08000	0,06500	0,03340
Lys supérieure (charge possible).......	0,00380	0,00380	0,00380	0,00380
—— * inférieure (charge possible).......	0,00800	0,00800	0,00800	0,00800
Scarpe supérieure (charge possible)......	0,00590	0,00590	0,00590	0,00590
—— * inférieure (charge réelle).......	0,01170	0,01170	0,01170	0,01170

(a) C'est-à-dire que la perception a lieu suivant le tonnage résultant des dimensions du bateau et d'après le plus fort tirant autorisé.

(b) Deux écluses, sur l'Escaut, celles d'Iwuy et de Fresnes, sont concédées moyennant un tarif de 0',21 par tonne pour les bateaux chargés et 0',12 pour les bateaux vides.

(c) Une fraction de l'Hérault, dite *canalet de Prades*, fait partie de la concession du canal du midi.

* Les rivières marquées d'un astérisque sont celles sur lesquelles la perception n'est point faite par l'État.

1841. *Droits accessoires.* — Outre les droits que nous venons d'indiquer, il en est d'autres qui sont :

1° Celui du décime par franc (décime de guerre); il n'est applicable qu'aux perceptions faites par l'État;

2° Celui du dixième du prix que paient les passagers et les marchandises sur les bateaux et bâtiments qui font le service de *voitures publiques;*

3° Ceux de laisser-passer et d'acquit à caution qui sont de peu d'importance;

4° Enfin les droits de *pilotage* qui sont fort variables.

1842. *Base de la perception des droits.* — Il est une question qui doit avoir sa place à côté de celle des tarifs, c'est la base suivant laquelle ils sont appliqués.

La navigation est généralement imposée suivant la charge réelle, seule méthode rationnelle.

Le nombre des tonneaux imposables est déterminé au moment du jaugeage et pour chaque degré d'enfoncement, par la différence entre le poids de l'eau que déplace le bateau chargé et celui de l'eau que déplace le bateau vide, y compris les agrès.

Le degré d'enfoncement est indiqué au moyen d'échelles métriques incrustées dans le bordage extérieur du bateau.

Quant aux trains, on mesure leur volume entier, soit que la totalité plonge dans l'eau, soit qu'une partie flotte à la surface, et les espaces vides que forment les pièces de bois ne sont point défalqués.

Tout bateau doit avoir été jaugé à un bureau de navigation par les employés des contributions indirectes, et en présence du conducteur ou propriétaire du bateau; le procès-verbal de jaugeage énonce principalement le tirant d'eau à vide avec les agrès, le tirant d'eau à charge complète, les dimensions extérieures du bateau, son tonnage à charge complète, ainsi que celui par centimètre d'enfoncement. L'échelle qui détermine ce dernier, est divisée en centimètres, correspondant à la progression croissante ou décroissante du tonnage (les millimètres ne sont pas comptés), et la dernière ligne de flottaison, à charge complète, est fixée de manière que le bateau, dans son plus fort chargement, présente toujours un décimètre en dehors de l'eau.

1845. *Du jaugeage.* — Nous croyons utile de donner quelques indications sur la manière dont s'effectue le jaugeage :

Le poids d'un bateau et de son chargement est égal à celui du volume d'eau qu'il déplace; en conséquence, la charge d'un bateau est égale au cube de l'eau déplacée par le bateau chargé, moins le cube de celle déplacée par le bateau vide; on sait d'ailleurs que le poids d'un mètre cube d'eau est d'une tonne ou de 1 000 kilogr.

En conséquence, pour jauger un bateau, on le charge à *charge complète* (1), on mesure, à la ligne de flottaison, la longueur réduite (2), la largeur moyenne et la hauteur qui est la différence entre le tirant d'eau à charge complète et le tirant d'eau à vide; si ces dimensions sont exprimées en centimètres, leur produit, divisé par un million, représentera le tonnage du bateau à pleine charge. — Si maintenant l'on calcule, de même, le produit des trois dimensions, à la ligne de flottaison reportée successi-

___

(1) C'est-à-dire à la charge qui produit le tirant d'eau légal.

(2) La longueur réduite est égale à la longueur entre les *quêtes*, plus, pour chaque bout, à une fraction variable de la partie élancée qui termine le bateau; cette fraction varie du tiers aux trois quarts.

vement à 20, 40, 60 centimètres, etc., au-dessus du tirant d'eau à vide, on obtiendra les tonnages correspondant à chacune de ces divisions, qu'on aura soin de porter sur une échelle en cuivre et de subdiviser en centimètres.

1844. *Spécification des frais de transport.* — Passons maintenant aux frais de transport. Ils se composent des éléments suivants :

Frais de halage (quand le transport a lieu par bateau à vapeur, le halage comprend le combustible, l'huile, la graisse, les chiffons et l'entretien de la machine);

Frais de nourriture et gages de l'équipage;

Entretien du bateau et de ses agrès;

Intérêt et amortissement du capital d'achat du bateau, et de ses agrès (et de la machine s'il s'agit de bateau à vapeur);

Frais de passage des ponts et pertuis;

Frais de navigation;

Frais d'agences au point d'arrivée et de départ;

Frais de chargement et de déchargement.

Lorsque la navigation se fait par remorqueurs, il faut ajouter : les frais de nourriture et gages de l'équipage du remorqueur; son entretien et celui de ses agrès; intérêt, dividende, amortissement, moins value, et assurance du capital d'achat du bateau, des agrès et des machines.

FRAIS DU TRANSPORT PAR CHEVAUX.

1845. *Descente de la Saône.* — Les rivières qui effectuent les transports les plus considérables sont la Saône et le Rhône.

Les minerais de la Haute-Saône descendent jusqu'à Saint-Symphorien pour entrer dans le canal du Rhône au Rhin et alimenter les hauts-fourneaux situés sur le Doubs. Ils descendent aussi jusqu'à Givors pour les usines du Giers qui reçoivent d'ailleurs une notable partie de leur approvisionnement de Lavoulte, par la remonte du Rhône.

Les transports de minerai sur la Saône, entre Gray et Saint-Symphorien, reviennent à $3^e,5$ par tonne et par kilomètre, d'après des marchés contractés par les forges du Doubs avec des bateliers propriétaires de leurs bateaux, et qui s'occupent exclusivement de ces transports. La condition de ces bateliers est assez misérable, de telle sorte qu'on peut regarder ce prix comme l'expression assez exacte du prix de revient.

Le transport se fait en descente, mais avec un très-faible tirant d'eau, dans la belle saison, jusqu'à Saint-Symphorien. Ces bateaux ne chargent en remonte que peu ou point de marchandises, parce qu'ils présentent peu de garantie de solidité pour les marchandises chères ; les fractions de distances qu'ils desservent et la direction dans laquelle ils naviguent, n'offrent point, d'ailleurs, un mouvement commercial suffisant pour les alimenter.

1846. *Remonte de la Basse-Seine.* — Nous choisirons un premier exemple de remonte, entre Rouen et Paris.

Les chiffres, sur lesquels nous allons nous baser, sont extraits d'une publication de M. Monier, inspecteur de la navigation (1). Il en résulte que, pour un bateau portant 375 tonnes, sur un parcours total de 238 kilomètres :

Le halage coûtait.............	1 431f,60c, soit, par tonne à un kilomètre.		0f,0165
Le passage des ponts et pertuis...	185,50	»	0,0021
Droits de navigation..........	351,90	»	0,0039
	1 969f,00c		0f,0225

Or, le prix total du fret est aujourd'hui en moyenne de 12 fr. par tonne, soit de 0f0504 par tonne à un kilomètre ; en retranchant de ce nombre les 0f,0225 que nous avons fait ressortir plus haut, il reste donc :

Pour intérêt et amortissement du capital d'achat du matériel, entretien du bateau et des agrès, nourriture et gages de l'équipage, chargement et déchargement, bénéfice, assurance, patente, frais d'agence, etc........... 0,0279

Total général..................... 0f,0504

Remarquons que ce fret baissera immanquablement lorsqu'on aura réalisé les améliorations du fleuve ; que, dès à présent, on évalue en maximum à 8 fr., le fret qu'on obtiendra avec le halage par chevaux, quand les plus graves améliorations seront faites, ce qui portera le prix de transport par tonne et par kilomètre, à.......................... 0f,0330

1847. M. Collignon (2) établit ainsi les frais de transport à la remonte, de Rouen à Paris :

Droits de navigation par tonne à un kilomètre.................	0f,0029
Pilotage et gardes-ponts,..........................	0,0022
Halage,..	0,0115
Frais du marinier, manutention de la marchandise, assurances, bénéfices.....	0,0338
Total.............................	0f,0504

(1) *De l'état actuel de la navigation de la Seine entre Rouen et Paris.* — Monier, 1832.
(2) *Du concours des canaux et des chemins de fer*, par Ch. Collignon, ingénieur en chef. 1845.

FRAIS DU TRANSPORT PAR BATEAUX A VAPEUR.

1848. *Remorquage sur le Rhône.* — Sur le Rhône, un grand nombre de transports se font, en remonte, par le remorquage. Le compte que nous allons établir, d'après la connaissance générale des résultats d'entreprises de même genre, servira à donner la mesure approximative du prix de ces transports, et à se rendre compte des frais d'organisation d'opérations semblables.

Bases. — Force du remorqueur, 100 chevaux; — consommation de houille par heure, 600 kilogrammes; — vitesse en remorquant à la remonte, 3 kilomètres à l'heure; — charge remorquée, 320 tonnes sur trois alléges; — vitesse du bateau en descendant, 24 kilomètres; — jours de travail par an, 290, dont 248 en remonte, 42 en descente; — la journée moyenne, 12 heures; — le parcours par jour, en remonte, sera donc de 36 kilomètres et pour 248 jours, de 8940 kilomètres; c'est par ce dernier chiffre qu'il faudra diviser les frais annuels, puisqu'il exprime le travail utile. — Matériel en alléges, 10 bateaux dont 3 en chargement, 3 en route, 3 en déchargement et 1 en réserve.

FRAIS ANNUELS DU REMORQUEUR.

Capital d'achat du bateau, 175 000 fr.; de réserve et d'apparaux, 25 000 fr., soit 200 000 fr., dont intérêt, dividende, amortissement, moins value, assurance, 15 pour 100............................. 30 000ᶠ

Équipage, patron, pilotes, mécanicien, un second, six mariniers, quatre chauffeurs, un mousse et nourriture.......... 25 600

Agences aux deux points de chargement et déchargement, et frais... 6 000

Entretien des bateaux, non compris les machines......... 2 000

Entretien des agrès............................. 2 000

                              Total.................... 65 600ᶠ

Frais par kilomètre.

65 600 fr. divisés par 8 940, donnent................. 7ᶠ,44ᶜ

Combustible, la houille doit également être calculée suivant la dépense annuelle, puisque le parcours en descente à vide ne doit pas ressortir dans le calcul. 290 jours de travail à 12 heures et à 600 kil. par heure, font 2085 tonnes de houille, qui, à 20 f., font une dépense annuelle de 41 700 fr., laquelle divisée par 8940, donne... 4 ,67

                    A reporter. 12ᶠ,11ᶜ

Report......................	12^f,11^c
L'*huile*, les *graisses* et les *chiffons*, à 15 fr. par jour, par an 4350 qui, divisés par 8 940, donnent....................	0 ,48 ,7
Entretien de la machine pour 17 880 kilomètres à 40 c.; par an, 7 160; divisant par 8 940, soit..................	0 ,82
Total des frais du remorqueur........................	13^f,41^c,7
qui, divisés par 320 tonnes remorquées, donnent par tonne et par kilom..	4^c,20

FRAIS ANNUELS D'ALLÉGE.

Capital, 35 000 f. dont 15 p. 100 comme précédemment, soit.	5 250^f.
Frais d'équipage par allége : un patron , deux matelots, un mousse et nourriture, 6000 fr., et pour 3 alléges..........	18 000
Entretien de bateau, d'agrès et d'apparaux, à 1 000 fr. par bateau, soit.....................................	10 000
Chargement et déchargement de 320 tonnes, à multiplier par 72 voyages, soit 23 020 tonnes à 80 c.....................	18 450
Total.....................	51 700^f

Frais par kilomètre.

51 700 fr. divisés par 8 940 kilom., donnent 5 fr. 78 c. par kilomètre......................................	5 ,78	
5 fr. 78 c. divisés par 320, donnent par tonne et kilom....		1 ,80
Total de la dépense par kilom.......................	19^f,16^c,7	
Total général par tonne et kilomètre....		6^c,00

Dans ce calcul ne sont pas compris les droits de navigation, d'ailleurs très-faibles, et les droits de port s'il en existe.

Le compte qui précède peut s'appliquer à des opérations de remorquage à vapeur, pour la houille ou le minerai, faites sur tout autre fleuve, en ce sens que des bases différentes peuvent être placées dans le même cadre.

C'est donc à titre de spécimen principalement que nous le produisons ici.

1849. *Navigation directe sur le Rhône.* — Sur le Rhône on emploie quelques grands bateaux à vapeur pouvant porter jusqu'à 250 et même 280 tonnes; cette navigation directe donne les plus beaux résultats; la remonte d'Arles à Lyon se fait en trente heures environ pour 285 kilomètres, soit 10 kilomètres à l'heure; la consommation de combustible ne dépasse guère 45 tonnes de houille pour monter et descendre, et comme les bateaux chargent environ 100 tonnes à la descente, c'est donc à moins de 4 fr. par tonne de marchandise, qu'il faut évaluer la dépense de combustible; les autres frais réunis ne s'élèvent point à 7 fr. par tonne. — D'où il résulte que la tonne transportée à un kilomètre, ne coûte pas o',o4°.

C'est dans de puissants navires de ce genre, que réside l'avenir de la navigation sur nos grands fleuves.

1830. *Remorquage du Havre à Rouen.* — Un autre exemple fourni par le remorquage qui s'opère entre le Havre et Rouen, donnera l'idée des différences de prix qui peuvent résulter de bases plus favorables que celles que nous avons rapportées.

Bases. — Charge remorquée, 500 tonnes; — distance, 114600 mètres; — influence de la marée en faveur de la marche du bateau.

Prix donné au remorqueur pour la distance entre le Havre et le Trait (retour à vide en général)... 1 500ᶠ

Halage par chevaux entre le Trait et Rouen.......................... 160

Pilotes, pontiers, haleboulines et frais divers...................... 227,45°

Gages et nourriture d'équipage, cordages, usure du bâtiment, intérêt du capital.. 303,33

_____

2 190,98

A ajouter le chargement et le déchargement de 500 tonnes à 80 c........ 400

_____

2 590ᶠ,78°

Soit pour 114 kilomètres............ 22ᶠ,70°
Et par tonne et kilomètre.......... 4°,54

1831. Ces indications nous paraissent utiles aux fabricants, bien que les occasions d'employer des moyens de transport aussi puissants soient rares. Il existe cependant, en France, plusieurs exemples de grandes entreprises de transport par remorquage, organisées par des particuliers concessionnaires de gîtes minéraux, et leur exemple peut trouver des imitateurs.

Il est, du reste, essentiel que les calculs des frais de transport soient familiers aux fabricants de fer.

TRANSPORT PAR CANAUX.

1832. *Dimensions des canaux.* — Avant de nous occuper des frais de transport, nous donnerons divers renseignements relatifs aux dimensions et aux tarifs des canaux.

Nous commencerons par un tableau des tirants d'eaux et des dimensions de ces voies navigables.

TABLEAU CIX. — TABLEAU DES PRINCIPALES DIMENSIONS DES CANAUX.

NOMS DES CANAUX.	LONGUEUR du parcours.	TIRANT D'EAU.	DIMENSIONS des écluses.		OBSERVATIONS.
			longueur entre les buses.	largeur entre les bajoyers.	
	kilomètres.	mètres.	mètres.	mètres.	
D'Aire à la Bassée........	41,00	1,50	41,00	5,20	Prof. 2ᵐ; tonn. 120.
Des Ardennes (1)	99,00	1,60	38,00	5,20	Tir. en riv. 1ᵐ,30.
D'Ardres...............	4,70	1,10	»	au plaf. 8ᵐ	30 à 50 t. de charg.
D'Arles à Bouc	47,00	1,90	»	id. 11ᵐ,10	
De Beaucaire (2)........	82,69	»	36,70 à 51,00	6,66	2ᵐ de profond.
De Bergues à Dunkerque..	8,70	1,30	»	au plaf. 10ᵐ	
De Bergues à Furnes ou Basse-Colme..........	10,90	1ᵐ à 0ᵐ,95	80,00	4,03	
Du Berry...............	320,18	1,20	27,75	2,70	Bateaux de 27ᵐ sur 2ᵐ,50, sur 1ᵐ,15.
De Béthune ou Lawe.....	20,50	1,10	95,00	5,20	Tonn. de 20 à 30 t.
Du Blavet...............	59,00	1,20	25,00	4,70	
De Bourbourg...........	21,60	1,20	44,00	5,20	Prof. 1ᵐ,65.
De Bourgogne...........	242,00	1,25	33,00	5,20	Prof. 1ᵐ,62.
De Briare...............	55,10	1,30	32,48	4,60	Tonnage, 60 tonn.
De Brouage.............	21,00	»	»	6,67	
De Calais...............	29,50	1,10	46,20	4,50	Tonnage, 30 à 50 t.
Du Centre (3)..........	118,00	0ᵐ,70 à 1ᵐ,20	32,48	5,20	Tonnage, 52 t.
De la Haute-Colme.......	24,70	1,30	40 à 80	3,84	Prof. 1ᵐ,80.
De la Corrèze et de la Vezère (4)...............	158,00	»	25,00	4,55	Tonnage, 35.
De Coutances...........	5,60	»	»	»	
De la haute et basse Deule.	65,50	1,60	»	»	
De la Dive.............	40,00	»	»	»	
Dunkerque à Furnes......	13,30	1,30	»	au plaf. 9ᵐ	Prof. 1ᵐ,60.
Des Étangs (5)..........	39,45	»	»	»	Prof. 1ᵐ,65.
De Givors..............	18,50	»	27,60	4,50	Prof. 1ᵐ,30.
De Guines........... ..	6,10	1,10	»	4,50	Prof. 1ᵐ,50.
De Grave ou Lez........	9,20	»	»	»	
D'Hazebrouck, de la Nieppe, Pré-à-Ven, de la Bourre.	25,30	1,20	»	3,90	
D'Hondscoote...........	2,10	1,00	»	»	
D'Ille-et-Rance..........	81,00	»	27,05	4,70	
Du Loing...............	56,50	1ᵐ à 0ᵐ,90	60,00	4,40	
Latéral à la Loire. { De Digoin à Briare.	55,10	1ᵐ,20 à 1ᵐ,30	30,25	»	Tonnage, 60 t.
De Digoin à Roanne.	197,00				
Latéral à la Basse-Loire (6).	»	»	»	»	

(1) Il y existe un embranchement, celui de Vouziers.

(2) Les canaux de Beaucaire comprennent ceux de la *Radelle*, de *Bourgidou*, de *Silvéréal*, de *Peccais* et de *Beaucaire à Aigues-Mortes*.

(3) Il y existe un petit embranchement : la Rigole de Torcy.

(4) Encore inachevés.

(5) Les canaux des Étangs comprennent ceux : de *Cette*, de la *Peyrade*, latéral à *l'étang de Mauguio*, embranchement sur le canal de *Lunel*, sur lesquels la compagnie perçoit des droits; et la *Robine de Vic*, le *Grau de Lez*, le *Grau de Perols* et le *canalet de Repausset*, qui en sont exempts. La longueur indiquée est prise de l'embranchement des canaux de Cette et de la Peyrade, jusqu'à la limite des départements de l'Hérault et du Gard.

(6) Non encore exécuté.

NOMS DES CANAUX.	LONGUEUR du parcours.	TIRANT D'EAU.	DIMENSIONS des écluses.		OBSERVATIONS.
			longueur entre les buses.	largeur entre les bajoyers.	
	kilomètres.	mètres.	mètres.	mètres.	
De Luçon.............	15,20	»	»	6,50	Tonn., 50 à 60.
De Lunel.............	10,00	»	»	»	
De Manicamp	5,00	1,20	»	»	
Du Midi (1)	240,99	prof. 1,96	35,00	6,50	Tonn. 177 et 191 t.
De Mons à Condé	3,80	1,55	45,00	5,20	Prof. 2m.
De Nantes à Brest......	91,00	1,62	31,00	4,70	
De Neuf-Fossé........	16,30	1,10	37,35	6,50	
Du Nivernais (2)	176,00	»	33,00	5,20	
Oise canalisée	104,00	1,50	35,00	6,50	Tonnage, 150 ton.
Latéral à l'Oise....	28,60	1,50	35,00	6,50	
D'Orléans.............	73,30	»	32,00	4,60	Prof. 1m,50.
De l'Ourcq...........	94,00	1,30	»	au plaf.3m,55	Largeur des bateaux, 2m,50.
Des Pyrénées (3)...... .	376,28	»	»	»	
Du Rhône au Rhin	323,00	1m à 1m,10	30,30	5,30	Tonnage, 90 tonn.
De Roubaix...........	19,16	1,80	40,00	5,20	
De Saint-Denis	6,00	»	38,00	7m,60 à 8m,00	Prof. 2m.
De Saint-Martin	4,60	»			
Saint-Quentin (4)........	93,30	1,20	38,60	5,20	Prof. 1m,65.
Sambre canalisée........	57,00	1,55	»	»	Tonnage, 150 t.
De la Sambre à l'Oise.. ...	66,00	»	»	»	
De la Sensée	26,70	1,20	41,00	5,20	Prof. 2m.
De la St-Simon à Amiens.	92,00	prof. 1,65	31,18	6,50	
Somme, Amiens à St-Valery.	64,00	prof. 1,95	»	au plaf. 15m	
De la Teste à Mimizan....	40,00	1,65	»	»	
De Vire et Taute........	30,60	3,00	»	»	

1853. *Tarifs.* — Voici maintenant les tarifs en vigueur en 1845 :

---

(1) Les canaux du Midi comprennent : le *canal du Midi* proprement dit; — le *canalet de Prades*, ou *sous Agde* qui est une portion de la rivière de l'Hérault et se confond avec le précédent; — le *canal de Narbonne*, dit de jonction, long de 36 kilom. 5; il se confond avec la *Robine*, qui elle-même comprend le *canal de Sainte-Lucie*; — enfin le *canal de Saint-Pierre*, petit embranchement de 1 kilom. 5, situé au-dessus de Toulouse.

(2) Non encore en exploitation.

(3) Non commencé.

(4) On comprend sous ce nom, le canal de Saint-Quentin proprement dit et le canal de Crozat, qui font partie de la même concession. Ce canal a un embranchement de 4 kilom. sur la Fère. Le canal Crozat a des écluses de 38m,98 de long sur 6m,50 de large.

TABLEAU CX. — TABLEAU COMPARATIF DES DROITS DE NAVIGATION, PAR TONNE ET KILOMÈTRE, POUR TROIS ESPÈCES PRINCIPALES DE MARCHANDISES (1).

NOMS DES CANAUX.	MINES et MINERAIS.	HOUILLE.	FERS et fontes ouvrés ou non ouvrés.
	fr. c.	fr. c.	fr. c.
Canal d'Aire à la Bassée (tarif légal)	0,012	0,012	0,012
*— des Ardennes	0,015	0,016	0,030
*— d'Ardres	0,0064	0,0064	0,0064
*— d'Arles à Bouc	0,0134	0,016	0,010
Canaux de Beaucaire	0,080	0,080	0,080
— Réduction pour le parcours entier	»	0,0126	»
*Canal de Bergues à Dunkerque (charge possible)	0,0016	0,0016	0,0016
*— du Berry	0,015	0,024	0,030
*— de Béthune ou Lawe	0,0058	0,0058	0,0058
*— du Blavet	0,015	0,016	0,030
*— de Bourbourg (charge possible)	0,0069	0,0069	0,0069
*— de Bourgogne	0,016	0,020	0,040
— de Briare (tarif légal)	0,116	0,016	0,116
*— de Brouage	0,0015	0,0015	0,0035
*— de Calais (charge possible)	0,0071	0,0071	0,0071
*— du centre	0,020	0,012	0,010
*— de la Colme (haute et basse (2) (charge possible)	0,0015	0,0015	0,0015
— de la Corrèze et de la Vezère	0,080	0,010	0,080
— de Coutances	0,0535	0,0535	0,0535
— de la Deule (haute et basse) (charge possible)	0,008	0,003	0,008
— de la Dive	0,0537	0,061	0,065
Canal de Dunkerque à Furnes (charge possible)	0,0070	0,0077	0,0077
Canaux des étangs	0,080	0,0267	0,080
Canal de Givors (tarif légal) (3)	0,100	0,100	0,100
*— de Guines	0,0098	0,0098	0,0098
— de Grave ou Lez (tarif légal)	0,210	0,150	0,210
Canaux d'Hazebrouck	0,012	0,012	0,012
*D'Hondscoote	0,025	0,025	0,025
*Canal d'Ille-et-Rance	0,015	0,016	0,030
— du Loing	0,046	0,0065	0,016
— latéral à la Loire — De Digoin à Briare	0,015	0,024	0,030
— De Digoin à Roanne	0,015	0,032	0,010
— — à la basse Loire — remonte	0,020	0,020	0,030
— descente	0,010	0,020	0,040
— de Luçon (charge possible)	0,020	0,020	0,030
— de Lunel	0,137	0,137	0,137
*Canal de Manicamp	0,030	0,0168	0,060
— du Midi	0,020	0,020	0,080
*— de Mons à Condé (charge possible)	0,0079	0,0079	0,0079
*— de Nantes à Brest	0,015	0,016	0,030
*— de Neuf-Fossé (charge possible)	0,0075	0,0075	0,0075
*— du Nivernais	0,015	0,020	0,030
* Oise canalisée	0,0034	0,0034	0,0034

* Les canaux marqués d'un astérisque sont ceux sur lesquels la perception se fait par l'État.

(1) Afin de tout ramener à la même unité, on a pris 830 kil. pour moyenne du poids de 1 mètre cube de houille, et 1,740 kil. pour celle du poids de 1 mètre cube de minerai.

(2) La Basse-Colme se nomme encore *Canal de Bergues à Furnes.*

(3) Réductions variables à cause de la concurrence du chemin de fer.

NOMS DES CANAUX.	MINES et MINERAIS.	HOUILLE.	FERS et fontes ouvrés ou non ouvrés
	fr. c.	fr. c.	fr. c.
* Canal latéral à l'Oise...	0,0131	0,0131	0,0131
— d'Orléans (tarif légal)...............................	»	0,0175	0,120
de l'Ourcq, à la descente et a la remonte.	0,008	0,008	0,008
— des Pyrénées.	0,080	0,0267	0,080
* — du Rhône au Rhin	0,005	0,010	0,030 ouvrés 0,020 n our
— de Roubaix..	0,060	0,060	0,060
— de Saint-Denis.......................................	»	0,120	0,140
— de Saint Martin......................................	»	0,1738	0,0869
— — Réduction pour le parcours entier...........	»	0,035	»
— de Saint-Quentin (décime compris).....................	0,022	0,022	0,022
Sambre canalisée...	0,032	0,008	0,008
Canal de la Sambre à l'Oise....................................	0,030	0,010	0,070
— de la Sensée..	0,0374	0,0374	0,075
* Canal de la Somme { Saint-Simon à Amiens....	0,018	0,021	0,036
{ Amiens à Saint-Valery........	0,009	0,012	0,018
— de la Teste à Mimizan.................................	0,080	0,080	0,080
— de Vire et Taute.......................................	0,0237	0,0237	0,023,7

1854. *Spécification des frais de transport.* — Les frais de transport, sur canaux, peuvent s'établir ainsi qu'il suit :

1° *Droits de navigation.*

2° *Halage* qui se subdivise ainsi : Halage proprement dit ; entretien du bateau et de ses agrès ; gages et nourriture de l'équipage ; salaire et bénéfice du patron ; assurance, patente, etc.

3° *Intérêt et amortissement* du capital d'achat du bateau et de ses agrès.

1855. *Division de ces frais en deux catégories.* — Ces frais peuvent se classer en deux catégories, frais fixes et frais proportionnels à la distance (1).

Frais fixes : Intérêt et amortissement du capital ; entretien du bateau ; salaire et bénéfice du patron ; assurance, patente, etc.

Frais proportionnels : Droits de navigation ; halage ; gages et nourriture de l'équipage ; usure des agrès.

1856. *Rapport entre ces deux catégories.* — Sur la ligne de Mons à Paris, lorsque la navigation était moins régulière, un bateau ne faisait que trois voyages en deux ans, soit six fois la distance entière de 360 kilom., soit 2 160 kilom., et les dépenses s'établissaient ainsi (2) :

(1) L'amélioration de la voie influe à la fois sur les frais fixes et les frais proportionnels: sur les frais fixes en permettant de multiplier les voyages ; sur les frais proportionnels par la même cause et en rendant le halage moins difficile.

(2) Rapport sur le canal du Rhône au Rhin ; E. Flachat et J. Pétiet, 1842.

	Pour deux années.	Par voyage; aller en charge, retour à vide.	Par tonne.	Par tonne à 1 kilomètre de parcours réel.
1° Droits de navigation..	2 937ᶠ	979	6ᶠ,12ᶜ	0ᶜ,85
2° Frais fixes..........	3 990	1 330	8 ,31	1 ,17
3° Frais proportionnels..	2 169	723	4 ,52	0 ,64
	9 096	2 032	18ᶠ,95ᶜ (1)	2ᶜ,66

1857. *Influence des dimensions des canaux sur les frais de transport.*
— L'heureuse influence d'un tirant d'eau élevé, s'explique de prime abord
par cette considération, que l'augmentation de charge des bateaux donne
lieu à un déplacement d'eau plus grand, sans que l'effort de traction soit
sensiblement augmenté.

Nous citerons deux exemples de l'immense économie que réaliserait,
dans nos transports, l'établissement d'un tirant d'eau de 1ᵐ,50, tel que le
comporteraient la plupart de nos canaux s'ils étaient achevés.

Sur le canal du Rhône au Rhin, il résulte des procès-verbaux de jaugeage, pour les bateaux le plus généralement employés, qu'en 1841 il
était employé deux genres d'embarcations. — Celles dites *de canal*, servant
habituellement au transport des houilles, et celles dites *de marchandises*,
naviguant en service régulier.

Voici quels sont les tonnages de ces bateaux, suivant les mouillages qu'ils
rencontrent :

CHARGEMENT		
Au tirant d'eau de	Des bateaux *de canal*.	Des bateaux *de marchandises*.
	tonnes.	tonnes.
1ᵐ,48	163,00	137,00
1 ,00	100,40	76,48
Différence..	62,60	60,52

Or, en cette même année 1841, il a circulé, au chargement de 86 tonnes,
450330 bateaux à un kilomètre, soit 1280 bateaux à la distance entière
qui est de 353 kilomètres, portant en tout 110080 tonnes.

Si, au lieu de porter 86 tonnes, ce qui est à peu près le chargement moyen
des deux espèces de bateaux avec 1 mètre de tirant d'eau seulement, ils
avaient pu charger celui qui correspond à 1ᵐ,48 de tirant, c'est d'au
moins 60 tonnes que le tonnage des bateaux eût été augmenté, ainsi que le

---

(1) L'amélioration de la voie navigable a fait tomber ce prix, de 18 fr. 95 c. à 15 fr.;
il est même descendu jusqu'à 11 fr.

montre le tableau ; il eût donc été de 146 tonnes. Divisant 110080 par 146, on
arrive à un mouvement de 755 bateaux seulement ; —on aurait donc réalisé
une économie de 525 bateaux, dont le halage seul, sur le parcours du canal
entre Saint-Symphorien et Strasbourg, s'élève, le retour non compris, à
945 fr. pour chacun, soit 497 000 fr. en totalité (1).

Sur le canal du Berry (2) la substitution de buses en fonte aux buses en
pierre, permettrait un tirant d'eau de 1",40 au lieu de 1",20 qui est le
maximum dans l'état actuel des écluses. Or, la dimension des bateaux est
de 27 mètres de longueur sur 2",50 de largeur hors-d'œuvre, et sur 1",15 de
hauteur ; le poids à vide est de 8 447 kil.; — à vide la surface de déplacement
est de 60 mètres ; en charge elle est de 63",65 ; d'où résulte que le tirant d'eau
à vide est de 0",147, et qu'à 1",20 et 1",40 de tirant, les chargements utiles
sont respectivement de 67 600 kil. et 80 400 kil. — Ainsi, l'augmentation du
tirant d'eau ferait croître la charge utile dans la proportion de 67 600 à
80 400, et les frais de navigation diminueraient en raison inverse.

1858. — Les relevés de l'administration des mines fournissent, pour
les distances parcourues et le prix de la tonne de minerai transportée à
1 kilomètre, les indications suivantes que l'on peut, du reste, appliquer à
tous les transports similaires :

Prix du transport d'une tonne à 1 kilom.	Parcours correspondants.	Noms des canaux.	Observations.
5°	40 kilom.	Canal du Berry.	Droits de navigation non compris.
4 ,48	62	—	—
6 ,66	80	—	—
3 ,62 (3)	92	—	—
4	92	—	—
3 ,72 (4)	112	—	—
5 ,83	120	—	—
3 ,47	196	Canaux du Nord.	Droits de navigation compris.
4 ,12	204	Petite partie du canal du Berry, latéral à la Loire, Centre.	—
3 ,58	280	Berry, latéral à la Loire, Centre.	—
3 ,90	307	—	—

Il importe d'apprécier ces résultats.

(1) Rapport sur la situation des travaux et de la navigation du canal du Rhône au Rhin.
— Flachat et Pétiet, 1842.

(2) Rapport sur le canal du Berry. — E. Flachat, 1842.

(3) Par bateau en retour.

(4) *Idem.*

L'élévation des frais de transport sur le canal du Berry a, en partie pour cause, les faibles dimensions du canal; il est à croire qu'ils subiront une diminution fort importante : la régularité de la navigation, l'accroissement du tirant d'eau et l'organisation de services spéciaux et continus, y contribueront infailliblement.

Canal du Berry.

1859. *Comparaison entre les frais sur canaux à petite et grande section.* — Nous allons présenter le compte détaillé de ces transports, dans la vue de faciliter aux fabricants la discussion des prix, et de leur permettre, au besoin, de les organiser eux-mêmes; il facilitera, en même temps, la comparaison entre les frais de transport sur canaux à petite et à grande section.

TABLEAU CXI. — COMPTE DE TRANSPORT DES MINERAIS SUR UN CANAL A PETITE SECTION (CANAL DU BERRY).

DIX MOIS DE NAVIGATION. Halage par homme, transport à...	20 KILOMÈTRES.		40 KILOMÈTRES.		60 KILOMÈTRES.		100 KILOMÈTRES.	
Tirant d'eau, mètres.......	0m,90	1m,20	0m,90	1m,20	0m,90	1m,20	0m,90	1m,20
Chargement, tonnes........	40t	67t	40t	67t	40t	67t	40t	67t
CHARGEMENT ET DÉCHARGEMENT. A 30 cent. par tonne pour chaque opération.	24	40,20	24	40,20	24	40,20	24	40,20
TRACTION EN CHARGE. La journée du haleur à 2 fr.; deux haleurs par bateau ; vitesse de 11 750 mètres par jour dans le premier cas, et de 9 800 mètres dans le second.	6,80	8,18	13,60	16,36	20,40	24,54	34	40,90
RETOUR A VIDE. La journée de deux haleurs, comme ci-dessus, à 4 fr.; vitesse par jour 15 600 mètres.	5,14	5,14	10,28	10,28	15,42	15,42	25,70	25,70
ÉQUIPAGE ET PATRON. Les haleurs sont propriétaires ou locataires du bateau. Un bateau employé régulièrement doit gagner à son propriétaire ou locataire, en outre du renouvellement, de l'entretien et de l'amortissement, 200 fr. par an, soit.	4,08	5,72	5,26	7,40	6,46	8,70	8,90	11,44
Ils ont un mousse à bord, et quelquefois leur femme, pour la cuisine ; ils travaillent tous au chargement et déchargement, à la tâche ou à la journée. La journée du mousse est de 1 fr. : { aller.	1,70	2,04	3,40	4,08	5,10	6,12	8,50	10,20
{ retour.	1,28	1,28	2,57	2,57	3,85	3,85	6,41	6,41
USURE D'AGRÈS. Par jour à 55 c. (en charge).	0,93	1,12	1,87	2,24	2,80	3,37	4,67	5,60
ENTRETIEN DU BATEAU. L'entretien d'un bateau coûte 100 fr. par an, à répartir sur 300 jours de travail et par voyage. Le voyage se compte par quatre jours pour le chargement et déchargement de 40 tonnes, et le temps du parcours ; — 6 jours pour 67 tonnes et le temps du parcours. Les voyages par an sont : Dans le 1er cas, 49, 38, 31, 22,5. Dans le 2e cas, 35, 27, 23, 17,5.	2,01	2,86	2,63	3,70	3,23	4,35	4,45	5,72
USAGE ET RENOUVELLEMENT DU BATEAU. Un bateau coûte 1 650 fr. et dure 8 ans, soit, par an, 205 fr., et par voyage.	4,18	5,86	5,46	7,60	6,64	8,91	9,12	11,71
	50,15	72,40	69,07	94,43	87,90	115,46	125,75	157,88
Cette somme appliquée au chargement en tonnes, multipliée par la distance parcourue, fait, par tonne et kilomètre.	6c26	5c40	4c38	3c52	3c65	2c85	3c14	2c35

Ce compte s'applique aux conditions dans lesquelles se trouve la navigation sur le canal du Berry.

Dans l'avenir, il est probable que le halage se fera par des chevaux, ce
qui permettrait une vitesse de parcours de 19600 mètres par jour en charge,
et de 29 201 mètres à vide; si, d'ailleurs, le tirant d'eau était porté à 1^m,40,
le chargement pourrait être de 80 tonnes. L'accroissement du nombre
de voyages qui en résulterait diminuerait les frais d'entretien, d'usage et
de renouvellement du bateau, et le bénéfice par voyage. D'où résulterait le
compte suivant, pour un voyage de 100 kilom.

Chargement et déchargement.	48^f	
Traction (aller et retour)....	36 ,85^c	
Marinier et mousse........	24	8 jours de marche. Pendant le reste du temps, ils travaillent au chargement et déchargement.
Bénéfice du propriétaire du bateau..............	10	
Usure d'agrès............	5 ,60	Répartis sur 20 voyages annuels.
Entretien du bateau........	5	
Usage et renouvellement du bateau..............	10,25	

139^f,70^c Pour 80 tonnes remorquées à 100 kilom.

Par tonne et par kilom........ 1^c,74.

Sur un canal à grande section, le chargement étant supposé de 175 tonnes (1), les frais de transport se composeraient des éléments suivants pour
une distance de 100 kilomètres.

1° Chargement (26 jours à 2 fr. pour 175 tonnes).........	52^f	
2° Traction (2 chevaux et 1 conducteur à 8 fr. 75 c. par jour).	44 ,75^c	
3° — Retour à vide (1 cheval et son conducteur à 4 fr. 37 c.)...	14 ,90	
4° Équipage et patron (1 batelier et 1 mousse à 3 fr.)......	24	Le reste du temps, ils travaillent au chargem. et déchargem.

A reporter.............. . ... 135^f,65^c

---

(1) Voici du reste les diverses bases qui peuvent influer sur le chargement et sur le
prix de transport : le halage se fait par chevaux; le tirant d'eau est de 1^m,50 au lieu de 0^m,90
et 1^m,20 que nous offrent le canal du Berry. Les bateaux, sur le canal du Berry, ont 27^m de
longueur sur 2^m,50 de largeur hors-d'œuvre et 1^m,15 de hauteur; ils pèsent 8850 kil. et
tirent 0^m,147 à vide, tandis que sur un canal à grande section la longueur peut être de
30 à 33 mètres, la largeur de 5 mètres, la hauteur de 1^m,60, le tirant à vide de 0^m,20, à
charge de 1^m,30, ce qui correspond à 1 425 kilos par centimètre d'enfoncement, soit
185 tonnes environ de chargement, que nous avons réduit à 175.

Report......................	135f,65c

5° Bénéfice du patron propriétaire (1) (300 fr. par an pour
14 voyages).... .... 21 ,40

6° Usure d'agrès (à 2 fr. 50 c. par jour de marche)........ 20

7° Entretien du bateau (200 fr. par an et pour 14 voyages). 14 ,30

8° Usage et renouvellement du bateau (coût du bateau 2 900 f.,
durée 8 ans; soit par an 362 fr. et pour 14 voyages)......... 25 ,82

Total...................... 217f,17c

Soit par tonne transportée à 1 kilom. 21717c, divisés par 17 500, ou 1c,24.

Ces résultats se modifient nécessairement suivant les dimensions des
bateaux, le tirant d'eau et la distance à parcourir; mais il est facile, en
connaissant les éléments qui entrent dans la composition du prix, de faire
la part de chacun dans les circonstances spéciales.

Canal du Rhône au Rhin (2).

1860. *Recherche des frais de transport.* — La montée d'un bateau de
marchandises, chargé de 90 tonnes, coûte, de Lyon à Strasbourg, 1980 fr.,
dont 930 fr. sur la Saône, de Lyon à Saint-Symphorien, et 1 050 fr. de
Saint-Symphorien à Mulhouse. Ces deux sommes divisées par les parcours
respectifs, 211 et 323 kilom., donnent 4 fr. 41 c. par kilomètre sur la Saône
et 3 fr. 25 c. sur le Doubs et le canal. Soit, par tonne et par kilomètre, sur
la Saône 4c,90 et sur le canal 3c,61.

Quant à la houille, des bateaux chargés de 140 tonnes font le remorquage de Lyon à Saint-Symphorien au prix de 6 fr. 50 c. la tonne; et de
Saint-Symphorien à Mulhouse un train de 115 tonnes coûte 755 fr. de
transport; soit 3c,008 par tonne et kilomètre sur la Saône et 2c,271 sur le
canal. Ce chiffre de 2c,271 doit même être réduit à 1c,86 si l'on observe
que pour comparer les frais sur rivière et sur canal, il faut diminuer ceux
du canal dans le rapport des tonnages, c'est-à-dire de 140 à 115.

Nous compléterons ce qui est relatif à cette ligne, par un compte
de transport de marchandises, sur une portion où la traction se fait
entièrement par canal, c'est-à-dire entre Strasbourg et Huningue, et sur
une distance de 127 kilom.; le prix qui en résulte est plus élevé que ne le
serait le transport de houilles ou minerais.

---

(1) Nous avons, dans ces différents cas, supposé que le marinier était le propriétaire du
bateau.

(2) Observations sur le nouveau tarif du Rhône au Rhin.— E. Flachat et A. Barrault, 1844.

FRAIS DE VOYAGE D'UN BATEAU CHARGÉ DE 90 TONNES DE MARCHANDISES DE STRASBOURG A HUNINGUE.		DÉTERMINATION du rapport des frais fixes, aux frais proportionnels à la traction.	
		FRAIS PROPORTIONNELS A LA TRACTION. Halage et conduite.	FRAIS FIXES. Patron, usure du bateau et des agrès, loyers et entretien du bateau.

Durée du voyage. Chargem. et déchargement. 4 jours.
Aller et retour...................... 10
————
14 jours.

Salaire du patron à 2 fr. 50 c. par jour..	35 fr. » c.	» fr. » c.	35 fr.
1 marinier, à.... 1 50...........	21	21 »	»
2 mariniers, à... 1 25...........	17 50	17 50	»
1 charretier avec deux chevaux pendant 11 jours de travail, à 12 fr. par jour......	132 »	132 »	»
Nourriture de l'équipage pendant 14 jours, à 6 fr. par jour.................	84 »	84 »	»
Loyer du bateau, y compris l'entretien pendant 14 jours, à 5 fr. par jour.......	70 »	» »	70
Renfort de chevaux dans le carrefour de Huningue...........................	10 »	10 »	»
Usure des cordages pendant 14 jours, à 1 fr. 50 c. par jour....	21 »	» »	21
Frais de manœuvres extraordinaires pour conduire le bateau de la douane de Strasbourg à l'entrée du canal....................	20 »	» »	»
Droit de navigation de retour du bateau.	9 »	» »	»
Total.......	419 fr. 50 c.	264 fr. 50 c.	126 fr.

L'entrepreneur recevant 450 fr., fait un bénéfice de 30 fr. 50 c. par voyage, pour ses soins, peines et responsabilité; il gagne aussi sur les marchandises en retour, mais il y en a peu; enfin il gagne encore en comptant l'entretien et le loyer de son bateau à 5 fr. La valeur de ces bateaux étant de 7000 fr., il faut compter l'intérêt, l'entretien et l'amortissement à 12 pour 100, soit 840 fr., soit 70 fr. par mois. Un bateau faisant 18 voyages par an, rapporte par mois 35 fr. en sus de cette somme, à titre de bénéfice.

Canal de Bourgogne.

1861. *Recherche des frais de transport.* — Nous donnerons, pour ce canal, un compte détaillé, qui comprend la plupart des menus frais qui peuvent se rencontrer dans le transport sur canaux. Il est relatif au transport d'une tonne de houille à un kilomètre.

Halage......	à charge	0f,004684	0f,008357
	à vide.................................	0 ,003673	
Droit.......	à charge..................................	0 ,023142	0 ,024429
	à vide..................................	0 ,001287	
Frais divers..	Salaires des surveillants, haleurs, etc..........	0 ,001027	0 ,003267
	Commission de réception en divers ports.......	0 ,000711	
	Voyages et courses à la suite des bateaux........	0 ,000192	
	Ports de lettres, d'argent et agio.............	0 ,000059	
	Indemnités pour dommages et sommations......	0 ,000007	
	Garde et égouttage..	0 ,000937	
	Relevage	0 ,000057	
	Transbordement	0 ,000063	
	Indemnités de retard aux haleurs.............	0 ,000097	
	Contraventions aux règlements du canal.......	0 ,000050	
	Timbre et laissez-passer...................	0 ,000013	
	Passage de la voûte à Pouilly................	0 ,000012	
	Passage des ponts à Saint-Jean de Losne.......	0 ,000007	
	Entrée du canal..........................	0 ,000017	
	Éclairage de nuit.........................	0 ,000001	
	Emmagasinage et transport d'agrès...........	0 ,000017	
Location des bateaux...................................			0 ,008938
		Total...................	0f,044991

Le halage se fait par des hommes; les bateaux n'ont que 4m,50 à 4m,75 de largeur, et différentes autres imperfections du canal viennent influer sur le prix du transport.

En résumé, les frais s'établissent ainsi :

Droit de navigation.............	0f,024429
Transport.........................	0 ,020562
Total.	0f,044991

Canaux du Nord.

1862. *Recherche des frais de transport de Mons à Paris.* — Nous commencerons par un relevé des frais de transport de Mons au canal de la Villette, extrait d'un compte détaillé de l'excellent ouvrage de M. de Rive (1) :

---

(1) Précis historique et statistique des canaux et rivières. — Bruxelles, 1835.

FRAIS DE VOYAGE.

		Droit de naviga-tion et de station-nement.	Halage, charge-ment, pourboires, frais divers	Enregistrement, octrois et pissvants.
Aller en charge	de Mons à Compiègne.......	457f,71c	220f,26c	0f,25c
	de Compiègne à Conflans...	79,67	167,10	0,60
	de Conflans à la Villette.....	192,75	442,50	»
Retour à vide..	de la Villette à Conflans.....	» »	27,25	»
	de Conflans à Compiègne....	21,27	92,70	»
	de Compiègne à Mons.......	146,61	35,50	0,20
		898f,01c	985f,25c	10f,05c

1893f,31c

La distance du parcours est d'environ 360 kilom., le chargement des bateaux de 127 tonnes ; soit par tonne à 1 kilom.

Droit de navigation (y compris le passage des ponts et pertuis)..... 0f,0196c
Frais de Halage.. 0,0217

1865. Les frais ne sont, jusqu'ici, considérés que sous une face;—il faut, en outre, faire entrer en ligne de compte : l'intérêt et l'amortissement du capital employé pour l'achat du bateau et de ses agrès, l'entretien et la réparation du bateau et des agrès, la patente, l'assurance et le salaire du patron. Le compte complet que nous allons présenter dans ce but, est extrait de *la Boussole du Batelier*, 1839.

Par suite de diverses améliorations, les frais de voyages étaient déjà moindres qu'à l'époque où M. de Rive fit paraître son ouvrage ; ainsi, pour le voyage d'un bateau de 160 tonnes de houille environ, ils ne se montaient plus qu'à 797 fr. 37 c., les droits étant de 904 fr. 81 c.

Voici le compte complet pour trois ans, le bateau effectuant toujours un voyage et demi par an :

Bases : *chargement*, 160 tonnes ; *nombre de voyages* par an, 1 1/2 ; *fret obtenu* par voyage, 5 000 fr.; *parcours*, 560 kilom.

Valeur du bateau... 7 500f } Valeur des agrès.... 300 }	7 800f à 5 pour 100 d'intérêt.	390f 00c
Amortissement du bateau à 5 pour 100.................		375 00
Amortissement des agrès à 15 pour 100.................		45 00
Usure des agrès de renfort à prendre à Compiègne....		60 00
Assurance (1 pour 100 sur le fret)...		45 00
Patentes.		160 00
A *reporter*.....		1 075f 00c

Report.....................	1 075^f 00^c
Entretien et réparations du bateau.....................	200 00
Salaire du patron (60 fr. par mois).....................	720 00
Total pour un an...............	1 995^f 00^c
Pour deux ans,...............	3 990^f 00^c
Frais de traction pour un voyage (retour à vide)...........	797 37
Droits de navigation.....................	904 81
Total des frais pour un voyage.........	1 702 18
Pour deux ans...............	5 106 54
Total général des frais de transport.........	9 096^f 54^c

Soit par tonne............... 18^f,95

Soit par tonne à 1 kilomètre...... 0 ,0526

Qui se répartissent ainsi :

Droit de navigation..	0^f,0157	
Frais de voyages....	0 ,0138	0 ,0369
Frais généraux......	0 ,0231	
	0^f,0526	

1864. Voici maintenant, toujours pour les canaux du Nord, un compte extrait d'une publication de M. Aulagnier (1).

Il est relatif à un bateau de 150 tonnes et il suppose les frais de traction au retour à vide, égaux à moitié des frais de l'aller en charge.

PARCOURS.	FRAIS de traction à l'aller.	DROITS de navigation.
Canal de Mons.....................	14^f	29^f 96^c
Escaut .... Jusqu'à l'écluse de la Folie.	35	
Jusqu'à Valenciennes.....	8	248 94
Jusqu'à Cambrai.........	50	
Canal de Saint-Quentin.....................	44 50	
Canal du Crozat et canal Jusqu'à Fargnières........	15 50	518 57
latéral à l'Oise...... Jusqu'à Janville,.........	20	
Oise canalisée.....................	108	42 20
Seine.....................	219	17 05
Canal Saint-Denis.....................	6	126
	520^f	982^f 66^c

1865. *Résumé sur les transports de Mons à Paris.* — Arrêtons-nous

---

(1) *Études pratiques sur la navigation*, par F. Aulagnier, 1841.

au chiffre de 982 fr. 66 c. qui représente les droits de navigation à l'aller et au retour, soit 6 fr. 55 c. par tonne et 0',0182 par tonne et kilomètre.

Le fret, à l'époque où remonte le compte de M. Aulagnier, était suivant lui de 12 fr. 50 c. environ, d'où ressortent les chiffres suivants :

Droits de navigation par tonne...	6' 55	par tonne et kilomètre.....	0',0182
Transport par tonne...........	5 95	—	0 ,0165
	12' 50		0',0347

Mais le fret est tombé jusqu'à 11 fr. et nul doute qu'il ne revienne à ce chiffre et qu'il ne tombe plus bas encore; à ce taux on obtient les résultats suivants :

Droits de navigation par tonne....	6' 55c	par tonne et kilomètre.....	0',0182
Transport par tonne...........	4 45	—	0 ,0123
	11' 00		0',0305

Aujourd'hui, en temps ordinaire, le fret est à 15 fr.; on peut donc établir les frais ainsi qu'il suit :

Droits de navigation par tonne....	6' 55c	par tonne et kilomètre......	0' 0182
Transport par tonne...........	8 45	—	0 ,0235
	15' 00		0',0417

1866. *Recherche des frais de transport de Douchy à Paris.* — Nous ne terminerons point ce qui est relatif aux canaux du nord, sans donner un relevé du fret de la houille de Douchy à Paris; ce relevé est en date de 1838 et les résultats en sont trop élevés, mais ils peuvent servir à faire apprécier l'influence du courant en rivières, et la différence du fret entre ces dernières et les canaux.

	DISTANCE entre les points de départ et d'arrivée.	VOIE de communication employée.	FRET par tonne et kilomètre.	
Douchy...........	0 kilom.			
Cambray	25	Transport jusqu'à l'Escaut et remonte de l'Escaut.....	0',114	
Saint-Quentin......	50	Canal Saint-Quentin	0 ,042	0',053
Lafère...........	30	Canal Crozat...........	0 ,065	
Compiègne........	45	Descente de l'Oise canalisée.	0 ,029	
Embouchure de l'Oise. Paris............	160	Descente de l'Oise......... Remonte de la Seine......	0 ,046	
	310			

Les droits de navigation sur les canaux Crozat et de Saint-Quentin étant de 0',022 par tonne et kilomètre, le transport proprement dit ressortait alors à 0',052 environ.

APPENDICE AU TRANSPORT PAR RIVIÈRES ET CANAUX.

1867. *Moyennes des frais de transport sur les grandes lignes navigables.* — Le tableau suivant, extrait, en partie, d'une publication spéciale (1), établit les moyennes qui résultent du transport sur les grandes lignes navigables, composées partie de fleuves et rivières, partie de canaux :

TABLEAU CXII. — TABLEAU DES FRAIS MOYENS DE TRANSPORT SUR LES GRANDES LIGNES NAVIGABLES.

NOM des lignes navigables.	LONGUEUR des parcours.	TONNAGE des bateaux.	DROITS de navigation	TRANSPORT	FRET total	OBSERVATIONS.
			PAR TONNE ET KILOMÈTRE.			
	kilom.	tonnes.	francs	francs	francs.	
De la frontière belge à la Villette	315	150	0,0175	0,0224	0,0399	Canal de Mons à Condé, l'Escaut, canaux de St-Quentin, Crozat, de Manicamp, latéral à l'Oise, la Seine et le canal Saint-Denis.
Dunkerque à Paris.....	457	150	0,0175	0,0263	0,0438	Canaux de Bourbourg, d'Aire à la Bassée, de la Haute-Deule, etc.
Lyon à Paris.	617	120	0,0191	0,0350	0,0511	Saône. canal de Bourgogne, l'Yonne et la Seine.
Lyon à Paris.	652	75	0,0526	0,030	0,0826	Saône, canal du centre, latéral à la Loire, de Briare, du Loing et la Seine.
Roanne à Paris....	441	75	0,0308	0,0323	0,0631	Canaux de Roanne à Digoin, latéral à la Loire, de Briare et du Loing; bateaux déchirés.
Idem......						Loire, canaux de Briare et du Loing.
Canal de l'Ourcq.	110	90	0,0259	0,0211	0,0470	
Canal du Midi (2)...	215	110 / 125	0,02 / 0,02	0,0320 / 0,0220	0,052 / 0,012	De l'étang de Thau à Toulouse.

Nous ferons observer que les chiffres de ce tableau représentent les prix que paie *effectivement* le commerce. Ils comprennent donc les frais imposés

---

(1) Concours des canaux et chemins de fer par M. Collignon ingénieur en chef. — 1845.

(2) Ce chiffre n'appartient point à la même source, il nous vient d'une communication de l'administration du canal.

au marinier pour les retours à vide, ou à charge incomplète ; ils comprennent également l'embarquement, le débarquement et *les jours de planche*, c'est-à-dire le temps pendant lequel le marinier laisse son bateau à la disposition du destinataire pour prendre livraison, temps qui peut varier de cinq à quinze jours.

Il ressort, d'ailleurs, pour la ligne du Nord, un fret de 15 fr. 50 c., chiffre que le commerce est souvent parvenu à réduire, et qu'il réduira de nouveau. — Ajoutons que les lignes qui font partie du tableau, empruntent, pour la plupart, sur une grande partie de leur parcours, le lit de rivières défectueuses, ce qui enfle naturellement le prix du transport ; sur la ligne de Lyon à Paris, par le canal de Bourgogne, le chiffre en est considérablement augmenté à cause de la navigation de l'Yonne qui exige l'emploi de l'allège ; et tout le monde connaît les difficultés de la Seine. — D'autre part, sur la ligne de Roanne à Paris, on s'est appuyé sur un chiffre trop élevé, car le fret a été de 23 fr. 60 c. d'Andrezieux à Roanne sur 535 kilom., soit 0',044 par tonne à un kilomètre, au lieu de 0',0651 ; aujourd'hui il est de 0',0498 environ.

Enfin nous remarquerons que le *déchirage* des bateaux, méthode employée sur une certaine quantité de ces lignes, vient encore grever les frais de transport, de la perte qu'occasionne un système aussi anormal (1). — Il est bien évident que ce surcroît de frais disparaîtra entièrement, dès que l'équilibre de transport établi sur nos voies navigables sera capable de donner des chargements de retour aux bateaux qu'on abandonne ainsi d'une façon si peu productive.

COMPARAISON ENTRE LES DIVERSES VOIES DE TRANSPORT.

1868. *Parallèle entre les frais qui leur sont communs.* — Nous commencerons par comparer les chiffres qui résultent, pour chacune des voies, de la réunion des frais qui leur sont communs à toutes ; cette comparaison est évidemment à l'avantage des voies qui en sont le plus chargées, c'est-à-dire des chemins de fer ; — il s'agit donc de rapporter les divers genres de transport à leur unité, c'est-à-dire au transport par route de terre ; c'est en effet celui qui est grevé du moindre nombre de frais, puisque l'État supporte ceux d'intérêt et d'amortissement du capital de con-

---

(1) Pour donner une idée des conséquences auxquelles peut mener cette combinaison vicieuse, nous citerons un fait relatif au canal latéral à la Loire, de Digoin à Briare. On achetait les bateaux, à Digoin, aux prix de 720 à 960 fr. Arrivés à Briare, on se voyait forcé de les vendre, pour le déchirage, de 150 à 200 fr.

struction, ainsi que ceux d'entretien, de surveillance et d'administration générale de ces voies.

1869. Faisant, pour un instant, abstraction de ces divers chapitres, il restera à considérer pour les quatre modes de transport, — par routes de terres, — par chemins de fer, — par rivières — et par canaux, — les frais suivants qu'ils ont tous à supporter :

1º Halage.

2º Chargement et déchargement.

3º Personnel du transport.

4º Entretien du matériel de transport.

5º Intérêt et amortissement du matériel de transport.

6º Frais de garage.

7º Bénéfice de l'entrepreneur.

1870. Reportons-nous, maintenant, au détail que nous avons donné précédemment, des frais afférents à chaque genre de transport :

Routes de terre. La moyenne entre les prix de transport sur les routes de terre, est de 0f,30 par tonne à un kilomètre; tous les frais sont compris dans ce chiffre, dont l'élévation ne paraîtra pas exagérée, si l'on songe aux mauvaises conditions des voies qui servent le plus souvent au transport des matières premières.

Chemins de fer. Considérons séparément les chemins à voyageurs et ceux qui sont spéciaux aux transports de matières premières.

Pour les premiers, il résulte de la décomposition faite par nous des frais relatifs au chemin belge, que le halage, le personnel de transport, l'entretien du matériel de transport, l'intérêt et amortissement de ce matériel et le bénéfice de l'entrepreneur, se montent à 0f,0491 par tonne à un kilomètre; mais ce chiffre ne représente pas tous les frais qui entrent dans notre comparaison, car il ne comprend pas l'intérêt et l'amortissement des gares exclusivement destinées à la marchandise, et la part qui revient à cette dernière de l'intérêt et de l'amortissement des constructions spécialement affectées au matériel, toutes dépenses implicitement comprises dans les chiffres relatifs aux autres modes de transport; d'ailleurs, les frais de chargement et de déchargement n'y sont pas compris davantage, et pourtant ils devraient être ajoutés à ce chiffre de 0f04f9, que nous sommes donc parfaitement en droit de considérer comme trop faible (1). — Nous nous arrêterons néanmoins au chiffre de 5 centimes.

_____

(1) Cette réserve est d'autant plus admissible, que dans une publication spéciale et qui

Passons à la seconde catégorie de chemins de fer.

Les frais sur le chemin de fer de Roanne à Andrezieux, s'élèvent, ainsi qu'on l'a vu, au moins à . . . .   7 centimes.

Sur le chemin du Creuzot, à   11

Sur le chemin d'Épinac, à   9

Chiffres qui ne comprennent pas les frais du capital du matériel, non plus que l'intérêt de certaines constructions, telles que gares, etc., dont il faudrait cependant tenir compte pour tous les chemins de fer.

Or, le chemin de Roanne à Andrezieux n'est pas, à proprement parler, un chemin houiller, il transporte un certain nombre de voyageurs; d'autre part, les frais qui grevaient, en 1841 (1), le chemin du Creuzot, se trouvaient considérablement grossis par suite d'une circulation très-faible. — Le chiffre moyen, celui qui est relatif à Épinac, soit 9 centimes, nous semble donc devoir être admis.

Nous ne nous arrêterons pas aux chemins mixtes, dont les frais sont une moyenne entre ceux des deux autres catégories, c'est-à-dire qu'ils s'élèvent à environ 7 centimes par tonne et kilomètre; — sur le chemin de Saint-Étienne, le transport ne coûte guère que 6 centimes (chargement et déchargement non compris), mais il faut se rappeler que la nature toute particulière de ce railway rend seule admissibles des frais de traction aussi minimes.

Rivières. Sur la Seine, ainsi que nous l'avons établi, le transport d'une tonne à un kilomètre, coûte $0^f,045$ environ, et c'est un des fleuves sur lesquels la navigation est la plus chère, à cause des difficultés que l'on y rencontre; la Saône donne un résultat inférieur à 4 centimes; le Rhône également; — en adoptant le chiffre de $0^f,04$, on sera donc certain de rester encore au-dessus de la vérité.

Canaux. Si l'on se reporte aux divers comptes que nous avons présentés ci-dessus, on verra que sur les canaux à petit tonnage, tels que le canal du Berry et celui de Bourgogne, le transport de la tonne à un kilomètre coûte environ 2 centimes par tonne, mais que sur ceux à grande section, ce transport peut s'évaluer à $1^c,20$ environ, qu'il a été à ce taux sur la ligne de navigation du nord, et que tout fait espérer qu'on arrivera à ce

---

a produit sensation (*), la réunion des frais qui entrent dans notre parallèle a été évaluée beaucoup plus haut que nous ne l'avons fait.

(1) Époque à laquelle le chiffre en a été déterminé.

(*) *Du concours des canaux et des chemins de fer*; par M. Collignon, ingénieur en chef. 1845.

chiffre et même au-dessous, lorsqu'on aura mis la dernière main à ces précieuses voies de communication; — quoi qu'il en soit, nous nous arrêterons au chiffre de 1ᶜ,5 afin d'être à l'abri de tout reproche d'exagération.

1871. *Résumé.* — En résumé, si nous prenons le transport par routes de terre, pour unité de coût, voici comment les diverses voies se comportent les unes comparativement aux autres, sous le rapport des frais qui leur sont communs :

Routes de terre............		1
Chemins de fer { houillers....		0,30
{ à voyageurs..		0,17
Rivières.................		0,13
Canaux..		0,05

L'avantage des canaux comme voie de transport des matières premières, ressort avec une grande évidence de cette comparaison; mais elle n'est point propre à le faire sentir tout entier.

1872. *Parallèle entre les chemins de fer et les canaux.* — Nous ne terminerons point ce rapprochement entre les diverses voies de communication, sans comparer entre eux les frais *réels* dont est chargé le transport sur les chemins de fer et sur les canaux. Il faut évidemment faire entrer en ligne de compte pour les premiers, l'entretien de la voie, la surveillance, l'administration générale et le péage résultant de l'intérêt du capital de construction, ce qui portera, ainsi que nous l'avons vu, les frais de la tonne à un kilomètre, à 13 centimes environ; — tandis que les canaux ne sont grevés en dehors des chiffres qui ont servi à notre première comparaison, que des seuls droits de navigation qui sont variables, mais se montent moyennement à 1ᶜ ou 2ᶜ, supposons 1ᶜ,5. — Ainsi, les chemins de fer se présentent en ce moment vis-à-vis des canaux, sous le rapport des frais totaux de transport, dans la proportion de 13 à 3 environ.

Toutefois, reportons-nous à l'époque où le capital de construction des chemins de fer sera amorti; admettons donc qu'ils soient dans des conditions identiques à celles des canaux de l'État; — chaque tonne aura toujours à supporter sa part des frais d'entretien et surveillance de la voie et d'administration générale, en dehors du chiffre de 5 centimes déterminé précédemment : sur le chemin belge, nous avons vu qu'elle s'élevait à 1ᶜ,56; mais il n'est point question dans ce chiffre du renouvellement de la voie, des bâtiments et travaux d'art, lequel est fréquent et coûteux et qui n'a point encore fait sentir toute sa portée sur ce chemin de fer dont l'établissement est de fraîche date.

Nous nous arrêterons cependant au chiffre de 1ᶜ,56, ce qui porte à 6ᶜ,56 le fret total sur chemins de fer; — quant aux canaux, leurs frais d'entretien sont évidemment inférieurs, et de beaucoup, à ceux des voies ferrées, et quand bien même on les estimerait à 1ᶜ,5, le fret total n'y serait encore que de 3ᶜ au maximum.

Il en résulte qu'en supposant les railways dégagés des intérêts du capital de construction, leurs frais de transport sont encore environ le double de ceux des canaux.

Peut-être les chemins de fer pourront-ils établir, pour les marchandises, des tarifs réduits, inférieurs aux frais réels du transport, et prélever sur les bénéfices que leur donnera le service des voyageurs, la part nécessaire pour rétablir l'équilibre; peut-être aussi les perfectionnements que l'on est en droit d'attendre de ces nouvelles voies de communication seront-ils beaucoup plus efficaces que ceux que l'on peut encore espérer des canaux; — mais, quoi qu'il en soit de ces combinaisons financières et de ces éventualités d'avenir, il n'en reste pas moins prouvé que, sur l'eau, le halage exige des frais moindres que sur chemins de fer; — c'est donc la création de nouvelles voies navigables et l'amélioration de celles déjà existantes, qu'il importe surtout aux fabricants de réclamer.

RÉSUMÉ SUR LES HOUILLES.

1873. Avant de clore le chapitre des houilles, interrompu par des considérations générales sur les transports, il nous reste à donner, comme nous l'avons fait pour les minerais, quelques chiffres propres à faire sentir l'importance que prend chaque jour la houille dans la fabrication du fer, et l'influence qu'exercerait sur son prix de revient l'établissement d'un réseau de voies de transport économiques.

Et d'abord, constatons la consommation chaque jour croissante de cet important combustible; le tableau suivant donne le résumé, depuis 1815, de la production indigène, ainsi que celui de l'importation et de la consommation :

TABLEAU CXIII.—TABLEAU DE LA PRODUCTION, DE L'IMPORTATION ET DE LA CONSOMMATION DE LA HOUILLE, EN FRANCE.

ANNÉES.	PRODUCTION indigène.	IMPORTATIONS DE				CONSOMMATION.
		Belgique.	Saarbruck.	Angleterre.	Lieux divers.	
	tonnes.	tonnes.	tonnes.	tonnes.	tonnes.	tonnes.
1815	881 587	198 462	28 500	22 432	»	1 112 194
1816	941 639	272 015	29 500	19 060	»	1 231 959
1817	1 003 380	192 742	30 334	15 775	»	1 221 910
1818	897 904	208 023	49 513	23 809	507	1 146 162
1819	964 070	170 945	42 359	23 991	371	1 173 818
1820	1 093 658	227 212	27 814	25 119	774	1 348 122
1821	1 134 711	251 802	42 584	26 515	163	1 381 840
1822	1 193 579	267 778	39 180	31 106	6	1 525 262
1823	1 195 268	264 873	38 705	23 232	116	1 517 363
1824	1 325 699	394 431	42 239	25 453	56	1 781 509
1825	1 491 382	439 248	42 394	26 684	292	1 994 385
1826	1 541 001	410 611	57 455	36 943	172	2 042 263
1827	1 691 077	423 225	70 826	47 781	184	2 228 142
1828	1 774 073	470 870	77 223	35 836	119	2 352 821
1829	1 741 571	435 948	75 612	42 844	21	2 289 877
1830	1 862 665	510 807	75 342	51 129	14	2 493 945
1831	1 760 386	443 549	68 925	35 912	24	2 298 212
1832	1 962 855	489 480	52 619	37 530	160	2 520 160
1833	2 057 631	580 172	79 186	42 641	351	2 736 663
1834	2 489 840	620 176	78 040	48 944	24	3 214 406
1835	2 506 417	615 158	89 783	98 160	21	3 278 218
1836	2 841 947	715 872	113 837	169 509	184	3 814 956
1837	2 980 735	788 414	132 674	222 606	312	4 091 187
1838	3 113 253	796 438	125 138	304 684	750	4 304 887
1839	2 994 861	740 810	156 914	320 528	493	4 180 754
1840	3 003 582	748 600	160 779	380 774	507	4 256 712
1841	3 410 200	992 225	196 502	429 050	482	4 979 892
1842	3 592 084	977 935	199 695	490 738	815	5 205 416
1843	3 692 540	991 861	213 014	455 662[1]	2150	5 293 508

Il résulte de ce tableau que, depuis 1815 :

La production de houille française a quadruplé ;

L'importation de houille étrangère est devenue sept fois plus grande ;

Et enfin la consommation a quintuplé.

Ajoutons qu'en 1842, l'extraction des 3 592 084 tonnes de houille indigène, a employé 28 788 ouvriers, et créé une valeur de 33 497 779 fr.

(1) Cette diminution dans l'importation anglaise, semble tenir à la loi du 9 juillet 1842 qui a porté à 26 centimes par 100 kilog. le droit à l'exportation de la Grande-Bretagne. Aujourd'hui, ce droit est aboli; tout porte donc à croire que la progression de l'importation anglaise va reprendre son cours ordinaire.

Ces résultats font sentir les progrès que notre industrie a accompli en vingt-sept ans, et démontrent encore que les droits d'entrée établis sur la houille étrangère, n'ont point entravé son introduction en France qui n'a pas cessé d'augmenter chaque année.

Mais voyons quelle est la part des élaborations du fer dans ce rapide accroissement ; — les quantités de houille consommées dans l'industrie de la fonte, du fer et de l'acier, ont été :

en	1834	402209 tonnes.
	1835	438178
	1836	507470
	1837	573068
	1838	610354
	1839	671794
	1840	764578
	1841	857451
	1842	922658

Ainsi, en huit ans, l'industrie du fer a plus que doublé sa consommation de houille ; en 1834 nous avons fabriqué 75 077 tonnes de fer avec emploi partiel ou exclusif de la houille, tandis qu'en 1842 ce chiffre s'est élevé à 175,029 tonnes. Les résultats de 1843 sont encore plus saillants.

La houille consommée dans les diverses élaborations du fer représente, en 1842, plus du cinquième de la consommation totale ; son exploitation a employé plus de 7 000 ouvriers, et la valeur qu'elle a créée peut être évaluée à 8 600 000 fr.

Le transport de ce charbon a créé de nouvelles valeurs que nous allons évaluer :

La houille employée à l'élaboration du fer est estimée à 15 538 509 fr. pour 1842 ; défalquons de ce chiffre les 8 600 000 fr. qui représentent son prix sur le puits de mine et nous obtiendrons 6 938 509 fr. pour la valeur créée par le transport des 922 658 tonnes.

Le transport grève donc chaque tonne de houille, consommée par l'industrie métallurgique, de frais supplémentaires qui peuvent s'estimer à 7 fr. 50 c., c'est-à-dire à environ 45 p. 100 de la valeur totale moyenne, que l'on peut évaluer à 17 fr. d'après les comptes rendus des mines ; encore ce résultat moyen ne donne-t-il qu'une faible idée de l'énorme valeur factice qu'ajoute cet élément, aux houilles employées dans les usines éloignées des bassins carbonifères ; nous avons vu précédemment que dans certains cas il en sextuplait la valeur.

De pareils faits, rapprochés de ceux que nous avons fait ressortir de l'étude des conditions dans lesquelles se trouve le minerai, sont bien propres à imprimer dans tous les esprits cette conviction, que l'industrie métallurgique, moins encore que toute autre, ne saurait prospérer, tant que notre patrie ne sera point dotée d'un réseau complet de voies de communication.

Nous ne manquons ni de bassins houillers, ni de bonnes qualités de houille, mais les distances qui les séparent des usines sont considérables; telle est la cause principale qui s'oppose au développement de notre industrie.

CONDITIONS RELATIVES A L'EMPLOI DU BOIS.

1874. Le bois est, comme la houille, l'une des matières essentielles à l'industrie du fer; mais, tandis que le prix du charbon de terre n'est, à peu de chose près, que l'expression du labeur que demande son extraction, celui du charbon de bois est grevé d'une infinité de frais accessoires : c'est, d'une part, l'intérêt de la valeur du terrain que l'on exploite; — c'est la culture et la surveillance des bois; — ce sont les longues périodes qui séparent nécessairement une exploitation de l'exploitation suivante; — c'est enfin la conversion du bois en charbon. A toutes ces causes d'infériorité, on peut ajouter, qu'à poids égal, le combustible végétal est d'une capacité calorifique moitié moindre que la houille.

Si nous nous transportons dans un autre ordre d'idées, il nous sera facile de découvrir de profondes disparités entre les conditions d'existence des usines qui consomment du bois et celles des forges à la houille. La production illimitée du charbon de terre assure à ces dernières des approvisionnements faciles et réguliers, dont le prix est modéré par la concurrence entre les gîtes de l'intérieur, que possèdent de nombreux propriétaires, et par la facilité des importations. Les établissements qui travaillent au bois sont dans des conditions bien moins favorables; l'élément de la fabrication est peu abondant; son transport à de grandes distances est tellement dispendieux que les approvisionnements sont limités à des cercles très-restreints; enfin sa possession est concentrée entre les mains d'un petit nombre de propriétaires dont le plus riche fixe, à peu près pour tous, le prix de la vente.

Devant tous ces obstacles, faut-il désirer, faut-il accepter la diminution, la suppression même de l'emploi du bois dans la fabrication du fer? — Nous ne le pensons pas. — Une semblable solution serait peut-être, de toutes, la plus facile, la plus commode, mais elle serait en contradiction flagrante avec les saines doctrines d'économie industrielle.

AVANTAGES QUE PRÉSENTE L'USAGE DU BOIS.

1875. *Supériorité des produits métallurgiques.* — Nous ne nous arrêterons point à signaler toutes les perturbations qu'entraînerait la cessation de l'industrie du fer au bois, ni à faire sentir combien serait profonde l'atteinte que recevrait la fortune publique de la ruine d'une fabrication dans laquelle sont engagés d'aussi grands capitaux; mais, n'est-il pas évident que l'alliance des combustibles végétaux et minéraux forme le caractère distinctif, essentiel, de notre métallurgie? — La constitution géologique et géographique de notre sol s'oppose à ce que la méthode qui emploie exclusivement la houille, prenne jamais, en France, une extension aussi considérable que dans le pays où elle est née; tout concourt, au contraire, au développement des méthodes mixtes qui constituent réellement notre spécialité, notre supériorité, et rien ne nous arrêtera dans cette voie pleine d'avenir si l'on sait conserver et accroître nos ressources forestières.

Il est d'autres motifs, d'ailleurs, qui doivent porter au soutien de semblables méthodes; ces motifs sont le triple intérêt du Trésor, de la propriété foncière et du sol lui-même; ces considérations demandent quelques développements.

1876. *Intérêt de la propriété foncière.* — Le produit des forêts de la France est d'environ trente millions de stères; les diverses élaborations du fer et de l'acier en ont consommé neuf millions en 1843! C'est-à-dire que les usines métallurgiques absorbent à elles seules un peu moins du tiers de la production totale.

La suppression d'un consommateur d'une importance si capitale, aurait pour conséquence inévitable, une énorme baisse dans le prix du bois; le Trésor, les communes, les propriétaires fonciers, éprouveraient les uns et les autres un sérieux dommage.

1877. *Conservation des forêts.* — La production tend toujours à se mettre en équilibre avec la consommation; il est donc évident que restreindre les usages du bois, serait exposer la propriété forestière à des dilapidations volontaires devant lesquelles les règlements les plus sévères deviendraient insuffisants; en un mot, les défrichements se propageraient d'une manière inquiétante.

Rien ne saurait les arrêter de la part de la petite propriété, et la grande ne finit-elle pas, tôt ou tard, par se morceler ?

L'industrie métallurgique a puissamment contribué à la conservation des terrains boisés; son action s'est exercée de deux manières : en élevant le prix du combustible, ce qui intéressait généralement les propriétaires des forêts à leur conservation,— et en utilisant les bois éloignés des centres de population ou situés en pays de montagne, et qui, sans ce secours, eussent été bientôt abandonnés, dévastés et réduits à l'état de pâturages, de broussailles et de friches; — c'est en effet ce qui a caractérisé le régime des contrées de la France où les usines sont rares.

L'Alsace, la Lorraine et la Franche-Comté ont conservé des forêts magnifiques, à cause de l'introduction, au xve et au xvie siècle, de la fabrication du fer suivant la méthode allemande. Des titres de propriété de ces temps reculés attestent que les propriétaires, avant cette heureuse importation, avaient commencé à accorder aux habitants le droit, moyennant redevance, d'essarter certaines parties de forêts; les autorisés abattaient les arbres, brûlaient les broussailles et mettaient la terre en culture; mais dès que le bois put être utilisé à la forge, cet usage disparut.

Il y a donc une corrélation intime entre la prospérité de l'industrie du fer au bois et la conservation de notre sol forestier. Un fait rappelé par Faiseau-Lavanne (1) la rend tout à fait évidente :

On sait que la loi du 21 décembre 1814, créatrice d'un droit sur les fers étrangers, a donné l'impulsion aux progrès de notre industrie métallurgique; le tarif protecteur établi par la loi du 24 juillet 1822 est venu lui donner un nouveau développement; — or c'est précisément de cette époque que date l'amélioration du prix des bois et le ralentissement des demandes de défrichement (2).

1878. *Intérêt météorologique.* — Nous avons constaté que l'industrie du fer au bois exerce une action puissante sur l'existence des bois; est-il nécessaire maintenant de rappeler que cette dernière se rattache de son côté à de nombreuses nécessités? Des ouvrages spéciaux (3) ont traité en détail des fâcheuses conséquences du déboisement des pentes; ils ont vulgarisé, pour ainsi dire, l'opinion qu'il ne faut point se contenter de conserver

(1) *Recherches statistiques sur les forêts de France*, 1820.

(2) En effet voici quel a été le nombre de ces demandes : 8051 en 1821 ; 6489 en 1822; 3900 en 1823; 2846 en 1824; 2988 en 1825 ; 2441 en 1826.

(3) Nous citerons les *Études sur les torrents*, de M. Surell, ingénieur des ponts et chaussées.

nos plantations actuelles, mais qu'il faut encore en créer de nouvelles. Nous ne ferons que les résumer en constatant qu'il s'agit ici, — de l'anéantissement des torrents, de la mise en culture des campagnes qu'ils désolent et convertissent en d'affreuses solitudes ; de l'équilibre du régime d'eau de nos rivières, de la sécurité des propriétés riveraines, des intérêts de notre navigation et de la salubrité du pays ; il s'agit enfin de prévenir la conversion en rocs arides de nos contrées montagneuses, et de rendre productives d'immenses superficies de terrains impropres à toute autre espèce de culture.

DES MOTIFS DE LA CRISE ACTUELLE.

1879. Deux grandes nécessités, la culture des bois et la fabrication du fer, se trouvent en présence, solidaires l'une de l'autre et ne pouvant prospérer, ne pouvant vivre que l'une par l'autre ; et cependant ces deux intérêts, loin de concourir à un but commun, sont en désaccord complet et nous présentent, en ce moment, le triste spectacle d'une lutte qui, si l'on n'y prend garde, pourrait bien se terminer par la ruine de l'une et de l'autre, c'est-à-dire par la fermeture de nos ateliers de fabrication de fer au bois, et par le défrichement d'une forte portion de nos forêts.

Nous sommes loin de nous dissimuler que le succès des mesures propres à prévenir une semblable solution est au moins problématique.

Toutefois, nous ne croyons pas à l'exclusion complète du bois, du traitement du fer.

Sans doute, les transformations seront nombreuses, et peut-être ne subsistera-t-il pas une usine qui marche exclusivement au bois ; mais une renonciation radicale à l'emploi de ce combustible léserait des intérêts trop vivaces pour qu'ils ne se fassent point écouter.

Ce qu'il faut, ce sont des mesures énergiques et immédiates ; à cette condition, nous croyons que tout n'est point encore perdu.

Nous allons donc poser les termes de la situation actuelle ; nous indiquerons ensuite quels sont les divers remèdes qu'il serait urgent d'appliquer à ses difficultés.

1880. *Haut prix du bois.* — Les prix des bois sont trop élevés pour que la fabrication du fer au bois puisse, en général, soutenir la lutte avec celle du fer à la houille, parce que les améliorations dans les procédés de fabrication et dans les prix de vente des produits métallurgiques, se résolvent presque toujours en une augmentation de valeur du combustible végétal ;

— tel est le premier terme de l'impossibilité à laquelle semble aboutir la question si grave qui nous occupe en ce moment.

Cette proposition ressort évidente de la simple comparaison du prix de revient de la fonte et de son prix de vente.

Dans la troisième section de cet ouvrage (1) nous avons cité quelques exemples des prix de revient d'usines au charbon de bois, situées dans les principaux groupes forestiers. Il en résulte, pour la tonne de fonte, un prix moyen de 167 fr., dans lequel le charbon entre pour 107 fr. Depuis lors, la valeur du bois a baissé et varié moyennement de 3 fr. 50 c. à 4 fr. le stère, soit 3 fr. 75 c.; si l'on se rappelle, en outre, qu'il faut environ 15 stères de bois par tonne, et si l'on se reporte à l'évaluation que nous avons donnée précédemment de leurs frais de conversion en charbon (2), on sera conduit au chiffre de 73 fr. seulement, pour la part du charbon, dans le prix de la tonne de fonte que l'on peut donc évaluer à 133 fr. Or, pour que le fabricant pût réaliser un bénéfice de 10 pour 100, il faudrait que la tonne valût 146 fr., tandis que les prix de vente sont restés au-dessous de 140 fr. dans ces dernières années; — sauf quelques fluctuations inévitables et momentanées, ils fléchiront certainement encore sous la concurrence incessante de la fonte étrangère et du fer à la houille; d'ailleurs, nous l'avons dit, la hausse du fer est toujours immédiatement suivie d'un exhaussement dans la valeur du bois.

On ne peut sérieusement espérer de réduction de frais, ni de l'abaissement de la main-d'œuvre, ni de la diminution des frais généraux; le perfectionnement des voies navigables ne se fait d'ailleurs entrevoir que dans un avenir assez éloigné; on arrive donc nécessairement à cette conclusion, que la réduction du prix du bois est le seul remède possible à la pénible situation dans laquelle nos usines sont engagées.

Mais peut-on et doit-on espérer une semblable réduction dans les conditions actuelles? Nous ne le pensons pas.

1881. *Faible valeur de la propriété forestière.* — La propriété des bois est peu productive, elle est loin de rendre un revenu équivalent à celui des terres arables; et d'ailleurs en serait-elle capable, les propriétaires auraient encore un avantage pécuniaire à défricher leurs forêts, ou tout au moins à les exploiter à des époques trop rapprochées, et telles qu'il n'en résulte pas la plus grande quantité possible de matière produite : — c'est ce que nous

---

(1) Chapitre 2, page 432.
(2) 2ᵉ section, page 117.

démontrerons plus loin, et qui prouvera d'une manière évidente que le prix des bois ne saurait être abaissé sans injustice d'une part, et de l'autre sans qu'il en résulte, pour la chose publique, des inconvénients fort graves.

Quoi qu'il en soit, il est de notoriété publique que dans la grande majorité de nos départements, l'hectare de bois rapporte moins, en moyenne, que l'hectare livré à d'autres cultures. Ainsi, d'après Faiseau-Lavanne (1), le revenu des bois n'est guère que le tiers environ de celui des autres terres cultivées. Selon lui, dans la Nièvre, l'hectare de terres arables vaut deux fois celui de bois; l'hectare de vignes, cinq ou six fois; et celui de prés huit fois au moins. Dans la Franche-Comté, toujours selon le même publiciste, les bois produisent au bout de vingt ans, et par hectare, moins de 600 fr., tandis que l'on obtient des autres cultures et dans le même temps :

Pour les terres arables...................... 900 fr.
Pour les vignes 1 260
Pour les prés............................... 2 700

Une autre publication plus récente (2) évalue à 100 fr. par hectare le produit des bonnes terres cultivées de la Haute-Marne, tandis que les bois, situés en mêmes conditions, ne rapportent que 65 fr.; — il est vrai que, dans les mauvais terrains, les forêts peuvent avoir, à leur tour, un avantage marqué sur les autres cultures.

Quoi qu'il en soit, l'intérêt du défrichement peut se démontrer dans presque tous les cas; c'est ce que nous allons faire voir, et c'est là une des principales raisons de ne pas désirer l'avilissement du prix du combustible végétal.

INTÉRÊT DES PROPRIÉTAIRES AU DÉFRICHEMENT.

1882. Pour bien faire comprendre ce que nous allons dire du défrichement, nous croyons nécessaire de donner quelques définitions préliminaires (3) :

1883. On sait que les deux grands modes de culture des bois, consistent : 1° dans la futaie; 2° dans le taillis.

1884. *Futaie.* — On nomme *futaie* la forêt destinée à produire plus

_____

(1) *Recherches statistiques sur les forêts*, 1829.

(2) Noirot-Bonnet, *Annales forestières*, 1842.

(3) Nous les avons empruntées pour la plupart au *Cours élémentaire de culture des bois*, par MM. Lorentz et Parade.

particulièrement des bois de fortes dimensions, et à se régénérer par les graines qui tombent naturellement des arbres.

Toutes les essences sont propres à la futaie, et surtout les bois résineux, qui n'ont pas d'autre mode de se reproduire que la semence; parmi les bois feuillus, le chêne, le hêtre, le châtaignier, l'orme, le frêne, les grands érables, le charme, le bouleau et le robinier, sont ceux auxquels ce traitement peut être appliqué avec le plus d'avantage.

Il faut avoir soin, dans chaque coupe, de laisser des arbres pour l'ensemencement naturel et pour l'abri des jeunes arbres.

Quant à l'âge d'exploitabilité, si l'on a pour but de faire rendre à un terrain le plus de matière possible, il est fixé par les considérations suivantes :

La marche de la végétation est soumise à trois phases distinctes : celle des premières années, pendant lesquelles l'accroissement est faible ; celle de l'âge moyen, pendant lequel il est le plus grand ; enfin celle des dernières années, pendant lesquelles il diminue constamment.

Cela posé, supposons deux forêts égales sous tous les rapports ; exploitons l'une au terme de son âge moyen, cent ans, par exemple ; elle fournira un produit matériel à la composition duquel auront contribué les années les plus favorables à la production ; tandis que l'autre, si on l'exploite à vingt-cinq ans, coupée quatre fois pendant un siècle, se trouvera rejetée, ainsi, quatre fois dans l'âge du plus faible accroissement, et rendra, conséquemment, des produits beaucoup moindres.

On démontrerait de même qu'il y a désavantage à exploiter une forêt à un âge qui dépasse le terme de la phase moyenne.

Il y a donc, pour la futaie, un âge d'exploitation qui résulte de conditions propres à la végétation, et qu'il ne faut ni prévenir ni dépasser.

Le chêne doit être exploité de cent soixante à cent quatre-vingts ans dans les bons sols, et de cent vingt à cent quarante dans les terrains de moindre qualité. Pour le hêtre, l'époque la plus convenable est de quatre-vingts à cent quarante ans ; pour l'orme, de cent à cent vingt ans ; pour le châtaignier, de quatre-vingt-dix à cent vingt ans, ainsi que pour les frênes et les grands érables. L'exploitabilité du sapin tombe entre cent et cent quarante ans ; pour l'épicéa, c'est de quatre-vingt-dix à cent quarante ans. Quant au pin, s'il s'agit de chauffage, l'âge le plus convenable est de quatre-vingts à quatre-vingt-dix ans.

1885. *Taillis.* — On appelle *taillis*, les forêts destinées à se reproduire principalement par le rejet des souches et des racines. Ce mode de régénération prend son principe dans la propriété que possèdent toutes les essences feuillus, à un degré plus ou moins élevé, de donner naissance à des rejets et à des drageons, lorsque l'arbre est coupé à fleur de terre, ou à une certaine élévation au-dessus du sol.

Tous les arbres feuillus sont propres à la méthode du taillis ; le hêtre est le seul auquel ce régime ne semble point convenir.

Il est d'usage de laisser, dans chaque coupe, des arbres de réserve, afin d'exercer sur la croissance des jeunes rejets, l'influence salutaire de l'ombrage, qui conserve de la fraîcheur au sol ; — et afin d'obtenir les semences nécessaires à la régénération future du taillis. Car il y a une limite à la faculté qu'ont les souches de pousser des rejets, et leur existence n'a pas, à beaucoup près, la durée de celle de l'arbre abandonné à sa marche naturelle.

L'expérience a prouvé que, pour fournir d'abondants rejets, il ne faut point que les bois soient coupés à un âge trop avancé ; d'autre part, on affaiblit les souches et l'on diminue considérablement les produits en matière, en coupant à des époques trop rapprochées.

D'après les observations des meilleurs forestiers, c'est entre les deux limites de quinze et de quarante ans qu'il convient de renfermer les périodes d'exploitation. On conçoit, du reste, que les essences et les terrains qui leur servent de base, influent les unes et les autres sur une pareille fixation. Ainsi le chêne, le hêtre, l'orme, le frêne, les grands érables et le charme, qui, dans une terre profonde et substantielle, peuvent être coupés de trente à quarante ans, devront être exploités de vingt à vingt-cinq ans dans un sol maigre qui a peu de fonds, et qui est exposé aux ardeurs du soleil.

La révolution de vingt à vingt-cinq ans peut être considérée comme le plus long terme pour l'aulne, le tilleul, le bouleau, le petit érable, les aliziers, les sorbiers, le merisier et le micocoulier ; quinze à vingt ans est le chiffre convenable, pour ces essences, dans les fonds médiocres, et dans tous les cas, pour les trembles, les grands saules et les châtaigniers.

Enfin les petits saules, les coudriers et autres arbrisseaux peuvent être exploités de cinq à dix ans.

1886. En résumé, la futaie qui permet d'exploiter les arbres à un âge assez avancé, est la méthode qui seule peut faire rendre à un terrain donné le plus de produits possible en matière. Elle est la plus rationnelle aussi, puisqu'elle laisse la végétation se développer suivant la loi naturelle. D'ailleurs elle ne laisse pas que de donner des produits de tous genres, dans l'intervalle d'une exploitation à la suivante ; ces produits, qui répondent à tous les besoins, s'obtiennent au moyen de *coupes de nettoiement* et d'*éclaircies* destinées à préserver les jeunes plants d'une trop grande con currence. Enfin la futaie seule peut faire produire, à notre sol, des bois d'œuvre, dont nous manquons, et qui forment la base de nos importations. — C'est donc la véritable méthode normale.

Mais malheureusement elle n'est point à la portée des petites fortunes. Il est évident qu'un propriétaire en position de placer à intérêt simple ou composé le prix de la coupe annuelle, immédiatement après l'abattage du bois, devra borner la durée de la révolution de son bois au terme où la mieux value qu'il obtiendra, en différant sa coupe, cessera de le dédommager du sacrifice qu'il fait sur ces intérêts.

1887. *Superficie immobilière; aménagement.* — Toute forêt régulièrement traitée, n'est exploitée, chaque année, que partiellement; il est donc laissé sur le sol une certaine masse de bois, permanente, constante, qui forme ainsi une seconde propriété immobilière superposée à la première, c'est-à-dire au sol lui-même.

Pour tirer le meilleur parti possible d'une forêt, il faut l'aménager. — Aménager une forêt c'est la diviser, à l'avance, en un certain nombre de lots qu'on exploite successivement, quand ils sont arrivés à l'âge fixé, de manière à obtenir un produit égal et annuel.

1888. Examinons maintenant les conséquences du défrichement, suivant qu'il atteint un sol de bonne ou de mauvaise qualité.

1889. *Défrichement d'un sol de bonne nature.* — Supposons une forêt de 600 hectares, de qualité moyenne et aménagée à vingt ans. Cette forêt fournira une coupe annuelle de 30 hectares qui donneront un revenu de 18 000 fr., dont il faudra défalquer les frais d'impôt, de garde et d'amélioration, soit donc 16 000 fr. net (1).

Tant que ce terrain restera boisé, la valeur du sol devra être estimée d'après son produit annuel, qu'il faudra capitaliser au denier le plus en usage pour les propriétés territoriales de la localité qui renferme la forêt; — supposons que cet intérêt soit de 5 pour 100; le sol immobilier vaudra alors environ. . . . . 500 000 fr.

Quant à la superficie immobilière, elle se compose de bois âgés, en moyenne, de 10 ans, dont le volume, estimé d'après les tables de Cotta, donne lieu à un produit d'environ. . . . 153 000

Total. . . . . 653 000 fr.

Observons d'abord qu'un revenu de 16 000 fr., pour une propriété im-

---

(1) Les chiffres de contenance et de produit sont tirés d'un travail publié par M. Seguret, *Annales forestières*, 1842.

mobilière de 653000, ne représente qu'un intérêt de 2',45 pour 100. Cet intérêt, qui est l'expression assez générale du produit des forêts dans des conditions moyennes, démontre suffisamment le peu d'élévation, à un point de vue absolu, du prix du combustible végétal; il démontre également l'avantage que les propriétaires peuvent trouver à défricher; ce que nous allons développer davantage.

1890. Si la forêt que nous avons choisie pour exemple, venait à être défrichée, qu'en résulterait-il?

Il se pourrait que le fonds, après le déboisement, donnât, en autres cultures, un produit égal à celui que fournissait le bois; alors :

Le sol produirait.......................... 16 000 fr.
La superficie mobilisée donnerait, à 5 pour 100... 7 650
Total..................... 23 650 fr.

Dans ce cas, on le voit, le propriétaire verrait augmenter son revenu de plus de 7000 fr.; mais la fortune publique, qui jouissait d'une propriété de 653 000 fr., réduite maintenant à 500 000 francs par la destruction de la superficie immobilière, la fortune publique, disons-nous, se trouve évidemment lésée, le capital pécuniaire qui résulte du défrichement n'étant point une création, et ne pouvant nullement compenser le déficit qu'elle subit.

1891. *Défrichement d'un sol ingrat.* — Passons au cas où le terrain défriché se trouvant être peu propre à la culture en terres arables, ne donne plus que les deux tiers, par exemple, du revenu que produisait le sol boisé; dans ce cas, la valeur du sol diminuera des deux tiers également, et l'on aura :

Valeur du sol.................. 330 000 fr.—Produit... 10 700 fr.
Valeur de la superficie mobilisée. 153 000 —Produit... 7 650
18 350 fr.

Dans ce cas, le revenu du propriétaire est encore notablement augmenté; — mais la perte que fait la fortune publique est plus grande encore que précédemment.

1892. On le voit donc, le propriétaire gagnera toujours au défrichement, hors le cas fort rare où la qualité du terrain sera assez mauvaise pour que l'intérêt qu'il retirera de l'abattage de la superficie ne suffise pas à compenser la diminution occasionnée par le changement de culture; et il n'est pas même impossible que, dans ces circonstances extrêmes, il ne se laisse encore séduire par la perspective de réaliser instantanément un capital considérable,

et de recueillir pendant quelques années la rente surélevée que donne toujours un terrain amélioré par la culture du bois.

Quant à la fortune publique, hors le cas tout spécial et très-rare où le
défrichement donne au sol une mieux value pour le moins égale à la valeur
de la superficie immobilière détruite, elle pâtit évidemment à de semblables
transformations.

1893. *Origine des mauvaises méthodes d'exploitation.* — En toutes
circonstances, les propriétaires de bois ont intérêt à exploiter leurs
forêts suivant une méthode anormale, c'est-à-dire à de trop courtes
périodes.

Reprenons l'exemple d'une forêt de 600 hectares exploitée à 20 ans, et
produisant 16 000 fr. par an. Aménagée à 30 ans, elle pourrait, cependant,
fournir le même revenu annuel ; il résulterait de l'exploitation de 20 hectares au lieu de 30, mais rendant chacun 900 fr. au lieu de 600.

Eh bien! la fortune publique a tout à gagner à un semblable système
d'exploitation. En effet, si l'on aménage à 30 ans, la superficie immobilière
sera plus considérable et sa valeur sera plus grande ; les recrus qui la composent auront en moyenne 15 ans au lieu de 10, et sa valeur sera de
233 000 fr. environ au lieu de 153 000. Ainsi, le pays aura, en matière, une
valeur de 80 000 fr. de plus que dans le cas d'un aménagement à 20 ans.

Mais le propriétaire, qui ne jouirait toujours que d'un revenu de
16 000 fr., quoique ayant entre les mains une propriété immobilière plus
considérable, ne s'astreindra pas à conserver un capital improductif ; il
abattra les 180 hectares âgés de 20 à 29 ans qui se trouveront sur son sol ;
il en retirera de 135 à 140 000 fr. qui, à 5 pour 100, lui donneront
au moins 7 000 fr. de rente, et de 30 ans, son aménagement se trouvera
réduit à 20 ; il aura, en réalité, augmenté son revenu de 7 000 fr.

1894. Louis Say (1) l'a dit avec raison : « Pour augmenter sa richesse,
un particulier n'a besoin de diriger ses efforts que vers l'augmentation de
son *revenu pécuniaire*, tandis que ce n'est qu'en augmentant sa *production* qu'une nation s'enrichit.»

Or, cette production en matières irait s'amoindrissant chaque jour, si
l'État venait à vendre à bas prix ses propres produits forestiers ; les autres
propriétaires seraient, il est vrai, entraînés à une baisse semblable ; mais
la dénudation de notre sol, déjà si considérable, augmenterait encore, car
il n'est aucun moyen d'empêcher la ruine d'une culture désavantageuse

_____

(1) *De la richesse individuelle et de la richesse publique.*

aux propriétaires, et il ne resterait bientôt plus de forêts sur pied, que celles de l'État, et celles des grands propriétaires qui aiment mieux créer de vastes réserves immobilières que confier leurs capitaux aux hasards des placements industriels. Aujourd'hui déjà, les forêts ne prospèrent qu'entre les mains du gouvernement et des riches propriétaires; elles s'altèrent entre les mains dont les revenus sont bornés; elles dépérissent enfin, tôt ou tard, lorsqu'elles sont en puissance de propriétaires nécessiteux ou de spéculateurs.

Est-il besoin d'ajouter que de la concentration des forêts en un petit nombre de mains, il ne saurait résulter, à la longue, qu'un renchérissement du combustible végétal ?

DES MESURES PROPRES A ABAISSER LE PRIX DU BOIS.

1895. Nous croyons avoir suffisamment prouvé, d'une part, que l'industrie métallurgique ne saurait supporter une élévation du prix des bois, et, qu'au taux actuel, la lutte contre le fer à la houille devient chaque jour plus difficile pour le fer au bois; — de l'autre, que l'on ne saurait exiger justement, ni même désirer au point de vue de l'intérêt du pays, la dépréciation de la valeur des forêts.

C'est donc à changer les conditions dans lesquelles s'opèrent et la production et le transport du bois, qu'il faut s'appliquer avant tout. Nous allons signaler quelques-unes des mesures propres à atteindre ce but.

MESURES QUI DOIVENT INFLUER SUR L'AVENIR.

1896. *Voies de transport.* — Ce qui doit surtout influer sur l'avenir de la consommation du bois, c'est l'amélioration, la création de voies de transport économiques; le prix accessoire qui, pour le bois, résulte de leur imperfection, la dépréciation qui provient, pour un grand nombre de forêts, de l'absence complète de ces mêmes voies, sont les deux plus grandes causes de la crise actuelle.

Avec un bon système de viabilité, il s'établira dans certains cas une concurrence utile, et toujours des débouchés nouveaux qui sortiront certaines propriétés forestières d'un véritable sommeil. Si les pays montagneux sont dénudés, lorsque, là surtout, la présence d'une végétation active est indispensable, ce n'est pas tant à l'incurie des communes et aux besoins que fait naître l'élève des bestiaux qu'il faut s'en prendre, qu'au manque com-

plet de débouchés pour les bois. Les nouvelles voies augmenteront le coût
du bois dans certaines localités ; mais le prix moyen sera abaissé.

1897. *Reboisement.* — Il est un autre moyen tout aussi puissant, mais
qui demande de plus grands délais encore pour être réalisé, c'est le reboisement ; à cette question se rattache celle de la législation des défrichements dont nous dirons quelques mots :

Tout le monde est d'accord que le système actuel est insuffisant et
arbitraire. Ainsi, personne ne l'ignore, il n'y a point prohibition absolue ; mais les permissions dépendent de volontés administratives soumises, et c'est la force des choses, à l'action d'intérêts, qui peuvent être
différents de celui du pays. L'absence de règles précises a donc conduit
souvent, soit au défrichement de sols ingrats, et placés dans des conditions
qui en rendaient le boisement nécessaire, soit au maintien de la sylviculture sur de riches terrains situés en plaine, qui pouvaient être dépouillés,
sans inconvénients, et qui viennent faire concurrence aux montagnes;
celles-ci ne pouvant la supporter, faute de voies de communication dont
elles sont moins pourvues que leurs rivaux, se sont dénudées petit à petit
au grand dommage du pays. La prohibition absolue aurait au moins autant d'inconvénients, et d'ailleurs, nous l'avons dit, il n'est aucune défense
qui puisse réellement empêcher la destruction graduelle d'une culture contraire aux intérêts du propriétaire.

Nul doute qu'un système qui prendrait la prohibition pour base, mais
en bornant son action à certaines zones de terrains placés dans des conditions spéciales de position, de pente et de qualités, serait de beaucoup
préférable à la méthode actuelle; il y aurait encore servitude, mais au
moins laisserait-elle aux propriétaires la libre disposition des terrains où
l'on peut porter la charrue sans inconvénient, et empêcherait-elle à jamais
ce vandalisme qui consiste à arracher des plantations nécessaires à la régularité de nos cours d'eau, au soutien des terres placées sur des pentes inclinées, à la salubrité de l'air et au roulement de celles de nos usines à fer
qui fabriquent des produits d'élite.

Il y aurait une autre solution qui consisterait à exiger de tout propriétaire, en échange de la permission de défricher, une somme d'argent destinée au repeuplement d'une surface de terrain au moins égale à celle qu'il
s'agirait de dénuder, et qui fût assez élevée pour arrêter tout défrichement de terrains ingrats; ce serait évidemment un moyen d'empêcher
cette perte de la fortune publique qui suit toujours la destruction d'un capital immobilier; et d'ailleurs il est important pour l'industrie métallur-

gique que la masse des bois ne diminue pas; devant la hausse qui suivrait une pareille destruction, l'industrie du fer au bois pourrait périr, et les forêts, ainsi que leurs propriétaires, en sentiraient le violent contre-coup.

Mais, en somme, nous ne croyons point à la complète efficacité de mesures défensives contre le défrichement : ce sont des intérêts qu'il s'agit de créer à l'élève des bois; et il n'est pas plus juste d'interdire le défrichement aux propriétaires, qu'il ne serait libéral de forcer les particuliers et les communes au reboisement, sans leur assurer, dans l'un et l'autre cas, ou des indemnités ou un écoulement suffisamment avantageux de leurs produits.

1898. Le reboisement doit donc marcher de front avec l'établissement de nombreuses voies de communications. Il a, du reste, un vaste champ devant lui : la France contient une surface considérable de landes, genêts, bruyères, pâturages, incapables de donner lieu à une culture productive (1); ajoutons-y les sommités des pays montagneux et les pentes abruptes, les unes et les autres destinées par la nature à la culture des bois ; — tous ces terrains sont dans des conditions telles que la culture en forêts, même en abandonnant leurs produits à bas prix, est encore le meilleur moyen d'en tirer parti. — Enfin, les plantations des routes et chemins peuvent donner des produits importants ; dans certains pays, comme la Belgique, cette ressource empêche, à elle seule, les bois de sciage et de charpente, de prendre un prix trop élevé.

1899. *Amélioration de la culture.* — Nous n'en avons point encore fini avec les améliorations qui, dans un avenir plus ou moins éloigné, nous semblent pouvoir mettre un terme à l'état anormal où se trouve la fabrication du fer vis-à-vis du combustible végétal.

Le perfectionnement des méthodes de culture est appelé à une grande influence sur cette question. La science forestière ne date guère, en France, que de l'année 1827, et les efforts des hommes spéciaux sont loin encore d'avoir produit des résultats sensibles ; on s'en étonnera peu, si l'on réfléchit qu'il s'agit d'une culture dont on ne peut recueillir les produits qu'au bout de périodes assez longues.

Il est certains soins, peu en usage cependant, qui peuvent avoir une action très-décisive sur la quantité de bois qu'une surface donnée est capable de produire, et conséquemment sur le prix de ce combustible. Ainsi, tout le monde sait que les éclaircies destinées à l'aérage des forêts, activent beaucoup leur croissance ; les travaux d'assainissement, les plantations, les élagages, les fossés de clôture sont autant de moyens propres à améliorer la valeur des propriétés forestières ; et il résulte d'expériences récentes de M. Chevandier que les irrigations ont un effet beaucoup plus sensible encore.

Ce bienfait de l'irrigation, qui se manifeste surtout lorsque l'eau agit par infiltration, ce bienfait, disons-nous, peut doubler et quelquefois quadrupler la production. Ainsi M. Chevandier, qui a fait sur ces matières des expériences récentes, a trouvé que, pour les cas extrêmes, l'accroissement annuel des sapins d'environ cent ans, était :

> Dans les terrains fangeux, de moins de 1 kilogramme ;
> —   secs,   —   3
> —   arrosés, d'environ   20

On peut arriver à l'arrosement des terrains secs de diverses manières : des puits artésiens, le passage forcé de ruisseaux ou rivières sur le flanc des coteaux ou montagnes (1), la retenue des eaux pluviales, tels sont les moyens que l'on peut employer avec succès.

M. Chevandier conseille de diviser la montagne en zones de 12 à 15 mètres de largeur, de creuser pour chaque division des fossés horizontaux, sans écoulement et ouverts sur 75 centimètres à 1 mètre de largeur et de profondeur ; les frais d'établissement de ces fossés ne dépassent pas 7 c. par mètre courant, en moyenne 40 fr. par hectare.

1900. *Amélioration des méthodes d'exploitation.* — Le mode d'exploitation, nous l'avons dit, a une influence très-grande sur la quantité de matière que produit une forêt, et à ce point de vue l'on ne saurait trop souhaiter de voir se généraliser les aménagements à long terme ; mais comment, dans l'état actuel du crédit, obtenir des particuliers et des communes la réalisation d'une méthode qui n'est pas la plus avantageuse possible à leurs revenus pécuniaires ? — C'est tout au plus si on peut l'espérer des grands propriétaires terriens, — ou de ceux dont les bois sont situés en dehors des voies de communication ; le prix de transport étant plus sensible sur du bois de chauffage, que sur les bois de service dont la production est propre aux aménagements à long terme.

A une si fâcheuse situation, nous ne connaissons qu'un remède, c'est la révision du système hypothécaire, dont tant de bons esprits s'occupent en ce moment ; c'est la facilité donnée à l'agriculture de contracter des emprunts capables d'améliorer la culture ; c'est, en un mot, la mobi-

----

(1) Polonceau, *Annales forestières*, 1844.

lisation des titres hypothécaires. Nous ne connaissons pas d'autres mesures qui puissent permettre aux détenteurs des forêts d'adopter le mode d'exploitation le plus convenable, le plus fécond en produits de tous genres et de contribuer ainsi à terminer une lutte réellement déplorable.

MESURES PROPRES A INFLUER SUR LE PRÉSENT.

1901. Les mesures que nous venons de retracer à grands traits, ne sauraient malheureusement avoir d'effet réellement efficace, que dans un avenir assez éloigné; mais le mal est actuel et veut des remèdes actuels. Nous n'oserions avancer qu'il en existe de bien puissants, et c'est ce qui rend la situation de l'industrie du fer au bois, sérieusement inquiétante; il y a cependant, dès aujourd'hui, quelques réformes à entreprendre, qui suspendraient bien certainement l'issue funeste que l'on peut craindre de la crise actuelle, et permettraient, peut-être, d'attendre l'effet de mesures plus radicales.

La propriété forestière et ses produits sont, sous plusieurs rapports, soumis à un régime exceptionnel, injuste certainement, et qui les met en un état d'infériorité qu'il est possible de faire cesser en faisant cesser l'exception.

Le sol de la France renferme à peu près 7 millions d'hectares de bois. Sur ce nombre :

> 1 097 423 appartiennent à l'État ;
> 1 803 979 aux communes et établissements publics ;
>   108 537 à la liste civile ;
> 3 637 963 aux particuliers.

La propriété forestière représente donc, en étendue, le septième de notre sol ; mais elle est loin d'être traitée selon son importance réelle.

1902. *Servitudes de la propriété forestière.* — Tandis que les autres propriétaires peuvent, à volonté, changer, transformer leur culture, selon leurs besoins et leur intérêt, le propriétaire des bois ne jouit point de cette liberté commune. Mais lorsque l'État demande à un particulier le sacrifice de son intérêt propre à l'intérêt général du pays, il lui doit une indemnité, une compensation. Les propriétaires des bois en ont-ils reçu de notre législation ? ont-ils été dégrévés d'une partie de l'impôt foncier, comme il serait juste ? Tout au contraire.

1903. *Impôt foncier.* — Par suite des abus qui ont accompagné l'établissement de l'impôt foncier, le sol boisé est généralement surtaxé ; il a été établi, sur pièces authentiques, aux conférences forestières qui ont eu lieu à Paris en 1845, que, proportionnellement au revenu réel des diverses cultures, l'impôt établi sur les bois est de 59 pour 100 plus élevé que sur

les autres terrains ; dans la commune d'Ormoy (Oise), par exemple, la
propriété forestière paie 15 fr. 90 c. d'impôt, quand la propriété rurale
n'en paie que 10.

1904. *Frais de garde.* — Il est d'autres inégalités encore ; ainsi le propriétaire de bois a les frais de garde à sa charge spéciale ; ce qui ne l'empêche
pas de contribuer comme tous les autres propriétaires, aux frais du garde
champêtre, dont la surveillance ne s'étend généralement qu'aux propriétés
rurales ; d'ailleurs le procureur du roi, qui poursuit d'office les délits
ruraux, s'arrête devant les délits forestiers qui sont les plus mal réprimés
de tous. Toutes ces causes contribuent à rendre la propriété forestière oné-
reuse, et pourraient être facilement supprimées.

1905. *Droits de navigation.* — De toutes les exploitations de combustibles, celles du bois sont le plus mal pourvues de voies de communication ; ce qui s'explique si l'on vient à réfléchir qu'elles sont, le plus
souvent, en pays montagneux ou écartés, et qu'elles ne sont pas condensées,
sur un point, comme les exploitations houillères. — A-t-on du moins cherché à parer à cet inconvénient en dégrévant les transports du bois ? Pas le
moins du monde ; et lorsque, dans la plupart des tarifs de chemins de
fer et de canaux, nous lisons un abaissement tout spécial en faveur de la
houille, ces mêmes tarifs restent élevés à l'égard du bois.

1906. *Octrois.* — Il serait important de soulager le bois d'une partie
de ses droits d'octrois, qui sont fort élevés ; il résulte d'une publication
spéciale (1) que les frais qui en résultent, s'élèvent aux proportions suivantes :

Bois à charbon....	14,67 pour 100 du prix payé par le consommateur.
Bois de chauffage..	16,22 "
Bois de service....	12,23 "

1907. *Droits protecteurs.* — Si l'on voulait s'occuper sérieusement
du repeuplement des bois et de l'adoption des bonnes méthodes d'aménagement, ne serait-il pas à propos de protéger la sylviculture contre
l'envahissement des bois étrangers ? L'importation s'est élevée, du chiffre de
20 millions où elle était en 1827, à celui de 45 millions en 1842. Cette
considération devient encore plus frappante, si l'on observe que, sur ces
45 millions, le bois à brûler n'entre que pour un million environ, tandis
que le bois à construire y entre en proportion immense ; une protection
plus efficace aurait donc pour résultat de favoriser les aménagements à

---

(1) Delbet, *Annales forestières*, 1845.

long terme et la culture en futaie, qui seuls peuvent rendre des produits
plus nombreux et plus beaux.

1908. *Encouragements de l'État.* — Nous ne terminerons pas sans dire
un mot des encouragements directs que l'État pourrait porter à la consommation du bois, en donnant le plus de facilités possible aux industries
qui consomment ce combustible; ainsi, loin d'écarter les usines des forêts,
comme on le fait aujourd'hui, l'administration devrait les admettre dans
son sein, et encourager toutes recherches de mines, carrières, etc.,
dont les forêts recèlent de nombreux dépôts encore inconnus.

RÉSUMÉ.

1909. Pour nous résumer :

L'industrie du fer au bois, devant la concurrence menaçante qui lui dis-
pute le marché, ne saurait supporter une augmentation du prix actuel des
bois, qui n'est déjà que trop onéreux ; cette proposition est rendue évidente par la souffrance bien connue des districts métallurgiques qui emploient le combustible végétal.

D'autre part, les propriétaires de bois ne sauraient subir de dépréciation
dans la valeur de leurs produits ; n'est-ce point suffisamment prouvé par
l'empressement général à défricher, et l'intérêt public n'exige-t-il pas im-
périeusement la conservation des forêts ?

La situation actuelle, si elle est maintenue, aboutira nécessairement à la
ruine de la précieuse industrie du fer au bois, — au défrichement, impossible
à empêcher, d'une grande partie de nos forêts, — et à la concentration de
cette précieuse culture entre les mains de l'État et des grands propriétaires.

A cet état de choses, il existe divers remèdes ;

Pour le présent : diminution de l'impôt foncier, du droit d'octroi et
des tarifs de canaux et chemins de fer ; augmentation de surveillance et de
répression ; — enfin l'État peut imprimer au travail du fer surtout, et à la
fabrication en général, une activité qui, jointe au maintien de la protection, assure et au fer et au bois des prix qui leur permettent d'attendre de
plus larges améliorations.

Pour l'avenir : avant tout et surtout la création de nombreuses et
bonne voies de transport ; une nouvelle loi sur les défrichements et les
reboisements, qui favorise la culture, en bois, des terrains qui leur sont
propres et auxquels ils sont nécessaires, et crée ainsi une augmentation
de superficie boisée ; enfin une nouvelle loi sur les hypothèques qui, mobi-
lisant davantage la fortune territoriale, permette la propagation de la culture du bois et des meilleures méthodes d'exploitation.

RÉPARTITION DES FORÊTS SUR LE SOL DE FRANCE.

1910. Nous sommes loin de l'époque où la majeure partie du sol de la France était couverte de forêts épaisses ; le bas prix du bois, le manque de surveillance et les guerres amenèrent progressivement la disparition de nos plus belles masses boisées ; enfin les révolutions et les guerres que nous avons eu à traverser depuis un demi-siècle environ, ont mis la dernière main à cette œuvre de destruction.

Bouleversée en 1789, et sans constitution fixe et régulière jusqu'en 1820, l'administration forestière n'a eu, pendant ce long espace de temps, ni la force ni l'instruction nécessaire à la répression du mal et à sa réparation.

Aujourd'hui qu'il est à son comble, les esprits s'inquiètent, et le mot de reboisement se trouve en toutes les bouches ; — mais il faut plus que du zèle, plus que des capitaux pour reconstituer en France la quantité de bois normale et nécessaire à ses besoins : il faut du temps.

1911. *Dépeuplement du sol.* — On est sérieusement effrayé quand on vient à considérer la nudité de certaines portions de notre territoire ; celle des départements qui avoisinent l'Océan, la Méditerranée et le Rhône, surtout. Ainsi, l'on peut parcourir deux cent quinze lieues, en ligne droite, de Brest à Montpellier, sans en traverser plus de huit qui soient boisées ; on peut également se rendre, en ligne droite, de Cherbourg à Bagnères-de-Luchon, sur un parcours de deux cents lieues, sans en rencontrer plus de treize en forêts ; enfin de Lyon à Rochefort, sur une longueur de cent quinze lieues, il n'y en a pas plus de sept en bois.

1912. *Portions les plus boisées.* — Le nord-est de la France, les Pyrénées et les Alpes sont les seules portions de notre territoire où l'on rencontre encore de grandes masses de forêts.

Le département du Haut-Rhin et celui des Vosges sont ceux où l'on observe la proportion la plus élevée entre sol boisé et la superficie totale ; viennent ensuite, suivant l'ordre d'importance, les départements de Haute-Marne, Bas-Rhin, Meuse, Meurthe, Jura, Côte-d'Or, Nièvre, Moselle, Doubs, Yonne, Gard, Cher, Hautes et Basses-Pyrénées, Landes, Isère, Eure, Ariége.

1913. *Portions les plus dépeuplées.* — Les départements les plus dépouillés sont ceux de Corrèze, Finistère, Morbihan, Vendée, Manche, Corse, Haute-Vienne, Rhône, Côtes-du-Nord, Charente, Mayenne, Maine-et-Loire, Lot-et-Garonne, Loire-Inférieure, Ille-et-Vilaine, Charente-Inférieure, Aveyron, Tarn et Puy-de-Dôme.

1914. *Répartition des forêts suivant les divers groupes métallurgiques.* — Le tableau suivant fait connaître le nombre d'hectares de forêts qui existent dans les divers groupes d'usines à fer (1).

TABLEAU CXIV. — TABLEAU DES SURFACES BOISÉES DE CHACUN DES GROUPES D'USINES A FER.

NUMÉROS des GROUPES.	ÉTENDUE DES FORÊTS			TOTAUX.
	DE L'ÉTAT.	DES COMMUNES.	DES PARTICULIERS.	
	hectares.	hectares.	hectares.	hectares.
1	211 101	578 826 $\frac{1}{2}$	292 000	1 081 927 $\frac{1}{2}$
2	82 913	2 553	460 000	545 466
3	33 722 $\frac{1}{2}$	2 094 $\frac{1}{2}$	252 000	287 817
4	8 403	10 423 $\frac{1}{2}$	235 000	253 826 $\frac{1}{2}$
5	23 464 $\frac{1}{2}$	92 810	73 000	189 274 $\frac{1}{2}$
6	163 432	206 242 $\frac{1}{2}$	257 000	626 674 $\frac{1}{2}$
7	133 113	257 251 $\frac{1}{2}$	343 000 ·	733 364 $\frac{1}{2}$
8	81 809	61 366	493 000	636 175
9	7 793	51 920	264 000	323 713
10	46 149	5 035 $\frac{1}{2}$	196 000	247 184 $\frac{1}{2}$
11	21 264 $\frac{1}{2}$	99 719	155 000	275 983 $\frac{1}{2}$
12	213 946 $\frac{1}{2}$	154 913	141 000	509 859 $\frac{1}{2}$
Départements en dehors.	70 312	280 824	585 500	936 636
	1 097 423	1 803 979	3 746 500	6 647 902
	2 901 402			

1915. *Production en matière.* — M. Héron de Villefosse estimait, en 1826, à 4ʳ,6 par hectare, le produit annuel de nos forêts.

Les comptes rendus des mines de 1838 l'évaluent ainsi de leur côté :

Forêts de l'État....... 4ʳ,915 ⎫
— des communes... 4 ,084 ⎬ Moyenne générale. 4ʳ,1583.
— des particuliers.. 4 ,035 ⎭

M. Noirot aîné (*Annales forestières*, 1843) porte à 4ˢᵗ,9 la moyenne générale.

Le chiffre de 4ʳ,6 nous semble donc devoir être admis, ce qui porte à 30 600 000 stères environ la production annuelle de nos forêts.

_____

(1) Voir au chapitre suivant la position géographique des divers groupes d'usines à fer.

EXPLOITATION ET PRÉPARATION DES BOIS.

1916. *Adjudications.* — On sait que la vente des bois de l'État et des communes se fait par adjudication publique (1). Le mode généralement

---

(1) Voici le cahier des charges des ventes de bois; il explique complétement le mécanisme des adjudications :

CAHIER DES CHARGES.
TITRE PREMIER.
DES ADJUDICATIONS.

Article 1er. Les coupes à exploiter par contenance seront adjugées à l'hectare.

Il ne pourra être fait aucune réclamation ni diminution de prix pour les places vides, mares, fossés, chemins, avenues qui se trouvent dans l'intérieur des coupes, mais seulement pour les routes royales et départementales dont la distraction n'aurait pas été faite aux plans et procès-verbaux d'arpentage.

L'affiche indiquera si les bois provenant des laies et tranchées font partie de la vente.

Les arbres qui s'exploitent, soit séparément du taillis, soit en jardinant ou par éclaircie, seront adjugés en bloc et sans garantie du nombre.

Toutes les coupes par hectare ou par nombre d'arbres seront adjugées sans garantie d'essence, d'âge et de qualité.

Article 2. Les ventes de coupes pourront se faire soit par adjudications au rabais, soit par adjudications aux enchères et à l'extinction des feux, soit enfin sur soumissions cachetées.

Les ventes, à la première séance, n'auront lieu qu'au rabais.

Lorsque des coupes ou des lots de coupes resteront invendus, le préfet procédera, séance tenante, si toutefois le conservateur en fait la proposition, à une nouvelle adjudication par lots, par réunion de lots, ou en bloc, par coupe.

Lorsque, faute d'offres suffisantes, les adjudications n'auront pu avoir lieu, elles seront, sur la proposition du conservateur, ou remises, séance tenante et sans nouvelles affiches, au jour qui sera indiqué par le président, ou renvoyées à l'année suivante.

Néanmoins, le directeur général pourra autoriser la remise en vente, après nouvelles affiches, des coupes non adjugées, ou ordonner, avec l'approbation du ministre des finances, leur exploitation par économie, s'il s'agit de forêts domaniales, de même qu'il pourra prononcer le renvoi immédiat à l'année suivante des adjudications pour lesquelles une remise aurait été indiquée.

A la seconde séance, le conservateur pourra employer celui des modes qu'il jugera le plus convenable, ou les employer l'un et l'autre, et dans l'ordre qu'il déterminera.

A l'égard des coupes des bois des communes et des établissements publics, le préfet, sur la proposition du conservateur, pourra, en cas d'insuccès, autoriser l'exploitation des coupes par un entrepreneur responsable, et la vente, en blocs ou par lots, des produits façonnés de ces coupes dans une des communes voisines de la situation des bois.

adopté, c'est la vente au rabais ; le prix fixé par l'administration des forêts étant successivement diminué, à la criée, jusqu'à ce que l'un des acheteurs prononce les mots : *Je prends*.

Article 3. La vente au rabais aura lieu de la manière suivante :

La mise à prix et le taux auquel les rabais devront être arrêtés seront déterminés par le conservateur ou l'agent forestier qui le remplacera. Le chiffre en sera remis au président de la vente, après la lecture de chaque article de l'affiche.

La mise à prix annoncée par le crieur sera diminuée successivement jusqu'à ce qu'une personne prononce les mots : *Je prends*.

Dans le cas où plusieurs personnes se porteraient simultanément adjudicataires de la même coupe, elle sera tirée au sort entre elles, d'après le mode qui sera fixé par le président de la vente, sur la proposition de l'agent forestier, à moins que l'une d'elles ne réclame les enchères.

Article 4. L'adjudication aux enchères sera faite après l'extinction de trois bougies allumées successivement. Si, pendant la durée de ces trois bougies, il survient des enchères, l'adjudication ne pourra être prononcée qu'après l'extinction d'un dernier feu sans enchère survenue pendant sa durée.

Les enchères pour les coupes par contenance ne pourront être moindres de 5 francs pour les mises à prix au-dessous de 200 francs, de 10 francs pour celles de 200 à 500 francs, de 20 francs pour celles de 501 à 1000 francs, et de 25 francs pour celles au-dessus de 1000 francs.

A l'égard des ventes d'arbres qui se feront par nombre, les enchères ne pourront être moindres du vingtième de la mise à prix si elle est de 500 francs et au-dessous, du vingt-cinquième si elle est de 501 à 1000 francs, et du quarantième si elle excède 1000 francs.

Les rabais et enchères prononcés entre la première et la dernière criée ne seront pas inscrits au procès-verbal d'adjudication.

Article 5. L'adjudication par voie de soumissions aura lieu de la manière suivante :

Les soumissions * devront toujours être faites sur papier timbré et remises cachetées au commencement de la séance publique. Le président fixera un délai passé lequel aucune soumission ne pourra plus être déposée; il sera ensuite procédé à leur ouverture. L'adjudication sera prononcée par le président, si le conservateur, ou son délégué, juge l'offre suffisante.

Lorsque plusieurs soumissionnaires auront offert le même prix, et que ce prix sera jugé suffisant, cette coupe sera tirée au sort entre eux, d'après le mode qui sera fixé par le président de la vente, sur la proposition de l'agent forestier, à moins que l'un d'eux ne réclame les enchères.

MODÈLE DE SOUMISSION.

DÉPARTEMENT
d

—

ARRONDISSEMENT
d

Je soussigné (*nom, prénoms et demeure*), après avoir pris connaissance du cahier des charges et de l'affiche concernant les coupes (*domaniales ou communales*) de l'exercice 184 , déclare me rendre adjudicataire des lots (*séparés ou réunis*) de la coupe désignée sur l'affiche sous le n°   , aux clauses et conditions exprimées dans ledit cahier des charges, moyennant le prix (*en toutes lettres*) par hectare, ou le prix de (*en toutes lettres* pour la totalité de la coupe, décime non compris.

Ce mode offre l'avantage de diminuer, pour les maîtres de forges, le danger de la concurrence des marchands de bois et des hausses factices

L'offre faite pour l'ensemble des lots de la coupe à vendre ne sera admise qu'autant qu'elle sera supérieure au montant des soumissions partielles, y compris, pour les lots non soumissionnés, le prix de l'estimation de ces lots.

Si l'offre jugée suffisante par le conservateur est au-dessous du prix auquel la coupe aurait été laissée à la séance précédente, il sera allumé des feux sur cette offre, et toutes personnes seront admises à faire des enchères. Dans le cas où aucune enchère ne serait faite, la coupe restera adjugée au taux de la soumission.

Article 6. Les personnes insolvables ne pourront prendre part aux adjudications.

Le fonctionnaire chargé de présider la vente sera juge de la solvabilité.

Aucune offre exagérée ne pourra être acceptée qu'autant que la personne qui l'aura faite fournira à l'instant une caution et un certificateur de caution solvables.

Article 7. La déclaration de command ne pourra être faite que séance tenante.

Si le command a les qualités requises pour être admis, et si l'adjudicataire présente son mandat immédiatement, l'acceptation du command ne sera pas nécessaire; mais si ce dernier n'a pas donné le mandat, il sera tenu d'accepter par le procès-verbal même d'adjudication, et séance tenante.

La déclaration de command et l'acceptation, étant insérées dans le procès-verbal, ne donneront lieu à aucun droit particulier.

Article 8. Les minutes des procès-verbaux d'adjudication seront rédigées sur papier visé pour timbre, et signées sur-le-champ par tous les fonctionnaires présents et par les adjudicataires ou leurs fondés de pouvoirs; et, dans le cas d'absence, ou s'ils ne veulent ou ne peuvent signer, il en sera fait mention au procès-verbal.

Article 9. Chaque adjudicataire sera tenu, sous les peines portées par l'article 24 du Code forestier, de donner, dans les cinq jours qui suivront celui de l'adjudication, une caution et un certificateur de caution reconnus solvables, lesquels s'obligeront solidairement avec l'adjudicataire à toutes les charges et conditions de l'adjudication.

L'adjudicataire sera, dans le cas de déchéance, tenu de payer les frais de la première adjudication, à raison de 1 1/2 pour 100 sur le prix principal.

Article 10. Les cautions et certificateurs seront reçus du consentement du receveur général du département ou de son fondé de pouvoirs, et en présence du receveur des domaines, pour les coupes de bois domaniaux et les coupes extraordinaires des bois des communes et établissements publics, et du consentement des maires et des receveurs de ces communes, et des administrateurs et receveurs des établissements publics, pour les coupes ordinaires.

Les actes en seront passés au secrétariat du lieu de la vente, et à la suite du procès-verbal d'adjudication.

TITRE II.

DU PRIX DES VENTES ET DES CHARGES ACCESSOIRES.

Article 11. Outre le prix principal de l'adjudication, il sera payé :

Par les adjudicataires des coupes de bois domaniaux,

qui peuvent résulter de l'accaparement des coupes par ces derniers. Toutefois, il a une assez large part dans l'exaltation des prix du bois; la crainte
qu'il éprouve, à chaque instant, d'entendre la voix de ses compétiteurs, et
la chaleur de l'adjudication orale, entraînent souvent l'acheteur un peu loin;
à ce point de vue, la méthode d'adjudication par soumissions cachetées
donne lieu à une concurrence plus réfléchie, plus digne peut être d'un
concours fait sous les auspices de l'État.

Un décime pour franc;

Trois pour 100 pour travaux,

Un et demi pour 100, tant pour les droits fixes de timbre et d'enregistrement des procès-
verbaux et actes relatifs à l'adjudication, que pour tous autres frais;

Et par les adjudicataires des coupes de bois des communes et des établissements publics,

Un décime pour franc;

Les droits fixes de timbre et d'enregistrement du procès-verbal et des autres actes relatifs
à l'adjudication.

Les adjudicataires des coupes des bois des communes et établissements publics verseront,
en outre, dans la caisse du receveur des domaines, conformément à la loi du 25 juin 1841,
5 pour 100 du prix principal de leur adjudication.

Les adjudicataires des coupes de bois indivises entre l'État et les communes ou les établissements publics verseront aussi, à la caisse du receveur des domaines, 5 pour 100 du prix
principal d'adjudication de la portion afférente auxdits propriétaires.

Chaque adjudicataire des coupes de bois domaniaux, communaux, d'établissements publics et indivises, paiera de plus les droits proportionnels d'enregistrement sur le montant
de l'adjudication et sur le décime, ainsi que sur les charges accessoires.

Article 12. Les adjudicataires verseront, immédiatement après la réception des cautions,

Pour les bois domaniaux,

Le un et demi pour 100 et les droits proportionnels d'enregistrement, dans la caisse du
receveur soit de l'enregistrement, soit des domaines;

Pour les bois communaux et d'établissements publics,

Le décime pour franc du prix principal, dans la caisse du receveur de la commune ou de
l'établissement propriétaire;

Les droits fixes et proportionnels de timbre et d'enregistrement, dans les caisses des receveurs, soit de l'enregistrement, soit des domaines.

Le 5 pour 100 du prix principal des coupes communales, d'établissements publics et indivises (portion afférente aux copropriétaires de l'État), sera versé à la caisse du receveur des
domaines, dans le délai de dix jours.

Article 13. Dans les dix jours de l'adjudication, chaque adjudicataire fournira au receveur
général des finances du département, pour les coupes des bois domaniaux et les coupes
extraordinaires des bois des communes et des établissements publics, et aux receveurs de ces
communes et établissements pour les coupes ordinaires,

Quatre traites payables au domicile desdits receveurs, aux échéances suivantes :

1917. *Prix du bois sur pied.* — Le prix du bois sur pied était arrivé, moyennement, en 1842, à 5 fr. le stère; depuis, il est descendu à 4 fr.

La première, au 31 mars 1845 ; la seconde, au 30 juin ; la troisième, au 30 septembre ; la quatrième, au 31 décembre *.

Chacune de ces traites comprendra, pour les coupes domaniales, le quart du prix principal, du décime pour franc et du 3 pour 100, et pour les coupes des bois des communes et des établissements publics, le quart du prix principal seulement : les fractions, s'il en existe, seront comprises dans la dernière traite.

Les traites n'opéreront ni novation ni dérogation aux droits résultant du procès-verbal d'adjudication, au profit de l'État, des établissements propriétaires.

Tout adjudicataire qui n'aura pas fourni ses traites dans le délai prescrit ci-dessus y sera contraint par les voies de droit, et tenu, en outre, de payer, soit à l'État, soit à la commune ou à l'établissement public propriétaire, à titre de dommages-intérêts, une somme équivalente au vingtième du prix total de son adjudication.

Article 14. Lorsque la même personne sera devenue adjudicataire de plusieurs lots d'une même coupe, elle conservera la liberté de souscrire des traites spéciales pour chaque lot; mais elle pourra ne fournir que des traites collectives pour le paiement des divers lots adjugés, si les receveurs, après avoir agréé les cautions et certificateurs, jugent cette mesure compatible avec leur responsabilité.

Lorsqu'un bois sera indivis entre l'État et une commune, ou entre plusieurs communes, il sera souscrit des obligations séparées pour la somme revenant à chaque propriétaire.

Article 15. Les receveurs généraux feront poursuivre en leur nom, tant contre l'obligé principal que contre ses caution et certificateur de caution, le paiement des traites, conformément aux lois existantes.

Modèle des traites qui doivent être souscrites.

ÉCHÉANCE

à

TRAITE D'ADJUDICATION DE COUPES DE BOIS.

COUPE DE L'EXERCICE 184 .

DÉPARTEMENT

à

A (nom de la ville), *ce* (la date du jour où la traite est tirée), *BON pour la somme de* (en chiffres).

Au (le jour et le nom du mois) *prochain fixe, payez par cette seule de change à l'ordre de M.* (le nom de la caution qui endossera), *la somme de* (en toutes lettres), *valeur en paiement, à échoir à la même époque, de la coupe* (nom de la coupe, du bois ou de la forêt) *dont vous êtes adjudicataire, et sans avis de* (ici le nom du certificateur qui tirera la traite).

Accepté pour la somme de (en toutes lettres), *que je m'engage à payer, à l'échéance, à la caisse de M. le Receveur* (désigner le receveur).

(Ici le nom de l'adjudicataire, qui, comme principal obligé, doit accepter.)

A Monsieur

Monsieur (le nom de l'adjudicataire),
adjudicataire de la coupe (la désigner),
à (domicile exact de l'adjudicataire).

et même à 3 fr. Mais les prix de 1845 indiquent un retour à l'ancien régime ; suite naturelle d'un accroissement de consommation et d'une certaine hausse dans la valeur des fers et fontes.

Le recouvrement du produit des coupes ordinaires des bois des communes et des établissements publics sera fait, dans les formes accoutumées, par les receveurs des communes ou des établissements propriétaires.

Article 16. En cas de retard de paiement, les intérêts courront de plein droit, sur le pied de 5 pour 100 par an, à partir du jour de l'exigibilité des sommes dues.

Article 17. Dans les dix jours de l'adjudication, et après l'acquittement des sommes désignées en l'article 11, il sera délivré à l'adjudicataire, au secrétariat du lieu de la vente, une expédition du procès-verbal de son adjudication et un exemplaire du cahier des charges et des clauses spéciales, le tout sur papier visé pour timbre.

TITRE III.

EXPLOITATION, BOIS DE MARINE, VIDANGE, RÉARPENTAGE ET RÉCOLEMENT.

Article 18. Le garde-vente que l'adjudicataire doit avoir, conformément à l'article 31 du Code, ne pourra être parent ou allié du garde du triage et des agents de la localité.

L'adjudicataire pourra présenter l'un de ses ouvriers comme garde-vente pour les coupes de taillis de peu de valeur. Le facteur ou garde-vente de l'adjudicataire sera tenu, toutes les fois qu'il en sera requis, de représenter son registre aux agents forestiers, pour être visé et arrêté par eux.

L'adjudicataire pourra permettre à tous individus auxquels il livrera des bois provenant de sa coupe, de les marquer d'un marteau spécial, afin de faciliter la reconnaissance desdits bois aux personnes chargées par les acheteurs de les enlever. L'empreinte de ce marteau particulier sera apposée à côté de celle du marteau de l'adjudicataire.

Article 19. Tout adjudicataire qui, avant la délivrance du permis d'exploiter, réclamera une vérification à l'effet de faire constater un déficit dans le nombre des arbres de réserve indiqué au procès-verbal de balivage et martelage, s'engage, par le seul fait de sa demande, à payer à la caisse du receveur des domaines du canton de la situation des bois une indemnité de 10 francs par jour de travail de chaque agent, et de 3 francs par jour de travail de chaque garde, s'il est reconnu qu'il n'existe pas de déficit.

Article 20. L'adjudicataire est tenu de prendre le permis d'exploiter, au plus tard, dans le délai d'un mois, à dater du jour de l'adjudication ; à défaut de quoi il sera tenu de payer à l'État, pour les coupes de bois domaniaux, aux communes et établissements publics, pour les coupes de bois leur appartenant, à titre de dommages-intérêts, une somme équivalente au quarantième du prix principal de son adjudication. Pareille somme sera due par chaque quinzaine de retard.

Article 21. Ce permis lui sera délivré par l'agent forestier chef de service, avec une expédition du procès-verbal d'arpentage et du plan de la coupe, sur la présentation des pièces dont le détail suit :

1° Les certificats constatant qu'il a fait admettre ses cautions, fourni ses traites et satisfait

Nous le répétons ici, entre les mains de l'État et de propriétaires qui n'ont point la faculté du défrichement, les bois n'ont de prix que celui

---

aux paiements exigés par l'article 11 du présent cahier des charges; 2° l'expédition du procès-verbal de son adjudication; 3° l'acte de la prestation de serment de son facteur ou garde-vente; 4° le registre dudit garde, pour être coté et paraphé; 5° son marteau, dont la forme sera triangulaire.

L'agent forestier apposera son visa sur les pièces mentionnées aux nombres 1°, 2° et 3° du présent article.

Article 22. L'adjudicataire remettra le permis au garde général, et il le préviendra du jour où il se proposera de commencer l'exploitation.

Article 23. A moins de clauses contraires, les bois seront exploités à tire et aire, et à la cognée, le plus près de terre que faire se pourra, de manière que l'eau ne puisse séjourner sur les souches. Les racines devront rester entières.

Article 24. Les coupes seront nettoyées, savoir : en ce qui concerne le ravalement des anciens étocs et l'enlèvement des épines, ronces et autres arbustes nuisibles, avant le terme fixé pour l'abatage; en ce qui concerne le façonnage des ramiers, avant le 1er juin 184 .

A l'égard des ramiers provenant des bois qui auront été écorcés, en vertu du procès-verbal d'adjudication, ce dernier délai est prorogé jusqu'au 1er juillet suivant.

Article 25. Le mode d'exploitation dans les forêts traitées en futaie sera fixé par des clauses spéciales.

Article 26. Toute contravention aux clauses et conditions du cahier des charges générales et spéciales, relative au mode d'abatage des arbres et au nettoiement des coupes, sera punie conformément à l'article 37 du Code forestier.

Article 27. Il est interdit à l'adjudicataire, à moins que le procès-verbal d'adjudication n'en contienne l'autorisation expresse, de peler ou d'écorcer sur pied aucun des bois de sa vente, sous les peines portées par l'article 36 du même Code.

Article 28. L'adjudicataire respectera tous les arbres mis en réserve, quels que soient leur qualification et leur nombre.

Dans aucun cas, ni sous quelque prétexte que ce soit, il ne pourra être délivré à l'adjudicataire aucun des arbres de réserve, quand même il s'en trouverait un nombre excédant celui porté aux procès-verbaux de martelage et d'adjudication. Cet excédant ne pourra donner lieu à aucune indemnité en faveur de l'adjudicataire.

Il représentera les baliveaux de tout âge et autres arbres réservés, même ceux qui seraient cassés ou renversés par les vents, ou par des accidents de force majeure indépendants du fait de l'exploitation.

Si des arbres étaient ainsi abattus pendant l'exploitation, l'adjudicataire sera tenu d'en avertir sur-le-champ l'agent forestier chef de service, pour qu'il en soit marqué d'autres en réserve, s'il y a lieu, et il en sera dressé procès-verbal.

Les arbres abattus ne pourront être donnés à l'adjudicataire en compensation de ceux marqués en remplacement; il sera fait estimation contradictoire des arbres nouvellement marqués en réserve, pour rendre indemne l'acquéreur.

Article 29. Si des réserves encrouées, abattues ou endommagées par le fait de l'exploi-

qu'en peuvent offrir les consommateurs; leur valeur est donc plutôt factice que réelle, et ce sont eux, presque toujours, qui profitent des améliora-

---

tation, doivent être remplacées, leur remplacement s'effectuera comme il est dit à l'article ci-dessus; mais, dans ce cas, on distrairait de l'indemnité à laquelle l'adjudicataire aurait droit, pour les arbres marqués en remplacement, le montant du dommage causé par son fait. Ce dommage sera réglé contradictoirement, et le minimum en sera fixé à l'avance, pour chaque nature de réserve, par les clauses spéciales.

Si un arbre encroué peut être dégagé sans abattre la réserve, l'agent forestier chef de service réglera le montant du dommage que la réserve aura éprouvé.

Il sera dressé procès-verbal de ces reconnaissances et évaluations, lequel sera signé par l'adjudicataire ou son facteur, et adressé au conservateur, qui, après l'avoir vérifié et approuvé, le transmettra au directeur des domaines, s'il s'agit de bois domaniaux ; s'il s'agit de bois de communes, d'établissements publics ou indivis, au préfet, pour être adressé par ce magistrat au receveur des finances de l'arrondissement. A l'égard de ces derniers bois, le conservateur fera, en outre, parvenir un extrait dudit acte au directeur des domaines, afin que le recouvrement du vingtième en sus, dû à l'État, soit assuré. Mais, dans le cas où il résulterait du procès-verbal que l'adjudicataire a droit à un remboursement, le conservateur l'adressera à l'administration des forêts, s'il s'agit de bois domaniaux, ou au préfet, s'il s'agit de bois de communes ou d'établissements publics, pour en faire ordonnancer le paiement.

Article 30. Les réserves renversées, endommagées ou abattues, dans les cas prévus par les deux articles précédents, seront marquées comme chablis et vendues au profit du propriétaire de la forêt, dans la forme ordinaire.

Article 31. S'il est reconnu que les adjudicataires ne peuvent trouver une quantité suffisante de harts dans les coupes qui leur ont été vendues, il pourra leur en être accordé, sur l'autorisation de l'agent forestier chef de service.

Pour les bois domaniaux ou indivis entre l'État et les communes ou les établissements publics, le prix de ces harts sera fixé dans le procès-verbal de comptage qui en sera dressé.

Pour les bois communaux et d'établissements publics, leur prix sera fixé par le préfet.

Les adjudicataires des coupes communales, d'établissements publics et indivises, verseront en outre, conformément à la loi du 25 juin 1841, le vingtième en sus de ce prix dans les caisses du Trésor.

Article 32. Il est défendu aux adjudicataires de faire ou laisser paître les animaux de trait ou de bât dans les forêts, même de les conduire dans les ventes sans être muselés.

Article 33. L'abatage des bois sera entièrement terminé le 15 avril 184 .

Les bois à écorcer, en vertu de l'acte d'adjudication, seront coupés avant le 15 mai.

La vidange sera terminée avant le 15 avril 184 .

Si des circonstances locales nécessitent d'autres termes que ceux fixés, tant par le présent article que par l'article 24, il en sera fait une clause spéciale de l'adjudication.

La vidange s'opérera par les chemins désignés dans le procès-verbal d'adjudication ou dans l'affiche en cahier.

Néanmoins l'administration pourra, si elle le juge convenable, assigner dans le cours de

tions dans les procédés de fabrication ou dans les prix de vente des produits métallurgiques.

---

l'exploitation d'autres chemins de vidange à l'adjudicataire, sur sa demande, et celui-ci sera tenu, par le seul fait de cette demande, de payer l'indemnité qui serait mise à sa charge, à moins qu'il ne renonce au bénéfice de la décision.

Article 34. Tout adjudicataire qui, pour cause majeure et imprévue, ne pourra achever la coupe ou la vidange aux termes prescrits, et aura besoin d'un délai, sera tenu d'en faire la demande, sur papier timbré, à l'administration des forêts, par l'intermédiaire du conservateur, quarante jours au moins avant l'expiration desdits termes.

Cette demande fera connaître l'étendue des bois restant à exploiter, ou les quantités et qualités des bois existants sur le parterre de la coupe, les causes du retard dans l'exploitation ou la vidange, et le délai qu'il est nécessaire d'accorder.

L'adjudicataire, par le seul fait d'une demande en prorogation de délai d'exploitation ou de vidange, s'oblige à payer, s'il y a lieu, l'indemnité résultant du dommage causé par le retard de la coupe ou de la vidange. Cette indemnité sera fixée par l'administration.

S'il s'agit de coupes communales, d'établissements publics ou indivises, les adjudicataires verseront, en outre, dans les caisses du Trésor, le vingtième en sus de l'indemnité précitée.

Les délais de coupe ou de vidange courront du jour de l'expiration des termes fixés par l'article précédent.

Dans le cas où les adjudicataires n'auraient pas profité des délais qui leur auront été accordés par l'administration, ils ne pourront obtenir la remise de l'indemnité fixée par la décision que sur un procès-verbal de l'agent forestier local, dressé, au plus tard, le jour de l'expiration du terme de l'exploitation ou de la vidange, enregistré à leurs frais, et constatant qu'effectivement ils n'ont pas profité du bénéfice de la décision.

Article 35. Les laies séparatives des coupes seront entretenues, et les étocs recepés par les adjudicataires, qui, à mesure de l'exploitation, feront enlever les bois qui tomberont sur ces laies, afin qu'elles soient toujours libres.

Article 36. Sont obligés les adjudicataires,

1° A tenir les chemins libres dans les coupes, de manière que les voitures puissent y passer librement en tout temps; 2° à faire fouir, niveler et replanter ou semer les places des ateliers; 3° à rétablir et réparer dans les forêts les chemins, ponts, ponceaux, bornes, barrières, poteaux, murs de clôture, fossés, sangsues, rigoles et glacis endommagés ou détruits, et à réparer, en général, tous les dommages résultant de l'exploitation et de la vidange de leurs bois.

Article 37. Les adjudicataires des coupes dans lesquelles il aura été marqué des arbres pour la marine, se conformeront aux dispositions du Code forestier et de l'ordonnance du 1er août 1827, concernant le service de la marine.

Article 38. Il sera procédé au réarpentage des coupes avant le récolement, en présence de l'arpenteur qui aura fait le premier mesurage, ou lui dûment appelé.

L'adjudicataire ou son fondé de pouvoirs signera les procès-verbaux de réarpentage et de récolement, et, s'ils ne peuvent ou ne veulent signer, ou s'ils sont absents, il en sera fait mention.

1918. *Époques favorables à l'exploitation.* — La saison la plus favorable pour l'abatage des bois, dans les futaies, parait être la fin de l'automne et l'hiver; dans les climats tempérés, c'est ordinairement au 15 octobre que l'on fixe le commencement de l'abatage; dans les climats plus froids, on peut commencer dès la mi-septembre. Il est généralement reconnu que les bois coupés dans la saison morte, brûlent mieux que ceux abattus pendant la végétation.

Les mois de février, mars et quelquefois le commencement d'avril, sont, dans les cas ordinaires et pour une grande partie de la France, les époques les plus favorables à la coupe du taillis; en règle générale, il faut éviter de couper avant et pendant les grands froids et au moment de la sève. — Dans le midi, et dans certaines localités voisines de l'Océan, il est préférable de couper aussitôt après la chute des feuilles.

Article 39. Les adjudicataires devront, avant le jour fixé pour le récolement, faire ceindre d'un lien apparent tous les arbres sur pied.

Ils seront tenus, sous les peines portées par la loi, de représenter, lors du récolement, tous les bois et arbres réservés, et de plus l'empreinte du marteau royal sur les étocs des arbres exploités dans les coupes mentionnées au 4ᵉ paragraphe de l'article 1ᵉʳ.

Article 40. S'il résulte des procès-verbaux de réarpentage des coupes, un excédant de mesure, les adjudicataires s'obligent à en payer le montant en proportion du prix entier de l'hectare, ensemble le décime pour franc de ce prix, et 4 et demi pour 100, s'il s'agit des coupes de bois de l'État, et le décime seulement, s'il s'agit des coupes de bois des communes et des établissements publics.

S'il y a un moins de mesure, ils en seront remboursés dans la même proportion, après leur décharge définitive.

Il n'y aura lieu à aucune répétition lorsque le plus ou le moins de mesure n'excédera pas le centième de la contenance de la coupe.

Dans aucun cas, il ne sera fait de compensation de moins de mesure avec des excédants.

Soit qu'il y ait surmesure ou moins de mesure, il ne sera fait aucune répétition à raison des droits d'enregistrement.

S'il y a une surmesure à réclamer de l'adjudicataire, *pour les bois domaniaux*, les frais d'expédition du procès-verbal d'adjudication seront à la charge de l'administration des forêts; *pour les bois communaux, d'établissements publics et indivis*, les adjudicataires s'obligent à payer ladite expédition.

Néanmoins, cette pièce ne sera exigible que dans le cas où, à défaut de paiement de leur part, il serait nécessaire de diriger des poursuites contre eux.

Les adjudicataires adresseront à l'agent forestier chef de service, et sur papier timbré, leurs demandes en remboursement pour moins de mesure, avec leurs traites acquittées et la décharge d'exploitation.

Article 41. Les adjudicataires se conformeront, au surplus, aux dispositions du Code forestier et de l'ordonnance du 1ᵉʳ août 1827 qui les concernent.

1919. *Frais d'exploitation.* — L'exploitation des bois, qui se subdivise en abatage, façon et cordage, a été évaluée par nous (1) :

Dans la Meuse et les Ardennes, à..	0^f,50 par stère.
— Franche-Comté.........	0 ,30
— Berri.................	0 ,50
— Champagne............	0 ,20
— Bourgogne............	0 ,40

En moyenne, o^f,38.

M. Delbet (*Annales forestières*, 1845) l'estime à o^f,35 pour les forêts qui approvisionnent Paris.

1920. *Frais de préparation.* — Quant à la préparation du bois, nous ne ferons que résumer ce que nous avons dit précédemment.

Pour le charbon noir, elle comprend le transport à la faulde, le dressage et la cuisson, et peut s'évaluer ainsi :

Meuse et Ardennes..................	0^f,45
Franche-Comté et Champagne.........	0 ,30
Bourgogne.	0 ,33
Berri..............................	0 ,48

En moyenne, o^f,39 par stère de bois vert, auxquels il faut ajouter o^f,12 environ pour l'emmagasinage.

Pour le charbon roux fait au gueulard, elle comprend l'empilage à l'usine, le découpage et la torréfaction, que l'on peut évaluer en moyenne à 1^f,25 par stère, auxquels il faut ajouter o^f,10 pour l'empilage à l'usine.

Pour le bois desséché en forêts, elle comprend le transport à la faulde, le dressage et la cuisson, soit o^f,45 par stère, auxquels il faut ajouter o^f,12 d'emmagasinage à l'usine.

Pour le bois desséché à l'usine, elle comprend le découpage et la dessiccation, soit 1^f,05, auxquels il faut ajouter o^f,10 pour l'empilage.

Enfin, pour le bois vert, elle comprend le sciage et la fente, soit o^f,75, auxquels il faut ajouter o^f,10 pour l'empilage à l'usine.

TRANSPORT DU BOIS.

1921. Nous ne reprendrons point, en détail, la question des frais de transport à grande distance; nous l'avons suffisamment examinée en nous occupant de la houille et nous ne pourrions que nous répéter ici.

---

(1) Voir deuxième et troisième section de cet ouvrage.

Les frais de transport du bois sont plus considérables encore que ceux de la houille ; à de plus grandes difficultés matérielles, viennent s'ajouter des péages plus élevés sur nos voies de communication ; — ces causes tendent à restreindre beaucoup le rayon d'approvisionnement de nos forges.

1922. *Chiffres généraux des frais de transport.* — M. Delbet aîné (1) évalue aux chiffres suivants, la part afférente au transport dans le prix payé par le consommateur :

> Bois à charbon............... 26,67 pour 100.
> Bois de chauffage............ 31,95
> Bois de service.............. 22,22

Tandis que la valeur du bois sur pied se comporte, vis-à-vis du même prix, dans les proportions suivantes :

> Bois à charbon............... 34,66 pour 100.
> Bois de chauffage............ 32,39
> Bois de service.............. 49,72

Mais ces résultats sont relatifs aux forêts qui approvisionnent Paris, dont les produits ont conséquemment une plus value; ils traversent des contrées d'une viabilité comparativement perfectionnée, et n'ont d'ailleurs jamais de très-grandes distances à franchir.

La proportion qu'ils indiquent entre le prix du bois sur pied et celui du transport ne saurait donner qu'une faible idée de l'importance de ce dernier ; sa cherté, sa difficulté sont souvent telles, que l'on voit dans certaines régions de la France, des bois d'une grande valeur vendus à vil prix et consommés sur place, faute de pouvoir pénétrer jusqu'aux régions où ils pourraient venir combler de véritables besoins.—Enfin on peut citer tels exemples de transports, qui augmentent de douze à quinze fois la valeur du bois sur pied, pour le seul trajet de la forêt au port le plus voisin.

1923. *Transport par rivières et canaux.* — Pour les bois qui ont à parcourir de grandes distances, le flottage est le mode le plus économique, surtout lorsqu'il peut s'exercer sur les fleuves et rivières, où les droits de navigation sont généralement peu élevés; sur canaux, au contraire, les péages dont sont frappés les produits de nos forêts sont réellement exorbitants. Il est vrai que le flottage par trains endommage, jusqu'à un certain point, les berges de ces voies navigables ; mais encore serait-il juste de baisser considérablement les droits établis sur le bois mis en bateaux, si l'on voulait généraliser ce mode de transport.

---

(1) *Annales forestières*, 1845.

Sur les rivières telles que la Haute-Seine, l'Aube, la Marne, l'Yonne, la Cure, l'Armançon, la Saulx, l'Ornain et le Grand-Morin, qui donnent lieu aux plus importants flottages, le décastère de bois d'œuvre est tarifié à 0f,004 par kilomètre ; mais, comme la perception s'applique à la *superficie apparente*, il s'ensuit qu'il faut évaluer le droit à . . . . . . 0f,0066 ; chaque décastère payant comme un décastère et trois cinquièmes.

D'autre part, les frais de traction s'élèvent, en moyenne, sur ces rivières, par décastère et kilomètre, à 0f,3600 (1)

$$\text{Total . . . .} \quad 0^f,3666 ;$$

chiffre évidemment peu élevé, si l'on vient à le rapprocher de la valeur du décastère, qui est de 500 fr. environ.

Mettons en regard les frais de flottage, sur le canal de Bourgogne, par exemple :

Les droits de navigation, par décastère (2) et kilom., sont de... 3f,30
Les frais de traction.................................. 0 ,87

$$\text{Total.................} \quad 4^f,17$$

Ainsi donc, le bois de chêne qui est mené à Paris, paie par décastère, pour les 240 kilomètres en canal.................... 100 fr. 00 c.
Sur la rivière jusqu'à Paris . . . . 1 fr. 19 c.

$$\text{Total . . . . .} \quad 101 \text{ fr. } 19 \text{ c.}$$

Soit 20 pour 100 de la valeur du bois exploité, qui est de 500 fr. le décastère.

Le canal du Rhône au Rhin apporte de nombreux transports de bois de sapin au canal de Bourgogne. Ce sapin qui, aux bords du Rhin, vaut 300 fr. le décastère, coûte environ 204 fr. de transport jusqu'à Paris ; soit 66 pour 100 de la valeur du bois exploité.

1924. Nous n'insisterons pas davantage sur les transports des bois à grandes distances ; — ceux qui sont destinés aux opérations métallurgiques n'alimentent d'ordinaire que des usines peu éloignées ; c'est presque toujours, alors, par des chemins de terre qu'ils sont charriés, et nous renvoyons, pour cet objet, à ce que nous avons dit des chemins de saison et des chemins vicinaux.

1925. *Transport par chemins de coupes.* — Les chemins de coupes qui

_____

(1) *Annales forestières*, 1844. Duperier, membre de la chambre de commerce de Paris.
(2) La perception se fait au poids ; un décastère de chêne équivaut à environ 100 tonneaux

servent à l'exploitation du bois, sont généralement dans un état déplorable; heureux encore, lorsqu'on n'en manque pas totalement! Trop souvent, les mauvaises conditions de ces voies viennent empêcher nos forêts de profiter du voisinage d'une rivière ou d'un canal.

Ce sont, d'ordinaire, des bœufs que l'on attelle, en forêts, aux voitures chargées de ces transports; elles ne portent guère, dans les chemins non empierrés, que 3 à 4 stères de bois, et, en charbon, le produit de deux décastères environ; sur une route empierrée, elles peuvent, en tout temps, charrier un poids double.

Ces transports coûtent, en bonnes conditions, par stère et kilomètre :

Sur route empierrée......................... 0f,12
Sur route non empierrée..................... 1,25

1926. *Nature de ces voies.* — Le mauvais temps rend presque toujours ces chemins impraticables, et de profondes ornières les rendent difficiles, alors même que la sécheresse les a rendus abordables.

Ce qui fait obstacle à l'établissement de bonnes voies dans l'intérieur des forêts, c'est qu'elles restent souvent inutiles pendant tout l'intervalle d'une coupe à une autre, et qu'on recule devant une dépense aussi peu productive que celle de leur entretien.

C'est donc le gouvernement qui doit venir en aide aux exploitants ; il faut qu'il construise des voies de communication dans le voisinage immédiat des bois; de bons chemins principaux d'exploitation ne tarderont pas à se créer, lorsqu'ils pourront aboutir à un canal, à un chemin de fer, à une grande voie de terre et en retirer de l'importance. — Il faut, autant que possible encore, qu'il fasse passer les routes, les canaux et les chemins vicinaux, à travers les forêts elles-mêmes.

Dans les contrées éloignées des centres de consommation, dans celles, conséquemment, où le bois a peu de valeur, il y a un moyen très-convenable pour diminuer les dépenses de construction des chemins d'exploitation à voitures : il consiste à employer le bois au lieu de pierre; — l'exploitation terminée, ce bois peut être revendu à moitié environ de sa valeur première.

S'il s'agit de chemins dont on n'ait à faire usage que pendant un temps très-court, il suffira de les construire dans les conditions suivantes (1) :

La largeur peut être de 2 mètres à 2m,50, deux bûches suffisent ; un stère de bois à brûler peut faire de 6 à 8 mètres de route, et l'on recouvre le bois de 6 centimètres de terre.

_____

(1) Delbet, *Annales forestières*, 1844.

Un stère de bois coûte en moyenne 8 francs ; soit par mètre courant. . . . . 1 fr. 00 c.

Main-d'œuvre pour pose et terrassement. . . . . 0 fr. 50 c.

Total . . . . . 1 fr. 50 c.

Chiffre dont il faut déduire la valeur du bois après qu'il aura servi ; c'est donc environ 1 fr. par mètre courant.

Pour les chemins où la circulation doit se prolonger, on peut encore employer le bois, mais dans de meilleures conditions de construction ; — le bois est, en définitive, toujours peu coûteux dans les localités où l'on a surtout besoin de chemins; en ce sens que ces derniers sont destinés alors à l'écoulement d'un produit de faible valeur.

La construction de chemins de fer peut, en certains cas, être fort avantageuse; il en a été établi un dans la montagne de Reims, sur une étendue de 10 kilomètres, au prix de 15000 fr. par kilomètre ; on y a employé beaucoup de bois, et à la rigueur on pourrait n'employer que du bois.

Dans les pays montagneux, il est bon de se servir de *chemins à traîneaux*, qui consistent en un sentier creusé avec une pente convenable sur le flanc de la montagne; on le garnit de rondins placés parallèlement en travers, à une distance de 40 centimètres environ les uns des autres, chaque bûche étant maintenue par un ou plusieurs piquets enfoncés à fleur de terre. Des deux côtés de ces bûches, on adapte des perches qui maintiennent les traîneaux et les empêchent de sortir de la voie.

On peut y établir aussi des *lançoirs;* — un lançoir est un canal de 80 à 90 centimètres d'ouverture sur 40 de profondeur environ; il se compose de 6 à 8 perches ou jeunes tiges d'arbres, longues, droites et unies, assemblées de manière à former un demi-cylindre creux. **On peut les disposer en ligne droite pourvu, toutefois, qu'il s'agisse d'y laisser glisser du bois de chauffage. Lorsque l'usage du lançoir est permanent, on le construit en fer;** — les lançoirs sont bien préférables aux chemins de traîneaux et d'un établissement moins coûteux.

RÉSUMÉ SUR LES BOIS.

1927. Nous commencerons par donner le tableau des importations et exportations des bois communs, depuis 1827.

Tableau CXV. — Tableau des importations et exportations des bois communs.

ANNÉES.	IMPORTATIONS.	EXPORTATIONS.
	millions de francs.	millions de francs.
1827	20,4	3,0
De 1828 à 1837 (moyenne).	24,0	3,5
1838	31,9	4,3
1839	34,5	4,7
1840	34,9	5,2
1841	38,4	4,1
1842	45,3	4,5
1843	43,3	4,8

Ainsi le chiffre des exportations est resté stationnaire, tandis que celui des importations n'a cessé de s'élever progressivement; faisons observer, en outre, que, nos exportations sont dirigées principalement sur nos possessions du nord de l'Afrique.

D'autre part, nos meilleurs statisticiens forestiers évaluent à 130 millions la valeur du produit de nos forêts, qui, nous l'avons vu, s'élève à 30 600 000 stères environ. Il en résulte que la consommation annuelle de la France peut être portée à 168 500 000 fr. par an; sur ce nombre 100 millions environ doivent être attribués au bois d'œuvre.

Mais cherchons la part afférente à l'industrie du fer.

Elle ne retire que peu de ressources de l'importation; c'est, en effet, ce qui résulte du détail suivant, relatif à l'importation de 1843.

Charbon de bois ou de chènevottes.	2 912 600 fr.
Bois à brûler. . . . . { en bûches.	793 578
{ en fagots.	219 357
Bois à construire. { Pins et sapins bruts ou équarris.	5 496 550
— sciés	23 102 695
Essences diverses, brutes ou équarries.	689 575
— sciées.	1 325 151
Mâts, espars, manches, etc.	343 030
Perches.	250 435
Echalas.	9 088
Bois en éclisses.	26 031
Osier.	9 208
Bois feuillard.	1 396 780
Merrains de chêne.	4 049 011
— d'autres essences.	739 200
Racines et bruyères à vergettes.	12 564
Tiges de millet.	7 210
Liége.	1 064 382
	43 348 935 fr.

On le voit, les bois de construction ont seuls une part importante dans les importations, et parmi ces derniers, ce sont les pins et sapins qui sont surtout recherchés. — N'est-ce pas là une indication frappante du but vers lequel on doit diriger la culture et l'aménagement des forêts?

Quoi qu'il en soit, voici maintenant quelles ont été les consommations de nos usines à fer et acier :

TABLEAU CXVI. — TABLEAU DE LA CONSOMMATION DES USINES A FER.

ANNÉES.	BOIS.		CHARBON DE BOIS.	
	QUANTITÉS.	VALEUR PAR STÈRE.	QUANTITÉS.	VALEUR PAR TONNE.
	stères.		tonnes.	francs.
(1) 1834	»	»	548 264	62
1835	»	»	593 692	63
1836	»	»	608 398	67,50
1837	147 461	4^f,36^c	648 243	66
1838	295 647	5 ,44	617 153	73
1839	291 198	5 ,70	579 564	75
1840	287 092	5 ,60	553 309	73
1841	232 105	5 ,40	597 659	72
1842	207 786	5 ,10	605 187	73
1843	224 464	4 ,60	608 703 (2)	70

Ainsi, lorsque la production du fer n'a cessé de croître en de fortes proportions, et qu'il en a été de même pour la consommation de la houille, celle du bois est restée à peu près stationnaire. — Le tableau qui précède fait voir encore que la valeur de ce dernier combustible s'est accrue en peu d'années d'une manière assez notable; n'oublions pas, au reste, de faire remarquer que les prix sont afférents au combustible rendu à l'usine, et qui a subi l'énorme aggravation due au transport.

C'est par ce dernier mot que nous terminerons ce qui est relatif au bois, comme nous l'avons fait pour les minerais et pour la houille; — nous le répétons ici, c'est le transport qui est la principale, la véritable cause de la crise qui tourmente la production du fer au bois.

Pour le présent, nos richesses forestières sont encore considérables; pour l'avenir, d'immenses superficies de terrains incultes semblent provo-

(1) Nous avons emprunté les résultats de ce tableau aux comptes rendus des mines; la distinction qu'ils font entre le bois au stère et le bois en fagots ne nous a point permis de donner les chiffres relatifs aux trois premières années.

(2) Il faut se rappeler qu'un stère de bois produit, en moyenne, 68^k,40 de charbon noir.

quer le reboisement et promettre de nouvelles ressources en combustible ; — mais nous manquons de voies de communication propres à abaisser le prix du bois aujourd'hui sur pied, et de nature à stimuler les nouvelles plantations.

CONCLUSION.

1928. La houille a de nombreux avantages sur le bois ; son prix sur le puits d'extraction est peu élevé et à peu près constant ; son transport est facile ; les approvisionnements en sont assurés ; — les voies de communication desservent nos bassins houillers beaucoup mieux que la plupart de nos forêts.

Tout favorise le charbon minéral ; aussi pour nos usines métallurgiques, pour la plupart de nos fabrications, pour nos foyers domestiques eux-mêmes, l'emploi de la houille devient chaque année plus général ; — chaque année l'importation et la production indigènes augmentent dans une immense proportion.

Le bois, cultivé et consommé pour ainsi dire à contre-cœur, reste à peu près stationnaire dans sa production et son emploi, lorsque tout se développe autour de lui, l'industrie, le commerce, et la population ; — et si les conditions actuelles devaient subsister, sa production irait chaque jour se restreignant ; car elle est combattue par deux concurrences redoutables, l'importation des bois étrangers et la houille.

Cependant nous ne désespérons pas du combustible végétal ; de trop nombreux intérêts se rattachent à lui. La salubrité du pays, la constance du régime de nos cours d'eau, les irrigations, et l'utilisation des terrains impropres aux autres genres de culture, — tous ces besoins, nous en sommes convaincus, recevront tôt ou tard leur satisfaction.

Nous croyons, quant à la fabrication du fer, que le concours du bois et de la houille, suivant une méthode que l'on peut appeler hardiment française, ne saurait manquer d'avenir. — Mais l'industrie du fer au bois est menacée dans son présent ; c'est là surtout qu'il faut porter toute son attention ; nous avons indiqué quelques-uns des moyens propres à remédier à la crise actuelle.

Nous le répétons encore, c'est au gouvernement à prendre, sans perdre de temps, des mesures vigoureuses pour prévenir la disparition d'une industrie aussi précieuse.

CHAPITRE III.

DES USINES ET DES MOTEURS.

1929. *Division du travail.* — Les diverses usines et exploitations qui rentrent dans le domaine de la métallurgie, sont soumises, quant à leur autorisation et à leur existence, à certaines formalités, à certains règlements, à certaines conditions, en un mot à une *législation* dont la connaissance est tout à fait indispensable aux fabricants ; — nous la passerons donc sommairement en revue.

Nous nous occuperons ensuite d'une statistique de nos usines métallurgiques qui nous permettra de faire ressortir les conditions dans lesquelles se trouvent nos divers groupes métallurgiques vis-à-vis des minerais, des combustibles et des voies de communication.

LÉGISLATION DES USINES ET DE LEURS MOTEURS.

1930. Les usines et exploitations sont placées sous l'empire de deux législations distinctes.

Comme ateliers métallurgiques, leur autorisation et leur roulement sont astreints à certaines règles spéciales ; ce qui ne les dispense point, lors de leur fondation, de formalités, toutes spéciales aussi, relatives à leurs moteurs, dont l'existence, d'ailleurs, est soumise à des conditions particulières. Nous traiterons donc successivement des ateliers et des moteurs.

ATELIERS ET EXPLOITATIONS (1).

1931. *Classification des usines.* — Les établissements qui concourent à la production du fer peuvent se diviser en deux classes principales.

1° Ceux qui ne peuvent être entrepris sans une permission accordée par ordonnance royale.

2° Ceux pour lesquels il n'est besoin que d'un arrêté du préfet.

La première comprend :

1° Usines, à savoir : fourneaux à fondre le minerai (2) ; hauts-

---

(1) Nous renvoyons pour une étude plus détaillée de la matière, au *Code des établissements industriels*, de Mirabel Chambaud.

(2) Dans cette classe ne sont point compris les fours où l'on traite, non point les minerais, mais les métaux.

fourneaux ; forges et martinets (1) ; usines à patouillets et bocards ; lavoirs ;

2° Fabrication de charbon à ciel ouvert ;

3° Recherches de minerai ;

4° Exploitations de mines.

La deuxième renferme :

1° Usines, à savoir : fonderies de métaux ; fabrications d'acier ; fabrications de charbon de bois tourbe ou houille, en vase clos ; fourneaux à la Wilkinson ; forges de grosses œuvres où l'on fait usage de moyens mécaniques ;

2° Exploitation à ciel ouvert des minerais d'alluvion.

PREMIÈRE CLASSE.

1952. *Usines* (2). — *Demande en autorisation.* — Tout individu, isolément ou en société, qui voudra obtenir l'autorisation de fonder un de ces établissements, remettra au préfet du département une simple pétition contenant :

1° Les nom, prénoms, profession et domicile du demandeur ; 2° la nature de la substance qu'il se propose de traiter ; 3° la consistance et le lieu de l'usine projetée ; 4° le lieu d'où il tirera le minerai ou la substance à traiter ; 5° l'espèce de combustible qu'il a l'intention de consommer, et la quantité présumée ; 6° la durée désirée de la permission.

À la demande devra être annexé un plan de l'usine projetée à l'échelle de un millimètre pour mètre.

La demande, dont les pièces doivent être livrées en trois expéditions, sera enregistrée à la préfecture, et le secrétaire général délivrera au demandeur un extrait certifié de cet enregistrement.

1953. *Enquête.* — Le préfet ordonnera la publication de cette demande d'autorisation, et son affichage pendant quatre mois.

Tout individu qui voudra, soit s'opposer à la demande, soit former lui-même concurremment une demande pour la même permission, devra, qu'il ait ou non remis son opposition ou la demande à l'autorité locale, la notifier par acte extrajudiciaire, au secrétariat général de la préfecture. Cette notification aura lieu avant le dernier jour du quatrième mois, à partir de l'affiche la plus rapprochée.

_____

(1) Ne sont point compris, dans la première classe, les laminoirs, non plus que les forges à pièces façonnées : il n'est question ici que des forges et martinets destinés au premier travail après la fonte.

(2) Fourneaux à fondre le minerai, hauts-fourneaux, forges et martinets, usines à patouillets et bocards, lavoirs.

Ces demandes ou oppositions ainsi notifiées, seront inscrites sur le même registre que les demandes principales, et il sera donné, aussi, extrait certifié de leur enregistrement.

Elles seront, à la diligence des opposants ou demandeurs en concurrence, notifiées par acte extrajudiciaire aux parties intéressées. — Le registre de la préfecture sera ouvert à tous ceux qui en demanderont communication.

Le délai de quatre mois étant expiré, le préfet, si le combustible à employer est du bois, prendra l'avis du conservateur des forêts sur la possibilité et la facilité de se procurer le combustible nécessaire, puis communiquera l'ensemble de l'affaire à l'ingénieur des mines, — lequel fera un rapport sur la nature des minerais, leur gisement, les moyens d'activité que comporte la localité, l'utilité et le danger de l'entreprise au point de vue général, et son influence sur la prospérité des entreprises déjà existantes. Si l'ingénieur est d'avis d'accorder, il indiquera la meilleure marche qu'il lui semblera devoir être adoptée par la nouvelle usine; il donnera également son avis sur les oppositions et demandes en concurrence, et sur la taxe à payer; de plus, il vérifiera et certifiera l'exactitude des plans annexés à la demande.

Le préfet exprimera ensuite, par un arrêté motivé, son opinion sur le tout, et l'adressera au ministre des travaux publics avec toutes les pièces.

Le ministre la transmettra au directeur général des ponts et chaussées et des mines, qui pourra ordonner une nouvelle instruction sur les lieux, et soumettra toute l'affaire au conseil général, ainsi que les oppositions qui auraient pu survenir, comme on verra plus loin.

Le conseil donnera avis; le directeur général fera un projet d'acte de permission, et l'affaire reviendra au ministre, qui donnera son avis à son tour et transmettra le dossier au secrétariat général du conseil d'État.

N'oublions pas qu'à partir du moment où les pièces auront été remises au ministre jusqu'à celui où il donnera son avis, les tiers intéressés pourront lui transmettre toutes les réclamations et oppositions qu'ils jugeront convenables, contenues dans un mémoire signé de la partie ou d'un avocat aux conseils.

Ce mémoire devra être signifié par acte extrajudiciaire à toutes les parties en cause.

Lorsque les oppositions ou réclamations seront motivées sur des questions de propriété qui ne pourront être décidées que par les tribunaux, il sera sursis à l'instruction jusqu'à ce que les parties les plus diligentes aient fait décider les questions soulevées.

L'affaire sera reprise ensuite et les pièces envoyées au secrétariat général du conseil d'État, ainsi qu'il a été dit plus haut.

Au conseil d'État, l'affaire sera d'abord soumise au comité du commerce, de l'agriculture et des travaux publics, auquel on pourra remettre toutes nouvelles pièces, mémoire et réclamations, pourvu que ces dernières soient formées par une requête signée d'un avocat aux conseils, et signifiées par acte extrajudiciaire à toutes les personnes intéressées et parties.

1934. *Ordonnance d'autorisation.* — Les projets d'ordonnance et de cahier des charges étant arrêtés par le comité, seront soumis au conseil d'État en assemblée générale.

Le conseil pourra surseoir à statuer au fond jusqu'à plus ample information ou jusqu'à la production de pièces nouvelles. En ce cas, il rendra un projet d'ordonnance d'*avant faire droit*. Ce projet sera soumis aux mêmes formalités qu'un projet d'ordonnance sur le fond. Il sera ensuite procédé aux nouvelles informations ou productions de pièces, comme il aura été prescrit par l'ordonnance.

Les projets d'ordonnance contiendront :

1° L'espèce ou les espèces de substances à traiter ; 2° la nature des combustibles à employer ; 3° les conditions de conservation ou de reproduction qui devront être exigées ; 4° la durée de la permission si elle est limitée ; 5° l'époque à laquelle l'usine devra être mise en activité ; 6° les dispositions relatives aux voisins ; 7° les charges particulières ; 8° enfin le montant de la taxe à payer par le permissionnaire.

Lorsqu'il y aura des changements à opérer sur les plans fournis par les concessionnaires, ils seront faits par les ingénieurs des mines, sous la surveillance du directeur général de l'administration ; ils seront par lui vérifiés et visés par le ministre des travaux publics.

Enfin le projet sera converti en ordonnance royale par la signature du roi, et le ministre l'adressera au préfet du département qui la communiquera au demandeur.

1935. Telle est l'interminable série de formalités auxquelles est astreinte l'autorisation d'une usine ; encore n'avons-nous point spécifié tous les détails des enquêtes auxquelles se livre l'administration.

Si de semblables précautions présentent de nombreuses garanties, si cette centralisation exagérée est une sauvegarde contre les inconvénients qui peuvent naitre de l'esprit de localité, encore faut-il convenir que les lenteurs qui en résultent, sont elles-mêmes un déplorable inconvénient; ces enquêtes occasionnent d'ailleurs des frais assez considérables, que tout demandeur en autorisation est tenu de supporter, même lorsque sa demande est rejetée (1).

1936. *Construction de l'usine.* — Du moment qu'il y aura autorisation et que les recours, dont nous parlerons plus loin, auront été jugés, s'ils ont eu lieu, l'autorisé pourra, sans aucune autre formalité, commencer les travaux nécessaires à la construction de son usine.

Il pourra employer, pour ces travaux, des agents et des moyens de son choix ; mais il devra les exécuter conformément aux clauses de sa permission.

L'autorité administrative pourra intervenir dans le cas où il violerait ouvertement lesdites clauses.

1937. *Activité de l'usine.* — L'usine devra être mise en activité dans le délai fixé (2), sous peine d'encourir, sans autre formalité, la déchéance de sa permission.

Le roulement étant établi, l'usine restera sous la surveillance de l'administration et de l'autorité locale.

1938. *Changements dans l'usine.* — L'usinier ne pourra faire, dans son usine, aucune augmentation, aucun changement de système, en un mot il ne pourra modifier les conditions de son autorisation que moyennant une nouvelle permission, qu'il devra solliciter dans les mêmes formes que nous avons indiquées pour la permission principale.

Un usinier ne pourra, non plus, réédifier une usine détruite ou remettre en activité une usine qui a interrompu son travail depuis une longue période, ni transférer son usine dans un autre local, sans une nouvelle autorisation sollicitée et obtenue suivant les formes que nous avons précédemment signalées.

Il ne pourra même transférer *provisoirement* son établissement dans un autre local sans une permission qu'il lui faudra solliciter du préfet.

---

(1) Les ingénieurs, inspecteurs ou administrateurs, remettent au préfet un état des frais, dépens et honoraires qui leur sont dus ; le préfet les taxe et délivre un mandat exécutoire dont le percepteur de la commune fait le recouvrement.

Ces frais comprennent ceux des ingénieurs pour vacations et déplacements ; des experts ; des huissiers pour notifications extrajudiciaires ; d'enregistrements divers ; d'avocats ; de greffe et de taxe, etc.

(2) Ce délai est ordinairement de six mois et suffit lorsque tout a été préparé d'avance, comme cela se fait assez souvent ; mais, si nuls travaux n'avaient été mis en train, ce délai deviendrait tout à fait insuffisant ; — dans ce cas, les jurisconsultes s'accordent à penser que la simple mise en activité des travaux de construction peut être regardée comme satisfaisant aux prescriptions de l'ordonnance.

1939. *Translation, chômage, déchéance.* — La translation d'une usine pourra être ordonnée par le préfet, pour fait de contrebande et à la suite d'un jugement rendu par tribunaux judiciaires.

La suspension provisoire pourra aussi être ordonnée par le préfet, lorsqu'il résultera des procès-verbaux des agents de l'administration que l'intérêt public ou la nécessité de nouvelles conditions, rendent nuisible la continuation du travail ; le préfet devra poursuivre immédiatement, devant qui de droit, la déclaration de déchéance ou la nouvelle autorisation modifiée.

Toute usine pourra voir poursuivre le retrait de son autorisation, soit par l'administration, soit à la requête des tiers, quand elle se trouvera :

En cas de non exécution des conditions imposées par l'administration. — En cas de graves inconvénients pour l'intérêt général. — En cas de non translation, lorsqu'elle aura été ordonnée ainsi que nous l'avons dit plus haut.

1940. Telles sont, en résumé, les conditions auxquelles sont soumises l'érection d'une usine et sa mise en activité. Ces conditions sont, à peu de chose près, semblables pour toutes les usines et toutes les exploitations, à quelque classe qu'elles appartiennent ; aussi, dans ce qui nous reste à dire sur la législation des autres ateliers, ne spécifierons-nous plus guère que les points qui présenteront de notables différences, sans nous astreindre à rappeler une réglementation quelquefois entièrement identique.

1941. *Fabrication de charbon.* — Pour la fabrication, à ciel ouvert, du charbon de houille ou de tourbe, il n'y a rien à modifier dans ce que nous venons d'énumérer, si ce n'est, toutefois, que ces établissements étant considérés comme spécialement insalubres, leur plan figuré, annexé à la demande, devra indiquer la distance à laquelle ils se trouveront des terrains et des maisons voisines ; — l'affichage de la demande n'aura lieu, d'ailleurs, que pendant un mois.

1942. *Recherche de minerais.* — Nous avons vu, au chapitre des minerais, qu'à moins d'avoir l'assentiment du propriétaire d'un terrain, nul ne pouvait se livrer à la recherche de mines sans l'autorisation du gouvernement.

Le pétitionnaire devra adresser sa demande au préfet; elle contiendra :

1° Ses nom, etc. ; 2° la désignation précise de la matière qu'il veut rechercher ; 3° la désignation aussi précise que possible du terrain sur lequel il veut faire la recherche ; 4° les nom et prénoms, autant que possible, et le domicile du propriétaire du terrain ; — et si le demandeur agit au nom d'une société, il devra en outre désigner la société et produire les actes de société.

Il annexera aussi les pièces propres à justifier qu'il est en état de faire face aux indemnités préalables qu'il pourrait devoir à qui de droit.

Le propriétaire du sol, qui sera averti, pourra faire opposition, soit par des motifs particuliers, soit en déclarant qu'il veut lui-même faire les recherches ; il devra, dans tous cas, nommer, ainsi que le demandeur, un arbitre pour concourir à l'évaluation de l'indemnité préalable qui lui est due.

La partie qui croira devoir récuser un expert, devra le faire dans les trois jours de la connaissance qu'elle aura eue de sa nomination ; la récusation se fera par simple demande au conseil de préfecture, sauf recours. Le préfet nommera le troisième arbitre.

Toutes les formalités de l'instruction de l'affaire étant épuisées, l'ordonnance d'autorisation sera rendue ; le cahier des charges contiendra la fixation de la quotité de l'indemnité que devra l'explorateur au propriétaire du sol.

Le permissionnaire, après que les recours, s'il y a lieu, auront été jugés, paiera l'indemnité stipulée ; s'il ne peut obtenir quittance des propriétaires après des offres faites par acte extrajudiciaire, il pourra déposer la somme à la caisse des dépôts et consignations.

Toutes les contestations relatives au paiement de l'indemnité fixée par l'acte de concession, seront, à la requête de la partie la plus diligente, portées au conseil de préfecture avec recours au conseil d'État, le tout suivant les formes que nous indiquerons en nous occupant de la procédure.

Aussitôt l'indemnité payée, l'autorisé pourra commencer les fouilles, qui devront être mises en activité dans les trois mois de la date de l'acte de concession ; il devra les entretenir dans une constante activité, et les cesser du moment où elles prendraient la nature de véritables exploitations, sous peine de se le voir enjoint administrativement par le préfet.

Lorsque le temps fixé par l'acte d'autorisation sera écoulé, ou avant s'il le juge à propos, le permissionnaire pourra demander une prorogation ; cette demande suivra les mêmes formalités que la principale.

1943. *Exploitation de mines.* — La demande en concession se fera par simple pétition au préfet ; elle contiendra :

1° Les nom, etc., du demandeur ; 2° la désignation précise du lieu de la mine ; 3° la nature du minerai à extraire ; 4° l'état auquel les produits seront livrés au commerce ; 5° les lieux d'où on tirera les combustibles nécessaires ; 6° l'étendue de la concession demandée ; 7° l'indemnité offerte aux propriétaires des terrains ; 8° l'indemnité à celui qui aurait découvert la mine ; 9° l'engagement de se conformer au mode d'exploitation déterminé par le gouvernement.

A cette demande seront annexés : 1° le plan régulier de la surface, fait en triple en expédition, et présentant toute l'étendue de la concession ; 2° la disposition des substances minérales à exploiter ; 3° un extrait du rôle des impositions constatant la cote du demandeur ; 4° toutes les pièces nécessaires pour justifier qu'il est en état d'exécuter les travaux et de payer les redevances et indemnités.

Le pétitionnaire devra aussi justifier de toutes cautions prescrites, au cas où il s'agirait de fouilles et travaux sous des maisons d'habitation ou d'exploitation, ou dans leur voisinage immédiat.

Au cas où il serait acquéreur nouveau, donataire, légataire ou héritier, il annexera l'original ou une expédition authentique des actes desquels résulte la mutation ou qui la constatent. S'il agit au nom d'une société, il annexera l'acte de la constitution de cette société.

L'affichage prescrit pendant les enquêtes qui suivront la demande, sera de quatre mois, en suite desquels viendra l'autorisation ; — nous avons donné au chapitre des minerais le modèle d'un de ces actes de concession.

La concession accordée et les recours jugés, le concessionnaire en fera, par acte extrajudiciaire, signifier l'acte au propriétaire de la surface. Faute de quoi ce dernier pourra former opposition à l'ordonnance.

Nous renvoyons, pour le surplus des prescriptions, aux cahiers des charges des concessions, que nous avons également donnés aux chapitres des minerais.

DEUXIÈME CLASSE.

1944. *Usines* (1). — Tout demandeur en autorisation d'usine, remettra au sous-préfet de son arrondissement une simple pétition, dans la forme indiquée pour les usines de première classe ; — pour le département de la Seine et les communes de Saint-Cloud, Sèvres et Meudon, la demande devra être remise au préfet de police.

---

(1) Fonderies de métaux, fabrication d'acier, charbon de bois, houille ou tourbe en vase clos, fourneaux à la Wilkinson, forges de grosses œuvres.

Il sera procédé à l'enquête *de commodo et incommodo*, et aux autres formalités, de la même façon qu'il a été précédemment indiqué.

Toutes ces formalités remplies, le sous-préfet prendra un arrêté motivé, et transmettra les pièces au préfet.

Le préfet statuera ensuite, sur la demande, par un arrêté porté à la connaissance de l'autorisé, lequel devra le signifier par acte extrajudiciaire à tous les opposants et réclamants.

1945. *Exploitation de minerais d'alluvion.* — Lorsque le propriétaire d'un fonds sur lequel il y a des minerais de fer d'alluvion, n'exploitera pas ou point en quantité suffisante, ou suspendra son extraction pendant plus d'un mois, sans cause légitime, — tout propriétaire d'usines établies dans le voisinage, avec autorisation légale, pourra demander à exploiter lesdites minières.

A cet effet, il notifiera, par acte extrajudiciaire, au propriétaire du sol sur lequel gisent les minerais, la demande qu'il a l'intention de former ; cette notification relatera les nom, etc., du requérant, et indiquera l'ordonnance royale qui autorise l'usine pour laquelle il demande permission d'extraire.

La notification faite, il remettra au préfet sa demande à fin d'autorisation ; ce sera une simple pétition contenant le nom, etc., du pétitionnaire, la situation précise des minerais, et le nom et domicile du propriétaire du sol. Le demandeur y joindra l'original de la notification faite, à sa requête, au propriétaire.

Dans le mois, à partir du jour de la notification, le propriétaire du sol aura le droit de déclarer qu'il entend exploiter par lui-même les minerais, et de faire toutes oppositions et réclamations, par une simple pétition remise au préfet.

Dans le cas où le propriétaire aura fait sa déclaration, le préfet prendra un arrêté qui rejettera la demande du pétitionnaire.

S'il ne l'a point faite dans le délai d'un mois, ou s'il s'est borné à former des oppositions par un motif quelconque, ou si, ayant fait sa déclaration, il n'exploite pas en quantité suffisante, ou interrompt son exploitation pendant plus d'un mois, — alors le préfet prendra l'avis des administrations intéressées ; puis il statuera, par arrêté, sur la demande ; l'arrêté sera communiqué à l'autorisé, qui, de son côté, devra le signifier, par acte extrajudiciaire, à tous les opposants ou réclamants qui auront produit dans les enquêtes et instruction. — L'arrêté contiendra, s'il y a autorisation, les conditions imposées à l'impétrant ; il renfermera, notamment, celle de payer une

à ces moteurs, que de renvoyer le lecteur à l'ordonnance du 22 mai 1843,

Le préfet pourra suspendre l'exécution de ces travaux, s'il le juge convenable, après avoir pris l'avis de l'ingénieur en chef et du syndicat.

Article 18. Les travaux d'urgence, exécutés conformément aux dispositions précédentes, de même que les travaux d'entretien qui auront été exécutés par régie, seront payés sur des mandats du directeur, auxquels devront être jointes les feuilles d'attachement constatant l'état de la dépense résultant desdits travaux.

Les paiements d'à-comptes, pour les travaux d'entretien qui auront été exécutés par entreprise, seront faits en vertu des mandats du directeur, délivrés d'après les métrages faits contradictoirement avec l'entrepreneur, et sur les certificats du commissaire qui lui aura été adjoint pour en surveiller l'exécution.

Les paiements définitifs s'effectueront sur les mandats du directeur, délivrés sur les pièces ci-dessus exigées, auxquelles sera en outre joint le procès-verbal de réception définitive, dressé par un homme de l'art, en présence du directeur et du commissaire adjoint.

Des travaux extraordinaires, de leur mode d'exécution et de leur paiement.

Article 19. Les projets des travaux extraordinaires seront rédigés par des hommes de l'art choisis par le syndicat et acceptés par le préfet, sur l'avis de l'ingénieur en chef.

Ces travaux seront soumis à l'approbation de notre directeur général des ponts et chaussées, lorsqu'il s'agira d'ouvrages neufs.

Leur exécution aura lieu sous la surveillance du directeur et d'un membre du syndicat qu'il nommera à cet effet. Elle sera dirigée par un conducteur spécial, choisi par le préfet sur une liste double présentée par le syndicat. Les travaux seront, autant que possible, adjugés d'après le mode adopté pour ceux des ponts et chaussées, en présence du directeur; ils pourront cependant être exécutés de toute autre manière, sur la demande du syndicat, l'avis de l'ingénieur en chef et l'approbation du préfet.

Les paiements d'à-comptes auront lieu en vertu des mandats du directeur, délivrés d'après les métrages provisionnels faits contradictoirement par le conducteur des travaux et par l'entrepreneur, et sur les certificats du commissaire chargé de la surveillance des travaux.

Les paiements définitifs seront aussi effectués en vertu des mandats du directeur, délivrés d'après les pièces ci-dessus exigées pour les mandats d'à-comptes, auxquelles sera en outre joint le procès-verbal de réception définitive, dressé par un ingénieur des ponts et chaussées, après avoir procédé à la vérification des ouvrages en présence du directeur, du commissaire adjoint et de l'entrepreneur, constatant qu'ils ont tous été exécutés conformément aux règles de l'art et aux projets approuvés.

Article 20. Au 15 janvier de l'année suivante, il sera tenu une assemblée générale des propriétaires intéressés, à laquelle le syndicat rendra compte de ses opérations dans le cours de l'année, ainsi que de l'état des travaux, soit d'entretien, soit de construction, enfin de la situation générale des rives de la . . . . . , sur toute l'étendue du territoire de la commune.

Ce compte sera présenté au préfet, qui fera faire les vérifications et reconnaissance nécessaires par un ingénieur des ponts et chaussées, aux frais des intéressés, et ordonnera, s'il y a lieu, les dispositions convenables pour assurer la conservation des travaux, après avoir entendu le syndicat.

rendue sur les machines et chaudières à vapeur autres que celles placées sur bateaux. — Cette ordonnance traite, à la fois, des demandes d'autorisation

---

De la comptabilité et de ce qui s'y rapporte.

Article 21. Il sera formé une caisse de prévoyance alimentée tant par les taxes prélevées sur les propriétaires que par les fonds alloués par le conseil municipal ; elle sera uniquement destinée à acquitter les dépenses pour réparations urgentes et pour tous les autres ouvrages imprévus, d'après les règles ci-dessus établies.

Le syndicat déterminera la somme qui devra la former. La délibération qui sera prise à ce sujet sera soumise à l'approbation du préfet.

Article 22. Le syndicat fournira chaque année au préfet le compte détaillé de la recette et dépense avec les pièces à l'appui. Ce compte sera réglé par le préfet et communiqué à l'assemblée générale des propriétaires intéressés.

Article 23. Le syndicat, après avoir délibéré sur les fonds nécessaires à la dépense des travaux prévus et imprévus à faire pendant la première année, et après avoir obtenu du préfet l'approbation de sa délibération, s'entendra, pour cette fois seulement, avec la commission spéciale créée par l'ordonnance du 22 juin 1814, pour que celle-ci détermine, d'après les bases qu'elle aura adoptées, la quotité pour laquelle, indépendamment des fonds qui seront fournis par la commune, chaque propriété intéressée devra être imposée pour satisfaire à la demande de fonds qui aura été faite par le syndicat, soit pour la caisse de prévoyance, soit pour fournir à la dépense des travaux d'entretien, réparations et ouvrages neufs qui auront été proposés et approuvés.

Article 24. Le recouvrement des taxes, d'après le tableau qui en aura été dressé par la commission spéciale, sera fait nonobstant toute réclamation, et sauf appel au conseil d'État, par le percepteur de la commune, s'il est nommé par le syndicat, ou par tout autre percepteur choisi par lui, et dont la nomination aura été approuvée par le préfet.

Le percepteur prêtera le serment voulu par la loi. Il fournira un cautionnement en immeubles proportionné au montant du rôle. Il lui sera alloué une remise proposée par le syndicat et déterminée par le préfet. Au moyen de cette remise, il dressera les rôles sur les documents qui lui seront fournis, la première année, par la commission spéciale, et ensuite par le syndicat. Ces rôles, après avoir été visés par le syndicat, seront rendus exécutoires par le préfet. La perception en sera faite dans l'année, savoir : le premier tiers dans les quatre premiers mois de la mise en recouvrement des rôles, et ainsi de suite. Il est responsable du défaut de paiement des taxes dans les délais fixés, à moins qu'il ne justifie des poursuites qu'il aura faites contre les contribuables en retard.

Les rôles seront recouvrables de la manière et avec les privilèges établis pour les contributions directes.

Le percepteur acquittera les mandats délivrés conformément aux articles 18 et 19 de la présente ordonnance ; il rendra compte annuellement, avant le 1er avril, des recettes et des dépenses qu'il aura faites pendant l'année précédente. Il ne lui sera pas tenu compte des paiements irrégulièrement faits. Le syndicat vérifiera ses comptes annuels, les arrêtera provisoirement, et les soumettra au préfet pour être définitivement approuvés par lui, s'il y a lieu

indemnité au propriétaire du sol, avant l'enlèvement des minerais ou terres, et de rétablir, à la fin de l'extraction, les terrains en état d'être utilisés, ou d'indemniser le propriétaire.

Lorsque les recours auront été jugés, l'autorisé pourra, sans autre formalité, commencer l'exploitation des matières.

Nous renvoyons au chapitre des minerais pour les autres considérations relatives à l'exploitation des minerais d'alluvion.

DES MOTEURS.

1946. Les moteurs comprennent les appareils sur cours d'eau et les machines à vapeur. Sur ces dernières, il n'y a que peu de considérations à faire valoir; mais la législation des cours d'eau est l'une des plus compliquées qui existent; nous nous y arrêterons donc davantage.

DES MOTEURS SUR COURS D'EAU.

1947. Une des premières conditions à remplir, lorsqu'il s'agit de l'achat d'une chute ou d'une usine sise sur cours d'eau, c'est la vérification des titres du vendeur.

Un grand nombre d'usines n'existent, à proprement parler, que par tolérance, et n'ont de droits ni complets ni régulièrement définis; — on s'exposerait à de graves mécomptes, si l'on se fiait, en matière de cours d'eau, soit à des autorisations insuffisantes, soit à une longue possession; dans un grand nombre de cas, la prescription n'est nullement invoquable.

Il est donc nécessaire de posséder les principes de législation généralement admis dans cette matière si controversée; nous allons les rappeler sommairement (1).

1948. *Considérations générales.* — Les cours d'eau *navigables ou flottables* (2) font, comme les routes, partie du domaine public; leur lit, ainsi que leurs eaux et la pente de ces eaux, appartiennent essentiellement à l'État.

Les cours d'eau ne sont réputés navigables ou flottables que lorsqu'ils

---

(1) Nous renvoyons, pour une étude plus complète, aux ouvrages spéciaux de MM. Nadault de Buffon, Daviel et Viollet.

(2) Par cette dernière expression, on entend flottables par *trains et radeaux;* — les cours d'eau qui ne sont flottables qu'à *bûche perdue,* rentrent dans la catégorie des cours d'eau du domaine privé; ils sont cependant grevés de quelques servitudes, telles que chemins de passage le long du bord, marchepied, empilage et façonnage des bûches; le tout sau indemnité.

ont été déclarés tels par un acte administratif qui détermine le point à partir
duquel commencent et le flottage et la navigation (1). Les bras des cours
d'eau ainsi dénommés sont également considérés comme flottables ou
navigables, quand bien même le flottage ou la navigation n'y seraient point
établis (2).

Lorsqu'un cours d'eau, par suite de déclaration de navigabilité, passe
du domaine privé au domaine public, il est dû indemnité aux usiniers
pour la jouissance de la chute, s'ils ont des titres réguliers, et à moins que
l'acte d'autorisation ne stipule nettement le contraire; — il en est dû pour
les travaux hydrauliques établis en lits de rivière, toutes les fois qu'ils sont
légalement autorisés ; — il en est dû toujours pour les constructions ou
pour les terrains placés au bord des cours d'eau.

Sur les cours d'eau navigables ou flottables, nul établissement ne peut
avoir lieu sans qu'il y ait concession de l'État, et, dans ce cas, les droits
des riverains se bornent rigoureusement à ceux mentionnés par les termes
de l'acte de concession. — Les riverains ne peuvent d'ailleurs user de ces
cours d'eau, les détourner, et y exercer le droit de pêche, qu'en se conformant aux lois et ordonnances de police sur la matière, tandis que ces diverses facultés sont accordées, sans restriction, aux propriétaires des terrains sur lesquels s'écoulent les cours d'eau privés.

La propriété de l'eau, du lit et de la pente des cours d'eau, étant chose
inaliénable, la prescription ne peut être invoquée, en ces matières,
contre le domaine public (3) ; — nul ne saurait, d'ailleurs, s'opposer à la démolition d'ouvrages hydrauliques ordonnée par l'administration.

L'indemnité pour suppression ou diminution de force motrice, ou démolition d'ouvrages en lit de rivière (4), n'est point due, si ces mesures
sont prises dans l'intérêt de la salubrité publique ou pour réformation
d'abus.

L'administration, dans les autres circonstances, en reconnaît le droit aux
usines (5) qui peuvent produire des titres authentiques de propriété, anté-

(1) Nous avons donné au chapitre des combustibles, en nous occupant des transports,
l'énumération des cours d'eau réputés navigables ou flottables, et les longueurs afférentes.
(2) Il est inutile de faire observer qu'il ne peut être question ici des affluents.
(3) Elle pourrait cependant être invoquée contre les réclamations de tiers intéressés.
(4) De pareilles suppressions ne peuvent être exigées qu'en vue de l'intérêt public.
(5) On indemnise ces usines sur le pied où elles étaient en 1790, époque à laquelle parut
la loi qui dévolue à l'administration le règlement des eaux.

rieurs au 1er avril 1566; elle le dénie aux autres, à moins qu'elles ne puissent prouver que leurs autorisations ont eu lieu à titre onéreux.

L'administration fonde cette jurisprudence sur un édit de 1683 qui confirme tous les établissements ayant des *titres* authentiques de propriété, antérieurs au terme du 1er avril 1566 ; — le même édit confirme les établissements qui ont pu apporter des actes authentiques de *possession* antérieurs à cette époque et les frappe d'une redevance ; mais l'administration ne reconnaît point de droit à indemnité, là où il n'y a pas eu acquisition à titre *onéreux* (1).

Quant aux acquéreurs de biens nationaux, l'administration n'admet point qu'ils aient droit à indemnité; la loi de 1790 lui ayant dévolu la mission de régler les eaux des cours d'eau navigables, dont la possession est inaliénable, il aurait fallu, selon elle, pour qu'un propriétaire eût un pareil droit, que la condition en fût expressément établie dans un contrat synallagmatique.

Du reste, dans tous les actes d'autorisation accordés aujourd'hui, l'administration insère, pour éviter toute réclamation, la stipulation formelle de non indemnité.

Sur les cours d'eau navigables et flottables, le droit à indemnité, pour chômage du fait de trains ou bateaux, est universellement reconnu ; ce sont les tribunaux judiciaires qui connaissent des contestations qui pourraient s'élever à cet égard entre les usiniers et les propriétaires des trains ou bateaux.

1949. Passons maintenant aux cours d'eau *non navigables ni flottables* : leur lit appartient, selon la jurisprudence généralement admise, aux propriétaires riverains; mais celle de leur eau est du domaine public; les riverains peuvent en user, mais à charge de la rendre à son cours ordinaire.

Quant à la portion de la pente disponible, c'est-à-dire à celle qui n'est point uniquement attribuable au libre écoulement du cours d'eau, elle est également du domaine public ; les riverains n'en peuvent user ; c'est l'administration qui concède et règle cet usage, à charge de réserver l'autre portion de la pente, de manière à ce qu'il reste un écoulement suffisant en tout temps.

Pour les cours d'eau privés, il suffit que la concession régulière ou

---

(1) Nous ferons observer encore, que les titres fondés sur concessions *féodales* ne sont pas non plus valables, la révolution ayant révoqué tous droits qui proviennent de pareille source.

l'acquisition de la prescription soit antérieure à la loi de 1790, pour qu'un usinier soit légalement en droit de réclamer indemnité, s'il y a suppression ou diminution de sa force motrice (1). — Toutefois il ne peut jamais y avoir prescription pour les inondations et les abus. — Depuis la loi de 1790, d'ailleurs, la prescription n'est plus acquérable contre le domaine public, le règlement de la pente de toutes les rivières étant du domaine de l'administration; elle n'est valable que contre les réclamations des tiers.

Les mesures que l'administration prescrit, dans le seul intérêt de la salubrité et de la réformation d'abus, ne sauraient donner lieu à une demande d'indemnités; ce qui peut porter préjudice au libre écoulement des eaux ne se prescrit pas.

Mais s'il s'agissait de mesures prenant seulement leur origine dans des motifs d'utilité générale, les propriétaires ayant des titres bien établis, auraient droit à une indemnité, dont la fixation est de la compétence des tribunaux judiciaires (2).

L'administration, qui en a rigoureusement le droit, a stipulé quelquefois, dans des actes d'autorisation, la renonciation à ce bénéfice d'indemnité. — Il est évident qu'une pareille réserve n'est propre qu'à nuire au développement de l'industrie, à laquelle elle ne peut qu'ôter de la stabilité et de la confiance; l'on ne saurait arguer ici, de ce que les usiniers sur cours d'eau navigables ou flottables sont soumis à une semblable renonciation : les grands cours d'eau sont d'une essence pour ainsi dire immuable, et diffèrent en cela des petits, qui, d'un moment à l'autre, peuvent être absorbés pour la confection d'un canal, et enlevés à leur destination primitive pour divers motifs.

Quoi qu'il en soit, l'administration s'abstient aujourd'hui d'insérer de semblables clauses dans les actes d'autorisation; de là résulte une certaine inégalité entre les titres de possession, et conséquemment entre la stabilité de nos diverses usines; il est à désirer que l'on réforme un pareil état de choses.

1950. Il est une autre question qui demanderait également une solu-

---

(1) Le droit d'établir ces usines a pu être légalement concédé par les seigneurs jusqu'en 1790.

(2) Il est bien entendu qu'il ne s'agit ici que de l'indemnité relative à la pente; celle qui a trait aux travaux faits en lit de rivière ou sur les rives, étant toujours due, puisque le lit appartient aux riverains aussi bien que les rives.

tion précise : c'est celle des *éclusées*. On nomme ainsi le système qui consiste à retenir l'eau jusqu'à ce que le bief soit rempli ; puis à faire tourner les roues pendant quelques heures, sauf à suspendre derechef le travail.

Cette méthode permet de donner de la puissance aux récepteurs, puisqu'il répartit sur dix ou douze heures tout le travail dynamique de la rivière , mais il est perturbateur du régime du cours d'eau.

Les règlements d'eau administratifs l'autorisent souvent et le tolèrent plus souvent encore.— Quelquefois, pour le rendre impossible, l'administration prescrit l'établissement de vannes *de compensation*, disposées de manière que la vanne motrice ne puisse s'élever ni s'abaisser sans que celle de compensation s'élève ou s'abaisse d'une quantité telle, que la somme des deux ouvertures présente toujours le même débouché ; mais ces vannes régulatrices sont souvent nuisibles, souvent impossibles ; c'est donc un point qui doit attirer l'attention de l'administration.

1951. *Autorisations des ouvrages sur cours d'eau.* — De quelque nature que soit un cours d'eau, lorsqu'il s'agira de l'établissement d'une usine, nul ne sera dégagé de la nécessité d'obtenir, pour elle, une autorisation indépendante des formalités, particulières à sa nature métallurgique, que nous avons passées en revue précédemment. Cette autorisation ne peut s'obtenir que par ordonnance royale.

Le demandeur en autorisation remettra au préfet une simple pétition contenant : les noms, etc., du demandeur ; la désignation circonstanciée de l'objet pour lequel il forme la demande ; le lieu où il a l'intention d'établir les travaux ; leur durée présumée ; la nature des matières qu'il se propose de préparer ; les travaux qui doivent être exécutés ; enfin toutes les conditions propres à l'établissement projeté.

De plus, il fera connaître la largeur qu'il se propose de donner à la vanne du coursier de la roue motrice ; de combien il entend faire gonfler les eaux au-dessus de leur hauteur naturelle, en amont de ladite vanne, et de combien il veut les abaisser en aval.

Il joindra un certificat légalisé, du maire de la commune, constatant que le pétitionnaire est propriétaire du sol (1), ou a obtenu consentement, par écrit, du propriétaire du sol sur lequel on veut élever l'atelier projeté.

Enfin il annexera à sa demande un plan en double expédition et sur une échelle métrique, des lieux et constructions projetées.

---

(1) Il faut naturellement être propriétaire des deux rives du cours d'eau.

Pour l'instruction de l'affaire (1), l'affichage aura lieu pendant vingt jours, au bout desquels les réclamations seront encore admises pendant trois jours.

---

(1) Voici, concernant l'instruction des demandes en autorisation d'usines, une circulaire du directeur général des ponts et chaussées et mines :

Paris, le 16 novembre 1831.

Monsieur le préfet,

La progression toujours croissante des demandes en autorisation, soit d'établir de nouvelles usines mues par l'action de l'eau, soit de conserver ou de modifier les anciennes, a dû fixer mon attention d'une manière toute particulière.

Dans la vue de régulariser la marche à imprimer à ces sortes d'affaires, d'en hâter l'expédition, et d'épargner à l'industrie des retards toujours préjudiciables à ses intérêts, je m'occupe en ce moment d'une instruction réglementaire qui embrasserait toutes les parties de cette matière vaste et difficile; mais comme je ne puis fixer encore l'époque à laquelle ce travail, qui devra être soumis à la délibération du conseil d'État, pourra être terminé et présenté à la sanction royale, j'ai pensé qu'il était bon et utile de prescrire, dès ce moment, quelques mesures d'ordre dont l'expérience de chaque jour me fait plus vivement sentir le besoin.

Dans la plupart des départements, l'instruction des affaires d'usines, sous le rapport administratif, se borne aux enquêtes préalables ouvertes au secrétariat de la mairie, sur les termes mêmes de la demande des pétitionnaires, conformément à la circulaire ministérielle du 19 thermidor an 6.

Il en résulte que si MM. les ingénieurs modifient dans leurs propositions les termes de la demande (et c'est ce qui arrive presque toujours), et que les préfets, adoptant ces propositions, en fassent la base de leur avis en forme d'arrêté, il en résulte, dis-je, que l'ordonnance royale qui vient clore cette instruction, est le plus souvent rendue sans que les parties intéressées aient été mises à même de s'expliquer sur les dispositions qu'elle consacre.

Frappés d'un aussi grave inconvénient, et désirant conserver à l'instruction des affaires d'usines ce caractère essentiellement contradictoire que l'institution des enquêtes a eu pour but de lui assigner, MM. les préfets, dans quelques départements, ont pris le sage parti de ne jamais émettre leur avis en forme d'arrêté, sans avoir pris au préalable les mesures suivantes, et qui consistent :

1° A ouvrir, sur les propositions mêmes de MM. les ingénieurs, une nouvelle enquête en tout semblable à celle prescrite par l'instruction ministérielle du 19 thermidor an 6, sauf réduction à quinze jours, du délai pendant lequel ces propositions et toutes les autres pièces du dossier restent déposées au secrétariat de la mairie ;

2° A communiquer ensuite le résultat de cette seconde enquête à M. l'ingénieur en chef, pour qu'il y joigne, au besoin, ses observations, ou qu'il modifie, s'il y a lieu, ses premières propositions.

Ces mesures, Monsieur le préfet, dont vous apprécierez sans doute, comme moi, tous les avantages, m'ont paru de nature à être généralisées avec succès, et je désire que vous les considériez désormais comme des formalités de rigueur.

Toutefois, cette seconde enquête, de même que la première, n'atteindrait encore qu'im-

L'ingénieur des ponts et chaussées fera, aux frais du pétitionnaire, un barrage provisoire pour porter les eaux à la hauteur demandée. Si l'établissement du barrage était difficile ou dispendieux, il se contenterait de placer des piquets sur le bord de chaque propriété, indiquant la hauteur à laquelle les eaux seront soutenues ; il fera, en un mot, toutes les opérations propres à éclairer la question, et à instruire les parties intéressées de l'effet que produira le nouvel établissement ; le tout aux frais du pétitionnaire. — Enfin il posera ou désignera, en présence du maire, un repère solide et invariable, visible et facilement accessible, qui servira de base à ses opérations.

L'ordonnance portant autorisation, fixera, d'une manière précise, le point d'eau, c'est-à-dire le niveau auquel la nouvelle usine aura la faculté d'élever l'eau près de ses ouvrages ; ce niveau, dans toute l'étendue du remous causé par la retenue, devra être tenu en contre-bas du point le plus

---

parfaitement le but que je me propose, de rendre l'instruction des affaires d'usines essentiellement contradictoire, si les parties intéressées n'étaient mises en position de se faire une idée nette et précise de l'influence que pourra exercer sur le régime des eaux, soit le projet du demandeur, soit celui que MM. les ingénieurs seront d'avis d'y substituer.

La première condition à remplir, c'est que le projet du demandeur soit bien défini. Toute demande exprimée en termes vagues ne peut être susceptible d'aucune suite. Il faut que le particulier en instance, explique nettement, dans sa pétition, ce qu'il veut obtenir de l'autorité.

Dans la visite des lieux, MM. les ingénieurs devront s'attacher à rendre sensible aux yeux des parties intéressées, soit à l'aide d'un barrage provisoire construit aux frais du pétitionnaire, soit par des piquets de nivellement convenablement placés, la hauteur que pourront affecter les eaux après l'exécution des ouvrages projetés.

A la suite de cette visite, ils dresseront, en présence du maire et de toutes les parties intéressées dûment convoquées à l'avance, un procès-verbal dans lequel ils relateront fidèlement l'état ancien des lieux, le résultat des expériences faites par eux, et les observations produites par les parties présentes.

Lecture du procès-verbal devra toujours être donnée auxdites parties, qui seront invitées à le signer ou à déduire les motifs de leur refus.

Mention sera faite des parties absentes et de celles qui n'auraient voulu ni signer ni déduire le motif de leur refus.

Indépendamment de la levée ou de la vérification du plan des lieux, MM. les ingénieurs fourniront, tant en plan qu'en élévation, le détail de tous les ouvrages régulateurs des eaux, construits ou à construire, tels que vannes motrices, vannes de décharges, déversoirs, etc.

Enfin, un profil en long et des profils en travers du terrain, suffisamment étendus, devront toujours faire connaître les relations du niveau des eaux retenues, avec le relief des berges, ainsi qu'avec les points les plus bas des propriétés riveraines.

déprimé des terrains naturels environnants (1); — elle prescrira l'établissement d'un déversoir dont le couronnement soit à une hauteur convenable pour le maintien des eaux au niveau désigné (2) et de vannes de décharge destinées à fonctionner pendant les crues; — elle stipulera encore l'obligation pour le concessionnaire, de faire, aussitôt après l'achèvement des travaux, constater leur état par un rapport de l'ingénieur.

L'ordonnance pourra contenir aussi la condition expresse que, dans aucun cas et sous aucun prétexte, il ne saurait être dû indemnité ni dédommagement au concessionnaire, par suite des dispositions que le gouvernement jugerait convenable de prendre pour l'avantage de la navigation, du commerce, de l'industrie, de l'agriculture ou de la salubrité, sur le cours d'eau où sera situé l'établissement projeté, même dans le cas de démolition dudit établissement (3).

1952. *Construction et activité des ouvrages sur cours d'eau.* — Les travaux pourront être entrepris, aussitôt les recours jugés ; ils seront exécutés sous la surveillance des ingénieurs des ponts et chaussées.

Lorsque le délai fixé pour la mise en activité de l'usine sera écoulé, l'industriel devra faire avertir l'ingénieur, afin qu'il se transporte sur les lieux pour faire les examens et dresser son rapport.

L'industriel pourra faire insérer dans ledit rapport telles observations et réclamations qu'il avisera.

Les ouvrages sur cours d'eau resteront toujours sous la surveillance de l'administration. En cas de contraventions : s'il y a urgence, le préfet ou le sous-préfet pourront prendre immédiatement des arrêtés, à la charge, s'il s'agit de cours d'eau navigables ou flottables, de saisir ensuite le conseil de préfecture; ils devront le faire *a priori*, s'il n'y a point urgence; — quand les cours d'eau ne sont ni navigables ni flottables, le préfet pourra statuer, sauf recours au ministre qui juge en dernier ressort.

Un usinier dont l'usine est légalement autorisée, et qui voudra établir, pour son service, un pont, une passerelle, un déversoir, un barrage,

_____

(1) La hauteur, au-dessus de ce point, est variable; elle n'est souvent que de 0m,08.

(2) Il y a une certaine tolérance au-dessus de ce niveau, mais la tolérance dépassée, le propriétaire est passible de punition.

(3) Cette dernière condition, d'une rigueur extrême, est généralement stipulée lorsqu'il s'agit de cours d'eau navigables ou flottables; — pour les autres, elle ne devrait l'être jamais ; une semblable expropriation du bien d'autrui, stipulée à l'avance et sans indemnités, offre, sinon le caractère d'une sorte de spoliation, au moins le danger d'arrêter le développement industriel.

une vanne ou biez, ou autres ouvrages, devra en demander l'autorisation.

Quand il s'agira de cours d'eau *navigables ou flottables*, cette autorisation devra être accordée par ordonnance royale ; ce qui exigera l'accomplissement de toutes les formalités habituelles.

Quand les ouvrages à construire devront être situés sur des cours d'eau *non navigables ni flottables*, la demande sera adressée au préfet, lequel rendra un arrêté sur la demande, signifié, en cas d'admission, par huissier et aux frais du requérant, à tous les intéressés. En tous cas, le recours est ouvert, pendant trois mois, à ces derniers, devant le ministre de l'agriculture et des travaux publics qui juge en dernier ressort.

L'usinier ne pourra, sans autorisation, entreprendre des travaux en lit du cours d'eau, s'ils ont pour but le déplacement ou le changement de dispositions des ouvrages hydrauliques ; — cependant ils seront licites, en cas d'urgence, et à la charge de se mettre immédiatement en demande auprès du préfet qui statuera, sauf recours au ministre (1). — C'est encore le préfet qui statuera lorsqu'il s'agira de la translation provisoire de l'usine.

Mais si cette translation est définitive, de même que s'il s'agit d'opérer dans l'usine des changements de nature à modifier son titre constitutif, ou de changer le système d'emploi des eaux, ou d'augmenter le nombre des roues motrices, il sera nécessaire de se pourvoir d'une autorisation donnée par ordonnance royale.

Lorsqu'il résultera, soit des procès-verbaux de l'administration, soit des plaintes des tiers, la nécessité de modifier les conditions imposées à l'usinier (2), le préfet proposera ces modifications, et il sera statué par ordonnance royale. — Les tiers auront, en outre, le droit de demander des dommages et intérêts à l'usinier dont l'établissement les léserait ; leur règlement rentre dans les attributions des tribunaux.

1955. *Règlement d'eau* (3). — Tout usinier pourra demander qu'il soit fait un règlement d'eau administratif.

---

(1) S'il s'agissait de simples réparations, qui ne changeassent nullement la nature des ouvrages hydrauliques, l'autorisation administrative deviendrait inutile ; il suffirait que l'usinier se conformât aux lois et règlements de voirie et de police des constructions.

(2) Dans le cas, par exemple, où, sans qu'il y eût de la faute de l'usinier, les travaux hydrauliques occasionneraient des inondations.

(3) C'est l'acte par lequel l'autorité administrative détermine les conditions auxquelles peut

Lorsque cette demande sera faite isolément, elle nécessitera une autorisation obtenue par ordonnance royale avec les formalités ordinaires.

Lorsque toutes les parties intéressées seront consentantes à demander ce
règlement, il pourra être dressé par le préfet, sauf approbation du ministre. — Ainsi dressé et approuvé, ce règlement ne pourra donner lieu à
recours de la part des parties qui auront été entendues.

Le règlement d'eau pourra encore devenir nécessaire, soit parce qu'il
n'en existera pas, soit parce qu'existant, il sera tombé en désuétude, soit
parce que le changement des lieux l'aura rendu insuffisant, soit parce
qu'il y aura des réclamations pour des dommages causés par son exécution.

Quelle que soit la cause déterminante, le règlement sera fait : sur les
rivières navigables et flottables, par ordonnance royale ; — sur les rivières
qui ne sont ni navigables ni flottables, par le préfet, sauf recours au ministre et au conseil d'État ; il pourra être dressé par les conseils munici-
paux, s'il s'agit de l'intérêt commun des riverains, mais à la charge d'être
homologué par le préfet (1).

---

avoir lieu une retenue d'eau destinée au roulement d'une usine. — L'objet principal de ces
règlements d'eau est de fixer, par rapport à un point invariable nommé repère, la hauteur
de la retenue des eaux, et de donner les dimensions détaillées des ouvrages régulateurs.

(1) Nous donnons ici la partie d'une ordonnance relative au règlement des eaux :

Ordonnance du 7 juillet 1824.

Article 1er. La hauteur des eaux des rivières et ruisseaux du département d   ,
sur lesquels il existe des usines, des déversoirs ou des vannes, ne pourra, à l'amont de
chaque bassin, et dans toute l'étendue du reflux, être maintenue à moins de seize centimètres
au-dessous des terrains naturels les plus bas, s'il n'existe pas, ou s'il est impossible d'établir
d'autres voies d'écoulement pour les eaux que celle du bief de l'usine.

Cette hauteur de seize centimètres sera maintenue par des déversoirs ayant autant de longueur qu'ont de largeur les rivières ou bras de rivières et ruisseaux qui font mouvoir les
usines.

Néanmoins, il n'y aura lieu à prescrire l'exécution du présent article, que là où elle sera
réclamée et jugée nécessaire, et, dans tous les cas, cette exécution devra être subordonnée
aux droits précédemment acquis en vertu de titres authentiques.

Article 2. La hauteur à laquelle les eaux pourront être retenues dans chaque bassin, sera
fixée par un repère invariable et contre-repère sur une maçonnerie permanente.

Toute fixation ainsi faite donnera lieu à un procès-verbal, lequel sera dressé en triple
expédition, en présence du maire, des propriétaires de l'usine, ainsi que des propriétaires
des usines supérieures ou inférieures, et des propriétaires riverains, pour être déposé à la
préfecture, au tribunal de l'arrondissement et à la mairie du lieu. Ce procès-verbal indiquera

1954. *Chômage temporaire et déplacement.* — Le préfet pourra prendre un arrêté mettant en chômage temporaire ou ordonnant le déplacement d'une usine, dans les circonstances suivantes :

1° Lorsque son exploitation causera des inondations sur les propriétés voisines, privées ou domaniales, et sur les chemins ; 2° lorsque le gonflement des eaux inondera les usines supérieures ; 3° lorsqu'il y aura lieu, sur les rivières navigables ou flottables, au passage d'une flotte ; — et généralement toutes les fois que l'intérêt public le demandera.

L'usinier dont l'usine aura été mise en chômage, aura droit à indemnité, lorsqu'il aura pour cause : 1° l'exécution de travaux publics ; 2° le passage d'une flotte ; 3° la prise d'eau pour le service de la navigation d'un canal ; — pourvu toutefois que le titre d'autorisation n'ait pas imposé, comme condition, à l'usinier, le chômage dont il souffre.

---

la forme et la nature des échantillons ou repères, le jour et le lieu de la pose, la longueur des barrages et déversoirs dont il indiquera aussi la hauteur rapportée à quelque point invariable et indestructible, autant que possible   des maçonneries des usines.

Article 3. Partout où les opérations régl   les articles précédents aui ont été exécutées, les vannes et déversoirs seront immédi   és et baissés de manière à ne pouvoir retenir les eaux au-dessus de la hauteu   .

Article 4. Les propriétaires ou fermiers des usines seront responsables de la conservation des repères. Toutes les fois que les eaux s'élèveront de dix à douze centimètres sur les déversoirs, ils seront tenus d'élever leurs vannes de décharge, afin de procurer un débouché suffisant ; faute par eux de remplir cette obligation, ils deviendront garants des dommages, et passibles des peines prononcées par les lois, sans préjudice des mesures de police que les circonstances urgentes pourraient commander.

Article 5. En cas d'inexécution de l'article précédent, les vannes pourront être, d'office et à la diligence du maire, levées et cadenassées aux frais de qui de droit.

Article 6. Lorsque les eaux seront à la hauteur déterminée, il ne pourra leur être donné d'écoulement que celui destiné au service des usines, sauf les droits d'irrigation consacrés par les lois.

Article 7. L'ingénieur en chef, après toute reconnaissance que de besoin, proposera au préfet les dispositions qu'il croira nécessaires pour assurer, relativement à chaque usine, et au libre cours des eaux, l'exécution du présent règlement. Ces propositions, lorsqu'elles auront en vue des mesures nouvelles, et qui ne seront pas de simple exécution, devront être soumises par le préfet, et avec son avis, à l'approbation de notre directeur général des ponts et chaussées et des mines.

Les ingénieurs seront chargés de la surveillance et de la réception des ouvrages, ainsi que du placement et de la reconnaissance des repères. Les frais seront supportés par les propriétaires des usines, et concurremment par les propriétaires riverains, si les travaux intéressent en même temps ces derniers.

A cet effet, il soumettra une demande au conseil de préfecture, et elle suivra la marche que nous indiquerons en traitant de la procédure.

L'usinier pourra, du reste, se pourvoir contre un arrêt de chômage temporaire, devant le ministre du commerce et de l'agriculture, dont la décision étant une mesure de pure administration, ne pourra donner lieu à recours au conseil d'État; — lorsqu'il s'agira d'un arrêté de déplacement, le recours au conseil d'État sera admis. — Le recours au ministre sera suspensif, à moins que l'arrêté n'ait été pris *par urgence*.

1955. *Entretien des cours d'eau.* — Nous avons dit, en nous occupant de la préparation des minerais, que le *curage des cours d'eau* privés était à la charge spéciale des usiniers, lorsque le ralentissement causé par le remous et, dans certains cas, la nature des travaux de l'usine, étaient la cause principale des dépôts vaseux; nous avons indiqué, d'ailleurs, les diverses prescriptions relatives au curage. — Quant aux autres travaux d'entretien, ils sont, en général, à la charge des riverains, et nous renvoyons, pour les prescriptions qui les concernent, aux arrêtés rendus sur cette matière (1).

---

(1) Voici une série d'arrêtés et d'ordonnances sur cette matière :

Arrêté du 17 *octobre* 1800.

Article 1er. A commencer de ce jour, la police de la rivière de ..... fera partie des attributions des préfets des départements de ....., chacun suivant la compétence qui lui est réglée par les lois et arrêtés du gouvernement.

Article 2. Ils veilleront, chacun en ce qui le concerne, au maintien des dispositions de l'arrêt du conseil, du 26 février 1732, relatives à la conservation des eaux de ladite rivière.

En conséquence, ils donneront des ordres pour qu'il soit fait un curage général et annuel de ladite rivière, savoir : pour la partie supérieure, dans le courant de messidor; et pour la partie inférieure, dans le courant de fructidor.

Ils feront tenir libre le cours des eaux de la rivière, depuis la fontaine ..... jusqu'à leur chute dans la ....., ensemble celui de sources et ruisseaux y affluant, même dans les canaux où elles passent, à l'effet de quoi les saignées et ouvertures qui ont été faites sans titre légal aux berges de ladite rivière, sources et ruisseaux, seront supprimées, et tous autres empêchements quelconques, même les arbres qui se trouveront plantés dans leur lit et le long de ladite rivière, dans la distance d'un mètre quatre décimètres de berge, aux frais et dépens de ceux qui auront causé lesdits empêchements et planté lesdits arbres; et ce, quinzaine après la sommation qui leur en aura été faite au domicile de leurs fermiers ou meuniers; en sorte que des canaux établis par titre, il en sorte autant d'eau qu'il en sera entré, ce qui sera justifié par les propriétaires desdits canaux ou passages; sinon, il sera donné des ordres pour la suppression desdits canaux et passages.

Ils feront entretenir et fortifier les berges de la rivière par les meuniers, chacun dans son

Lorqu'il aura été commis, du fait des usiniers, des dommages sur les rives et les ouvrages d'un cours d'eau navigable ou flottable, ou qu'il aura été

étendue, en remontant d'un moulin à l'autre, de manière que les eaux ne puissent sortir de leur lit, ni passer au travers desdites berges pour se répandre dans les prés ou ailleurs.

Ils renouvelleront les défenses faites à tous les propriétaires riverains de la . . . . ., d'ouvrir de nouveaux canaux, de faire aucune saignée ou batardeau, soit au lit de ladite rivière, soit aux sources ou canaux y affluant, et d'établir une blanchisserie dans les prairies adjacentes, conformément aux dispositions de l'arrêt du 26 février 1732.

Enfin, ils maintiendront l'exécution dudit arrêt, en tout ce qui n'est pas contraire aux dispositions du présent arrêté.

Article 3. La dépense du curage de la rivière, de l'entretien et de la conservation des eaux, continuera d'être, comme par le passé, à la charge des habitants du faubourg . . . . ., occupant les maisons sises le long de ladite rivière, et des meuniers des moulins désignés dans les arrêts du conseil sous la dénomination commune des intéressés à la conservation des eaux.

Article 4. Le rôle de répartition sera fait par trois commissaires pris parmi les intéressés, et désignés par le préfet.

Ce rôle ne sera exécutoire qu'après l'approbation des préfets, chacun pour le territoire dépendant du département dont l'administration lui est confiée.

Article 5. Ces trois commissaires détermineront le contingent de chaque propriétaire, · d'après la consommation des eaux que la profession qu'il exerce entraîne, le nombre d'ouvriers qu'il emploie, l'étendue des terrains qu'il occupe, et autres données de même nature.

Article 6. Le contingent de chaque propriétaire ou manufacturier sera payé dans le délai de six mois, à compter du 1er nivôse de l'an 9, et ainsi de suite pour chaque année, savoir :

Un tiers, deux mois après la mise du rôle en recouvrement; un tiers, deux mois après l'échéance du premier paiement; le dernier tiers, deux mois après l'échéance du second paiement; de manière que la totalité du recouvrement soit opérée avant le 1er messidor de chaque année, première époque du curage annuel.

Article 7. Le préfet du département de la . . . . . nommera, parmi les intéressés, un percepteur qui sera chargé du recouvrement du rôle.

Article 8. Les propriétés nationales seront soumises à la répartition, la cote qui leur sera appliquée sera acquittée par la régie de l'enregistrement, sur le produit desdites propriétés.

Article 9. Les fonds provenant de la cotisation maintenue par le présent arrêté, seront uniquement employés à l'acquit des dépenses qu'entraînent la police et la conservation des eaux; en aucun cas, il ne pourra être levé une somme plus considérable que celle que nécessite cet objet.

Ordonnance du 1er octobre 1817.

Article 4. Conformément à l'article 3 du titre II du règlement du 15 mai 1801 (25 floréal an 9), approuvé le 22 juin 1802 (3 messidor an 10) par le ministre de l'intérieur, les riverains seront tenus d'arracher, de couper et d'enlever, dans le délai de quinze jours, à partir de la signification qui leur en sera faite, tous les arbres, buissons, branches et barrages quelconques (autres que ceux établis à l'amont des moulins pour arrêter les herbes), désignés

stipulé que l'entretien de ces ouvrages est à la charge des usines, l'administration des ponts et chaussées pourra faire exécuter les travaux

---

dans les tableaux ci-annexés, et qui leur seront indiqués par les préposés dont il va être parlé
ci-après.

Article 5. Les propriétaires ou exploitants des moulins et usines seront tenus de faire chaque
jour l'entier enlèvement des herbes et corps flottants arrêtés à leurs barrages de précaution.

Article 6. Tout barrage de précaution, à l'usage des usines, qui ne sera pas à claire-voie,
et qui formera, par sa construction, un obstacle au cours d'eau, sera démoli et reconstruit
de manière à éviter cet inconvénient, dans le délai de vingt jours après la signification qui
lui en sera faite par le préposé.

Article 7. Conformément à l'ordonnance spéciale de la maîtrise des eaux et forêts, du
13 juillet 1719, les propriétaires ou exploitants des moulins et usines situés sur le cours de
l'..... et de ses affluents, seront tenus de faucher, curer et éberger les biefs situés au-
dessus de leurs moulins sur deux cents mètres de longueur en amont de leurs vannes.

Article 8. Conformément au titre III du règlement du 15 mai 1801 (25 floréal an 9), les
propriétaires riverains des rivières d'....., de la ..... et de leurs affluents, seront tenus
de faire exécuter, dans le délai de quinze jours après la signification de la présente ordonnance, les curages, ébergements, fauchages d'herbes et roseaux, indiqués aux troisième,
quatrième et septième colonnes des tableaux, sur la longueur bordée par leurs propriétés.

Ces travaux devront être faits sur la largeur entière du canal par les propriétaires des
deux rives, et sur la moitié de la largeur par les propriétaires riverains d'un côté seulement.

Article 9. Tous les propriétaires sur les terrains desquels il se trouve des sources affluentes
à l'....., à la ..... ou aux cours d'eau qui aboutissent à ces deux rivières, seront tenus
de curer et faucher, dans le délai de quinze jours, les sources, les rigoles et les fossés qui
servent à l'écoulement des eaux.

Article 10. Conformément à l'article 2 du règlement du 25 floréal an 9 (15 mai 1801),
toutes coupures et ouvertures quelconques pratiquées dans les berges, et pour lesquelles les
propriétaires ne pourront justifier d'un titre légitime, et particulièrement celles désignées à
la cinquième colonne des tableaux généraux joints à la présente ordonnance, seront fermées,
bouchées solidement, de manière à intercepter toute filtration, dans le délai de quinze jours
après la notification qui en sera faite.

En cas de nouvelle ouverture pratiquée, il en sera dressé procès-verbal par le préposé, si,
à la simple réquisition, elle n'est pas bouchée sur-le-champ. A l'avenir, nul ne pourra pratiquer d'ouvertures dans les berges, sans avoir satisfait à toutes les dispositions prescrites par
les lois et règlements.

Article 11. Les renfoncements et rechargements des berges trop basses ou trop faibles,
indiqués à la sixième colonne des tableaux, seront exécutés par les riverains, qui seront
invités à y procéder sans retard ; mais ils ne pourront y être contraints que passé le délai qui
sera fixé par le préfet pour l'opération des curages et ébergements généraux prescrits par le
règlement de l'an 9 (1801).

Article 13. Deux piqueurs des ponts et chaussées seront placés sous les ordres de l'ingénieur chargé du service des moulins et usines dans le département de.....

nécessaires, et les frais seront répartis sur les usiniers qui devront les supporter. — Les contestations sont du ressort du conseil de préfecture.

Article 14. Ces deux préposés seront assermentés ; ils recevront des ampliations certifiées du règlement du 15 mai 1801 (25 floréal an 9), de la présente ordonnance, et des tableaux qui indiquent les contraventions à réprimer et les travaux indispensables à exécuter ; ils signifieront à chaque propriétaire d'usine, ou chaque riverain, les obligations qui leur sont imposées ; ils dresseront contre les contrevenants des procès-verbaux qu'ils adresseront à l'ingénieur chargé du service des usines ; celui-ci les soumettra au sous-préfet de l'arrondissement, lequel, conformément au règlement du 15 mai 1801 (25 floréal an 9), et à la présente ordonnance, ordonnera, sans délai et à la diligence du maire de la commune, la répression provisoire du délit, ou l'exécution d'office des travaux.

Article 16. A défaut, de la part des propriétaires exploitants d'usines, et des propriétaires riverains, d'exécuter, dans un délai de quinze jours, les travaux qui leur seront prescrits en vertu des articles précédents, il y sera pourvu d'office et à leurs frais sur l'ordre du maire, à la réquisition et sous la surveillance du préposé, lequel tiendra note du nombre et du nom des ouvriers employés, du prix et de la durée des travaux.

Ces feuilles d'attachement, certifiées par le maire, visées par l'ingénieur chargé du service des usines et par l'ingénieur en chef, seront arrêtées par le préfet, après que le conseil de préfecture aura condamné les contrevenants aux frais, et s'il y avait lieu à l'amende qu'ils auraient encourue ; le montant de ces frais sera rendu exécutoire par le préfet, recouvré de la même manière que les contributions publiques, et délivré aux ouvriers sur les mandats du préfet.

Article 17. Pour solder les frais des opérations déjà faites, et pour assurer le remboursement des frais de reconnaissance et d'opération encore nécessaires pour établir le règlement définitif des rivières d'..... et de la ....., il sera fait un fonds spécial au moyen d'une contribution volontaire des propriétaires d'usines et de moulins.

A cet effet, les propriétaires susdits seront convoqués en assemblée par le sous-préfet, chacun dans l'arrondissement auquel il appartient ; ils seront invités à donner leur assentiment à l'établissement de la contribution proposée dans le but d'assurer la répression des abus multipliés qui nuisent aux intérêts publics, la garantie des droits de chacun, et le rétablissement de l'ordre.

Le classement des contribuables sera établi d'après le tableau annexé à la présente ordonnance ; ce classement et les propositions de quote-parts ne seront que provisoires, en attendant que l'on puisse déterminer d'une manière définitive et précise la part contributive de chaque usine, en proportion de son intérêt réel.

A défaut de concert, entre les contribuables, sur le vote et la répartition des cotisations volontaires, il nous en sera référé pour être statué ce qu'il appartiendra.

Article 18. Les dépenses à imputer sur les fonds provenant de ces contributions, seront payées sur des mandats particuliers du préfet, délivrés sur les pièces de dépenses fournies et certifiées par l'ingénieur chargé du service des usines, et visées par l'ingénieur en chef.

Article 19. Toutes les contestations relatives au recouvrement des rôles de la contribution dont il vient d'être parlé, ou des travaux exécutés d'office dans le cas prévu par la présente

1956. *Réparations et améliorations des cours d'eau.* — Lorsque, dans l'intérêt public ou particulier réunis, il y aura à élever des ouvrages et des digues de défense, creuser des passages à l'eau, changer le lit d'un cours d'eau, quelle que soit sa classe, il sera procédé ainsi qu'il suit :

S'il y a urgence, le préfet pourra, sans autre formalité, faire exécuter lesdits travaux par les agents de l'administration ; les arrêtés qu'il prendra

---

ordonnance, ou à la confection des travaux, ainsi que les réclamations des individus imposés, seront portées devant le conseil de préfecture, qui prononcera, sauf le recours au conseil d'État.

Ordonnance du 7 juillet 1824.

Article 8. Les ordres nécessaires seront donnés par le préfet du département d'....., pour le faucardement et le curage des rivières et ruisseaux, ainsi que des fossés servant à des dessèchements communs ou à l'écoulement des eaux pluviales. Le faucardement aura lieu deux fois par an, du 1er au 10 juin et du 20 au 30 août.

Les curages seront prescrits, et les époques en seront fixées sur les demandes des maires et les propositions de l'ingénieur en chef.

Les devis des ouvrages pourront, en l'absence de l'ingénieur des ponts et chaussées, être dressés, soit par des commissaires experts, ou tous autres qui seront commis à cet effet par le sous-préfet de l'arrondissement.

Article 9. Les travaux ordonnés par l'article précédent seront faits sur les rivières non navigables, savoir : par les propriétaires ou fermiers des moulins et usines dans toute l'étendue du remous et, en aval, jusqu'au point où le cours d'eau reprend son régime ordinaire (si mieux n'aiment les propriétaires riverains les faire eux-mêmes) ;

Et par chaque propriétaire riverain le long de sa propriété, pour toutes les autres parties des cours d'eau.

La tâche imposée à chacun sera déterminée d'avance, afin d'éviter les contestations. Celles-ci, s'il s'en élève, seront jugées administrativement.

Lorsque les propriétaires intéressés le demanderont, ils pourront se former en syndicat pour proposer la répartition des travaux ou de la dépense entre les divers intéressés, et surveiller l'exécution du curage et du faucardement.

Si un faucardement nouveau est reconnu nécessaire, pour un ou plusieurs cours d'eau, il y sera pourvu dans les formes déterminées par l'article 2 de la loi du 4 mai 1803 (14 floréal an 11).

Article 10. A l'expiration des délais, les maires s'assureront si les travaux prescrits et réglés en vertu des articles 8 et 9 ont été exécutés.

Dans le cas de non exécution, après avoir entendu, sur les causes de retard, de négligence ou de refus, les personnes tenues à ces dépenses, ils rendront compte au préfet, qui pourra ou accorder un nouveau délai, ou ordonner, aux frais de ces derniers, la confection desdits travaux.

L'état de ces frais, ainsi que de tous autres frais à répéter, ou de dépense à répartir en vertu du présent règlement, sera arrêté et rendu exécutoire par le préfet pour être recouvré de la même manière que les contributions directes.

seront sans recours, mais sans préjudice des indemnités auxquelles pourraient avoir droit les riverains.

Les frais seront supportés par ces derniers, chacun dans la proportion
de son intérêt.

Dans les circonstances ordinaires, il y a besoin d'une ordonnance royale
qui organise les propriétaires intéressés en syndicat, et règle la part contributive de chacun (1).

Article 11. Les travaux de faucardement et de curage pourront, sur la demande des personnes intéressées et l'autorisation du préfet, être exécutés par adjudication, sauf à n'y pas
comprendre la portion de travaux concernant des cointéressés qui, n'ayant pas pris part à la
demande dont il vient d'être parlé, voudraient remplir eux-mêmes et séparément leur tâche.

Dans ce dernier cas, les travaux ainsi séparés devront être exécutés et terminés en même
temps que les travaux adjugés; faute de quoi il y aura lieu d'appliquer les dispositions de
l'article 10.

Article 12. Les contraventions au présent règlement seront constatées concurremment par
les maires ou adjoints, les commissaires de police, les ingénieurs et conducteurs des ponts
et chaussées, les agents de la navigation, la gendarmerie, les gardes champêtres, et déférés
aux tribunaux compétents, à la diligence du préfet du département.

(1) Voici, sur cette matière, une ordonnance en date de 1816 :

Formation de la commission syndicale.

Article 1er. Les propriétaires intéressés aux réparations des bords de la . . . . . , dans la
commune d'. . . . . , formeront une société appelée *Communauté des bords de la* . . . .

Article 2. Les fonds situés soit à l'extérieur, soit dans l'intérieur des digues de ceinture,
et qui seront reconnus par la commission spéciale comme intéressés à la conservation des
travaux existants ou à venir, seront compris dans la nouvelle communauté instituée par
l'article précédent, et paieront une part contributive à raison de leur intérêt, conformément
aux articles 33 et suivants de la loi du 16 septembre 1807 ; à moins que leurs propriétaires
ne justifient, par titres, des droits qu'ils auraient à être exempts de cette contribution.

Article 3. Cette communauté sera administrée par un syndicat composé du maire, président, représentant les intérêts de la ville, et de huit membres nommés par le préfet, et
parmi les propriétaires les plus intéressés aux susdites réparations.

Article 4. Chacun des quatre clos qui, dans l'ancienne division, comprenaient toutes les
propriétés sises sur les bords de la . . . . . , et à chacune desquelles seront ajoutées, par
la commission spéciale, les terres qui devront en faire partie, fournira nécessairement deux
membres du syndicat.

Article 5. Les membres du syndicat resteront quatre ans au plus en place, de manière à
ce que chaque année il en sorte deux de deux différents clos. — Ils seront rééligibles.

Article 6. Pour l'exécution de l'article précédent, à la fin de la première année, il sera
décidé par la voie du sort quels seront les deux clos dont un des membres sortira; ensuite on
déterminera, toujours par la même voie, laquelle des deux séries fournira les deux premiers
sortants; enfin, quels seront, dans la première série, ceux qui doivent sortir les premiers.

DES MACHINES A VAPEUR.

1987. Nous ne pouvons mieux faire, quant aux dispositions relatives

---

La seconde série opérera de même pour la seconde année, la première fournira les sortants de la troisième, et ainsi de suite, d'année en année.

Article 7. Un des membres sera nommé, par le préfet, directeur du syndicat ; ses fonctions ne dureront qu'un an, et, dans ce cas, il sera pris alternativement dans l'un des quatre clos, mais il ne pourra être réélu jusqu'à cessation de ses fonctions syndicales.

Article 8. Le directeur sera chargé de la surveillance générale des intérêts de la communauté, du dépôt des plans, registres et autres papiers appartenant à l'administration.

Article 9. Les membres du syndicat ne pourront se faire représenter aux assemblées ; il y aura quatre suppléants aussi nommés par le préfet, un de chaque clos, et qui, en cas d'absence ou autre chose, prendra la place du membre appartenant à son clos.

Article 10. Le maire et le directeur auront le droit de convoquer le syndicat et le sera nécessairement sur la demande de deux membres adressée au directeur. En l'absence du maire, le directeur présidera.

Article 11. Le syndicat est spécialement chargé : 1° de déterminer la somme nécessaire tant aux travaux et réparations pour l'année, et les sommes extraordinaires pour les travaux imprévus, que pour la caisse de prévoyance dont il sera parlé ci-après ; 2° d'examiner, modifier ou adopter les projets de travaux d'entretien ; de faire exécuter tous les travaux d'urgence et réparations journalières ; 3° d'en proposer le mode d'exécution ; 4° de passer les marchés et adjudications ; 5° d'examiner et vérifier les états de contrôle des travaux qui auront été exécutés par régie ; 6° de vérifier les comptes du percepteur ; 7° de donner son avis sur tous les intérêts de la communauté, lorsqu'elle sera consultée par le préfet ; 8° de nommer tous les experts et conducteurs de travaux d'entretien et d'urgence.

Article 12. Le syndicat ne pourra délibérer qu'au nombre de six membres ; en cas de partage, le président de l'assemblée aura voix prépondérante.

Article 13. Les délibérations du syndicat seront soumises au préfet.

Article 14. Le syndicat présentera un plan de révision des règlements de la communauté dans le sens et d'après les bases de la présente ordonnance.

Tout règlement nouveau ne pourra être mis à exécution que revêtu de l'approbation du ministre de l'intérieur, d'après l'avis du préfet et la proposition de notre directeur général des ponts et chaussées.

Des travaux d'entretien et d'urgence, de leur exécution et de leur mode de paiement.

Article 15. Le syndicat fera dresser les projets des travaux d'entretien, et il proposera le mode d'exécution par une délibération qui sera soumise au préfet.

Article 16. L'exécution de ces travaux aura lieu sous la surveillance du président et du directeur, à qui le syndicat adjoindra un commissaire pour l'aider dans cette surveillance.

Article 17. Tous les travaux d'urgence pourront être exécutés sur-le-champ par l'ordre du président ou du directeur ; mais ils en rendront immédiatement compte au préfet et au syndicat.

et des enquêtes relatives à ces appareils, ainsi que des prescriptions auxquelles sont soumises leur installation et leur activité (1).

Le directeur vérifiera, lorsqu'il le jugera nécessaire, la situation de la caisse du percepteur, qui sera tenu de lui communiquer toutes les pièces de sa comptabilité.

Dispositions générales.

Article 25. Toute réclamation relative à la quotité pour laquelle chaque propriétaire intéressé aura été imposé par la commission spéciale, sera adressée au préfet, pour être par lui transmise avec son avis, au conseil d'État, à qui seul appartient le droit de ratifier ou d'annuler les opérations de cette commission.

Article 26. Les contestations relatives aux indemnités à accorder d'après les expertises qui auront été ordonnées, soit pour prix de terrains ou seulement pour cause de dépréciation, de même que celles relatives à l'exécution des travaux, seront portées devant le conseil de préfecture, qui les jugera, sauf l'appel au conseil d'État.

Article 27. Les honoraires, frais de voyage et autres dépenses qui seront dus aux ingénieurs et aux hommes de l'art chargés, conformément aux dispositions de l'article 19 de la présente ordonnance, de la rédaction des projets, seront payés par la communauté, d'après le règlement qui en sera fait, conformément aux dispositions de l'article 75 du décret du 7 fructidor an 12.

Article 28. Les fonctions de la commission spéciale cesseront aussitôt l'organisation définitive de la communauté et la fixation du présent rôle de répartition. Pour les années suivantes, les taxes seront faites par les soins du syndicat, d'après les bases et les principes consacrés, sauf recours au conseil de préfecture, conformément aux dispositions des lois des 28 pluviôse an 8, et 14 floréal an 11.

(1) Voici cette ordonnance :

TITRE PREMIER.

DISPOSITIONS RELATIVES A LA FABRICATION ET AU COMMERCE DES MACHINES OU CHAUDIÈRES A VAPEUR.

Article 2. Aucune machine ou chaudière à vapeur ne pourra être livrée par un fabricant, si elle n'a subi les épreuves prescrites ci-après. Lesdites épreuves seront faites à la fabrique, sur la déclaration des fabricants, et d'après les ordres des préfets, par les ingénieurs des mines, ou, à leur défaut, par les ingénieurs des ponts et chaussées.

Article 3. Les chaudières ou machines à vapeur venant de l'étranger, devront être pourvues des mêmes appareils de sûreté que les machines et chaudières d'origine française, et subir les mêmes épreuves. Ces épreuves seront faites au lieu désigné par le destinataire dans la déclaration qu'il devra faire à l'importation.

TITRE II.

DISPOSITIONS RELATIVES A L'ÉTABLISSEMENT DES MACHINES ET DES CHAUDIÈRES A VAPEUR, PLACÉES, A DEMEURE, AILLEURS QUE DANS LES MINES.

SECTION Ire. — Des autorisations.

Article 4. Les machines à vapeur et les chaudières à vapeur, tant à haute pression qu'à basse pression, qui sont employées, à demeure, partout ailleurs que dans l'intérieur des mines,

Nous rappellerons ici, que les formalités exigées pour l'autorisation d'une machine à vapeur, sont de rigueur, indépendamment de celles que

ne pourront être établies qu'en vertu d'une autorisation délivrée par le préfet du département, conformément à ce qui est prescrit par le décret du 15 octobre 1810 pour les établissements insalubres et incommodes de deuxième classe.

Article 5. La demande en autorisation sera adressée au préfet. Elle fera connaître :

1° La pression maximum de la vapeur, exprimée en atmosphères et en fractions décimales d'atmosphère, sous laquelle les machines à vapeur ou les chaudières à vapeur devront fonctionner; 2° la force de ces machines exprimée en chevaux (le cheval-vapeur étant la force capable d'élever un poids de 75 kilogrammes à un mètre de hauteur dans une seconde de temps); 3° la forme des chaudières, leur capacité, et celle de leurs tubes bouilleurs, exprimées en mètres cubes; 4° le lieu et l'emplacement où elles devront être établies, et la distance où elles se trouveront des bâtiments appartenant à des tiers et de la voie publique; 5° la nature du combustible que l'on emploiera; 6° enfin le genre d'industrie auquel les machines ou les chaudières devront servir.

Un plan des localités et le dessin géométrique de la chaudière seront joints à la demande.

Article 6. Le préfet renverra immédiatement la demande en autorisation, avec les plans, au sous-préfet de l'arrondissement, pour être transmise au maire de la commune.

Article 7. Le maire procédera immédiatement à des informations *de commodo et incommodo*; la durée de cette enquête sera de dix jours.

Article 8. Cinq jours après qu'elle sera terminée, le maire adressera le procès-verbal de l'enquête, avec son avis, au sous-préfet, lequel, dans un semblable délai, transmettra le tout au préfet, en y joignant également son avis.

Article 9. Dans le délai de quinze jours, le préfet, après avoir pris l'avis de l'ingénieur des mines, ou, à son défaut, de l'ingénieur des ponts et chaussées, statuera sur la demande en autorisation.

L'ingénieur signalera, s'il y a lieu, dans son avis, les vices de construction qui pourraient devenir des causes de danger, et qui proviendraient, soit de la mauvaise qualité des matériaux, soit de la forme de la chaudière, ou du mode de jonction de ses diverses parties. Il indiquera les moyens d'y remédier, si cela est possible.

Article 10. L'arrêté par lequel le préfet autorisera l'établissement d'une machine ou d'une chaudière à vapeur indiquera :

1° Le nom du propriétaire; 2° la pression maximum de la vapeur, exprimée en nombre d'atmosphères, sous laquelle la machine ou la chaudière devra fonctionner, et les numéros des timbres dont la machine et la chaudière auront été frappées, ainsi qu'il est prescrit ci-après, article 19; 3° la force de la machine, exprimée en chevaux; 4° la forme et la capacité de la chaudière; 5° le diamètre des soupapes de sûreté; la charge de ces soupapes; 6° la nature du combustible dont il sera fait usage; 7° le genre d'industrie auquel servira la machine ou la chaudière à vapeur.

Article 11. Le recours au conseil d'État est ouvert au demandeur contre la décision du préfet qui aurait refusé d'autoriser l'établissement d'une machine ou chaudière à vapeur.

S'il a été formé des oppositions à l'autorisation, les opposants pourront se pourvoir devant

nous avons mentionnées pour l'établissement de l'usine qui doit la renfermer.

---

le conseil de préfecture contre la décision du préfet qui aurait accordé l'autorisation, sauf recours au conseil d'État.

Les décisions du préfet relatives aux conditions de sûreté que les machines ou chaudières à vapeur doivent présenter, ne seront susceptibles de recours que devant notre ministre des travaux publics.

Article 12. Les machines et les chaudières à vapeur ne pourront être employées qu'après qu'on aura satisfait aux conditions imposées dans l'arrêté d'autorisation.

Article 13. L'arrêté du préfet sera affiché pendant un mois à la mairie de la commune où se trouve l'établissement autorisé. Il en sera, de plus, déposé une copie aux archives de la commune; il devra d'ailleurs être donné communication dudit arrêté à toute partie intéressée qui en fera la demande.

SECTION II. — *Épreuves des chaudières et des autres pièces contenant la vapeur.*

Article 14. Les chaudières à vapeur, leurs tubes bouilleurs et les réservoirs à vapeur, les cylindres en fonte des machines à vapeur et les enveloppes en fonte de ces cylindres, ne pourront être employés dans un établissement quelconque sans avoir été soumis préalablement, et ainsi qu'il est prescrit au titre premier de la présente ordonnance, à une épreuve opérée à l'aide d'une pompe de pression.

Article 15. La pression d'épreuve sera un multiple de la pression effective, ou autrement de la plus grande tension que la vapeur pourra avoir dans les chaudières et autres pièces contenant la vapeur, diminuée de la pression extérieure de l'atmosphère.

On procédera aux épreuves en chargeant les soupapes des chaudières de poids proportionnels à la pression effective, et déterminés suivant la règle indiquée en l'article 24.

A l'égard des autres pièces, la charge d'épreuve sera appliquée sur la soupape de la pompe de pression.

Article 16. Pour les chaudières, tubes bouilleurs et réservoirs en tôle ou en cuivre laminé, la pression d'épreuve sera triple de la pression effective.

Cette pression d'épreuve sera quintuple pour les chaudières et tubes bouilleurs en fonte.

Article 17. Les cylindres en fonte des machines à vapeur et les enveloppes en fonte de ces cylindres seront éprouvés sous une pression triple de la pression effective.

Article 18. L'épaisseur des parois des chaudières cylindriques en tôle ou en cuivre laminé sera réglée conformément à la table n° 1 annexée à la présente ordonnance.

L'épaisseur de celles de ces chaudières qui, par leurs dimensions et par la pression de la vapeur, ne se trouveraient pas comprises dans la table, sera déterminée d'après la règle énoncée à la suite de ladite table; toutefois, cette épaisseur ne pourra dépasser 15 millimètres.

Les épaisseurs de la tôle devront être augmentées s'il s'agit de chaudières formées, en partie ou en totalité, de faces planes, ou bien de conduits intérieurs, cylindriques ou autres, traversant l'eau ou la vapeur, et servant, soit de foyers, soit à la circulation de la flamme. Ces chaudières et conduits devront, de plus, être, suivant les cas, renforcés par des armatures suffisantes.

PROCÉDURE.

1958. *Compétence.*—Les dispositions concernant les usines, cours d'eau et machines à vapeur, se lient d'une part aux intérêts des voisins, des riverains et des co-usagers des cours d'eau; de l'autre, à la police et à la règle-

---

Article 19. Après qu'il aura été constaté que les parois des chaudières en tôle ou en cuivre laminé ont les épaisseurs voulues, et après que les chaudières, les tubes bouilleurs, les réservoirs de vapeur, les cylindres en fonte et les enveloppes en fonte de ces cylindres, auront été éprouvés, il y sera appliqué des timbres indiquant, en nombre d'atmosphères, le degré de tension extérieure que la vapeur ne devra pas dépasser. Ces timbres seront placés de manière à être toujours apparents après la mise en place des chaudières et cylindres.

Article 20. Les chaudières qui auront des faces planes seront dispensées de l'épreuve, mais sous la condition que la force élastique ou la tension de la vapeur ne devra pas s'élever, dans l'intérieur de ces chaudières, à plus d'une atmosphère et demie.

Article 21. L'épreuve sera recommencée sur l'établissement dans lequel les machines ou chaudières doivent être employées : 1° si le propriétaire la réclame ; 2° s'il y a eu pendant le transport, ou lors de la mise en place, des avaries notables ; 3° si des modifications ou réparations quelconques ont été faites depuis l'épreuve opérée à la fabrique.

SECTION III. — *Des appareils de sûreté dont les chaudières à vapeur doivent être munies.*

§ 1er. Des soupapes de sûreté.

Article 22. Il sera adapté à la partie supérieure de chaque chaudière deux soupapes de sûreté, une vers chaque extrémité de la chaudière.

Le diamètre des orifices de ces soupapes sera réglé d'après la surface de chauffe de la chaudière et la tension de la vapeur dans son intérieur, conformément à la table n° 2 annexée à la présente ordonnance.

Article 23. Chaque soupape sera chargée d'un poids unique, agissant soit directement, soit par l'intermédiaire d'un levier.

Chaque poids recevra l'empreinte d'un poinçon. Dans le cas où il serait fait usage de leviers, ils devront être également poinçonnés. La quotité des poids et la longueur des leviers seront fixées par l'arrêté d'autorisation mentionné à l'article 10.

Article 24. La charge maximum de chaque soupape de sûreté sera déterminée en multipliant $1^k,033$ par le nombre d'atmosphères mesurant la pression effective, et par le nombre de centimètres carrés mesurant l'orifice de la soupape.

La largeur de la surface annulaire de recouvrement ne devra pas dépasser la trentième partie du diamètre de la surface circulaire exposée directement à la pression de la vapeur, et cette largeur, dans aucun cas, ne devra excéder deux millimètres.

§ 2. Des manomètres.

Article 25. Toute chaudière à vapeur sera munie d'un manomètre à mercure, gradué en atmosphères et en fractions décimales d'atmosphère, de manière à faire connaître immédiatement la tension de la vapeur dans la chaudière.

mentation des rivières, aux intérêts de salubrité et de sûreté publique. Elles sont donc à la fois du domaine judiciaire et administratif.

Le tuyau qui amènera la vapeur au manomètre sera adapté directement sur la chaudière, et non sur le tuyau de prise de vapeur ou sur tout autre tuyau dans lequel la vapeur serait en mouvement.

Le manomètre sera placé en vue du chauffeur.

Article 26. On fera usage du manomètre à air libre, c'est-à-dire ouvert à sa partie supérieure, toutes les fois que la pression effective de la vapeur ne dépassera pas quatre atmosphères.

On emploiera toujours le manomètre à air libre, quelle que soit la pression effective de la vapeur, pour les chaudières mentionnées à l'article 43.

Article 27. On tracera sur l'échelle de chaque manomètre, d'une manière apparente, une ligne qui répondra au numéro de cette échelle que le mercure ne devra pas dépasser.

§ 3. De l'alimentation et des indicateurs du niveau de l'eau dans les chaudières.

Article 28. Toute chaudière sera munie d'une pompe d'alimentation bien construite et en bon état d'entretien, ou de tout autre appareil alimentaire d'un effet certain.

Article 29. Le niveau que l'eau doit avoir habituellement dans chaque chaudière sera indiqué à l'extérieur par une ligne tracée d'une manière très-apparente sur le corps de la chaudière ou sur le parement du fourneau.

Cette ligne sera d'un décimètre au moins au-dessus de la partie la plus élevée des carneaux, tubes ou conduits de la flamme et de la fumée dans le fourneau.

Article 30. Chaque chaudière sera pourvue d'un flotteur d'alarme, c'est-à-dire qui détermine l'ouverture d'une issue par laquelle la vapeur s'échappe de la chaudière, avec un bruit suffisant pour avertir, toutes les fois que le niveau de l'eau dans la chaudière vient à s'abaisser de cinq centimètres au-dessous de la ligne d'eau dont il est fait mention à l'article 29.

Article 31. La chaudière sera en outre munie de l'un des trois appareils suivants : 1° un flotteur ordinaire d'une mobilité suffisante; 2° un tube indicateur en verre; 3° des robinets indicateurs convenablement placés à des niveaux différents. Ces appareils indicateurs seront, dans tous les cas, disposés de manière à être en vue du chauffeur.

§ 4. Des chaudières multiples.

Article 32. Si plusieurs chaudières sont destinées à fonctionner ensemble, elles devront être disposées de manière à pouvoir, au besoin, être rendues indépendantes les unes des autres.

En conséquence, chaque chaudière sera alimentée séparément et devra être munie de tous les appareils de sûreté prescrits par la présente ordonnance.

SECTION IV. — De l'emplacement des chaudières à vapeur.

Article 33. Les conditions à remplir pour l'emplacement des chaudières à vapeur dépendent de la capacité de ces chaudières, y compris les tubes bouilleurs, et de la tension de la vapeur.

A la compétence judiciaire reviennent les questions qui dérivent purement du droit civil ; aussi les tribunaux judiciaires, lorsqu'il s'agit d'une

---

A cet effet, les chaudières sont réparties en quatre catégories.

On exprimera en mètres cubes la capacité de la chaudière avec ses tubes bouilleurs, et en
atmosphères la tension [*] de la vapeur, et on multipliera les deux nombres l'un par l'autre.

Les chaudières seront dans la première catégorie quand ce produit sera plus grand que 15 ;
— Dans la deuxième, si ce même produit surpasse 7 et n'excède pas 15 ; — Dans la troisième, s'il est supérieur à 3 et s'il n'excède pas 7 ; — Dans la quatrième catégorie, s'il
n'excède pas 3.

Si plusieurs chaudières doivent fonctionner ensemble dans un même emplacement, et s'il
existe entre elles une communication quelconque, directe ou indirecte, on prendra, pour
former le produit comme il vient d'être dit, la somme des capacités de ces chaudières, y
compris celle de leurs tubes bouilleurs.

Article 34. Les chaudières à vapeur comprises dans la première catégorie devront être
établies en dehors de toute maison d'habitation et de tout atelier.

Article 35. Néanmoins, pour laisser la faculté d'employer, au chauffage des chaudières,
une chaleur qui autrement serait perdue, le préfet pourra autoriser l'établissement des chaudières de la première catégorie dans l'intérieur d'un atelier qui ne fera pas partie d'une maison
d'habitation. L'autorisation sera portée à la connaissance de notre ministre des travaux publics.

Article 36. Toutes les fois qu'il y aura moins de 10 mètres de distance entre une chaudière de la première catégorie et les maisons d'habitation ou la voie publique, il sera construit,
en bonne et solide maçonnerie, un mur de défense de un mètre d'épaisseur. Les autres dimensions seront déterminées comme il est dit à l'article 41.

Ce mur de défense sera, dans tous les cas, distinct du massif de maçonnerie des fourneaux,
et en sera séparé par un espace libre de 50 centimètres de largeur au moins. Il devra également être séparé des murs mitoyens avec les maisons voisines.

Si la chaudière est enfoncée dans le sol, et établie de manière que sa partie supérieure
soit à un mètre au moins en contre-bas du sol, le mur de défense ne sera exigible que lorsqu'elle se trouvera à moins de 5 mètres des maisons habitées ou de la voie publique.

Article 37. Lorsqu'une chaudière de la première catégorie sera établie dans un local fermé,
ce local ne sera point voûté, mais il devra être couvert d'une toiture légère, qui n'aura aucune liaison avec les toits des ateliers ou autres bâtiments contigus, et reposera sur une charpente particulière.

Article 38. Les chaudières à vapeur comprises dans la deuxième catégorie pourront être
placées dans l'intérieur d'un atelier, si toutefois cet atelier ne fait pas partie d'une maison
d'habitation ou d'une fabrique à plusieurs étages.

Article 39. Si les chaudières de cette catégorie sont à moins de 5 mètres de distance, soit
des maisons d'habitation, soit de la voie publique, il sera construit de ce côté un mur de
défense tel qu'il est prescrit à l'article 36.

Article 40. A l'égard des terrains contigus non bâtis appartenant à des tiers, si, après
l'autorisation donnée par le préfet pour l'établissement de chaudières de première ou de se-

---

[*] Pression totale intérieure.

contestation entre particuliers, ou entre l'administration et les particuliers, ne peuvent jamais s'immiscer dans la connaissance des actes admi-

---

conde catégorie, les propriétaires de ces terrains font bâtir dans les distances énoncées aux articles 36 et 39 ou si ces terrains viennent à être consacrés à la voie publique, la construction de murs de défense tels qu'ils sont prescrits ci-dessus pourra, sur la demande des propriétaires desdits terrains, être imposée au propriétaire de la chaudière par arrêté du préfet, sauf recours devant notre ministre des travaux publics.

Article 41. L'autorisation donnée par le préfet pour les chaudières de la première et de la deuxième catégorie indiquera l'emplacement de la chaudière et la distance à laquelle cette chaudière devra être placée par rapport aux habitations appartenant à des tiers et à la voie publique, et fixera, s'il y a lieu, la direction de l'axe de la chaudière.

Cette autorisation déterminera la situation et les dimensions en longueur et en hauteur du mur de défense de un mètre, lorsqu'il sera nécessaire d'établir ce mur en exécution des articles ci-dessus.

Dans la fixation de ces dimensions, on aura égard à la capacité de la chaudière, au degré de tension de la vapeur, et à toutes les autres circonstances qui pourront rendre l'établissement de la chaudière plus ou moins dangereux ou incommode.

Article 42. Les chaudières de la troisième catégorie pourront aussi être placées dans l'intérieur d'un atelier qui ne fera pas partie d'une maison d'habitation, mais sans qu'il y ait lieu d'exiger le mur de défense.

Article 43. Les chaudières de la quatrième catégorie pourront être placées dans l'intérieur d'un atelier quelconque, lors même que cet atelier fera partie d'une maison d'habitation.

Dans ce cas, les chaudières seront munies d'un manomètre à air libre, ainsi qu'il est dit à l'article 26.

Article 44. Les fourneaux des chaudières à vapeur comprises dans la troisième et dans la quatrième catégorie seront entièrement séparés par un espace vide de 50 centimètres au moins des maisons d'habitation appartenant à des tiers.

Article 45. Lorsque les chaudières établies dans l'intérieur d'un atelier ou d'une maison d'habitation seront couvertes, sur le dôme et sur les flancs, d'une enveloppe destinée à prévenir les déperditions de chaleur, cette enveloppe sera construite en matériaux légers; si elle est en briques, son épaisseur ne dépassera pas un décimètre.

TITRE III.

DISPOSITIONS RELATIVES A L'ÉTABLISSEMENT DES MACHINES A VAPEUR EMPLOYÉES DANS L'INTÉRIEUR DES MINES.

Article 46. Les machines à vapeur placées à demeure dans l'intérieur des mines seront pourvues des appareils de sûreté prescrits par la présente ordonnance pour les machines fixes, et devront avoir subi les mêmes épreuves. Elles ne pourront être établies qu'en vertu d'autorisations du préfet délivrées sur le rapport des ingénieurs des mines.

Ces autorisations détermineront les conditions relatives à l'emplacement, à la disposition et au service habituel des machines.

nistratifs, jamais réglementer, mais seulement vider les débats qui peuvent naitre à propos de l'application des règlements administratifs. Les tri-

---

TITRE IV.

DISPOSITIONS RELATIVES A L'EMPLOI DES MACHINES A VAPEUR LOCOMOBILES.

Article 47. Sont considérées comme locomobiles les machines à vapeur qui, pouvant être transportées facilement d'un lieu dans un autre, n'exigent aucune construction pour fonctionner à chaque station.

Article 48. Les chaudières et autres pièces de ces machines seront soumises aux épreuves et aux conditions de sûreté prescrites aux sections II et III du titre II de la présente ordonnance, sauf les exceptions suivantes pour celles de ces chaudières qui sont construites suivant un système tubulaire.

Lesdites chaudières pourront être éprouvées sous une pression double seulement de la pression effective.

On pourra, quelle que soit la tension de la vapeur dans ces chaudières, remplacer le manomètre à air libre par un manomètre à air comprimé, ou même par un thermomanomètre, c'est-à-dire par un thermomètre gradué en atmosphères et parties décimales d'atmosphère : les indications de ces instruments devront être facilement lisibles et placées en vue du chauffeur.

On pourra se dispenser d'adapter auxdites chaudières un flotteur d'alarme, et il suffira qu'elles soient munies d'un tube indicateur en verre convenablement placé.

Article 49. Indépendamment des timbres relatifs aux conditions de sûreté, toute locomobile recevra une plaque portant le nom du propriétaire.

Article 50. Aucune locomobile ne pourra fonctionner à moins de 100 mètres de distance de tout bâtiment sans une autorisation spéciale donnée par le maire de la commune. En cas de refus, la partie intéressée pourra se pourvoir devant le préfet.

Article 51. Si l'emploi d'une machine locomobile présente des dangers, soit parce qu'il n'aurait point été satisfait aux conditions de sûreté ci-dessus prescrites, soit parce que la machine n'aurait pas été entretenue en bon état de service, le préfet, sur le rapport de l'ingénieur des mines, ou, à son défaut, de l'ingénieur des ponts et chaussées, pourra suspendre ou même interdire l'usage de cette machine.

TITRE V.

DE LA SURVEILLANCE ADMINISTRATIVE DES MACHINES ET CHAUDIÈRES A VAPEUR.

Article 61. Les ingénieurs des mines, et, à leur défaut, les ingénieurs des ponts et chaussées, sont chargés, sous l'autorité des préfets, de la surveillance des machines et chaudières à vapeur.

Article 62. Ces ingénieurs donnent leur avis sur les demandes en autorisation d'établir des machines ou des chaudières à vapeur; ils dirigent les épreuves des chaudières et des autres pièces contenant la vapeur; ils font appliquer les timbres constatant les résultats de ces épreuves, et poinçonner les poids et les leviers des soupapes de sûreté.

Article 63. Les mêmes ingénieurs s'assurent, au moins une fois par an, et plus souvent

bunaux judiciaires, connaissent de ces règlements pour les faire exécuter; ils s'occupent principalement des questions qui se résolvent en dommages et intérêts, par l'appréciation de titres privés et des règles de droit commun.

---

lorsqu'ils en reçoivent l'ordre du préfet, que toutes les conditions de sûreté prescrites sont exactement observées.

Ils visitent les machines et les chaudières à vapeur; ils en constatent l'état, et ils provoquent la réparation et même la réforme des chaudières et des autres pièces que le long usage ou une détérioration accidentelle leur ferait regarder comme dangereuses.

Ils proposent également de nouvelles épreuves, lorsqu'ils les jugent indispensables, pour s'assurer que les chaudières et les autres pièces conservent une force de résistance suffisante, soit après un long usage, soit lorsqu'il y aura été fait des changements ou réparations notables.

Article 64. Les mesures indiquées en l'article précédent sont ordonnées, s'il y a lieu, par le préfet, après avoir entendu les propriétaires, lesquels pourront, d'ailleurs, réclamer de nouvelles épreuves lorsqu'ils les jugeront nécessaires.

Article 65. Lorsque, par suite de demandes en autorisation d'établir des machines ou des appareils à vapeur, les ingénieurs des mines ou les ingénieurs des ponts et chaussées auront fait, par ordre du préfet, des actes de leur ministère, de la nature de ceux qui donnent droit aux allocations établies par l'article 89 du décret du 18 novembre 1810, et par l'article 75 du décret du 7 fructidor an 12, ces allocations seront fixées et recouvrées dans les formes déterminées par lesdits décrets.

Article 66. Les autorités chargées de la police locale exerceront une surveillance habituelle sur les établissements pourvus de machines ou de chaudières à vapeur.

TITRE VI.
DISPOSITIONS GÉNÉRALES.

Article 67. Si, à raison du mode particulier de construction de certaines machines ou chaudières à vapeur, l'application, à ces machines ou chaudières, d'une partie des mesures de sûreté prescrites par la présente ordonnance, se trouvait inutile, le préfet, sur le rapport des ingénieurs, pourra autoriser l'établissement de ces machines et chaudières, en les assujettissant à des conditions spéciales.

Si, au contraire, une chaudière ou machine paraît présenter des dangers d'une nature particulière, et s'il est possible de les prévenir par des mesures que la présente ordonnance ne rend point obligatoires, le préfet, sur le rapport des ingénieurs, pourra accorder l'autorisation demandée, sous les conditions qui seront reconnues nécessaires.

Dans l'un et l'autre cas, les autorisations données par le préfet seront soumises à l'approbation de notre ministre des travaux publics.

Article 68. Lorsqu'une chaudière à vapeur sera alimentée par des eaux qui auront la propriété d'attaquer d'une manière notable le métal de cette chaudière, la tension intérieure de la vapeur ne devra pas dépasser une atmosphère et demie, et la charge des soupapes sera réglée en conséquence. Néanmoins l'usage des chaudières contenant la vapeur sous une tension plus élevée sera autorisé lorsque la propriété corrosive des eaux d'alimentation sera

Quant à l'administration, elle est chargée de créer des règlements et de les mettre en action. — Il fallait nécessairement des tribunaux administratifs pour régler les différends qui peuvent s'élever, au point de vue pure-

---

détruite, soit par une distillation préalable, soit par l'addition de substances neutralisantes, ou par tout autre moyen reconnu efficace.

Il est accordé un délai d'un an à dater de la présente ordonnance aux propriétaires des machines à vapeur alimentées par des eaux corrosives, pour se conformer aux prescriptions du présent article. Si, dans ce délai, ils ne s'y sont point conformés, l'usage de leurs appareils sera interdit par le préfet.

Article 69. Les propriétaires et chefs d'établissements veilleront : 1° à ce que les machines et chaudières à vapeur et tout ce qui en dépend soient entretenus constamment en bon état de service ; 2° à ce qu'il y ait toujours, près des machines et des chaudières, des manomètres de rechange, ainsi que des tubes indicateurs de rechange, lorsque ces tubes seront au nombre des appareils employés pour indiquer le niveau de l'eau dans les chaudières ; 3° à ce que lesdites machines et chaudières soient chauffées, manœuvrées et surveillées suivant les règles de l'art.

Conformément aux dispositions de l'article 1384 du Code civil, ils seront responsables des accidents et dommages résultant de la négligence ou de l'incapacité de leurs agents.

Article 70. Il est défendu de faire fonctionner les machines et les chaudières à vapeur à une pression supérieure au degré déterminé dans les actes d'autorisation, et auquel correspondront les timbres dont ces machines et chaudières seront frappées.

Article 71. En cas de changements ou de réparations notables qui seraient faits aux chaudières ou aux autres pièces passibles des épreuves, le propriétaire devra en donner avis au préfet, qui ordonnera, s'il y a lieu, de nouvelles épreuves, ainsi qu'il est dit aux articles 63 et 64.

Article 72. Dans tous les cas d'épreuves, les appareils et la main-d'œuvre seront fournis par les propriétaires des machines et chaudières.

Article 73. Les propriétaires de machines ou de chaudières à vapeur autorisées seront tenus d'adapter auxdites machines et chaudières les appareils de sûreté qui pourraient être découverts par la suite, et qui seraient prescrits par des règlements d'administration publique.

Article 74. En cas de contravention aux dispositions de la présente ordonnance, les permissionnaires pourront encourir l'interdiction de leurs machines ou chaudières, sans préjudice des peines, dommages et intérêts qui seraient prononcés par les tribunaux. Cette interdiction sera prononcée par arrêtés des préfets, sauf recours devant notre ministre des travaux publics. Ce recours ne sera pas suspensif.

Article 75. En cas d'accident, l'autorité chargée de la police locale se transportera sans délai sur les lieux, et le procès-verbal de sa visite sera transmis au préfet, et, s'il y a lieu, au procureur du roi.

L'ingénieur des mines, ou, à son défaut, l'ingénieur des ponts et chaussées, se rendra aussi sur les lieux immédiatement, pour visiter les appareils à vapeur, en constater l'état et rechercher la cause de l'accident. Il adressera sur le tout un rapport au préfet.

En cas d'explosion, les propriétaires d'appareils à vapeur ou leurs représentants ne devront

ment administratif, entre l'administration et les particuliers ; ces tribunaux ont été créés à deux degrés : le premier, c'est le conseil de préfecture ; le second, c'est le conseil d'État, qui juge aussi en premier ressort et dont les décisions sont, en tout cas, sans appel ; — les tribunaux administratifs agissent non-seulement comme tribunaux, mais encore comme conseils.

L'administration jouit encore d'une prérogative que les tribunaux judiciaires ne partagent point avec elle ; c'est de pouvoir *élever le conflit*, c'est-à-dire intervenir dans les débats portés devant ces derniers, et les dessaisir des contestations qui sont du ressort administratif.

Chargés de juger entre les particuliers et l'administration, le conseil de préfecture et le conseil d'État sont cependant eux-mêmes partie intégrante de l'administration ; si l'on réfléchit, en outre, que les décisions de ces

---

ni réparer les constructions, ni déplacer ou dénaturer les fragments de la chaudière ou machine rompue, avant la visite et la clôture du procès-verbal de l'ingénieur.

Article 76. Les propriétaires d'établissements aujourd'hui autorisés se conformeront, dans le délai d'un an à dater de la publication de la présente ordonnance, aux prescriptions de la section III du titre II, articles 22 à 32 inclusivement.

Quant aux dispositions relatives à l'emplacement des chaudières énoncées dans la section IV du même titre, articles 33 à 45 inclusivement, les propriétaires des établissements existants qui auront accompli toutes les obligations prescrites par les ordonnances des 29 octobre 1823, 7 mai 1828, 23 septembre 1829 et 25 mars 1830, sont provisoirement dispensés de s'y conformer ; néanmoins, quand ces établissements seront une cause de danger, le préfet, sur le rapport de l'ingénieur des mines, ou, à son défaut, de l'ingénieur des ponts et chaussées, et après avoir entendu le propriétaire de l'établissement, pourra prescrire la mise à exécution de tout ou partie des mesures portées en la présente ordonnance, dans un délai dont le terme sera fixé suivant l'exigence des cas.

Article 77. Il sera publié par notre ministre secrétaire d'État au département des travaux publics une nouvelle instruction sur les mesures de précaution habituelles à observer dans l'emploi des machines et des chaudières à vapeur.

Cette instruction sera affichée à demeure dans l'enceinte des ateliers.

Article 78. L'établissement et la surveillance des machines et appareils à vapeur qui dépendent des services spéciaux de l'État sont régis par des dispositions particulières, sauf les conditions qui peuvent intéresser les tiers relativement à la sûreté et à l'incommodité, et en se conformant aux prescriptions du décret du 15 octobre 1810.

Article 79. Les attributions données aux préfets des départements par la présente ordonnance seront exercées par le préfet de police dans toute l'étendue du département de la Seine, et, dans les communes de Saint-Cloud, Meudon et Sèvres, du département de Seine-et-Oise.

Article 80. Les ordonnances royales des 29 octobre 1823, 7 mai 1828, 23 septembre 1829, 25 mars 1830 et 22 juillet 1839, concernant les machines et chaudières à vapeur, sont rapportées.

130

tribunaux sont sans appel, l'on ne peut s'empêcher de trouver bien puissante l'action accordée par notre législation à l'élément administratif.

1959. *Recours.* — Si la mesure contre laquelle il y a réclamation n'est que réglementaire, si elle ne consiste qu'en des prescriptions administratives d'ordre public et ne met en question aucun droit acquis, dans ce cas, l'usinier ne peut recourir que par la *voie gracieuse*, à savoir, au moyen d'une pétition adressée au préfet ou au ministre ; pour les matières qui n'ont aucun caractère contentieux, l'administration peut revenir sur ses propres décisions. — Il est possible cependant, en de semblables matières, de por-

---

Voici maintenant les tableaux annexés à l'ordonnance que nous venons de reproduire :

TABLE N° 1.

Table des épaisseurs à donner aux chaudières à vapeur cylindriques en tôle ou en cuivre laminé *.

DIAMÈTRES DES CHAUDIÈRES.	NUMÉROS DES TIMBRES EXPRIMANT LA TENSION DE LA VAPEUR.						
	2 atmosphères.	3 atmosphères.	4 atmosphères.	5 atmosphères.	6 atmosphères.	7 atmosphères.	8 atmosphères.
mètres.	millim. *	millim.	millim.	millim.	millim.	millim.	millim.
0,50	3,90	4,80	5,70	6,60	7,50	8,40	9,30
0,55	3,99	4,98	5,97	6,96	7,95	8,94	9,93
0,60	4,08	5,16	6,24	7,32	8,40	9,48	10,56
0,65	4,17	5,34	6,51	7,68	8,85	10,02	11,19
0,70	4,26	5,52	6,78	8,04	9,30	10,56	11,82
0,75	4,35	5,70	7,05	8,40	9,75	11,10	12,45
0,80	4,44	5,88	7,32	8,76	10,20	11,64	13,08
0,85	4,53	6,06	7,59	9,12	10,65	12,18	13,71
0,90	4,62	6,24	7,86	9,48	11,10	12,72	14,34
0,95	4,71	6,42	8,13	9,84	11,55	13,26	14,97
1,00	4,80	6,60	8,40	10,20	12,00	13,80	15,60

* Pour obtenir l'épaisseur que l'on doit donner aux chaudières, il faut multiplier le diamètre de la chaudière, exprimé en mètres et fractions décimales du mètre, par la pression effective de la vapeur, exprimée en atmosphères, et par le nombre fixe 18, prendre la dixième partie du produit ainsi obtenu, et y ajouter le nombre fixe 3. Le résultat exprimera en millimètres et en fractions décimales du millimètre l'épaisseur cherchée.

ter devant le conseil d'État un recours contre une ordonnance royale ou une décision ministérielle ; mais il ne peut être introduit que par la voie gracieuse, c'est-à-dire par une pétition au roi.

Si la matière est *contentieuse*, c'est-à-dire relative à des droits résultant, soit des lois, soit des règlements généraux et particuliers, la réclamation peut être portée devant les tribunaux administratifs.

On ne peut recourir à ce moyen, contre de simples arrêtés d'agents infé-

---

TABLE N° 2.

Table pour régler les diamètres à donner aux orifices des soupapes de sûreté *.

SURFACES DE CHAUFFE DES CHAUDIÈRES.	NUMÉROS DES TIMBRES INDIQUANT LES TENSIONS DE LA VAPEUR.									
	1½ atmos.	2 atmos.	2½ atmos.	3 atmos.	3½ atmos.	4 atmos.	4½ atmos.	5 atmos.	5½ atmos.	6 atmos.
mèt. car.	centimètr.	centimètr	centimètr.	centimètr.	centimètr.	centimètr.	centimètr.	centimètr.	centimètr.	centimètr.
1	2,493	2,003	1,799	1,610	1,479	1,372	1,286	1,214	1,152	1,100
2	3,525	2,918	2,514	2,286	2,092	1,911	1,818	1,716	1,630	1,555
3	4,317	3,573	3,116	2,799	2,563	2,377	2,227	2,102	1,996	1,905
4	4,985	4,126	3,598	3,232	2,959	2,745	2,572	2,427	2,305	2,200
5	5,514	4,613	4,023	3,614	3,308	3,069	2,875	2,714	2,578	2,159
6	6,106	5,051	4,407	3,958	3,624	3,362	3,149	2,973	2,823	2,691
7	6,595	5,458	4,760	4,270	3,914	3,631	3,402	3,211	3,015	2,910
8	7,050	5,835	5,089	4,571	4,185	3,882	3,637	3,433	3,260	3,111
9	7,478	6,189	5,398	4,848	4,438	4,117	3,857	3,611	3,458	3,299
10	7,882	6,521	5,690	5,110	4,679	4,340	4,066	3,838	3,645	3,478
11	8,267	6,843	5,967	5,360	4,907	4,552	4,265	4,025	3,823	3,648
12	8,635	7,147	6,233	5,598	5,125	4,754	4,454	4,204	3,993	3,810
13	8,987	7,430	6,487	5,827	5,334	4,949	4,636	4,376	4,156	3,965
14	9,325	7,720	6,732	6,017	5,536	5,138	4,811	4,541	4,312	4,124
15	9,654	7,990	6,968	6,259	5,730	5,316	4,980	4,701	4,464	4,259
16	9,970	8,253	7,197	6,464	5,918	5,490	5,143	4,851	4,610	4,399
17	10,277	8,506	7,418	6,663	6,100	5,659	5,302	5,004	4,752	4,531
18	10,575	8,753	7,633	6,854	6,277	5,823	5,455	5,149	4,890	4,660
19	10,865	8,993	7,842	7,044	6,449	5,982	5,605	5,290	5,024	4,794
20	11,147	9,227	8,046	7,227	6,616	6,138	5,750	5,428	5,154	4,918
21	11,423	9,454	8,245	7,389	6,780	6,290	5,892	5,561	5,282	5,040
22	11,691	9,677	8,439	7,580	6,939	6,437	6,031	5,692	5,406	5,158
23	11,954	9,894	8,620	7,750	7,095	6,582	6,167	5,820	5,527	5 271
24	12,211	10,107	8,814	7,917	7,248	6,723	6,299	5,815	5,616	5,398
25	12,463	10,316	8,996	8,080	7,397	6,862	6,429	6,069	5,763	5,499
26	12,710	10,520	9,174	8,240	7,544	6,998	6,556	6,188	5,877	5,608
27	12,952	10,720	9,319	8,397	7,776	7,132	6,681	6,306	5,989	5,715
28	13,190	10,917	9,520	8,551	7,828	7,262	6,804	6 422	6,099	5,819
29	13,423	11,110	9,689	8,703	7,967	7,391	6,924	6,535	6,207	5,922
30	13,653	11,300	9,855	8,851	8,103	7,517	7,043	6,648	6,313	6,024

* Pour déterminer les diamètres des soupapes de sûreté, il faut diviser la surface de chauffe de la chaudière, exprimée en mètres carrés, par le nombre qui indique la tension maximum de la vapeur dans la chaudière, préalablement diminué du nombre 0,412 ; prendre la racine carrée du quotient ainsi obtenu, et le multiplier par 2,0 ; le résultat exprimera en centimètres et en fractions décimales du centimètre le diamètre cherché.

rieurs, tels que préfets ou maires; tant qu'il n'y a point eu d'ordonnance
royale ou de décision ministérielle, le recours gracieux est le seul admissible. — Toutefois, l'on peut, *omisso medio*, se pourvoir directement
devant le conseil d'État, contre un arrêté du préfet, pour cause d'incom-
pétence ou d'excès de pouvoir.

Pour toutes demandes en décharge de contributions ou relatives aux travaux publics et aux indemnités, c'est devant le conseil de préfecture,
d'abord, qu'il faut porter sa réclamation.

1960. Nous allons indiquer maintenant la procédure à suivre dans les
différentes réclamations ou appels qu'on peut avoir à porter.

DEMANDES EN AUTORISATIONS.

1961. *Autorisations par ordonnance royale.* — Tout demandeur dont
la pétition aura été rejetée, ou admise à des conditions qui ne lui con-
viendront pas; tout tiers qui, ayant été entendu dans l'instruction, se
croira lésé par l'effet de cette ordonnance, pourront recourir contre elle, et
ce recours sera porté devant une commission spéciale ou une section du
conseil d'État.

A cet effet, le requérant présentera au roi une requête signée par lui
ou par un avocat au conseil; elle contiendra ses nom, etc., l'exposé des
faits et moyens, la copie signifiée ou l'expédition sur papier timbré de la
décision attaquée, et toutes les autres pièces à l'appui de la demande; la
requête devra faire mention de ces productions.

Ce *recours gracieux*, sera jugé au conseil d'État, sur rapport et
mémoires, et il sera rendu à la suite une ordonnance royale sans recours
possible.

Tous tiers ou propriétaires intéressés, dont la loi ordonne la présence
dans l'instruction, et qui n'auront été ni entendus ni prévenus, pourront
porter recours devant le conseil d'État, par la *voie contentieuse.*

Ce recours devra être formé dans les trois mois francs du jour de la notification administrative ou judiciaire, à personne ou à domicile, de la décision attaquée; il consistera en une requête signée d'un avocat au conseil,
et contenant les mêmes pièces que nous avons spécifiées dans le cas du
recours gracieux.

Le recours au conseil, par voie contentieuse, n'est pas de soi-même
suspensif; toute demande de sursis doit être faite dans la forme suivie
pour les recours.

1962. Nous n'entrerons point dans tous les détails de la procédure devant le conseil d'État ; les formalités en sont longues et ne peuvent d'ailleurs être accomplies que sous la direction d'un avocat au conseil.

1963. L'affaire ayant été instruite, sera rapportée du comité du contentieux à l'assemblée générale du conseil d'État en séance publique ; puis viendra l'ordonnance royale.

Toute partie qui aura été condamnée par défaut (1) pourra faire opposition à la décision ; elle sera formée comme il a été dit pour le recours. — Si elle est admise, il sera statué contradictoirement entre les parties, et la décision (2) qui sera rendue ne sera plus susceptible de recours.

Les tiers qui voudront s'opposer à des décisions du conseil d'État rendues en matière contentieuse, et lors desquelles ils n'ont point été appelés, devront former leur tierce opposition dans les formes signalées ci-dessus ; il sera porté décision sur cette opposition.

La partie qui succombera dans sa tierce opposition sera condamnée à 150 francs d'amende, sans préjudice des dommages et intérêts.

La partie qui succombera dans une procédure en contentieux, et contre laquelle on voudra procéder au paiement de l'exécution, pourra y former opposition dans les trois jours de la signification, au moyen d'un acte extrajudiciaire signifié à la partie poursuivante ; cette opposition sera jugée, sans recours, par le garde des sceaux.

Lorsque les tiers opposants et réclamants, quels que soient les recours, fonderont leurs réclamations sur des titres anciens, des droits acquis, des questions de propriété et de servitude, l'affaire sera soumise aux tribunaux ordinaires, et il sera sursis, au conseil d'État, à la décision sur le fond.

1964. *Autorisations par arrêté du préfet.* — Lorsque le préfet aura rendu un arrêté d'autorisation, tout opposant pourra renouveler ses oppositions et en former de nouvelles ; tout tiers intéressé aura la même faculté.

Dans ce cas, les intéressés se pourvoiront devant le conseil de préfecture.

Ils remettront au préfet, comme président du conseil de préfecture, une simple pétition sur papier timbré contenant les nom, etc., la dési-

---

(1) Est considéré comme rendu par défaut, l'arrêté qui statue sans que les parties intéressées aient toutes produit leurs moyens de défense.

(2) Est contradictoire toute décision qui a statué sur le vu des productions ou défenses de toutes les parties en cause.

gnation de l'établissement autorisé, la date de l'arrêté d'autorisation et les moyens d'opposition ; elle sera signée du réclamant ou de son mandataire légal.

L'affaire sera instruite par le conseil de préfecture, dont les membres pourront être récusés par simple pétition adressée au conseil, et remise au préfet ; le conseil désignera les remplaçants, et il y a recours au conseil d'État, mais non suspensif, contre de semblables décisions.

Le conseil de préfecture prendra une décision sur l'affaire qui lui est soumise; le demandeur pourra s'en faire délivrer une copie authentique au secrétariat du conseil.

Lorsque l'arrêté contiendra admission de la demande, il sera, à la requête du demandeur, signifié par acte extrajudiciaire à toutes les parties intéressées.

Toute décision par défaut sera susceptible d'opposition jusqu'à son exécution ; cette opposition sera portée devant le conseil de préfecture par un simple mémoire dans la forme ordinaire.

Le conseil, avant de statuer définitivement sur le fond de l'affaire, peut émettre une décision *préparatoire*, c'est-à-dire rendue pour l'instruction de la cause; contre cette décision il n'y a pas recours immédiat; il n'est admis qu'en même temps que celui que l'on peut faire valoir contre la décision définitive.

Le conseil peut rendre encore une décision *interlocutoire*, c'est-à-dire ordonner une enquête ou expertise ; le recours peut être ouvert immédiatement, mais la requête civile n'est point admise contre ces décisions.

Enfin vient la décision définitive, qui est susceptible de recours au conseil d'État, dans les formes que nous avons indiquées, en matière contentieuse, pour le cas des autorisations par ordonnances royales.

Un intéressé non appelé dans l'instruction pourra former tierce opposition, dans les formes déjà indiquées, à une décision définitive ; elle sera portée au conseil de préfecture.

Une tierce opposition incidente à une affaire dont le conseil d'État est saisi par recours, sera portée devant le conseil.—S'il y a recours, au conseil d'État, contre une décision attaquée devant le conseil de préfecture par la voie d'une tierce opposition, le conseil d'État renverra l'affaire devant ledit conseil de préfecture.

GESTION DE L'AUTORISÉ.

1965. *Usines de première classe.* — Lorsque le déplacement d'une usine, à la suite d'un jugement rendu par tribunaux pour cause de contre-bande, aura été ordonné par provision et par arrêté du préfet, l'exploitant pourra le déférer au ministre de l'agriculture et du commerce, qui prononcera en dernier ressort.

Lorsque la suspension d'une usine sera ordonnée provisoirement, par arrêté d'un préfet, pour cause de non-soumission aux prescriptions de l'acte d'autorisation, ou parce qu'il résultera des procès-verbaux administratifs que de nouvelles conditions doivent être imposées, ces décisions provisoires, étant des actes d'administration préfectorale, ne pourront être frappées d'un recours au conseil, et les parties qui croiraient devoir s'en plaindre devront en déférer au ministre de l'agriculture et du commerce, qui décidera en dernier ressort.

Tout tiers qui aura à se plaindre des préjudices à lui causés par l'exploitation d'un établissement autorisé, pourra demander, par simple réclamation au préfet, au sous-préfet, ou à la police locale, que l'usinier soit tenu de remplir les conditions imposées ; le préfet prendra les mesures nécessaires. — Il pourra encore réclamer la suppression de l'établissement, par une demande au roi en son conseil d'État, demande contenant les nom, etc., la désignation de l'usine, les causes et motifs de la demande, avec les pièces nécessaires. Cette demande, sur papier timbré, sera signée du réclamant ou d'un avocat au conseil, et adressée au ministre du commerce et de l'agriculture, qui soumettra l'affaire au conseil, dont la décision sera souveraine. — S'il entend demander simplement qu'il soit imposé de nouvelles conditions à l'autorisé, il pourra, dans ce cas, procéder à son choix par l'un ou l'autre des modes indiqués ci-dessus. — Il pourra enfin poursuivre l'usinier en dommages et intérêts devant les tribunaux civils.

Le tiers qui, dans de semblables réclamations, veut poursuivre directement, peut s'adresser au conseil, en suivant les mêmes formalités que nous avons indiquées pour les recours contre autorisations.

Toutes les fois qu'il s'élèvera entre un ou plusieurs usiniers, et entre un un usinier et un tiers, des contestations relatives aux usines, dans lesquelles l'intérêt général se trouvera partie, les contestations devront être portées devant les tribunaux administratifs.

En conséquence, la partie la plus diligente saisira le conseil de préfecture, suivant les formes ordinaires, et les décisions de ce conseil seront susceptibles de recours au conseil d'État.

Lorsque ces contestations n'auront trait qu'à des intérêts privés, les tribunaux ordinaires en connaîtront.

1966. Les prescriptions relatives aux contestations entre tiers, sont applicables à tous les genres d'établissements industriels.

1967. *Ouvrages sur cours d'eau.* — Pour les usines sur cours d'eau, lorsque les contestations auront pour base des travaux ou ouvrages relatifs à un système général de navigation ou de travaux publics, elles devront être portées directement devant le ministre du commerce et de l'agriculture, qui statuera sauf recours au conseil. — Les délits et contraventions commis sur les cours d'eau navigables et flottables sont poursuivis et réprimés par voie administrative; les conseils de préfecture sont seuls investis de ce pouvoir; les délits passagers se prescrivent par un délai de trois mois; les contraventions aux dispositions prohibitives de la loi ne se prescrivent pas.

1968. *Recherches de mines.* — Lorsqu'un arrêté provisoire du préfet ordonnera la suspension des travaux d'exploration, il y aura recours au ministre de l'agriculture et du commerce, dont la décision sera souveraine.

Un tiers qui se croira lésé, en ce sens qu'il aura été fait des fouilles ou dégâts dans un lieu autre que celui autorisé, pourra, — soit s'adresser à l'autorité administrative, pour qu'elle fasse cesser le trouble apporté à sa propriété, ainsi qu'il a été indiqué précédemment en matière de contestation entre tiers, — soit demander des indemnités, qui seront basées sur des expertises faites suivant les formes indiquées à propos des demandes en recherches de mines; le résultat de ces expertises sera soumis au conseil de préfecture, qui statuera sauf recours au conseil d'État.

1969. *Exploitation des mines.* — Pour les exploitations de mines, lorsque le concessionnaire croira devoir faire interpréter l'acte de concession, l'affaire sera portée devant le conseil d'État, dans les formes ordinaires.

Lorsque des discussions s'élèveront sur le paiement des indemnités fixées par l'acte de concession, l'affaire sera portée devant le conseil de préfecture qui statuera sauf recours au conseil d'État.

Toutes contestations relatives à des fouilles à distance prohibée, à des dégâts occasionnés par l'exploitation, aux contrats translatifs des mines et à des difficultés entre les concessionnaires et leurs employés ou ouvriers, sont du ressort des tribunaux ordinaires.

1970. Les prescriptions relatives à la gestion des usines autorisées par ordonnance royale, sont applicables à celles qui sont instituées par permission du préfet.

DESCRIPTION DES GROUPES D'USINES.

1971. De nombreux renseignements sont recueillis, chaque année, par l'administration des mines, sur les diverses branches de l'industrie du fer; nous y avons déjà puisé divers détails statistiques, sur les minerais et la houille.

Au point de vue des établissements qui produisent le fer, ces documents administratifs sont classés suivant des groupes géographiques, rendus distincts par leurs procédés de fabrication.

À mesure que de nouveaux documents viennent s'ajouter aux anciens, ils justifient l'ordre adopté, dans l'origine, pour leur distribution. S'il existe quelques anomalies, c'est dans les groupes qui ont adopté la fabrication mixte à la houille et au bois; cette transformation n'y est point encore générale, car nous sommes à une époque de transition; il en résulte que certaines usines de ces groupes en sont encore à l'emploi exclusif du combustible végétal; de même que dans les groupes plus spécialement forestiers, quelques établissements, avant-coureurs d'une révolution prochaine, ont adopté la fabrication à la houille.

L'industrie du fer est, par ses moteurs, ses minerais, ses combustibles et ses voies de débouchés, intimement liée aux conditions de localités; aussi existe-t-il une identité très-remarquable dans les procédés de fabrication des usines placées dans le même lieu, groupées qu'elles sont autour des mêmes conditions, des mêmes ressources, des mêmes difficultés naturelles.

Il y a plus : à mesure que les voies économiques de transport se perfectionnent ou s'établissent, et que les procédés de fabrication cessent d'être l'expression absolue de nécessités locales, celles-ci conservent néanmoins encore une telle influence, que le groupe entier souffre ou profite, de la même manière, des nouvelles voies de communication.

En Angleterre, malgré la facilité des moyens de transport qui unissent entre elles les diverses portions du territoire, la séparation en groupes métallurgiques est distinctement tranchée.

La pensée qui a dicté les divisions du grand monument statistique élevé par l'administration des mines, nous paraît donc d'un mérite incontestable; celui des documents en eux-mêmes ne l'est pas moins, et s'il est à regretter qu'un certain nombre de fabricants, par une méfiance sans fondement ou un mesquin esprit d'opposition, fournissent parfois des indications erronées aux ingénieurs de l'État, encore est-il vrai de dire qu'elles sont exactes pour la plupart, et que ces derniers, d'ailleurs, suppléent aux inexactitudes qu'elles peuvent renfermer, par la comparaison des usines qui sont dans des conditions analogues.

Nous nous baserons, pour la description qui va suivre, sur la division administrative, des usines métallurgiques, en douze groupes (1) compris dans quatre classes.

PREMIÈRE CLASSE D'USINES.

1972. Cette classe comprend les usines où la fonte et le fer sont fabriqués par l'emploi à peu près exclusif du charbon de bois; elle se subdivise en cinq groupes que nous allons décrire successivement.

PREMIER GROUPE. — GROUPE DE L'EST.

1973. Ce groupe comprend les usines des départements du Doubs, Jura, Meurthe, Haut-Rhin, Haute-Saône — celles de l'est de la Côte-d'Or, situées dans le bassin de la Saône — celles de l'est des Vosges, formant la majeure partie des usines de ce département — et enfin deux usines, celles de *Farincourt* et de *la Folie*, situées au sud-est du département de la Haute-Marne.

1974. *Son importance.* — Voici quel est son ordre d'importance, sous les divers rapports (2) :

Du nombre des usines........................		2e rang.
De la production.....	En fonte.....................	5e
	En fer........................	5e
	En acier.....................	5e
De la consommation..	Minerai.....................	4e
	Fonte et fer.................	5e
	Combustible végétal...........	2e
	— minéral...........	11e

1975. *Origine des matières premières.* — Le peu de houille qu'on a employé ou qu'on emploie encore dans ce groupe, vient de la Loire, de Blanzy,

---

(1) Nous renvoyons, pour cette description, aux cartes nos 88, 89, 90, 91 et 92 sur lesquelles nous avons indiqué la position des usines; nous renvoyons surtout à la carte d'ensemble no 87 sur laquelle nous avons tracé les divisions du sol de la France, suivant les douze groupes métallurgiques.

(2) Les résultats que nous donnons ici, sont empruntés au compte rendu des mines de l'année 1844.

DESCRIPTION DES GROUPES D'USINES.

d'Épinac, de Ronchamp, de Gouhenans, de Gémonval et de Sarrebruck. Les bassins situés dans le groupe même, sont de faible importance et leurs houilles d'assez médiocre qualité ; quant à ceux de la Loire, de Blanzy et d'Épinac, ils envoient leurs produits par la Saône et le canal de la Marne au Rhin ; le bassin de Sarrebruck expédie les siens par une longue série de voies d'eau (1).

Le bois est fourni par les nombreuses forêts situées dans le groupe même ou dans le voisinage ; il en est importé une petite quantité de Suisse.

Les minerais sont tirés en majeure partie de la Haute-Saône qui offre, sous ce rapport, des ressources intarissables ; leur qualité est excellente ; aussi sont-ils exportés, en quantités assez considérables, par la Saône et le canal du Centre, dans le huitième et le onzième groupe.

La fonte d'affinage provient des hauts-fourneaux du groupe lui-même ; — le fer employé à la cémentation, de ses propres forges.

1976. *Caractères et avenir du groupe.* — La fonte est fabriquée, dans le premier groupe, par l'emploi exclusif du charbon de bois, seul ou mélangé de bois vert desséché ou torréfié ; le fer s'obtient par la méthode comtoise au charbon de bois, avec ou sans addition de bois.

Les cours d'eau sont nombreux dans le premier groupe, qui est le plus boisé de tous. Il a été fait, à diverses époques, des tentatives pour y introduire la houille et le coke, mais elles semblent avoir échoué jusqu'à présent.

Les fers, fontes et aciers sont, en général, d'une excellente qualité, expression caractéristique de ce groupe ; c'est cet avantage, joint à l'éloignement des grands bassins houillers, qui a prévenu la transformation du travail au bois en travail à la houille, que l'on hésite à accomplir, de peur qu'elle n'affaiblisse la qualité des fers ; — cependant, pour un grand nombre d'usines, l'introduction de l'affinage à la houille pourrait être d'une haute utilité, aujourd'hui surtout que l'on restreint de plus en plus l'emploi des fers de première qualité.

Les usines du premier groupe augmentent peu en nombre, et les fabricants luttent, à force d'améliorations, contre le haut prix du bois ; — c'est là qu'il a été fait le plus de tentatives pour tirer le plus grand parti possible du bois sous toutes les formes.

Lorsque le canal de la Marne au Rhin sera achevé entre Nancy et Strasbourg, lorsque celui projeté de Sarrebruck au canal de la Marne au Rhin sera construit, nul doute que la houille de Sarrebruck ne contribue beaucoup à la transformation de méthode qui se manifestera tôt ou tard, sinon

---

(1) La Sarre, la Moselle, le Rhin et le canal du Rhône au Rhin.

partout, au moins partiellement. Nous ne terminerons pas sans men-
tionner les chemins de fer de Paris à Strasbourg et de Dijon à Mulhouse,
qui tous deux exerceront une heureuse influence sur l'avenir du premier
groupe.

1977. *Doubs*. — Le Doubs doit le développement de sa fabrication à
deux circonstances, l'introduction de la tréfilerie sur une grande échelle,
dans le dix-septième siècle, et la loi des douanes de 1822. A dater de cette
dernière époque, les groupes voisins commencèrent, malgré l'infériorité
de leurs matières premières, à faire une grave concurrence aux tréfileries
de ce département, qui fut forcé de se jeter dans la voie des perfectionnements.

Les hauts-fourneaux de *Montagney* adoptèrent l'emploi du bois vert en
1836; les usines de *Roche*, *Moncley* et *la Grâce-Dieu* ne tardèrent pas à
suivre cet exemple; l'usine de *Chenecey*, en 1816, appliqua la première la
chaleur perdue des feux d'affinerie aux réchauffages, méthode qui fut à peu
près généralisée de 1833 à 1836; l'emploi du bois desséché est venu, de son
côté, introduire de notables économies dans la fabrication; les usines de
Quingey, de *Pont-les-Moulins*, etc., ont donné, sous ce rapport, des résultats
avantageux; le fourneau de *Clerval* a le premier employé avec avantage
la flamme perdue du haut-fourneau au chauffage de la vapeur.

A *Audincourt*, l'un des plus remarquables établissements du département, on remarque le nouveau procédé qui consiste à transformer en gaz
et utiliser sous cette forme, des combustibles de qualité inférieure; on
chauffe ainsi avec un mélange, à parties égales, de braise et de fraisil, un
four à tôles fines qui produit en 24 heures, 1200 kil. de tôle, en consom-
mant 3 hectol. de combustible.

A *Bourguignon*, on a employé les mêmes appareils à gaz pour le chauffage
d'un four à grosses tôles, dans lequel on soude d'abord le fer, provenant
des feux d'affineries, pour en former des trousses qu'on transforme en
largets par le cinglage au marteau; on chauffe ensuite les largets et l'on
obtient au laminoir des tôles qui vont jusqu'à 17 millimètres d'épaisseur,
et pèsent jusqu'à 480 kil. par feuille; — le générateur à gaz de Bourguignon n'est alimenté qu'avec de la braise dont il consomme 45 hectol. par
1000 kil. de tôle; on y lance 15 mètres cubes d'air par minute.

Le département du Doubs renferme 24 usines produisant : 8235 tonnes
de gros fer et 4870 tonnes de fonte.

1978. *Jura*. — Le développement de la fabrication a suivi, dans le Jura,
les mêmes phases que dans le Doubs; toutefois la masse des usines y a peut-

être moins progressé que celles de ce dernier département et celles de la Haute-Saône; ce qui provient sans doute du prix moins élevé du bois.

On peut signaler, dans le Jura, les usines de *Baudin*, *Rans*, *Fraisans*, *Pont-de-Navey*, *Moulin-Rouge*, *Foucherans*, *Dôle* et *Moutaine*.

Ce département renferme vingt et une usines, qui produisent 4755 tonnes de fonte et 4 184 de gros fer.

1979. *Meurthe.* — La Meurthe ne renferme que cinq usines, qui produisent 1 284 tonnes de fonte et 410 tonnes de gros fer ; ce département est un des plus arriérés du premier groupe ; toutefois, les forêts y sont assez nombreuses, et le canal de la Marne au Rhin, ainsi que les chemins de fer de Paris à Strasbourg et Sarrebruck, y réveilleront, sans nul doute, l'industrie métallurgique.

1980. *Haut-Rhin.* — Le Haut-Rhin lutte non-seulement contre la cherté du bois, mais encore contre l'épuisement des gîtes reconnus jusqu'à présent ; aussi ne renferme-t-il que douze usines dont l'une tire ses matières premières de la Suisse ; elles produisent 1 531 tonnes de fonte et 2 107 de gros fer; on peut signaler parmi elles les établissements de *Lucelle* et de *Massevaux*.

1981. *Haute-Saône.* — La Haute-Saône est le plus important des départements du groupe qui nous occupe ; le minerai y est d'une grande abondance, de qualité remarquable, et ses usines se signalent par une activité fort louable dans la voie des perfectionnements.

Il lutte incessamment contre le haut prix du combustible, et ne doit sa conservation qu'à ses intelligents efforts.

Nous y signalerons les usines de *Saint-Georges*, *Breurey*, *le Magny*, *Trécourt*, *Vellexon*, *Estravaux*, *Baigne*, *Loulans*, *Larrians*, *Fallon*, *Saint-Loup*, *la Romaine*, *Beaumotte*, *Bonnal*, *Villersexel* ; il renferme en tout quarante-cinq usines, produisant 26 036 tonnes de fonte, 3 844 de gros fer et 110 d'acier.

1982. *Côte-d'Or* (Est). — La Côte-d'Or, partie est, est assez stationnaire; ce département semble hésiter à changer les procédés au moyen desquels il a obtenu jusqu'à présent des fers estimés dans le commerce, et qu'on distingue en fers *du vallon* et *de la plaine.* On peut y signaler les usines de *Pouilly-sur-Saône*, *Diéncy*, *Fontaine-Française*, *Brazey*, *Bèze*, *Tilchâtel*, *Velars-sur-Ouche*; — elles sont au nombre de vingt-neuf, et produisent 13 361 tonnes de fonte, 4 187 de fer, et 100 d'acier.

1985. *Vosges.* — Les Vosges, douées de nombreuses forêts, ont contre elles la nécessité de tirer une grande partie de leurs minerais de la Franche-Comté ; à cet inconvénient vient se joindre le renchérissement des bois.

Nous y signalerons le bel établissement de *Framont*, ceux de *Bains*, de *Seymouse*, où l'on a affiné avec un mélange de bois et de tourbe, de *Blanc-murger*, de *Razey* et de *Ramberviller*. — Les Vosges renferment vingt-six usines, qui produisent 1485 tonnes de fonte, 7453 de gros fer et 351 tonnes d'acier.

1984. *Haute-Marne.* — Nous avons nommé les deux usines de la Haute-Marne, qui font partie du premier groupe ; elles produisent 409 tonnes de fonte.

1985. *Statistique.* — Voici la statistique de ce groupe pour l'année 1843 :

Fonte........	— Hauts-fourneaux.	Au charbon de bois.....	A l'air froid.......	50
			A l'air chaud......	29
		Au bois vert seul ou mé-	A l'air froid.......	1
		langé de charbon de bois.	A l'air chaud......	5
Fer.........	Foyers d'affinerie. — Au charbon de bois.....		Méthode comtoise..	261
	Foyers de chaufferie. —		Traitem. des riblons.	1
Acier........	De forge. — Méthode à deux foyers........		Foyers de mazerie..	3
			Foyers d'affinerie...	5
	Fours de cémentation....................................			3
Machines à vapeur.	Chauffées à la houille.........	9 représentant une force de 97 chev.		
	Chauffées au moyen des gaz des foyers..................	9	—	98
Roues hydrauliques.............................		349	—	2 666
Consommation.	Minerai.................	169 847 tonnes valant		2 419 100 francs.
	Fonte brute (1)...........	40 151	— —	8 813 531
	Charbon de bois..........	116 362	— —	9 477 182
	Houille................	425	— —	10 357
	Bois...................	21 591 stères	—	42 231
Production...	Fonte................	53 731 tonnes	—	10 150 713
	Gros fer..............	30 419	—	14 343 124
	Acier................	562	—	429 200
Nombre total d'usines..				164
— d'ouvriers..				1 608

DEUXIÈME GROUPE. — GROUPE DU NORD-OUEST.

1986. Ce groupe renferme les usines des départements des Côtes-du-Nord, Eure, Eure-et-Loir, Finistère, Ille-et-Vilaine, Loire-Inférieure, Loir-et-Cher, Maine-et-Loire, Manche, Mayenne, Morbihan, Orne et Sarthe.

C'est un de ceux qui ont le moins participé au mouvement décidé de progrès qui s'est manifesté dans la plupart des autres groupes.

---

(1) Y compris une certaine quantité de ferraille, fonte mazée et fer brut.

1987. *Son importance.*— Voici son ordre d'importance sous les divers rapports :

Du nombre des usines..............		7e rang.
De la production...... { En fonte......................		6e
{ En fer........................		7e
{ En acier.		0
De la consommation... { Minerai........................		6e
{ Fonte et fer....................		7e
{ Combustible végétal.....		5e
— minéral.		6e

1988. *Origine des matières premières.*— Le minerai est fourni exclusivement par le deuxième groupe de minerais, qui coïncide avec celui qui nous occupe.—Le bois vient de la même provenance.—La houille des bassins situés dans le groupe même, est de qualité inférieure; aussi celle qu'on emploie pour les usages métallurgiques vient-elle généralement par mer, d'Angleterre et de Belgique, et quelquefois des bassins de la Loire et de Blanzy par les canaux et la Loire.—Les fontes sont presque toutes fournies par le groupe lui-même.

1989. *Caractères et avenir de ce groupe.*— La fonte y est fabriquée par l'emploi exclusif du charbon de bois ; un seul fourneau, dans la Mayenne, emploie du bois vert.

Le fer s'obtient par le travail au charbon de bois seul, par le travail mixte au charbon de bois et à la houille, et par le travail à la houille seule; chacune de ces méthodes étant énoncée suivant son ordre d'importance. — Les établissements de la première catégorie suivent principalement la méthode wallonne ; la méthode comtoise n'ayant qu'une importance secondaire. — La méthode comtoise modifiée, pour laquelle on emploie une certaine quantité de houille, y a pris un assez grand développement. — Enfin les méthodes champenoise et anglaise concourent toutes deux, la première plus puissamment que la seconde, au travail métallurgique de ce groupe.

La fonte et le fer y sont de nature peu variée, et, en général, de qualité inférieure.

La fabrication y est peu perfectionnée, nous l'avons dit; ce qui tient, en grande partie, au dénûment de voies de communication dont ce groupe est affligé; il n'est relié au reste de la France que par deux voies navigables, la Seine au nord, la Loire au midi, mais toutes deux placées à ses limites extrêmes. Les canaux de Nantes à Brest, d'Ile-et-Rance ou Blavet, et les cours d'eau qui en assez petit nombre peuvent servir à la navigation, sont tellement disposés, qu'ils relient divers points du groupe au littoral, mais non point aux autres groupes; il en résulte une grande difficulté de débouchés, d'abord, et une assez faible concurrence de la part des districts rivaux.

Ces contrées ont donc manqué d'excitant jusqu'à ce jour; la faiblesse et l'irrégularité des cours d'eau et l'éloignement des bassins houillers contribuent encore à cet état de marasme, dont elles commencent cependant à sortir, car la concurrence des autres districts houillers les a atteintes aujourd'hui. Les chemins de fer de Paris à Caen et Cherbourg, de Paris à Rennes et d'Orléans à Nantes contribueront sans nul doute à réveiller le groupe du nord-ouest;— d'autres travaux, tels que la canalisation de la Rille qui permettrait à la houille étrangère d'arriver dans les principales usines de l'Eure, la canalisation de la Sarthe et la jonction de cette rivière à la Seine par l'Iton et l'Eure, qui rendrait le même service aux usines de la Sarthe, enfin la canalisation de l'Oudon, qui dégrèverait les transports de Maine-et-Loire sur la Loire, toutes ces améliorations porteraient la vie au deuxième groupe, et forceraient ses usines à entrer largement dans la voie du progrès, sous peine de succomber devant la concurrence des autres groupes et de quelques établissements plus avancés. Ces progrès sont déjà en bonne voie, et les usines auxquelles leur proximité du littoral permet de s'approvisionner de houilles étrangères, font presque toutes concourir le charbon minéral à leur travail; c'est dans cette transformation, combinée avec des perfectionnements de détail, tels que des mélanges de minerais, l'emploi du bois vert ou desséché, l'utilisation des chaleurs perdues (1), etc., que se trouve l'avenir de la métallurgie dans cette contrée, où le bois n'est pas à assez bon marché et le fer de qualité assez supérieure pour que le pays puisse se borner à l'emploi exclusif de ce dernier combustible;— quoique la houille y soit d'un prix assez élevé encore, il l'est moins, toutefois, que dans le groupe de la Haute-Marne; l'introduction de l'affinage champenois est donc une amélioration tout à fait désirable.

1990. *Côtes-du-Nord.* — Le département des Côtes-du-Nord possède six usines, qui produisent 2 712 tonnes de fonte et 656 de fer; nous signalerons l'établissement *des Sables* et la forge de *Vaublanc*; — les fontes d'affinage de ce département sont, en partie, expédiées par mer aux forges du département du Nord.

1991. *Eure.* — Dans l'Eure, le plus important des départements de ce groupe, il existe onze usines, produisant 7 100 tonnes de fonte et 1 528 ton-

---

(1) La chaleur perdue est déjà fréquemment employée à la cuisson de la chaux, mais son utilisation pourrait être plus fructueuse.

nes de fer; les établissements qui se sont signalés par des perfectionnements, sont ceux de *Condé-sur-Iton*, *des Vaugoins*, de *Rugles* et le nouvel établissement de *Pont-Audemer*.

1992. *Eure-et-Loir.* — L'Eure-et-Loir renferme trois usines, qui produisent 752 tonnes de fonte et 465 de fer; les approvisionnements de combustible y sont difficiles. Nous signalerons le fourneau de *Boussard* et la forge de *Dampierre*.

1993. *Finistère.* — Le Finistère n'a qu'une forge qui produit 547 tonnes de fer.

1994. *Ille-et-Vilaine.* — Dans l'Ille-et-Vilaine, il y a six usines qui produisent 3602 tonnes de fonte et 1010 de fer. On remarque parmi elles le fourneau de *Sérigné*, celui de *Martigné*, et la forge de *Paimpon* qui est renommée pour ses fers forts et nerveux; on a appliqué, dans cette usine, la houille anglaise à la méthode wallonne, en remplaçant le réchauffage au charbon de bois dans un bas foyer, par le réchauffage à la houille dans un four à réverbère; la houille étant d'un prix élevé dans ces localités, il n'en résulte pas une économie notable de combustible, mais la puissance de fabrication est un peu augmentée; — ce procédé se nomme méthode *wallonne modifiée*.

1995. *Loire-Inférieure.* — Dans la Loire-Inférieure, il y a quatre usines, produisant 1484 tonnes de fonte et 3669 tonnes de fer. Ce département tire une partie de ses fontes du troisième groupe. Nous y signalerons l'usine de *Basse-Indre* et celle de *la Hunaudière*. — Peut-être les établissements de ce département, ainsi que plusieurs autres du même groupe, devraient-ils se borner à la production de la fonte; l'affinage du fer y est coûteux.

1996. *Loir-et-Cher.* — Le Loir-et-Cher renferme trois usines, qui produisent 479 tonnes de fonte et 531 de fer. Ce département est favorablement situé pour écouler ses produits, soit sur Paris par la Beauce, soit sur la Loire par Tours et Blois. Nous y signalerons l'usine de *Fretteval*.

1997. *Maine-et-Loire.* — Dans le département de Maine-et-Loire, il n'existe que l'usine de *Pouancé*, qui produit 940 tonnes de fonte et 584 de fer.

1998. *Manche.* — La Manche a deux usines, qui produisent 576 tonnes de fonte et 72 de fer. L'usine de *Bourberouge* vient de transformer sa fabrication; elle reçoit des houilles anglaises.

1999. *Mayenne.* — Dans la Mayenne, il y a six usines, produisant 2750 tonnes de fonte et 2500 de fer; celles qui ont réalisé le plus d'améliorations sont les établissements de: *Aron*, où l'on a employé simultanément la houille de Blanzy et celle de Newcastle, *Orthe*, *Port-Brillet*, *Chailland*, *Hermet*.

2000. *Morbihan.* — Le Morbihan a quatre usines, produisant 2163 tonnes de fonte. Ce département est dans une position désavantageuse ; — nous y signalerons les usines de *Bénalec* et de *Trédion*.

2001. *Orne.*— L'Orne possède quinze usines, produisant 3760 tonnes de fonte et 2080 tonnes de fer ; ce département est menacé dans ses débouchés par les tréfileries de Franche-Comté et les fers ouvrés des Ardennes; il y a donc, pour lui, nécessité d'améliorations. Les usines que l'on peut citer comme étant entrées dans cette voie sont : *Rainville, Longny, Dampierre, Gondrilliers*, et les nouveaux établissements de *Saint-Martin-de-Ponchardon* et de *Vieux-Pont*.

2002. *Sarthe.*—Dans la Sarthe, il y a six usines, produisant 24 240 tonnes de fonte et 937 de fer ; dans ce département, comme dans la Mayenne, l'Eure, et quelques autres localités, les fers sont d'assez bonne qualité, et leur spécialité semble devoir être le fer marchand ; dans les départements voisins, au contraire, où l'on produit beaucoup de fers tendres, on se voit souvent obligé de les soumettre à un certain nombre d'élaborations secondaires, et notamment à la conversion en verges de fenderie. Nous signalerons dans la Sarthe les usines d'*Anthoigné*, de l'*Aulne*, de *Cormorin*.

2003. *Statistique.* — Voici la statistique du deuxième groupe pour l'année 1843 :

Fonte....... — Hauts-fourneaux..	Au charbon de bois.	A l'air froid..........	49	
		A l'air chaud.........	6	
	Au bois vert avec mélange de charbon..	A l'air chaud.........	1	
Fer.........	Foyers d'affinerie... Au charbon de bois.	Méthode comtoise......	7	
		Méthode wallonne......	51	
		Méth. comtoise modifiée.	15	
	Foyers de chaufferie.	Au charbon de bois. Méthode wallonne......	30	
		A la houille....... Méthode champenoise...	14	
		Traitement des riblons...	1	
	Fours à réverbère de chaufferie.......	A la houille....... Méth. comtoise modifiée.	19	
		Méthode anglaise..... ..	4	
	Fours à puddler,..... A la houille.......	Méthode champenoise...	10	
		Méthode anglaise......	10	

Machines a vapeur.	Chauffées à la houille........	1	représentant une force de 12 chevaux.
	— avec les gaz des foyers.	4	— 45
Roues hydrauliques....................		202	— 1714

Consommation.			
	Minerai..................	75 209 tonnes valant	901 838 francs.
	Fonte brute.............	19 820 —	— 3 099 305
	Charbon de bois......	50 487 —	— 3 219 715
	Houille.........	11 609 —	— 396 241
	Bois,....................	10 178 stères —	13 272

PRODUCTION... { Fonte................... 27 839 tonnes — 4 257 071
               { Fer..................... 13 979 —   — 5 881 471

NOMBRE TOTAL D'USINES.. 68
   —   D'OUVRIERS.. 1 607

TROISIÈME GROUPE. — GROUPE DE L'INDRE.

2004. Le troisième groupe renferme les usines des départements de : Deux-Sèvres, Indre, Indre-et-Loire, Vienne — et celles du nord de la Haute-Vienne.

2005. *Son importance.* — Ce groupe produit des qualités peu variées, mais excellentes, connues sous le nom de *fers du Berry;* toutefois il n'a encore que peu progressé. Il est loin, du reste, d'avoir l'importance du deuxième groupe, ainsi que le montre la classification suivante, qui détermine son rang sous les divers rapports :

Du nombre des usines.............................. 12e rang.
De la production..... { En fonte.................... 9e
                      { En fer..................... 10e
                      { En acier................... 8e
De la consommation.. { Minerai.................... 10e
                      { Fonte et fer............... 9e
                      { Combustible végétal......... 8e
                      {   —   minéral........... 9e

2006. *Origine des matières premières.* — Le minerai est fourni par le septième groupe de mines et minières, qui coïncide à peu près avec le troisième groupe des usines. — Le bois vient de même provenance. — Mal placé sous le rapport des arrivages de houille, ce groupe la tire du bassin de la Loire à l'état de coke. — La fonte que l'on affine provient du groupe lui-même, et le fer de cémentation, soit du groupe lui-même, soit de Suède et de Russie.

2007. *Caractères et avenir du groupe.* — La fonte y est fabriquée au charbon de bois, hors dans deux fourneaux d'Indre-et-Loire, où on le mélange au coke. — Le fer s'obtient exclusivement au charbon de bois, par la méthode comtoise; cette dernière a partout remplacé la méthode wallonne qui règne encore dans le groupe précédent. — On y fabrique de l'acier de cémentation.

Le troisième groupe est celui dont le mode de fabrication est le plus uniforme, où il s'est accompli, peut-être, le moins de transformations et où la consommation de combustible est proportionnellement la plus grande; — c'est que, dans des conditions à peu près analogues à celles du groupe précédent, il ressent moins que lui encore l'influence de la concurrence des

nouveaux centres de fabrication; ses produits sont d'ailleurs supérieurs,
son bois moins cher; il a donc moins d'excitants encore. En résumé, supérieur en produits, et, quant à la méthode de fabrication généralement
employée, au groupe du nord-ouest, il n'a pas encore fait autant d'efforts
particuliers que lui vers une régénération à laquelle ils seront tous deux
appelés forcément, c'est-à-dire à la concentration des ressources forestières
sur la fonte et à l'affinage à la houille.

Il y a peu de voies économiques qui pénètrent dans ce groupe; il n'en existe
point qui le mettent en communication avec la mer, et la Loire seule le
relie à Paris, au centre et aux bassins houillers; encore ce fleuve ne tra-
verse-t-il qu'un seul des départements qui le composent, l'Indre-et-Loire,
situé à son extrémité septentrionale : de là des difficultés de transformations
évidentes. Le chemin de fer du centre qui, dès à présent, est en voie
d'exécution jusqu'à Châteauroux dans l'Indre, le chemin de fer de Paris à
Bordeaux, qui traverse tout le groupe, le canal du Berry quand les houilles
de Commentry y pourront parvenir à peu de frais, enfin les routes straté-
giques et départementales de l'Ouest qui, entre autres avantages, lui
pourront amener les houilles du bassin de Vouvant, toutes ces voies sont
destinées à influer beaucoup sur son avenir.

2008. *Deux-Sèvres.* — Les Deux-Sèvres n'ont qu'une usine, celle de
la Meilleraye, qui fond au charbon de bois et affine suivant la méthode
comtoise; elle produit 368 tonnes de fonte et 184 tonnes de fer; cet
établissement pourra profiter, par la suite, du voisinage du bassin houiller
de Vouvant.

2009. *Indre.* — L'Indre est le plus important de tous les départements du
troisième groupe ; il renferme dix-sept usines, qui produisent 9185 tonnes
de fonte et 4475 de fer.

Placé à proximité de l'Allier, de la Nièvre et du Cher, où la houille peut
parvenir à des prix peu élevés, ce département présente plus de facilités
que les autres, soit pour affiner à la houille, soit pour concentrer ses efforts
sur la fabrication de la fonte au bois que l'on affinerait ensuite dans les
départements du groupe voisin : nous citerons parmi les établissements
les plus remarquables, les usines de *Boissy, Clavières, Bonneau, Gâte-
ville, la Caillaudière, Corbançon, l'Isle* et *Châtillon.*

2010. *Indre-et-Loire.* — L'Indre-et-Loire est dans des conditions à peu
près analogues à celle du département qui précède, quoique moins favorables
cependant; il a participé au mouvement progressif de ce dernier. Il renferme
sept usines, qui produisent 1075 tonnes de fonte, 135 tonnes de fer et

126 tonnes d'acier. On y peut signaler les usines de *Preuilly*, de *Pocé*, de *Château-Lavallière* et de la *Bretèche*.

2011. *Vienne.* — La Vienne renferme deux établissements, produisant 510 tonnes de fonte et 321 tonnes de fer. Nous y signalerons l'usine de *Luchapt.*

2012. *Haute-Vienne* (Nord). — Enfin le nord de la Haute-Vienne ne possède qu'une usine, renfermant un haut-fourneau et trois foyers d'affinerie suivant la méthode comtoise; elle produit 360 tonnes de fonte et 257 de fer. Ce département, de même que le précédent et celui des Deux-Sèvres, se trouve dans les conditions les plus défavorables du groupe.

2013. *Statistique.* — Voici la statistique du troisième groupe pour l'année 1843 :

FONTE....... — Hauts-fourneaux.	Au charbon de bois. — A l'air froid.........		10
	Au charbon de bois A l'air froid..........		1
	mélangé au coke... A l'air chaud.........		1
FER........ Foyers d'affinerie. — Au charbon de bois. — Méthode comtoise......			62
ACIER....... Fours de cémentation............................			3
MACHINES A Chauffées à la houille.........	2 représentant une force de 32 chevaux.		
VAPEUR. — avec les gaz des foyers.	3	—	41
ROUES HYDRAULIQUES......................	77	—	890
CONSOMMATION. Minerai.................	31680 tonnes valant	411355 francs.	
Fonte brute..............	7868 —	— 1421686	
Charbon de bois...........	27505 —	— 1580556	
Coke..........	558 —	— 34508	
Houille................	194 —	— 6142	
Bois...................	14140 stères	— 14140	
PRODUCTION... Fonte,............	11499 tonnes	— 1959591	
Fer.......	5373 —	— 2688810	
Acier	126 —	— 77441	
NOMBRE TOTAL DES USINES MÉTALLURGIQUES.......................			28
— D'OUVRIERS................................			531

QUATRIÈME GROUPE. — GROUPE DU PÉRIGORD.

2014. Ce groupe comprend les usines des départements de : Charente, Corrèze, Dordogne, Lot, Puy-de-Dôme, Tarn-et-Garonne; — celles qui appartiennent au nord-est du Lot-et-Garonne — et celles qui sont situées au sud de la Haute-Vienne.

2015. *Son importance.* — Ses produits sont très-variés et d'une nature excellente; voici son ordre d'importance sous les divers rapports :

Du nombre des usines....	4ᵉ rang.
De la production ... { En fonte........................	9ᵉ
	En fer........................	10ᵉ
	En acier........................	8ᵉ
De la consommation. { Minerai........................	8ᵉ
	Fonte et fer........................	8ᵉ
	Combustible végétal........	6ᵉ
	— minéral.............	7ᵉ .

2016. *Origine des matières premières.* — Le minerai vient exclusivement du groupe lui-même, qui coïncide avec le neuvième groupe de mines et minières, l'un des plus riches de notre sol. — Le bois a la même provenance. — La fonte vient aussi du quatrième groupe, sauf pour une usine qui affine des fontes anglaises. — Enfin la houille vient du bassin de Carmeaux, de celui d'Aubin et de la Grande-Bretagne.

2017. *Caractères et avenir du groupe.* — Le minerai est fondu avec emploi exclusif du charbon de bois; une seule usine de la Haute-Vienne y mélange du bois vert.

Quant au fer, il est en majeure partie fabriqué au charbon de bois par la méthode comtoise; toutefois la méthode anglaise, la méthode comtoise modifiée, la méthode champenoise et jusqu'à la méthode catalane, sont toutes naturalisées dans le quatrième groupe; leur importance suit leur ordre d'énumération.

Enfin on n'y fabrique que de l'acier de forge.

Le troisième groupe, qui a beaucoup d'avenir à cause de l'innombrable quantité de gîtes ferrifères qu'il renferme, présente de grandes anomalies : des progrès plus saillants que dans les deux groupes précédents, à côté de fabrications presque dans l'enfance; en somme, il occupe un meilleur rang que ces derniers dans la voie des améliorations.

Il est dénué de voies de transport économiques; c'est là, si l'on y joint l'éloignement des bassins houillers et la bonne qualité de ses fers, la véritable cause de ses faibles efforts vers les nouveaux perfectionnements. Les petits bassins de la Corrèze, du Cantal et du Puy-de-Dôme n'ont ni une qualité ni une puissance suffisantes; le quatrième groupe est donc obligé de faire venir. par la voie coûteuse de terre, la houille de l'Aveyron ou de consommer du charbon étranger; encore est-ce grâce aux frets de retour des chargements de vins et eaux-de-vie que ce groupe exporte en grande quantité, que le combustible minéral peut lui arriver à des prix supportables.

Toutefois la transformation est certaine dans ce groupe, dont la superlicie forestière n'est point assez grande, le prix du bois assez bas et la qualité du fer assez supérieure pour qu'il reste plus longtemps stationnaire.

Pour apprécier l'avenir qui est réservé à la méthode champenoise dans le groupe du Périgord, il suffit de remarquer que, dès à présent, la houille y coûte moins que dans le groupe de Champagne, et que d'ailleurs la distance qui le sépare des bassins de l'Aveyron n'est que le tiers de celle qui existe entre les usines de Champagne et de Bourgogne et les bassins de la Loire.

La création de voies économiques imprimerait donc indubitablement un élan remarquable à ces contrées.

Elles ne manquent point de rivières, mais leur régime est inégal, et leur navigation difficile et incertaine. Ainsi, des travaux dans le Lot, dans la Dordogne, dans la Charente, l'achèvement du canal latéral à la Garonne jusqu'à Castets, viendraient féconder un pays où l'on ne peut guère citer que deux canaux, l'Isle, et la Corrèze et Vézère canalisées.

Les chemins de fer du centre de la France et de Paris à Bordeaux sont destinés, du reste, à aider puissamment au mouvement qui se prépare.

2018. *Charente.* — La Charente renferme quatorze usines métallurgiques, qui produisent 2 575 tonnes de fonte, 1 979 tonnes de fer et 15 tonnes d'acier. Les progrès de ce département sont peu saillants; nous citerons parmi les établissements les plus remarquables ceux de *Lamothe*, de *Villement*, de *Puyraveau*, de *l'Houmeau*, de *Combiers*, de *Champlaurier*, l'importante usine de *Ruelle*, celles de *Sireuil*, de *Lage*.

2019. *Corrèze.* — Dans la Corrèze, il existe huit usines, produisant 512 tonnes de fonte et 585 de fer. Nous citerons parmi elles le haut-fourneau de *Chavanon*, la forge d'*Uzerche* et le fourneau *du Glandier*.

2020. *Dordogne.* — La Dordogne est le plus important des départements du groupe qui nous occupe, et par ses sources inépuisables de minerais et par le nombre de ses usines. Nous y signalerons les usines des *Graffanaud*, des *Eysies*, de la *Chapelle-Saint-Robert* et de *la Poude*.

2021. *Lot.* — Le Lot a trois usines, qui produisent 556 tonnes de fonte et 130 de fer; la méthode catalane subsiste encore dans ce département, fondée sur la forte teneur des minerais.

2022. *Puy-de-Dôme.* — En Puy-de-Dôme, pays désavantageusement situé pour les débouchés, il n'existe qu'une forge, celle de *la Dordogne*, qui produit 42 tonnes de fer; elle a été créée pour l'utilisation du bois qui l'environne, mais les arrivages de fonte sont difficiles et coûteux.

2023. *Tarn-et-Garonne.* — Le Tarn-et-Garonne n'a également qu'une usine, produisant 267 tonnes de fonte et 235 de fer : c'est l'établissement de *Bruniquel.*

2024. *Lot-et-Garonne* (Nord). — Le nord-est du Lot-et-Garonne comprend six usines, qui produisent 1670 tonnes de fonte et 647 de fer. Nous y signalerons le foyer catalan de *Ratis*, l'usine de *Blanquefort*, la forge de *Cuzorn*, à laquelle la houille d'Aubin parvient par la navigation du Lot.

2025. *Haute-Vienne* (Sud). — Enfin le sud de la Haute-Vienne renferme vingt-quatre usines, qui produisent 1790 tonnes de fonte, 1793 de fer et 52 d'acier. Nous y signalerons les usines de *Chauffaille*, de *la Rivière*, de *Ballerand.*

2026. *Statistique.* — Voici le résumé statistique, pour 1843, relatif au quatrième groupe des usines métallurgiques.

Fonte...... — Hauts-fourneaux..	Au charbon de bois.	A l'air froid..........	79
		A l'air chaud.........	1
	Au charbon de bois mêlé de bois vert..	A l'air froid.........	1
Fer.........	Foyers d'affinerie.. — Au charbon de bois.	Méthode comtoise......	195
		Méth. comtoise modifiée.	6
	Foyers de chaufferie. — A la houille.......	Méthode champenoise...	1
	Fours à réverbère de chaufferie........ A la houille.......	Méth. comtoise modifiée.	2
		Méthode anglaise......	6
	Fours à puddler.. — A la houille........	Méthode champenoise...	2
		Méthode anglaise......	8
	Foyers catalans... — Au charbon de bois.	Traitement direct du minerai..............	3
Acier........ Foyers d'affinerie.. — Au charbon de bois..		Méthode à un seul foyer.	11
Machines à vapeur. Chauffées à la houille.......		2 représentant une force de 8 chevaux.	
Roues hydrauliques...................	387	—	2310
Consommation.	Minerai................... 43134 tonnes valant		768361 francs.
	Fonte brute................ 14654 —	—	2712816
	Charbon de bois............ 40020 —	—	2540591
	Houille................. 4922 —	—	187735
	Bois.................... 149 stères	—	930
Production...	Fonte.................... 17144 tonnes	—	3127663
	Fer..................... 10840 —	—	4969408
	Acier.................... 67 —	—	40200
Nombre total d'usines...................			121
— d'ouvriers........			1029

2027. Ce groupe renferme les usines des départements de la Drôme et du Vaucluse, — et celles du bassin de l'Isère, qui forment la majeure partie des établissements métallurgiques de ce département.

2028. *Son importance.* — Les fers et aciers de ce groupe sont excellents, et les fontes propres à la fabrication d'un acier naturel remarquable ; mais sa production absolue est faible.

Voici son ordre d'importance sous les divers rapports :

Du nombre des usines................................	8e	rang.
De la production. { En fonte.....................	11e	
{ En fer........................	12e	
{ En acier.......................	3e	
De la consommation. { Minerai.......................	12e	
{ Fonte et fer....................	12e	
{ Combustible végétal...............	10e	
{ — minéral..............	10e	

2029. *Origine des matières premières.* — Le minerai est tiré du dixième groupe de mines et minières qui correspond au cinquième groupe d'usines. — Le bois provient des localités mêmes et en partie des forêts de la Savoie. — Les fontes d'affinage viennent, soit du groupe lui-même, soit des fourneaux de la Savoie, où il existe des minerais carbonatés spathiques analogues à ceux du deuxième groupe de mines et minières. — Enfin la houille est amenée de la Loire ; on emploie aussi des anthracites du Drac pour des opérations accessoires.

2030. *Caractères et avenir du groupe.* — Le minerai est traité principalement au charbon de bois ; deux hauts-fourneaux marchent cependant au coke seul.

Le fer est fabriqué exclusivement au charbon de bois par la méthode comtoise.

On y fabrique principalement de l'acier de forge, par la méthode à deux foyers, ou à un seul ; le cinquième groupe produit aussi de l'acier cémenté.

Ce groupe a généralement peu progressé ; il y a peu d'années que la fabrication y était dans un état tout à fait barbare, ce qui tient en partie à la qualité toute spéciale des produits de ces contrées et à sa situation isolée au milieu des montagnes ; ajoutons que là, comme dans les autres groupes de première classe, la cherté du combustible végétal et la difficulté des

153

approvisionnements opposent de fortes barrières au développement de l'industrie métallurgique.

Le cinquième groupe a tout un avenir dans la fabrication spéciale des fontes à acier et dans celle de l'acier ; mais il est nécessaire qu'il entre largement dans la voie du progrès ; la cherté du combustible lui en fait une condition d'existence. — Aujourd'hui que l'on divise, dans ces contrées, la fabrication de l'acier en deux opérations, l'une d'affinage qui se fait au charbon de bois, l'autre d'étirage des massiaux qui se fait à la houille dans des fours à réverbère, il semblerait naturel que la partie montagneuse et boisée de l'Isère se bornât à la fabrication de la fonte et des massiaux d'acier, qui seraient expédiés sur les bords du Rhône pour l'étirage.

Il est, du reste, dénué de voies de communication économiques, car l'Isère n'est point propre à une navigation régulière, et le Rhône ne pénètre point dans le groupe. Le chemin de fer qui reliera bientôt Grenoble au Rhône et au railway de Lyon à Avignon aura certainement, sous ce rapport, de fort heureux résultats.

2031. *Drôme.* — La Drôme renferme une forge comtoise, qui produit 55 tonnes de fer.

2032. *Vaucluse.* — Le Vaucluse n'a été rattaché au cinquième groupe que comme appendice ; ce département renferme deux usines, dont l'une est le haut-fourneau de *Velleron*; elles produisent 985 tonnes de fonte.

2053. *Isère* (Bassin de l'Isère). — L'Isère, qui constitue principalement le cinquième groupe, est l'un des premiers départements où l'on ait fait usage de l'air chaud pour l'insufflation des hauts-fourneaux ; on y chauffe généralement l'air dans des foyers séparés, au moyen de l'anthracite ; cependant on a utilisé aussi, pour cet usage, la chaleur perdue. C'est dans l'Isère, aux usines de *Rives*, que l'on a inventé le procédé de fabrication de l'acier en deux opérations, qui porte le nom de méthode *rivoise;* malgré cette amélioration, l'Isère a grand'peine à lutter contre la rareté du bois, la difficulté des transports qui se font à dos de mulets dans la partie montagneuse et contre la concurrence des aciéries de cémentation qui se développent dans toute l'étendue du royaume; l'abaissement du droit sur les fers aciéreux de Suède et de Russie porterait un coup mortel à l'industrie métallurgique de cet intéressant pays.

L'Isère, dans la vallée de même nom, renferme trente-trois usines, qui produisent 2 439 tonnes de fonte, 264 tonnes de gros fer et 1 999 tonnes d'acier. Nous signalerons parmi elles, les usines d'*Allevard*, de *Rioupéroux*, et les aciéries de *Bonpertuis*, *Pérouzet*, *Domène*, *Trellins* et *Renage*.

2034. *Statistique.* — Voici la statistique du cinquième groupe :

FONTE. — Hauts-fourneaux.	Au charbon de bois.	A l'air froid.................	8
		A l'air chaud.............	1
	Au coke.	A l'air chaud.............	2
FER. — Foyers d'affinerie.	Au charbon de bois. Méthode comtoise		6
ACIER..	Foyers d'affinerie	Au charbon de bois. Méthode à 1 foyer.	1
		A la houille........ Méthode à 2 foyers.............	26
	Foyers de mazerie. Au charbon de bois.	—	25
	Fours de cémentation		3

MACHINES A VAPEUR. — Chauffées aux gaz perdus, 1 représentant 12 chevaux.

ROUES HYDRAULIQUES. — 69 — 687

CONSOMMATIONS.....	Minerai.........	8 407	tonnes valant	184 214 francs.
	Fonte brute......	2 997	—	877 703
	Charbon de bois. .	8 219	—	615 817
	Houille...........	1 224	—	30 595
PRODUCTIONS..........	Fonte....	3 409	—	823 387
	Fer............	298	—	168 180
	Acier....	1 999	—	1 489 320

NOMBRE TOTAL D'USINES........................ .. 36

— D'OUVRIERS.... 151

RÉSUMÉ.

2035. Les cinq groupes que nous venons de passer en revue se caractérisent nettement parmi les autres districts de France.

On peut dire d'eux qu'ils sont *naturellement* métallurgiques, en ce sens qu'ils tirent principalement leurs ressources d'eux-mêmes, en combustible et en minerai.

Leurs produits en fonte, fer, acier sont remarquables ; c'est une conséquence des propriétés naturelles de leurs matières premières.

Ajoutons que leur position géographique est toute spéciale aussi ; ils sont ou montagneux ou presque entièrement privés de voies de communications économiques.

Il en est résulté que l'excellence de leurs produits les a préservés de l'atteinte de la concurrence des autres groupes, tout autant que la difficulté matérielle de pénétrer sur leurs marchés, et de venir lutter avec eux.

Mais, d'autre part, moins pressés par la rivalité des autres usines, ils se sont moins préoccupés du progrès, et, dans quelques-uns d'entre eux, l'art métallurgique est encore dans une véritable enfance ; — la substitution partielle ou complète des combustibles minéraux, au charbon de bois, dans la fabrication de la fonte et du fer, est un indice presque certain de la tendance au progrès; les sixième et septième groupes en sont une preuve frappante.

Aujourd'hui que de nouvelles voies de communication vont rendre accessibles à d'autres groupes les marchés sur lesquels régnaient exclusivement ceux de la première classe, et que l'on s'efforce d'appliquer des fers de deuxième qualité à des usages pour lesquels on n'utilisait généralement que des produits de premier choix; aujourd'hui enfin que le renchérissement du bois, suite inévitable de l'établissement des nouvelles voies de communication, et que la difficulté de son approvisionnement, se font sentir plus vivement que jamais, — les groupes forestiers vont se trouver dans l'alternative, ou de succomber devant la concurrence active de leurs voisins ou de modifier profondément leurs méthodes de fabrication; de les perfectionner dans tous les cas.

Le plus remarquable des quatre groupes forestiers, est, sans contredit, celui de l'est, par l'étendue de ses forêts, par l'excellence de ses produits, et par les efforts qu'il a tentés pour améliorer les méthodes de fabrication au bois; c'est certainement celui de tous qui pourra le plus facilement et le plus longtemps supporter la lutte qui se prépare.

Celui du sud-est, par la nature toute spéciale de ses produits, se trouve également dans une position moins défavorable que les autres.

Mais les groupes du nord-ouest, de l'Indre et du Périgord, moins riches en bois (1) et plus exposés à la concurrence de ceux qui les avoisinent, semblent naturellement destinés à une transformation prochaine. Le groupe du nord-ouest, dont les produits sont inférieurs à ceux des deux autres, ne saurait tarder plus longtemps.

L'affinage à la houille, des fontes obtenues au bois, — tel semble être le premier terme de la transformation à laquelle la plupart des usines de la première classe sont appelées par la loi du progrès; le second terme pourrait bien être l'exclusion complète du bois pour un grand nombre d'entre elles. Cette transformation est déjà commencée; elle ne tardera pas à se généraliser sous l'influence des nouvelles voies de communication qui porteront la houille au centre de ces contrées isolées, ou qui leur permettront de livrer leurs fontes à l'affinage d'usines placées plus à proximité des bassins houillers.

Tel nous semble être l'avenir de la plupart des usines de ce groupe;

(1) Dans l'Ouest, l'État, les communes et la liste civile ont peu de forêts; placées entre les mains des particuliers, il n'est pas étonnant qu'elles soient arrivées à un déplorable état de dégradation.

quelques-unes, créées uniquement pour l'utilisation des bois situés dans des contrées d'un abord difficile, ou capables de fabriquer des produits spéciaux, pourront seules y échapper ; à une condition toutefois, c'est que le gouvernement prendra toutes les mesures nécessaires pour arrêter le dépeuplement de notre sol boisé, pour maintenir, si ce n'est amoindrir, le prix du combustible végétal, et pour faciliter l'écoulement des produits.

DEUXIÈME CLASSE D'USINES.

2036. Cette classe comprend les usines où la fonte et le fer sont fabriqués, en tout ou en partie, par l'emploi simultané ou alternatif du charbon de bois et des autres combustibles (houille, coke, tourbe).

Elle renferme les quatre groupes du Nord-est, de Champagne et Bourgogne, du Centre, et du Sud-ouest, que nous allons successivement passer en revue.

SIXIÈME GROUPE. — GROUPE DU NORD-EST.

2037. Ce groupe comprend les usines des départements suivants : l'Aisne, les Ardennes, la Moselle, le Bas-Rhin ; celles du nord de la Meuse et de l'est du Nord.

2038. *Son importance.* — Voici son ordre d'importance sous les divers rapports :

Du nombre des usines.................................		6ᵉ rang.
De la production.... .... { En fonte...............		4ᵉ
	En fer	4ᵉ
	En acier...............	6ᵉ
De la consommation........ { Minerai................		5ᵉ
	Fonte et fer.............	4ᵉ
	Combustible végétal......	4ᵉ
	— minéral.....	5ᵉ

2039. *Origine des matières premières.* — Le minerai est fourni par les portions du premier et troisième groupe de minerai, qui coïncident avec le sixième groupe d'usines. — Le bois vient des localités mêmes, et en partie de Belgique et du Luxembourg. — La houille, de Belgique (bassins houillers de Charleroy, Namur et Liége), et de Sarrebruck.—Les fontes d'affinage, généralement du groupe même, et en partie du groupe de l'est, de la Belgique et du Luxembourg ; enfin la fonte blanche lamelleuse, qui sert à la fabrication de l'acier, est importée de la Prusse rhénane.

Les houilles belges sont transportées, sur la plus grande partie de leur trajet, par la Sambre, la Meuse, et le canal des Ardennes ; les houilles allemandes par la Sarre et la Moselle.

2040. *Caractères et avenir du groupe.* — Dans le groupe du nord-est appelé aussi groupe des Ardennes, les hauts-fourneaux marchent généralement au charbon de bois ; on lui adjoint le bois vert dans près de la moitié des usines ; — on y rencontre, du reste, des fourneaux marchant au coke mélangé de bois, et des fourneaux au coke seul.

Le fer, dans la plupart des usines, se fabrique encore d'après la méthode comtoise, au charbon de bois ; cependant de nombreux établissements ont adopté les méthodes anglaise, champenoise et la méthode comtoise modifiée ; — nous avons énuméré chacune d'elles suivant son rang d'importance.

Enfin, l'acier se fabrique, se forge, suivant la méthode à un seul foyer.

Le sixième groupe possède de bons minerais ; ses produits embrassent tous les besoins du commerce. Des améliorations et des accroissements de tout genre ont été pratiqués dans ses usines ; c'est là que l'affinage à la houille a été employé pour la première fois en France ; la carbonisation du bois à la flamme du gueulard y a pris naissance, et il est peu de perfectionnements qui n'aient été tentés dans ces intelligentes contrées.

Toutefois, il est arrêté dans son essor et dans sa conversion complète aux méthodes comtoise modifiée et anglaise, qui sont son avenir, par deux causes : l'impossibilité de se procurer du charbon minéral à bas prix et la difficulté de faire rayonner ses produits sur le centre de la France.

Ainsi la houille vient de Belgique : d'une part par voie de terre, de l'autre par la navigation de la Meuse, qui offre de graves difficultés ; — elle arrive du bassin de Sarrebruck par la Moselle ; puis de la Moselle au centre du groupe, par une suite de routes de terre. Toutefois le groupe de Champagne est moins favorisé encore que celui des Ardennes sous le rapport des arrivages de houille, et celui-ci le primerait sans doute sur le marché de Paris, s'il pouvait y transporter facilement ses produits ; mais la navigation des canaux des Ardennes et de l'Aisne est encore incomplète et précaire.

Il y aurait lieu, tout d'abord, de perfectionner la navigation de la Meuse entre Sédan et la frontière belge ; ce qui, joint au chemin de fer décrété entre Charleroy et la frontière française, permettrait à la houille et au coke de venir alimenter à bas prix les usines des Ardennes, et d'y naturaliser entièrement l'affinage au combustible minéral, si ce n'est le procédé anglais lui-même. Un canal qui, suivant la vallée du Chiers, viendrait joindre la Moselle à la Meuse, ouvrirait une voie facile aux houilles de Sarrebruck, et, à défaut du canal, un chemin de fer de Metz à Sédan et Mézières, ferait une véritable révolution dans ces industrieuses contrées, auxquelles le chemin décrété de Sarrebruck à Metz va déjà porter quelque soulagement.

Quant aux expéditions sur Paris, elles deviendront bientôt faciles par les canaux des Ardennes et de l'Aisne; et par l'amélioration de la Moselle entre Metz et Frouard, qui permettra aux produits du département de la Moselle de se diriger sur Paris par le canal de la Marne au Rhin, aujourd'hui en voie d'achèvement.

2041. *Aisne.* — L'Aisne ne produit point de fonte; ce département renferme cinq forges, qui produisent 555 tonnes de fer. Obligées de faire venir leurs fontes de Belgique ou des Ardennes, difficilement approvisionnées de houille et gênées par le haut prix du bois, elles ne luttent que difficilement contre les forges des autres groupes et de leur groupe lui-même.

2042. *Ardennes.* — Le département des Ardennes est le plus important du groupe, et lorsque les voies de communication que nous avons mentionnées plus haut, auront été établies, il est certain que la fabrication y prendra un grand développement. Il renferme cinquante usines, produisant 19376 tonnes de fonte et 13526 tonnes de gros fer. Nous signalerons parmi celles qui ont le plus progressé : *Bièvres, Haraucourt, Vendresse, Mazure, Saint-Nicolas, Linchamp, Chéhery, Apremont, Champigneul, Senuc.*

2043. *Moselle.* — La Moselle renferme des usines d'une grande importance; elles sont au nombre de vingt-trois, et produisent 26242 tonnes de fonte, 21093 de fer, et 201 d'acier fabriqué avec de la fonte venant de Bendorf (Prusse rhénane). Parmi tous ces établissements, nous citerons d'abord les usines d'*Hayange* et *Moyeuvre*, qui sont toujours en tête de tous les progrès, et dont les dépendances sont nombreuses; nous signalerons encore les établissements de *Creutzwald*, de *Mutterhausen*, d'*Herserange*, *Saint-Clair*, *Moulin-Neuf*, *Buré*, *Villerupt*, *Gorcy* et *Barenthal.*

2044. *Bas-Rhin.* — Le Bas-Rhin possède cinq usines, qui produisent 4103 tonnes de fonte, 1053 de fer et 242 d'acier; ces usines n'ont point cessé de prendre l'initiative dans les perfectionnements nouveaux. Elles sont, du reste, dans d'heureuses conditions, entourées de nombreuses forêts et de puissants gîtes de minerai. On peut signaler les établissements de *Niederbrünn, Jägerthal, Reichshofen* et *Zinswiller.*

2045. *Meuse* (Nord). — Dans le nord de la Meuse, il existe onze usines, qui produisent 4 403 tonnes de fonte et 1 350 tonnes de fer ; ce département est entravé, comme celui des Ardennes, par la difficulté de se procurer à bas prix le combustible minéral. On y peut signaler les établissements de *Montblainville, Chauvency, Stenay, Olizy.*

2046. *Nord* (Est). — Enfin l'est du département du Nord renferme douze usines, produisant 1 095 tonnes de fonte et 1 000 tonnes de fer. Cette partie du département du Nord est loin d'avoir autant progressé que celle qui appartient au dixième groupe, et où l'on ne fabrique qu'à la houille. La cherté croissante du bois met l'est de ce département dans des conditions difficiles. Nous y signalerons les usines du *Hayon,* de *Fourmies* et de *Sars-Poterie.*

2047. *Statistique.* — Voici maintenant la statistique de ce groupe pour 1843 :

FONTE. — Hauts-Fourneaux...	Au charbon de bois .	A l'air froid.......	33
		A l'air chaud........ ..	2
	Au charbon de bois mé-langé de bois vert.	A l'air froid...........	9
		A l'air chaud..........	24
	Au charbon de bois mélangé de coke..	A l'air chaud..........	2
	Au coke seul........	A l'air chaud..........	3
FER ..	Foyers d'affinerie.. — Au charbon de bois...	Méthode comtoise.	179
		Méthode comtoise modifiée.	9
	Foyers de chaufferie. — A la houille........	Méthode champenoise....	18
		Traitement des riblons....	4
	Fours à réverbère de chaufferie .... { A la houille..... ..	Méthode comtoise modifiée.	1
		Méthode anglaise........	12
		Traitement des riblons....	2
	Fours à puddler.... — A la houille........	Méthode champenoise	30
		Méthode anglaise........	22
ACIER..	Foyers d'affinerie. — Méthode à un seul foyer.....................		5
	Four de cémentation...		1

MACHINES A VAPEUR.	Chauffées à la houille,	1, représentant une force de 60 chevaux.
	Chauffées avec les gaz perdus 19	—	450
ROUES HYDRAULIQUES.	—	427	—	3 537

CONSOMMATIONS				
Minerai........	257 903 tonnes valant	2 716 711 francs.
Fonte brute.....	71 615	—	—	10 995 183
Charbon de bois..	76 529	—	—	5 253 797
Coke......	13 263	—	—	484 455
Houille........	24 255	—	—	642 930
Bois	571 467 stères	—	771 250

PRODUCTIONS	Fonte.........	55 219 tonnes valant	8 544 309
	Fer..........	38 577 —	— 13 654 281
	Acier.........	443 —	— 395 040

NOMBRE TOTAL D'USINES. 106

— D'OUVRIERS. 2 201

SEPTIÈME GROUPE. — GROUPE DE CHAMPAGNE ET DE BOURGOGNE.

2048. Ce groupe comprend les usines des départements de l'Aube, Marne, Yonne, — toutes celles, hors deux, qui existent dans la Haute-Marne, — et enfin les établissements que l'on rencontre au nord-ouest de la Côte d'Or, au sud de la Meuse et à l'ouest des Vosges.

2049. *Son importance.* — Voici son ordre d'importance sous les divers rapports :

Du nombre des usines. .... 1er rang

De la production.......... En fonte............ 1er
En fer.............. 2e
En acier............ 10e

De la consommation......... Minerai............ 1er
Fonte et fer 2e
Combustible végétal.... 1er
— minéral ... 4e

2050. *Origine des matières premières.* — Les minerais fondus dans le septième groupe proviennent des innombrables minières qu'il renferme. — Les bois viennent de la contrée même. — Les houilles des bassins de Saône-et-Loire, et aussi de ceux de Sarrebruck et de Norroy. — Enfin les fontes d'affinage, des usines du groupe même.

Les houilles de Sarrebruck viennent partie par rivières, partie par la voie de terre; celles de la Loire par la Saône et la voie de terre; celles de Blanzy, Montchanin et Épinac empruntent la voie du canal du Centre et du canal de Bourgogne pour une certaine portion du groupe, mais elles suivent la voie de terre sur une grande partie de leur parcours. — En résumé, ces transports sont fort coûteux.

C'est surtout par la Marne, et en partie par le canal de Bourgogne et l'Yonne, que le septième groupe expédie ses produits à Paris. — Ces voies sont coûteuses et irrégulières, mais elles s'améliorent.

2051. *Caractère et avenir du groupe.* — Les hauts-fourneaux du groupe de Champagne marchent généralement au charbon de bois; quelques-uns au charbon de bois et au coke mélangés; un seul au charbon de bois mélangé à du bois torréfié.

Le fer se fabrique, d'une part, au charbon de bois, par la méthode

154

comtoise ; deux foyers seulement suivent la méthode nivernaise ; — d'autre part, à la houille, par la méthode champenoise qui perd chaque jour de son importance, et par la méthode anglaise.

Enfin il existe un foyer de cémentation pour la fabrication de l'acier.

Ce groupe, riche en minerais d'une fusion facile, mais de moindre qualité cependant que dans les Ardennes, sillonné de nombreux cours d'eau, et le premier de tous les groupes métallurgiques, est digne d'attirer l'intérêt et les efforts de ceux qui veulent voir progresser la fabrication indigène; il produit, d'ailleurs, toutes les espèces de fer que réclame le commerce.

Dans les mêmes conditions, à peu près, que le groupe des Ardennes, sa tendance vers la méthode champenoise a été plus forte encore, parce que le bois y a acquis un prix exorbitant.

C'est pour lui surtout que la création de voies économiques de transport est devenue une condition d'existence, car il est loin de tout bassin houiller ; c'est pour lui que le reboisement du sol est surtout désirable.

La fusion du minerai n'a point acquis, dans ces contrées, les dernières limites du perfectionnement, bien que la proportion du combustible consommé aux produits obtenus, y soit plus favorable que partout ailleurs; quant à la fabrication du fer, elle entre chaque jour plus avant dans la voie de transformation qui est devenue une nécessité.

La conversion à la houille sera, sans nul doute, générale, lorsque le groupe de Champagne aura obtenu les voies navigables qui, elles surtout, pourront le tirer de la position difficile où il se trouve.

Ces voies sont, d'une part, le canal de la Sarre qui mènera les houilles du bassin de Sarrebruck au canal de la Marne au Rhin dont l'achèvement est si essentiel aux intérêts matériels du pays ; — c'est, de l'autre, l'achèvement du canal de l'Aisne à la Marne qui permettra aux usines de Champagne de recevoir les houilles du Nord et de la Belgique ; — c'est, enfin, le canal de la Marne à la Saône, de Vitry à Gray, qui mettra le septième groupe en position de recevoir économiquement les charbons des bassins de Saône-et-Loire et de la Loire.

Les envois sur Paris seront, du reste, singulièrement facilités par le canal de la Marne au Rhin, qui ne tardera pas à ouvrir ses écluses et à transporter les fers de la Champagne, sur cet important marché.

En résumé, cette contrée marche à grands pas vers la séparation bien tranchée des combustibles : le bois pour la fonte, et la houille pour le fer. Mais si le bois ne baisse point de valeur, cette transformation ne s'arrêtera point là, et la fusion des minerais pourrait bien se faire elle-même, au charbon minéral, lorsque les voies économiques que nous avons indiquées auront été exécutées; la houille et le coke arriveraient alors à assez bas prix pour que la conversion fût complète.—Ajoutons que, dans ces dernières années, l'espèce d'égalité qui s'est établie sur les marchés de Paris, entre les fers à la houille provenant des fontes au coke du groupe du nord, et les fers battus à la houille provenant des fontes au bois de la Champagne, a opposé à ces derniers fers une redoutable concurrence dont la conséquence a été la substitution partielle des laminoirs au marteau, dans la fabrication champenoise.

2032. *Aube.* — L'Aube ne renferme que cinq usines, qui produisent 924 tonnes de fonte et 633 tonnes de fer; nous citerons la tréfilerie de *Plaine*, le haut-fourneau de *Vandœuvre* et la forge anglaise de *Villeneuve*.

2033. *Marne.* — La Marne n'a que quatre hauts-fourneaux; ils produisent 1 703 tonnes de fonte. Nous citerons le fourneau de *Cheminon*.

2034. *Yonne.* — L'Yonne n'est pas d'une importance beaucoup supérieure à celle des deux départements précédents; il n'a que cinq usines, qui produisent 3 329 tonnes de fonte et 2 201 tonnes de fer. Nous signalerons l'usine d'*Ancy-le-Franc*. L'Yonne et en général les départements situés au sud du groupe, seraient fort aidés par l'amélioration de la rivière l'Yonne.

2035. *Haute-Marne.* — La Haute-Marne est un département réellement hors ligne, au point de vue métallurgique; il renferme quatre-vingt-quatorze usines, qui produisent 56 016 tonnes de fonte et 24 925 tonnes de fer. Parmi ses nombreux établissements, nous citerons : *Éclaron*, *Allichamp*, *Bologne-le-Haut*, *Clos-Mortier*, *Manois*, *Écot*, *Charmes-en-l'Angle*, *Noncourt*, *le Châtelier*, *Joinville*, *Rochevilliers*, *Chanceney*, *Château-villain*, *Thonnance-les-Moulins*, *Rimaucourt*, *Rachecourt*, *Forcey*, *Doulaincourt*, *Osnes-le-Val*, etc.

2036. *Côte-d'Or* (Nord-Ouest). — Le nord-ouest de la Côte-d'Or est, après le département de la Haute-Marne, la partie la plus importante du groupe. Il renferme quarante usines, qui produisent 18 660 tonnes de fonte, 19 950 de fer et 52 d'acier. C'est dans la Côte-d'Or que la méthode champenoise a pris naissance; mais aujourd'hui, elle est surtout concentrée dans la Haute-Marne. La Côte-d'Or, pressée par la concurrence des huitième et onzième groupes, gravite d'une manière assez marquée vers la méthode anglaise; d'ailleurs, le sud du groupe qui nous occupe est situé sur le canal de Bourgogne, et plus à proximité que le nord des bassins houillers; le bassin d'Épinac, il est vrai, ne fournit point de charbon très-propre aux usages métallurgiques, mais le coke de Saint-Étienne peut y arriver à des prix qui ne sont pas exagérés. Nous y signalerons les usines d'*Essarois*, de *Vanvey*, *Monzeron*, *Champigny Froidvent*, *Voulaine*, *Sainte-Colombe*, *Laroche*, *Châtillon*, *Veuxhaules-la-Fenderie*, *Montmoyen*, *Buffon*, *Champigny*, *Maison-Neuve*, *Rosey*.

2037. *Meuse* (Sud). — La Haute-Meuse vient après la Côte-d'Or, dans l'ordre d'importance ; ce département renferme vingt-huit usines, qui produisent 11 526 tonnes de fonte et 3 839 de fer ; elles font des efforts remarquables pour lutter contre le haut prix du combustible. Parmi les établissements en voie de progrès, nous citerons *Montier*, *Demange-aux Eaux*, *Dammarie*, *Cousances*, *Commercy*, *Treveray* et l'importante usine d'*Abainville*.

2038. *Vosges* (Ouest). — Les usines des Vosges, qui se trouvent dans les environs de Neufchâteau, ont nettement accompli leur transformation ; cette portion du département renferme huit usines, qui ont généralement fort amélioré leur fabrication. Nous signalerons *Attigneville*, *Vrécourt*, *Rebeauvois*, *Bazoille*, le *Châtelet*, *Sionne*, *Villouxel*.

2039. *Statistique.* — Voici la statistique du septième groupe pour l'année 1843 :

FONTE. — Hauts-fourneaux.....	Au charbon de bois...	A l'air froid............	97
		A l'air chaud......... .	37
	Au charbon de bois avec mélange de bois torréfié.............	A l'air chaud..........	1
	Au charbon de bois et au coke mélangé...	A l'air froid...........	15
FER...	Foyers d'affinerie. — Au charbon de bois...	Méthode comtoise........	106
		Méthode nivernaise......	2
	Foyers de mazerie. — Au charbon de bois...	Méthode nivernaise......	2
	Foyers de chaufferie. — A la houille........	Méthode champenoise.....	62
	Fours à réverbère de chaufferie....... } A la houille........	Méthode anglaise........	33
	Fours à puddler.... — A la houille	Méthode champenoise.....	55
		Méthode anglaise........	58

ACIER. — Fours de cémentation....................................... 1

MACHINES À VAPEUR.	Chauffées à la houille	1	représentant une force de	60 chevaux.
	— avec les gaz perdus	19	—	450
ROUES HYDRAULIQUES.	—	427	—	3 537

CONSOMMATIONS.........				
	Minerai........	257 903 tonnes valant	2 716 711 francs.
	Fonte brute.....	71 615 —	—	10 995 183
	Charbon de bois..	131 689 —	—	9 851 204
	Houille....... ...	53 925 —	—	2 192 984
	Bois..........	13 835 stères	—	27 670

Production . . . . { Fonte . . . . 95 591 tonnes — 14 678 772
{ Fer . . . . 55 128 — — 17 504 467
{ Acier . . . . 52 — — 39 073

Nombre total d'usines 174

—   d'ouvriers 2 527

Huitième groupe. — Groupe du centre.

2060. Ce groupe se compose des départements de l'Allier, Cher, Loiret, Nièvre et Saône-et-Loire.

2061. *Son importance.* — Voici son ordre d'importance sous les divers rapports :

Du nombre des usines . . . . 5ᵉ rang.

De la production . . . . { En fonte 2ᵉ
{ En fer 3ᵉ
{ En acier 4ᵉ

De la consommation . . . . { Minerai 2ᵉ
{ Fonte et fer 3ᵉ
{ Combustible végétal 3ᵉ
{ —   minéral 3ᵉ

2062. *Origine des matières premières.*— Le minerai est fourni, surtout par le sixième groupe de mines et minières qui correspond au groupe d'usines qui nous occupe ; et en partie par le quatrième et le septième groupe de minerai, qui sont voisins. — Le bois vient des localités mêmes. — La houille, des mines situées dans le groupe lui-même ou de la Loire et de la Haute-Loire par la Saône, la Loire, l'Allier et le canal du Centre. — Les fontes d'affinage proviennent des hauts-fourneaux du groupe, et en partie du premier groupe d'usines. — Le fer de cémentation vient des premiers et huitième groupes et de Suède.

2063. *Caractère et avenir du groupe.*— Le plus grand nombre des hauts-fourneaux du huitième groupe, fond au charbon de bois ; on n'y a point essayé le bois vert ou torréfié ; quelques fourneaux mélangent le coke au charbon de bois ; quelques-uns enfin emploient le coke seul.

C'est encore la méthode comtoise qui est la plus usitée pour la fabrication du fer ; il n'existe aucune trace de la méthode champenoise ; les méthodes nivernaise et comtoise modifiées, sont en vigueur dans un certain nombre d'usines, la première ne devant son restant d'existence qu'à la faiblesse des cours d'eau de la contrée ; — la méthode anglaise a fait de rapides progrès.

Enfin il n'y existe que deux fours à cémentation pour la production de l'acier ; mais la fabrication de l'acier de forge est installée dans plusieurs établissements, suivant la méthode à deux foyers.

Les voies de transport de ce groupe sont nombreuses, et il est plus favorisé, sous ce rapport, que tous les autres. La Saône, l'Allier, la Loire, le canal latéral à la Loire, le canal du Centre, celui du Nivernais et celui du Berry, le sillonnent en tout sens et mènent ses produits, par une suite d'autres voies navigables, jusqu'en Haute-Seine, non loin de Montereau, où ils viennent tous aboutir.

À cet avantage vient se joindre celui de recéler de nombreux bassins houillers : Blanzy et le Creuzot, Decize, Épinac, Commentry, Doyet et Bezenet, etc.

Aussi ce groupe est-il loin de souffrir autant que celui de Champagne; l'affinage au bois n'y perd de son importance que dans les localités voisines des bassins houillers. — La méthode anglaise s'y développe chaque jour; mais celle qui admet le charbon de bois seulement, s'y maintient aussi, et ses produits sont de si bonne nature, qu'elle n'est point, comme dans la Haute-Marne, poussée à bout par la cherté et l'insuffisance du bois, et par le haut prix du transport.

Le huitième groupe, en ce qui concerne les vallées du Cher et de l'Auron, a pour caractère principal la haute qualité, la richesse et l'abondance de ses minerais; le traitement à la houille, pour la production du fer, n'ôte pas aux produits leur qualité principale qui est de pouvoir être travaillés à chaud avec une facilité et un avantage qu'aucun autre fer ne présente au même degré, et de s'améliorer par ce travail.

Il n'en est pas de même des usines de la Nièvre et de Saône-et-Loire; elles produisent des fers de qualités très-variées, depuis les sortes les plus ordinaires, jusqu'aux fers analogues à ceux du Berry.

Les usines au bois sont loin d'avoir adopté, dans ce groupe, tous les perfectionnements désirables, ce qui est d'autant plus frappant qu'il renferme des établissements qui peuvent réellement servir de modèles.

D'autre part, les gîtes de minerai ne coïncident point avec les bassins houillers, et cela met un obstacle réel au complet développement de la méthode anglaise. En Saône-et-Loire, les minerais sont rares et de mauvaise qualité ; l'Allier va chercher une grande partie de ses minerais dans les départements voisins ; et dans la Nièvre, au contraire, les usines où l'on suit la méthode anglaise sont obligées de faire venir la houille de la Loire et de la Haute-Loire.

Tel est le plus sérieux obstacle que rencontre l'industrie métallurgique dans le huitième groupe ; il faut y joindre la pénurie des cours d'eau et leur irrégularité.

Le bassin de Commentry est appelé à exercer une puissante action sur la majeure portion de ce groupe, et surtout quand le chemin de fer actuellement en construction de Commentry à Montluçon, facilitera le transport de la houille et du coke jusqu'au canal du Berry.

Il est intéressant d'examiner les inégalités naturelles qui sont destinées à différencier le Cher de l'Allier ; et si nous citons ces deux départements, c'est comme types de conditions communes à d'autres parties de la France encore.

Ainsi il n'est pas vrai, d'une manière absolue, qu'entre deux départements, l'un doué de minerais et l'autre de charbon minéral, la fabrication doive tendre à devenir identique par l'échange qu'il est possible de faire entre les produits de chacun des sols.

Une tonne de fer fabriqué en échantillons courants, d'après les meilleures méthodes et avec les minerais du Berry, exige 1850 kilogrammes de coke, 2100 kilogrammes de houille ; — et 3800 kilogrammes de minerai.

Malgré l'économie considérable que l'application des chaleurs perdues à la génération de la vapeur motrice des machines d'élaboration, a produite dans la fabrication du fer, la part du combustible, dans les transports, est encore au moins égale à celle du minerai.

Les fabrications placées sur bassins houillers, en position d'ailleurs de profiter du bas prix du combustible pour une multitude d'élaborations, nous paraissent devoir l'emporter, à moins que des circonstances spéciales ne leur donnent le désavantage. — C'est ce qui contribuera à maintenir, sur certains gîtes de minerais, l'emploi du charbon de bois, en tout ou en partie ; la spécialité qui en résultera pour les produits des usines, leur permettra de lutter contre l'inégalité que nous venons de signaler.

2064. *Allier.* — Dans l'Allier, il existe huit usines métallurgiques, qui produisent 6397 tonnes de fonte et 4014 de fer. La houille de Commentry est à la veille de rénover complétement la fabrication de ce département, pour lequel les nouvelles voies de communication viennent d'ailleurs augmenter chaque jour la valeur du bois. — On y retrouve la méthode wallonne modifiée par l'emploi de la houille, système que nous avons déjà signalé dans le groupe du nord-ouest. — Nous y citerons les usines du *Tronçais,* de *Montluçon* et de *Commentry ;* cette dernière, placée sur les exploitations houillères, a un bel avenir devant elle.

2065. *Cher.* — Le Cher renferme vingt-quatre usines, produisant 33808 tonnes de fonte et 9725 tonnes de fer ; la houille de Commentry exerce nécessairement une grande influence sur ce département; toutefois l'excellente qualité des minerais et la présence de nombreuses forêts lui imprimeront toujours un caractère spécial qu'il ne résignera peut-être jamais entièrement. Nous y signalerons les usines de *Vierzon, Rozières, Bourges, Thaumiers, Charenton, Boutillon, Mareuil, Fournay, Aubigny.*

2066. *Loiret.* — Le Loiret n'a qu'une faible importance métallurgique; il n'y existe qu'une aciérie qui fabrique 23 tonnes par an.

2067. *Nièvre.* — La Nièvre, au contraire, occupe le premier rang dans le huitième groupe, pour la fabrication du fer. Il y existe soixante-quinze usines, qui produisent 16 164 tonnes de fonte, 18 119 tonnes de fer et 886 tonnes d'acier. Ce département, où la fabrication n'est point généralement perfectionnée, aura besoin de redoubler d'efforts pour lutter contre les usines situées de l'autre côté de la Loire, où le minerai est d'excellente qualité, et qui se trouvent actuellement à portée des bassins houillers. Dans la Nièvre la méthode anglaise est en vigueur dans les importantes usines de *Fourchambault* et d'*Imphy.* Nous y signalerons encore les usines de *Raveau, Charbonnière, la Vache, le Verger, Cramain, Garchisy, l'Éminence, Gué-d'Heuillon.*

2068. *Saône-et-Loire.* — Le département de Saône-et-Loire renferme six usines, qui produisent 10 906 tonnes de fonte et 9781 tonnes de fer. Ses minerais sont pauvres et phosphoreux; mais leur mélange avec les minerais en grains du département de la Haute-Saône et du Cher donne des fontes grises assez bonnes pour le moulage et pour la fabrication des rails. Nous signalerons dans ce département l'importante usine du *Creuzot*, dont la production n'était, en 1837, que de 3 500 tonnes environ, et qui, aujourd'hui, est capable d'en fournir 15 000, dont 3 600 de tôle.

2069. *Statistique.* — Voici la statistique du huitième groupe pour l'année 1843 :

FONTE. — Hauts-fourneaux...	Au charbon de bois...	{ A l'air froid		36
		A l'air chaud		12
	Au charbon de bois mélangé de coke	{ A l'air froid		1
		A l'air chaud		6
	Au coke seul	A l'air chaud		5
FER...	Foyers d'affinerie. — Au charbon de bois	{ Méthode comtoise		120
		Méthode nivernaise		35
		Méthode comtoise modifiée		20
	Foyers de Mazerie. — Charbon de bois	Méthode nivernaise		17
	Fours à réverbère de chaufferie...	A la houille	{ Méthode comtoise modifiée	14
			Méthode anglaise	21
			Traitement des riblons	3

Fer . . .	{ Fours à puddler..	— A la houille........	Méthode anglaise.........		48
	{ Fineries........	— A la houille........	Méthode anglaise..		3
Acier..	{ Foyers de mazerie... }	....	Méthode à deux foyers .. {		18
	{ Foyers d'affinerie..... }				24
	{ Fours de cémentation	....			2

Machines	{ Chauffées à la houille	14,	représentant une force de	229	chevaux.
à vapeur.	{ — aux gaz perdus	31	—	709	
Roues hydrauliques.	—	266	—	1 637	

Consommations ....'...	{ Minerai.	183 335	tonnes valant	2 272 668 francs.
	{ Fonte brute.....	55 074	—	9 565 150
	{ Charbon de bois..	102 098	—	6 723 240
	{ Coke..........	24 538	—	671 223
	{ Houille..	53 515	—	830 092
Production.............	{ Fonte.........	67 275	—	10 405 804
	{ Fer...........	41 639	—	16 679 059
	{ Acier.........	909	—	486 842

Nombre total d'usines... 114

— d'ouvriers. 2 947

Neuvième groupe. — Groupe du sud-ouest.

2070. Ce groupe comprend les usines des départements de la Gironde et des Landes; celles qui sont situées au sud-ouest des Basses-Pyrénées, partie la plus riche en établissements métallurgiques; enfin une usine à l'ouest du Lot-et-Garonne.

2071. *Son importance.* — Son ordre d'importance est le suivant, sous les divers rapports :

Du nombre des usines...........................		10e rang.
De la production...........	{ En fonte..............	10e
	{ En fer.................	11e
	{ En acier...............	néant.
De la consommation........	{ Minerai..............	11e
	{ Fonte et fer............	10e
	{ Combustible végétal......	9e
	{ — minéral......	12e

2072. *Origine des matières premières* —Les minerais viennent du groupe même, et en partie des départements voisins. — Les bois viennent des forêts de pins maritimes des Landes, et de celles des Pyrénées françaises et espagnoles. — La houille est apportée, par mer, de Belgique et d'Angleterre. — Les fontes d'affinage viennent des usines du groupe lui-même.

2073. *Caractère et avenir du groupe.* — Le minerai du neuvième groupe est exclusivement fondu au charbon de bois.

Le fer est traité principalement par la méthode comtoise ; il existe, cependant, un certain nombre d'usines qui ont adopté la méthode comtoise modifiée avec chauffage à la houille mêlée de tourbe, et la méthode anglaise où le puddlage et le rechauffage se font avec mélange de bois, de tourbe et de houille.

Ce groupe n'a qu'une faible importance. Le bois y est à bas prix, mais le minerai rare ; quand il pourra employer la houille des riches bassins des Asturies en Espagne, le neuvième groupe prendra complétement le caractère propre aux usines de la deuxième classe.

Il n'y a de remarquable, dans le groupe qui nous occupe, que l'emploi de la tourbe au puddlage et au réchauffage ; il serait désirable que cet usage fût généralisé en France où les tourbières sont nombreuses.

Le canal latéral à la Garonne et le chemin de fer de Bordeaux à Bayonne, ne sauraient manquer d'animer une contrée tout à fait en dehors des grandes voies de communication.

2074. *Gironde.* — La Gironde a douze usines, qui produisent 4 023 tonnes de fonte et 600 tonnes de fer.

2075. *Landes.* — Les Landes sont le département le plus important du groupe, quant à la production du fer ; il renferme onze usines, qui fabriquent 3 316 tonnes de fonte et 2 361 tonnes de fer. Nous y signalerons les établissements d'*Abesse, Ichoux, Pissos, Brocas, Ardy, Castets, la Pallu.*

2076. *Basses-Pyrénées* (Sud-Ouest). — Le sud-ouest des Basses-Pyrénées comprend sept usines, qui produisent 257 tonnes de fonte et 238 de fer ; les transports y sont difficiles et le combustible éloigné. Nous y signalerons les établissements de *Larrau* et *Baigorry.*

2077. *Lot-et-Garonne* (Ouest). — Enfin l'usine située à l'ouest de Lot-et-Garonne produit 730 tonnes de fonte.

2078. *Statistique.* — Voici la statistique du neuvième groupe pour 1843 :

FONTE.	— Hauts-fourneaux.	— Au charbon de bois. — A l'air froid..............	25
FER...	Foyers d'affinerie..... { Au charbon de bois. — Méthode comtoise.........		43
	—	Méthode comtoise modifiée...	6
	Fours à réverbère de { Combustible mixte (1). Méthode comtoise modifiée...		2
	chaufferie........ { —	Méthode anglaise..........	2
	Foyers de chaufferie. — Combustible mixte. Traitement des riblons........		1
	Fours à puddler. —	Méthode anglaise............	4

(1) Bois, tourbe, houille.

MACHINES À VAPEUR.	Chauffées à la houille	1,	représentant une force de	15 chevaux.
	— aux gaz perdus	1	—	20
ROUES HYDRAULIQUES.	—	58	—	424

CONSOMMATIONS	Minerai	20 070 tonnes valant	364 108 francs.
	Fonte brute	4 445 — —	643 910
	Charbon de bois	16 700 — —	763 463
	Houille	42 — —	1 670
	Bois	729 stères —	1 749
	Tourbe	3 887 — —	5 442

PRODUCTION	Fonte	8 326 tonnes —	1 242 845
	Fer	3 260 — —	1 233 620

NOMBRE TOTAL D'USINES 31

       —   D'OUVRIERS 312

RÉSUMÉ.

2079. Dans la première classe d'usines, nous avons observé une tendance marquée vers l'emploi de la houille, nécessitée par le renchérissement du combustible végétal. Dans la deuxième, où la création de l'industrie métallurgique, à quelques exceptions près, a été motivée, également, par la présence naturelle et simultanée du combustible et des minerais sur le sol, on a fait un pas de plus ; la méthode champenoise et la méthode anglaise sont déjà fréquemment employées.

Les motifs en sont faciles à déterminer. D'une part, c'est une facilité plus grande de s'approvisionner de houille ; — de l'autre, c'est un plus grand renchérissement du combustible végétal. — C'est encore une moins grande supériorité de produits ; — ce sont de plus nombreuses et de meilleures voies de communication ; — c'est, enfin, une concurrence plus active et plus réelle de la part des groupes houillers.

Les usines de la deuxième classe ont réalisé d'importantes améliorations, et, à cet égard, on trouve parmi elles des établissements vraiment types ; cependant ceux qui ont continué à marcher exclusivement au combustible végétal, sont moins avancés que dans les groupes de la première classe, et notamment dans le premier.

De même qu'il est facile de prévoir l'adoption presque générale de l'affinage à la houille dans les usines de la première classe, et même l'usage exclusif de la houille dans certains groupes et certaines usines, — de même l'on peut annoncer sans crainte l'adoption presque générale de la méthode anglaise dans les usines de la deuxième classe, qui sont maintenant dans une phase transitoire.

Le groupe de Champagne et Bourgogne y semble complétement voué ;

celui des Ardennes aussi, sauf quelques exceptions dues à la qualité supérieure de ses minerais. Le groupe du centre conservera probablement plusieurs établissements au bois; la supériorité de ses produits peut, du moins, le faire pressentir.

Ces groupes seront invinciblement amenés à ces diverses transformations, par la concurrence des groupes houillers, qui tendent chaque jour davantage à accaparer les centres de consommation, et contre lesquels ils ne sont point assez fortifiés par la qualité des produits, que l'on s'attache d'ailleurs à rendre tous les jours moins nécessaire.

De nombreuses voies économiques pourront seules empêcher la Champagne et les Ardennes de succomber devant les rivalités qu'ils ont à subir. Car la transformation demande de puissants capitaux, et n'est point toujours possible aux usines de faible importance.

Nous ajouterons encore, comme nous l'avons dit en nous occupant des usines de la première classe, que l'avenir des groupes que nous venons de décrire est entre les mains du gouvernement; il peut beaucoup pour l'abaissement du prix du bois, pour le repeuplement du sol et l'amélioration des voies de transport.

TROISIÈME CLASSE.

2080. Cette classe comprend les usines où l'on emploie, à peu près exclusivement, le combustible minéral.

Elle renferme les deux groupes des houillères du Nord et des houillères du Sud, que nous allons examiner successivement.

DIXIÈME GROUPE. — GROUPE DES HOUILLÈRES DU NORD.

2081. Ce groupe renferme les usines du nord du département du Nord; c'est la partie la plus importante; — elle comprend encore les établissements du Pas-de-Calais, et subsidiairement les forges de l'Oise, de Seine et de Seine-et-Oise.

2082. *Son importance.* — Voici son ordre d'importance sous les divers rapports :

Du nombre des usines.	....	9e rang.
De la production .... {	En fonte................	8e
	En fer.................	6e
	En acier.	7e
De la consommation .... {	Minerai...	7e
	Fonte et fer.	6e
	Combustible végétal.....	11e
	— minéral.....	2e

2083. *Origine des matières premières.* — Les minerais proviennent du groupe même; il en vient en quantité assez considérable du bas Bourbonnais, importés dans le département du Nord par les voies navigables qui relient ces deux contrées. — La houille est fournie par les bassins de Valenciennes, de Belgique, d'Hardinghen, d'Épinac, d'Angleterre, etc. — Les fontes d'affinage viennent du groupe même, du nord du quatrième groupe, et de la Belgique par voie de terre ou navigation intérieure; plusieurs fabricants ont établi sur le sol français des forges où ils traitent exclusivement les fontes de ce dernier pays, sur lesquelles les droits sont moindres que sur les produits analogues de l'Angleterre; elles viennent encore du nord du deuxième groupe et de l'Angleterre par voie maritime; enfin du septième groupe par navigation intérieure. — Le fer de cémentation provient du groupe même et de Suède et Russie.

2084. *Caractère et avenir du groupe.* — Le minerai, dans le dixième groupe, est fondu exclusivement au coke.

Quant au fer, il est encore obtenu, dans quelques foyers, par l'affinage comtois; la méthode champenoise est aussi usitée dans quelques établissements — mais c'est la méthode anglaise qui domine dans ce groupe, et le caractérise.

L'acier est de cémentation.

Les fontes de moulage au coke sont d'excellente qualité; les fers à la houille de qualité égale sinon supérieure aux fers de Champagne; les fers de riblons sont bons, ainsi que l'acier de cémentation.

Nous renvoyons à la carte, planche n° 87, et aux détails que nous avons donnés en nous occupant des transports, pour la détermination des nombreuses voies navigables qui relient les diverses parties de ce groupe entre elles, et qui le rattachent à Paris. — C'est le plus favorisé de tous, sous ce rapport, et si ces voies n'ont pas encore atteint toute la tenue d'eau désirable, si la régularité et la facilité de la navigation ne sont point encore des faits complétement acquis, encore est-il que les autres portions de notre territoire sont beaucoup plus mal partagées encore.

Le voisinage de Paris et la facilité de son accès, ont heureusement influé sur la prospérité de ce groupe, et l'influence a été réciproque, car ce développement a amené l'abaissement des prix sur le marché de Paris, influence qui n'est pas encore à son terme.

Les minerais de ces contrées sont de qualité moyenne; l'extraction se fait non loin des hauts-fourneaux, mais elle est généralement souterraine; elle n'est d'ailleurs pas suffisante, et c'est là un des obstacles au complet développement de l'industrie métallurgique de ce district, qui est loin d'avoir, sous ce rapport, l'importance des grands groupes dont nous nous sommes occupés précédemment. La Belgique, dans un but de rivalité, a prohibé la sortie de ses minerais, qui seraient d'un grand secours pour les usines de la Sambre française.

Cet inconvénient est, du reste, largement racheté par la position de ce groupe, et par sa richesse en combustible minéral.

Ses usines présentent, en général, une grande uniformité dans leurs méthodes ; c'est qu'elles ont été établies à une époque récente et ont naturellement adopté, dès leur fondation, tous les perfectionnements alors connus; ses fabricants sont remarquables par leur activité à profiter des améliorations importantes.

2085. *Pas-de-Calais.* — Le Pas-de-Calais renferme cinq usines, qui produisent 3 562 tonnes de fonte et 1 008 tonnes de fer. Ce département tire de la houille du bassin d'Hardinghen; il en tire aussi de la Grande-Bretagne; son coke vient du bassin de Valenciennes ou d'Angleterre. Nous signalerons les usines de *Marquise-sur-Bouquinghem* et de *Marquise sur-Hacque.*

2086. *Nord.*—Le Nord est le département le plus important du neuvième groupe. Il y existe de vastes établissements, et la production de la fonte et du fer y a acquis depuis peu d'années un accroissement considérable. Dans quelques foyers, on emploie encore le charbon de bois, à l'affinage de la fonte. Les usines métallurgiques sont au nombre de dix-sept, qui fabriquent 12 787 tonnes de fonte, 16 112 tonnes de fer et 80 tonnes d'acier. Les principales usines du pays sont *Raismes*, *Trith*, *Denain*, *Anzin*, *Ferrière*, *Maubeuge-forge*, *Hautmont*, *Crespin* (1); nous signalerons encore les hauts-fourneaux de *Maubeuge* et de *Fourmies.*

2087. *Oise.* — Dans l'Oise, il n'y a que deux forges ; elles produisent 5 057 tonnes de fer. La forge de *Montataire* est la plus importante; on y traite des fontes de Champagne et de Bourgogne, et des ferrailles achetées à Paris. La houille vient de Mons et de Valenciennes.

2088. *Seine-et-Oise.* — Le département de Seine-et-Oise ne renferme qu'une seule forge, qui fabrique 925 tonnes de fer et 128 tonnes d'acier. Elle est située à *Athis-Mons ;* on y soumet à la cémentation, des fers de riblons préparés dans l'usine même ou importés de Suède et de Russie.

2089. *Seine.* — Enfin la Seine comprend cinq forges, qui produisent

(1) Les trois forges de *Maubeuge*, *Hautmont* et *Crespin*, ont été créées, en 1844, par des propriétaires d'usines et de fourneaux belges, et tirent leurs fontes et leurs houilles de la Belgique. *Anzin* se sert également de fontes belges.

6232 tonnes de fer. Nous signalerons la forge anglaise de *Saint-Maur*, qui opère sur des fontes brutes tirées de la Haute-Marne et sur des ferrailles recueillies à Paris et aux environs.

2090. *Statistique.*—Voici la statistique générale de ce groupe pour 1845 :

Fonte.— Hauts-fourneaux.— Au coke........	A l'air froid.............		7
	A l'air chaud.............		1
Fer	Foyers d'affinerie.— Au charbon de bois... Méthode comtoise.........		1
	Foyers de chauff..— A la houille......... Méthode champenoise......		15
	Traitement des riblons......		1
	Fours à réverbères.— A la houille de chaufferie. Méthode anglaise.........		31
	Traitement des riblons......		23
	Fours à puddler..— A la houille......... Méthode champenoise.....		6
	Méthode anglaise.........		70
	Fineries........— A la houille......... Méthode anglaise........		3

Acier.— Fours de cémentation....................................				1
Machines à vapeur { Chauffées à la houille	14,	représentant une force de	427 chevaux
— aux gaz perdus	13	—	535
Roues hydrauliques. —	18	—	349

Consommations.........	Minerai.......	56913 tonnes valant	720510 francs.
	Fonte brute.....	39158	—	6798448
	Charbon de bois..	772	—	52810
	Coke.........	35353	—	1032046
	Houille........	54539	—	986475
Production.............	Fonte........	16350	—	2408126
	Fer..........	29334	—	11999082
	Acier........	285	—	236888

Nombre total d'usines..............................	30
— D'ouvriers.	1291

ONZIÈME GROUPE. — GROUPE DES HOUILLÈRES DU SUD.

2091. Ce groupe renferme les usines des départements de l'Ardèche, Aveyron, Gard, Loire, Rhône, et celles de l'extrémité ouest de l'Isère.

2092. *Son importance.*— Son ordre d'importance est le suivant sous les divers rapports :

Du nombre des usines....................	11e rang.
De la production........... { Fonte...............	3e
	Fer................	1er
	Acier...............	1er
De la consommation....... { Minerai.............	3e
	Fonte..............	1er
	Combustible végétal......	12e
	— minéral.....	1er

2093. *Origine des matières premières.* —Les minerais sont tirés du groupe lui-même, et en partie du groupe des mines et minières du Jura pour les usines de la Loire. — La houille vient des bassins que renferme le onzième groupe. — Les fontes d'affinage proviennent du groupe même, et des hauts-fourneaux au charbon de bois des premier, quatrième et septième groupes d'usines. — Enfin les fers de cémentation sont tirés des cinquième et septième groupes métallurgiques et aussi de Suède et de Russie.

2094. *Caractère et avenir du groupe.* — Le minerai est fondu exclusivement au coke.

Quant au fer, il n'existe qu'un seul foyer d'affinerie au charbon de bois, et deux fours à puddler suivant la méthode champenoise. La masse entière de la fabrication est organisée suivant la méthode anglaise.

L'acier s'obtient par la cémentation.

Le district des houillères du Sud a une importance majeure ; le premier des groupes houillers, il partage avec le groupe de Champagne la prééminence sur tous les groupes réunis ; ce n'est point au nombre de ses usines, qu'il doit le rang qu'il occupe, ni à la qualité des produits, mais à la puissance et à la fécondité de ses établissements ; la grande usine de l'Ardèche produit, soit en fonte, soit en minerai, le trentième environ de la quantité de fonte fabriquée en France. — Les méthodes de fabrication sont généralement fort avancées dans la voie du progrès, mais à un moindre degré que dans le Nord.

Toutes les parties de ce groupe ne sont point également bien partagées ; l'Aveyron et le Gard tirent le combustible et le minerai, de leur propre sol ; ce sont là des conditions naturelles de succès qui assurent un bel avenir aux contrées qui en sont douées. — L'Ardèche va chercher sa houille dans la Loire. — La Loire reçoit ses minerais de l'Ardèche, de l'Ain et de la Haute-Saône, en échange de ses houilles, qui rayonnent de tous côtés. — L'ouest de l'Isère prend son combustible dans la Loire et ses minerais dans l'Ardèche et la Haute-Saône. — Ces échanges entre des matières qu'il ne possède pas simultanément, constitue l'un des caractères de ce groupe.

Les produits du onzième groupe sont médiocres, mais ils répondent suffisamment au besoin, chaque jour croissant, de fers et fontes de qualité inférieure ;

Ils se répartissent, d'une part, sur le bassin du Rhône, de l'autre, sur celui de la Garonne ; et le premier de ces deux fleuves les mène, par une série de voies navigables, sur le bassin de la Loire et sur celui de Paris.

Cependant les voies de communication des divers centres de production, aux vallées par lesquelles s'écoulent leurs produits, sont loin d'être suffisamment développées. Les chemins de Saint-Étienne et d'Alais ont été d'un grand secours, sans nul doute, mais il faudra la complète exécution des nombreux chemins de fer décrétés ou projetés dans le midi de la France, pour ouvrir au groupe des houillères du sud, une large voie de prospérité.

2095. *Ardèche.* — L'Ardèche ne renferme qu'une usine, celle de *Lavoulte*; nous avons déjà signalé son énorme importance : elle fabrique 11250 tonnes de fonte.

2096. *Aveyron.* — L'Aveyron possède deux usines, qui fabriquent 17920 tonnes de fonte et 12214 tonnes de fer. C'est à ce département qu'appartient le célèbre établissement de *Decazeville*.

2097. *Gard.* — Dans le Gard, on compte deux usines, produisant 20898 tonnes de fonte et 10500 tonnes de fer. — Ce sont les établissements de *Bessège* et de *Gournier*.

2098. *Loire.* — La Loire renferme dix-neuf usines, qui produisent 10921 tonnes de fonte seulement, 40672 tonnes de fer et 2382 tonnes d'acier; de nombreux établissements avaient été créés sur ce bassin avec l'espérance de rencontrer de puissants gîtes de minerai, espoir qui ne s'est point réalisé; la plus grande partie de la fonte est donc originaire des départements et des groupes voisins. Nous signalerons les usines de l'*Orme*, *Terre-noire*, *Lorette*, *Saint-Julien*, *la Chapelle*.

2099. *Rhône.* — Le Rhône ne possède que deux usines, qui produisent 1260 tonnes de fonte et 150 tonnes d'acier ; ce département serait puissamment stimulé par l'établissement d'ateliers de construction de machines ; jusqu'à présent, l'industrie métallurgique ne s'y développe qu'avec peine.

2100. *Isère* (Ouest). — Enfin il existe deux usines dans l'ouest de l'Isère, sur le Rhône; elles produisent 3010 tonnes de fonte et 4308 tonnes de fer. Ce sont les usines de *Vienne* et de *Pont-l'Évêque*.

2101. *Statistique.* — Voici la statistique générale de ce groupe pour 1843 :

FONTE. — Hauts-fourneaux. — Au coke .... { A l'air froid .... 5 / A l'air chaud. 19

FER... { Foyers d'affinerie. — Au charbon de bois,... Méthode comtoise 1
— de chaufferie. — A la houille. .... Méthode champenoise...... 1
Fours à réverbère de chaufferie... } A la houille .... { Méthode anglaise.......... 48 / Traitement des riblons..... 3
Fours à puddler. — A la houille.......... { Méthode champenoise..... 2 / Méthode anglaise......... 115
Fineries .... — A la houille.......... Méthode anglaise.......... 12

ACIER. — Fours de cémentation.................................... 17

MACHINES { Chauffées à la houille		30,	représentant une force de 1 611 chevaux.	
A VAPEUR. { — avec les gaz des foyers		3	—	177
ROUES HYDRAULIQUES	—	14	—	245
	Minerai........	173 941	tonnes valant	2 212 211 francs.
	Fonte brute....	195 748	—	14 030 379
CONSOMMATIONS.......... {	Charbon de bois.	524	—	43 600
	Coke.........	139 983	—	256 363
	Houille........	187 267	—	1 190 277
	Fonte.........	65 259	—	6 516 153
PRODUCTION............. {	Fer..........	67 694	—	19 998 438
	Acier.........	2 532	—	1 775 970
NOMBRE TOTAL DES USINES..				28
— D'OUVRIERS				2 198

RÉSUMÉ.

2102. L'avenir des deux groupes houillers n'offre rien d'incertain, quant aux procédés de fabrication ; il appartient tout entier à la méthode anglaise. Ils sont appelés à un immense développement ; tout fait présager qu'ils augmenteront d'une manière importante le nombre de leurs usines et surtout leur puissance, et qu'ils feront peu à peu de nombreuses conquêtes sur les groupes voisins, par l'agrandissement de leur rayon d'approvisionnement.

L'industrie métallurgique établie sur les bassins houillers ou à leur portée, a devant elle un obstacle, c'est le manque de coïncidence du minerai et de la houille dans les mêmes localités. Le bassin de Valenciennes et le bassin de la Loire sont pauvres en minerai, ainsi que celui de Blanzy et celui de Commentry ; l'Aveyron et le Gard font seuls exception à cette règle.

Les deux groupes houillers que nous venons de décrire sont, du reste, dans des conditions très-différentes.

Celui du Nord a, pour lui, des produits de qualité supérieure, un système de navigation plus complet et de plus grandes facilités pour diriger ses produits sur Paris.

Celui du Sud est plus abondamment fourni, sous le rapport des matières premières ; les prix de revient sont moindres d'ailleurs, et, nous l'avons dit, si les produits de ce groupe sont, en général, assez médiocres, encore sont-ils appropriés à un grand nombre d'usages.

Il résulte de ces conditions diverses que si le marché de la Loire semble devoir être refusé aux fers et fontes du Nord, ce département a rendu le marché de Paris peu accessible à ses rivaux du Midi.

QUATRIÈME CLASSE D'USINES.

2103. La quatrième classe d'usines comprend celles où le fer est obtenu par le traitement direct du minerai, au moyen du charbon de bois.

Elle ne comprend qu'un seul groupe, dont nous allons décrire les principaux caractères.

DOUZIÈME GROUPE. — GROUPE DES PYRÉNÉES ET DE LA CORSE.

2104. Ce groupe renferme les usines métallurgiques des départements de l'Ariége, de l'Aude, de la Haute-Garonne, de l'est des Basses-Pyrénées, des Hautes-Pyrénées, des Pyrénées-Orientales, du Tarn et de la Corse.

2105. *Son importance.* — Son ordre d'importance, est celui-ci sous les divers rapports :

Du nombre des usines...........................	3e rang.
De la production.......... { En fonte..............	néant.
En fer.................	8e
En acier..............	2e
De la consommation........ { De minerai.............	6e
De fonte brute..........	11e
De combustible végétal....	7e
— minéral...	8e

2106. *Origine des matières premières.* — Les minerais destinés au traitement par le procédé catalan, doivent être d'une grande pureté; ils sont fournis principalement par un petit nombre de mines que l'on rencontre dans l'Ariége, l'Aude et les Pyrénées-Orientales ; toutefois les forges des Basses-Pyrénées tirent de ce département même le minerai qu'elles élaborent. En Corse, le minerai vient de l'île d'Elbe ; et cependant ce département ne manque pas de gîtes qui lui soient propres, et que l'on pourrait traiter, soit seuls, soit mélangés, au moyen du charbon fourni par les nombreux châtaigniers de cette contrée trop négligée. — Les charbons sont extraits des forêts de France et d'Espagne, et viennent souvent de grandes distances. — Les houilles proviennent des bassins de Carmeaux, de Durban et Ségure, de la Loire, de la Grande-Bretagne. — Le fer, pour la cémentation, provient du groupe lui-même.

2107. *Caractères et avenir du groupe.* — Les minerais du douzième groupe sont tous traités par les méthodes catalane et corse ; il n'y existe point de hauts-fourneaux. Toutefois, quelques fontes des groupes voisins y sont traitées par les méthodes champenoise et anglaise.

L'acier y est fabriqué par la cémentation.

A part sa méthode de fabrication, qui le caractérise radicalement, ce groupe rentre dans les conditions qui distinguent la première classe des usines ; c'est même excellence de produits, c'est même spécialité sous le rapport de l'acier ; c'est enfin le même isolement, la même pénurie de voies de communication, peut-être plus grande encore.

La plupart des transports se font à dos de mulets dans ces contrées montagneuses ; les charbons sont expédiés sur les gîtes ferrifères, d'où l'on rapporte du minerai aux usines situées dans les parties boisées, échange d'autant plus naturel qu'il faut à peu près poids égaux de minerai et de charbon de bois pour la production du fer. — Quant aux voies économiques capables de permettre aux produits métallurgiques de se répandre avec facilité sur les marchés de consommation, elles se bornent à peu près au canal du Midi.

Le chemin de fer de Cette à Bordeaux, celui de Bordeaux à Bayonne, et surtout le canal projeté des Pyrénées, porteront de notables améliorations dans les prix de revient des produits métallurgiques du douzième groupe.

Différent du groupe des houillères du Sud, celui des Pyrénées compte un grand nombre d'usines ; mais leur fabrication manque de puissance et de régularité.

La méthode en vigueur pour la fabrication du fer est nettement caractéristique ; on ne la rencontre ni en Allemagne, ni en Angleterre, ni en France, à l'exception du groupe du Périgord où elle va chaque jour s'amoindrissant. — Le groupe des Pyrénées et de la Corse n'a introduit, du reste, que peu d'améliorations dans sa fabrication, et il lui reste beaucoup à faire à cet égard.

Les produits en sont de première qualité, et l'acier de cémentation des Pyrénées deviendrait, sans doute, tout à fait remarquable, s'il ne se ressentait pas de l'irrégularité des produits de la méthode catalane. — L'abaissement du droit sur les fers aux bois du nord de l'Europe, ruinerait l'industrie métallurgique de cette portion de la France, dont la plupart des produits sont convertis en acier.

Lorsque de nouvelles voies de communication viendront renchérir encore le prix du bois, qui devient chaque jour plus rare et plus coûteux, et qu'elles amoindriront celui de la houille, dans ces localités montueuses, nul doute que les procédés de fabrication ne soient en grande partie transformés ; mais nous répéterons pour plusieurs établissements du douzième groupe, ce que nous avons dit pour certaines usines de la première classe :

l'excellence de leurs produits et leur spécialité les feront persister, sinon dans l'emploi exclusif du charbon de bois, au moins dans son appropriation au traitement du minerai. Nous ajouterons toutefois que c'est à condition que le gouvernement prendra toutes les mesures nécessaires pour reboiser les pentes des Pyrénées, notablement dénudées.

2108. *Ariége.* — L'Ariége renferme quatre-vingt-trois usines, qui produisent 6687 tonnes de fer et 926 d'acier ; c'est celui de tous qui a le plus d'importance. — Nous y signalerons les usines de *Guilhot*, *Surba*, *Saint-Antoine*, *Niaux*.

2109. *Aude.* — L'Aude renferme seize usines, qui produisent 1334 tonnes de fer et 108 tonnes d'acier. Nous signalerons les usines de *Quillan*, *Belvianes*, *Axat*.

2110. *Haute-Garonne.* — La Haute-Garonne a sept usines, produisant 527 tonnes de fer et 362 tonnes d'acier. Nous signalerons les usines de *Gaux* et *Bagnères-de-Luchon*.

2111. *Basses-Pyrénées* (Est). — Dans l'est des Basses-Pyrénées, il existe trois usines qui produisent 200 tonnes de fer.

2112. *Hautes-Pyrénées.* — Les Hautes-Pyrénées en renferment deux, qui produisent 261 tonnes de fer; les conditions de ces deux derniers départements sont différentes ; le premier a du minerai et point de bois; le deuxième ne possède point de gîtes ferrifères, mais le déboisement n'y a point encore pénétré.

2113. *Pyrénées-Orientales.* — Dans les Pyrénées-Orientales, il existe vingt-trois usines, qui produisent 2263 tonnes de fer; elles tirent une grande partie de leur bois de l'Espagne. Nous citerons les usines de *Nyer* et de *Ria*.

2114. *Tarn.* — Le Tarn a quatre usines, produisant 476 tonnes de fer et 969 d'acier.

2115. *Corse.* — Enfin la Corse renferme huit forges, qui produisent 155 tonnes de fer. Ce département est certainement appelé à prendre un grand développement métallurgique. Le bois de châtaignier, qui est assez abondant dans ce pays, est d'un excellent usage. Et nul doute qu'il ne s'y établisse tôt ou tard de nombreux affinages de fonte ou tout au moins des hauts-fourneaux qui, traitant les minerais du pays et ceux de l'île d'Elbe, expédieront leurs fontes sur le littoral français, où le charbon minéral est d'un prix assez modéré. Déjà un haut-fourneau vient d'être établi près de Bastia; on en construit un second.

2116. *Statistique.* — Voici maintenant la statistique générale de ce groupe pour 1843 :

FER... Foyers catalans		124
Foyers corses		8
Foyers de chaufferie......... — A la houille. Méthode champenoise....		1
Fours à réverbère de chaufferie.— A la houille. Traitement des riblons....		5
Fours à puddler........... — A la houille. { Méthode champenoise....		1
{ Méthode anglaise........		3

ACIER. — Fours de cémentation 31

ROUES HYDRAULIQUES .... 219 représentant une force de 3 400 chevaux.

CONSOMMATIONS	Minerai........	31 946	tonnes valant	1 015 224	francs
	Fonte brute.....	3 728	—	1 339 365	
	Charbons de bois.	35 965	—	2 486 161	
	Houille	3 341	—	119 734	

PRODUCTION	Fer...........	11 904	—	5 409 497
	Acier	2 365	—	1 318 364

NOMBRE TOTAL D'USINES 146

— D'OUVRIERS 979

RÉSUMÉ SUR LES DIVERS GROUPES.

2117. Le progrès a pénétré dans la plupart de nos usines, et surtout dans les groupes où l'on a admis la houille aux usages métallurgiques ; les dixième et onzième sont parvenus aujourd'hui à un état de perfection assez uniforme.

Dans les autres, ce dernier terme des améliorations n'a été atteint que dans un certain nombre d'usines ; — la grande masse, quoique ayant largement progressé et progressant chaque jour, est loin d'avoir réalisé tout ce qu'on peut attendre des efforts de l'esprit industriel, tout ce qui deviendra bientôt pour elles une condition d'existence.

Nous l'avons dit, les nouvelles voies de communication auront ce double effet de favoriser l'écoulement des produits de nos forêts, et par conséquent d'augmenter la valeur d'une matière première, qui en est souvent presque entièrement privée ; elles permettront en même temps à la houille de venir alimenter à plus bas prix les établissements qui en consomment, et dont la concurrence n'en sera que plus redoutable au fer au bois.

D'ailleurs, l'emploi des fontes au bois est chaque jour plus restreint ; leur transformation en objets de fonderie suit une marche rapidement décroissante, et tous les jours on fait de nouvelles tentatives pour l'appropriation des fontes et fers à la houille, aux usages industriels.

La transformation des procédés de fabrication devient donc, à chaque instant, d'une nécessité plus impérieuse.

Sera-t-elle complète ? — Nous ne le pensons pas. Si les grands intérêts de reboisement parviennent à se faire entendre, si les efforts du gouvernement se portent vers le repeuplement des terrains incultes, et vers la diminution du prix des bois, nul doute qu'il ne subsiste longtemps en France trois classes d'usines bien distinctes : — celles qui fabriqueront exclusivement du fer et de la fonte au charbon minéral, — celles qui affineront à la houille de la fonte au charbon de bois, — enfin les usines qui, placées dans des circonstances toutes spéciales quant à la position et à la nature des matières premières, conserveront l'usage exclusif du combustible végétal.

Ces dernières ne sauraient évidemment exister qu'en nombre très-restreint, et seulement dans les contrées d'accès très-difficile ; — la classe intermédiaire, au contraire, qui nous semble être le type de la fabrication française, prendra, nous le croyons, un développement remarquable ; cette demi-transformation est déjà largement ébauchée dans les sixième, septième, huitième et neuvième groupes ; — enfin la fabrication suivant la méthode anglaise est appelée à un bel avenir sur notre littoral, à proximité des bassins houillers, et pour le traitement des minerais de qualité inférieure.

Si l'établissement de nouvelles voies de communication est appelé, d'une part, à servir d'excitant à la transformation des usines qui y sont conviées par certaines conditions naturelles, de l'autre il offrira aux établissements plus naturellement propres à la fabrication mixte ou à l'usage exclusif du bois, la possibilité de lutter contre les groupes houillers qui, mieux pourvus aujourd'hui de voies de transport, tendent à accaparer le marché de Paris.

Telle nous paraît devoir être la répartition des divers procédés de fabrication, à condition, nous le répétons, que l'on prenne, assez à temps, des mesures énergiques capables d'arrêter le renchérissement du bois.

S'il faut renoncer à un pareil espoir, nul doute que partout où les nouvelles voies de communication viendront introduire à bas prix le charbon minéral, il ne se fasse une conversion complète à la méthode anglaise.

STATISTIQUE GÉNÉRALE DES USINES.

2118. Nous allons donner, pour la fonte, le fer et l'acier, la statistique relative à l'ensemble du pays, comme nous l'avons fait pour les minerais et les combustibles.

2119. *Statistique des usines, pour* 1843. — Voici la statistique d'ensemble des douze groupes que nous venons de passer en revue; elle est relative à 1843 :

Nombre des établissements métallurgiques.

HAUTS-FOURNEAUX.
- Au charbon de bois seul...........
  - A l'air froid 396
  - A l'air chaud...... 88
- Au bois vert desséché ou torréfié, seul ou mélangé de charbon de bois.
  - A l'air froid....... 11
  - A l'air chaud.. 31
- Au charbon de bois et au coke mé-langés.... ....
  - A l'air froid....... 17
  - A l'air chaud..... 9
- Au coke seul....................
  - A l'air chaud...... 12
  - A l'air froid....... 33

(597.)

FABRICATION DU GROS FER.
- Travail au charbon de bois...
  - Traitement direct du minerai....
    - Foyers catalans..... 127
    - Foyers corses....... 8 (135)
  - Méthode comtoise, Foyers d'affinerie,... ... 984
  - Méthode wallonne.
    - Foyers d'affinerie 51
    - Foyers de chaufferie au charbon de bois....... 30
  - Méthode nivernaise.........
    - Foyers de mazerie...... 19
    - Foyers d'affinerie........ 37
  - Traitement des ti-blons.........
    - Foyers de chaufferie.... 2
- Travail mixte au charbon de bois et à la houille..
  - Méthode comtoise modifiée ......
    - Foyers d'affinerie....... 56
    - Fours à réverbère de chaufferie............ 38
  - Méthode champenoise.........
    - Fours à puddler........ 106
    - Fours de chaufferie...... 113
- Travail à la houille.......
  - Méthode anglaise.
    - Fineries.............. 18
    - Fours à puddler........ 338
    - Fours à réverbère de chaufferie.............. 160
  - Traitement des ti-blons.........
    - Foyers de chaufferie..... 9
    - Fours à réverbère de chaufferie............. 36

FABRICATION DE L'ACIER.
- De forge.......
  - A un seul foyer... Foyers d'affinerie 17
  - A deux foyers...
    - Foyers de mazerie...... 46
    - Foyers d'affinerie........ 55
- De cémentation................. Fours de cémentation.... 65

			chevaux.
MACHINES A VAPEUR.	Chauffées à la houille......	79 représentant une force de	2661
	Au moyen des gaz des foyers.	89 —	2169
ROUES HYDRAULIQUES................	2427	—	20367

(25 197)

NOMBRE TOTAL DE FONDERIES ET FORGES...................... 1049
NOMBRE TOTAL D'OUVRIERS SPÉCIAUX...................... (1) 17 384

Produits des hauts-fourneaux et forges.

Fonte d'affinage...............	3 367 43	4 226 219 tonnes valant	64 114 234 fr.
Fonte de moulage.............	85 909		
Gros fer......................	3 084 450	—	443 729 437
Acier brut et de cémentation............	9 339	—	6 288 340

Produits secondaires des forges.

Petits fers, fer de fenderie, de tirerie, fil de fer, tôle, fer-blanc,....................	135 223 tonnes valant	74 825 342
Acier { fondu, étiré, laminé, corroyé et faux..	9 076	—	11 616 494
{ limes........................	»	—	2 797 146

Consommations.

Consommation du gros fer. { Fontes d'affinage et vieilles fontes....	377 000 tonnes.
{ Ferrailles ou riblons...............	19 089
Consommation de l'acier { Fonte........................	4 771
brut et de cémentation... { Fer........................	5 769
Consommation des produits secondaires des forges... { Gros fer.....................	125 050

2120. *Des capitaux engagés dans l'industrie du fer.* — La détermination du capital engagé dans l'industrie du fer n'est possible qu'approximativement; elle a été essayée par divers publicistes qui sont arrivés à des résultats très-différents.

L'enquête de 1828 évalue à 93 millions les capitaux immobilisés dans les forges, pour une production de 152 000 tonnes de fer; — et à une somme égale, les capitaux de roulement.

En 1841, le produit de nos forges était de 250 000 tonnes, ce qui, suivant les bases de l'enquête, portait à 153 millions leur capital immobilisé. M. Léon Talabot, après avoir émis l'opinion que ce chiffre était trop faible, estimait que le capital engagé dans le roulement des forges se tenait dans les limites de une fois le produit annuel pour les forges à la houille et de deux fois (2) ce même produit pour la majeure partie des forges au bois, soit une fois et demie en moyenne; d'où il concluait que, pour 250 millions de

---

(1) Ce chiffre n'est relatif qu'aux ouvriers employés à la fabrication de la fonte, du fer et de l'acier, bruts. Si l'on y joint les bras occupés à la fabrication des fontes, fers et aciers, élaborés, et à l'extraction et la préparation des minerais, on arrive au nombre total de 49 735 ouvriers spéciaux. A ce nombre, il faut ajouter un nombre au moins aussi considérable d'ouvriers employés dans les usines à des travaux non spéciaux, et, hors des usines, à l'exploitation et la carbonisation des bois et aux transports divers.

(2) Cette évaluation est trop élevée.

kilogr. de fer en barres, et 50 millions de fonte moulée, ensemble 300 millions donnant, au prix moyen de 33 fr., un produit annuel de 100 millions de francs, le capital de roulement était de 150 millions de francs.

D'autres publicistes, qui ont écrit vers la même époque, n'ont pas hésité à évaluer les capitaux immobilisés à 266 millions et les capitaux de roulement à 300 millions.

Si nous reprenions, pour l'année 1843, les bases de l'enquête de 1828 et celles qu'a adoptées M. Talabot, nous arriverions : — pour le capital immobilisé, à un chiffre de près de 200 millions de francs, qui est trop faible, sans nul doute, en présence des accroissements que la méthode de fabrication anglaise a pris parmi nous depuis 1828; — pour le capital de roulement, au chiffre de 200 millions, qui est probablement un peu exagéré.

2121. *Accroissement de la production indigène.* — Nous allons nous occuper maintenant de l'accroissement de puissance de nos fabriques de fonte, fer et acier, pendant les vingt dernières années.

TABLEAU CXVII. — TABLEAU DE LA PRODUCTION DE LA FONTE, ET NOMBRE DES HAUTS-FOURNEAUX, DE 1819 A 1843.

ANNÉES.	PRODUCTION DE LA FONTE			NOMBRE DES HAUTS-FOURNEAUX		
	au charbon de bois avec ou sans mélange de bois.	au coke seul ou mélangé de houille et charbon de bois.	TOTAL.	au charbon de bois ou au bois.	au coke seul ou mélangé de houille et de charbon de bois.	TOTAL.
	tonnes.	tonnes.	tonnes.			
1819	110 500	2 000	112 500	348	2	350
1822	107 781	3 000	110 781	»	»	»
1824	192 100	5 300	197 400	»	»	»
1825	194 166	4 400	198 566	»	»	»
1826	200 275	5 568	205 843	»	»	»
1827	209 054	7 367	216 421	»	»	»
1828	199 348	21 570	220 918	»	»	»
1829	189 978	27 147	217 125	»	»	»
1830	239 258	27 103	266 361	»	»	»
1831	197 220	27 585	224 805	»	»	»
1832	194 724	30 311	225 035	»	»	»
1833	196 819	39 280	236 099	»	»	»
1834	221 906	47 157	269 063	379	30	409
1835	246 485	48 315	294 800	410	28	438
1836	262 005	46 358	308 363	419	25	444
1837	268 937	62 741	331 078	433	34	467
1838	278 347	69 429	347 776	432	33	465
1839	283 721	66 451	350 172	445	33	478
1840	270 710	77 063	347 773	385	41	426
1841	291 880	85 262	377 142	426	42	468
1842	297 174	102 282	399 456	418	51	469
1843	291 719	130 903	422 622	526	71	597

Ce tableau fait vivement ressortir le développement considérable que la fabrication de la fonte au coke a pris parmi nous en un petit nombre d'années; celui du fer est encore plus remarquable, ainsi que le fait voir le tableau suivant :

TABLEAU CXVIII. — TABLEAU DE LA PRODUCTION DU FER ET DE L'ACIER DE 1819 A 1843.

ANNÉES.	FER.				ACIER.		
	FERS FABRIQUÉS exclusivement au charbon de bois.		FERS fabriqués par l'emploi partiel ou exclusif de la houille.	TOTAL.	ACIER de forge.	ACIER cémenté brut.	TOTAL.
	Méthode catalane ou corse.	Affinage.					
	tonnes.	tonnes.	tonnes.	tonnes.	tonnes.	tonnes.	tonnes.
1819	9 200	64 000	1 000	74 200	»	»	»
1822	9 300	61 854	15 000	86 154	»	»	»
1824	9 347	90 240	42 101	141 690	»	»	»
1825	9 323	93 156	41 070	143 549	»	»	»
1826	9 321	95 615	40 583	145 519	3 257	1 500	4 757
1827	9 394	95 089	44 370	148 853	»	»	»
1828	9 757	93 034	48 597	151 388	»	»	»
1829	9 854	98 101	45 667	153 623	»	»	»
1830	9 876	91 738	46 855	148 468	»	»	»
1831	9 046	92 244	39 767	141 057	2 967	2 412	5 379
1832	8 872	90 305	44 312	143 488	2 744	2 318	5 062
1833	9 007	90 300	53 058	152 265	3 256	2 964	6 220
1834	10 353	91 733	75 077	177 164	3 368	3 016	6 384
1835	9 859	99 200	101 379	209 539	2 949	3 308	6 257
1836	9 774	101 147	99 660	210 580	2 765	2 162	4 927
1837	8 916	101 080	114 617	224 613	3 196	2 857	6 053
1838	10 315	98 770	115 110	224 196	3 484	3 021	6 505
1839	10 482	91 281	129 997	231 761	3 509	3 098	6 607
1840	10 796	92 509	134 074	237 379	3 546	3 859	7 405
1841	10 135	100 242	153 360	263 747	3 202	3 684	6 886
1842	9 965	99 830	175 028	284 824	3 116	3 994	7 110
1843	10 845	92 750	Rails. 28 493 Divers. 176 357	308 445	3 527	5 812	9 339

2122. *Abaissement des prix des produits indigènes.* — Sous l'empire de la concurrence entre les divers groupes d'usines, les établissements métallurgiques n'ont pas cessé d'améliorer leurs procédés, nous avons signalé ces progrès; — ils n'ont point non plus cessé d'augmenter leur production, c'est ce qui résulte des chiffres que nous venons de donner; — enfin les prix eux-mêmes ont subi une progression décroissante, sauf quelques fluctuations insignifiantes. Voici, en effet, le prix moyen de la tonne de fer dit demi-roche, dans le principal groupe des forges françaises, celui de Champagne, depuis 1816 :

1816	470 fr.	1831	410 fr.
1817	460	1832	390
1818	475	1833	370
1819	480	1834	365
1820	460	1835	380
1821	410	1836	375
1822	460	1837	385
1823	495	1838	370
1824	430	1839	360
1825	550	1840	350
1826	490	1841	340
1827	480	1842	340
1828	470	1843	330
1829	430	1844	320
1830	425	1845. Premier semestre.	300

Ainsi, depuis 1822, c'est-à-dire en vingt-deux ans, le prix des fers forgés communs, a diminué d'environ 40 pour 100.

Vers la fin de 1845, il s'est manifesté une hausse, occasionnée par le développement instantané des lignes de chemins de fer; mais cette hausse cessera évidemment avec la cause qui la produit; nul doute que la progression descendante ne reprenne ensuite sa marche ordinaire.

Voici encore quelques chiffres capables de faire apprécier la réduction de prix des fers, due à la concurrence entre nos usines.

Les rails qui, en 1829, ont été payés 500 fr. pour le chemin de Saint-Étienne, valaient :

En 1837	de 425 à	420 fr.
1838	de 410 à	380
1839	de 405 à	370
1840		405
1841	de 397 à	395
1842		405
1843	de 380 à	340
1844	de 340 à	320

En 1845, les dernières adjudications ont été tranchées aux prix de 348 fr. 75 c. à 360 fr.; nous avons déjà apprécié la cause accidentelle de cette hausse; quoi qu'il en soit, la baisse sur les rails a été de 20 pour 100 environ en très-peu d'années.

Passons aux coussinets en fonte ; voici les prix auxquels les marchés ont été conclus depuis 1837 :

1837................................	385 fr.
1838........................ de 355 à	350
1839................................	320
1840................................	315
1841................................	277 50 c.
1842........................ de 235 à	230
1843........................ de 240 à	208
1844........................ de 235 à	202

En 1845, les derniers marchés ont été passés aux prix de 244 fr. 90 c. à 245 fr.; nous en avons déjà signalé la raison.

C'est, en définitive, une baisse d'environ 42 pour 100 en un petit nombre d'années.

Ces résultats sont frappants et peuvent tout faire espérer de l'avenir, si nos voies de communication sont perfectionnées et créées, et si l'on n'ouvre point nos frontières prématurément.

2123. *Importations et exportations.* — Nous terminerons par quelques chiffres relatifs aux importations et exportations des fontes, fers et aciers pour 1843, comparées à celles des années précédentes :

TABLEAU CXIX. — Tableau des importations et exportations des fers, fontes et aciers.

ANNÉES.	DÉSIGNATION des MATIÈRES.	EXPORTATIONS.		IMPORTATIONS.	
		POIDS en kilogr.	VALEURS.	POIDS en kilogr.	VALEURS.
			francs.		francs.
1827	Fontes.....	»	»	7 704 453	»
	Fers...............	»	»	7 137 138	»
	Aciers..............	»	»	745 506	»
1841	Fontes.............	255 356	»	26 933 191	»
	Fers...............	1 570 927	»	6 071 997	»
	Aciers..............	42 487	»	891 071	»
1842	Fontes.............	627 819	»	32 980 352	»
	Fers...............	2 106 736	»	6 971 294	»
	Aciers.............	48 663	»	865 669	»
1843	Fonte brute en masses pesant au moins 25 kil...	240 872	50 583	42 206 889	6 331 693
	Fonte moulée en projectiles,......	412 764	144 467	»	»
	Fonte de toute autre espèce.	87 242	30 535	»	»
	Fer en massiaux.	2 280	1 368	»	»
	Fer en barres..........	277 656	69 414	»	»
	— { traité au charbon de bois et au marteau.	»	»	6 229 084	2 180 179
	{ traité à la houille et au laminoir,...	»	»	1 175 579	307 893
	Rails..............	1 440	360	2 118 891	487 345
	Fer de tréfilerie.......	357 752	357 752	17 952	17 952
	Tôle..............	26 718	26 718	35 286	29 993
	Fer-blanc...........	25 089	37 634	7 110	7 821
	Acier { naturel ou cémenté.	28 328	39 774	685 549	914 830
	{ fondu...........	25 847	51 783	96 735	203 370
	Limailles et pailles.....	65 532	9 830	123 029	18 454
	Ferraille et mitraille....	66 003	9 900	336 674	50 502
	Mâchefer...........	31 650	4 748	28 429	4 264

2124. Ainsi, en résumé, sous l'empire d'une protection douanière qui n'a point, d'ailleurs, empêché l'accroissement rapide des importations, pour la fonte surtout, nos usines ont augmenté leur production, réalisé de remarquables progrès et abaissé le prix des fers, fontes et aciers.

Ce qui, aujourd'hui encore, justifie le maintien des droits sur les produits étrangers, c'est le haut prix de nos transports; c'est donc en réclamant la plus prompte et la plus complète réalisation d'un vaste système de voies économiques, que nous terminerons ce chapitre, ainsi que nous l'avons déjà dit au sujet des minerais et des combustibles.

CHAPITRE IV.

LA CONCURRENCE ÉTRANGÈRE.

2125. Nous avons exposé, dans les trois chapitres qui précèdent, la plupart des questions importantes qui se rattachent aux intérêts de la métallurgie française : — la statistique de nos richesses en minerais et en combustibles, et le moyen de les accroître, l'état de nos voies de communications et le prix des transports, la législation des cours d'eau et la situation de nos usines, les ressources de nos groupes métallurgiques et l'avenir de nos différentes méthodes de fabrication, — sont autant de sujets sur lesquels nous n'avons pas hésité à présenter tous les documents qui peuvent éclairer la position présente, et faire pressentir l'avenir de l'industrie métallurgique.

Avec ces données, il est facile d'apprécier les conditions relatives de la production dans chacun de nos groupes, et d'en conclure le développement probable qu'elle y prendra, ainsi que le genre de concurrence qu'elle aura à soutenir de la part des groupes rivaux ou voisins.

Les effets de la concurrence intérieure deviennent chaque jour plus sensibles, et au fur et à mesure que nos voies de communication s'étendront et se perfectionneront, cette concurrence prendra un caractère de plus en plus sérieux ; — il est même probable que les conditions relatives de cette concurrence se modifieront plusieurs fois avant d'être arrivées à une stabilité définitive, parce que le perfectionnement des usines et celui des moyens de transport ne marcheront pas simultanément sur tous les points ; mais il y a dans cette question des éléments inconnus, ou du moins fort difficiles à apprécier aujourd'hui, et, plutôt que de nous jeter dans des calculs de probabilité assez vagues, nous avons principalement insisté sur l'examen des faits actuels, nous bornant à des prévisions générales sur l'avenir.

Cette marche est encore celle que nous croyons devoir suivre en nous occupant de la question de la concurrence extérieure : nous présenterons une appréciation succincte des conditions de la fabrication du fer dans les pays les plus voisins, tels que l'Angleterre, la Belgique, les États du Zollverein, et, en nous reportant à ce que nous avons déjà dit de la France, nous en conclurons sa situation relative par rapport à ces grands centres de production. Nous ferons suivre cette comparaison par l'indication des mesures législatives qui nous paraissent les plus propres à assurer à notre pays la conservation et le développement d'une industrie si importante : tel sera l'objet de ce chapitre, le dernier de l'ouvrage.

PRODUCTION DU FER EN ANGLETERRE.

2126. Personne n'ignore aujourd'hui le prodigieux développement qu'a pris la fabrication du fer en Angleterre, depuis la découverte de l'affinage à la houille et l'emploi des laminoirs. Cette immense production, qui alimente une énorme consommation à l'intérieur et une exportation considérable, est entièrement basée sur l'emploi du combustible minéral, car depuis long-temps l'Angleterre n'a plus assez de bois pour le consacrer aux usages de la métallurgie.

L'Angleterre est un pays privilégié pour la production du fer : ses ressources en combustible sont incalculables ; ses minerais, qui se trouvent généralement dans les mêmes gisements, sont riches et abondants ; enfin la commodité de ses voies de communication vient combler la mesure de ses avantages naturels, et l'on comprend qu'avec de semblables éléments l'industrie métallurgique de ce pays ait pris une extension qui dépasse de beaucoup celle des pays les plus productifs du continent.

Pour expliquer un semblable résultat, nous allons jeter un coup d'œil rapide sur les différents éléments de production du Royaume-Uni.

DE LA HOUILLE ET DES MINIÈRES.

2127. *Classement.* — Les bassins houillers de la Grande-Bretagne se partagent en quatre groupes principaux, qui sont :

I°. — Le groupe de l'Écosse, comprenant :

1° Le bassin houiller de Clackmannanshire, au nord d'Édimbourg ;

2° Celui de Glasgow ;

3° Celui de Dalkeith, près d'Édimbourg.

II°. — Le groupe du nord de l'Angleterre comprend tous les dépôts houillers situés au nord des rivières du Trent et de la Mersey, et s'étend jusqu'aux frontières de l'Écosse. — Ses principaux dépôts sont :

1° Le grand dépôt houiller des comtés de Nortumberland et de Durham, connu sous le nom de dépôt houiller de Newcastle ;

2° Quelques petits bassins houillers dans le nord du Yorkshire ;

3° Le grand dépôt du sud du Yorkshire et des comtés de Nottingham et de Derby ;

4° Le bassin du nord du Staffordshire ;

5° Le grand bassin de Manchester, au sud du Lancashire ;

6° Le bassin du nord du Lancashire ;

7° Le bassin de White-Heaven.

III°. — Le troisième groupe, ou groupe houiller central, comprend trois bassins :

1° Celui situé sur les confins du Leicestershire et du Staffordshire ;

2° Celui du Warwickshire ;

3° Le bassin de Dudley au sud du Staffordshire.

IV°. — Le quatrième groupe, celui du pays de Galles, comprend :

1° Au nord-ouest, les bassins de l'île d'Anglesey et du Flintshire ;

2° A l'ouest, dans le Schropshire, les bassins de Schrewsbury, de Coal-Brook-Dale, de Clee-Hills et de Billingsley ;

3° Au sud-ouest, les trois grands bassins du sud du pays de Galles, du Montmouthshire, et celui du sud du Glocestershire et du Sommersetshire.

On exploite encore la houille en Écosse et en Angleterre dans beaucoup d'autres bassins ; mais ceux que nous venons de citer dans les quatre groupes, sont les plus importants, et les seuls auxquels nous puissions nous arrêter dans une description succincte.

2128. *Groupe d'Écosse.* — *Le bassin houiller du Clackmannanshire* est limité au nord par une ligne qui, partant des environs de Saint-Andrew, dans le comté de Fife, passe à quelques milles au sud de Kinroz, suit le haut des montagnes O'Chill dans le Clackmannanshire, passe à l'ouest du Craigforth, au delà du château de Stirling, pour suivre plus loin les collines de Campsie jusqu'à Dumbarton sur la Clyde. — Ce terrain, composé de couches de schiste, de grès, de houille et de minerai de fer argileux, contient vingt-quatre couches de houille dont l'épaisseur varie de 0^m,05 à 2^m,70, et dont l'épaisseur totale est d'environ 18 mètres.

La houille est collante et généralement de bonne qualité ; les couches de minerai de fer sont peu nombreuses.

Le petit bassin du Stirlingshire se montre à l'est entre Dumbarton et le village de Dryman, et s'étend vers l'est et le nord-est sur une longueur d'environ 35 kilomètres. Le minerai de fer s'y rencontre en assez grande abondance, tantôt en rognons lenticulaires dans l'argile ou le schiste, tantôt en couches minces de 0^m,10 à 0^m,35 d'épaisseur.

Le *bassin houiller de Glasgow* contient sept couches de houille séparées par des bancs de grès et de schiste : il alimente un grand nombre d'usines à fer. Le minerai se trouve dans les mêmes gisements, soit en bancs épais

et réguliers qui alternent avec des couches de calcaire bleu, soit en rognons disséminés dans toute l'épaisseur de la formation houillère.

Le terrain houiller de Johnstone, près de Paisley, à peu de distance de
Glasgow, est peu étendu, mais les couches de combustible sont d'une
grande puissance et leur épaisseur totale est d'environ 27 mètres. — La
houille ressemble beaucoup pour ses qualités à celle de Newcastle dont
nous parlerons bientôt.

Le *bassin de Dalkeith*, près Édimbourg, renferme, comme les précédents, un grand nombre de couches de charbon, mais le minerai de fer
y est beaucoup moins abondant que dans les bassins du Clackmannanshire,
du Stirlingshire et de Glasgow, où la fabrication de la fonte et du fer a pu
prendre une extension aussi considérable que dans le Staffordshire et le
pays de Galles.

2129. *Groupe du nord de l'Angleterre.*—Le *bassin houiller de Newcastle*,
l'un des plus considérables de l'Angleterre par son étendue et par l'énorme
quantité de houille qu'il renferme, occupe une grande partie des comtés
de Durham et de Northumberland. Sa longueur depuis la rivière Coquet
au nord, jusqu'à Cockfield, près le West-Auckland dans le sud, est de
93 kilomètres; sa plus grande largeur, de Bywill-sur-Tyne aux bords de
la mer, est de 38 à 40 kilomètres.

On y rencontre quarante couches de houille, mais il n'y en a guère que
dix-huit qui soient exploitables avec bénéfices, et encore ne le sont-elles
pas dans toute leur étendue : on distingue particulièrement, à l'est de
Newcastle, la belle couche au nord et au sud de la Tyne; à l'ouest de
Newcastle, celle de Hutton; au sud-est, celle qui alimente les riches exploitations de Hutton, Walsend, Stewart et Lambton.

La houille de Newcastle est généralement collante; on en extrait cependant des variétés moins grasses vers l'extrémité sud-ouest du bassin, près
de Cockfield. Quant au minerai de fer, on ne le rencontre qu'en quantités
insignifiantes, et il ne suffit même pas à alimenter le très-petit nombre
d'usines à fer qui se trouvent dans ce bassin; sous ce rapport, comme sous
beaucoup d'autres, il y a une grande analogie entre le bassin de Newcastle
et celui de Saint-Étienne.

2130. *Groupe central.* — Le *bassin de Dudley* s'étend sur une longueur
d'environ 32 kilomètres depuis les environs de Stourbridge au sud-ouest,
jusqu'à Beverton, près de Badgeley au nord-est, et occupe une superficie
d'environ 155 kilomètres carrés. La partie sud du bassin, la partie la plus
restreinte, est celle qui contient le plus grand nombre d'exploitations; elle

est excessivement riche en minerais de fer, et elle alimente un très-grand nombre d'usines à fer.

Il existe onze couches de houille dans ce bassin : les cinq couches supérieures ne sont point exploitées, la sixième et la principale a 9 mètres de puissance et c'est la seule exploitée près de Dudley ; les couches inférieures, également très-puissantes, alimentent la partie nord du bassin, comprise entre Bilston et Cannok-Chase.

Le minerai de fer se trouve disséminé dans plusieurs couches, en rognons très-allongés et quelquefois en plaques, au milieu de l'argile schisteuse : son abondance, sa bonne qualité, les pierres à castine fournies par les vastes carrières de Duddley, ont fait de ce pays le centre de la production du fer le plus important de l'Angleterre après le pays de Galles.

2131. *Groupe du pays de Galles.* — Le bassin houiller du pays de Galles est un des plus importants de l'Angleterre ; il s'étend depuis Pontipool à l'est, jusqu'à la baie de Saint-Brides à l'ouest, et présente une surface exploitable d'environ 935 milles carrés. — On y trouve des houilles de toutes les qualités, mais principalement des houilles sèches et de l'anthracite ; on calcule que ce bassin peut encore fournir du combustible pendant plus de six mille ans! Son avenir est donc illimité.

La grande quantité de fer carbonaté que l'on trouve dans le terrain houiller du pays de Galles, en a fait le centre métallurgique le plus productif de l'Angleterre ; ce minerai est un peu plus riche que celui du Staffordshire, mais il est en général de moins bonne qualité.

2132. Ce que nous venons de dire de quelques-uns des principaux bassins houillers de l'Angleterre suffit pour donner une idée des immenses ressources de ce pays en combustibles ; les bassins sont échelonnés du nord au midi, de manière à pouvoir alimenter chaque province sans faire parcourir à leurs produits de trop grandes distances. Les voies de communication sont, ainsi que nous le verrons bientôt, fort nombreuses et particulièrement disposées pour le facile écoulement des matières premières, de sorte que tout est disposé pour favoriser l'établissement des usines sur la plus grande échelle.

L'étendue superficielle du terrain houiller de la Grande-Bretagne est de 1 172 000 hectares ; sa production s'est élevée en 1835 à 24 000 000 de tonnes, soit quatre fois le produit de la France et de la Belgique réunies. La plus grande partie de ce combustible est brûlée dans le pays.

2133. *Des minerais.* — Ainsi que nous avons eu l'occasion de le faire observer plus haut, la houille et le minerai se trouvent réunis dans les mêmes

gisements; la position des centres de fabrication est donc naturellement
marquée par celle des bassins houillers.

Le fer carbonaté des houillères n'est cependant pas le seul qui soit
exploité en Angleterre; on en trouve aussi d'autres variétés, que l'on mélange avec les premiers; mais ces minerais sont peu abondants; ils sont
chers, et ne suffiraient jamais à alimenter l'immense fabrication de l'Angleterre. La nécessité d'aller chercher les minerais à la même profondeur que
la houille, l'obligation où l'on se trouve de leur faire subir généralement
l'opération du grillage avant de les employer dans les fourneaux, sont deux
causes qui exercent une grande influence sur le prix de revient de ces
matières, et cette influence deviendra de plus en plus sensible au fur et à
mesure qu'il faudra aller les chercher à des profondeurs plus grandes.

Le minerai de fer est aujourd'hui un peu plus cher en Angleterre qu'en
France, et il ne peut pas baisser de prix, parce que depuis longtemps les
usines emploient tous les moyens les plus propres à diminuer la dépense
relative à cet objet; il n'y a rien à réduire sur les prix d'exploitation ni sur
ceux de transport; en un mot, les minerais ont pour chaque usine un prix
fait et bien arrêté.

Les conditions sont les mêmes pour le combustible : indépendamment
de ce fait que la plupart des grandes usines à fer possèdent elles-mêmes
leur charbonnage, il est évident que le grand nombre des exploitations
et les faibles distances qui les séparent les unes des autres sont des causes
qui permettent toujours à la concurrence de se développer, et qui limitent
par conséquent les prétentions des vendeurs. — Ces circonstances sont
éminemment propres à assurer la stabilité et le développement de l'industrie du fer, car rien ne saurait lui être plus fatal que l'incertitude du prix
des matières premières, ainsi que cela arrive chaque année, en France, pour
le combustible végétal.

VOIES DE COMMUNICATION.

2134. *Des canaux.* — Il n'est pas un pays au monde qui soit doté de
plus belles voies de communication que l'Angleterre. Ses routes sont admi-
rables, ses canaux satisfont à toutes les exigences de l'industrie, et ses chemins de fer, en grande partie exécutés, sont encore venus prêter un concours plus actif et plus rapide à ce magnifique ensemble de moyens de
transport. — Au point de vue de l'industrie, ce sont surtout les voies
navigables de l'Angleterre que nous avons à considérer ici, car ce sont

celles qui se prêtent le plus avantageusement au transport des matières lourdes ou encombrantes, telles que les fontes, les fers, la houille et les minerais, sauf les cas, assez nombreux d'ailleurs, où l'impossibilité d'établir des canaux, a forcé l'industrie à recourir aux chemins de fer spécialement destinés au transport des marchandises, et des houilles principalement.

Tous les canaux de la Grande-Bretagne, sauf le canal Calédonien, ont été exécutés par des compagnies particulières, et c'est l'exploitation d'une mine de houille qui a donné lieu à la création du premier canal navigable construit en Angleterre; nous voulons parler des canaux du duc de Bridgewater, créés en 1758 et 1760 pour donner un débouché à ses mines de Worsley. Cet exemple ne tarda pas à être suivi par des compagnies, et Londres fut mis en communication avec Birmingham, Manchester et Liverpool, par les canaux de Bridgewater, de Grand-Tronc, de Coventry, une portion du canal d'Oxford et de Grande-Jonction qui a fini par remplacer le canal d'Oxford et la Tamise depuis Brounston jusqu'à Londres. L'élan une fois donné, la canalisation de l'Angleterre suivit une marche des plus rapides, et, dès 1820, cette grande œuvre nationale était presque entièrement accomplie; l'Angleterre avait créé en soixante années plus de 1 000 lieues de canaux parfaitement construits et bien alimentés.

Il serait fastidieux de donner ici l'énumération détaillée de tous ces canaux et d'indiquer le but d'utilité de chacun d'eux; mais en se rapportant à la note ci-dessous (1), on verra que tous les centres de production et de consommation sont desservis par des canaux.

(1)   Tableau CXX.—Tableau des principaux Canaux navigables d'Angleterre.

NOMS DES CANAUX.	LONGUEUR EN LIEUES.	NOMS DES CANAUX.	LONGUEUR EN LIEUES.
1 Aberdare	3	14 Caistor	3 1/2
2 Aberdeenshire	7 3/4	15 Caldon Uttoxeter	11 1/4
3 Andover	9	16 Caledonian	23 1/2
4 Arundel	4 1/2	17 Cardif ou Glamorganshire	10
5 Ashby de la Zouch et embranchements	17	18 Chester	7
		19 Chesterfield	18 1/2
6 Ashton Underline ou Manchester and Oldam et embranchements	7 1/4	20 Codbeck brook	2 1/2
		21 St. Columb	2 3/4
7 Barnsley et embranchements	7 1/4	22 Coventry et embranchements	15 3/4
8 Basinkstoke	14 3/4	23 Crinan	3 1/2
9 Birmingham	8 3/4	24 Cromford et embranchements	9 3/4
10 Birmingham and Fazeley	6 1/2	25 Croydon	3 3/4
11 Brecknock	13 1/4	26 Cyfarthfa	1 1/4
12 Bridgewater	16	27 Dearn and Dove et embranchements	5 3/4
13 Burrowstowness	2 3/4	28 Derby et embranchements	3 1/2

2435. Indépendamment de ces canaux de grande communication, il existe une multitude de petits embranchements par lesquels les mines et les usines s'y rattachent de la manière la plus immédiate ; c'est là un des points caractéristiques de la navigation en Angleterre, c'est qu'elle se ramifie à l'infini et pénètre partout où elle est utile. Ainsi, toutes les usines

Suite du Tableau de la page précédente.

NOMS DES CANAUX.	LONGUEUR EN LIEUES.	NOMS DES CANAUX.	LONGUEUR EN LIEUES.
29 Donnington wood.	3 1/2	67 Monmouthshire	7
30 Dorset and Sommerset et embran-		68 Neath	5 1 2
chements	20 1/2	69 Newcastle-Junction . . .	1 1/4
31 Driffield.	4 1/2	70 Newcastle Underline.	1 1/4
32 Droitwich	2 1/4	71 Northwilts.	3 1 2
33 Dublin and Shanon.	21 1/2	72 Nottingham.	6
34 Dudley et embranchements	5 1/2	73 Nutbrook.	2
35 Edimbourg and Glasgow	20	74 Ockam	6
36 Ellesmere.	43 3/4	75 Oxford.	36 1 2
37 Erewash	4 3 4	76 Peak-Forest.	8 1 2
38 Fazeley	4 1/2	77 Pulbrock	2
39 Forth and Clyde et embranche-		78 Ramsdens.	3 1 4
ments de Glasgow.	15	79 Regent.	3 1/4
40 Foss-Dyke.	4 1/2	80 Ripon.	2 3/4
41 Glasgow and Salcoats ou Androssan	13	81 Rochedale.	12 1/2
42 Glenkerns.	11 1/2	82 Sankey.	5
43 Gloucester et embranchements . . .	8 1/4	83 Shorncliff et Rye, ou Canal royal	
44 Grande Jonction.	37 1/4	militaire.	7 1/4
— Embranchements de Paddington . .	5 1/2	84 Shrewsbury.	7
— Six autres embranchements.	16	85 Shropshire.	3
45 Grand Surry et embranchements. .	5 1/2	86 Sommerset Coal et embranche-	
46 Grand Western et embranchements		ment de Radstack	3 1 2
de Tiverton.	16 3/4	87 Southampton and Salisbury . . .	7
47 Grand Trunc.	37 1/4	88 Stafford and Worcester.	18 1/2
— Ses embranchements.	15	89 Stainforth Keadly et embranche-	
48 Grantham et embranchements. . . .	14 3/4	ment de Don.	6 1 2
49 Gresley.	2	90 Stourbridge et embranchements. .	3 1 4
50 Haslingden	5 1/4	91 Stover et embranchements.	4 3/4
51 Hereford and Gloucester.	14 1/2	92 Stratford-Upon-Avon et quatre em-	
52 Huddersfied.	7 3/4	branchements	13 1/4
53 Hulland Leven	2	93 Stroudwater	3 1/4
54 Ivelches and Longport.	2 3/4	94 Swansea et embranchement de Lan-	
55 Kennet and Avon.	23	samlet.	8 1/4
56 Ketley	0 1/2	95 Tavistock et embranchement de	
57 Kington and Leominster.	18 1/2	Mill Hill.	2 3/4
58 Lancaster et embranchements. . . .	32 3/4	96 Thames and Medway.	3 1/2
59 Leeds and Liverpool	52	97 Thames and Severn et embranche-	
60 Leicester	8 1/2	ment de Circenster	12 1/2
61 Leicestershire and Northamptons-		98 Warwick and Birmingham.	10
hire, ou Union et Grande Union	17 1/2	99 Warwick and Napton.	6
62 Longborough.	4	100 Wilts and Berks et trois embran-	
63 Manchester, Bulton-Bury et em-		chements.	23
branchements d'Haslingden. . .	7 1/2	101 Wisbeach.	2 1/2
64 Market Weighton.	4 1/2	102 Worcester and Birmingham	11 1/2
65 Monkland.	5	103 Wyrley and Essington et cinq em-	
66 Montgommeryshire et embranche-		branchements	15
ment de Welshpool	12 1/2		
		TOTAL.	1075

un peu importantes qui sont situées dans le voisinage d'un canal, ont des embranchements qui viennent à leur porte; non-seulement il en résulte une notable économie, parce que l'on évite des transports par terre et des transbordements, mais on devient ainsi parfaitement maître d'adopter les moyens de chargement les plus commodes et les plus économiques. Enfin le canal lui-même se trouve débarrassé de tous les bateaux stationnaires en chargement ou en déchargement! La voie reste libre pour la circulation générale sans que les intérêts privés en souffrent; c'est là un fait d'une grande importance et l'un des plus beaux avantages des voies navigables en Angleterre. Nous regrettons vivement que cet exemple ne soit pas plus généralement suivi en France où l'on croit avoir tout fait quand on a créé un canal à travers un pays, et régulièrement relevé ses berges de telle sorte qu'elles deviennent presque inaccessibles, ou tout au moins fort incommodes pour le transbordement des marchandises.

2136. Si l'Angleterre a procédé plus rapidement que nous dans l'établissement de ses canaux, il faut cependant aussi reconnaître qu'elle ne le doit pas seulement à son activité industrielle, mais que les dispositions naturelles du pays, aux points de vue de l'hydrographie, de la topographie et du climat, ont fortement contribué à ce résultat.

L'Angleterre, baignée de toutes parts par la mer, avec ses côtes profondément découpées aux embouchures des rivières, ses montagnes peu élevées et son climat humide, se trouve évidemment dans les conditions les plus favorables à l'établissement des canaux : pour n'en donner qu'une seule preuve, assez frappante d'ailleurs, il suffit de faire observer que le point de partage le plus haut des canaux anglais, celui du canal du Grand-Tronc, n'est qu'à 135 mètres au-dessus du niveau de la mer, tandis qu'en France nos points de partage sont généralement beaucoup plus élevés; celui du canal de Briare est à 165 mètres, l'un de ceux du canal de Nantes à Brest est à 181 mètres; celui du canal du Languedoc à 189 mètres ; celui du canal du Centre à 313 mètres; celui du canal du Rhône au Rhin est à 349 mètres ; enfin le canal de Bourgogne a son point de partage à 383 mètres. — Ces exemples suffisent pour prouver que l'établissement des canaux est plus cher et plus difficile en France qu'en Angleterre, que l'aménagement des eaux exige des rigoles plus longues, etc.

On pourrait s'appuyer de beaucoup d'autres considérations pour démontrer le même fait; mais nous ne poursuivrons pas plus loin une comparaison qui ne se rattache qu'indirectement à notre sujet; continuons notre examen des voies de communication en Angleterre.

2137. *Des chemins de fer.* — Nous avons vu que l'Angleterre était redevable de son premier canal navigable à un industriel; il en est de même pour ses chemins de fer; les premiers qui ont été entrepris ont été établis pour desservir des exploitations de charbon, et en conduire les produits aux ports d'embarquement les plus voisins. Tels sont les chemins de Darlington, de Clarence, de Hetton, et beaucoup d'autres qui sont spécialement appropriés au transport des marchandises.

Il n'est d'ailleurs pas une usine, même de faible importance, et non desservie par un canal, qui n'emploie de petits chemins de fer pour effectuer les transports de ses matières premières; la seule nomenclature de ces voies de transport serait aussi longue que fastidieuse.

2138. Indépendamment de ses canaux et de ses chemins de fer d'exploitation, il existe, comme on le sait, en Angleterre, un réseau complet de chemins de fer de grande communication, qui ont exercé sur le prix des transports une influence considérable, en raison de la concurrence qu'ils ont faite aux voies navigables. Les compagnies propriétaires de ces dernières ont, en effet, été obligées de baisser de moitié les tarifs réellement exorbitants qu'elles percevaient sur les marchandises, et, par compensation, il en est résulté une augmentation fort notable dans le chiffre du tonnage des canaux.

Ce fait s'explique d'ailleurs assez naturellement : les compagnies de chemins de fer de grande circulation, créés principalement dans le but de transporter des voyageurs, font porter sur les fortes recettes qu'ils perçoivent sur ces derniers, toutes les dépenses de l'entretien de la voie, de l'intérêt et de l'amortissement des capitaux; d'où il suit que le transport des marchandises leur coûte fort peu, et qu'elles peuvent facilement faire une sérieuse concurrence aux canaux qui desservent les mêmes lignes.

En France, où les tarifs des canaux sont déjà beaucoup plus bas qu'en Angleterre, ces faits ne se reproduiront que sur certaines lignes spéciales et sur une plus petite échelle; il est d'ailleurs probable que le jour n'est pas éloigné où le rachat des canaux par l'État, réduira leurs tarifs au chiffre le plus bas, soit à celui qui représentera leurs frais d'entretien et de réparation.

2139. Bien que les *tarifs anglais* soient plus élevés que les nôtres, les transports y sont cependant généralement plus économiques, parce que la partie de ces frais qui correspond à la traction et à la manutention des marchandises est réduite à un chiffre excessivement bas; le bon état d'entretien des canaux, la régularité avec laquelle ils sont alimentés, et la bonne organisation du service, présentent en effet de puissantes compensations à l'élévation du tarif.

2140. En résumé, les usines anglaises se trouvent dès aujourd'hui dans d'excellentes conditions relativement aux voies de communication, et l'on peut affirmer qu'elles réunissent à un haut degré toutes les conditions qui font la prospérité d'une grande industrie. L'abondance des matières premières, charbon et minerais, et la puissante organisation des divers modes de transport les plus économiques et les plus rapides, sont des éléments qui ont dû exercer la plus heureuse influence sur le développement de l'industrie métallurgique; — nous allons voir que l'importance de la production est tout à fait en rapport avec celle des éléments de travail dont nous venons de parler.

GROUPES MÉTALLURGIQUES.

2141. *Classement.*— On peut adopter, pour les groupes métallurgiques de la Grande-Bretagne, une division analogue à celle qui a été établie pour les houillères; nous distinguerons alors :

1° Le groupe d'Écosse, dont presque toutes les usines sont concentrées dans les environs de Glasgow;

2° Le groupe du nord de l'Angleterre, comprenant le Northumberland et le Yorkshire;

3° Le groupe du Centre, comprenant le Derbyshire, le Staffordshire et le Schropshire;

4° Le groupe du Sud, composé du pays de Galles (Nord et Sud), et de la forêt de Dean dans le Monmouthshire.

En classant ces quatre groupes suivant l'importance de la production, on placerait au premier rang le groupe du Sud, qui entre pour deux cinquièmes dans le chiffre de la production totale; le groupe du Centre, qui produit à peu près autant; celui d'Écosse, qui figure pour un sixième; et enfin le groupe du Nord, qui est le moins considérable de tous.

2142. *Groupe du Sud.*— Les quatre cinquièmes de la fabrication de ce groupe sont concentrés dans le sud du pays de Galles aux environs de Neath, et surtout de Merthyr-Ty-will : c'est dans cette dernière localité que se trouvent les usines les plus considérables de l'Angleterre.

Le pays de Galles, très-abondant en minerais et en houilles de bonne qualité, très-riches en carbone, fabrique la fonte et le fer dans les meilleures conditions possibles relativement à l'économie du travail, et produit une masse énorme de gros fer et de rails, soit pour l'intérieur, soit pour l'étranger. La plupart de ces produits s'écoulent par les canaux du Glamon-ganshire et du Monmoutshire pour être embarqués aux ports de Cardiff ou de Newport.

2143. *Groupe du Centre.* — La majeure partie de ses produits se fabriquent entre Birmingham et Duddley, et aux environs de Wolver-hampton.

Le Staffordshire donne des fers d'une qualité généralement supérieure à ceux du pays de Galles, mais dont le prix de revient est également plus élevé; ce fait tient, d'une part, à la meilleure qualité des minerais, et, d'autre part, à ce que la fonte se fabrique presque partout avec du coke bien fait.

Le Staffordshire livre principalement des fers de qualité, presque tous consommés dans les fabriques et les ateliers du pays. Le pays de Galles fabrique, au contraire, beaucoup pour l'exportation.

2144. *Groupe du Nord.* — Ce groupe, alimenté par les bassins houillers du Northumberland et du Yorkshire, est loin d'avoir pris un développement analogue à celui des districts métallurgiques que nous venons de mention-ner; le manque de minerais en limite la production à un chiffre relative-ment très-faible. Mais ici la qualité semble suppléer à la quantité; les fers du Yorkshire ont une réputation méritée, et ils la doivent plus encore aux soins particuliers que l'on apporte à la fabrication qu'à la bonté des matières premières. — Les usines des environs de Bradford fabriquent beaucoup de fers à acier, et très-propres à la construction des bandages de locomotives; les bandages de Low-Moor sont appréciés sur tout le continent.

2145. *Groupe d'Écosse.* — Le groupe d'Écosse, dont le développement est de fraîche date, est devenu le rival de celui du pays de Galles : il est, à juste titre, devenu célèbre par l'application de l'air chaud dans le soufflage des fourneaux, et par la substitution de la houille crue au coke dans la fabri-cation de la fonte.

Les produits de ce groupe consistent principalement en rails et en gros fers de qualité médiocre, et souvent inférieurs à ceux du pays de Galles. La fabrication se développe d'ailleurs avec beaucoup de succès dans ce groupe, où les grandes usines deviennent chaque jour plus communes.

Ces usines sont généralement mieux montées que celles du Staffordshire et du pays de Galles, et nous en avons visité plusieurs qui ne laissent rien à désirer sous ce rapport.

2146. *Production de la Grande-Bretagne.* — Pour donner une idée exacte des progrès de la fabrication, nous croyons devoir rapporter ici quelques documents historiques (1) qui donneront une idée assez nette de toutes les difficultés qu'a eu à surmonter la métallurgie anglaise, avant d'être arrivée au point où nous la voyons aujourd'hui.

« Les premiers établissements métallurgiques créés en Angleterre, ont été fondés dans la forêt de Dean, dans la partie boisée des comtés de Sussex, Surrey et Kent, le bois étant à cette époque, et ayant encore long-temps été le seul combustible consacré à la fusion du minerai et à sa con-version en fer malléable.

« Dans la première année du règne d'Élisabeth, la rareté des bois de con-struction destinés aux usages de la marine, fit comprendre l'influence de la consommation des forges, et un acte du parlement, bientôt suivi par un autre plus rigoureux, rendu en 1581, interdit la construction de nouvelles usines, dans un rayon de vingt-deux milles autour de Londres, ainsi qu'à une distance de moins de quatorze milles de la Tamise, et dans les différentes parties des côtes du comté de Sussex. — Un nouvel acte du parlement s'op-posa à l'établissement de toute nouvelle forge dans les comtés de Surrey, Kent et Sussex.

« Le combustible végétal devenant de plus en plus rare, on essaya, mais sans succès, l'emploi de la houille pour fondre la mine, sous les règnes de Jacques Ier et Charles Ier ; un grand nombre d'usines furent complétement arrêtées ; d'autres diminuèrent leurs travaux.

« Les premiers essais de la houille, dans le Staffordshire et le Wor-cestershire, sont décrits dans l'intéressant ouvrage, *Metallum martis*, de Dudley, publié sous le règne de Charles II. L'inventeur construisit, à cet effet, un fourneau de vingt-sept pieds carrés, à Hascobridge (Staffordshire), dans lequel il produisit 7 tonnes de fonte par semaine, ce qui était la plus grande quantité de fonte à la houille que l'on eût, jusqu'à ce moment, fabri-quée en Angleterre. On découvrit près de ce fourneau de nouveaux gise-ments de houille et de minerais ; mais lorsque ces travaux furent entière-ment terminés, le propriétaire en fut expulsé de force par des hommes ameutés contre lui qui détruisirent son fourneau, ses soufflets, et anéanti-rent sa découverte.

« Vers la douzième année du règne de Jacques Ier, il y avait, dans les trois royaumes, huit cents établissements qui employaient du charbon de bois, au nombre desquels figuraient trois cents hauts-fourneaux, faisant chacun 15 tonnes, et quelques-uns même 20 tonnes de fonte par semaine, en

_____

(1) *History of the Iron Trade*, by Harry Scrivenor.

travaillant quarante semaines par an. — Les forges faisaient environ 3 à 6 tonnes de fer en barres par semaine.

« A cette même époque, un Allemand nommé Blewstone tenta un dernier effort pour employer la houille crue ; il construisit un fourneau à Wednesbury, mais il ne réussit point à atteindre son but, et l'on ne fit pas de nouveaux essais avant la première partie du siècle suivant. — Le fait est qu'il fallait les ressources d'une nouvelle puissance mécanique, avant d'obtenir un vent assez énergique pour appliquer la houille à la fusion des minerais, et ce secours devait se rencontrer dans les machines à vapeur que MM. Bolton et Watt construisirent plus tard dans leurs ateliers de Soho, à quelques milles des houilles du Staffordshire.

« Les petits fourneaux soufflés par des soufflets en cuir mus par des bœufs, des chevaux ou des hommes, furent mis de côté ; mais malgré les efforts que l'on fit en ce moment, la production du fer diminua.

2147. « Il fallut avoir recours aux marchés étrangers, et c'est alors que commencèrent les grandes importations de fer de Suède et de Russie. — Vers l'année 1715, dit un auteur du temps, on prenait environ 20 000 tonnes de fer aux marchés étrangers, ce qui, au prix de 12 livres la tonne, formait une redevance annuelle de 240 000 livres sterling payées à l'étranger.

« Voici, d'après les documents du parlement, les importations de fer et le montant des droits de 1710 à 1718.

ANNÉES.	TONNES.	DROITS.
1710 à 1711	14,584	31,260 l. s.
1711 — 1712	17,208	36,765
1712 — 1713	14,097	29,745
1713 — 1714	21,898	45,337
1714 — 1715	17,651	37,191
1715 — 1716	14,827	31,437
1716 — 1717	7,540	15,824
1717 — 1718	17,236	35,612

« En 1740, le nombre des hauts-fourneaux était de cinquante-neuf, et ils produisaient 17 350 tonnes, soit environ 300 tonnes par fourneau.

« On écrivit beaucoup, à cette époque, en faveur de l'importation du fer d'Amérique, où la fabrication avait commencé en 1715, dans l'État de Virginie, dont l'exemple fut bientôt suivi par les États de Maryland et de la Pensylvanie.

« On prétendait qu'en important plus de fonte d'Amérique et en en faisant moins dans le pays, on pourrait fabriquer beaucoup plus de fer avec la quantité de bois dont on disposait.

« L'opposition des tanneurs, qui avaient peur de manquer d'écorces si l'on diminuait la consommation du charbon de bois, et les observations des propriétaires du sol qui prétendaient que les terrains pauvres, qui n'étaient propres qu'aux taillis, resteraient sans culture, sont de singuliers exemples des spécieux arguments par lesquels on apporte souvent de fâcheuses restrictions au commerce.

2148. « A cette période de décroissance dans la fabrication du fer, alors qu'il paraissait évident que la fabrication nationale devait s'éteindre, à moins qu'on ne découvrît quelque moyen d'employer les abondants gisements de combustible minéral, — la première découverte qui donna une nouvelle impulsion aux usines qui dépérissaient, fut celle des cylindres soufflants mus par des roues hydrauliques ou par machine à vapeur atmosphérique, et dont la première application eut lieu en 1760, en Écosse, aux forges de Carron, chez M. John Smeaton.

« Le résultat de cet accroissement de puissance dans le soufflage des fourneaux, fut de réduire, en 1788, le nombre de ceux au bois, de cinquante-neuf à vingt-quatre, et leur production de 17 350 tonnes à 13 100; mais le rendement moyen de chaque appareil augmenta de 259 à 545 tonnes par an.

« D'autre part, la fabrication de la fonte au coke s'éleva à 48 200 tonnes dans cinquante-trois fourneaux, produisant en moyenne 900 tonnes par an.

« C'est donc de 1788 que date une nouvelle ère dans la fabrication du fer :

« La machine de Watt, qui avait déjà précédemment pénétré dans plusieurs districts métallurgiques, fut définitivement adoptée, en 1775, pour l'extraction de l'eau des mines et la fabrication du fer.

« En 1783 et 1784, M. Cort obtint deux brevets pour le puddlage et la substitution des laminoirs aux marteaux.

2149. « Ces perfectionnements concoururent, avec le prix élevé du fer étranger, à doubler à peu près la production, dans les huit années suivantes, ainsi que l'on peut s'en convaincre par les rapports faits à la chambre des communes en 1796, lorsque Pitt voulut imposer la houille et les puits de mines.

« En 1796, il y avait en Angleterre et dans le pays de Galles cent quatre fourneaux produisant annuellement 108 973 tonnes, soit 1 048 tonnes par fourneau et par an.

« En Écosse, il y avait dix-sept fourneaux qui produisaient 16086 tonnes. — Le comté de Sussex ne donnait plus que 173 tonnes.

« Cinq années plus tard (1801 à 1802), il y avait vingt-deux nouveaux fourneaux en marche et vingt-cinq en construction, tant en Angleterre que dans le pays de Galles et l'Écosse.

« En 1806, lord H. Petty ayant proposé de mettre une taxe de guerre sur la fonte, on fit, sur sa production en Angleterre, une enquête dont voici le résumé :

.	NOMBRE.	PRODUIT total.	PRODUIT par fourneau.
Fourneaux au coke................	222	250,406 t.	1,456 t.
Fourneaux au bois................	11	7,800	709
	233	258,206	

« En 1825, M. Herries, chancelier de l'échiquier, proposa une réduction considérable sur le droit des fers étrangers, qui, depuis 1782, époque à laquelle il était de 2 l. 16 s. 2 d. par tonne, avait été successivement élevé à 6 l. 10 s., et en 1825 à 7 l. 18 s. 6 d. pour les navires étrangers.

« De 1823 à 1830, la production a augmenté comme il suit :

	FOURNEAUX.	PRODUIT.
En 1823 (1)......................	259	455,166 t.
— 1825......................	"	581,367
— 1828......................	277 en feu — 90 éteints.	703,184
— 1830......................	"	678,417

2150. « Depuis 1830, de notables améliorations ont contribué à augmenter le produit des usines.

« En premier lieu la hauteur et la forme des fourneaux, aussi bien que les proportions des différentes parties, ont été amenées aux dimensions les plus favorables. — Le soufflage se fait à trois tuyères au lieu d'une. — La

---

(1) Ne sont pas compris les fourneaux de North-Wales.

préparation et le mélange des matières premières ont été améliorés. — Le déchet du puddlage et le temps de l'opération ont été réduits, etc. — Aucune invention, cependant, n'a eu d'aussi importants résultats que celle de l'air chaud, principalement en Écosse : en 1829, on employait, dans ce pays, plus de 8 tonnes de houille par tonne de fonte, tandis qu'en 1833 l'application de l'air chaud a réduit ce chiffre à 2665 kilogr.

« Son usage a également permis l'exploitation d'une espèce particulière de minerai (black band iron stone) pour lequel il ne faut maintenant plus que 6 à 8 quintaux (anglais) de castine, tandis qu'il en fallait autrefois de 20 à 30.

« L'air chaud n'a pas eu, dans le pays de Galles et le Staffordshire, d'aussi surprenants effets qu'en Écosse, parce que la consommation y était déjà beaucoup moindre. Dans le Staffordshire, on marche avec un tiers d'air chaud et deux tiers d'air froid.

2181. « Voici le résumé des progrès que nous venons de signaler dans la fabrication du fer en Angleterre :

1558. Ordonnance pour réduire la coupe du bois destiné aux forges.

1603. On commence à exploiter les minerais de fer en Irlande. — Essais de Duddley pour l'emploi du coke. — Il existe 800 fourneaux et forges qui emploient le charbon de bois; les 300 fourneaux font 180 000 tonnes par an.

1615. La fabrication du fer commence en Amérique.

1700. Extinction de la fabrication du fer en Irlande, faute de bois.

1713. Emploi du coke à Colebrook Dale.

1710 à 1718. Moyenne des importations : 17 000 tonnes payant 35 000 liv. st. de droit.

1737. On importe 15 000 tonnes de Suède, et 5 000 tonnes de Russie au prix moyen de 10 liv. par tonne.

L'Angleterre produit environ 18 000 tonnes de fer en barre.

1640. Le nombre des fourneaux est réduit à 59 produisant 17 350 tonnes.

1760. Emploi des souffleries à piston en Écosse.

1769. Brevet de J. Watt pour sa machine à vapeur perfectionnée.

1775. Emploi des machines de MM. Boulton et Watt. — La guerre avec l'Amérique arrête les importations de ce pays.

1782. Droit sur les fers étrangers : 2 liv. 16 s. 2 d. par tonne.

1783-84. Brevets de M. Cort pour le puddlage et le laminage.

1788. Fourneaux au bois 26, produits : 14 500 tonnes.

     —   au coke 59,   —   53 800

1791. Prix du fer de Russie, droit compris : 17 liv.

     —   de Suède,   —   18 liv. 10 s.

Fer d'Oregrund pour acier, —   24 liv.

1796. Fourneaux 121 ; produits : 125 075 tonnes.

1797. Élévation du droit à 3 liv. 4 s. 7 d.

1801-02. Nouveaux fourneaux : 47.

1802. Élévation du droit à 3 liv. 15 s. 5 d.

1802-05.   —   —   5 liv. 1 s.

1806. Fourneaux au bois   11 ; produits :   7 800 tonnes.
    —   au coke   222 ;   —   250 406
        Totaux . . . 233   —   258 206 tonnes.

2152. « Droits sur les fers étrangers :

    1808. . . . .   5 liv. 7 s. 5 d. 3/4 par tonne.
    1812.   5   9   10
    1818.   6   9   10
    1825.   6   10   »
    Par navires étrangers.   7   18   6

2153. « Résumé des produits en fonte :

    1740. . . . .   17 350 tonnes.
    1788.   68 300
    1796.   125 079
    1806.   250 406
    1823. . . . .   452 066
    1830. . . . .   678 416

« En 1839 la production s'est répartie comme il suit :

TABLEAU CXXI. — PRODUCTION DU FER EN ANGLETERRE.

	FOURNEAUX en FEU.	PRODUITS par an (tonnes).	
Premier groupe... — Écosse	50		195 000
Groupe du Nord.. — Northumberland.	5	11 440	101 400
Yorkshire.	31	89 960	
Groupe du Centre. — Staffordshire (Nord)..	10	28 600	
— (Sud)..	108	338 730	490 830
Derbyshire.	13	37 440	
Schropshire.	24	86 060	
Groupe du Sud . . . — Pays de Galles (Nord)..	12	28 080	560 560
— (Sud). . . Forêt de Dean.	125	532 480	
TOTAUX.	378		1 347 790

« L'Angleterre a produit :

    en 1841. . . . .   1 387 551 tonnes.
        1842. . . . .   1 210 550

La production a, comme on le voit, baissé en 1842, mais elle s'est relevée en 1844, et elle atteindra très-probablement 1 500 000 tonnes en 1845.

2154. Ce n'est pas seulement la grande consommation de fer que l'on fait en Angleterre qui a donné une si forte impulsion à sa métallurgie, ses *exportations* y ont fortement contribué, ainsi que l'on peut s'en convaincre par les chiffres suivants :

TABLEAU CXXII. — EXPORTATION DES FERS ANGLAIS.

			tonnes.		tonnes.
1815	à	1820 :	347 547	1839 :	269 000
1820	—	1825 :	374 678	1840 :	284 000
1825	—	1830 :	497 724	1841 :	376 000
1830	—	1835 :	798 691	1842 :	381 000
		1837 :	206 600	1843 :	460 000
		1838 :	271 008		

Parmi les pays qui ont offert le plus grand débouché à la métallurgie anglaise, on peut citer : les États-Unis, l'Asie, la Hollande, l'Italie, l'Amérique anglaise, etc.

2155. *Conclusion.* — D'après ce que nous venons de dire, il est facile de juger des efforts qu'a dû faire la métallurgie anglaise pour surmonter avec un succès si complet les obstacles qui entravaient sa marche; ce n'est en effet qu'avec lenteur et par de grands sacrifices qu'elle est arrivé à l'état de prospérité où elle se trouve aujourd'hui. Mais il faut aussi remarquer que le gouvernement a puissamment secondé l'activité de l'industrie privée : d'une part, en imposant les produits étrangers au moment où la production nationale pouvait être écrasée par la concurrence étrangère, d'autre part en lui ouvrant de vastes débouchés, alors qu'elle avait pris son essor. De tels exemples ne doivent pas assurément être perdus pour nous, et nous aurons bientôt à les rappeler, en nous occupant de l'avenir de la fabrication du fer en France.

La métallurgie anglaise est aujourd'hui assise sur des bases qui lui permettent de ne redouter aucune espèce de concurrence de la part d'aucun peuple; le prix peu élevé des matières premières, la facilité des voies de communication, la grandeur des usines, et l'amortissement déjà accompli de presque tous les capitaux consacrés à leur établissement, lui assurent une fabrication économique et capable de résister aux crises les plus violentes. Quelle meilleure preuve pourrions-nous donner de cette assertion, que la facilité avec laquelle les usines supportent les variations de prix les plus prononcées : en 1836 le gros fer en barres se vendait 10 à 11 livres sterl. la tonne, tandis qu'en 1843 il est descendu à 4 l. 10 s. et même au-dessous. La grande majorité des usines se sont cependant maintenues, et en 1845, les prix se sont relevés à 9 et 10 livres ! Il faut évidemment qu'une industrie soit douée d'une vitalité bien puissante pour résister à des épreuves de ce genre, et l'on doit voir dans ce seul fait l'indice du grand et brillant avenir qu'a su conquérir la métallurgie du fer dans la Grande-Bretagne.

PRODUCTION DU FER EN BELGIQUE.

2156. *Origine.* — Le voisinage de la Belgique et la concurrence que l'introduction de ses fontes fait aux produits des fourneaux français, nous imposent la nécessité de présenter sur la métallurgie belge des documents un peu plus détaillés que sur celle de l'Angleterre ; il est important que sa situation soit bien comprise.

La fabrication du fer en Belgique remonte à un temps immémorial ; mais ce n'est qu'à partir de la réunion de ce pays à la France qu'elle a commencé à se développer. A la fin de la période impériale, on y comptait :

89 hauts-fourneaux ;
124 forges ;
35 martinets ;
18 fenderies ;
27 platineries.

Ces usines étaient réparties entre quatre provinces : le Hainault, Namur, Luxembourg et Liége, qui sont encore les seules où l'industrie sidérurgique ait pu se constituer.

Après la paix de 1815, la forgerie belge resta quelque temps stationnaire, et ce n'est qu'à partir de 1821 qu'elle a repris son essor. Les progrès de la métallurgie française datent de la même époque.

C'est en 1824 que parurent à Charleroi et à Seraing les premières fontes au coke produites d'une manière régulière ; en 1826, on construisit le troisième fourneau au coke à Louvain ; en 1829, on commença la création de Couillet, le plus grand établissement métallurgique du royaume.

Le puddlage et le laminage du fer suivirent de près l'installation des fourneaux au coke.

Les progrès de la méthode anglaise, entravés un instant par la révolution de 1830, reprirent bientôt un nouvel élan : dès l'année 1837, l'industrie du fer avait pris une immense extension, et était arrivée au point où elle se trouve encore aujourd'hui.

2157. *Les banques.*— L'esprit d'association et les *institutions commerciales* auxquelles il a donné naissance, ont été l'origine du grand développement industriel de la Belgique ; c'est le roi Guillaume qui fit, en 1822, le premier pas dans cette voie, en créant la Société du commerce des Pays-Bas et la Société générale pour favoriser l'industrie ; cette dernière avait non-seulement pour but de faire les opérations de banque et d'escompte, mais aussi de prêter au commerce, sur marchandises ou sur hypothèque ; et elle ne faillit pas à la mission qu'elle s'était imposée, celle d'encourager le mouvement industriel qui commençait à se manifester.

La *Société générale*, devenue créancière de l'État en 1830, témoigna de ses bonnes dispositions envers l'industrie, pendant les crises qui suivirent la révolution ; elle donna du temps à ses débiteurs, parmi lesquels se trouvaient beaucoup d'exploitants de mines de houille, et, en 1833, elle devint, à la suite de transactions amiables, propriétaire de quelques houillères du Hainault, qu'elle exploita avec succès.

En 1835, la Société ayant considérablement étendu ses opérations et déjà réalisé de grands bénéfices, on jugea utile de neutraliser son influence financière par la création d'une *Banque de Belgique*, au capital de 20 millions de francs. La Société générale, loin de s'effrayer de cette concurrence, affermit immédiatement sa position en constituant, dans le cours de cette même année, deux autres compagnies : la *Société du commerce*, au capital de 10 millions, et la *Société nationale*, au capital de 15 millions, avec faculté de le porter à 25 millions.

Ces quatre sociétés, fondées dans le but de favoriser l'industrie, contribuèrent à la création de plus de cinquante sociétés représentant un capital de plus de 150 millions, parmi lesquelles les exploitations de houille et les usines à fer figurent au premier rang pour l'importance des capitaux engagés. Nous citerons comme ayant été créés sous l'influence ou le patronage de ces sociétés :

En 1835.	Les charbonnages et hauts-fourneaux d'Ougrée, au capital de...	2400000 fr.
	Les hauts-fourneaux de Veines................................	650000
1836.	Les hauts-fourneaux du Selessin............................	8600000
	Les hauts-fourneaux et charbonnages de Marcinelle et Couillet..	7000000
	Les hauts-fourneaux de Chatelineau........................	8000000

En 1836.	Les hauts-fourneaux de l'Espérance	4 000 000 fr.
1837.	Les hauts-fourneaux de Monceaux	5 000 000
	Les forges d'Ougrée	3 500 000
	Les hauts-fourneaux de Borinage	1 650 000
	La forge de Hoyoux	1 200 000
	Les hauts-fourneaux de Lonterne	1 500 000
1838.	Les usines de Luxembourg	3 000 000
	Les forges et fonderies de la Providence	1 500 000

Les sociétés financières ont, comme on le voit, puissamment concouru à l'organisation de l'industrie métallurgique en Belgique; mais, dans leur empressement à doter le pays de charbonnages, d'usines et de manufactures de toute espèce, elles ont malheureusement dépassé le but qu'il fallait atteindre et se sont laissé entraîner à des créations beaucoup trop considérables en raison des besoins qu'il y avait à satisfaire.

La crise de 1839 à 1843 l'a suffisamment prouvé, et il n'a fallu rien moins qu'une diminution considérable dans les droits d'entrée des produits belges en Allemagne, pour rendre la vie à toutes les usines qui s'étaient éteintes après l'achèvement des chemins de fer belges.

La fabrication du fer en Belgique est basée, comme en France et en Allemagne, sur l'emploi exclusif ou simultané des combustibles végétaux et minéraux; mais, quoique l'on y fasse beaucoup de fonte au charbon, c'est principalement à l'usage de la houille qu'elle doit son développement et sa supériorité.

EXPLOITATIONS HOUILLÈRES.

2188. *Leur importance.* — La Belgique est traversée à peu près, de l'ouest à l'est, par une zone de terrain houiller qui se divise en deux grands bassins : le *bassin occidental* est le plus riche; il commence à Namur et se dirige par la vallée de la Sambre jusqu'à Charleroi, où il atteint sa plus grande largeur; il se rétrécit vers Mons et se perd au delà de Valenciennes. — Le *bassin oriental*, séparé du premier par la gorge du ruisseau de Samson (province de Namur), suit la vallée de la Meuse, en s'élargissant de plus en plus jusqu'au delà de Liége; il se prolonge ensuite vers le duché de Limbourg, et vers la Prusse à Rolduc et à Eschweiler.

L'exploitation de la houille en Belgique remonte au treizième siècle; mais elle n'a commencé à se développer qu'après la réunion de ce pays à la France en 1795. Depuis cette époque, l'usage du combustible minéral s'étant répandu peu à peu, et la création des canaux du Nord ayant favorisé les exportations en France, les exploitations ont sans cesse été en progrès, et en 1830 leur production était répartie comme il suit :

Mons.............. 1 458 000 tonnes.
Charleroi........... 455 000
Namur............. 50 000
Liége et Limbourg..... 550 000

. Total en 1830........ 2 513 000

Depuis 1830 jusqu'en 1838, l'extraction de la houille s'est considérablement développée ; on jugera de son importance par le tableau suivant :

TABLEAU CXXIII. — NOMBRE DES MINES DE HOUILLE ET QUANTITÉS EXTRAITES.

ARRONDISSEMENTS.	NOMBRE de mines ouvertes.	MACHINES A VAPEUR servant à				NOMBRE d'ouvriers.	QUANTITÉS extraites.
		l'extraction.		l'épuisement.			
		nombre.	force.	nombre.	force.		
			chevaux.		chevaux.		tonnes.
Mons............	69	97	2 664	38	4 091	16 896	1 691 549
Charleroi.......	85	48	1 217	20	1 188	8 345	724 359
Province de Namur.	38	8	170	»	»	1 282	103 954
— de Liége..	115	58	1 318	32	3 162	10 648	740 408
Le royaume (1838).	307	211	5 369	90	8 441	37 171	3 260 270

En comparant les produits de la Belgique avec ceux des autres pays, nous trouvons :

La Belgique.... (1838) 2 200 270
La Prusse...... (1839) 2 442 632
La France..... (1841) 3 410 190
L'Angleterre... (1835) 24 000 000

2489. Les charbonnages de la *province de Hainault* (Mons et Charleroi) ont pour principaux débouchés : la France et les provinces des deux Flandres, d'Anvers, de Brabant et de Namur. Leurs produits s'écoulent par le canal de Mons à Condé, l'Escaut et le canal Saint-Quentin ; par le canal de Mons à Antoing, l'Escaut et la Lys, par la Dendre ; par le canal de Charleroi à Bruxelles ; par la Sambre canalisée et la Meuse ; par le canal de Sambre-et-Oise, etc. La construction du chemin de fer d'entre Sambre-et-Meuse (de Charleroy à Vireux) accroîtra encore l'activité de ces exploitations, en facilitant la mise en œuvre des minerais de fer répandus dans le territoire compris entre ces deux rivières, et en évitant aux houilles de Charleroi, destinées à la France, la descente de la Sambre jusqu'à Namur et la remonte de la Meuse jusqu'à Vireux.

2160. Les charbons de la *province de Namur* sont presque entièrement consommés par les habitants, ceux de la province de Liége trouvent leurs débouchés dans la consommation locale qui est considérable, en Hollande et en France.

La Belgique nous a livré :

en 1830..... 510 806 tonnes de houille.
   1836..... 715 871
   1841..... 992 225

2161. *Qualités de la houille.* — Les bassins houillers de la Belgique produisent des charbons de diverses qualités que l'on distingue sous les noms de houilles grasse, demi-grasse, et maigre. La première, la plus chère et la moins commune, est principalement consacrée à la fabrication du coke pour les hauts-fourneaux et le service des locomotives ; la seconde convient à l'alimentation des foyers de chaudières, des fours à puddler et à réchauffer, des verreries, des foyers domestiques, etc.; la dernière s'emploie pour la fabrication de la chaux et la cuisson de la brique.

2162. *Prix de la houille.* — Le prix de la houille a beaucoup varié en Belgique ; il s'est élevé depuis 1830 jusqu'en 1838, et a notablement baissé dans ces dernières années. Le prix de ces exploitations, qui ont été mises en vente, ne s'élève guère qu'à 35 ou 40 pour cent des estimations et des offres faites en 1837 et 1838.

Dans les mines du couchant de *Mons* (*Flénu*), les prix des 1 000 kil. ont été les suivants :

ANNÉES.	GAILLETTES.		GAILLETTERIES.		FINES.	
	fr.	c.	fr.	c.	fr.	c.
1830	16	80	12	00	3	60
1838	20	40	16	80	7	20

Dans le *Bassin de Charleroi* les prix étaient les suivants :

ANNÉES.	GRAS.		DEMI-GRAS.		MAIGRE.	
	HOUILLE.	CHARBON.	HOUILLE.	CHARBON.	HOUILLE.	CHARBON.
	fr. c.	fr. c.	fr. c.	fr. c.	fr. c.	fr. c.
1830	14 00	7 00	14 00	7 00	12 00	6 00
1838	23 00	19 00	22 00	13 00	16 00	8 00

En 1843, le charbon à coke, rendu aux usines, ne valait que 9 à 10 fr. la tonne ; le charbon demi-gras employé dans les fours valait 7 à 8 fr. ; le coke lui-même, qui valait, en 1837, 27 à 29 francs à pied d'œuvre, était descendu à 18 et à 19 fr.

Le charbon sur le carreau des mines, à Charleroi, se vendait à la fin de 1844 par tonne (1) :

Charbon gras,	gros..........................	19 fr.	»
—	gaillettes..................	16	50 c.
—	gailletterie.................	14	»
—	menu.....................	6	»
—	tout-venant...............	9	»

Prix moyen du charbon gras, 13 fr.

Charbon demi-gras,	gros.....................	17	»
—	gaillette..................	14	»
—	gailletterie..............	13	»
—	menu....................	4	»
—	tout-venant..............	7	»

Prix moyen du demi-gras, 11 fr.

Charbon maigre,	gros.....................	13	»
—	gaillette..................	10	»
—	gailletterie..............	8	»
—	menu....................	3	»
—	tout-venant...............	5	»

Prix moyen du charbon maigre, 7 fr. 80.

(1) A Charleroi, les différentes qualités de charbon y sont distinguées par les noms de *gras*, *demi-gras* et *maigre* ; chacune de ces qualités est subdivisée en classes, savoir : *gros*, ce sont des morceaux choisis à la mine ; ces morceaux en ayant été ôtés, le reste s'appelle *tout-venant* ; le charbon, appelé *gaillette*, se compose de morceaux plus petits que le gros et qui ne

Dans le *bassin de Liége*, où le prix de la main-d'œuvre des ouvriers mineurs avait haussé de 65 pour cent de 1832 à 1838, la valeur de la houille a subi des variations analogues à celles que nous venons de rapporter :

ANNÉES.	HOUILLE GRASSE.				HOUILLE MAIGRE.	
	GROS.		MENU GAILLETEUX.		GROS.	MENU
	1re qualité.	2e qualité.	1re qualité.	2e qualité.		gailleteux.
	fr. c.	fr. c.	fr. c.	fr. c.	fr. c.	fr. c.
1830	23 00	17 00	13 00	7 50	14 00	7 50
1838	28 25	21 50	15 50	9 75	19 50	10 50

Nous avons cru devoir citer ces chiffres, qui ont suivant nous une importante signification ; ils nous donnent une idée du prix élevé que peuvent atteindre les matières premières, sous l'influence d'une production exagérée.

EXTRACTION DES MINERAIS.

2163. *Nature des minerais.* — Les minerais de fer sont excessivement répandus en Belgique, dans l'arrondissement de Charleroi, les provinces de Namur, de Liége et de Luxembourg.

Dans *l'arrondissement de Charleroi*, on trouve du minerai hydraté en amas couchés entre le terrain anthraxifère et les roches schisteuses, au midi du terrain houiller. Ce minerai ne rend en moyenne que 25 à 30 pour 100. La puissance des amas varie de 2 à 8 mètres, et ils sont exploités depuis 6 jusqu'à 40 mètres de profondeur.

Indépendamment des deux concessions de la Buissière et de Gerpinnes, dont l'étendue est de 2559 hectares, on avait ouvert en 1836 des exploitations dans seize communes voisines. — A très-peu d'exceptions près, l'extraction a toujours lieu par des travaux souterrains.

Ces mines ne suffisent pas pour alimenter les fourneaux de Charleroi,

---

peuvent être vendus comme tels, cependant les morceaux de gaillettes doivent avoir au moins quinze centimètres.

La *gailletterie* est le charbon qui reste après en avoir ôté la gaillette et le menu ; on pourrait dire que c'est le charbon qui passe par un crible de dix centimètres d'ouverture et ne passe pas par un crible de trois centimètres.

Le menu est le charbon qui passe par un crible de trois centimètres de maille.

qui, lors de leur activité, tiraient les deux tiers de leur approvisionnement de la province de Namur.

L'arrondissement de Mons et Tournay ne renferme que peu de minerais ; on les trouve au nord du bassin houiller près de Tournay.

La province de Namur est très-riche en minerais. Parmi les gisements les plus importants, on peut citer :

Ceux de minerai hydraté, qui occupent presque tout l'espace compris entre les communes d'Yves, de Fraire, de Morialmée et de Florenne (sud du bassin). Ce minerai est propre à la fabrication du fer fort.

Les communes de Boninne, Marchovelette, Gelbressé, Marche-les-Dames, Rhisnes, etc. (au nord du bassin), fournissent de grandes quantités du même minerai ; le fer oxydé rouge granuleux se montre en grands filons à Védrin.

Ces exploitations, dont nous ne citons que les plus importantes, formaient, en 1841, vingt-quatre concessions, comprenant une étendue de 23 684 hectares ; il y avait en outre un grand nombre de communes où l'on exploitait du minerai de fer en vertu de simples déclarations.

En 1837, époque de la plus grande production, on comptait dans cette province cent exploitations souterraines, et sept cent soixante et une à ciel ouvert.

Le Luxembourg, dont les minerais sont principalement traités au charbon de bois, comme une grande partie de ceux de la province de Namur, comptait en 1837, six cent quarante et une exploitations souterraines et cinquante-six à ciel ouvert.

Presque toute l'extraction est entre les mains des propriétaires du sol ; il n'existe que trois concessions comprenant une étendue de 13 173 hectares.

Plusieurs des cantons qui fournissent la mine de fer fort, sont passés à la Hollande ; la Belgique a conservé dans le midi de la province, Cauvreux, Latour, Dampicour et Ruette dont l'excellent minerai se paie toujours fort cher.

La mine de fer tendre s'exploite principalement dans les communes de Pétange, Athos, Longeau, Linger, Guerlange, etc.

La province de Liége fournit du fer hydraté, de qualité fort variable : on préfère généralement celui des bords de l'Ourthe à celui qui arrive par la Meuse.

On distingue, sur la rive gauche de ce fleuve, les minerais de Héron (arrondissement de Huy), dont la qualité est généralement bonne. La rive droite présente un grand nombre d'exploitations, situées sur les bords de l'Ourte et de l'Emblève ; — on cite pour sa qualité la mine de Hodbomont, près de Theux.

Le nombre des mines concédées s'élevait en 1838 à cinq, dont trois renferment de la calamine et du plomb que l'on extrait concurremment avec le minerai de fer.

Le nombre des communes où l'extraction avait lieu sans concession, était en 1837 de vingt-deux ; il n'y a qu'un très-petit nombre d'exploitations à ciel ouvert.

2164. *Leur importance.* — Pour donner une idée exacte de l'importance de l'exploitation du minerai dans les diverses provinces, nous présentons le tableau suivant :

TABLEAU CXXIV. — TABLEAU DE L'EXPLOITATION DES MINERAIS DE FER EN 1837 ET 1838.

PROVINCES ou ARRONDISSEMENTS.	NOMBRE DES CONCESSIONS. 1837-38.	COMMUNES ayant des exploitations libres		SIÈGES D'EXPLOITATION en activité à ciel ouvert		souterrains		MACHINES d'épuisement en 1838 nombre	force ch.	NOMBRE d'ouvriers		PRODUITS en minerai non lavé (tonnes)	
		1837.	1838.	1837.	1838.	1837.	1838.			1837.	1838.	1837.	1838.
Mons et Tournay	»	»	3	»	1	»	2	»	»	»	16?	»	28,600
Charleroi......	2	15	5	1	»	215	12	1	12	027	46	74,203	3,826
Namur.........	21	76	11	109	24	761	447	6	62	2,752	1,389	195,619	208,046
Luxembourg (1)...	2	17	16	61	50	56	42	»	»	391	208	27,868	23,619
Liège (rive gauche).	11	»	»	»	»	37	26	1	8	261	186	20,195	8,705
Liège (rive droite).	4	22	19	3	2	138	128	1	12	903	896	67,658	62,642
Le royaume	40	130	84	171	83	1,207	657	9	91	5,237	2,975	385,573	334,838

Les données comprises dans le tableau précédent ne s'appliquent pas seulement à l'exploitation du minerai de fer, mais encore à celle du plomb, de la calamine et du schiste alumineux, dont la production totale a été :

en 1837 : 21 944 tonnes.

en 1838 : 22 123

Soit environ 1/31 de la quantité de mine de fer en 1837

et 1/15 — — 1838.

2165. *Prix.* — Le prix des minerais de fer a subi, dans ces dernières années, des variations considérables, par suite de l'excès de la production ; on en jugera par ce seul fait que, dans la province de Namur, le salaire des ouvriers mineurs s'est élevé de 1 fr. à 5 fr. en 1836 et 1837. La valeur du

---

(1) Non compris la partie cédée à la Hollande.

minerai a subi des fluctuations analogues; dans le Hainault, la tonne de minerai de fer fort a été payée jusqu'à 30 et 35 fr. Un tel chiffre paraît fabuleux! — On peut admettre qu'en moyenne la tonne de minerai lavé, rendant environ 30 pour 100, a valu en 1837, rendue aux fourneaux de Charleroi, 15 à 20 fr.; elle ne valait plus, en 1843, que 9 à 10 fr. et quelquefois moins. Le minerai de Hodbomont près de Theux (province de Liége), se vendait en 1836 sur place, et non lavé, 9 fr. la tonne; en 1839, il était tombé à 6 fr.

Les minerais riches sont aujourd'hui fort recherchés en Belgique, parce que l'on tient à faire produire le plus possible aux fourneaux; voici les prix de quelques-uns des plus estimés par *cense* de $2^{m3},52$ environ :

	1835	1836	1837	1838	1839	1840	1841	1842	1843	1844
Mines de Morialmée.	30 f.	20 f.	10 f.	10 f.	10 f.	10 f.	10 f.	10 f.	10 f.	15 f.
— Fraire.....	52	30	15	15	15	15	15	15	15	24
— Yves......	35	21	16	14	14	14	14	14	14	17
— Daussois...	35	20	16	14	10	10	10	10	10	20

VOIES DE COMMUNICATION.

2166. *Lignes navigables.* — La Belgique diffère peu de l'Angleterre sous le rapport de la commodité et de la bonté de ses voies de communication. Ses routes sont belles, bien entretenues, et ses voies navigables forment un réseau qui dessert presque toutes les grandes villes.

La Belgique se divise en deux grands bassins — celui de l'Escaut avec ses affluents : le Demer, la Dendre, la Durme, la Dyle, la Lys, la Nèthe, le Ruppel — et celui du Rhin qui comprend la Moselle, la Meuse et ses affluents, l'Amblève, l'Ourthe, la Sambre, la Verdre. — En y joignant l'Yser, qui se rattache au bassin de l'Aa, on forme un total de 962 746 mètres de rivières navigables et dont le tirant d'eau dépasse $1^m,80$.

Les premiers canaux créés en Belgique ont été creusés dans le but de rattacher les grandes villes au littoral de la mer; plus tard, on songea à créer des débouchés aux bassins houillers de Liége, Namur, Mons et Charleroi, dont les produits s'écoulent aujourd'hui dans différentes directions par un grand nombre de canaux :

Vers la France, par la Meuse, la Sambre, le canal de Condé et l'Escaut supérieur; — Le canal d'Antoing, l'Escaut inférieur, la Scarpe et les canaux du nord; — le canal d'Antoing, l'Escaut inférieur, le canal de Bruges, celui de Blasschendal, celui de Nieuport et les canaux de la Flandre française;

Vers la Belgique, par la Meuse, la Sambre, les canaux de Charleroi, Mons et Antoing;

Vers la Hollande, par la Meuse et le Rhin; les canaux de Charleroi, de Willebrock et l'Escaut;

Vers l'Allemagne, par la Meuse et le Rhin.

La longueur totale de la navigation par canaux est déjà de 460 220 mètres, et elle s'augmentera par l'exécution de différentes lignes indispensables, telles que le canal de jonction entre la Meuse et la Moselle, le canal de Mons à la Sambre, les canaux d'Espierre et d'Yperlé, etc., etc. Les canaux belges (1) ont des tarifs peu élevés; ils sont bien entretenus et rendent, par conséquent, de très-grands services au pays.

La Belgique a complété ses voies de communication par l'établissement de son réseau de chemins de fer, dont les tarifs peu élevés, surtout pour les marchandises à exporter, rendent le parcours abordable pour presque tous les genres de produits; enfin, ce pays est assurément l'un des mieux pourvus sous le rapport des moyens de transport, et c'est en grande partie à ce fait qu'il doit le développement de son industrie.

2167. Nous avons parlé des houilles, des minerais et des voies de communication de la Belgique, il ne nous reste plus qu'à parler de la production de ses usines à fer.

---

(1)   Tableau CXXV. — Lignes navigables de la Belgique.

1° Cours d'eau naturels.

NOMS des RIVIÈRES.	PROVINCES TRAVERSÉES.	Longueur navigable en Belgique.	NOMS des RIVIÈRES.	PROVINCES TRAVERSÉES.	Longueur navigable en Belgique.
	Bassin de l'Escaut.	mètres.	La Meuse.	Namur, Liége et Limbourg..	mètres. 126 000
Le Demer.	Limbourg et Brabant.........	31 000	L'Ourthe..	Liége et Luxembourg........	102 000
La Dendre.	Hainault et Flandre orientale..	67 650	La Sambre.	Hainault et Namur.........	91 356
La Durme.	Flandre orientale	22 200	La Vesdre.	Liége..............	30 000
La Dyle...	Brabant, Anvers............	22 000	La Moselle.	Luxembourg	37 000
L'Escaut..	Hainaut, Flandre orientale et Anvers	212 000	La Sure ..	Luxembourg............	52 000
La Lys....	Les deux Flandres	90 000		*Bassin de l'Iser.*	
La Nèthe..	Limbourg et Anvers.........	13 000			
Le Rupel .	Anvers	12 000	L'Yser ...	Flandre occidentale	41 510
	Bassin de la Meuse et du Rhin.				
Lamblève	Liége..	10 000		Total des cours d'eau navigables.	962 746

2168. *Fabrication de la fonte.* — La Belgique avait en 1838, soixante-

Suite du Tableau de la page précédente.

2° *Canaux divisés par bassins.*

NOMS des CANAUX.	OBSERVATIONS.	Longueur en Belgique.	NOMS des CANAUX.	OBSERVATIONS.	Longueur en Belgique.
	Bassin de l'Escaut.		Canal de Stekenen..	(Flandre orientale). Largeur 15 mètres, entre deux crêtes, et 9 mètres à la ligne d'eau; profondeur, 1^m,30, tirant d'eau, 1^m,15	mètres. 1720
Canal de Bois-le-Duc à Maestricht.	(Hollande et Limbourg). Longueur totale 115 à 120 kil. Largeur au plafond 10 mèt., 14 écluses.	mètres. 22800		(Anvers et Brabant). Largeur, 28 à 60 mètres, entre deux	
De Bruges à l'Écluse.	(Hollande et Flandre occidentale)	10000	Canal de Willebrock à Bruxelles.	crêtes, et 30 mèt. à la ligne d'eau; profondeur, 2^m,50, tir.d'eau, 2^m,20, 5 sas écluses.	30000
De Bruges à Ostende	(Flandre occidentale). Largeur 38 à 40 mèt., tirant d'eau, 4 mèt. 15, 2 écluses	23300		*Bassin de la Meuse et de l'Escaut.*	
De Caraman	(Hainaut). Largeur, 18 mètr., à sa superficie, profondeur, 2^m,20, 1 écluse.	800	De Charleroi à Bruxelles..	(Hainaut et Brabant). Largeur à la ligne de flottaison, 13 mèt.; profondeur, 2^m,80, tirant d'eau, 1^m,80, 55 écluses.	71520
De Gand à Bruges...	(Les deux Flandres). Largeur, 20 mèt. à la ligne d'eau, et 9 à 10 mèt. au plafond; tirant d'eau 2^m,08.	12370		*Bassin de l'Aa.*	
De Gand à Terneuse.	(Flandre orientale, Hainaut et Hollande). Longueur totale, 33,000 mèt., profondeur de 4^m,40 à 6^m,60; plusieurs écluses, et 23 déversoirs éclusés.	21000	De Boësinghe. . . .	(Flandre occidentale). Largeur, 40 mèt. à la ligne d'eau, et 20 mètres, au plafond; profondeur, 1 à 2 mètres en été, et 2^m,25 en hiver, tirant d'eau moyen, 1^m,50 à 1^m,25 en hiver	6460
De la Liève.	(Les deux Flandres).	41100			
De Louvain.	(Brabant et Anvers). Largeur à la ligne d'eau, 28 à 30 mèt., profondeur d'eau, 2^m,70, 5 sas écluses.	20500	De Bergues à Furnes..	(France et Flandre occidentale). Longueur totale, 26^m,000; largeur, 8 mèt. au plafond, et 10 mèt. à la ligne d'eau; profondeur, 8 à 10 mèt., tirant d'eau, 95 centimètres	13500
De Moerdyck.. . . .	(Flandre occidentale). Tirant d'eau 1^m,10.	10900			
Du Moerwaert. . . .	(Flandre orientale). Largeur entre deux crêtes, 18 mèt., et 15 mèt. à la ligne d'eau; profondeur, 1^m,80, tirant d'eau, 1^m,60 à 1^m,00 .	21171	De Dixmude à Handzaeme	(Flandre occidentale). Largeur entre les digues, de 11 mèt. à 5^m,30; profondeur, 1^m,20 à 2^m,50. . .	11500
De Mons à Condé ..	(Hainault et France). Longueur totale 21,000 mèt., largeur 10 mètres au fond, et 18^m,08 à la superficie, tirant d'eau 1^m,80, 6 sas écluses. . .	17888	De Dunkerque à Furnes.	(France et Flandre occidentale). Longueur totale, 21,613 m., largeur, 15 mètres à la ligne d'eau, et 9 mèt. au plafond; profondeur d'eau, 1^m,60, tirant d'eau, 1^m,30, 1 écluse.	8370
De Pas schendaele à Nieuport.	(Flandre occidentale). Profondeur 2 mètres, tirant d'eau, 1^m,80.	21255	De Furnes à Nieuport.	(Flandre occidentale)	10580
De Pommereul à Antoing	(Hainault). Largeur moyenne à la ligne d'eau, 17 mèt., et 16^m,20 à la crête de halage; profondeur, de 1^m,05 à 3^m,50, tirant d'eau, 1^m,80; 13 écluses.	23051	De l'Oo...	(Flandre occidentale). Largeur, 4 mètres au plafond, et 9 à 11 mèt. à la ligne d'eau; profondeur, 1^m,20 à 1^m,40, tirant d'eau, 1^m,05 à 1^m,25, 1 écluse.	11920
				TOTAL.	160220

dix-huit fourneaux au bois et vingt au coke, répartis, comme il suit, entre les diverses provinces.

TABLEAU CXXVI. — NOMBRE DES HAUTS-FOURNEAUX.

PROVINCES ET ARRONDISSEMENTS.		FOURNEAUX au bois.	FOURNEAUX au coke.
HAINAULT	Mons et Tournay	»	2
	Charleroi	8	24
NAMUR	Namur	11	»
	Dinant	33	5
LUXEMBOURG	Arlon	19	»
	Neufchâteau	5	»
	Diekirch	1	»
	Luxembourg	9	»
LIÉGE	Liége	3	15
	Huy	3	1
Le royaume		92	47

Depuis la cession d'une partie du Luxembourg à la Hollande, le nombre des *fourneaux au bois* a été diminué de neuf; il n'en reste donc plus à la Belgique que quatre-vingt-trois, soit en tout $83 + 47 = 130$.

Les fourneaux aux bois ont en général de petites dimensions, soit 8 à 9 mètres de hauteur, et 1 mètre 80 centimètres à 2 mètres de diamètre au ventre. Les souffleries, à l'air froid, sont mues par des roues hydrauliques de faible puissance. Le produit moyen est d'environ 700 tonnes par an, et la consommation par 100 kil. de fonte, de 250 à 300 kil. de minerai, et 140 à 160 kil. de charbon.

L'usage du bois torréfié ou desséché pour remplacer le charbon, a été introduit dans quelques usines : celle de Marches-les-Dames a adopté la dessiccation en forêts par le procédé de M. Eschement ; à Couvin l'on a suivi la méthode de torréfaction au gueulard, qui a pris naissance en France, à Haraucourt.

Les *hauts-fourneaux au coke* ont en général de grandes dimensions, soit 12, 16 et même 17 mètres de hauteur ; ils sont soufflés par des machines à vapeur, avec de l'air à une pression très-élevée ($0^m,15$ à $0^m,18$ de mercure). L'usage de l'air chaud a été généralement abandonné ; à Liége il ne sert plus que comme remède.

Nous pensons que les mauvais résultats que l'on paraît avoir obtenus, tiennent uniquement à ce que la température de l'air n'était pas appropriée à la nature du combustible et à celle de la mine ; on doit regretter le tort que ces insuccès ont fait à un procédé bon en principe, mais d'une application évidemment assez difficile.

Les fourneaux au coke peuvent produire environ 3200 tonnes de fonte par an.

2169. D'après ces données, on doit admettre pour le chiffre de la *fabrication possible* les résultats suivants :

    83 fourneaux au bois à   700 tonnes ==   58 100 tonnes.
    47   —   coke à 3 200   == 150 400
         Total de la production possible == 208 500

2170. Le prix de la fonte a varié en Belgique comme celui de la houille et des minerais ; en 1836 et 1837, la bonne fonte grise de moulage (première qualité) a valu 210 à 220 francs ; elle est tombée à 160 en 1839, et a baissé depuis cette époque jusqu'à 7 ou 8 francs, pour remonter à peu près au même taux en 1845. La fonte d'affinage vaut environ 3 ou 4 francs de moins par 100 kil.

Le prix de revient des fontes est plus bas à Liége qu'à Charleroi ; la différence, qui est d'environ 10 francs par tonne, se trouve être à peu près égale au prix de transport de Liége à Charleroi ; elles arrivent en France au même prix que les précédentes.

2171. *Fabrication du fer.* — Les méthodes de fabrication usitées en Belgique, sont à peu près les mêmes qu'en France : on y fait du fer entièrement au bois, du fer mixte et du fer uniquement à la houille. L'outillage des forges est tout à fait en harmonie avec le nombre des hauts fourneaux ; on en jugera par le tableau suivant :

TABLEAU CXXVII. — NOMBRE DES APPAREILS DE FORGES.

PROVINCES ET ARRONDISSEMENTS.	FINERIES.	AFFINERIES au bois.	AFFINERIES à la houille.	MARTEAUX de forge.	TRAINS de laminoirs.	FENDERIES.	MARTINETS.	PLATINERIES.
HAINAUT..... { Mons et Tournay ...	»	»	4	»	2	1	»	3
{ Charleroi...........	11	37	82	32	24	9	»	10
NAMUR........ { Namur	»	21	2	13	1	1	4	»
{ Dinant	1	46	12	32	2	2	10	2
{ Arlon	»	16	»	15	1	6	2	7
LUXEMBOURG ... { Neuchâteau	»	12	»	12	1	1	»	6
{ Dickirch	»	1	»	1	»	»	»	1
{ Luxembourg........	»	8	»	8	»	»	»	2
{ Liége	4	4	65(1)	9	27	5	13	»
LIÉGE .... { Verviers...........	»	»	»	»	»	»	2	»
{ Huy	1	5	1	6	9	»	3	»
BRABANT.	Nivelles	»	»	»	3	»	1	4	1
Le royaume	17	150	166	131	67	26	38	32

(1) La statistique officielle ne porte que 5 ; il y a là une erreur évidente ; le chiffre que nous avons adopté est plutôt au-dessous qu'au-dessus de la vérité.

Le nombre des feux d'affinerie et des fours à puddler serait insuffisant pour affiner la quantité de fonte que nous avons supposé pouvoir être fabriquée avec les hauts-fourneaux existants, déduction faite de celle qui est consacrée aux moulages ; — mais ce n'est point par le nombre de feux que l'on doit juger de la puissance productive des forges, parce que l'on ajoute des feux d'affinerie ou des fours à puddler à volonté et sans grande dépense; c'est par la puissance des appareils mécaniques.

Sur les soixante-sept laminoirs existants, on peut admettre qu'il y a un tiers de dégrossisseurs servant au puddlage ; il en reste donc quarante-cinq qui peuvent être spécialement appliqués au ballage ou à la fabrication du fer fini, et dont la production moyenne peut être estimée à 8 000 kilog. par jour. Les fenderies peuvent donner au minimum 5 000 kilog. par jour, et chaque marteau de forge 1 000 kilog.

2172. D'après ces données on a :

130 marteaux à	300 tonnes par an donnent	39 000 tonnes.
45 laminoirs à 2 400	—	—	108 000
26 fenderies à 1 500	—	—	39 000
Total..........................			186 000

Ce chiffre dépassant un peu la quantité de fer que l'on pourrait fabriquer avec les 208 000 tonnes de fonte dont la fabrication est possible, il en résulte que les forges sont organisées de manière à suffire et au delà à l'élaboration de toute la fonte que pourraient donner les fourneaux.

2173. Si nous recherchons maintenant la quantité de fer que pourrait produire la Belgique, nous trouvons les résultats suivants :

Les moulages de toute nature peuvent absorber, année moyenne, 8 000 tonnes de fonte au bois et 30 000 tonnes de fonte au coke, il resterait pour la fabrication du fer :

Fonte au bois........................	50 000 tonnes.
Fonte au coke...................	120 000
Total.............	170 000

Cent quarante feux d'affinerie actifs (nous supposons qu'il y en ait dix en chômage) pourront traiter par an 39 000 tonnes de fonte au bois, et produire 28 000 tonnes de fer battu au marteau. Les 11 000 tonnes de fonte qui restent seraient traitées à la houille, et produiraient environ 8 000 tonnes.

120 000 tonnes de fonte au coke produiront 85 000 tonnes de fer fini de différentes espèces, rails, etc.

On aurait donc :

Fer au bois ou mixte................ 36 000 tonnes.
Fer à la houille................ 85 000

Total................ 121 000

Supposant que les besoins du pays, calculés à raison de 9 à 10 kilog. par habitant, absorbent 36 000 tonnes, il en résulte que, dans le cas de la mise en activité des usines existantes, la Belgique pourrait exporter annuellement 85 000 tonnes de fer ou 120 000 tonnes de fonte, soit un tiers de la production de la France, en fer ou en fonte !

2174. *Position et organisation des usines.* — Nous avons donné une idée de la richesse minéralogique de la Belgique, et suffisamment établi l'importance numérique de son matériel de production ; il ne nous reste plus qu'à parler de la position et du mode d'organisation de ses usines ; car c'est là que réside principalement la question de la fabrication à bon marché.

La plupart des grands établissements sidérurgiques sont placés, à Charleroi et à Liége, au milieu même du bassin houiller ; les frais de transport du combustible sont donc, en général, peu élevés. Il n'en est pas tout à fait de même pour les minerais : dans l'arrondissement de Charleroi, ces derniers sont situés au sud du bassin et ont à parcourir une distance moyenne de 10 à 15 kilomètres, souvent par des chemins difficiles, pour arriver aux hauts-fourneaux. A Liége, les distances sont plus considérables ; mais les transports ayant généralement lieu par eau, leur prix n'est pas plus élevé que dans la localité précédente.

Sous ce rapport, les usines belges, moins avantageusement placées que celles de l'Angleterre, le sont cependant généralement mieux que nos établissements français. Si, d'ailleurs, nous faisons observer que la fabrication (celle au coke et à la houille), loin d'être éparpillée comme en France, est concentrée sur quelques points principaux, on comprendra que du jour où le besoin s'en fera sentir, l'organisation des voies de transports économiques, telles que de petits chemins de fer, ne se fera pas attendre. Les intérêts particuliers auront trop d'avantage à s'associer dans ce but, pour qu'il n'en soit pas ainsi dans un pays où l'esprit d'association a déjà porté tant de fruits, et réalisé des travaux bien autrement importants ! C'est ainsi que procédera l'industrie métallurgique, et elle résoudra à peu de frais, et sans grandes difficultés, la question encore indécise du transport économique des matières premières.

Quant aux transports des produits, nous ne nous en occuperons pas,

parce que le problème est résolu. Les chemins de fer et les canaux de la
Belgique fonctionnent régulièrement, et à bon marché. Il n'y a que les
usines du Nord qui puissent faire leurs expéditions sur Paris, à plus bas prix
qu'elle.

2175. Si nous examinons maintenant l'*organisation intérieure des usines,*
nous trouvons que toutes celles de récente création satisfont à l'une des
conditions essentielles de la production économique, savoir : la fabrication sur une grande échelle.

La Belgique a, sous ce rapport encore, imité l'Angleterre ; elle nous a
devancés de beaucoup, parce qu'elle a, pour ainsi dire, improvisé ses usines
à une époque d'enthousiasme industriel où les capitaux couraient au-devant
des entreprises les plus audacieuses, tandis que chez nous, où l'argent,
d'ailleurs, évite avec une prudence souvent méticuleuse les spéculations à
long terme, nous avons non pas à créer, mais à transformer toutes nos
usines : le capital qui s'y trouve engagé est déjà considérable, et il en faudrait un second presque aussi fort pour les mettre au niveau des progrès
de l'art. La différence des deux positions est bien sensible, bien tranchée.

Nous ne laisserons aucun doute à cet égard dans l'esprit de nos lecteurs ;
il suffit de citer quelques exemples pris dans les arrondissements de Charleroi et de Liége.

L'usine de Couillet possède huit hauts-fourneaux, dont un au charbon
de bois ; trente et un fours à puddler et quinze à réchauffer ; sept trains de
cylindres et quatorze machines à vapeur, représentant une force nominale
de 608 chevaux. Elle peut donc produire environ 33 000 tonnes de fonte
par an, et fabriquer plus de 18 000 tonnes de fer fini. Il n'y a pas une seule
usine en France qui puisse atteindre ce chiffre.

L'usine de Chatelineau a sept fourneaux au coke, 442 chevaux de force
en machines à vapeur, et peut produire 22 000 tonnes de fonte.

Monceau-sur-Sambre a quatre fourneaux au coke, quinze fours à puddler,
cinq laminoirs et six machines à vapeur, représentant 275 chevaux. Cet
établissement peut donc produire 13 000 tonnes de fonte et 9 000 tonnes
de fer.

La forge de Marchienne-au-Pont présente onze fours à puddler, sept à
réchauffer, quatre trains de laminoirs et 170 chevaux de force ; elle peut
fabriquer plus de 6 000 tonnes de fer.

La forge du Fayt a huit fours à puddler et quatre trains de laminoirs ;
celle d'Acoz est de la même importance, et emploie, outre la puissance
d'un cours d'eau, trois machines à vapeur de 110 chevaux.

Dans l'arrondissement de Liége, l'usine d'Ougrée a six fourneaux au coke, et quinze fours à puddler, desservis par cinq trains de laminoirs et quatre machines à vapeur de 150 chevaux de force.

L'établissement de Seraing dispose de deux hauts-fourneaux, et a une forge de la même importance que celle d'Ougrée, pouvant par conséquent faire près de 10 000 tonnes de fer.

Grivegnée a le plus grand fourneau de la Belgique, huit fours à puddler et cinq trains de laminoirs, etc.

2176. Nous ne rapporterons pas d'autres exemples, nous en avons dit assez pour faire bien comprendre la forte organisation des principales usines belges, et l'immense puissance motrice dont elles disposent ; elle ne s'élève pas à moins de 3 400 chevaux-vapeur, sans compter les roues hydrauliques qui sont en très-grand nombre.

La disposition des usines belges ne présente aucune particularité remarquable. Elles ont été copiées sur celles de l'Angleterre, sans que l'on ait cherché à faire mieux ; mais la rapidité avec laquelle elles ont été exécutées est un témoignage incontestable de la prodigieuse activité industrielle de nos voisins.

2177. *Conclusion.* — Les faits que nous avons établis et les observations auxquelles ils ont donné lieu, nous amènent aux conclusions suivantes :

1° La Belgique possède en abondance toutes les matières premières nécessaires à la fabrication du fer ; elle en possède assez pour que le prix soit toujours réglé par celui du produit. L'extension de la fabrication jusqu'à la complète activité de toutes les usines, est donc un fait possible.

2° La position des usines est telle qu'elles ont peu d'efforts à faire pour réduire le prix de transport de leurs approvisionnements.

3° Le matériel des forges est en rapport avec le nombre des hauts-fourneaux ; il est généralement en bon état, et l'organisation des usines est telle qu'elles peuvent facilement arriver à une production économique.

4° L'écoulement des produits pour l'intérieur du royaume ou vers la France est assuré par les chemins de fer et les canaux existants.

5° Le prix de revient des fontes et des fers est réduit par le sacrifice accompli du capital de fondation.

Dans cet état de choses, il suffit que la métallurgie belge trouve toujours des débouchés convenables à l'étranger, pour être assurée d'une brillante prospérité.

IMPORTANCE DE LA FABRICATION DU FER DANS LES ÉTATS DU ZOLLVEREIN.

2178. Nous aurions désiré présenter ici un état complet de la métallurgie du fer dans les États du Zollverein, comme nous l'avons fait pour la Belgique; mais il nous a été tout à fait impossible de nous procurer tous les renseignements qui nous étaient nécessaires : nous nous bornerons à donner quelques indications générales sur le caractère de la fabrication et le chiffre probable de la production.

La fabrication du fer est répandue dans tous les États de l'association allemande qui suivent :

La Prusse, la Bavière, le Wurtemberg, le duché de Nassau, le royaume de Saxe, les États de Thuringe; les duchés de Saxe-Altenbourg, Saxe-Weimar, Saxe-Meiningen, Saxe-Cobourg ; les deux principautés de Schwazburg et celle de Reuss; les grands-duchés de Baden, de Hesse; le duché de Brunswick, l'électorat de Hesse; les principautés d'Anhalt, de Hohenzollern, de Waldeck, de Hesse-Hombourg.

Ils sont ainsi à peu près placés dans l'ordre de leur importance sidérurgique; nous allons les passer successivement en revue.

ROYAUME DE PRUSSE.

2179. Au point de vue métallurgique, la Prusse est partagée en cinq districts, qui sont : le Brandebourg, la Silésie, la Saxe-Thuringe, la Westphalie et les provinces du Rhin.

2180. Le district de *Brandebourg* (y compris la Poméranie et le duché de Posen) est, de toutes les provinces prussiennes, la moins riche en minerais de fer; on y produit donc peu de fonte, et celle que l'on fabrique est presque entièrement convertie en mouleries. Le peu que l'on en affine dans des feux d'affinerie au charbon, donne un fer de médiocre qualité, parce que les minerais sont en général assez mauvais.

Dans le nord, aux environs de Dantzick, de Kœnigsberg, de Coslin, on fabrique un peu d'acier, et l'on traite au charbon de bois et au marteau beaucoup de vieille ferraille. La fonte que l'on fabrique dans les usines de Johannisberg, de Stettin, de Landsberg, est employée au moulage; celle que l'on convertit en fer, ou même en tôle (aux environs de Custrin, à Neustadt-Eberwald, à Zanshausen, etc.), vient de Suède et de Silésie. Le premier haut-fourneau construit dans cette province (à Peitz, près

Francfort-sur-l'Oder) date de 1658; le reste du pays ne s'est livré que beaucoup plus tard au travail du fer.

La houille que l'on emploie vient d'Angleterre et de Silésie.

2181. *La Silésie* (cercles de Breslau, Liegnitz et Oppeln) est riche en minerais de fer. La Basse-Silésie ne produit que de la fonte au bois que l'on convertit en mouleries ou que l'on affine au charbon de bois. La Haute-Silésie produit à la fois de la fonte au bois et au coke.

La fabrication s'est principalement développée dans le cercle de Liegnitz et celui d'Oppeln; on distingue dans ce dernier les usines de Gleivitz, où l'on a construit en 1795 le premier fourneau au coke du continent; celles de Kœnigshutte, Malapane, Kreutzburgerhutte, où l'on fabrique de la fonte, du fer martelé et laminé; les forges de Schlawenzig, de Zborowski; les exploitations houillères de Tarnowitz, de Beuthen, etc.

D'après le rapport de l'administration royale des mines en Prusse pour 1841, il existait à cette époque, dans les provinces silésiennes, Breslau, Liegnitz et Oppeln, soixante-quatorze usines à fonte, et elles possédaient soixante-dix-neuf hauts-fourneaux (soixante-six seulement en 1835) dont cinquante-neuf au bois, douze au coke, trois à la houille et cinq au combustible mélangé.

Dans la régence d'Oppeln seule, il existait cent six usines à fer, dont cinquante-cinq appartenant au gouvernement prussien. En 1843 il existait quatorze hauts-fourneaux au coke dans cette contrée.

Voici quelle était la production de ces usines, d'après ce même rapport de 1841.

TABLEAU CXXVIII. — PRODUCTION DE LA SILÉSIE EN FONTE ET FER.

NATURE DES PRODUITS.	POIDS en quintaux métriques.	VALEUR à l'usine, en francs.
Fonte en gueuses.	380 281	5 205 173
Fonte moulée de 1re fusion.	10 131	224 888
— de 2e fusion.	36 110	1 071 233
Fonte d'acier.	1 446	31 628
Fer forgé.	248 202	8 456 756
Tôle.	10 039	612 728
Fil de fer.	185	13 500
Acier de fonte.	72	6 300
TOTAUX.	686 466	15 622 206

2182. Le *minerai traité en Silésie* est de deux espèces différentes :

1° L'eisenerz; c'est la limonite, l'hydrate d'oxyde de fer; il y en a deux qualités :

L'eisenerz proprement dit; lorsqu'il est à l'état terreux, mélangé à de l'argile, du sable, etc., il contient de 15 à 30 pour 100 de fer.

Le stuffen; ce sont les parties compactes qui rendent 40 pour 100.

L'eisenerz pèse 128^k,3 l'hectolitre, et s'exploite à peu de distance du sol, aux environs de Beuthen, Tarnowitz, Naklo, Radzionkau, Rudipiekar, etc.

2° L'eisenstein ou sphœrosiderit; c'est le fer carbonaté des houillères.

Ce minerai pèse, en moyenne, 162^k,15 l'hectolitre avant le grillage, et 109^k,5 après cette opération; sa richesse est alors de 40 et 50 pour 100. On le rencontre près de Kreutzburg, Rosemberg, Kieferstœdtel, Zalenze, Kattowitz et Pless.

L'exploitation de ces minerais coûte en moyenne 2^f,30 pour l'eisenerz et 4^f,70 pour l'eisenstein, par 1000 kilogr. Elle est exempte de droits, et appartient au propriétaire de la surface.

La *castine* s'extrait de plusieurs localités. On ajoute en moyenne, au mélange à fondre, 25 pour 100 dans les fourneaux au coke, et 16 à 18 dans ceux au charbon de bois.

2183. *L'exploitation de la houille* se fait à une faible profondeur; les couches exploitées jusqu'à présent sont peu nombreuses, mais d'une grande puissance. Les deux couches exploitées à Kœnigsgrube pour Kœnigshütte, ont 6^m,28 et 3^m,14; à Eugeniensglücksgrube qui fournit à Laurahütte, on a trois couches de 6^m,28, de 6^m,44 à 8^m,37 et de 2^m,55. Les houillères de Maria et Caroline qui alimentent Hohenlohehütte ont deux couches de 6^m,28. Les bancs exploités par les autres houillères ont à peu près la même puissance.

Les épuisements, au contraire, sont variables; ainsi à Kœnigsgrube, ils exigent trois ou quatre machines à vapeur, dont les cylindres ont 0^m,47, 0^m,835 et 1^m,044 (1), tandis qu'aux mines d'Eugeniensglück, de Maria et de Caroline, ils se font avec de très-faibles machines ou même par des pompes à bras.

Les mines de houille de la Haute-Silésie ont produit, en 1841, 6 524 349 hectolitres valant 2 652 761 fr., soit 0^f,4065 l'hectolitre.

_____

(1) On désigne en Haute-Silésie la puissance des machines à vapeur par le diamètre de leurs cylindres.

Ces mines sont soumises à la dîme et à d'autres impôts assez onéreux ; elles paient, en outre, à la Steinkohlenbergbauhülfskasse (caisse de secours pour les houillères), par hectolitre de houille rendu au jour, un droit de 0',00474 pour le menu et de 0',01421 pour le gros. Par contre, cette caisse prête aux mines qui entreprennent de grands travaux, ou qui exigent de trop grandes dépenses avant de donner des bénéfices, et elle fournit une partie des fonds nécessaires pour la construction des routes utiles aux usines et aux mines.

L'administration royale des mines fixe chaque année le prix de vente pour toutes les houillères ; l'usine royale de Kœnigshütte a un rabais de 20 pour 100, et les autres usines royales un rabais de 10 pour 100.

A Kœnigsgrube, lorsqu'on emploie les machines, l'abatage, le roulage et l'extraction de la grosse houille, coûtent 0',095 l'hectolitre, et 0',136 si l'on se sert d'un treuil. A ces prix on extrait en sus le menu pour rien. On obtient en général 73 à 80 pour 100 de grosse houille. Lorsqu'il y a beaucoup de menu, le prix s'en fait à part, et est beaucoup moindre.

La houille de la Haute-Silésie est maigre en général ; elle pèse environ 82 kilogr. l'hectolitre, excepté à Dietrichhütte où elle est de 87^k,78; le coke pèse 58^k,52.

2184. *La valeur du bois* varie beaucoup, suivant les diverses localités ; dans les unes elle est fort grande, dans d'autres on ne peut en tirer parti qu'en établissant des hauts-fourneaux.

A Dietrichhütte, on paie par stère le bois en moyenne 1',70, la carbonisation 0',45 ; soit 0',53 l'hectolitre de charbon.

A Malapane, le bois coûte 2',55 le stère, la carbonisation 0',256 (elle rend 55 1/2 pour 100), les transports se faisant au même prix, l'hectolitre de charbon coûte 0',635.

Le poids du charbon est en moyenne de 16^k,64 hectolitres.

2185. Passons au prix de la fonte. En 1838 et 1839, Kœnigshütte a vendu aux autres usines royales la fonte douce et celle d'affinage 9',72 les 100 kilogr., et aux établissements particuliers 11',25 et 13',12. Les 100 kil. de fonte anglaise coûtaient alors 9',60 à Berlin et 13',36 à Gleiwitz.

En 1840, la fonte au coke de Silésie coûtait 15',79 les 100 kilogr., et celle au bois quelques décimes de plus.

En 1843, la fonte au coke de Silésie se vendait 8',50 et 9',60, la fonte au bois 10',21, 10',50 et 11',66. A Berlin, la fonte anglaise valait 7',78 et 8',02, ce qui mettait son prix, à Gleiwitz, à environ 11',12 et 11',66.

A cause de l'état imparfait des communications entre la Haute-Silésie et

Breslau, on y emploie en partie de la fonte anglaise, ce qui n'aurait pas lieu si la navigation de l'Oder et du canal de Klodnitz, qui relie ces deux villes, était rendue plus facile.

Le district de Basse-Saxe-Thuringe, comprenant les cercles de Magdebourg, Merschourg et Erfurth, produit peu de minerai, mais les fontes y sont abondantes; et malgré la présence de quelques exploitations de lignite et de houille, on n'emploie que le bois pour les usages de la métallurgie. La fabrication est d'ailleurs fort arriérée.

2186. *La Westphalie*, composée des cercles de Munster, Hinder, Dusseldorf, renferme des exploitations de houille assez considérables; on n'y produit cependant que de la fonte au bois que l'on convertit en mouleries, en fer et en acier. La fonte est affinée, soit au charbon, soit à la houille, dans les usines situées près des houillères. — Ce pays tire beaucoup de fonte des provinces rhénanes et de l'Angleterre.

2187. Le *district du Rhin* (cercles de Cologne, Trèves, Coblentz, Aix-la-Chapelle et Arnsberg) l'emporte sur les précédents par l'étendue de ses ressources en minerais de toute espèce, en combustibles végétaux et minéraux, et par la variété et la richesse de ses produits.

La fabrication de la fonte s'opère encore au combustible végétal, et l'on n'a pas encore construit de fourneaux spécialement destinés à l'emploi du coke (1840); cependant, ce combustible est fréquemment employé et mélangé avec le charbon. — L'affinage a lieu, soit au charbon dans des feux d'affinerie ordinaires, soit à la houille dans des fours à puddler. Parmi les usines qui ont adopté ce procédé et la fabrication au laminoir, on peut citer Neukirch, Dilling et Geislautern, près de Sarrebruck; Alf sur la Moselle; Quinthutte près de Trèves; Lendenshorf près de Düren; Rasselstein près de Neuwied; Wahrstein près d'Arnsberg, etc. Cette province est très-avancée dans la fabrication du fer; elle produit des fontes à moulage, à fer et à acier (pays de Siegen, cercle d'Arnsberg), des fers martelés ou laminés de bonne qualité, de la tôle, du fer-blanc, etc.

2188. Les tableaux suivants donneront une idée assez exacte des produits de l'industrie métallurgique en Prusse.

TABLEAU CXXIX.— PRODUCTION DE LA PRUSSE EN 1835.

DÉSIGNATION DES OBJETS.	BRANDEBOURG.	SILÉSIE.	BASSE-SAXE.	WESTPHALIE.	BAS RHIN.	TOTAUX. (quint. métr.)
Fonte de fer et d'acier.	»	242 120	12 315	2 315	399 340	656 133
Fonte moulée......	10 350	36 000	5 275	96 680	59 410	204 655
Fer forgé.........	13 770	215 200	23 400	3 540	217 700	473 610
Acier de fonte......	»	621	2 074	»	31 410	34 135
Tôle (1)...........	3 420	2 651	7 082	»	25 678	38 801
Fil de fer et d'acier (1).	»	31	310	»	»	341
Total général...						1 407 675

TABLEAU CXXX. — PRODUCTION DE LA PRUSSE EN 1841.

DÉSIGNATION DES OBJETS.	BRANDEBOURG	SILÉSIE.	BASSE-SAXE.	WESTPHALIE.	BAS-RHIN.	TOTAUX. (quint. métr.)
Fonte de fer et d'acier.	»	406 700	21 820	6 680	440 200	875 400
Fonte moulée......	64 490	87 240	21 230	80 490	118 412	371 862
Fer forgé.........	49 650	270 020	21 900	106 410	343 040	791 020
Acier de fonte......	921	72	2 343	18 398	30 074	51 808
Tôle............	6 275	10 030	5 440	17 580	41 105	80 429
Fil de fer et d'acier.	»	185	859	48 500	5 728	55 272
Total général..						2 225 791

Ces tableaux indiquent le développement que l'industrie du fer a pris en Prusse dans l'espace de sept années ; en comparant les chiffres de 1835 à ceux de 1841, on voit que la production de la fonte a crû en Silésie d'une manière beaucoup plus rapide que celle du fer. En effet, à l'exception de quelques quintaux de fonte importés de Pologne, la Silésie n'emploie maintenant dans ses feux d'affinerie et ses fours à puddler, que la fonte de ses hauts-fourneaux et peut-être un peu de fonte anglaise ; tandis qu'en 1835, la fabrication du fer exigea 60 000 quintaux de fonte de plus que les usines du pays ne pouvaient en produire. Dans les autres parties du royaume la production de la fonte ne s'est pas accrue d'une manière très-notable.

Pour la fonte moulée et le fer forgé, on trouve que les rapports sont

---

(1) La production de tôle, de fil de fer et d'acier, est probablement plus considérable, car la Westphalie et le Bas-Rhin en fabriquent une assez grande quantité.

différents de ceux que l'on vient d'observer pour le fer cru. En Silésie, la
production de la fonte moulée a beaucoup augmenté, bien que cette province soit, en quelque sorte, limitée dans l'extension que la richesse de ses
houillères lui permettait de donner à sa fabrication ; mais le Brandebourg,
la Westphalie et le Bas-Rhin tirant à bas prix de l'étranger la fonte dont
ils ont besoin, ont accru considérablement leur production. Pour la Prusse
entière, l'augmentation a été de 82 pour 100 pour la fonte moulée, et de
67 pour 100 pour le fer forgé.

LA BAVIÈRE ET LES AUTRES PAYS DU ZOLLVEREIN.

2189. La *Bavière* est un pays riche en forêts et en minerais. Les usines
des cercles de Munich et de Regensberg emploient en grande partie des minerais de la formation jurassique ; celles du Main supérieur emploient les
hématites brunes, le fer oxydé rouge et le fer spathique du Fichtelgebirge.

Toute la fonte se fabrique au charbon de bois, et l'affinage se fait généralement avec ce même combustible.

Il y a cependant des usines dans le Main supérieur, où l'on puddle la
fonte, soit au bois en nature, soit à la tourbe; dans le cercle du Rhin on
emploie la houille.

La Bavière possède un grand nombre de hauts-fourneaux, de forges à
marteaux et à laminoirs, dont les produits sont consommés dans le pays.
Suivant Karsten, il y aurait dans tout le royaume soixante et onze hauts-
fourneaux, mais il paraît qu'ils ne marchent pas toute l'année, car il
n'évalue leur produit annuel qu'à 9 000 tonnes ; nous pensons que l'évaluation de Hasse, qui porte la production à 12 ou 15 000 tonnes, doit être
plus rapprochée de la vérité.

2190. Le *royaume de Wurtemberg* est un des pays de l'Allemagne où l'on
a fait le plus d'efforts pour perfectionner la fabrication du fer et arriver à
l'économie du combustible ; il suffit de citer le nom de Wasseralfingen
pour rappeler à l'instant les nombreux essais de M. Faber-Dufaur pour
l'emploi des gaz des hauts-fourneaux.

On ne fabrique dans le Wurtemberg que de la fonte au charbon de bois
que l'on affine avec le même combustible. Le puddlage au gaz, au bois et à
la tourbe n'est employé qu'à Wasseralfingen et à Kœnigsbrunn. Les minerais exploités sont des mines en grains, des fers bruns et des silicates.
Suivant Karsten, toutes les usines du pays ne renferment que six hauts-
fourneaux, vingt-quatre feux d'affinerie, quelques fours à puddler, douze

marteaux et trois trains de laminoirs. La production s'élève à 4 500 tonnes de fonte (dont la moitié environ est consacrée à la moulerie); 2 200 tonnes de fer et 44 de tôle.

2191. Le *duché de Nassau* est riche en forêts et en bons minerais. Toute la fonte se fait au charbon de bois; l'affinage a lieu par la méthode allemande ordinaire et par la méthode de Siegen ; on compte dix-neuf hauts-fourneaux dans le pays, et l'on évalue leur production annuelle à 7 500 tonnes, dont une partie est convertie en gros fer dans les usines de la localité, tandis que le reste est vendu à l'extérieur comme fonte et acier. On ne fait pas de mouleries ; les principales usines sont situées près de Dillenburg et d'Ems.

2192. Le *royaume de Saxe* comprend les cercles de Dresde, Leipsig, Zwikau et Bautzen. Le minerai de fer (oxydes rouges et bruns et fers spathiques) employé vient en grande partie de l'Erzgebirge; le bois abonde dans le pays, mais on y exploite aussi la houille dans les environs de Zwickau et de Dresde.

En 1841 il existait en Saxe dix-huit hauts-fourneaux marchant tous au bois ; il y en avait deux en construction qui devaient bientôt marcher au coke.

Le tableau suivant donne une idée des chiffres de la production en 1837 et 1841 :

DÉSIGNATION DES OBJETS.	1837.	1841.
	quint. mét.	quint. mét.
Fonte brute...............	52 913	55 502
Fonte moulée.............	20 040	22 189
Fer forgé................	22 685	21 563
Tôle......	2 505	3 918
Fil de fer	262	247

La plupart des usines sont situées dans les cercles de Dresde et de Zwickau; celui de Bautzen n'a qu'un haut-fourneau de mouleries ; il n'y en a pas dans celui de Leipsig.

2193. Parmi les *États de Thuringe*, le duché de Saxe-Meiningen, les principautés de Schwarzburg-Rudolstadt et de Reuss, sont ceux qui produisent le plus de fonte.

La production totale du pays, en fonte au bois, est estimée à 3 700 tonnes,

2194. Le *grand-duché de Baden* a fait en ces dernières années de grands progrès dans la métallurgie du fer, principalement en ce qui concerne

l'emploi de la chaleur perdue des hauts-fourneaux et des feux d'affinerie. La
plupart des fourneaux sont soufflés à l'air chaud, et l'on rencontre beaucoup d'affineries dont la chaleur perdue est employée à réchauffer des fontes
à affiner.

On emploie principalement des minerais de la formation jurassique avec
des oxydes bruns et des silicates. Il y a en ce moment dans le pays sept hauts-
fourneaux, tous situés au midi, dans les environs de Waldshut, Schopf-
heim, Mülheim, Stockach, etc., etc., et cinquante-quatre feux d'affinerie.
Une partie de la fonte est convertie en mouleries de première et de seconde
fusion ; le reste est généralement affiné au bois.

La production de la fonte est estimée à 6 200 tonnes, et celle du fer à
4 200 : ce dernier s'exporte principalement en Suisse.

2195. Le *grand-duché de Hesse-Darmstadt* ne renferme que cinq
hauts-fourneaux marchant au bois, et produisant environ 4 000 tonnes de
fonte. On y trouve des lignites, mais pas de houille.

2196. Le *duché de Brunswick* renferme des minerais de différentes espèces,
des minerais argileux sur les rives du Weser, des oxydes rouges et bruns
dans le cercle de Blankenberg. C'est là que se trouvent les principales usines
à fer du pays, Rubeland, Neuwerk, Altembruk, etc. L'usine de Gittelde, où
'on traite du minerai de fer spathique et de l'oxyde brun pour la fonte à
acier, appartient pour 4/7 au Hanovre, et pour 3/7 au duché de Brunswick.

Les hauts-fourneaux, au nombre de dix, marchent tous au bois et produisent environ 2 800 tonnes de fonte, dont 1/3 à peu près est employé
au moulage. Le manque de bois et de minerais, et le défaut de débouchés,
avaient notablement réduit la production de ce pays avant son adhésion
au Zollverein.

2197. L'*électorat de Hesse* renferme beaucoup de bois et de minerais ; le
nombre de fourneaux est de onze, mais ils ne sont pas tous en feu, de sorte
que la production est très-faible et se réduit à 2 600 tonnes environ. Les
fourneaux sont, en général, en assez bon état, et sont soufflés à l'air chaud :
c'est à Beckerhagen que M. Bunsen a fait ses premières expériences sur la
valeur calorifique des gaz des hauts-fourneaux.

La production en fer est d'environ 1 200 tonnes.

2198. Les *principautés d'Anhalt*, de *Hohenzollern*, de *Waldeck* et
de *Hesse-Hombourg* fournissent ensemble environ 16 à 1 800 tonnes de
fonte.

2199. *Production du Zollverein.* — Le tableau suivant donnera une
idée de la production totale des usines du Zollverein ; nous ne pouvons

pas garantir la parfaite exactitude des chiffres, mais nous avons lieu de
croire qu'ils s'éloignent peu de la vérité.

TABLEAU CXXXI. — PRODUCTION DU FER DANS LE ZOLLVEREIN.

DÉSIGNATION DES ÉTATS.	ANNÉES.	FONTE.	FER.
		quint. mét.	quint. mét.
Prusse...............................	1841	875 400	791 020
Saxe-Royale....	1841	55 502	21 563
Wurtemberg.....................	1839	58 370	30 870
Bade...	1839	80 000	50 000
Bavière.........................	1832	125 500	60 330
Nassau........	1841	175 000	21 000
Hesse-Electorale	1841	30 902	14 281
Brunswick	1839	41 160	21 095
Hesse-Darmstadt..................	1835	36 015	24 182
Pays de la Thuringe...............	»	42 343	28 503
Anhalt...........................	»	7 203	3 293
Luxembourg......................	»	20 580	11 834
Hesse-Hombourg..................	»	2 573	1 389
Waldeck.........................	»	4 322	2 264
Hohenzollern.....................	»	5 145	2 727
		1 560 015	1 084 351

TARIFS DU ZOLLVEREIN.

2200. Nous allons compléter ces renseignements par quelques détails
sur la formation de l'union douanière et sur ses tarifs.

2201. *États du Zollverein.* — C'est en 1818 que le gouvernement prussien
a aboli les douanes intérieures, et établi la libre circulation dans tout le
royaume. De 1819 à 1830, il a conclu avec plusieurs États, enclavés en
tout ou en partie dans son territoire, des traités par lesquels ils ont supprimé leurs douanes, moyennant une indemnité stipulée en leur faveur.
C'est de cette manière qu'entrèrent, en tout ou en partie, dans l'union
prussienne, les comtés de Schwarzbourg-Sondershausen (1819), la princi-
pauté de Lippe-Detmold (1826), les duchés de Saxe-Weimar-Eisenach (1823),
d'Anhalt-Bernbourg (1823), de Mecklenbourg-Schwerin (1827), d'Anhalt-
Kœthen (1828), d'Anhalt-Dessau (1828), de Saxe-Cobourg-Gotha (1829),
d'Holstein Oldenbourg (1830), et le landgraviat de Hesse-Hombourg (1829).

C'est là le commencement de la confédération commerciale qui réunit
maintenant la plupart des États de l'Allemagne ; mais ses principes ont été
modifiés. Aujourd'hui elle supprime les douanes entre les divers États qui

la composent et n'en conserve qu'au périmètre extérieur ; tous les trois ans, le produit de ces douanes est réparti d'après le nombre respectif des habitants de chaque pays. Dans les années suivantes, l'Union douanière allemande continua à s'accroître ; le tableau suivant fait connaître la superficie des États du Zollverein pendant la période 1837-1839, et leur population d'après le recensement de 1834 et 1837. — Ces recensements ont lieu tous les trois ans pour la répartition des produits des douanes.

DÉSIGNATION des ÉTATS.			SURFACE en milles carrés.	POPULATION d'après les recensements de	
				1834.	1837.
	SURFACE.	POPULATION en 1837.			
Prusse.......	5 058 48	13 983 070	5 165 99	13 692 889	14 319 711
Ses dépendances.	107 51	323 641			
Bavière.			1 392 73	4 251 118	4 319 887
Wurtemberg...............			376 69	1 627 122	1 667 901
Saxe royale................			271 67	1 595 668	1 652 114
Hesse – Électorale			160 50	640 674	652 761
Hesse-Darmstadt et Hesse-Hombourg..			156 02	769 691	792 736
Pays de la Thuringe.............			222 08	908 478	931 580
Bade.......................			275 69	1 231 657	1 264 614
Nassau....................			86 55	373 601	383 730
Francfort			1 83	60 000	63 936
TOTAUX...			8 109 75	25 150 898	26 047 970
Superficie en lieues carrées.....			18 409 13		

Après 1839, le Zollverein s'est encore agrandi par l'accession d'autres pays. Le duché de Luxembourg en fait partie, et celui de Brunswick s'est détaché presque entièrement de la confédération qu'il avait formée avec l'Oldenbourg et le Hanovre, pour s'unir à la grande Union douanière allemande.

2202. *Des tarifs.* — Jusqu'au 1er janvier 1837, le tarif du Zollverein, pour le fer, admettait les cinq catégories suivantes :

1re. Fonte de toute espèce, brocaille, limaille de fer, sans droit.

2e. Fer forgé, rails, acier cru, acier de cémentation, acier fondu et acier raffiné , 7 fr. 29 par 100 kil.

3e. Tôle, fil de fer, ancres et leurs chaînes. . 26 fr. 73 c. par 100 kil.

4e. Grosses marchandises en fer forgé 43   74   do

5e. Fines marchandises en fer ou acier. 72   89   do

Lorsque les duchés de Bade et Nassau sont entrés dans le Zollverein, ils ont réclamé pour leurs maîtres de forges une protection plus forte, et, pour la période de 1837 à 1839, on a adopté le tarif suivant :

1re catégorie, comme précédemment.

2e. Fer en barres, rails, acier cru et de cémentation, 7 fr. 29 c.

3e. Tôle et petit fer, 21 fr. 87 c. (Auparavant, le petit fer était dans la 2e catégorie.)

4e. Fer-blanc, fil de fer, ancres et leurs chaines, 29 fr. 16 c.

5e. Gros objets moulés, poêles, plaques, grilles, etc., 7 fr. 29 c.

6e. Grosses marchandises de fer, composées de fer forgé ou coulé, de fer et d'acier, de tôle, de fil de fer et d'acier, seuls ou avec du bois, 43 fr. 74 c.

7e. Fines marchandises de fer, composées de moulage fin (feiner eisenguss), d'acier ou de fer poli, seuls ou avec du bois, 72 fr. 89 c.

Pour la période de 1840-1842, on reprit le tarif de 1837.

2203. En 1842 et 1843, les maîtres de forges demandèrent un droit sur la fonte et une augmentation sur celui du fer.

Mais c'est seulement en 1844 que l'on fit droit à leur demande ; il fut décidé qu'à partir du 1er septembre 1844 jusqu'à la fin de 1845 :

La fonte et le fer brut de toute espèce paieraient 10 silb. g. par quintal de Prusse, ou par quintal métrique . . . . 2 fr. 52 c.

Fer battu et laminé de 1 demi-pouce carré et au delà, rails, acier brut, fondu et raffiné, 1 thaler 15 silb. g.; soit par quintal métrique 10   93

Fer battu et laminé de moins de 1 demi-pouce carré, 2 th. 15 silb. g.; soit par quintal métrique. 18   22

Fer façonné et mi-battu, tôle, ancres, chaines, etc., 3 th.; soit par quintal métrique. 21   87

2204. Sur ces entrefaites, la Belgique ayant retiré au Zollverein les avantages qu'elle lui avait précédemment et gratuitement concédés, relativement à l'introduction des vins et des soieries, une ordonnance du 21 juin 1844 établit, pour les fers de Belgique, un tarif spécial, par lequel le droit sur la fonte et les fers de la deuxième classe était immédiatement porté à 5 silb. g., et 1 th. 15 silb. g. par quintal ; indiquant d'ailleurs qu'au 1er septembre le tarif sur les fers belges serait élevé de 50 pour 100 au-dessus de celui qui serait mis en vigueur à cette époque.

Cette décision eût été fatale à l'industrie belge, si elle avait été maintenue ; mais les deux gouvernements finirent par s'entendre, et il s'ensuivit un traité, en vertu duquel les fers belges jouissent, au contraire, d'un avantage spécial. Depuis le 1ᵉʳ septembre 1844 :

Les fontes de ce pays ne paient qu'un demi-droit ; soit 5 silb. g. par quintal, ou environ 1 fr. 21 c. par quintal métrique.

Les fers de la 2ᵉ catégorie ne paient que 22 1/2 silb. g. ; soit 5 fr. 46 c. par quintal métrique.

2205. *Importation et exportation* (1) *de la fonte et du fer dans le Zollverein.* — Ces renseignements pour les années comprises entre 1835 et 1839 sont extraits de documents officiels; ils ont été prolongés jusqu'en 1841, mais sans garantir l'exactitude de ces derniers, qui sont extraits de mémoires publiés sur la question du droit protecteur. — On a admis que les rapports entre les chiffres donnés pour l'intervalle de 1837 à 1835 se sont continués jusqu'en 1841, et dans le tableau qui suit, on a marqué d'un astérisque les valeurs ainsi calculées.

TABLEAU CXXXII. — EXPORTATIONS ET IMPORTATIONS DU ZOLLVEREIN.

ANNÉES.	1ʳᵉ CATÉGORIE. FONTE DE FER et d'acier.		2ᵉ CATÉGORIE. FER EN BARRES et acier.		3ᵉ CATÉGORIE. TÔLE et petit fer.		5ᵉ CATÉGORIE. GROS OBJETS moulés.		6ᵉ CATÉGORIE. GROSSES marchandises de fer.		7ᵉ CATÉGORIE. FINES marchandises de fer.	
	Impor-tation.	Expor-tation.	Impor-tation.	Expor-tation.	Impor-tation.	Expor-tation.	Impor-tation.	Expor-tation.	Impor-tation.	Expor-tation.	Impor-tation.	Expor-tation.
	quint.m.	quint.m.	quint.m.	quint.m.	quint.m.	quint.m.	qui. m.	qui. m.	qui. m.	qui. m.	qui. m.	qui. m.
1835.	108,800	17,320	100,515	16,880	10,950	4,380	7,725	12,080	6,020	49,550	917	8,100
1836.	49,250	22,800	89,381	23,200	10,660	4,023	15,455	11,980	7,820	54,650	1,033	10,020
1837.	79,100	22,450	80,800	28,630	7,370	3,745	14,570	18,950	9,250	51,260	1,167	8,450
1838.	142,500	16,530	193,914	23,750	8,210	4,080	22,300	19,200	14,330	45,450	1,186	5,960
1839.	155,000	27,080	174,848	21,150	8,748	2,478	16,550	25,250	17,100	54,850	1,193	6,330
1840.	267,500	*29,580	224,638	*17,680	16,940	*1,255	»	»	»	»	»	»
1841.	504,000	*31,800	283,017	*14,270	18,500	*387	»	»	»	»	»	»

Les détails manquaient sur la 4ᵉ catégorie, qui comprend le fer-blanc, le fil de fer, les ancres et leurs chaînes.

2206. Tels sont les documents que nous avons cru devoir présenter sur les États du Zollverein.

---

(1) *Situation de l'industrie du fer en Prusse*, par Delvaux de Fenffe.

CONSERVATION DE LA MÉTALLURGIE DU FER EN FRANCE.

LE SYSTÈME PROTECTEUR ET LA LIBERTÉ COMMERCIALE.

2207. Les documents statistiques que nous avons présentés sur la métallurgie française dans les chapitres précédents et ceux que nous venons de reproduire sur l'Angleterre, la Belgique et la Prusse, nous permettront d'apprécier jusqu'à quel point il est possible à nos usines de soutenir une lutte contre les usines étrangères.

2208. De ces trois pays, *la Prusse* est celui dont les conditions de fabrication se rapprochent le plus des nôtres : la fabrication au bois s'y est maintenue comme chez nous; l'emploi du coke n'y est pas plus répandu, et l'avantage qui peut résulter du bon marché de la main-d'œuvre en Allemagne, est assurément compensé par une plus grande élévation du prix des minerais. Les voies de communication ne sont pas jusqu'ici mieux organisées que chez nous, et malgré le bas prix du bois et de la houille dans certains districts, nous ne pensons pas que la France ait jamais à redouter une sérieuse concurrence de la part des États du Zollverein, dans le cas où les droits de douane seraient supprimés de part et d'autre.

2209. Les deux pays dont la métallurgie nous parait avoir sur la nôtre une supériorité marquée, sont l'*Angleterre et la Belgique*: les conditions de fabrication y sont évidemment meilleures que chez nous, et nous avons certainement encore beaucoup de temps et d'argent à dépenser, tant en voies de communication qu'en constructions d'usines, avant de pouvoir nous rapprocher de la puissance des fabrications anglaise et belge! Nous le pouvons d'autant moins que les capitaux enfouis dans la création des usines anglaises ou belges, sont amortis, les uns par des bénéfices, les autres par la faillite, tandis que notre production est encore grevée de frais généraux considérables.

2210. *Tarifs français.* — L'industrie française a fait et fait chaque jour de grands efforts pour atteindre aux bas prix de nos voisins, et ses progrès, sous ce rapport, ont été fort sensibles depuis quinze ans ; mais ils ne sauraient parvenir aux dernières limites, tant que nos routes et nos canaux resteront dans l'état d'imperfection où ils se trouvent aujourd'hui. — Il faut, en un mot, que les conditions de fabrication soient améliorées, et ce n'est que lorsqu'on les aura rendues à peu près égales de part et d'autre, que nos prix de revient pourront s'abaisser au niveau de ceux de nos voisins. Mais ceci n'est point l'affaire de quelques années seulement, et il serait absurde d'exiger de nos fabricants plus ou autre chose que ce qui peut résulter du judicieux emploi des moyens d'action dont ils disposent!

Le gouvernement a, depuis longtemps, compris ces faits, et il a, en conséquence, protégé l'industrie du fer par des tarifs destinés à repousser l'invasion des fers étrangers.

Nous donnons ci-dessous un extrait de ce tarif pour les fontes et les fers; nous y avons adjoint les houilles.

TABLEAU CXXXIII. — DROITS D'ENTRÉE DE LA FONTE, DU FER ET DE LA HOUILLE.

(Extrait du tarif officiel des douanes de France. — Mars 1844.)

DÉSIGNATION DES MARCHANDISES	UNITÉS sur lesquelles portent les droits.	DROITS par navires français.	DROITS par navires étrangers et par terre.
		fr. c.	fr. c.
Houille — crue — par mer — des Sables d'Olonne exclusivement à Dunkerque inclusivement.	100 k.	» 50	1 »
par tous autres points.	100 k.	» 30	» 80
crue — par terre — de la mer à Halluin exclusivement.	100 k.	» »	» 50
par la rivière de la Meuse et le dép. de la Moselle.	100 k.	» »	» 10
par tous autres points.	100 k.	» »	» 15
carbonisée (coke).	100 k.	Double des droits de la houille crue.	
cendres (de).	100 k.	1 centime.	
Minerai (de).	100 k.	1 centime.	
Fonte — brute, en masse, pesant au moins 15 k. — par mer.	100 k.	7 »	7 70
par terre — de Blanc-Misseron inclusivement à Mont-Genèvre exclusivement.	100 k.	» »	4 »
par tout autre point.	100 k.	» »	7 »
épurée, dite mazée, en masses, pesant au moins 25 kil.	100 k.	12 »	13 20
de toute autre espèce.	100 k.	Prohibée.	
Fer (1) — traité au charbonde bois et au marteau — en barres plates, de 458 millim. et plus, la larg' multipliée par l'épaiss'.	100 k.	15 »	16 50
213 millim. inclusiv. à 458 exclusiv. id.	100 k.	25 »	27 50
moins de 213 millimètres. id.	100 k.	37 50	41 20
en barres carrées, de 22 millimètres et plus sur chaque face.	100 k.	15 »	16 50
15 millim. inclus. à 22 exclus. id.	100 k.	25 »	27 50
moins de 15 millimètres, id.	100 k.	37 50	41 20
en barres rondes, de 15 millimètres et plus de diamètre.	100 k.	25 »	27 50
moins de 15 millimètres, id.	100 k.	37 50	41 20
traité à la houille et au laminoir — en barres plates, de 458 millim. et plus, la larg. multipliée par l'épaiss'.	100 k.	18 75	20 60
213 millim. inclusiv. à 458 exclusiv. id.	100 k.	27 »	29 70
moins de 213 millimètres, id.	100 k.	37 50	41 20
en barres carrées, de 22 millimètres et plus sur chaque face.	100 k.	18 75	20 60
15 inclusiv. à 22 exclusiv., id.	100 k.	27 »	29 70
moins de 15 millimètres, id.	100 k.	37 50	41 20
en barres rondes, de 15 millimètres et plus de diamètre.	100 k.	27 »	29 70
moins de 15 millimètres, id.	100 k.	37 50	41 20
en barres à rainures : rails, jantes de locomotives, fers à cornières.	100 k.	Mêmes droits que les fers étirés, traités à la houille, selon leurs dimensions.	
forgé, en massiaux ou prismes.	100 k.	Prohibés.	
platiné ou laminé — noir-tôle.	100 k.	40 »	41 »
étame-fer-blanc.	100 k.	70 »	76 »
de tréfilerie — Fil de fer même étamé.	100 k.	60 »	65 50
Cordes métalliques blanches, pour instruments.	100 k.	70 »	76 »
Acier (fer carburé) — naturel et de cémentation — en barres ou tôle.	100 k.	60 »	65 50
filé.	100 k.	70 »	76 »
fondu — en barres.	100 k.	120 »	128 50
en tôle ou filé.	100 k.	140 »	149 50
Limailles et pailles.	100 k.	1 centime.	
Ferraille et mitraille.	100 k.	Prohibées.	
Mâchefer — par mer.	100 k.	1 40	1 50
par terre — de Blanc-Misseron inclus. à Mont-Genèvre exclus.	100 k.	» »	» 80
par les autres frontières.	100 k.	1 »	» 40

(1) Pour les fers de cette catégorie, le droit est le même par terre et par navires français; il n'est augmenté que pour les navires étrangers.

2211. *Appréciation de ces tarifs.* — Ces droits sont-ils trop élevés ou trop bas? — c'est une question qui se débat depuis longtemps entre les producteurs et les consommateurs de fer, et sur laquelle nous nous expliquerons bientôt d'une manière complète; mais nous allons, du moins, prouver, de suite, qu'ils laissent encore entrer en France beaucoup de fonte et de produits étrangers. Les deux tableaux suivants relatifs aux importations de la Belgique, et celui relatif au mouvement général des matières exploitées ou fabriquées dans les forges, sont, à cet égard, une réponse plus que suffisante.

TABLEAU CXXXIV. — TABLEAU COMPARATIF DES FONTES IMPORTÉES EN FRANCE PENDANT CHAQUE MOIS DES ANNÉES 1844, 1843 ET 1842.

DÉSIGNATION DES MOIS.	1844.	1843.	1842.
Janvier........................	41 138	23 932	21 599
Février........................	36 791	30 767	34 193
Mars..........................	39 743	36 357	21 885
Avril.........................	60 710	34 208	29 116
Mai..........................	56 292	40 208	28 094
Juin..........................	50 880	33 911	44 649
Juillet........................	47 505	49 641	36 459
Août.	29 720	26 624	15 418
Septembre.....................	36 397	29 475	12 550
Octobre.......................	44 359	42 840	26 051
Novembre......................	48 330	37 865	27 940
Décembre......................	40 140	35 560	31 220
Totaux en quintaux métriques......	532 005	421 388	329 174

TABLEAU CXXXV. — TABLEAU DE L'IMPORTATION DES FONTES DE BELGIQUE EN FRANCE. (1827 à 1844.)

1827.........	3 587 556 kilogr.	1836..........	9 303 604 kilogr.
1828.........	3 872 706	1837..........	5 386 199
1829.........	2 959 539	1838..........	3 678 078
1830.........	2 934 502	1839..........	3 150 638
1831.........	2 631 206	1840..........	5 085 796
1832.........	3 178 745	1841..........	9 029 153
1833.........	3 472 087	1842.........	12 543 204
1834.........	3 845 691	1843.........	21 521 341
1835.........	5 665 842	1844..........	31 387 883

TABLEAU CXXXVI. — EXPORTATIONS ET IMPORTATIONS RELATIVES A L'INDUSTRIE DU FER EN 1843 (commerce spécial).

DÉSIGNATION des MATIÈRES.	EXPORTATIONS.		IMPORTATIONS.	
	POIDS en kilogr.	VALEURS.	POIDS en kilogr.	VALEURS.
		fr.		fr.
Minerai de fer..........	314 310	15 715	9 762 152	488 108
Fonte brute en masse pesant au moins 25 kil........	240 872	50 583	42 206 889	6 331 033
Fonte moulée en projectiles.	412 764	144 467	»	»
Fonte de toute autre espèce.	87 242	30 535	»	»
Fer en massiaux..........	2 280	1 368	»	»
Fer en barres..........	277 656	69 414	»	»
Id. { traité au charbon de bois et au marteau........	»	»	6 229 084	2 180 179
traité à la houille et au laminoir....	»	»	1 175 579	307 893
Rails..............	1 440	360	2 118 891	487 345
Fer de tréfilerie.........	357 752	357 752	17 952	17 952
Tôle...............	26 718	26 718	35 286	29 093
Fer-blanc..............	25 089	37 634	7 110	7 821
Acier { naturel ou cémenté.	28 328	39 774	685 549	914 830
fondu............	25 847	51 783	96 735	203 370
Limailles et pailles........	65 532	9 830	123 029	18 454
Ferraille et mitraille......	66 003	9 900	336 674	50 502
Mâchefer..............	31 650	4 748	28 429	4 264

Il ressort avec évidence, des tableaux précédents, que nos droits n'équivalent pas, comme on l'a dit, à une prohibition : les fontes belges ont un large écoulement en France (1), et le gouvernement de nos alliés fait tous ses efforts pour augmenter ce débouché, en réduisant, sur ses canaux et ses chemins de fer, les tarifs des produits destinés à l'exportation.

2212. Ajoutons maintenant qu'il serait difficile de résoudre d'une manière absolue la question que nous nous sommes posée : un droit de douane est toujours basé sur la valeur relative de la matière imposée dans deux pays rivaux, et sur les frais que nécessite son transport. Quand le prix de la matière est établi, il est donc facile de juger du taux auquel doivent s'élever les droits pour protéger convenablement l'industrie menacée; mais il n'en est plus de même quand ce prix varie dans des limites

(1) A 1 400 kilos de fonte pour 1 000 de fer, le droit de 4f,40 sur les fontes belges n'équivaut qu'à un droit de 6f,15 sur les fers qui en proviennent, au lieu de 18f,75, tarif normal des fers.

considérables.—Or, c'est précisément ce qui arrive pour le prix des fontes et des fers en Angleterre et en Belgique.

En 1842, le fer commun et les rails valaient environ 4 l. 10 s. (112 fr. 50 c.) en Angleterre, et deux ans plus tard ils doublèrent de valeur; de même pour la Belgique, où les rails, qui se vendaient 15 fr., sont cotés en 1845 au-dessus de 50 fr.

Ainsi, au moment où les prix étrangers étaient le plus bas, nos tarifs pouvaient être considérés comme très-faibles, surtout par rapport à la Belgique qui a l'avantage d'être placée à notre frontière, et contre laquelle nous ne sommes protégés, pour la fonte, que par un droit inférieur à celui qui frappe les produits analogues de provenance anglaise! de là les grandes importations de fonte belge par notre frontière du nord. Aujourd'hui, au contraire, que ces prix étrangers sont relevés, nos tarifs semblent être trop forts.

Aux époques de baisse à l'étranger, les prix français différant beaucoup de ceux de nos voisins, les partisans de la liberté commerciale en concluent que le pays perd énormément à ne pas employer les produits étrangers; — quand, au contraire, ces prix se relèvent et se rapprochent des nôtres, ils prétendent que nos usines soutiendraient facilement la concurrence, par la seule différence des frais de transport!

Avant de répondre à ces objections, nous croyons devoir faire observer que les frais de transport ne garantissent nullement nos usines; car les produits anglais sont transportés à raison de 20 fr. par tonne dans nos ports, et de 40 fr. à Paris; la Belgique, d'autre part, envoie ses fontes pour 22 fr. de Charleroi à Paris, tandis que la majeure partie de nos usines expédient sur Paris à raison de 40 à 50 fr. pour le centre, et de 70 à 80 fr. pour le midi; d'où il suit d'abord, que les différences dans les frais de transport sont tout à l'avantage de nos voisins, et qu'il faudrait que nos usines fabriquassent à *meilleur marché* que celles de l'Angleterre et de la Belgique, pour soutenir leur concurrence sans le secours de droits aux frontières.

2213. Quant aux arguments cités plus haut, ils ne prouvent rien contre les chiffres des tarifs. Si nous laissions entrer les fers étrangers quand ils sont en baisse: d'une part, l'industrie métallurgique du pays serait ruinée; ce qui est de toute évidence; d'autre part, nous n'en profiterions pas; car l'ouverture d'un aussi grand débouché que la France relèverait immédiatement les prix! le sacrifice n'offrirait d'avantages qu'aux étrangers.

Aux époques où les prix sont élevés chez nos voisins, il y aurait, d'ailleurs, peu de bénéfice pour le pays à ouvrir ses frontières, et à livrer l'industrie nationale aux dangers de la concurrence : son existence serait compromise pour un faible avantage, et si elle succombait, nous aurions anéanti le fruit de longues années de travaux et perdu un capital considérable.

Ainsi, et dans aucun cas, il ne peut y avoir avantage pour le pays à adopter des tarifs qui ne permettent pas, à une industrie nationale, de rester toujours *à l'abri des éventualités* de hausse ou de baisse de l'extérieur.

2214. *Le système protecteur.* — Raisonner comme nous venons de le faire, c'est, nous le savons, admettre la nécessité de la *conservation et du développement de l'industrie métallurgique,* et nous ne pensons pas, en effet, que l'on puisse mettre ce principe en question! Nous avons en France du minerai de fer en abondance, le combustible ne manque pas, nous avons déjà englouti des sommes considérables dans la création de nos usines, et nous sacrifierions nos avantages naturels et les capitaux dépensés, à l'espoir fort incertain de nous procurer de temps en temps du fer à un prix moins élevé que chez nous!... Nous risquerions, en vue de ce même espoir plus que contestable, de nous trouver pendant une guerre à la merci de nos ennemis!... Évidemment, une pareille thèse n'est soutenable que pour des esprits qui ont eu le malheur de sacrifier à de fausses théories tout sentiment de nationalité, ou pour ceux que leurs intérêts privés entraînent dans la même voie!

Pour nous, nous désirons vivement voir venir le moment où l'abaissement des barrières de douane qui séparent les peuples, leur permettra le libre échange de leurs produits; mais ce jour ne nous semble pas encore venu! La *protection des industries nationales* contre une concurrence qui les anéantirait, nous paraît encore nécessaire, indispensable, et c'est au nom de la richesse et de la puissance du pays que nous en demandons le maintien.

Jusqu'ici, en effet, le *système protecteur* a plutôt été accepté comme la conséquence d'une situation faite, qu'avec la conviction de son utilité en principe; mais il importe de rendre son véritable caractère à la lutte qui s'est engagée, en prouvant que le système protecteur est un grand instrument de civilisation, et qu'il présente le meilleur moyen de fonder la richesse et la puissance des nations.

Son principe, il est vrai de le dire, a été combattu par de grands écrivains; et la plupart des économistes, les Anglais principalement, se sont rattachés aux doctrines contraires; mais tout le respect et l'admiration que nous éprouvons pour les grands talents, ne sauraient nous faire adopter des théories qui nous paraissent être en opposition directe avec les faits accomplis, et auxquelles la lutte des partis politiques est venue, seule, donner une importance que rien n'a encore justifiée.

2215. Les *économistes anglais*, placés au milieu d'un pays privilégié par la nature de son sol, par son climat, sa position, les qualités de ses habitants, prêchaient la liberté du commerce pour une nation que sa puissance industrielle et les bas prix qui en résultent avaient rendue maîtresse de tous les marchés ; en demandant la suppression des frontières devant les produits du travail, ils plaidaient donc pour la richesse et la grandeur de leur pays, qui eût été le premier et le seul à recueillir les bienfaits de ce qu'ils nommaient l'*association générale* des peuples. Soutenus par le prestige d'un but aussi grand, et aussi conforme aux tendances de l'esprit humain, leurs doctrines ont eu pour partisans tous les adversaires du vieux régime politique, et elles sont devenues entre leurs mains une arme puissante et souvent dangereuse.

Assurément, nous sommes, nous aussi, parfaitement convaincus que l'association générale des peuples est le grand but de l'humanité, et toutes nos sympathies sont acquises aux moyens de nous y conduire le plus rapidement possible !... Mais on ne saurait aujourd'hui se faire d'illusions à cet égard, il n'y a rien, absolument rien dans les théories que nous combattons, qui puisse nous conduire à ce résultat ! Qui dit association, dit organisation ; l'association des peuples suppose donc l'organisation du travail ; or, est-il possible de trouver le germe d'une organisation quelconque dans les doctrines de liberté, d'émancipation des économistes ? *Laisser faire, laisser passer*, supprimer des frontières, c'est supprimer ce qui existe, c'est détruire ce qui est établi ; mais ce n'est pas organiser, ce n'est pas associer ! En un mot, on a pu, on peut encore prêcher la liberté commerciale, au nom de l'association ; mais il n'est plus permis de confondre le but de l'humanité avec le moyen de détruire des principes politiques arriérés.

La question, dégagée de ce grand mot *association générale*, se réduit maintenant à savoir si la liberté commerciale, bonne peut-être à cette heure pour les Anglais, est le principe le plus utilement applicable à la France, ou si, au contraire, nous avons encore besoin du système protecteur pour assurer le développement de nos richesses nationales.

2216. Mais avant de toucher à ce sujet, expliquons-nous en quelques mots sur ce que nous appelons *richesses nationales* : pour nous, ce sont les éléments inhérents au sol, au climat ou à la position d'un pays, qui constituent les bases de sa puissance et de sa production ; ainsi les eaux, les forêts, les mines, les voies de communication, les ports, sont des richesses nationales, et leur conservation et leur développement importent si bien à la puissance de la nation qui les possède, que partout elles ont été placées sous la sauvegarde de l'utilité publique, et que les gouvernements ont été investis du soin d'apporter à leur exploitation des règles qui servissent de garantie à l'avenir.

Nous compterons encore parmi les richesses nationales, les grandes industries dont l'existence est plus particulièrement liée à la prospérité et à la puissance du pays; — telles sont celles qui puisent leurs matières premières dans le sol même, auxquelles il faut d'immenses capitaux, qui occupent un grand nombre de bras, dont les produits sont les plus utiles aux autres industries, et entrent pour la plus forte part dans les appareils de défense et d'attaque.

Ce sont là des *industries mères* qu'il faut avoir, sur son sol, puissantes, avancées, progressives; qu'il faut protéger et stimuler à la fois, à cause du besoin qu'on a d'elles, mais en leur donnant confiance dans leur stabilité, parce que cette confiance est seule conciliable avec l'esprit d'entreprise et la hardiesse des innovations. — Sans entrer ici dans des recherches sur le plus ou moins d'importance de nos principales industries, nous pouvons affirmer sans crainte que l'industrie du fer doit être placée aux premiers rangs pour le grand secours qu'elle prête à la puissance des nations; elle est, au plus haut degré, ce que nous avons nommé une industrie mère, et le travail qui la développe est évidemment un travail national.

2217. Mais revenons à la question du système protecteur et de la liberté commerciale, et voyons si le premier n'est pas le moyen le plus propre de créer ces richesses nationales qui font la force et la vie des nations.

Et d'abord, personne ne contestera, sans doute, que le premier principe qui régit l'organisation et la conservation des sociétés, est celui qui veut que l'individualité en soit constituée de la manière la plus énergique et la plus puissante; qui veut, par conséquent, que tous les membres qui en font partie, consacrent incessamment la force, l'intelligence et l'activité dont ils sont doués, à la mise en valeur des éléments de richesse et de prospérité qui sont inhérents au pays qu'ils habitent. Il faut que les terrains soient cultivés et se couvrent chaque année de toutes les plantes que leur constitution et la nature du climat permettent d'y faire naître; — il faut que le sol soit fouillé à toutes les profondeurs pour en extraire les richesses qu'il renferme; — il faut enfin que ces richesses, encore informes, soient mises en valeur par le travail, et appropriées avec art aux besoins de la société!

Ce sont, ce nous semble, les premiers moyens par lesquels une nation se constitue sur des bases solides et durables, et c'est en accomplissant cette loi qu'elle remplit le but providentiel de sa formation.

N'est-il pas vrai, maintenant, que si une nation a des voisins plus avancés et plus expérimentés qu'elle, qui veuillent, en lui imposant leurs propres produits, l'empêcher de se développer et de s'approprier des sources de richesses individuelles, elle devra écarter momentanément leurs produits et se donner tout le temps nécessaire à son éducation ? Ne devra-t-elle pas, en un mot, *se protéger* contre eux, et *se préserver de l'envahissement de ses produits, tout comme elle se préserve de l'invasion de ses armées ?* — N'est-ce point là la seule marche rationnelle et légitime qu'elle aura à suivre plutôt que d'accepter, sans lutte, une supériorité qu'elle peut acquérir, plutôt encore que de se mettre humblement en tutelle sous l'égide du plus fort ?

Nous ne craignons pas, assurément, que l'on nous conteste le droit que nous réclamons ici, et, nous dirons plus, le devoir qui nous semble imposé à toute nation jalouse de sa puissance et de son indépendance ; — mais il en résulte alors naturellement que le principe de la liberté commerciale n'est pas celui qui peut servir à constituer la puissance et la richesse fondamentales d'une nation, et qu'il ne devient réellement applicable, sans danger pour sa vitalité, qu'à l'heure où elle a *déjà accompli* le développement de son industrie, par la mise en valeur de toutes les productions de son sol.

En d'autres termes, le commerce, les échanges ne doivent être que la conséquence de la position qu'elle a prise comme nation productrice ! L'Angleterre, ce modèle que les économistes nous offrent sans cesse, et qui s'est faite l'apôtre de la liberté commerciale le jour où elle y a trouvé son intérêt, n'a pas suivi d'autre voie, et quelques observations relatives à la manière dont s'est constituée sa grande fortune le prouveront complétement.

2218. *Exemple de l'Angleterre.* — L'Angleterre, malgré les grands éléments de prospérité industrielle et commerciale qu'elle doit à la constitution de son sol et à sa situation géographique, n'est pas arrivée sans difficultés au point où nous la voyons aujourd'hui ; elle a eu, comme toutes les nations, et plus encore que la plupart d'entre elles, ses crises intérieures et ses luttes extérieures. Quoique marchant d'un pas rapide dans la carrière du progrès, souvent elle s'est arrêtée, a paru reculer, et par instant on a pu douter du succès de ses efforts ; mais, en définitive, elle est toujours parvenue à atteindre son but, parce qu'elle l'a toujours fermement voulu et poursuivi avec une énergie, une persévérance et une unité de vues qui excitent, à juste titre, l'admiration de tous les observateurs, même de ceux dont la conscience ne saurait approuver tous les moyens qu'elle a mis en œuvre. Resserrée dans un étroit territoire, isolée par la mer quoique voisine du continent, elle a compris de bonne heure que sa force devait être dans sa marine, et que c'était par elle seule qu'elle pouvait étendre et exercer sa domination. — Maîtresse de la mer, elle l'était également du commerce du monde ; mais quelle eût été la fragilité de cet édifice, si elle ne l'avait pas appuyé sur une *puissance créatrice*, également supérieure à celle de tous les peuples qu'elle voulait dominer ?

L'Angleterre ne serait évidemment jamais arrivée à son but, elle n'eût jamais rien pu fonder de solide et de stable, si elle n'avait point su intéresser ses conquêtes au maintien de sa domination, en leur offrant, à d'avantageuses conditions, les produits de son travail, en satisfaisant et en développant leurs besoins. C'est en s'appliquant avec intelligence et avec persévérance au développement de son industrie, c'est en appropriant adroitement sa fabrication aux usages de tous les peuples, c'est, de plus, en *fabriquant beaucoup* et par conséquent à bon marché, qu'elle a réussi à propager, à *étendre* et souvent à *imposer son commerce*. C'est là la base fondamentale de sa fortune, et le jour où, par suite des progrès industriels d'un autre peuple, cette base viendrait à lui manquer, son commerce, sa marine et sa puissance passeraient inévitablement en d'autres mains.

2219. L'exemple de l'Angleterre justifie parfaitement, comme on le voit, ce que nous avons avancé plus haut ; mais il y a plus, si nous cherchons maintenant comment s'est fondée chez nos voisins cette puissance de création qui fait leur gloire et leur fortune, nous trouvons encore que les moyens employés sont identiquement les mêmes que ceux que nous avons indiqués. Toutes *les industries florissantes en Angleterre se sont créées et développées à l'abri d'un système de tarifs et de droits protecteurs*, ayant toujours pour but de favoriser les progrès et l'accroissement de la fabrication du pays. Comme preuve de ce fait, il nous suffira de citer ce qui s'est passé dans la fabrication du fer.

A l'époque où le dépeuplement des forêts avait rendu impossible la production de la fonte et du fer au bois, tandis que l'on ignorait encore la manière d'employer le coke et la houille dans les hauts-fourneaux et le puddlage, l'Angleterre se trouvait évidemment dans une crise des plus dan-

gereuses pour son avenir industriel ; elle manquait de fer, et était obligée
d'aller le prendre à l'étranger ! Cette situation, assurément, ne devait pas
contrarier bien vivement les spéculateurs commerciaux, et, sans le moindre
doute, les consommateurs devaient aussi réclamer de leur côté la libre entrée
des fers étrangers de Suède ou d'Allemagne !..... Le gouvernement, cependant, n'en fit rien ; et, loin de là, il établit des tarifs assez élevés pour permettre aux producteurs, qu'il considérait à juste titre comme les véritables
créateurs de la fortune publique, de faire leurs essais, de développer, après
bien des pertes et des mécomptes, leur nouvelle industrie ;   et c'est cette
même industrie qui, à force de persévérance et de travail, a réussi plus
tard à produire le fer à des prix plus bas que partout ailleurs, et à se
constituer si puissamment, qu'elle en pourrait fournir au monde entier,
si le besoin s'en faisait sentir !

2220. *Conclusion.* — Il ne nous serait pas difficile de citer, tant en
Angleterre que dans d'autres pays, beaucoup d'industries très-florissantes
et très-vivaces aujourd'hui, qui ne doivent leur origine qu'aux tarifs qui
ont protégé et assuré leurs premiers pas ; mais l'exemple précédent suffit
parfaitement, ce nous semble, pour faire bien apprécier le côté utile de
ces dispositions, et faire comprendre comment elles ont concouru de la
manière la plus directe aux progrès des arts et de l'industrie !

N'est-il pas évident, d'ailleurs, que l'homme ne marche et ne progresse
que sous l'empire d'une certaine nécessité plus ou moins urgente, qui
stimule son intelligence et son activité ? N'est-ce point, par exemple, l'impossibilité de se procurer du sucre des colonies qui a créé la fabrication
du sucre de betterave ? A Dieu ne plaise que nous envisagions l'idée du
blocus continental comme une idée avancée, mais ce que nous voulons
établir, c'est que le moyen le plus sûr d'accomplir un progrès, c'est de placer
les hommes dans l'impossibilité de s'en passer. C'est alors qu'ils cherchent
avec ardeur, qu'ils travaillent avec ténacité et finissent par réussir, surtout
quand ils sont encore excités par une certaine émulation, ou, en d'autres
termes, par une *concurrence limitée.* Dans l'ordre de choses actuel, les
tarifs de douanes produisent parfaitement cet effet, et ils seront encore
pendant longtemps un puissant auxiliaire entre les mains des gouvernements, pour exciter le génie des travailleurs et favoriser leurs études, leurs
recherches ou leurs essais.

2221. Nous désirons fermement que les partisans de la libre entrée
des fers, — qui seraient, en définitive, fort embarrassés de formuler un
système d'application générale du principe sur lequel ils s'appuient, et

qui sont réduits à demander, au nom d'une idée, l'abolition de certains
tarifs, tandis qu'il en est d'autres dont ils sont loin de désirer la suppression, — veuillent bien se rendre un compte exact de l'influence du
système qu'ils combattent ; ils verront que ses résultats sont beaucoup
meilleurs qu'ils ne le supposent, et ils deviendront peut-être un peu
plus réservés dans leurs assertions. Nous les engageons surtout à remarquer que l'Angleterre, sur les doctrines économiques de laquelle ils
essaient souvent de s'appuyer, n'est arrivée à se faire l'apôtre de la liberté
commerciale qu'à l'heure où elle a cru ses moyens de production suffisamment bien assis pour ne pas trop redouter la concurrence étrangère ; que,
de plus, elle ne s'est, en définitive, jamais appliqué à elle-même les principes
qu'elle veut faire suivre aux autres ; et qu'à cette heure même, elle a
encore conservé et maintenu la plupart de ses tarifs, en se contentant de
les diminuer, dans des limites qui la tiennent toujours à l'abri de l'invasion
de ceux des produits étrangers qu'elle peut fabriquer elle-même.

Que l'exemple de l'Angleterre, si prudente et si jalouse de ses intérêts,
ne soit point perdu pour nous ; quand nous la voyons marcher avec tant
de lenteur, tant de précautions dans une voie qu'elle prétend nous appren-
dre à connaître, c'est que les bienfaits du nouveau régime ne lui sont
point encore démontrés ; et, dans ce cas, ce n'est point à nous à tenter
une épreuve où nous risquerions beaucoup plus qu'elle-même.

2222. Nous espérons, au contraire, que la sagesse du gouvernement saura
veiller avec sollicitude à la conservation de la précieuse industrie que nous
avons essayé de défendre, et celle-ci, d'autre part, continuera, nous en
sommes convaincus, à faire tous ses efforts pour mériter la protection
qui lui est accordée, et justifier la confiance que le pays a placée dans ses
progrès et dans son avenir.

FIN DE LA CINQUIÈME ET DERNIÈRE SECTION.

DESCRIPTION DES PLANCHES

RELATIVES

A LA FABRICATION DE LA FONTE.

———

PLANCHE 1. — PRÉPARATION DES COMBUSTIBLES.

Découpage du bois à la scie. — Les figures 1 et 2 (éch. de 0ᵐ,02 pour
mètre) représentent en élévation et en plan la disposition d'une scie circulaire de
0ᵐ,40 de diamètre, faisant 1 500 tours par minute : elle reçoit son mouvement de
l'arbre moteur M, au moyen d'un système de courroies qui se meuvent sur des
poulies en bois et en fonte.

Le bois à découper est présenté à la scie en A, et roule ensuite à terre en suivant
le tablier à rebord T.

Petits fours de dessiccation. — Les fours indiqués figures 3 à 5 (éch. de
0ᵐ,02) ont une contenance de deux stères, et reçoivent le bois en bûches de
0ᵐ,10 à 0ᵐ,16 de long.

Les figures 3 et 5 sont les coupes faites par AB et CD de la figure 4 : celle-ci
est une coupe faite suivant la ligne brisée XX′ YY′ de la figure 5.

Grands fours de dessiccation. — Figures 6 à 8 (éch. de 0ᵐ,01 pour mètre); ces fours contiennent 16 stères de bois en grosses bûches.

La figure 6 est une coupe par MN; les figures 7 et 8 sont des coupes faites
par OP et RS.

Dans les deux systèmes, on a :

A, conduit de chaleur commun à tous les fours, et mis en rapport avec le
gueulard d'un haut fourneau, ou tout autre appareil de chauffage;

B, registres d'introduction de l'air chaud;

D, espace réservé pour la circulation de cet air, sous le plancher en fonte qui
forme le fond de chaque four;

E, piliers en briques supportant le plancher des grands fours;

G, passages ménagés dans la paroi du four pour conduire les gaz à la partie
supérieure;

H, ouvreaux disposés dans le bas du four pour l'échappement des vapeurs;

F, portes de chargement et de déchargement des grands fours; et de déchargement seulement dans les petits;

1

K, chevalets en fonte pour supporter le bois en bûches; quand il est découpé, on les remplace par une grille R;

M, couvercle mobile des petits fours;

P, poulies et chaînes à contre-poids servant au maniement des couvercles M.

Fours de torréfaction. — Figures 9 à 24 (éch. de 0ᵐ,02) et fig. 25 à 28 (éch. de 0ᵐ,04); ces fours ont été établis à l'usine d'Haraucourt, et disposés sur une même ligne à la suite du gueulard.

Figure 9; vue des fours par devant :

A, cheminée du gueulard;

BC, plate-forme de chargement;

EE, plaques disposées au-dessus du gueulard pour renvoyer la flamme dans le carneau de circulation.

Figure 10; coupes horizontales :

1°. De F en A'; coupe par zz (fig. 11);

2°. De A' en B'; vue d'une plaque de fond;

3°. De B' en C'; coupe par une porte de défournement;

4°. De C' en D'; coupe au-dessus du cadre de cette porte (fig. 12);

5°. De D' en E'; coupe par $z'z'$ (fig. 11);

6°. De E' en F'; coupe au-dessus des fours, indiquant les cheminées P Q des gaz, et celles P'Q' par lesquelles s'élève la fumée lors du défournement.

Figure 11; deux coupes longitudinales, parallèles au canal parcouru par les gaz; l'un passe par le milieu du four, l'autre derrière la plaque M (fig. 12).

Figure 12; coupe verticale passant par le milieu d'un four :

D, canal de circulation des gaz;

ff, cadre de l'ouverture de chargement;

P'Q', cheminée à fumée;

$a'd'$, cheminée des produits de la distillation, composée de deux parties; la première, $a'b'$, est fixe; la seconde, $c'd'$, est mobile autour de la tige $e'f'$, qui retient le tuyau par l'anneau $g'h'$; les matières condensées tombent dans le godet $i'k'$, qui les verse dans un canal longitudinal aboutissant à un tonneau;

P, plate-forme de chargement;

P″, porte de chargement;

p'', porte de défournement, par laquelle le bois torréfié est versé dans l'étouffoir.

Figure 13; coupe verticale entre deux fours contigus passant dans l'intervalle K (fig. 10);

C″, support en fonte, indiqué en plan dans la fig. 10;

S″, ouverture pour donner accès à l'air;

P Q, cheminée des gaz;

T T', coulisse pour régler l'échappement des gaz;

$b'' b''$, poutrelles en fonte sur lesquelles se meut un chariot qui conduit les étouffoirs au gueulard.

Figure 14; plaque de fond d'un four reposant sur la maçonnerie par les parties $eeee$ sur le devant, et ff sur le derrière.

Figure 15; coupe de cette plaque suivant ab.

Figure 16; plaque latérale passant dans la rainure gg, et fixée aux tasseaux hh (fig. 14); a, b, b, sont des ouvertures destinées au passage de la flamme.

Figure 17; plaque de derrière appliquée contre les tasseaux ii (fig. 16) et kk (fig. 14), avec lesquels elle est boulonnée : le corbeau oo sert à supporter la cheminée.

Figure 18; plaque de devant boulonnée contre ll (fig. 16).

Figure 19; plaque supérieure reposant sur les rebords mm (fig. 16) et pp (fig. 18).

Figure 20; bouche de four appliquée contre la plaque de devant (fig. 18).

Figures 21 et 22 ; coupes $\gamma\delta$ et $\iota\kappa$.

Ces différentes plaques sont réunies entre elles par des joints mastiqués.

Figures 23 et 24; pièce placée sur le corbeau oo de la figure 16, et qui supporte la cheminée; les parties qq s'assemblent sur $o'o'$.

Figures 25 à 28 ; détails du chariot à treuil, qui sert à enlever et transporter les étouffoirs.

Marche des gaz dans l'appareil. — En sortant du gueulard G, les gaz passent au-dessus de l'autel F (fig. 11), et circulent dans le canal D, sous les plaques de fond I, et s'élèvent, par K et L, le long des parois latérales et postérieures de la caisse; ils s'échappent ensuite par a (fig. 10, 11 et 12), et se rendent par R'S' à la cheminée PQ (fig. 13), et sur la plaque de devant R.

La coulisse T'T' se meut le long des tasseaux $x.x$ (fig. 13), au moyen d'un crochet introduit en ôtant la brique X; suivant qu'elle se trouve en T'T' ou tt', la flamme passe par VV Tt ou VV T' t', pour aller à la cheminée, et chauffer la partie antérieure ou postérieure de la plaque de côté.

Les regards ff, ménagés dans les portes du canal des gaz (fig. 9) et les briques mobiles S'' (fig. 13), servent à l'introduction de l'air indispensable à la combustion des gaz.

Le tirage des cheminées PQ se règle par des registres R'' (fig. 9).

PLANCHE 2. — PRÉPARATION DES COMBUSTIBLES.

Carbonisation du bois en meules. — Les figures 1 et 2 (éch. de 0m,01) représentent la disposition ordinaire d'une meule de carbonisation. Cette méthode est trop connue pour que nous en rapportions d'autres exemples.

Dessiccation du bois en forêts. — Figures 3 à 6 (éch. de 0m,01) et 7 à 10 (éch. de 0m,04); la disposition indiquée est celle qui a été employée dans les Ardennes par M. Echement.

Figure 3; plan d'une meule; V, ventilateur en bois.

Figure 4; coupe longitudinale de cette meule.

Figure 5; coupe transversale, indiquant la disposition des bûches.

Figure 6; autre disposition des bûches, donnant également de bons résultats.

Figure 7; coupe horizontale du foyer par FG (fig. 8).

Figure 8; coupe verticale du foyer suivant MN.

Figures 9 et 10; coupes transversales par AB et CD.

Dessiccation de la tourbe. — La figure 11 (éch. de 0^m,01) représente en coupe verticale le four dans lequel on dessèche la tourbe à l'usine de Kœnigsbrunn (Wurtemberg). Sa contenance est de 23 mètres cubes.

R, grille de foyer alimenté avec des débris de charbon et de tourbe;

B, plaque de fonte formant le fond du four;

G, porte de chargement;

T S, tuyau de la fumée;

D, espace chauffé par le passage du tuyau de fumée;

C, ouvertures par lesquelles s'échappe l'air humide qui a traversé la masse de tourbe; il entre dans l'appareil par des ouvertures ménagées sur la face antérieure, et qui ne sont pas indiquées dans la coupe;

H, ouverture de sortie de l'air humide; la tourbe est desséchée par l'air extérieur, qui s'échauffe un peu dans l'appareil et qui est appelé à le traverser par l'échauffement de la partie D.

Carbonisation de la tourbe à Rothau (*Vosges*). — Le four représenté figures 12 et 13 (éch. de 0^m,01) contient environ 5^{m3},50; il est fermé par un couvercle en fonte, muni d'une ouverture dont on règle la section; la partie inférieure est garnie d'une porte et d'ouvreaux, par lesquels pénètre l'air destiné à alimenter la combustion d'une partie de la tourbe.

Carbonisation de la tourbe à Crouy. — La figure 14 (éch. de 0^m,02) est une coupe verticale faite par le milieu de l'appareil; il diffère essentiellement du précédent en ce que la chauffe est extérieure; sa contenance est 2^{m3},70;

P, porte de chargement située à la partie supérieure du four;

R R, foyer circulaire dont la fumée passe dans un carneau qui enveloppe tout le four;

F, culasse mobile en fonte, servant au déchargement des produits;

V, étouffoir en tôle qui reçoit le charbon à sa sortie du four;

T T', tuyaux servant à l'évacuation des gaz et des vapeurs qui se dégagent.

Au commencement de l'opération, il ne se produit que de la vapeur d'eau, qui s'échappe dans l'atmosphère en enlevant le manchon en tôle M; mais au bout de quelque temps, on remet cette pièce dans la position où elle est représentée, et les gaz combustibles qui résultent de la distillation sont dirigés vers le foyer par les conduits G G, qui portent un papillon B pour en régler l'admission.

Le récipient N sert à recueillir le goudron que l'on jette ensuite sur la grille.

Carbonisation de la grosse houille. — Figures 15 et 16 (éch. de 0^m,01).

Cette disposition est caractérisée par la cheminée centrale élevée au milieu de la *meule*, et la facilité qu'elle présente pour régler le tirage.

Carbonisation de la houille menue. — Figures 17, 18 et 19 (éch. de $0^m,01$). La houille criblée et mouillée est tassée dans une forme à panneaux mobiles que l'on enlève quand la meule est construite. Les nombreux canaux qui la sillonnent dans tous les sens sont facilement obtenus au moyen des petits moules en bois que l'on dispose symétriquement en formant la meule, et que l'on enlève quand on est prêt à y mettre le feu.

Four découvert de M. Nailly. — Figures 20, 21 (éch. de $0^m,01$), et 22 (éch. de $0^m,04$). Ce four est employé pour carboniser la houille maigre.

c, c, murs en maçonnerie, reliés par des pièces de bois *d, d,* rattachées entre elles par des tirants horizontaux *f, f;*

g, g, potelets soutenant les pièces *d, d;*

b, b, canaux horizontaux occupant la partie inférieure du four ;

o,... o,... o, cheminées verticales en charbon gras.

Four à coke ovale à deux portes. — Les figures 23, 24 et 25 (éch. de $0^m,01$) représentent des fours de ce genre en plan, élévation, coupes longitudinale et transversale.

Four à coke circulaire à une porte. — Figures 26, 27 et 28 (éch. de $0^m,01$). Ce four est employé en Angleterre dans les environs de Bradford.

PLANCHE 3. — HALLES A CHARBON.

Halle à charbon de Rozières. (par M. Ferry). — Figures 1 et 2 (éch. de $0^m,01$); coupes transversale et longitudinale; élévation d'une travée.

Figures 3 et 4 (éch. de $0^m,004$); plan et élévation générale de la halle :

P, P', piliers en maçonnerie supportant la charpente ;

M, M, murs transversaux partageant la halle en trois compartiments isolés ;

R, R, pièces de bois verticales boulonnées contre les piliers P, et soutenant un clayonnage Y, qui remplit l'intervalle des piliers ;

E, escaliers de service ;

L, lucarnes servant à l'introduction du charbon.

La capacité de cette halle, remplie jusqu'au second entrait, est d'environ 3 800 mètres cubes; son prix de construction se détaille comme il suit :

1°. TERRASSEMENTS.

Fouille pour les pignons et les piliers.... $169^{m3},25$ à	$0',70 = 128',47$		$128',47$

2°. MAÇONNERIE.

Fondations en moellons :

4 Pignons.................... $115^{m3},52$ à	$7,80 = 901,05$		
27 Piliers.................... $53^{m3},73$ à	$7,80 = 419,09$		$1\,320,14$
A reporter........			$1\,448',61$

Report.........................   1 448^f,61

Maçonnerie hors de terre :

18 Piliers.......................   20^{m3},97 à 20^f,40 = 427^f,78 ⎫
2 Pignons de séparation...........   97^{m3},28 à   7 ,80 = 758 ,78 ⎬   2 097 ,10
2 id. extrèmes.................   116^{m3},73 à   7 ,80 = 910 ,54 ⎭

Pierres de taille :

Pour 18 piliers......... ....   35^{m3},64 à 15 ,17 = 554 ,91 ⎫
Socles en moellons smillés............   18^{m3},00 à 10 ,20 = 183 ,60 ⎬   1 440 ,30
Piliers du milieu (moellons smillés)...   5^{m3},58 à 10 ,20 =   56 ,91 ⎪
Pignons (carreaux).................   37^{m3},45 à 17 ,22 = 644 ,88 ⎭
26 pierres d'appareils placées sur les piliers.   2^{m3},574 à 44 ,52 = 114 ,64 ⎫   270 ,64
Taille et pose à 6 fr. l'une........................ = 156 ,00 ⎭
Pierres aux piliers du milieu..........   5^{m3},282 à 44 ,52 = 235 ,19 ⎫   405 ,38
Taille et pose................................ = 170 ,19 ⎭
Pieds droits des portes..............   20^{m3},63 à 17 ,22   ......   355 ,24

Escaliers des quatre pignons :

224 marches à 2^f,50...   560 ,00
1 millier de briques aux portes cintrées à 41^f,00..................   41 ,00

3°. CHARPENTE.

2 cintres en vieux bois..   70 ,56

PRIX DE REVIENT D'UNE FERME.

DÉSIGNATION des PIÈCES.	ÉQUARISSAGE.	SOMME des LONGUEURS.	PRIX PAR MÈTRE courant.	PRIX TOTAUX.
2 tirants.........	22^c—19^c.....	16^m,50.....	1^f,75.....	27^f,87
1 poinçon........	19 —16	5^m,40.....1 ,37.....		7 ,39
2 arbalétriers......	19 —11	18^m,60...1 ,25.....		23 ,25
2 entraits moisés....	16 — 8	18^m,60....0 ,87.....		16 ,18
2 jambes de force...	19 —11	7^m,00.....1 ,25......		8 ,75
2 id. id.....	19 —11	3^m,00.....1 ,25.....		3 ,75
8 pannes.........	16 —16	36^m,00.....1 ,12.....		40 ,33
1 sablière........	19 —22	5^m,66.....1 ,75.....		9 ,90
Faitage..........	19 —22	5^m,66.....1 ,75.....		9 ,90
Jambettes........	11 —11	10^m,66....0 ,70.....		7 ,42
Lierne...........	11 —11	5^m,66.....0 ,70.....		3 ,96
34 chevrons.......	10 — 7	360^m,40.....0 ,37.....		133 ,34
Main-d'œuvre par ferme, pose comprise..................				75 ,14
Ferrures 38^k,50................................				46 ,20

Prix d'une ferme............................   413^f,24

Pour 9 fermes...   3 719 ,16

     A reporter...........................   10 407^f,99

Report. 10 407ʳ,99

Lucarnes :

Chevrons. . . . .   59ᵐ,80 à 0ʳ,37 = 22ʳ,12
Faîtage. . . . .   4ᵐ,30 à 0 ,87 = 3 ,74
2 sablières. . . . .   8ᵐ,00 à 0 ,87 = 6 ,96
2 pièces inclinées. . . . .   10ᵐ,00 à 0 ,82 = 8 ,20
Poteaux. . . . .   5ᵐ,60 à 1 ,37 = 7 ,67
Façon et pose. . . . .   30 ,00
                                                                 ————
Prix d'une lucarne. 78ʳ,69
Pour les trois. 236ʳ,07

Escaliers :

2 limons. . . . .   12ᵐ,40 à 2ʳ,00 = 24ʳ,80
22 marches. . . . .   33ᵐ,00 à 0 ,80 = 26 ,40
Main-d'œuvre = 0ʳ,50 par marche. . . . .   11 ,00
Jambes de force. . . . .   8ᵐ,00 à 0ʳ,80 = 6 ,40
Une pierre pour le seuil. . . . .   12 ,37
                                                                 ————
Prix de revient. 80ʳ,97
Pour trois escaliers. 242ʳ,91
100 claies à 7ʳ,00 pièce. . . . .   700 ,00
Pièces de bois soutenant les claies . . . .   48ᵐ,00 à 1ʳ,12   53 ,76
24 boulons.   168 kil. à 1 ,20   201 ,60
8 rondelles en fonte. . . . .   9 ,80

4°. COUVERTURE.

996ᵐᵉ,00 de couverture en ardoise à 3ʳ,29. . . . .   3 276ʳ,84
257 kil. de zinc pour faîtage, à 0ʳ,80. . . . .   205 ,60
Pose, à 0ʳ,15 le kilog. . . . .   38 ,55
1/10 pour faux frais et échafauds.   1 537 ,31
                                                                 ————
Prix total. 16 910ʳ,43

Soit environ 17 000 francs.

Étude d'une halle à charbon. — La figure 5 (éch. de 0ᵐ,01) représente la coupe transversale d'une halle dans laquelle on a porté la hauteur sous entrait à 5ᵐ,00, afin de pouvoir la remplir convenablement sans surcharger la charpente.

P P' sont deux planchers qui règnent sur toute la longueur du bâtiment, et que l'on aborde en un point quelconque au moyen de deux escaliers roulants ;

E, escalier roulant, muni à chaque extrémité de deux galets qui se meuvent sur des bandes en fer ou en fonte fixées sur des pièces de bois.

Cette disposition permet aux ouvriers de se porter à la partie supérieure du tas de charbon sans escalier extérieur. Ce n'est que pour remplir la dernière travée de la halle qu'il peut être nécessaire de ménager dans les pignons extrêmes des ouvertures supérieures à l'entrait, qui se ferment au moyen d'un système de grosses persiennes qui empêchent l'entrée de la pluie sans nuire à la circulation de l'air.

PLANCHE 4. — DISPOSITION GÉNÉRALE DES FOURS A COKE.

Usine à coke de la station de Camden (*chemin de Birmingham*), par M. Prior. — Figures 1 à 4 (éch. de 0^m,005).

Les fours sont disposés sur deux rangées, composées chacune de neuf appareils : leur forme intérieure est celle d'un ellipse dont le grand diamètre a 3^m,66, et le petit, 3^m,35; leur hauteur est de 1^m30, et chacun d'eux est cerclé par trois bandes en fer de 0^m,125 de largeur sur 0^m,009 d'épaisseur.

Les fumées sont conduites par un carneau situé au-dessus des fours, à une cheminée commune, qui a environ 2^m,10 de diamètre dans le bas, 1^m,00 dans le haut, et 30^m,00 de hauteur.

La charge de chaque four se compose de 3 400 kil. de houille, et l'opéra dure 48 heures. Le rendement est d'environ 76 pour 100 (1).

Figure 1 ; plan et coupe horizontale.

Figure 2 ; élévation de deux fours et de la cheminée.

Figure 3 ; coupe longitudinale pour le canal de fonte.

Figure 4 ; coupe transversale pour deux fours et la cheminée.

Usine à coke de la station dite, Nine Elms Station (*chemin de Londres à Southampton*). — Figure 5 à 7 (éch. de 0^m,005).

La disposition générale diffère de celle qui a été adoptée pour le chemin de Londres à Birmingham, mais la forme des fours est la même, et ils ont été construits par le même ingénieur.

La charge de chaque four est de 4 tonnes, qui rendent en 48 heures environ 75 pour 100 de coke. Il y en a 16 en tout.

Figure 5 ; plan et coupe horizontale.

Figure 6 ; coupe transversale.

Figure 7 ; coupe longitudinale.

M, porte par laquelle on laisse entrer de l'air froid dans la cheminée lorsque le tirage est trop fort.

Fours à coke à déchargement mécanique disposés en cirque (2). — Figure 8 (éch. de 0^m,0005); plan d'ensemble de 18 fours.

Figure 9 (éch. de 0^m,005); coupe transversale par la ligne AB du plan;

L L, chemin de fer encaissé, afin que la partie supérieure des wagons qui s'y

---

(1) *The Railways of Great Britain and Ireland*, by Francis Whishaw.

(2) Disposition analogue à celle qui a été indiquée dans le *Technologiste*, par M. E. Jullien, ingénieur civil.

meuvent affleure le sol; le chargement du coke se fait ainsi avec la plus grande facilité;

M, manége servant au déchargement des fours;

HK, chaîne dont une extrémité s'attache à la grille (fig. 6) qui doit enlever toute la charge, et dont l'autre s'enroule sur le tambour calé sur l'axe du manége;

GG, galets verticaux directeurs de la chaîne;

CD, tambour en bois ou en fonte;

EF, plate-forme sur laquelle se meut le cheval.

Détails d'un four rectangulaire à deux portes.—Figures 10, 11 et 12 (éch. de 0^m,01); figures 13, 14, 15 et 16 (éch. de 0^m,02).

Figure 10; vue en dessus.

Figures 11 et 12; coupes longitudinale et transversale.

Figures 13, 14 et 15; détails de la porte et des crémaillères par le moyen desquelles on la soulève.

Figure 16; grille en fer employée pour le déchargement : elle est fixée à trois barres de fer qui traversent le four dans sa longueur, et les extrémités de celles-ci sont accrochées à la chaîne, de sorte qu'en faisant tourner le manége tout le contenu du four est évacué en une seule fois.

Emploi de l'anthracite dans les forges maréchales. — Figure 17 (éch. de 0^m,02);

A, cheminée dans laquelle le combustible s'échauffe avant d'arriver au foyer. M. Player a adopté cette disposition pour éviter la décrépitation.

B, voûte mobile en briques.

Emploi de l'anthracite dans les foyers de chaudières. — Figure 18 (éch. de 0^m,02);

A, cheminée par laquelle on introduit le combustible pour l'échauffer et empêcher la décrépitation.

PLANCHE 5. — PRÉPARATION DES MINERAIS.

Bocard et patouillet à double harnais de Treveray (par les Auteurs). —Figures 1 et 2 (éch. de 0^m,01); élévation et plan :

H, roue hydraulique de 12 à 15 chevaux;

P, P, double jeu de pilons;

A, A, arbres à cames portant chacun un pignon qui marche par les engrenages situés sur l'arbre de la roue;

T, T, arbres des patouillets portant chacun un engrenage;

U, U, cuves des patouillets;

G, G, ouvertures de la cuve fermées par des pièces en bois; on les enlève pour faire sortir le minerai lavé;

B, B, bassin de dépôt du minerai.

Détails du bocard. — Figure 3 à 6 (éch. de 0ᵐ,05).

Figure 3; montants en fonte entre lesquels se meuvent les pilons; ils sont boulonnés sur une plaque très-épaisse qui forme le fond de l'auge dans laquelle est écrasé le minerai :

a, a, a, a, mortaises dans lesquelles s'engagent les entretoises en fer qui retiennent les montants deux à deux; ces entretoises servent aussi de guides aux pilons.

b, tasseau en fonte venu au montant, pour fixer la grille en fer qui retient le minerai dans l'auge, jusqu'à ce qu'il soit suffisamment travaillé.

Figure 4; dispositions du pilon et de l'arbre à cames.

Figures 5 et 6; disposition dans laquelle la came a la forme d'une développante de cercle, et agit sur un galet en fonte placé entre les deux pièces de bois qui composent le pilon. Ce mode de soulèvement donne lieu à beaucoup moins de frottements que le précédent.

Les pilons d'un bocard battent ordinairement 40 à 60 coups par minute; l'arbre du patouillet fait 4 à 6 tours dans le même temps.

Épuration des eaux de lavage. — Figure 7 (éch. de 0ᵐ,012); figures 8 à 11 (éch. de 0ᵐ,025).

Figure 7; plan d'ensemble d'un bassin d'épuration :

A, bassin de dépôt;

B, bassin d'épuration proprement dit;

F, flotteur disposé pour répartir également le courant;

D, digue filtrante en sable;

R, bassin régulateur;

V, vanne régulatrice au moyen de laquelle on accélère ou l'on retarde les opérations.

Figure 8; disposition des pièces de fondation de la digue D.

Figure 9; coupe suivant MN de la figure 8, représentant la disposition de la digue.

Figure 10; grille d'amont de la digue.

Figure 11; grillage d'aval en fer.

Grillage des minerais. — Figures 12 à 15 (éch. de 0ᵐ,01); four employé dans le pays de Galles.

Figures 16 et 17 (éch. de 0ᵐ,01); plan et coupe d'un des fours de grillage de l'usine de Lavoulte (d'après M. Walter).

Figures 18 et 19 (éch. de 0ᵐ,01); coupes d'un four de grillage de l'usine de Lowmoor, près Bradford.

Le service de ces fours se fait par un petit chemin de fer sur lequel arrivent les wagons qui contiennent la houille et les minerais; ils sont construits en tôle, s'ouvrent par le fond, et versent directement leur charge dans le four au droit duquel on les arrête.

PLANCHE 6. — HAUTS FOURNEAUX AU BOIS.

N°ˢ 1, 2 et 3 ; fourneaux de la Toscane.
N° 4 ; fourneau des Basses-Pyrénées.
N°ˢ 5 et 6 ; fourneaux des Landes.
N°ˢ 7, 8, 9 et 10 ; fourneaux du Berry.
N°ˢ 11 et 12 ; fourneaux du Doubs et de la Haute-Saône.

PLANCHE 7. — HAUTS FOURNEAUX AU BOIS.

N°ˢ 13, 14 et 15 ; fourneaux du Doubs et de la Haute-Saône.
N° 16 ; fourneau du Bas-Rhin.
N°ˢ 17, 18, 19 et 20 ; fourneaux de la Meuse.
Les lignes ponctuées indiquent la forme du n° 17 après la mise hors.
N° 21 ; fourneau de la Moselle.
N°ˢ 22 et 23 ; fourneaux des Ardennes.
N° 24 ; fourneau des Côtes-du-Nord.
N° 25 ; fourneau de Silésie.
N°ˢ 26 à 30 ; fourneaux du Hartz.

PLANCHE 8. — HAUTS FOURNEAUX AU COKE OU A LA HOUILLE.

N° 1 ; fourneau de l'Ardèche.
N° 2 ; fourneau de l'Aveyron.
N° 3 ; fourneau du Gard.
N° 4 ; fourneau de Saône-et-Loire.
N° 5 ; fourneau du Pas-de-Calais.
N° 6 ; fourneau belge.
N°ˢ 7 et 8 ; fourneaux de Silésie.
N° 9 ; fourneau écossais.
N°ˢ 10 et 11 ; fourneau du Staffordshire.
N° 12 ; fourneau du pays de Galles.
N° 13 ; fourneau à l'anthracite, près Neath.

PLANCHE 9. — CONSTRUCTION DES FOURNEAUX.

Mode de construction. — Figures 1 à 7 (éch. de 0ᵐ,01).
Figure 1 ; coupe d'un fourneau en construction.
Figure 2 ; élévation du fourneau.
Figure 3 ; coupe verticale ;
Figures 4 et 5 ; coupes horizontales par M N (fig. 1) et C D (fig. 3).
Figure 6 ; coupe horizontale suivant A B (fig. 3).

Figure 7; coupe horizontale de la cheminée.

Dans ces différentes figures, on remarque :

P, voûtes ménagées dans les fondations pour la conduite de vent et l'assainissement du creuset;

V, vides ménagés en dessus de la voûte et sous le creuset;

T, plaque en fonte sous le creuset;

s, sable bien battu, sur lequel repose le fond du creuset;

S, 8 montants en fonte adossés aux piliers de cœur;

R, 4 marâtres en fonte portés sur les montants S;

C'C', cercle de fonte en quat⸴ pièces, reposant sur les marâtres et sur les piliers de cœur;

GG, gueuses de fonte soutenant le toit des embrasures;

AA, cheminées verticales, ménagées au centre de chaque pilier;

O, grands carneaux, correspondant aux cheminées, auxquels on fait aboutir les foyers de dessiccation;

BB, carneaux d'aérage;

DD, canal horizontal réunissant les quatre cheminées;

a a, cheminées verticales;

b b, carneaux d'aérages horizontaux;

g g, gabarit à deux profils, servant à la construction des deux chemises;

L, chemise intérieure en briques demi-réfractaires;

L', fausse chemise en briques ordinaires;

l, vide ménagé entre les deux chemises, et rempli de matériaux réfractaires grossièrement concassés;

L″, muraillement de la tour;

v, vide ménagé entre les briques de l'ouvrage et la chemise;

F, tirants en fer reliés aux boucliers Q;

F′, tirants obliques reliés aux boucliers doubles Q′;

PP, *pp*, châssis en fonte, formant la base de la cheminée;

H, dame en fonte;

KK′, montants en fonte auxquels elle est attachée;

y, tympe;

t, embrasure de la tuyère;

m n, avant-creuset.

Tour d'un fourneau écossais. — Figures 8 et 9 (éch. de 0ᵐ,01). Cette tour, excessivement légère, est entièrement construite en briques appareillées.

Tour carrée, évidée à l'intérieur. — Figures 10 et 11 (éch. de 0ᵐ,01). Nous avons adopté ce mode de construction pour alléger le poids des maçonneries.

Détails des parties accessoires d'un fourneau. — Figures 12 à 21, et 28 à 29 (éch. de 0ᵐ,02). Figures 22 à 27 (éch. de 0ᵐ,10).

Figure 12; Plaque de dame, portant une nervure Z contre laquelle s'appuie la plaque de gentilhomme, représentée figure 18.

Figure 13; plaque de dame, disposée pour servir des deux côtés (d'après M. Walter).

Figure 14; Montants en fonte contre lesquels on applique la dame (fig. 13). Celui qui est situé près du trou de coulée est échancré dans le bas.

Figure 15; plaque de dame disposée pour recevoir en U une petite plaque X (fig. 16), percée à différentes hauteurs de trous circulaires qui servent à la coulée :

Z, tasseau pour appuyer la plaque de gentilhomme;

V, échancrure destinée à l'écoulement des laitiers.

Figure 17; montants en fonte servant à fixer la plaque de dame (fig. 15).

Figure 18; plaque de gentilhomme formant la face latérale du plan incliné sur lequel s'écoulent les laitiers.

Figure 16; fer de tympe à courant d'eau.

Figure 20; plaque de tympe ordinaire.

Figure 21; embrasure de tuyère en fonte, encastrée dans la paroi du creuset.

Figures 22 à 24; tuyère à eau en tôle.

Figures 25 à 27; tuyère à serpentin, telle qu'on les fait aujourd'hui en Angleterre. On coule une enveloppe en fonte sur un serpentin en fer creux préparé à l'avance, et convenablement placé dans le moule.

Figure 28; bouclier circulaire à un seul tirant.

Figure 29; bouclier rectangulaire recevant deux tirants obliques.

PLANCHE 10. — HAUTS FOURNEAUX.

Fourneaux d'Alais (par M. Communaux). — Figures 1 à 4 (éch. de 0ᵐ,01).

Ces figures représentent, en élévation, projection horizontale, coupes verticale et horizontale, le mode de construction employé par M. Communaux, pour les hauts fourneaux de l'usine d'Alais (Gard) : la forme adoptée est celle d'un tronc de pyramide quadrangulaire à faces concaves, dont les parois extérieures sont appareillées en voûte; toutes les pressions qui agissent du dedans au dehors sont ainsi reportées sur les quatre arêtes de la pyramide, qui sont reliées entre elles par de nombreux tirants horizontaux. Toute la construction est en briques appareillées, à l'exception des arêtes qui reçoivent la butée des voûtes, que l'on a dû faire en pierres de taille pour les rendre plus résistantes, et plus propres à recevoir l'appui des boucliers placés à l'extrémité des tirants. Ce mode de construction est parfaitement rationnel, et le meilleur que l'on puisse adopter lorsque l'on ne préfère pas donner à la tour la forme cylindrique. Le fourneau est muni de quatre embrasures cintrées, communiquant entre elles par des passages ménagés dans les piliers des angles; ceux-ci sont pourvus de quatre grandes cheminées d'aérage qui règnent sur toute la hauteur de l'édifice.

Fourneau belge. — La figure 5 (éch. de 0^m,01) représente une coupe verticale faite par l'axe d'un fourneau à tour carrée, de construction belge. Nous le rapportons pour en faire voir la disposition intérieure.

Étude de fourneaux accolés. — Figure 6 (éch. de 0^m,01); élévation et coupe de deux fourneaux à base carrée et à tour ronde, construite en briques et cerclée en fer. Ces appareils ont été projetés pour une usine de la Meuse.

Évacuation des laitiers des hauts fourneaux. — Figures 7 et 8 (éch. de 0^m,02), et 9 à 12 (éch. de 0^m,04).

Ce procédé, que nous avons vu appliqué dans plusieurs usines anglaises, nous paraît être un des meilleurs que l'on puisse employer. Les laitiers sont reçus dans une caisse en fonte B (fig. 7 et 8), dont les parois latérales sont coulées en une seule pièce et peuvent à volonté se séparer du fond, fixé à un châssis à quatre roues. Quand elle est pleine, on la fait reculer sur un petit chemin de fer, et au moyen d'une grue P, dont les chaînes s'attachent aux deux goupilles G, G, on enlève le bloc de laitiers retenu dans la caisse par ces mêmes goupilles : on le dépose sur un chariot; on fait tomber les goupilles par un coup de ringard; puis, en attachant les chaînes en *o, o*, on replace avec la grue la caisse sur son fond, tandis que les laitiers restent en bloc sur le chariot.

Figure 9; élévation de la caisse.

Figure 10; coupe longitudinale.

Figure 11 ; plan.

Figure 12; coupe transversale :

G, G, goupilles mobiles mises en place avant que les laitiers remplissent la caisse, et retirées ensuite pour déposer le bloc ;

o, o, oreilles venues à la caisse pour y attacher les quatre chaînes de la grue.

PLANCHE 1e. — USINES A FONTE.

Halle de Tusey (Meuse) (par les Auteurs). — Figure 1 (éch. de 0^m,004); coupe transversale de la fonderie de Tusey, avec indication du haut fourneau, des cubilots et des grues. La portée de la charpente est de 36^m,85.

Hauts Fourneaux de Decazeville. — Figures 2 et 3 (éch. de 0^m,024); plan et élévation de la halle et des fourneaux :

G G, bâtiment des machines ;

A, A, chaudières à vapeur ;

V, V', cylindres à vapeur ;

T, T', cylindres soufflants ;

R, régulateur d'air en tôle ;

CCC, grande conduite de vent ;

F F', halle des fourneaux, divisée en deux compartiments ;

E, fours de grillage des minerais;

E', bâtiment placé au niveau des gueulards, dans lequel on prépare les charges.

Fourneau adossé à une colline (d'après Mushet). — Figures 4 et 5 (éch. de 0ᵐ,0104 pour mètre); plan et coupe :

M, mur de soutenement des terres;

A, haut fourneau au coke;

K, K, passages pratiqués dans les piliers;

D D, grande conduite de vent, correspondant avec la soufflerie, et faisant fonction de régulateur à capacité constante;

F, F, F, appareils à air chaud;

G, G, G, conduite de vent des tuyères;

B B, pont en fonte mettant le fourneau en communication avec la plate-forme où l'on prépare les charges.

PLANCHE 12. — USINES A FONTE.

Hauts fourneaux de Maubeuge. — Figures 1 et 2 (éch. de 0ᵐ,005); plan et élévation.

A A, deux hauts fourneaux au coke, portant les dimensions suivantes :

Hauteur totale..................................... 14ᵐ,00
Idem, du creuset................................. 0ᵐ,65
Idem, de l'ouvrage.............................. 1ᵐ,45
Idem, des étalages............................. 3ᵐ,20
Idem, de la cuve................................ 8ᵐ,70
Largeur aux tuyères............................... 0ᵐ,86
Idem, au bas des étalages....................... 1ᵐ,00
Idem, au ventre................................. 4ᵐ,10
Idem, au gueulard.............................. 2ᵐ,00

B B, plate-forme réunissant les deux fourneaux entre eux, et ceux-ci au plan incliné.

D D, plan incliné à chariots, mus par la machine de la soufflerie.

E E, bâtiment pour le chargement des chariots.

F F, chambre des machines; elle contient deux machines à vapeur à basse pression, de la force de 60 chevaux chacune, et donnant ensemble 140 mètres cubes d'air à la pression et à la température atmosphériques. L'air est lancé dans les fourneaux à la pression de 0ᵐ,18 de mercure.

K K, grand régulateur à air en tôle.

G, G, six chaudières à vapeur à basse pression (1/3 d'atmosphère), chauffées par les gaz du gueulard, qui arrivent par les tuyaux $g g$, $g' g'$.

L, L, L, L, quatre appareils à air chaud, chauffés à volonté par des grilles ordinaires, ou par les gaz des fourneaux : chacun d'eux est divisé, pour faciliter les réparations, en deux compartiments indépendants l'un de l'autre.

Creusets puisards. — Figures 3 à 8 (éch. de 0ᵐ,025).

Figures 3 et 4; creuset puisard de l'usine de Malapane (Silésie). La paroi en briques qui sépare le creuset puisard du creuset a une largeur de 0ᵐ,30 à sa base, et de 0ᵐ,325 à sa partie supérieure; le canal de communication a 0ᵐ,10 de largeur, sur 0ᵐ,13 de hauteur; le creuset lui-même porte 0ᵐ,31 de profondeur, autant de diamètre supérieur, et 0ᵐ,23 de diamètre inférieur. On chauffe le creuset pendant cinq semaines avant d'y laisser pénétrer la fonte.

Figures 5 et 6; creuset puisard employé en Bohème : cette disposition est très-bonne quand l'usine est disposée en conséquence.

Figures 7 et 8; creuset puisard en tôle, entouré d'une maçonnerie en briques, placé contre la dame. Cette disposition est bonne, parce qu'elle permet de nettoyer facilement le canal de conduite de la fonte. Il est essentiel de maintenir le creuset à une haute température, en y conservant toujours un peu de fonte couverte de fraisil.

PLANCHE 15. — SOUFFLERIES.

Disposition d'une trompe. — Figures 1 et 2 (éch. de 0ᵐ,025); élévation et plan.

A, bassin supérieur ou péchère;
B D, arbre creux en bois; F, étranguillon;
G, G, aspirateurs ou trompillons;
H, caisse trapézoïdale ou réservoir du vent;
T, tablier sur lequel tombe l'eau;
S, sentinelle; L, burle; M, bourée;
N, canon de bourée ou buse.

La caisse H est sans fond, et repose dans un bassin rempli d'eau, qui s'écoule par un canal de fuite.

Ventilateur à force centrifuge. — Figures 3, 4 et 5 (éch. de 0ᵐ,06); élévation, coupe et plan.

Cet appareil se compose d'une caisse en fonte, dans laquelle se meuvent quatre ailes en tôle fixées sur un arbre en fer, auquel on donne le mouvement par une courroie qui s'enroule sur la petite poulie qu'il porte. Quand les ailes ont un moindre diamètre, il est avantageux de faire mouvoir l'arbre entre pointes, au lieu de le placer sur des coussinets, comme nous l'avons indiqué.

Régulateur à capacité constante. — La figure 6 (éch. de 0ᵐ,01) représente un régulateur sphérique en tôle, muni d'une soupape à sa partie supérieure.

Régulateur à eau. — Figures 7, 8 et 9 (éch. de 0ᵐ,015); plan, coupes longitudinale et transversale de l'appareil.

Il se compose d'une caisse en fonte sans fond, supportée par des pièces de fonte *p*, *p*, *p*, auxquelles elle est fixée par des tirants verticaux *a b*.

Les extrémités M et M' de chaque pièce *p* sont encastrées dans la maçonnerie du bassin, dont le niveau est supposé constant.

La plaque supérieure de la caisse porte une soupape S, et reçoit les tuyaux E et F, qui servent à l'entrée et à la sortie de l'air.

Régulateur à piston flottant. — Figures 10 et 11 (éch. de 0ᵐ,015); élévation et coupe d'un cylindre en fonte et de son piston.

V V, conduite de vent venant de la soufflerie pour se diriger vers les fourneaux; elle communique avec le régulateur par la tubulure T, munie d'un papillon P, qui commence à se fermer dès que le piston flottant atteint l'extrémité inférieure du levier L.

S, secteur en fonte fixé sur la tige du papillon; il reçoit la chaîne H, et porte le contrepoids P, destiné à faire revenir le papillon à sa place, lorsqu'il en a été dérangé par une oscillation trop prononcée du piston.

PLANCHE 14. — RÉGULATEURS.

Régulateur à cloche de Vierzon (par les Auteurs). — Figures 1 à 3 (éch. de 0ᵐ,04 pour mètre).

Cet appareil fonctionne à la fois comme régulateur d'air et comme régulateur de vanne.

Figure 1; coupe verticale par l'axe du régulateur.

Figure 2; coupe CD par l'axe (fig. 1).

Figure 3; coupe AB (fig. 1) :

G, régulateur à capacité constante ménagé dans les fondations de la soufflerie;

A, conduite de vent communiquant avec le régulateur, et allant aux fourneaux par le tuyau F;

P, papillon dont on règle l'ouverture de manière à obtenir des oscillations régulières;

BD, plaque de fond en fonte supportée par quatre colonnes;

b b, cloche intérieure en tôle;

d d, cloche extérieure en tôle; l'intervalle compris entre ces deux cloches est en partie rempli d'eau.

m m, cloche mobile en tôle avec une partie supérieure en fonte, au milieu de laquelle se fixe la tige en fer forgé T;

S, soupape à contre-poids qui s'ouvre quand la petite tige *t* vient frapper la poutrelle LL;

g g, guides en fer fixés à la cloche mobile, et embrassant les tiges verticales II;

LL, poutrelle en fonte supportée d'une part par le mur de la chambre, de

3

l'autre par la pièce R boulonnée sur l'entablement E; cette pièce porte dans son milieu : 1°. un coussinet en cuivre qui sert de guide à la tige T; 2°. les ressorts *r r r r*, qui doivent amortir les chocs de la cloche; 3°. quatre petits paliers qui supportent les arbres à manivelles *a* et *a'*; 4°. elle reçoit sur les côtés les tiges verticales I, I, embrassées par les guides *g, g*.

Les taquets Q et Q', qui sont calés sur la tige, agissent de deux manières; d'abord, pour limiter la course du régulateur, en l'arrêtant lorsqu'ils ont frappé les ressorts; puis pour faire monter ou baisser la vanne de la roue motrice, en changeant la position des petites manivelles *e, e'* des arbres *a* et *a'*.

x, x', sont deux arbres horizontaux parallèles à *a* et *a'*, auxquels ils sont reliés par deux tringles *o* et *o'*, de telle sorte qu'ils reçoivent de la cloche un mouvement de rotation sur eux-mêmes, qui imprime un mouvement de va-et-vient vertical aux tringles de déclic *y* et *y'* (fig. 3).

La tringle *y* agit en poussant de haut en bas sur les dents du rochet *n*, et la tringle *y'* agit au contraire en tirant de bas en haut sur le rochet *n'*. Ces deux roues étant fixées sur l'arbre de manivelle M, au moyen duquel on fait marcher la vanne, on voit que la relation de celle-ci avec le mouvement de la cloche est établie de telle sorte, qu'elle baisse quand le taquet Q' vient frapper la pièce *e'* et faire remonter *y'*, tandis qu'elle s'ouvre quand Q atteint la pièce *e* et fait descendre *y*. Les contrepoids *v* et *v'* servent à équilibrer les pièces *y* et *y'*.

K, est un des contrepoids de la vanne;

R, R sont des ressorts qui appuient légèrement sur les tringles *y* et *y'*;

g', pièce à fourchette servant de guide à ces mêmes tringles;

lf, frein à contrepoids, composé d'un tasseau en bois fixé sur un levier en fer, mobile autour du point *q*; il appuie légèrement sur les deux rochets de manière à ce que le mouvement de la vanne ne se prolonge pas au delà du temps pendant lequel agissent les tringles *y* et *y'*.

Cet appareil est assez simple et fonctionne avec beaucoup de régularité. Nous indiquons ci-dessous le poids des pièces qui le composent :

Fontes.	Poutrelles, supports, paliers et boucliers.....	1 227^k,00	
	Plaque de fondation, plaque de fond et plaque supérieure, tuyau à papillon, colonnes.....	3 870 ,00	5 097^k,00
Fers...	Trois cylindres en tôle................	1 313 ,00	
	Tige principale et tringles latérales..........	144 ,00	2 170 ,00
	Ferrures diverses, arbres, etc	665 ,00	
	Acier pour ressorts....................	48 ,00	
Cuivres.	Un robinet...........................	4 ,00	22 ,00
	Coussinets...........................	18 ,00	

Les frais de modèle, d'ajustage et de montage s'élèvent à 1 200 fr. environ.

PLANCHE 15. — RÉGULATEURS.

Régulateur à cloche de Niederbrunn (par les Auteurs). — Figures 1 et 2 (éch. de 0^m,08), et 3 à 5 (éch. de 0^m,20).

Cet appareil, employé à la fois comme régulateur d'air, et pour régler l'entrée de la vapeur dans les tiroirs de la machine, a beaucoup d'analogie avec le précédent.

Q, Q', taquets fixés sur la tige de la cloche ;

r, r, r, r, ressorts sur lesquels ils agissent ;

P, P', manchons en fonte fixés sur la tige et porteurs des pièces y et y', qui agissent sur les rochets n et n'; ceux-ci sont calés sur l'arbre M, dont le pignon r engrène avec le secteur denté R qui a son centre en d.

Au moyen des tringles $a\,a'$, $b\,b'$, le mouvement se transmet à l'arbre $d'\,d''$, et de là, à la tige verticale $h\,l$, au moyen du levier $d''h$.

La tige $h\,l$ agit sur le robinet de vapeur B, augmente l'ouverture quand la cloche descend, et la réduit quand elle monte. Les autres pièces dont nous ne parlons pas servent d'auxiliaires aux précédentes, qui sont les seules essentielles.

Figures 3, 4 et 5; détails de l'un des manchons P, P', placés sur la tige du régulateur : la figure 4 est un coupe par CD ; la figure 5 est un autre coupe suivant AB.

PLANCHE 16. — SOUFFLERIES.

Détails d'un cylindre soufflant en fonte. — Figures 1 à 4 (éch. de 0^m,04) :

DD, plaque de fondation ;

NN, fond du cylindre, portant l'entrée d'air E, la sortie S, et le trou d'homme M;

LL, corps du cylindre alésé ;

II, piston en fonte avec sa garniture de cuir ;

T, tige du piston en fer forgé ;

BB, couvercle du cylindre, portant le *stuffing-box* H, l'entrée d'air E, et la sortie S;

VV, boîte à vent recevant l'air expulsé du cylindre par S, S, et le conduisant à un régulateur ;

P, P, portes pour visiter les soupapes.

Autre disposition d'un cylindre soufflant. — Figures 5 à 7 (éch. de 0^m,04).

Elle est plus simple, mais moins élégante que la précédente.

Le cylindre est porté sur quatre colonnes qui reposent sur la plaque de fondation; le fond et le couvercle portent chacun deux boîtes à soupapes garnies de quatre clapets E, munis de contrepoids p. Cet arrangement permet de donner une très-grande section à l'entrée d'air, et convient spécialement aux cylindres d'un fort diamètre; la sortie d'air se fait comme dans le cas précédent.

Le stuffing-box est remplacé par une simple garniture H en cuir et en bronze, système moins bon, mais aussi plus économique que celui que l'on adopte habituellement.

Ce cylindre satisfait aussi bien que possible à la condition de ne pas renfermer de pièces difficiles à couler, comme le fond et le couvercle de la figure 3; et peut être exécuté avec beaucoup d'économie.

Robinets d'air et buses. — Figures 8 et 9 (éch. de 0^m,05) :

A B, tuyau cylindrique portant une partie conique tournée *m n*;

R R, couvercle portant un écrou de bronze E F, emboîté dans la fonte, et fileté à l'intérieur;

S S, soupape conique fixée à la tige T qui traverse l'écrou E E, et se manœuvre par une manivelle,

B, tuyau de fonte portant à son extrémité un rebord intérieur tourné P Q;

B′, buse en fonte portant un rebord extérieur tourné et ajusté sur P Q; ce joint se maintient par la pression du vent, et est suffisamment étanche quand il est bien fait;

B″, busillon en tôle ajusté à frottement sur B′.

Cet emmanchement, très-souvent employé, permet de faire rentrer B″ en B quand on veut travailler aux tuyères.

Autre disposition de robinet et de buse. — Figures 10 à 12 (éch. de 0^m,05).

Le tuyau qui porte l'air à la buse porte un robinet à vanne horizontale, composé d'une plaque S glissant entre deux coulisseaux en fer *m, n,* et manœuvré au moyen d'une tige à manivelle T. Ce genre de vanne est très-étanche, parce que la pression même de l'air concourt à assurer la jonction de la pièce mobile contre les parties fixes ajustées.

Le système relatif au règlement de la position de la buse se compose comme il suit :

B, tuyau de fonte tourné à l'extérieur, se mouvant en avant ou en arrière au moyen de la tige T′; il porte à son extrémité un joint sphérique P Q;

B′, buse en fonte pouvant rentrer en B, et mobile autour du joint P Q;

B″, busillon.

Cette disposition assez compliquée permet de régler d'une manière parfaite la position de la buse dans la tuyère.

Trou d'homme placé sur un régulateur d'air en maçonnerie, et muni d'une soupape à levier; figures 13 et 14 (éch. de 0^m,10).

PLANCHE 17. — SOUFFLERIES.

Soufflerie à moteur hydraulique de Vierzon (par les Auteurs). — (Éch. de 0^m03); élévation et plan.

Cette soufflerie a été établie de manière à pouvoir lancer 90 à 100^m3,00 de vent par minute, à la pression de 0^m,07 de mercure; la force de la roue est de 30 chevaux. Les engrenages qui composent la communication de mouvement sont indiqués dans le tableau suivant :

DÉSIGNATION.	DIAMÈTRE.	CIRCONFÉRENCE.	PAS.	NOMBRE de dents.	NOMBRE de tours par minute.	LARGEUR des dents.	POIDS des pièces.
	mèt.	mèt.	mèt.			mèt.	kil.
Roue hydraulique........	6,000	»	»	»	8,000	»	»
Engrenage sur la roue....	2,441	7,668	0,108	71	8,000	0,230	1 625,00
Pignon de la manivelle...	1,131	3,564	0,108	33	17,200	0,240	690,00
Engrenage à dents de bois	3,053	9,581	0,067	113	17,200	0,170	1 115,00
Pignon du volant........	0,447	1,407	0,067	21	118,000	0,180	175,00
Pignon du monte-charge..	Id.	Id.	Id.	Id.	Id.	Id.	175,00
Deux engrenages coniques pour le monte-charge...	0,725	2,280	0,010	57	Id.	0,110	289,00
Volant................	3,000	»	»	»	118,000	»	2 120,00

Les matériaux employés dans la communication du mouvement se répartissent ainsi qu'il suit :

Bois.... Fondation en charpente.......................... 7^{m3},00

Fontes.. { Engrenages, arbres, volant. .... 7 015^k,00 } 11 750^k,00
{ Plaques et paliers...................... 4 735 ,00 }

Fers.... { Arbre du volant...................... 208 ,00 } 1 554 ,00
{ Boulons de fondation.................... 1 346 ,00 }

Cuivres. 20 coussinets................................. 167 ,00

Pour le poids des pièces de la soufflerie proprement dite on a :

Fontes.. { Cylindre soufflant.................... 8 658^k,00
Boîte à vent, trou d'homme et plaques accessoires........................... 3 803 ,00
Balancier............................. 1 905 ,00
Paliers du balancier.................... 440 ,00 } 24 083 ,00
Entablement et colonnes................ 4 558 ,00
Bielle et manivelle. .... 1 360 ,00
Plaque de fondation du cylindre.......... 3 040 ,00
Boucliers, etc......................... 319 ,00 }

Fers. .. { Tige du piston....................... 230 ,00
Arbre du balancier.................... 150 ,00
Pièces du parallélogramme.............. 400 ,00 } 1 870 ,00
Boulons d'attache, balustrade. .... 1 012 ,00
Clapets en tôle. .... 78 ,00 }

Cuivres. Coussinets du balancier, de la bielle et du parallélogramme.   104 ,00

Le diamètre du cylindre soufflant est de 1^m,66, sa course de 1^m,58. La bielle a 5^m,20 de long ; le balancier 4^m,74 ; la manivelle 0^m,79.

PLANCHE 18. — SOUFFLERIES.

Soufflerie à deux cylindres et à moteur hydraulique de Coat-an-nos (par les Auteurs). — Figures 1 et 2 (éch. de 0m,02); élévation et plan.

A la vitesse de 0m,80 par seconde, cette soufflerie peut fournir 36m3,00 d'air par minute : le diamètre de chaque cylindre est de 0m,80, et la course est égale au diamètre. Les dimensions des principales pièces de la communication de mouvement sont indiquées dans le tableau suivant :

INDICATION DES PIÈCES.	DIAMÈTRE	PAS.	NOMBRE de DENTS.	NOMBRE DE TOURS par minute.	LARGEUR des DENTS.
	mèt.	mèt.			mèt.
Roue hydraulique.........	8,330	»	»	3,000	»
Engrenage sur la roue......	2,957	0,081	114	3,000	0,155
Premier pignon.......	0,517	0,081	20	17,000	0,155
Engrenage à dents de bois...	2,628	0,055	140	17,000	0,110
Pignon des manivelles......	1,375	0,055	80	30,000	0,150
Pignon du volant..........	0,131	0,055	25	90,000	0,150
Volant...................	3,260	»	»	90,000	»

La puissance du moteur est d'environ 8 à 10 chevaux.

Le régulateur d'air à volume constant a été ménagé dans les fondations de la machine.

Soufflerie d'Abainville mue à volonté par une roue hydraulique ou par une machine à vapeur (par les Auteurs).—Figures 3 et 4 (éch. de 0m,025).

Le diamètre du cylindre soufflant est de 1m,33, et sa course est de 1m,46; à la vitesse de 1m,00 par seconde, et en admettant toujours un coefficient de 0,75 comme dans nos évaluations précédentes, il donne 62m3,00 d'air par minute.

La roue de 4m,00 de diamètre, de 1m,45 de largeur, travaille sous une chute de 3m,80, et fait environ 9 tours par minute; sa force est de 12 à 14 chevaux.

Le cylindre à vapeur V a la même course que le cylindre soufflant, et porte 0m,45 de diamètre; il marche à moyenne pression, condensation et détente variable par le régulateur à force centrifuge.

R, roue hydraulique à augets portant en engrenage de 1m,71 de diamètre;

M, arbre de la manivelle portant un pignon de 0m,740 de diamètre et un volant;

N, vannage de la roue hydraulique,

V, cylindre à vapeur;

D, condenseur;

P, pompe alimentaire;

S, cylindre soufflant (poids = 4 620 kil.);

F F, plaques de fondation (poids = 1 950 kil.);

B, bielle que l'on détache quand on marche avec la machine à vapeur (poids = 361 kil.);

A, balancier (poids = 1 157 kil.).

L'entablement, les colonnes et les paliers pèsent 4 434 kil.

Cette soufflerie est munie d'un régulateur à cloche.

PLANCHE 19. — SOUFFLERIES.

Ancienne soufflerie à trois cylindres des forges de Joinville (construite à Chaillot). — Figures 1, 2 et 3 (éch. de 1/16 ou de 0ᵐ,0625); élévation, plan et coupe.

Diamètre des cylindres 0ᵐ,60
Course des cylindres 0ᵐ,48

A la vitesse de 0ᵐ,80 par seconde, cette soufflerie peut fournir 30ᵐ³,00 d'air par minute.

Les pistons sont mus directement par les manivelles sans l'intermédiaire des balanciers.

R, engrenage placé sur l'arbre moteur;

r, pignon placé sur l'arbre des manivelles M;

S, cylindres soufflants;

T, tige du piston attachée à la pièce *a b*, qui se meut verticalement entre les coulisses D et D', et qui est guidée dans ce mouvement par la petite tige *t*.

La manivelle porte un galet en cuivre G compris dans le parallélogramme *ab*, dont il parcourt successivement toute la longueur en décrivant une circonférence autour de l'arbre M; la tige T est donc mise en mouvement par la pression de G sur les faces intérieures de *a b*.

Cette manière de transformer un mouvement circulaire en un mouvement vertical est très-défectueuse, en ce qu'elle donne lieu à de grands frottements et par conséquent à une rapide usure de pièces. Ce genre de construction n'est pas à imiter.

Piston conduit par des bielles latérales. — Figures 4 et 5 (éch. de 0ᵐ,025) :

S, cylindre soufflant;

M, arbre à manivelles passant sous le cylindre;

m, m, manivelles;

B, B, deux bielles latérales;

A B, pièce en fer recevant en son milieu la tige de piston T; en *b, b,* les deux bielles, et en *a, a* les deux pièces DE sur lesquelles s'attachent les guides.

La verticalité du mouvement de A B est obtenue au moyen de quatre guides G E et G D dont les points fixes sont en G.

P, P, quatre paliers fixés sur les pièces de bois N, N;

L, volant de la soufflerie.

Cette manière de guider la tige d'un piston sans balancier est une des meilleures que l'on puisse employer; mais il est facile de voir que le poids des bielles concourt avec celui du piston, pour accélérer le mouvement de ce dernier à la descente : il est donc tout à fait indispensable de remédier à cet inconvénient en plaçant un contrepoids sur la couronne du volant.

Détail de deux manivelles accouplées. — Figures 6 et 7 (éch. de 0m,10).

Lorsque deux manivelles doivent être fixées sur deux arbres différents, on peut les placer très-exactement vis-à-vis l'un de l'autre, et attacher la bielle sur le manneton qui les reçoit.

PLANCHE 20. — SOUFFLERIES.

Soufflerie à vapeur de Marquise (Pas-de-Calais) (par MM. Thomas et Laurens). — Figures 1 et 2 (éch. de 0m,025).

Cette soufflerie, qui a été établie pour souffler deux hauts fourneaux au coke, se compose d'un seul cylindre dont le diamètre et la course sont de 2m,00; à la vitesse de 1m,00 par seconde, il peut fournir environ 141m3,00 de vent par minute.

La machine à vapeur à condensation et à détente variable marche avec des chaudières établies sur les gueulards des deux fourneaux; sa force nominale est de 80 chevaux.

Le volant de 6m,60 de diamètre extérieur fait 15 révolutions par minute, et pèse environ 8 500 kil.; sa quantité d'action est à celle du moteur dans le rapport de 10 à 6.

S, indique le cylindre soufflant, V le cylindre à vapeur.

PLANCHE 21. — SOUFFLERIES.

Soufflerie à vapeur sans volant du Creuzot. — Figures 1 et 2 (éch. de 1/36); plan et élévation :

V, cylindre à vapeur;

S, cylindre soufflant;

A, A', oreilles en fonte placées aux extrémités du balancier, et recevant chacune une pièce de bois transversale;

B, B', pièces de bois faisant ressort, fixées sur l'entablement de la machine.

A chaque oscillation les pièces emmanchées en A et A' viennent butter sur B et B', et limitent ainsi la course du piston.

Cette disposition, principalement employée dans les machines d'épuisement, est presque entièrement abandonnée pour les souffleries.

Étude de soufflerie. — Figures 3, 4 et 5 (éch. de 0m,01).

Cette soufflerie a été disposée pour lancer 560m3,00 d'air par minute à une pression de 0m,12 à 0m,15 de mercure.

La machine à vapeur de 300 chevaux se compose de deux cylindres V, placés aux extrémités d'un même balancier, dont le mouvement se communique à l'arbre horizontal MM par une forte bielle, et lui fait faire 15 révolutions par minute. Le volant placé sur un arbre spécial *ll*, a 4ᵐ,00 de diamètre, pèse 3 000 kil., et fait 100 tours par minute.

L'arbre M se prolonge dans la chambre de la soufflerie, et porte à son extrémité un engrenage qui fait mouvoir les deux arbres *m* et *m'*; ceux-ci portent chacun deux manivelles qui impriment le mouvement aux pistons de quatre cylindres soufflants S de 2ᵐ,00 de diamètre et de course.

La figure 3 représente le plan général des machines; la figure 4 montre l'élévation de la machine à vapeur, et la figure 5 celle de la soufflerie.

PLANCHE 22. — APPAREILS A AIR CHAUD.

Appareil de Taylor (d'après M. Walter).

Les figures 1 à 3 (éch. de 0ᵐ,03) représentent cet appareil en coupes longitudinale, horizontale et transversale; il se compose de 8 tuyaux demi-circulaires emboîtés par leurs extrémités dans les tubulures des deux tuyaux horizontaux, dont l'un sert à l'arrivée de l'air et l'autre à sa sortie; ils sont placés dans un four en briques, muni à sa partie antérieure d'une grille à houille. La surface de chauffe des tuyaux est d'environ 4ᵐ²,50.

Appareil de Calder à double circulation (d'après M. Mushet). — Figures 4, 5 et 6 (éch. de 0ᵐ,03).

Figure 4; coupe horizontale.

Figure 5; coupe longitudinale.

Figure 6; coupe transversale suivant P Q (fig. 4).

R, régulateur d'air en tôle, conduisant l'air de la soufflerie à l'appareil à air chaud.

G, G, deux grilles à houille.

H, H, etc., ouvreaux par lesquels les produits de la combustion se rendent dans l'appareil.

A B et F P, tuyaux horizontaux encastrés dans les parois du four; le premier est partagé en deux compartiments par la cloison MN. Ces tuyaux portent des tubulures dans lesquelles viennent s'assembler les 12 tuyaux coudés qui servent au chauffage, et dont la surface est d'environ 35 mètres carrés.

O, O, etc., ouvertures par lesquelles s'échappe la fumée.

R, R, etc., registres pour régler le tirage.

T, tige des registres.

L'air du régulateur arrive d'abord dans la partie A N du tuyau A B, passe dans les six premiers tuyaux pour se rendre en F P, revient par les six derniers en N B, et se rend ensuite aux tuyères du haut fourneau qu'il alimente.

4

La double circulation de l'air favorise son échauffement; mais elle présente un inconvénient sous le rapport de la perte de force motrice qui en résulte. L'emploi de deux grilles transversales est une bonne disposition.

Forme des tuyaux. — Les figures 7, 8 et 9 (éch. de 0^m,06) indiquent les différentes formes que l'on donne aux tuyaux d'air chaud; la dernière est employée dans les usines de Dowlais, près de Merthir-Tydwill (pays de Galles).

PLANCHE 25. — APPAREILS A AIR CHAUD.

Appareil de Calder, à simple circulation. — Les figures 1 et 2 (éch. de 0^m,03) représentent en deux coupes la disposition la plus généralement employée pour les appareils de ce genre :

A, tuyau d'arrivée de l'air froid; 0^m,36 de diamètre;

B, sortie de l'air chaud;

O, O, sorties de fumée;

H H, conduit aboutissant à une petite cheminée surmontée d'un registre.

La surface de chauffe des tuyaux courbes est de 31 mètres carrés, et a été calculée pour chauffer par minute 30 mètres cubes d'air, à la température de 300°°.

Appareil employé dans la Haute-Marne. — Figures 3 à 6 (éch. de 0^m,05).

Figure 3; coupe transversale indiquant la position du gueulard, dont les flammes sont conduites à l'appareil.

Figure 4; coupe horizontale.

Figure 5; élévation du conduit des gaz.

Figure 6; coupe de ce conduit suivant bg (fig. 4) :

Q, gueulard du haut fourneau;

$m n$, plaque de fonte recouvrant le gueulard;

$o p$, espace annulaire dans lequel circulent les gaz;

V V' U U' S S', carneau de conduite des gaz;

R (fig. 6), porte de ce carneau;

$r, r,$ (fig. 5) petites portes pour les rentrées d'air;

A, arrivée de l'air froid (fig. 4);

B D, B' D', tuyaux horizontaux à deux tubulures;

F, G, F', G', tuyaux verticaux en deux parties;

L, L, etc., 16 tuyaux de chauffage assemblés sur les quatre tuyaux verticaux;

A', sortie de l'air chaud;

P, cheminée surmontée d'un registre;

$o, o,$ petites ouvertures, servant à l'introduction d'une verge en fer, pour nettoyer les tuyaux.

Cet appareil est caractérisé par la disposition des quatre tuyaux verticaux F, G, F', G'; ils sont coulés en deux parties de telle sorte que, lorsque l'un des tubes L est cassé ou usé, il peut être retiré et remplacé en enlevant seulement la portion extérieure de ce tuyau vertical, et sans démolir tout le four.

Les tuyaux L, dont la surface de chauffe est de 10 mètres carrés, sont garnis à l'intérieur de débris de fonte, ou de tôle, qui augmentent la surface de métal avec laquelle l'air se trouve en contact.

Appareil de Wasseralfingen. — Les figures 7 à 10 (éch. de 0^m,03) donnent une idée d'un genre d'appareil que l'on emploie beaucoup en Allemagne pour le chauffage de l'air.

Figure 10; projection horizontale du four qui renferme les tuyaux.

Figure 9; coupe par *df* (fig. 10).

Figure 8; coupe suivant *ab* (fig. 9).

Figure 7; élévation suivant *xy* (fig. 9) :

G, gueulard du fourneau;

P R, canal de conduite des gaz;

R, registre;

r, rentrée d'air froid;

o, o, portes à coulisses pour nettoyer les tuyaux;

H, cheminée surmontée d'un registre.

Cet appareil peut élever l'air à une assez haute température; mais les nombreux coudes qui changent à chaque instant la direction de son mouvement, occasionnent des pertes de force plus considérables que dans toutes les autres dispositions.

PLANCHE 24. — APPAREILS A AIR CHAUD.

Appareil à gaz carbonés (par M. Cabrol). — Bien qu'il soit peu appliqué, nous avons néanmoins cru devoir en rapporter un croquis, afin d'éclairer nos lecteurs sur la nature des dispositions que l'on a employées.

Figure 1 (éch. de 0^m,03); coupe et projection horizontales de l'appareil.

Figure 2; coupe par l'axe du fourneau suivant Q Q'.

Figure 3; coupe verticale suivant S V V' K (fig. 1).

Figure 4 (éch. de 0^m,10); détail de la petite soupape *p*, placée dans les portes P et P' (fig. 1 et 2).

A, tuyau d'air froid arrivant de la soufflerie.

B, robinet d'air.

E, chambre en fonte où arrive l'air, et où se tient le chauffeur.

D, antichambre munie de deux portes P et P', tenues fermées par la pression de l'air.

p, soupape munie de deux leviers *q* et *q'*.

Pour entrer dans E, l'ouvrier ouvre la porte P et la referme; puis, au moyen de la soupape, il fait pénétrer l'air dans D, et peut alors ouvrir P'; dès qu'il est en E, il ferme *p*. Pour sortir, il fait l'opération inverse.

G, grille à houille, alimentée par l'air de la soufflerie.

L M H, L' M' H', L" M" H", tuyaux qui conduisent l'air en partie brûlé aux tuyères T T' T".

l m n h, tuyaux par lesquels on peut faire arriver à deux tuyères latérales *t*, placées au-dessus de T' et de T", de l'air non brûlé, et légèrement échauffé par son parcours au milieu des grands condúits L' M' et L" M".

Quand on veut envoyer cet air entièrement froid, on ferme les papillons R et R', et on le fait passer par les tuyaux *l' m' n h*.

F, creuset du fourneau.

Cette disposition est, comme on le voit, très-ingénieuse; mais aussi passablement compliquée. Nous avons dit ailleurs ce qu'il fallait penser de cet appareil; nous n'y reviendrons pas.

PLANCHE 25.—EMPLOI DE LA CHALEUR PERDUE DES FOURNEAUX.

Chaudières de Niederbrunn (par les Auteurs). — Les figures 1 à 4 (éch. de 0^m,008) représentent la machine à vapeur et les chaudières que nous avons établies en 1835 à l'usine de Niederbrunn. La machine est de 12 à 15 chevaux; les chaudières, au nombre de deux, ont les dimensions suivantes :

Diamètre extérieur...............................	1^m,00
Longueur..	6^m,00
Diamètre des bouilleurs..........................	0^m,40
Longueur..	6^m,75

Surface de chauffe d'une chaudière :

La chaudière....................................	8$^{m^2}$,42
Les bouilleurs...................................	17$^{m^2}$,84
Les tubes de jonction............................	0$^{m^2}$,77
Surface totale...................................	27$^{m^2}$,03

Figure 1; élévation latérale du fourneau; coupe longitudinale d'une chaudière et de son fourneau, et coupe transversale de la chambre de la machine, dans laquelle cette dernière est vue en projection verticale.

Figure 2; projection horizontale du haut fourneau et des chaudières, avec indication en coupe des carneaux d'arrivée et de sortie de la flamme.

Figure 3; coupe transversale des chaudières, et coupe longitudinale de la chambre de la machine.

La figure 4 fait voir le fourneau en coupe et la machine en plan.

Le gueulard A du fourneau (fig. 1 et 2) est entouré d'une cheminée en briques, fermée à sa partie supérieure par une plaque de fonte *a b* percée au centre d'une ouverture circulaire B que l'on ferme avec un registre en tôle R tournant sur des charnières, et manœuvré par une chaîne et des poulies.

Un large carneau A C C', se divisant en deux parties C et C', conduit à volonté la flamme dans l'une ou l'autre chaudière, suivant qu'on laisse ouvert l'un ou l'autre des registres R' et R".

La flamme parcourt le carneau CD en enveloppant les bouilleurs, remonte sous la chaudière par l'ouverture c d pratiquée dans la petite voûte en briques qui sépare le carneau des bouilleurs de celui de la chaudière, et revient par le carneau EG à l'extrémité duquel se trouve le registre R''', que l'on ouvre pour faire passer la flamme dans la cheminée en tôle HJ. Cette cheminée a 0m,80 de diamètre, 0m,50 de section, et 6m,50 de hauteur; elle est surmontée d'un registre R'''' pour régler le tirage.

Chaque chaudière est munie d'un foyer supplémentaire F, dont on ne se sert qu'à la mise en feu du fourneau, ou lorsqu'il est dérangé. J J et L sont des voûtes qui ne servent qu'à évider les massifs.

Les fourneaux des chaudières reposent sur un fort plancher en bois m n, supporté par des poutres longitudinales et transversales o p, p p, et des colonnes en fonte n.

P et P', cylindres à vapeur de la machine ;

Q , condenseur ;

S, colonnes de l'entablement ;

T, cylindre soufflant ;

U, régulateur à cloche,

V X Y, conduite de vent.

Chaudière de Villerupt (*Moselle*) (par MM. Laurens et Thomas). — Figures 5 et 6 (éch. de 0m,0125); coupes horizontale et verticale.

Cette chaudière a 5m,50 de long, 1m,20 de diamètre, et porte un bouilleur horizontal de 1m,00 de long, et de 0m,70 de diamètre; sa surface de chauffe est d'environ 20m²,00, et elle alimente une machine à vapeur de 12 chevaux.

A , intérieur du haut fourneau ;

B, trémie en fonte servant à recueillir les gaz ;

N, carneau d'entrée des gaz ;

R , registre servant à régler leur admission ;

D, tuyau à papillon pour l'émission des gaz en excès ;

M, espèce de grille en fonte qui divise les gaz en lames, et permet à l'air extérieur arrivant en P, de se mélanger avec eux pour les brûler ;

L, grille supplémentaire ne servant que lors de la mise en feu du fourneau ;

Q, porte de ce foyer ;

F, bouilleur horizontal ;

G, chaudière verticale ;

I I , tuyau de prise de vapeur traversant la chaudière ;

H, tuyau de vidange ;

E, cheminée servant à l'évacuation de la fumée ;

C, C, portes de nettoyage.

PLANCHE 26.—EMPLOI DE LA CHALEUR PERDUE DES FOURNEAUX.

Appareils pour recueillir les gaz des fourneaux (communiqués par MM. Thomas et Laurens). —Figures 1 à 3 (éch. de 0ᵐ,025).

Figure 1; plan ou coupe par D E F G (fig. 2).

Figure 2; coupe par A B C du plan.

Figure 3; coupe suivant V K.

T, cylindre en fonte ou trémie, laissant entre les parois extérieures et intérieures du fourneau un espace libre mm, dans lequel passent les gaz pour se rendre par les ouvertures O, O dans la boîte circulaire CC, d'où ils se rendent par le tuyau P P dans la caisse B.

Les poussières se déposent dans le récipient à eau D, et les gaz passent dans le conduit P' pour se rendre à leur destination.

R, R, ouvertures disposées sur la boîte circulaire pour son nettoyage;

S, soupape de sûreté qui se soulève quand la pression des gaz est trop forte.

Les figures 4 et 5 représentent la même disposition légèrement modifiée pour le cas où les minerais, au lieu d'être en gros morceaux, sont en grains ou en poussière.

Chaudières de Tusey (*Meuse*) (par M. Vuillemin). — Figures 6 à 9 (éch. de 0ᵐ,025); elles sont chauffées avec les gaz du fourneau.

La chaudière de 6ᵐ,60 de long, 0ᵐ,84 de diamètre, et les bouilleurs de 0ᵐ,50 de diamètre sur 6ᵐ,75 de long, présentent une surface de chauffe d'environ 28 mètres carrés.

Figure 6; coupe suivant $pqrsvt$.

Figure 7; coupe longitudinale.

Figures 8 et 9; coupes suivant mn et xy de la figure 6.

L'appareil de combustion des gaz établi d'après les plans de M. Robin se compose comme il suit :

A B, buse en tôle par laquelle arrivent les gaz;

D G, plaque de fonte portant 8 ouvertures;

$abcd$, tuyaux plats posés sur les ouvertures de la plaque.

L'air froid arrivant par D E traverse ces tuyaux, tandis que les gaz se répandent dans l'intervalle compris entre eux.

L'air et les gaz se mélangent dans l'espace compris entre ab et la plaque lg.

H, ouvertures munies de portes à coulisses pour laisser entrer de l'air froid lorsque le besoin s'en fait sentir;

Q, évent fermé par un clapet en tôle, qui s'ouvre lorsque la pression intérieure s'élève dans la chaufferie:

F, entrée des gaz sous les bouilleurs;

N, passage conduisant la fumée du carneau des bouilleurs à l'un de ceux de la chaudière;

R, registre placé à l'entrée de la cheminée ;

M, cheminée ;

K, grille supplémentaire ;

P, porte de ce foyer.

PLANCHE 27. — MONTE-CHARGES.

Monte-charge à chariots (d'après M. Walter). — Figures 1 et 2 (éch. de 0^m,005) ; 3 et 4 (éch. de 0^m,02), et 5 et 6 (éch. de 0^m,12).

Figures 1 et 2 ; élévation et plan d'ensemble de l'appareil :

A A, chemin de fer à deux voies ;

B B, escalier de service placé entre les deux chemins ;

G, G, chariots sur lesquels on charge les raisses de charbon ou les bâches de mine.

a b, communication de mouvement aux tambours t, t'.

Figures 3 et 4 ; élévation et coupe du mécanisme au moyen duquel le mouvement est arrêté, lorsque les chariots arrivent au sommet du plan incliné.

l, arbre moteur portant le manchon m (détaillé aux figures 5 et 6), et les deux roues d'engrenage folles d et d' ;

p, arbre portant la roue h à une de ses extrémités et une griffe à l'autre ;

l", arbre placé dans le même alignement que p, portant un manchon m' qui peut s'engager dans la griffe au moyen du levier à fourchette L", et recevant les tambours t et t' ;

Q Q, arbre en bois porté sur deux tourillons, auquel sont adaptés deux leviers L, L, contre lesquels viennent agir les chariots G à leur arrivée sur la plate-forme ;

L", levier à fourchette saisissant le manchon m', et recevant son action par l'intermédiaire de la tige P attachée au levier L ;

s', barre au moyen de laquelle on règle la course de L ;

s, barre à ressort qui maintient L dans la position L', lorsque le chariot l'a contraint à s'y placer.

Explication du mouvement. — Lorsque le chariot arrive au sommet du plan incliné, il pousse L qui tourne autour de Q Q et le met en L' ; le poids P est soulevé, et le levier L" tournant autour de r dégage le manchon m' de la griffe, et l'arbre l" des tambours s'arrête, tandis que l et p continuent à se mouvoir ; pour faire redescendre le même chariot, l'ouvrier manœuvre à la main le premier manchon m, et change la direction du mouvement ; il dégage ensuite la barre s, et le levier L revient à sa place en vertu de l'action de contrepoids P, en repoussant le manchon contre la griffe, et par conséquent en rendant le mouvement à l'arbre l".

Figures 5 et 6 ; détails du manchon d'embrayage m, de son arbre, et des roues d, d' et h.

Monte-charge à plateaux (employé en Angleterre). —Figures 7 et 8 (éch. de 0ᵐ,008).

Les plateaux L se meuvent sur deux chemins de fer inclinés; ils sont attachés aux extrémités d'une chaîne, qui s'enroule sur les tambours T et T' tous deux fixés sur l'arbre moteur A, et vient passer sur les poulies PP, P'P' uniquement destinées à changer sa direction.

l est un levier qui sert à embrayer l'un ou l'autre tambour par l'intermédiaire du manchon M.

Afin que le plateau chargé qui est arrivé au sommet du plan, ne fasse pas remonter le plateau vide qui se trouve au bas, lorsque les deux tambours sont désembrayés, il est nécessaire d'arrêter ce dernier par un crochet placé en H, ou par tout autre moyen analogue.

B représente la forme des brouettes que l'on emploie généralement en Angleterre pour le service des fourneaux.

Monte-charge à mouvement continu. —Figures 9, 10 et 11 (éch. de 0ᵐ.005); plan, élévation, et coupe A B C D E F.

M, grande poulie placée sur l'arbre moteur;

G, G, galets en fonte forçant la chaîne à embrasser une plus grande portion de la circonférence de la poulie;

P, P', P", petites poulies servant à guider la chaîne dans ses changements de direction;

T, grande poulie sur laquelle passe la chaîne; elle est folle sur un axe porté par le chariot H, qui est tiré dans le sens de la flèche par le poids P, et fait l'office de tendeur pour maintenir la rigidité de la chaîne.

Figures 12 et 13 (éch. de 0ᵐ,02); élévation latérale et postérieure du wagon :

V, caisse en tôle suspendue dans un châssis en fer porté sur les deux essieux;

a b, tenaille qui saisit la chaîne au bas du plan incliné, et la quitte à la partie supérieure, lorsque son extrémité rencontre le coin de fer fixe *c*.

Tant que la tenaille est engagée, ses branches reposent sur le support R; dès qu'elle est détachée par l'action du coin, elles retombent sur l'essieu, et l'autre extrémité ne peut ressaisir la chaîne qu'après qu'on les a soulevées et rapprochées.

Figures 14, 15 et 16 (éch. de 0ᵐ,05); détails de la tenaille et du coin.

PLANCHE 28. — MONTE-CHARGE.

Monte-charge à chariots versants (usine de Lowmoor). — Figures 1 et 2 (éch. de 0ᵐ,01); plan et élévation latérale :

GG, plan incliné composé de deux pièces en fonte, sur lesquelles se meut l'appareil qui porte les charges;

H, gare de stationnement pour les wagons pleins;

O O, fosse dans laquelle se meut un chariot Q, destiné à faire passer les wagons V, de la gare sur le plan incliné ;

A, arbre moteur ;

B, pignon calé sur cet arbre ;

D, engrenage fou sur l'arbre des tambours ; on l'embraye au moyen du manchon *m*, mû par le levier à fourchette *l* ;

T, T, tambours calés sur A, se mouvant en même temps et dans le même sens ;

F, grande roue à frein pour modérer la descente de l'appareil, quand l'engrenage D est débrayé ;

f, levier du frein ;

P, poulies placées au haut du plan incliné, sur lesquelles passent les chaines.

Figure 3 (éch. de 0^m,02) ; coupe par E D du plan.

Q, pièces de fer fixées de chaque côté du gueulard, contre lesquelles vient buter la caisse M qui contient le wagon V ; elle se renverse et prend la position M'.

Figures 4 à 8 (éch. de 0^m,05) ; détails de l'appareil qui contient les charges.

Figure 4 ; plan du châssis N N, de la caisse M M et du wagon V.

Le châssis porte quatre roues R, qui glissent sur les pièces de fonte du plan incliné (fig. 6), et supporte la caisse aux points *s s*.

Figure 5 ; élévation latérale du châssis seulement.

Figure 7 ; coupe longitudinale de la caisse et du wagon.

La caisse porte 4 poulies *p*, qui servent à la faire basculer contres les pièces Q (fig. 3).

Le wagon porte quatre roues *r*, qui s'engagent dans les rainures latérales et intérieures de la caisse, de sorte qu'il devient solidaire de cette dernière.

Figure 8 ; élévation postérieure de la caisse et du wagon, représentant les axes s, s qui portent sur le châssis, et les rainures latérales où viennent se placer les roues *r, r*.

Ce monte-charge a été dessiné d'après un croquis pris sur les lieux.

PLANCHE 29. — MONTE-CHARGES.

Monte-charge à treuil de l'usine de Vierzon (*Cher*) (par les Auteurs). — Figures 1, 2 et 3 (éch. de 0^m,04) ; plan, vue de face, et élévation latérale de l'appareil.

G G, plate-forme au niveau des gueulards ;

A, A', cages en bois formées par les deux pièces S, S', entre lesquelles se meuvent les plateaux L, L' ;

s, s, Coulisseaux en fonte fixés contre les pièces S, S' ;

B, arbre moteur venant de la soufflerie ;

Q, poulie en fonte ;

5

D, arbre en fer, portant la poulie Q' qui correspond avec Q, et le tambour en bois T';

F F, flasques qui composent le treuil ;

T, tambour en fonte placé au centre du treuil, sur lequel se meut la chaîne, lorsqu'il est mis en mouvement ;

R, grand engrenage placé sur l'arbre du tambour (détaillé figure 4) ;

r, pignon en fonte engrené avec R ;

b, arbre en fer portant le pignon r, les trois poulies q, q', q" qui correspondent avec le tambour T' de l'arbre D, et deux rochets h, h;

o, entretoise en fer portant deux manettes m, m, correspondantes aux rochets ;

b', arbre à deux manivelles portant le pignon r' et le rochet h'.

Cet arbre ne sert que lorsqu'un accident vient interrompre le mouvement des poulies motrices.

o', entretoise en fer portant une manette m' pour le rochet h'.

Les deux poulies q et q" sont folles sur l'arbre b, la poulie q' est fixe ; les deux courroies qui vont du tambour T' aux poulies q, q' et q" sont croisées et guidées par les deux leviers M et M', au moyen desquels on les fait passer à volonté sur l'une ou l'autre de ces poulies, pour changer la direction du mouvement.

F, levier muni de deux galets g et g', servant à tendre les courroies.

Explication du mouvement. — La courroie C' étant placée sur la poulie q', le plateau L descend et L' monte ; dès qu'il arrive on place C' sur q" au moyen du levier M', et le mouvement s'arrête ; on charge le plateau du bas, on décharge celui du haut, et on fait passer la courroie C sur q', de sorte que L remonte et L' redescend. La même manœuvre se répète chaque fois que les charges sont parvenues à leur destination.

Figures 4 et 5 (éch. de 0m,10) ; détails de la roue R disposée pour recevoir un frein, et du pignon r.

DIMENSIONS ET VITESSES DES PIÈCES MOBILES.

DÉSIGNATION DES PIÈCES.	DIAMÉTRE.	PAS.	NOMBRE de DENTS.	NOMBRE DE TOURS par minute.
	mèt.	mèt.		
Poulies Q et Q'............	0,7500	"	"	100
Tambour T'................	0,6000	"	"	100
Poulies q q' et q".........	0,8800	"	"	68
Pignons r.................	0,1623	0,03	17	68
Roue R...................	0,9551	0,03	100	11,60
Tambour T................	0,3500	"	"	11,60
Poulies P et P'............	0,2500	"	"	"

Le tambour faisant 11,60 tours par minute, aura une vitesse à la circonférence d'environ 0^m,21 par seconde.

Matériaux qui composent l'appareil.

Charpente.	Poteaux, longrine, moises, etc.............		5^{m3},30
Fontes....	Prise de mouvement sur la soufflerie...... 1849^k,00		
	Flasques du treuil.................. 469 ,50		3493^k,50
	Engrenages, poulies, etc.............. 448 ,00		
	Coulisseaux........................ 727 ,00		
Cuivres des petits paliers.			12 ,00
Fers......	pour le treuil..................... 598^k,00		
	pour les plateaux.................... 349 ,00		1147 ,00
	Chaines......................... 200 ,00		
Courroies..	de 0^m,15 de largeur ; longueur........ = 10^m,00		28^m,00
	de 0^m,10 de largeur ; longueur. .... = 18^m,00		

PLANCHE 50. — MONTE-CHARGES.

Monte-charge à chaîne sans fin (*Écosse*). — Figures 1 , 2 et 3 (éch. de 0^m,01); élévation, plan supérieur et plan par terre des deux appareils, dont l'un sert à la montée des charges, et l'autre à la descente des wagons vides.

D, arbre moteur;

D', arbre intermédiaire portant la roue conique R qui engrène avec R' et R", et fait tourner les arbres F, F, dans des sens différents.

Chaque arbre F porte deux poulies en fonte P, P, sur lesquelles se meuvent deux chaînes verticales à mouvement parallèle.

Chaque poulie P correspond à une poulie P' calée sur un arbre F", situé à la partie supérieure de la cage en charpente; les poulies inférieures P portent sur leur circonférence de petits taquets en fonte ou en fer, dans lesquels s'engagent les maillons de chaîne, afin qu'elle ne puisse pas glisser.

Pour que l'écartement des deux chaînes du même appareil soit constant, on les guide à la partie supérieure par des pièces de fonte circulaires G, G, qui emboîtent les poulies; ce sont les pièces g g de la chaîne (Fig. 5, 6 et 7) qui glissent dans la gorge des pièces GG.

Les wagons arrivent aux appareils par les chemins M, M, situés au niveau du sol : ils se rendent aux gueulards par les voies M', M', établies sur la plate-forme.

La figure 1 représente un des wagons V' au moment où il vient se placer entre les chaînes pour être enlevé, et l'autre wagon V à l'instant où il verse sa charge dans le fourneau.

Figure 4 (éch. de 0^m,02); élévation et coupe d'une des poulies supérieures et du guide qui l'enveloppe.

Figure 5 (éch. de 0^m,05); coupe de la poulie et du guide à une plus grande échelle.

Figures 6 et 7 (éch. de 0^m,05); détails de la chaîne et du wagon.

La chaîne est composée de maillons de 0^m,35, assemblés par des goupilles.

Chaque maillon double porte une pièce g destinée à s'engager dans les guides G, pour maintenir la position verticale de la chaîne.

Le wagon est composé d'une caisse en tôle portée sur quatre roues; il se vide par devant au moyen d'une porte dont la charnière est située en H, et qui se maintient fermé au moyen de la barre A B. Pour ouvrir la porte quand le wagon est engagé dans le gueulard, il suffit de donner un coup de ringard sur une des extrémités de A B qui tourne alors autour du point o.

Monte-charge à contre-poids hydraulique. — Figures 8 et 9 (éch. de 0^m,015); élévation et plan de l'appareil.

Il se compose de deux cages en charpentes A et A', dans lesquelles se meuvent deux plateaux B et B' suspendus aux extrémités de la même chaîne.

P, grande poulie en bois sur laquelle la chaîne fait deux ou trois tours; elle est munie d'un frein, que l'on manie au moyen d'un levier F, destiné à modérer la vitesse des plateaux.

$p\,p$, petites poulies en fonte.

Le fond de chaque plateau est creux (fig. 10) et disposé pour recevoir une quantité d'eau dont l'action à la descente puisse vaincre la résistance du plateau chargé et celle de tous les frottements. Il se remplit à la partie supérieure au moyen de réservoirs R R', et se vide quand il a atteint le sol au moyen de la soupape à soulèvement S.

Comme emploi du travail moteur, cet appareil est le plus désavantageux de tous ceux que nous avons examinés, lorsqu'il faut élever l'eau au gueulard par des moyens mécaniques.

FIN DE LA DESCRIPTION DES PLANCHES RELATIVES A LA FABRICATION DE LA FONTE.

DESCRIPTION DES PLANCHES

RELATIVES

A LA FABRICATION DU FER.

PLANCHE 51. — FOYERS CATALANS; — FEUX D'AFFINERIE ET DE CHAUFFERIE.

Décarburation de la fonte. — (Fours de Kœnigsbrunn).

Les figures 1 et 2 (échelle de 0ᵐ,025 pour mètre) représentent en coupes horizontale et verticale, un four à réverbère employé à l'usine de Kœnigsbrunn (Wurtemberg), pour blanchir et décarburer partiellement la fonte, sous l'influence d'un courant d'air chaud, de scories concassées et de minerais en grains. La grille est alimentée par de la tourbe.

Foyer catalan (d'après les dessins de M. Richard).

Les figures 3, 4 et 5 (éch. de 0ᵐ,05), représentent un de ces foyers en plan, coupe longitudinale par A B, et coupe transversale suivant C D; on a :

F, fond du creuset en pierre;

L, laiterol; — H, trou de chio;

M, la respalme; — E, la plie;

Q, Q, banquette ou plaque de travail;

I, le piech del foc, ou mureau compris entre le mur de l'usine et la paroi du creuset;

U, partie de ce mureau située au-dessus de la tuyère, appelé paredou;

P, les porges ou côté gauche du feu;

T, la tuyère; — G, buse ou canon de bourec;

V, la cave ou face d'arrière du foyer;

R, l'ore ou face de droite du foyer.

A l'exception du fond et de la cave, toutes les parois du creuset sont en fer forgé.

Ancien feu d'affinerie (affinage aux charbon). — Figures 6 à 9 (éch. de 0ᵐ,02 pour mètre).

Les figures 6 et 7 représentent, en élévation et en plan, l'ancienne disposition des foyers d'affinerie; on l'emploie encore aujourd'hui dans quelques localités.

La figure 8 est une coupe verticale suivant la ligne P Q du plan, et la figure 9 une coupe suivant N M.

Les parties essentielles de cet appareil sont :

ƒ, le fond du creuset en fonte;

l, le laiterol ou plaque de chio, percée à différentes hauteurs, de trous circulaires qui servent à l'écoulement des laitiers pendant le travail ;

p, la varme, sur laquelle s'appuie la tuyère *t* ;

r, le contrevent ou face opposée à la tuyère ;

v, la rustine ou haire, qui fait face au laiterol ;

q, banquette ou plaque de travail, s'appuyant sur le laiterol ;

g g, gueuse à affiner : elle pénètre dans le foyer par l'œillard L, fermé par
la porte P; on la fait avancer au moyen du rouleau R, appuyé sur les jumelles G, G ;

B, bâche en fonte, remplie d'eau froide, et servant à rafraîchir les outils ;

H, cheminée en briques, reposant sur les marâtres en fonte M : ces pièces sont
supportées à la partie postérieure par le mur d'enceinte de l'atelier, et à l'avant par
les piliers en fonte E ;

V, conduite du vent ;

B', buse en tôle, aboutissant à l'embrasure où se trouve située la tuyère *t*.

Les indications qui précèdent nous paraissent suffisantes pour faire comprendre
la disposition de ces anciens foyers; il nous paraît d'autant plus inutile d'entrer
dans de plus grands détails à cet égard, que le système de construction adopté
aujourd'hui en diffère très-notablement (voir les Planches 32 et 33).

Chaufferie à la houille (méthode champenoise). —Figures 10 à 16 (éch.
de 0ᵐ,03 pour mètre).

Ces appareils sont employés dans la méthode champenoise pour le réchauffage
des lopins de fer puddlé : ils ressemblent beaucoup aux anciens feux d'affinerie et
se construisent à peu près de la même manière.

Figure 10; élévation suivant E F du plan ;

Figure 11; coupe et plan suivant A B (fig. 10);

Figure 12; élévation suivant N M du plan ;

Figure 13; coupe horizontale par D H (fig. 10).

Les lopins *x*, *x*, sont appuyés sur deux barres de fer F, F, disposées au-dessus
du foyer, et s'échauffent ainsi successivement avant d'être placées dans le
creuset lui-même, où ils reçoivent un dernier coup de feu qui précède le martelage.

Les figures 14, 15 et 16 représentent la disposition du creuset :

En plan, figure 14;

En coupe suivant I K, figure 15 ;

En coupe suivant L N, figure 16.

Tenailles des feux d'affinerie. — Les figures 17 à 19 (éch. de 0ᵐ,05 pour
mètre) peuvent donner une idée des principales tenailles employées dans le service
des feux d'affinerie.

Figure 18; tenaille à cingler, dite *écrevisse;*

Figure 17 ; grosse tenaille à *chauffer;* elle sert à maintenir le lopin pendant son réchauffage dans le foyer ;

Figure 19 ; tenaille à forger, dite *à coquille.*

PLANCHE 32. — EMPLOI DE LA CHALEUR PERDUE DES FEUX D'AFFINERIE.

Chauffage d'une chaudière à vapeur (par MM. Thomas et Laurens). — Figures 1 à 7 (éch. de 0ᵐ,025 pour mètre).

Les figures 1 et 2 représentent, en élévation et en plan, le massif du fourneau d'une chaudière de 16 chevaux chauffée par la flamme perdue d'un feu d'affinerie.

Figure 3 ; coupe horizontale suivant la ligne brisée A B D E F G de la figure 4.

f, foyer d'affinerie ;

t, tuyères ;

p, porte par laquelle on laisse entrer de l'air pour assurer la combustion des gaz ;

g, gueuse à affiner ;

b, bouilleur de la chaudière, de 0ᵐ,60 de diamètre et 6ᵐ,50 de longueur ;

a, corps de la chaudière, ayant 1ᵐ,00 de diamètre et 5ᵐ,50 de longueur.

Figure 4 ; coupe verticale suivant la ligne H K L M de la figure 3 ; on y remarquera :

L'espace *o,* où vont se perdre les poussières qui proviennent du foyer ;

La grille *h,* dont on se sert lorsque le feu d'affinerie ne marche pas, ou lorsqu'il ne donne pas assez de chaleur ;

La cheminée *d,* munie d'un registre en tôle *d',* pour régler le tirage ;

Figure 5 ; coupe tranversale suivant O U de la figure 3.

h', porte de chargement de la grille *h* ;

v, v…, vides ménagés entre la maçonnerie de briques réfractaires et le massif, afin d'éviter autant que possible la déperdition du calorique par les parois.

Figures 6 et 7 ; coupes verticales suivant les lignes N P et Q R de la figure 3.

La disposition générale de cette chaufferie est bonne.

Réchauffage du fer et de la fonte (par les Auteurs). — Figures 8 à 11 (éch. de 0ᵐ,025 pour mètre).

La figure 8 représente la coupe horizontale d'un four à réchauffer, placé à la suite de deux feux d'affinerie *f, f'.*

La figure 9 est une coupe verticale suivant S T V ; la figure 10, une portion de coupe suivant X S, et la figure 11 une coupe transversale faite par I Z.

Chaque foyer est muni, du côté de la plaque de travail, d'une porte mobile en fonte E, que l'on n'ouvre que de la quantité rigoureusement nécessaire pour travailler dans le creuset : la vapeur d'eau et les bouffées d'air chaud, qui pourraient incommoder les ouvriers, sont aspirées par la cheminée au moyen du conduit en tôle T T.

A, est un espace destiné au réchauffage des saumons que l'on introduit par la porte P, et que l'on fait ensuite tomber dans chaque foyer par un simple coup de ringard.

La sole B sert au réchauffage du fer que l'on introduit par une des deux portes P′ et P″.

Afin de conserver dans le four toute la chaleur possible, la flamme, au lieu de monter directement dans la cheminée, est rabattue près de la porte P″, et ne s'y rend qu'après avoir parcouru les carneaux D, D, munis chacun d'un registre R (Planche 8 et 11), destiné à régler le tirage. Nous avons ménagé dans la partie inférieure de ce conduit, une chambre assez large où viennent se déposer les poussières et les cendres entraînées par le courant d'air.

La quantité de matériaux employés dans la construction de ce four se compose comme il suit :

Briques pour le four.........	{ réfractaires.......	3 000	
	{ ordinaires.......		2 000
Briques pour la cheminée.....	{ réfractaires......	2 200	
	{ ordinaires.......		4 300
Total des briques..........	{ réfractaires......	5 200	
	{ ordinaires.......		6 300

Poids des fontes (garniture complète). .... 9 000 kil.
Id. des tirants en fer. 1 000

PLANCHE 35. — APPAREILS A AIR CHAUD SUR FEUX D'AFFINERIE.

Appareil à tuyaux concentriques (projet de MM. Thomas et Laurens). —Figures 1 à 6 (éch. de 0ᵐ,05 pour mètre).

Figures 1 et 2; élévation latérale et plan;

Figure 3; élévation du côté du creuset;

Figure 4; coupe verticale suivant A B du plan;

Figure 5; coupe horizontale;

Figure 6; coupe transversale suivant P Q (fig. 1).

Dans ces différentes figures, on a :

a, foyer d'affinerie;

p, porte de travail;

t, t, embrasures des tuyères;

b, espace réservé au passage de la gueuse;

p′, porte pour l'entrée de la gueuse;

o, o, portes de nettoyage.

L'air froid, qui arrive de la soufflerie par le tuyau *z x y*, pénètre et s'échauffe dans l'espace annulaire compris entre les cylindres en fonte *d e g, m n q*, et se rend aux tuyères par le tuyau *h l t* : le premier de ces deux cylindres, dont la surface de chauffe est d'environ 3^{mq},50, est supporté dans la maçonnerie enveloppante par les oreilles R ; le cylindre intérieur est soutenu par les esgots *r*.

La fumée se rend à la cheminée en tôle V, par l'espace annulaire compris entre la maçonnerie et le grand cylindre ; les quatre ouvertures *o'*, servent au nettoyage.

Cet appareil est bien disposé pour assurer le chauffage de l'air avec une faible surface de chauffe, parce qu'il est exposé à l'action de la chaleur en lames très-minces ; nous n'avons d'ailleurs aucuns renseignements sur les résultats pratiques de cette nouvelle disposition.

Four à réchauffer avec appareil à air chaud (par les Auteurs). — Figures 7 et 8 (éch. de 0^m,03 pour mètre), et figure 9 (éch. de 0^m,06 pour mètre).

Les figures 7 et 8 représentent, en coupes verticale et horizontale, la disposition d'un feu d'affinerie muni d'un four à réchauffer le fer et les saumons, à la suite duquel est placé un appareil à air chaud de construction ordinaire.

La figure 9 est une coupe suivant la ligne L M du plan.

a, feu d'affinerie ;

p, porte de travail ;

b, espace pour réchauffer les saumons ;

p, porte pour les saumons ;

d, sole pour réchauffer le fer ;

p', *p"*, portes de chargement ;

v, *v*, tuyau d'aspiration ;

V, cheminée munie d'un registre ;

z, arrivée de l'air froid ; il traverse les quatre tuyaux *x x x x* placés à la partie inférieure de la cheminée, et se rend à la tuyère par le tuyau *y t*. La surface de chauffe est d'environ 2^{mq},50.

Cette disposition est fréquemment employée dans les feux d'affinerie à air chaud ; on la rendrait meilleure en disposant les tuyaux de manière à envoyer à volonté à la tuyère de l'air froid ou de l'air chaud, mais il faudrait aussi modifier la sortie de la flamme de manière à pouvoir en préserver les tuyaux, lorsque l'on ne veut pas chauffer l'air.

PLANCHE 34. — FEU DE FINERIE.

Finerie à six tuyères. — Figures 1 à 10 (éch. de 0^m,05 pour mètre), et 11 à 14 (éch. de 0^m,015 pour mètre).

Les figures 1, 2 et 3 représentent en coupes et en plan la disposition d'une finerie à six tuyères.

On distingue dans cet appareil les parties suivantes :

s s, sole en sable ou en scories, reposant sur une première sole **S S** en briques réfractaires posées de champ;

E E E, bâches en fonte remplies d'eau, formant trois faces du creuset;

F', plaque de chio, munie d'une ouverture O, pour l'écoulement des produits :

f, plaque de travail;

g, plaques latérales portant le ringard *h h'*, sur lequel l'ouvrier appui son *perçoir* pour déboucher le chio;

E', E', bâches en fonte remplies d'eau pour refroidir les outils;

T... T, six tuyères à eau, dont trois sur chacune des faces latérales du creuset;

H, H, plaques dans lesquelles sont percées les embrasures des tuyères;

L, L, plaques du foyer, fixées contre les supports de la cheminée, M M;

N, N, réservoir d'eau alimentant les tuyères;

P, P, marâtres en fonte reposant sur les supports M, M, et soutenant la cheminée;

Q Q Q Q, distribution du vent aux tuyères;

Figure 4; coupe $x y$ de la figure 3, représentant la lingotière dans laquelle on fait écouler le fin-métal.

Figure 5; détail des supports M.

Figure 6; marâtre de la cheminée;

Figure 7; plaques latérales *g*.

Figure 8; plaque de chio.

Figure 9; plaque H des tuyères.

Figure 10; bâche formant une des parois du foyer.

Figures 11 et 12; lingotière posée sur le sol et suivie d'une bâche à eau, dans laquelle on fait passer le fin-métal solidifié pour le refroidir.

Figures 13 et 14; lingotière posée sur une bâche remplie d'eau qui en refroidit le fond.

PLANCHE 35. — FOURS A PUDDLER.

Four à puddler simple (par les Auteurs).—Figures 1 à 3 (éch. de 0^m,025), et figures 8, 10 et 11 (éch. de 0^m,04 pour mètre).

Les figures 1 à 3, représentent en élévation, coupe et plan, la disposition d'un four à puddler à sole en fonte, suivi d'un four à réchauffer les saumons; la figure 8 donne le détail de la sole; la figure 10, celui de la porte et de son châssis; la figure 11 indique la forme de la tocquerie;

Four à puddler, dit four bouillant (par les Auteurs). — Figures 4 et 5 (éch. de 0^m,025 pour mètre); coupe et plan de ce four.

Figure 9 (éch. de 0^m,04 pour mètre); détail de la sole et des pièces de fonte dans lesquelles circule le courant d'air qui les rafraîchit.

Four à puddler, dit four champenois (d'après M. Gueniveau). — Figures 6 et 7 (éch. de 0^m,025 pour mètre); coupe et plan de ce four.

Dans ces trois appareils, on a :

G, emplacement de la grille ;

D, le cendrier ; T, la toequerie ;

S, la sole de travail ;

P, la porte de travail ;

A, le grand autel, séparant la sole de la grille ;

a, le petit autel, séparant la sole du flux ;

F, le flux ou chio ;

s, le petit four à réchauffer les saumons ;

p, sa porte de chargement ;

f, petite ouverture pour l'écoulement des scories, quand elles sont trop abondantes (fig. 1) ;

L, galet en fonte, roulant sur une barre de fer, et portant une chaîne à laquelle on suspend une pelle qui sert à transporter les saumons, rougis dans le petit four, de la porte p à celle P.

Matériaux employés. — La construction d'un four à puddler, dit four bouillant, exige l'emploi des matériaux suivants :

Briques ordinaires..............................		4 000
Briques réfractaires.............................		3 200
Fontes : Garniture intérieure.	1 900 kil.	
Foyer, portes..................	1 800	8 000 kil.
Armatures extérieures...........	4 300	
Fers pour tirants et leviers.		800
Façon du four.		120^f,00

La cheminée du four n'est pas comprise dans les données précédentes.

PLANCHE 36. — FOUR A RÉCHAUFFER. — CHEMINÉES. — PUDDLAGE AUX GAZ.

Four à réchauffer (par les Auteurs). — Les figures 1, 2 et 3 (éch. de 0^m,025 pour mètre), représentent en élévation, coupe et plan, un four à réchauffer de forme ordinaire, entièrement garni en fonte.

Les **matériaux employés** à sa construction, y compris la base de la cheminée, sont à peu près les suivants :

Briques ordinaires.		3 400
Briques réfractaires.		2 400
Fontes : Foyer, porte, etc...............	600 kil.	
Garniture complète.	3 900	4 500 kil.
Fers pour tirants et leviers.		620
Façon du four.................................		90^f,00

Cheminées de fours. — Les figures 4 à 9 (éch. de 0^m,025 pour mètre), représentent, en coupes verticales et horizontales, les deux genres de cheminées que l'on emploie habituellement dans les forges anglaises, soit pour les fours à puddler, soit pour ceux à réchauffer.

La première (fig. 4 à 6), est composée d'une paroi intérieure en briques réfractaires, revêtue d'une chemise en briques ordinaires.

La seconde (fig. 7 à 9), est beaucoup plus légère et uniquement formée de briques réfractaires. L'une et l'autre sont armées en fer, et munies à leur partie supérieure de barres horizontales en saillie, destinées à la pose des échafauds de réparation.

Chaque cheminée repose sur des marâtres en fonte, portées par des supports verticaux, dont le détail est indiqué figure 10 (éch. de 0m,04 pour mètre); le sommet est garni d'un registre mobile au moyen duquel on règle le tirage du four.

Matériaux employés. — On a dans ces deux cheminées, sans compter les fondations qui varient avec la nature du sol :

	CHEMINÉE FIG. 4.	CHEMINÉE FIG. 7.
Briques ordinaires.....................	4300	»
Briques réfractaires.................	2200	4900
Fontes...........................	1960 kil.	1960 kil.
Fers............................	180	180
Prix de façon......................	120f,00	100f,00

Fort souvent, et surtout dans les usines nouvelles, on fait aboutir la fumée de tous les foyers à une seule grande cheminée placée hors de l'atelier : dans le cas où l'on aurait, par exemple, 12 fours sur une même cheminée de 25 mètres de hauteur.

La quantité de matériaux, correspondante à chaque four, serait pour les carneaux et la cheminée :

Fondation en maçonnerie........................	15m3,70
Briques ordinaires.............................	12000
Briques réfractaires............................	6000
Fontes.......................................	200 kil.
Fers...	45

Cette disposition est, comme on le voit, plus chère que celle des cheminées spéciales, mais elle exige moins d'entretien, de sorte qu'on la préfère généralement aujourd'hui. Lorsque les fours servent au chauffage des chaudières à vapeur, il faut augmenter le tirage par des cheminées plus hautes et plus larges que celles que nous avons considérées : c'est dans ce cas surtout que l'emploi d'une seule grande cheminée est avantageux, parce que cette disposition est alors moins chère que la précédente.

Puddlage aux gaz à Wasseralfingen. —Figures 11 à 16 (éch. de 0m,025 pour mètre).

Disposition de l'appareil employé dans cette usine, pour puddler la fonte au moyen de la chaleur produite par la combustion des gaz d'un haut fourneau.

Figure 11; élévation latérale du four;

Figure 12; coupe verticale par l'axe;

Figure 13; coupe horizontale au-dessus de la sole;

Figure 14; élévation par bout;

Figure 15; coupe transversale suivant A B (fig. 13);

Figure 16; portion de plan.

La sole S, sur laquelle s'effectue le puddlage, est formée par une plaque de fonte, sur laquelle s'appuient d'autres pièces de même métal, qui constituent les parois latérales; la face opposée à la porte est pleine, tandis que les autres sont évidées, et livrent passage à un courant d'air qui circule suivant *a b l d g* (fig. 11 et 13).

S est un espace vide, fermé par la porte *p*, dans laquelle on fait réchauffer les saumons.

Les gaz combustibles arrivent par le tuyau M, et se mélangent en N avec l'air qui arrive de la soufflerie par le tuyau D E; cet air s'échauffe dans la boîte G, passe dans le tuyau H K L, et s'échappe en N, par des buses en tôle disposées à cet effet.

PLANCHE 57. — PUDDLAGE AUX GAZ.

Appareil de Treveray (par MM. Thomas et Laurens). — Figures 1 à 5 (éch. de 0ᵐ,025 pour mètre); 6 à 8 (éch. de 0ᵐ,10 pour mètre), et 9 à 10 (éch. de 0ᵐ,05 pour mètre).

Cette planche représente l'ensemble et les détails d'un four à puddler chauffé par les gaz, établi aux forges de Treveray (Meuse).

Figure 1; élévation latérale de l'appareil;

Figure 2; coupe verticale suivant F E de la figure 3;

Figure 3; coupe horizontale par la ligne A B D H (fig. 2);

Figures 4 et 5; coupes transversales suivant M N et P Q (fig. 2).

Rien n'a été changé aux dispositions intérieures du four proprement dit qui se trouve muni, comme tous les fours champenois, de ses deux portes de travail P, et de son petit four *s* avec sa porte *p*; mais la grille a été remplacée par un appareil de combustion représenté en détail dans les figures 6, 7 et 8. C'est là que viennent aboutir, par le tuyau M, les gaz du fourneau, et par les tuyaux *h h* l'air destiné à déterminer leur combustion : cet air est lancé par une machine soufflante, et amené à une haute température par sa circulation dans l'appareil G G, qui présente une surface de chauffe d'environ 12ᵐ²,50. Le détail de cet appareil est indiqué dans les figures 9 et 10.

La porte *p'*, placée à l'arrière du four, remplit l'office d'une soupape de sûreté, dans le cas où il se manifesterait un développement extraordinaire de pression.

L'appareil de combustion paraît très-bien disposé pour assurer le mélange intime des gaz; car ces derniers arrivent dans la boîte supérieure A (fig. 8), et s'échappent par les ouvertures *b'* en même temps que l'air qui, en arrivant en B, se précipite par les tubes en fer *b*. — La partie supérieure de la boîte en fonte, étant continuellement exposée à une haute température, doit être préservée par l'application d'un enduit en terre.

L'opération du puddlage est beaucoup accélérée dans ces fours par la précaution que l'on a prise de placer, sur la face où se trouvent les portes de travail, trois buses *x, x, x*, qui lancent continuellement un courant d'air chaud sur le métal en fusion; cette disposition est essentielle, parce que la quantité d'air qui pénètre avec les gaz devant être limitée à celle qui est strictement nécessaire pour en opérer la combustion, il ne s'en trouverait pas suffisamment dans le four pour décarburer la fonte avec promptitude, si l'on n'en introduisait pas une dose supplémentaire dans le lieu même où son action est si nécessaire.

PLANCHE 38. — EMPLOI DE LA CHALEUR PERDUE DES FOURS A RÉCHAUFFER ET A PUDDLER.

Chaudières placées sur des fours à réchauffer (par les Auteurs). — Figures 1 à 4 (éch. de 0^m,015 pour mètre).

Cette chaufferie, établie aux forges d'Abainville en 1834, se compose de deux fours à réchauffer, dont la flamme, après avoir chauffé le fer, passe sous des chaudières en tôle à bouilleurs, avant de se rendre dans la cheminée.

Les fours à réchauffer ont 2^m,00 de longueur et 1^m,30 dans leur plus grande largeur; la hauteur de la voûte au-dessus de la sole est de 0^m,40, et au-dessus de la grille 0^m,75.

La surface de la grille est 0^m,98 × 0^m,76 = 0^m²,7500.

L'échappement du four a 0^m,38 de hauteur et 0^m,325 de largeur; sa section est de 0^m²,1225; le côté de la cheminée, jusqu'à 2^m,00 de hauteur, est de 0^m,35; la section, 0^m²,1225; plus haut, le côté de la cheminée est de 0^m,44, et la section 0^m²,1936. Les cheminées ont 15^m,00 de hauteur; la section de la grille est à peu près deux fois celle de la cheminée. Ces dimensions sont celles des cheminées ordinaires pour les fours sans emploi de chaleur perdue; dans le cas où l'on chauffe des chaudières, il faut augmenter ces dimensions, car elles n'offrent que 0^m²,010 de surface pour brûler 53 kil. de houille, surface qui devient trop faible lorsqu'on fait parcourir à la flamme un grand chemin, qui la refroidit considérablement avant son arrivée à la cheminée.

Chaudières. — Chaque chaudière ayant deux bouilleurs a les dimensions suivantes :

Diamètre intérieur, 1^m,137; diamètre extérieur, 1^m,155; épaisseur, 4 lignes; longueur totale, 7^m,95.

Diamètre intérieur des bouilleurs, 0^m,486; extérieur, 0^m,505; longueur totale, 9^m,00.

Surface demi-cylindrique....	11^{m²},800	} 13^{m²},885	13^{m²},885
Demi-sphère..............	2^{m²},085		
Surface des bouilleurs.......	13^{m²},480	} 12^{m²},840 × 2 = 25^{m²},680	
A déduire l'espace des briques.	0^{m²},640		

Surface totale d'une chaudière et des bouilleurs......... 39^{m²},565

La surface de chauffe totale des deux chaudières est donc de 79 mètres carrés.

Chaque kilogramme de houille produisant 5 kil. de vapeur, et chaque four 106 × 5 = 530 kil. par heure, on voit que chaque mètre carré de surface de chauffe produit à peu près 14 kil. de vapeur : l'espace libre qui reste à la vapeur dans la chaudière est de 4^{m3},45.

La section des carneaux des chaudières est de 0^{m²},4700, et, à l'endroit des tubulures des bouilleurs, 0^{m²},3200. La section des carneaux des bouilleurs est de 0^{m²},3200. Chaque cheminée a 0^m,60 de côté, 0^{m²},360 de section, et 25 mètres de hauteur.

Cette section est suffisante ; elle correspond à une surface de 0^{m²},10 pour brûler 30 kil. de houille. Dans les foyers ordinaires, on suppose qu'une surface de 0^{m²},10 peut suffire à 50 ou 60 kil. de houille; c'est, du moins, ce qui a lieu dans les fours à réchauffer ordinaires.

On ne peut pas dire exactement quelle est la surface libre de la grille laissant passage à l'air pour la combustion de la houille, car cette section varie souvent; elle dépend de la nature et de la hauteur de la houille, ainsi que des chauffeurs, qui la modifient selon les échantillons de fer à chauffer.

Chaufferie. — En sortant du four à réchauffer, la flamme peut prendre deux directions : par l'une, elle se rend directement à la cheminée, et par l'autre elle vient échauffer la chaudière. Il y a donc deux carneaux après l'échappement du four, munis chacun d'un registre en fonte mobile autour d'une poulie par une chaîne et un contre-poids. Lorsqu'on ne veut pas échauffer les chaudières, on ferme les registres R et R (fig. 1, coupe EF) qui conduisent la flamme dans leurs carneaux a c et a' c', et celle-ci se rend directement dans les cheminées par les carneaux a b et a' b', comme dans les fours ordinaires.

Lorsqu'on veut faire passer les flammes sous les chaudières, on ferme le registre des carneaux a b et a' b' des cheminées, et l'on ouvre ceux des chaudières R et R. La flamme parcourt d'abord les carneaux dans lesquels sont placés les bouilleurs; une rangée de briques placées au-dessus et entre les deux bouilleurs empêche la flamme de passer en même temps sous les chaudières ; arrivée à l'extrémité des bouilleurs, elle monte et revient en enveloppant une demi-circonférence autour des chaudières, puis elle se rend dans les cheminées par les carneaux latéraux *d e* et *d' e'*, et par des ouvertures qui se trouvent à peu près à 0^m,80 au-dessus de celles qui amènent la flamme des fours dans les cheminées.

L'alimentation d'eau des chaudières ne se fait pas pendant la marche de la machine, moment pendant lequel il est très-essentiel de conserver à la vapeur toute sa tension et de ne pas diminuer la production de vapeur des chaudières; elle a lieu, après que la machine est arrêtée, au moyen d'une petite machine spéciale de la force d'un cheval.

Une petite chaudière est placée entre les deux grandes; on la remplit d'eau provenant du condenseur, et on la met en communication avec la chaudière par la partie supérieure, puis on fait écouler l'eau par le bas dans les chaudières. Deux pompes foulantes, mues par la machine, montent l'eau de condensation dans un réservoir d'eau; elle est prise pour l'alimentation des chaudières et l'arrosage des tourillons des cylindres. Ces deux pompes peuvent aussi à volonté alimenter directement les chaudières, ce qui a lieu lorsque la machine marche pendant plus d'une demi-heure.

La prise de vapeur dans les chaudières, se fait au moyen de deux soupapes qui permettent de n'employer que la vapeur d'une seule chaudière, dans le cas où les deux chaudières ne seraient pas chauffées. Sous la même boîte est une grande soupape de décharge, destinée à laisser échapper la vapeur lorsque la machine est arrêtée, et que la tension de la vapeur dépasse 2 3/4 atmosphères.

Chaudière placée sur un four à Puddler (par MM. Grouvelle et Championnière). — Figure 5 à 9 (éch. de 0^m,025 pour mètre).

Figure 5; plan de l'un des fours à Puddler des forges de Sionne (Vosges) et d'un fourneau de chaudière à vapeur établi à sa suite. La ligne de coupe de ce plan passe au-dessus de la grille et de la sole du four, et dans le premier carneau du fourneau, au-dessous des bouilleurs.

Figure 6; coupe longitudinale du même four, avec chaudière et fourneau à la suite, et avec leur cheminée commune.

Figure 7; Coupe transversale de la chaudière et du fourneau sur le milieu de leur longueur et à l'aplomb des culottes des bouilleurs, montrant la manière dont le carneau les contourne.

Figure 8; coupe transversale des mêmes sur le devant en *k k'*, à l'endroit où le carneau remonte en s'évasant au-dessus des bouilleurs.

a, premier carneau du four sous les bouilleurs ;

b, four à puddler ;

b', petit four à chauffer les saumons ;

c, bouilleurs de la chaudière ;

d, chemise intérieure du fourneau en briques réfractaires ;

e, voûte à la suite du four, qui conduit horizontalement la flamme sous les bouilleurs ;

f, sole du carneau inférieur *a* en briques réfractaires ;

g, corps de la chaudière et niveau de l'eau au-dessus du niveau du deuxième carneau ;

h, bouche des bouilleurs placée hors du fourneau ;

i, cheminée commune au four et au fourneau, élargie à cause de la chaudière à vapeur ;

k k', élargissement du carneau *a* à droite et à gauche des bouilleurs, pour conduire la fumée au-dessus de ces bouilleurs ;

l, petit mur en biseau et en talus, placé au milieu du fourneau pour partager le courant de fumée en deux courants latéraux ;

m, deuxième carneau passant entre les bouilleurs et la chaudière ;

n, partie supérieure du petit mur *l*, destinée au même objet ;

o, passage direct de la flamme des fours dans la cheminée, sans circulation autour de la chaudière, et cheminée inférieure qui a conservé la dimension d'une cheminée de four ;

R, registre qui ferme à volonté le passage quand on veut envoyer la flamme sous la chaudière ;

R', registre qui ferme l'entrée du carneau *a*, quand on envoie directement la flamme du four dans la cheminée par le passage *o*;

G, foyer additionnel établi sous la chaudière, afin de pouvoir la chauffer directement en cas de besoin. Ce foyer est fermé avec un rang de briques réfractaires mises de champ, et que l'on enlève au besoin ;

Figure 9; coupe longitudinale d'un carneau sortant par le dessus du four, et soutenu sur des plaques et des colonnes de fonte, pour le cas où les chaudières seraient placées au-dessus du four ;

a, voûte réfractaire qui reçoit la première action des jets de flamme, et les renvoie horizontalement sous les bouilleurs pour éviter de les brûler.

PLANCHE 39. — MARTEAUX A SOULÈVEMENT A CAMES LATÉRALES.

Marteau ordon. — La figure 1 (éch. de 0ᵐ,025) représente l'élévation latérale d'un marteau ordon à drôme coupé, tel qu'on les rencontre encore dans la plus grande partie de nos anciennes forges. Les pièces principales sont :

A A, la grande attache soutenue par quatre contrefiches G et G' ;

T, le court-carreau, grosse pièce parallèle à la grande attache ;

N N, l'ordon, ou cage en bois composée de deux jambes qui comprennent la hurasse H ;

7

D D, le drôme, ou pièce horizontale se rattachant à la longue attache, au court carreau et à l'ordon,

T'', tête du marteau ; M, son manche ;

R, rabat qui traverse l'ordon et le court-carreau dans lequel il est fixé, pour aller buter au pied de la grande attache ; ·

E, enclume reposant sur un stock.

Marteau à soulèvement (par MM. Thomas et Laurens). — Figures 2 à 4 (éch. de 0^m,025 pour mètre), et 5 à 10 (éch. de 0^m,050 pour mètre).

Les figures 2, 3 et 4 représentent cet appareil en plan et en coupes suivant MN et P Q.

L'enclume E repose dans une chabotte de fonte F, portée par un stock K. Les points d'attache du marteau et du rabat se trouvent sur un seul bâtis en fonte fixé sur une plaque de fondation.

La hurasse H est en fer, et porte des tourillons qui se meuvent dans des coussinets en cuivre. Le rabat R est fixé par des cales en bois dans un long manchon N.

L'arbre moteur AA est en fonte, et porte à son extrémité droite un volant du poids de 4000 kil. environ, et la manivelle de la machine à vapeur qui le conduit ; à l'autre bout, se trouve calé en porte-à-faux la bague à cames B.

Les fondations sont en bois et sont indiquées dans la figure 3 (coupe MN du plan, et la figure 4 (coupe P Q).

Figures 5 et 6 ; coupe en long et plan de la plaque de fondation.

Figures 7, 8 et 9 ; élévation du bâtis fixé sur la plaque de fondation ; coupe verticale par a b et g h ; coupe horizontale par d e.

Figures 10, 11 et 12 ; élévation, coupes verticale et horizontale du palier de l'arbre moteur A. Il n'est pas indiqué dans l'ensemble.

Figure 13 ; plan et coupe de la chabotte.

Figures 14, 15 et 16 ; plan et élévation de l'enclume.

Figure 17 ; détails de la bague à cames.

Figures 18 ; détails de la hurasse.

Figure 19 ; détails du marteau.

POIDS DES DIFFÉRENTES PIÈCES DE FONTE.

Tête du marteau	250 kil.
Chabotte	1 260
Arbre moteur	1 800
Volant	4 000
Bague à cames	1 200
Palier	760
Bâtis en fonte	3 280
Semelle de fondation	2 420
Boulons divers	330
Bois pour les fondations	20^m3,00

PLANCHE 40. — MARTINETS DE FORGE.

Martinet de 250 kil. (par les Auteurs). — Figures 1 et 2 (éch. de 0^m,05 pour mètre), et 4 à 13 (éch. de 0,10 pour mètre).

Les figures 1 et 2 indiquent, en élévation et en plan, la disposition du martinet que nous avons appliqué dans plusieurs usines de construction récente. La tête en fer, du poids de 250 kil., a une volée de 0^m,50 environ, et donne 150 à 160 coups par minute, en absorbant une force de 8 à 9 chevaux.

Sa fondation se compose de deux lignes de beffrois Q Q, de 1^m,80 de hauteur, posés sur un lit de béton, et maintenus par une enceinte en maçonnerie de 0^m,60 d'épaisseur; ils portent une plaque de fondation qui reçoit d'une part les paliers de l'arbre moteur A A, et de l'autre les cages R R, entre lesquelles se meut la hurasse qui porte le manche. Cette disposition assure la solidarité des deux points sur lesquels se répartit le travail.

L'arbre moteur, dont la vitesse maxima est de 27 tours, est en fonte; il porte une bague en fonte à 6 cames, et un volant dont la couronne a 4^m,20 de diamètre extérieur sur 0^m,20 de hauteur et 0^m09 de largeur : elle pèse environ 1600 kil.

La hurasse est en fer, et se meut entre deux crapaudines de fonte, maintenues dans chaque cage par une vis supérieure qui en traverse le chapeau, soutenues à l'arrière par une autre vis horizontale, et fixées latéralement par deux coins en fer munis d'un pas de vis et d'un écrou. Les deux cages sont reliées par des entre-toises en fer.

Le manche en bois porte à l'arrière une forte frette D, munie d'une *touche* sur laquelle agissent les cames. La partie inférieure de la frette est renforcée, et vient buter à la fin de la course contre le *tas*, ou plaque de fonte S, encastrée dans une pièce de bois verticale.

La tête du marteau T est en fer; l'enclume E est en fonte, et repose dans une chabotte supportée par un *stock*. Les pièces de bois qui composent le stock, ainsi que celles qui supportent le tas, sont placées verticalement sur un lit de béton, et son maintenues latéralement par les beffrois entre lesquels elles peuvent néanmoins glisser : cette précaution est essentielle, pour que l'affaissement possible du stock n'entraîne pas le dénivellement des beffrois, et par conséquent celui des paliers et des cages qu'ils supportent.

Figure 4; élévation de la face intérieure d'une cage.

Figure 5; coupe verticale suivant A B.

Figure 6; coupe horizontale par F G H M.

On distingue facilement la *crapaudine p*, placée entre les deux cales en bois *q* et *q'*, et maintenue sur les côtés par les coins en fer *n* et *n'*; elle est portée dans le bas par l'empoise *r'*, et est recouverte par la pièce *r* qui reçoit l'action de la vis supérieure.

Figures 7 et 8; élévation latérale et plan de la cage.

Figures 9 et 10; plan et coupe de la chabotte.

Figure 11; vues de l'enclume, de face et de côté.

Figure 12; vues du marteau en fer.

Figure 13; détails de la hurasse.

Petit martinet à étampes. — La figure 3 (éch. de 0^m,03 pour mètre) représente une disposition de martinet analogue à la précédente, appliquée à un marteau léger qui n'a que 0^m,35 de volée, et qui donne 270 coups par minute. L'enclume F et la tête du marteau T sont disposées pour recevoir des étampes en fer forgé.

PLANCHE 41. — MARTEAU A SOULÈVEMENT A CAMES EN DESSOUS.

Marteau à soulèvement (ateliers anglais). — Figures 1 et 9 (éch. de 0^m,05 pour mètre), et 10 et 11 (éch. de 0^m,08 pour mètre).

Les figures 1 et 2 représentent, en élévation et en plan, le genre de marteau le plus employé en Angleterre pour le forgeage des grosses pièces de machines.

Description. — La fondation se compose d'un massif en pierres de taille (appuyé sur un lit de béton) qui reçoit les pièces de bois sur lesquelles on place la plaque de fondation : celle-ci supporte les paliers du marteau.

Toutes les pièces de charpente sont encastrées les unes dans les autres, et rattachées à la maçonnerie par les boulons de la plaque de fondation, de sorte qu'il en résulte un ensemble solidaire, à la fois *pesant* et *élastique*.

Les paliers du marteau P P, sont fortement maintenus, d'une part par les ergots de la plaque de fondation Q Q, de l'autre par des boulons clavetés sous la longrine inférieure, et sont reliés l'un à l'autre par deux entretoises en fer. La sellette est en fonte, et porte sur des calles en bois dont on peut faire varier l'épaisseur; elle se rattache au palier par des boulons serrés sur le chapeau en fer qui enveloppe la partie supérieure du tourillon.

Le palier P' de l'arbre à cames repose sur deux longrines jumelles, et se relie latéralement avec la plaque de fondation, par un entretoise en fonte maintenue par des clavettes et deux grands boulons de fondation qui la traversent. La solidarité de tout le système est ainsi parfaitement assurée.

L'arbre moteur A A est en fonte, et porte du côté de la manivelle de la machine un volant dont la couronne pèse environ 6 tonnes, et fait 30 à 35 tours par minute; il est garni, au droit du marteau, d'une bague en fonte dont les cames agissent sur l'empattement R du marteau.

Le stock S, est composé de pièces de bois debout appuyées sur un lit de béton encastré dans le massif en pierres de taille; il est maintenu dans sa position par les pièces de la charpente générale, mais sans cependant y être attaché, afin que le tassement auquel il est exposé n'entraîne pas le dénivellement de la plaque de fondation.

Le stock reçoit la chabotte F, dont la fixité est assurée par l'encastrement des nervures qu'elle porte à sa partie inférieure; elle est entaillée au droit de la bague pour laisser passer les cames.

Le marteau, du poids de 6 tonnes environ, se compose de différentes parties qui sont :

G G, la *croisée* dans laquelle est assemblée un arbre en fer (voir les figures 3 et 4) dont les tourillons se meuvent sur les sellettes que portent les paliers. On lui a donné un poids considérable afin d'empêcher son soulèvement pendant le travail ;

M M, le *manche* muni d'un empattement R garni en fer;

T , la *tête,* au milieu de laquelle se trouve un trou conique (l'*œil*), qui reçoit la queue de la *panne* T'.

L'enclume E s'emboîte dans la chabotte F.

Figures 3 et 4; vue par derrière et coupe transversale A B de la croisée du marteau, indiquant l'assemblage de l'arbre en fer avec la pièce de fonte. Ce mode de construction est commode pour empêcher le soulèvement de la partie postérieure du marteau, mais il a l'inconvénient de nécessiter un assemblage dont la stabilité exige des soins et de la surveillance. Ainsi que nous l'avons dit dans le texte, ce système n'a pas encore reçu la sanction de l'expérience.

Figure 5; chapeau en fer de la sellette, destiné à limiter le soulèvement de la croisée.

Figures 6 , 7 , 8 et 9; détails de différents genres d'enclumes et de pannes de marteau.

Figures 10 et 11; détails de la bague, et tracé des cames en développante de cercle.

Plan d'ensemble. — La figure 12 représente, à l'échelle de 0^m,01, le plan d'ensemble d'une petite forge dont les marteaux sont conduits par des poulies et des courroies.

A A, arbre moteur;

B, marteau à soulèvement de 4 tonnes, donnant 100 coups par minute :

D, marteau à soulèvement de 3 tonnes;

E, marteau frontal de 2 tonnes;

Les poulies ont, comme on le voit, d'assez grands diamètres, et les courroies ne sont autre chose que des cables plats de 0^m,20 à 0^m,25 de largeur. Cette usine fonctionne avec beaucoup de régularité.

PLANCHE 42. — MARTEAUX A BASCULE.

Marteau à bascule (ateliers français). — Figures 1 à 5 (éch. de 0^m,03 pour mètre).

Les figures 1 et 2 représentent, en élévation et en plan, la disposition d'un marteau à bascule du genre de ceux qui fonctionnent dans les ateliers de M. Cavé, à Paris, et dans ceux de la forge d'Abainville (Meuse).

Les fondations se composent de deux lignes parallèles de beffrois, reposant sur un massif de pierres de taille, et maintenus sur leurs parois latérales par un revêtement en maçonnerie; les beffrois portent deux plaques de fondation, Q Q et Q′Q′, fixées par de forts boulons, qui reçoivent les cages K K′ et les paliers P P′ de l'arbre moteur A A.

Les cages K K′ se divisent en deux parties : la partie inférieure reçoit les coussinets dans lesquels se meuvent les tourillons de la hurasse ; ils sont maintenus par les vis v′ v′ et par les coins a et b, dont le dernier est soutenu par la vis v″; les vis v v butent contre les extrémités des tourillons de la hurasse, et contribuent à assurer sa position dans l'intervalle des deux cages. La partie supérieure des cages reçoit des empoises dans lesquelles se placent les tourillons de la bague, traversée par le rabat R R; le sommet, enfin, supporte, par l'intermédiaire d'une pièce en fonte, l'extrémité du drôme R′R′.

L'arbre en fer A A, mis en mouvement par le cylindre à vapeur oscillant Y, dont la puissance est d'environ 45 chevaux, porte la bague à cames B et les deux volants V, V, dont les bras en fer s'assemblent sur ses faces latérales; le poids de la bague est de 1 100 kil., celui des volants de 7 500 kil. environ.

L'enclume E repose dans une chabotte F, portée par un stock S.

La tête du marteau T, dont le poids est de 1 700 kil., et la plus petite levée de 0^m,90, est fixée sur un manche en bois fortement armé, dont l'extrémité reçoit l'action des cames; il est porté dans une hurasse en fer, faite en deux pièces, de sorte que, lorsqu'il vient à se rompre, il suffit d'enlever les boulons qui relient les deux parties, pour dégager l'arbre et opérer son remplacement sans démonter le rabat.

Le rabat R R, est supporté au droit des cages par une bague en fer à tourillons; son extrémité postérieure se relie au drôme R′R′ par une bride et un boulon à double taraudage, de sorte que l'extrémité antérieure du rabat peut être facilement placée à la hauteur à laquelle on en obtient le maximum d'effet.

Le drôme R′R′, dont l'élasticité augmente notablement l'effet du rabat, s'appuie, d'une part, sur les cages, et, de l'autre, se fixe par des boulons à la traverse G, que supportent les montants verticaux D et D′.

L, est un valet que l'on place sous le marteau après le travail.

Nous n'hésitons pas à recommander comme bonne la disposition que nous venons de décrire ; elle produit d'excellents effets.

Les figures 3, 4 et 5 représentent les détails de la hurasse, de la bague, du rabat et de la pièce en fonte qui supporte le drôme.

Grue de service — Les figures 6 et 7 (éch. de 0ᵐ,02 pour mètre) montrent, en élévation et en plan, une grue à chariot et à double mouvement, employée au maniement des grosses pièces de forge.

Figure 8 (éch. de 0ᵐ,05) ; détails du *mode de suspension* employé pour les petites pièces.

PLANCHE 43. — MARTEAU A BASCULE.

Marteau à bascule (par M. Cavé, pour les ateliers de la marine). — Les figures 1, 2 et 3 (éch. 0ᵐ,03 pour mètre) donnent, en élévation plan et coupe, la disposition de l'appareil.

Cette disposition n'est peut-être pas très-économique à cause du grand poids de fonte quelle réclame ; mais elle satisfait avec beaucoup de simplicité à toutes les conditions de stabilité et de durée, et nous la recommandons comme une des meilleures que l'on puisse adopter

Les fondations que nous avons supposées devoir être appliquées, se composent de deux lignes de beffrois, dont l'une est interrompue par la cuve en fonte où se trouve placé le cylindre à vapeur Y ; ils supportent une plaque de fondation (rattachée à la cuve) sur laquelle se placent deux forts bâtis en fonte G D, G' D', reliés aux deux extrémités par de fortes entretoises de même métal, N et N'.

Au milieu du bâtis, sont situés les deux paliers P et P' de l'arbre en fer A A, qui porte, à l'une de ses extrémités, la manivelle de la machine, et, dans son milieu, une bague à cames en fonte B, flanquée de deux volants V et V' de 3ᵐ,40 de diamètre.

K et K', paliers de la hurasse en fer H ; ils se trouvent à l'extrémité du bâtis, et sont disposés de manière à ce que l'axe puisse être élevé ou abaissé à volonté.

T, tête de marteau du poids de 500 kil.; il a une levée de 0ᵐ,70, et s'adapte à un manche en fer M M, calé dans la hurasse aux deux tiers de sa longueur, compté à partir de la tête.

R R, rabat ; au lieu d'être placé au-dessus du marteau, comme il est indiqué dans la Planche 41, il se trouve logé dans la partie basse du bâtis, et reçoit le choc de la partie postérieure du manche, comme dans les martinets de forge ; ce rabat se compose simplement d'une forte pièce de bois, maintenue à ses deux extrémités dans les entretoises des deux bâtis.

L, est un valet que l'on place sous le manche quand on veut arrêter le marteau ;

il se manœuvre à l'aide d'une tringle en fer mise à la portée de l'ouvrier chargé du service de la machine à vapeur (fig. 1 et 4).

E, enclume (empruntée à M. Cavé); elle a pour section un polygone irrégulier, et porte deux tourillons appuyés sur un bâtis F placé sur le stock; cette disposition permet de travailler sur la face de l'enclume la plus favorable à la besogne que l'on exécute, sans que l'ouvrier ait d'autre peine que celle de la faire tourner au moyen d'un ringard qu'il passe dans un trou ménagé à cet effet; lorsque l'enclume est en place, on la cale en dessous pour l'empêcher de se déranger pendant le travail.

POIDS DES PIÈCES QUI CONSTITUENT CET APPAREIL.

2 bâtis en fonte avec boulons, chapeaux et coussinets.	12 000^k,00	
2 entretoises en fonte.........................	1 595 ,00	18 575 ,00
1 semelle des bâtis.........................	4 080 ,00	
1 marteau en fer...........................	493 ,00	
1 manche en fer...........................	647 ,00	1 554 ,00
1 hurasse en fer...........................	414 ,00	
Couronnes des volants.....................	5 872 ,00	
Mamelon des volants.......................	2 301 ,00	
12 bras en fer............................	381 ,00	
Arbre en fer et sa manivelle.................	740 ,00	9 622 ,00
4 cames en fer............................	165 ,00	
Clavettes et boulons des volants..............	163 ,00	
Cuve du cylindre à vapeur (9 plaques).........	5 709 ,00	
1 entretoise.............................	252 ,00	
1 plaque de fondation du cylindre.............	440 ,00	6 670 ,00
4 cales................................	95 ,00	
Boulons de la cuve.......................	174 ,00	
Cylindre à vapeur de 16 chevaux et les accessoires.	1 543 ,00	1 543 ,00
Total général.........................		37 964^k,00

Formation des paquets. — Les figures 5, 6 et 7 (éch. de 0^m,03) représentent la disposition de trois paquets disposés pour le corroyage : le premier est formé d'un noyau cylindrique recouvert de barres à section trapézoïdale ; le second est composé de barres plates disposées à joints croisés, et le troisième ne contient que des barres de fer carrées.

Paquet disposé pour être chauffé. — Figure 8 (éch. de 0^m,03); gros paquet muni de son *gouvernail* : cet outil se compose d'une pièce en bois ab, que l'on rattache au paquet par des bandes de fer longitudinales, et un nombre suffisant de frètes; c'est ce gouvernail qui est supporté par la chaîne à la Vaucanson dont la grue est pourvue (fig. 8, Pl. 42).

Pour retourner la pièce avec facilité, on adapte au gouvernail trois à quatre traverses en bois *d*, sur lesquelles on agit avec des leviers *l*; chacun de ces leviers est composé d'un manche en bois *m*, terminé par un cornet en tôle *n*, qui emboîte l'extrémité de la traverse.

Fabrication des essieux. — Figures 9, 10 et 11 (éch. de 0^m,05); forgeage des essieux de locomotives en deux pièces : la figure 9 représente le paquet avant sa mise au feu ; la figure 10, sa forme après le martelage, et la figure 11, la réunion des deux pièces soudées. Le reste du travail s'exécute au marteau à main.

Figure 12 à 16 (éch. de 0^m,05); forgeage des essieux de locomotives en une seule pièce, en les tirant d'un paquet capable d'en produire trois. Le paquet primitif (fig. 12) est soudé à l'une de ses extrémités, amené à la forme de la figure 13, et l'on en coupe alors une portion de 1^m,10 de longueur environ, pour en faire un essieu.

Le paquet *a b c d* (fig. 14) est amené à la forme *c' a' g e b d*, et l'on perce en même temps le trou *x* pour que la pièce se chauffe à cœur ; de cette forme on passe à *c' a' g e e' g' g" e" b' d'*, en forgeant la pièce sur champ entre les deux manivelles, et l'on perce le trou *y*; enfin, en forgeant de champ sur *b b'*, et en ayant soin de tordre un peu la pièce à chaque chaude, on arrive à la forme indiquée figure 16.

Cette méthode, qui est à peu près celle que suit M. Cavé, conduit à un essieu dégrossi en huit ou neuf chaudes environ ; il en faut ensuite plusieurs autres pour approcher aussi près que possible de la forme définitive de la pièce ; mais ces dernières se donnent à une forge maréchale, et le travail s'exécute au marteau à main.

PLANCHE 44. — MARTEAU PILON.

Marteau pilon (forges du Creusot). — Les figures de 1 à 3 (éch. de 0^m,025 pour mètre) représentent le marteau, en élévation, de face et de côté, et en plan, suivant la ligne de coupe A B.

Ce marteau a été imaginé en 1841, par M. Bourdon, ingénieur des usines du Creusot. Son énergie, qui dépasse de beaucoup celle de tous les marteaux existants, et la facilité avec laquelle il se manœuvre, en font un appareil parfaitement bien approprié à la fabrication des grosses pièces de forge.

Il se compose ainsi qu'il suit :

B, bâtis en fonte soutenu par deux contreforts C C; il est établi sur une plaque rattachée à une fondation solide.

D, cylindre à vapeur fixé verticalement sur le bâtis; il est ouvert par le haut pour que la vapeur n'agisse que sous le piston. La distribution E se manœuvre à la main, au moyen du levier L.

P, pilon du poids de 2 400 kil., portant à sa partie inférieure une panne P', et rattaché au piston en fer G par la tige T. Cette pièce se meut entre les deux glissières gg, et porte un taquet Q, destiné à agir sur la pièce F, pour donner issue à la vapeur quand le piston est au haut de sa course, et dont on règle la position suivant la levée que l'on veut donner au pilon. On peut ainsi la faire varier depuis $0^m,1$ jusque $2^m,00$.

Le pilon est muni, à sa partie postérieure, d'une crémaillère M M, sur laquelle on fait agir le rochet R par la pédale L', de sorte que l'on peut tenir le marteau suspendu en un point quelconque de sa course.

N, plancher recevant le mécanicien chargé de la conduite de l'appareil.

H, chabotte de 10 000 kil. sur laquelle se place l'enclume H'.

La vapeur, employée à une pression de 3 atmosphères, entre dans la boîte de distribution par le tuyau V, et en sort par S; la surface du piston est calculée pour que l'effort théorique de la vapeur soit le double du poids à soulever. Pour se servir du marteau, le mécanicien, tenant en main le levier L, ouvre l'entrée de vapeur; le piston monte, et, lorsque le taquet Q atteint la pièce F, la vapeur s'échappe, et le pilon retombe. Au Creusot on a supprimé le taquet; l'ouvrier ouvre lui-même l'échappement, et, au bout de quelque temps de service, il s'est mis assez au fait de cette manœuvre pour faire varier lui-même la levée du marteau sans aucune difficulté, et sur un signe du chef marteleur; en entr'ouvrant la distribution, et en la faisant osciller, il parvient même, lorsque cela est utile, à descendre le pilon sur l'enclume sans le moindre choc. En définitive, un ouvrier exercé est complétement maître du marteau, et le fait travailler tout à fait à sa volonté.

On comprend la puissance d'un marteau de 2 400 kil., tombant d'une hauteur de $2^m,00$, et l'on voit tous les avantages qui en résultent, puisque l'on est maître, à chaque instant, de hâter ou de ralentir le mouvement, d'augmenter ou de diminuer son énergie. Cet appareil est donc en progrès sur tous ceux que l'on emploie communément, et les bons résultats obtenus au Creusot prouvent sa supériorité.

Atelier de forgeage (le Creusot). — Figure 4 (éch. de $0^m,005$ pour mètre).
Il se compose ainsi qu'il suit :
F F' F'', fours à réchauffer ;
k, grosse forge maréchale ;
k', foyer pour la réparation des outils ;
f, f', forges maréchales portatives que l'on place en ces deux points pour finir les pièces quand les fours F et F' ne sont pas en feu ;
G, G', G'', grues de service pour porter les pièces au marteau ;
P, marteau à soulèvement mu par une machine horizontale de 16 chevaux M ;
T, cabestan mu par la machine, servant, par des cordages et des poulies de

renvoi, à arracher promptement les pièces du four et à les amener sous les marteaux ;

P', marteau pilon placé devant le four F″, dont la sole est au niveau de l'enclume.

Les grosses pièces tirées au moyen du cabestan, passent du four au pilon sur des rouleaux en fonte.

H, H', H″, chaudières placées à la suite des fours à souder ;

Q, cheminée commune aux trois fours.

Le personnel de cet atelier se compose ainsi qu'il suit :

> 1 maître forgeron chargé de la direction,
> 2 forgerons,
> 2 chauffeurs,
> 2 machinistes,
> 22 aides divisés en deux escouades, et qui se relèvent de douze en douze heures.

On y brûle environ 30 à 35 hectolitres de houille par jour, parce qu'il n'y a ordinairement qu'un four en feu ; plus des feux de forges.

PLANCHE 45. — MARTEAU FRONTAL.

Marteau Frontal (par les Auteurs).—Les figures 1, 2 et 3 (éch. de 0^m,05 pour mètre) le montrent, en élévation, en plan, et en coupe suivant A B. Ce système est généralement employé dans les forges anglaises, pour le cinglage des loupes de fer puddlé.

La fondation se compose de quatre lignes de beffrois $a b$, $a' b'$, $c d$ et $c' d'$, reposant sur un massif en maçonnerie, qui s'appuie sur un lit de béton ; le stock placé sous l'enclume porte sur du béton coulé entre deux murs en pierre de taille, et se trouve soutenu par les beffrois, sans que son tassement puisse affecter la ligne de niveau de la plaque de fondation. Ce système est celui que nous avons adopté dans toutes les constructions de marteaux, parce qu'il est le plus rationnel et le plus solide. Il est bien préférable à celui qui consiste à faire une fondation générale, sur laquelle on établit à la fois les paliers du marteau, celui de l'arbre à cames et l'enclume elle-même, attendu que dans ce dernier cas, les maçonneries et les charpentes ne tardent pas à se disjoindre sous l'action des coups du marteau, et leur destruction fait chaque jour de nouveaux progrès ; on évite ces inconvénients en isolant les parties soumises au choc de celles qui n'ont qu'à résister à des efforts modérés, et en les appuyant directement sur un sol préparé de manière à anéantir les secousses et les trépidations qui résultent de l'action de l'appareil.

Les deux paliers P P du marteau et le palier P' P' de l'arbre à cames reposent sur une même plaque de fondation QQ ; c'est le meilleur et le seul moyen d'assurer la fixité des points dont les distances relatives doivent être invariablement arrêtées, et il doit être appliqué sans aucune espèce d'exception dans la construction de tous les marteaux, de quelque genre qu'ils soient. En un mot, il doit être adopté comme principe de construction, sur le même pied que celui qui consacre l'isolement des points soumis à la percussion.

Les paliers P P sont disposés dans le même genre que ceux du marteau à soulèvement inférieur; mais il est inutile, dans le cas du marteau frontal, de rattacher les tourillons de la *croisée* G G aux paliers, parce que cette partie ne tend pas à s'enlever.

On ne met pas ordinairement de chapeau au palier P′ P′ de l'arbre moteur A A, parce que la bague B et le volant V, dont la couronne seule doit peser environ 7 000 kil., présentent une masse suffisante pour empêcher le soulèvement de cet arbre.

T, tête du marteau; elle porte un *œil* dans lequel s'emmanche la queue de la panne T′, et elle est en outre munie de deux oreilles R qui servent à refouler la loupe par bout après le cinglage.

L'enclume E repose dans la chabotte F′, et celle-ci s'encastre elle-même dans une plaque à ergots F′ F′ qui repose sur le stock.

Détails du marteau frontal. — Les figures 4 à 8 (éch. de 0^m,05 pour mètre) donnent le détail des pièces suivantes :

Figure 4; coupe de la couronne du volant, suivant M N.

Figure 5; détail de la bague à cames et du mode d'assemblage des cames. Il est très-essentiel que cette pièce présente un poids considérable.

Figure 6; détail d'une came.

Figure 7; enclume et panne du marteau.

Figure 8; coussinet du palier.

Matériaux employés dans la construction d'un marteau frontal :

Maçonnerie		25^m3,00
Charpente		12^m3,00
Fontes : Le marteau	3 500^k,00	
Plaque de fondation	2 500 ,00	
Les paliers	2 800 ,00	
Arbre	4 400 ,00	32 500^k,00
Volant	6 000 ,00	
Bague	6 300 ,00	
La chabotte, sa plaque et l'enclume	7 000 ,00	
Fers		1 300^k,00
Cuivres		110 ,00

PLANCHE 46. — MACHINES A COMPRIMER (SQUEEZERS).

Machine à comprimer de Vierzon (*Cher*) (par les Auteurs). — Les figures 1 et 2 (éch. de 0ᵐ,25 pour mètre) donnent :

Figure 1 ; élévation de l'appareil et coupe de la plaque de fondation.

Figure 2 ; plan de la machine avec indication de la communication de mouvement.

Description de l'appareil. — Q Q, beffrois de fondation faisant suite à ceux de la communication de mouvement ;

A A, arbre moteur portant à l'une de ses extrémités une manivelle à laquelle s'attache la bielle ;

L M, plaque de fondation se prolongeant sous les paliers de   moteur ;

E E, cages fixées sur la plaque et recevant l'axe de la presse ;

G G, guides en fonte maintenant l'extrémité de la presse ;

F, enclume cannelée fixée sur la semelle ;

D, balancier de la presse recevant à son extrémité inférieure l'attache de la bielle en fer B.

Détails. — Figures 3 à 14 (éch. de 0ᵐ,05 pour mètre) :

Figures 3, 4 et 5 ; plan, coupe suivant A B, et élévation de la plaque de fondation ou semelle L M, et de l'enclume ; V, vide pour le passage de la queue de la presse.

Figure 6 ; élévation du balancier de la presse ou squeezer proprement dit.

Figure 7 ; vue par côté de la queue qui reçoit l'attache de la bielle.

Figure 8 ; coupe suivant D E représentant la pièce en tôle *a b* qui protége la fonte, et les boulons d'attache *d*.

Figure 9 ; coupe F G de la partie qui frotte contre les guides.

Figure 10 ; coupe transversale de la queue suivant M N.

Figure 11 ; détail de l'une des cages qui reçoit l'axe du squeezer.

S, vis de pression avec écrou ; *b* boîte de sûreté.

Figures 12 et 13 ; détails de l'un des porte-guides.

Figure 14 ; pièce en fonte ou guide, contre lequel frotte l'extrémité postérieure du squeezer : il s'emboîte dans la partie *d c* du porte-guide (fig. 13) : les boulons *b* servent à le tirer en arrière ; les quatre autres *b'* le font appuyer contre la presse.

Matériaux employés dans la construction de cet appareil.

Charpente...................................	6ᵐ³,00	
Fontes : Le squeezer et sa plaque..........	6 200ᵏ,00	8 900ᵏ,00
Enclume, cages, etc..............	2 700 ,00	
Fers.......................................	1 100 ,00	
Cuivres....................................	36 ,00	

Presse de Decazeville. — Figures 15, 16, 17 et 18 (éch. de 0^m,025 pour mètre)

Figures 15 et 16 ; élévation et plan de l'appareil.

Figure 17 ; support de l'axe de la machine.

Figure 18 ; coupe transversale PQ de la panne du squeezer.

Cet appareil est beaucoup trop faible.

LM, plaque de fondation fixée sur un bâtis en fonte ;

D, squeezer proprement dit ;

R, contre-poids faisant équilibre à la partie antérieure ;

B, bielle motrice ;

Q, place où se posent les loupes.

Presse d'Abainville (par les Auteurs). — Figure 19 (éch. de 0^m,025 pour mètre), élévation. Figure 20, plan. D, squeezer à deux branches. E, cages. B, bielle en fer. A, arbre moteur.

Cette disposition est à peu près la meilleure que l'on puisse adopter, quand la disposition des lieux le permet.

PLANCHE 47. — CISAILLE A GROS FER.

Cisaille à gros fers (par les Auteurs). — Les figures 1, 2 et 3 (éch. de 0^m,05 pour mètre) représentent en élévation latérale, plan et vue par bout, une cisaille droite à gros fer, mue par un excentrique.

Explication du mouvement.

AA, arbre moteur faisant partie de la communication de mouvement d'un train de laminoirs ;

XX, excentrique en fonte ;

G, galet en fonte porté par l'extrémité de la branche P de la cisaille ;

P, grande branche de la cisaille ;

T, tête de la cisaille traversée par un clou en fer t t ;

L, lame en acier fixée à la mâchoire ;

SS, s s, semelle et supports de la cisaille.

La cisaille est assise sur les beffrois de la communication de mouvement ; la semelle est fixée par 8 boulons de fondation, et se rattache à celle des paliers de l'arbre moteur.

Détails. — Figure 4 (éch. de 0^m,10 pour mètre) ; vue par bout du support porte-lame avec la lame L' et sa garde en fer G.

Figure 5 ; détails de la garde G, avec indication de son mode d'attache sur le support ; cette pièce sert à empêcher les barres que l'on coupe de se renverser sur la lame fixe au lieu de se laisser couper.

Figure 6 et 7; élévation et plan de l'arrêt de la cisaille; pièce qui sert à régler la longueur à laquelle on doit couper le fer.

Figure 8; support de cette pièce.

Figure 9; pièce mobile sur la barre de l'arrêt; elle se fixe à volonté au moyen de la vis de serrage dont elle est pourvue.

PLANCHE 48. — GROSSE CISAILLE A QUEUE.

Grosse cisaille à queue (par les Auteurs), éch. de 0ᵐ,05 pour mètre.

Figure 1; élévation suivant la coupe MN.

Figure 2; plan.

Figure 3; vue postérieure de la cisaille, suivant la ligne de coupe OP; la bielle est supposée enlevée.

A, arbre moteur;

M, manivelle en fonte;

B, bielle en fer;

SS, semelle de la cisaille portant deux montants MM′, traversés par le clou NN′, dont l'un est pourvu d'une lame L′;

T, tête de la cisaille avec sa lame L;

P, queue à fourchette recevant le bout de la bielle;

G, gardes en fer;

R, arrêt;

gg, guide en fer encastré dans un des montants du support, se serrant au moyen de quatre vis contre la queue de la cisaille, pour empêcher l'écartement des lames;

QQ, beffrois de fondation.

Détails. —Figure 4 (éch. de 0ᵐ,10 pour mètre); manivelle vue en plan, et coupe par l'axe.

Figure 5; tête de bielle.

Matériaux employés pour cette cisaille :

Maçonnerie..	10ᵐ³,00	
Charpente..	4ᵐ³,50	
Fontes...	3500ᵏ,00	
Fers : Boulons........................... 180ᵏ,00		
Gardes, arrêts, etc................... 200 ,00	680 ,00	
Bielle, axe, etc...... .... 300 ,00		

PLANCHES 49. — CISAILLES DIVERSES (par les Auteurs).

Cisaille à tôle. — (Éch. de 0ᵐ,025 pour mètre).

Figure 1 ; élévation de cette cisaille, la première ligne de beffroi étant supposée enlevée : cette élévation représente la communication de mouvement de l'arbre moteur à la cisaille.

Figure 2 ; plan, ou vue en dessus de l'ensemble de la disposition.

Détails de la cisaille à tôle. — Figures 3 à 9 (éch. de 0ᵐ,050 pour mètre):

Figure 3 ; élévation latérale de la cisaille et de son support.

Figure 4 ; coupe transversale suivant DE et vue par derrière.

Figure 5 ; plan du support (la cisaille étant enlevée).

Figure 6 ; excentrique placé sur l'arbre moteur et coupe suivant ab.

Figure 7 ; collier en fer pour l'excentrique.

Figure 8 ; triangle oscillant autour du centre o, et recevant en o' et o'' les attaches des deux bielles.

Figure 9 ; détail du palier fixé contre les beffrois et supportant l'axe du triangle oscillant.

Description des pièces comprises dans l'appareil :

Q Q, beffrois de fondation ;

A A, arbre moteur ;

X, excentrique en fonte (détaillé fig. 6) ;

B, bielle inclinée se rattachant à l'excentrique et au triangle oscillant (détaillé fig. 8).

R, triangle oscillant ;

B', bielle horizontale reliant le triangle à la queue de la cisaille ;

S S, support de la cisaille ;

M M', supports de gauche et de droite ;

V, vide dans la semelle (fig. 5) ménagé pour laisser passer la queue de la cisaille :

g, guides en fer (fig. 3 et 4), maintenus et serrés par quatre vis ;

T, P, tête et queue de la cisaille (fig. 3).

Cisaille roulante ou cisaille à main. — Figures 10 et 11 (éch. de 0ᵐ,05 pour mètre).

Dans l'élévation (fig. 10) et le plan (fig. 11) on remarque :

B, bâtis en fonte porté sur quatre roues R ;

G, guide en fer servant à maintenir le levier ;

L, levier portant la lame mobile.

Cisaille à main, fixée sur une plaque à redresser. — Figures 12, 13 et 14 (éch. de 0ᵐ,05 pour mètre).

Q, Q, supports en fonte de la plaque à redresser ;

P, P, grande plaque de 6m,00 à 8m,00 de longueur;

B, support de la cisaille;

L, levier porte-lame;

G, guide en fer pour maintenir le levier.

PLANCHE 50. — TRAIN DE DÉGROSSISSEURS.

Train de dégrossisseurs (par les Auteurs). — Les figures 1, 2 et 3 (éch. de 0m,03 pour mètre) indiquent en élévation, plan et coupe, la disposition générale d'un train de dégrossisseurs. La coupe (fig. 3) est faite suivant AB (fig. 1).

Description des pièces composant le train de cylindres.

A, arbre moteur recevant son mouvement par l'engrenage E;

G, griffe d'embrayage du train;

T, arbre treflé servant d'intermédiaire entre le train et l'arbre A;

F, fourchette à pivot supportant l'arbre T;

P, cage à pignons accouplés;

N, moufflettes reliant les arbres d'accouplement;

Q, arbres d'accouplement, avec entretoises en bois retenues par des courroies, pour conserver l'écartement des moufflettes;

D, cages des ébaucheurs;

M, cages de cylindres méplats;

R R', canal en bois placé au-dessus des cages distribuant l'eau aux tourillons par l'intermédiaire de petits tubes en cuivre r;

S S', chemin suspendu portant les deux galets L L', qui servent à la manœuvre des aviots a v.

Matériaux employés pour le train de cylindres dégrossisseurs :

Maçonnerie.		30m3,00
Charpente.		8m3,60
Fontes : Les cages.	18 400k,00	
Plaques.	8 200 ,00	35 600k,00
Accessoires.	9 000 ,00	
Fers :.. Boulons.	450 ,00	
Garnitures.	900 ,00	
Entretoises, etc.	320 ,00	2 170 ,00
Gardes, etc.	500 ,00	
Cuivres.		800 ,00

Beffrois en pierres de taille (éch. de 0m,03 pour mètre). — Ce mode de fondation, employé en Angleterre, se compose de deux murs en pierre de taille

9

qui supportent deux bâtis en fonte X et X', sur lesquels s'appuient les cages; les deux bâtis sont reliés de distance en distance par des entretoises D K.

Les planches *p* et *p'* empêchent la terre de venir couvrir les écrous des boulons de fondation.

PLANCHE 51. — TRAIN DE DÉGROSSISSEURS (DÉTAILS).

Cage à pignons. — Figures 1, 2 et 3 (éch. de 0^m,05 pour mètre) : cage à pignons en élévation, vue de côté, et plan suivant la coupe A B.

Description. — B B, chapeaux des beffrois (en coupe);
S S, semelle de fondation (en coupe);
P P', montants de la cage;
H, chapeau de la cage (élévation et plan);
V, V', boulons à deux écrous qui maintiennent le chapeau; leur diamètre est de 0^m,065; leur pas (filet carré) est de 0^m,018;
a a', *b b'*, coussinets en bronze du pignon inférieur;
E, E', empoises du pignon supérieur;
d d', *e e'*, coussinets en bronze.

Cage à cylindres. — Figures 4, 5, 6 et 7 (éch. de 0^m,05 pour mètre) : cage à cylindres en élévation, vue de côté, coupe par l'axe, et plan suivant la coupe A B.

Description. — P P', montants de la cage; H, son chapeau;
L L, rainures latérales; O, O, passage des entretoises;
a a', *b*, coussinets du cylindre inférieur;
E E', D D', empoises supérieures;
T, boîte de sûreté;
d d', *e e'*, coussinets en bronze;
V, vis à filet carré de 0^m,13 de diamètre et de 0^m,034 de pas; elle traverse le chapeau de la cage dans un écrou en bronze R (fig. 6);
F (fig. 8), clefs pour manœuvrer les vis V;
v, *v*, vis de règlement des empoises.

Mode de serrage. — La figure 9 (éch. de 0^m,10 pour mètre) indique le mode de serrage employé pour les coussinets latéraux; il se compose de deux coins en fer K et K', dont le dernier porte deux mamelons *a*, *a*, qui traversent la fonte et reçoivent l'appui du coussinet. En serrant ou desserrant l'écrou du coin K, on rapproche ou on éloigne le coussinet de l'axe du cylindre.

Disposition du tablier, gardes et sous-gardes. — Les figures 10 et 11 (éch. de 0^m,05 pour mètre) représentent la position du *tablier* T et de la plaque de garde P de la première cage.

Les figures 12 et 13 (éch. de 0^m,05 pour mètre) indiquent la position des gardes et sous-gardes G et S de la deuxième cage.

A, barre sur laquelle s'appuient les gardes; elle doit être très-forte; pour une table de 1^m,40 on lui donne environ 0^m.08 de côté en carré.

On place à l'avant, soit une barre de fer rond R, soit un *tablier* en fonte comme dans la première cage.

Pignons d'accouplement et moufflettes. — Figures 14 et 15 (éch. de 0^m,10 pour mètre) : élévation et coupe d'un pignon d'accouplement; — vue par bout et coupe en long d'une moufflette.

Fourchette à pivot et son arbre. — Les figures 16 et 17 (éch. de 0^m,05 et 0^m,10 pour mètre) représentent la fourchette à pivot supportant l'arbre de transmission de mouvement (élévation, vue de côté et plan). — Arbre soutenu par la fourchette et portant la griffe et la première moufflette (fig. 17; éch. de 0^m,10 pour mètre).

Dans la figure 16 on remarque :

S S, semelle de fondation des cylindres;

s s, semelle de la fourchette portant dans son milieu un trou alésé T, où s'engage le pivot;

a b c, fourchette à pivot.

Griffe d'embrayage. — La figure 18 (éch. de 0^m10 pour mètre) donne la moitié de la moitié de la griffe et sa coupe par l'axe.

Tracé de cannelures. — Figures 19 et 20 (éch. de 0^m,10 pour mètre) : cylindres ébaucheurs et méplats.

PLANCHE 52. — TRAIN DE LAMINOIRS MARCHANDS.

Train de laminoirs marchands (par les Auteurs). — Les figures 1, 2 et 3 (éch. de 0^m,03 pour mètre) indiquent l'ensemble du train en élévation, vue de côté, et plan.

Description. — Ce train se compose ainsi qu'il suit :

P, cage à pignons;

D et N, cages d'ébaucheurs et de finisseurs;

S, cage de spatards.

Toutes ces cages sont fixées sur une même plaque de fondation MM', reposant sur deux lignes parallèles de beffrois Q' Q'.

Les beffrois sont placés sur un lit de béton, et soutenus latéralement par des murs en maçonnerie; ils se rattachent à ceux de la communication de mouvement Q Q.

Le mouvement est pris sur l'arbre A A au moyen de la griffe G G', et se transmet au pignon inférieur par l'arbre B, qui repose en son milieu sur la fourchette à pivot F, et qui porte d'une part la griffe G', de l'autre une moufflette E.

Forme des cannelures. — Figures 4, 5 et 6 (éch. de 0^m,10 pour mètre) : ébaucheurs n° 1, n° 2 et n° 3.

Figure 7 (éch. de 0^m,10 pour mètre) : Cylindres à cannelures plates, avec polisseur au milieu.

Figure 8 (éch. de 0^m,10 pour mètre) : Cylindres à cannelures carrées dont les extrémités s'emboîtent : cette disposition est très-bonne et n'est pas assez généralement suivie.

Figure 9 (éch. de 0^m,10 pour mètre) : Tracé de cannelures dans lesquelles on a reporté l'épaisseur du fer sur les deux cylindres : cette méthode ne doit être employée que lorsque les cannelures sont très-profondes.

Figure 10 (éch. de 0^m,10 pour mètre) : Forme des cannelures rondes ou carrées, avec indication de l'évasement qu'il faut leur donner pour obtenir du fer parfaitement rond ou à vive arête.

Moulure de la face latérale d'une cage : (fig. 11 ; éch. de 0^m,50 pour mètre ou 1/2 d'exécution).

Matériaux employés pour le train de laminoirs marchands :

Maçonnerie.		31^{m3},00
Charpente.		9^{m3},00
Fontes : Cages.	12 600^k,00	
Plaques.	4 500 ,00	21 900^k,00
Pignons, arbres, etc.	3 000 ,00	
Plaques de gardes, etc.	1 800 ,00	
Fers : . . Boulons.	750 ,00	
Cales, etc.	400 ,00	
Entretoises, chaînes, etc.	500 ,00	3 250 ,00
Vis et clefs.	600 ,00	
Gardes, etc.	1 000 ,00	
Cuivres.		750 ,00

PLANCHE 55. — TRAIN DE LAMINOIRS MARCHANDS (DÉTAILS).

Cage à pignons. — Les figures 1, 2 et 3 (éch. de 0^m,05 pour mètre) donnent l'élévation, la vue de côté, la coupe horizontale A B, et le plan du chapeau de la cage à pignons.

Cage à cylindres. — Figures 4 à 7 (éch. de 0^m,05 pour mètre) : élévation, vue de côté, coupe par l'axe, coupe horizontale.

Dans la figure 4, on voit que le cylindre supérieur peut s'élever ou s'abaisser à volonté, au moyen de cales dd' placées sous la barre ab qui supporte l'empoise ; le serrage vertical se fait par la vis V.

Le règlement latéral s'opère par les quatre vis et écrous v et e qui traversent les montants de la cage ; les huit petites vis v' servent à pousser les coussinets contre le collet du tourillon.

La figure 8 indique le plan du chapeau d'une cage munie d'un arc de cercle percé de trous, dans l'un desquels on place une goupille qui empêche la clef de la vis de tourner.

Cage des spatards et du racloir. — Figures 9 et 10 (éch. de 0ᵐ,05 pour mètre) ; détails de la cage des spatards et du racloir.

Fourchette à pivot et sa plaque de fondation. — Figures 11, 12 et 12 *bis* (éch. de 0ᵐ,05 pour mètre) ; détails de la fourchette et de son support. (Élévation, plan et vue de côté.)

Coussinets et empoises de la cage à pignons. — Figures 13, 14 et 15 (éch. de 0ᵐ,10 pour mètre). Figure 16 ; vis qui relie le chapeau aux montants de la cage.

Pignon à dents croisées. — Figure 17 (éch. de 0ᵐ,10 pour mètre) ; élévation et coupe.

Figures 18 et 18 *bis* (éch. de 0ᵐ,10 pour mètre) ; grosse vis et clef d'une cage à cylindres.

Coussinets et empoises de la cage à cylindres. — Figures 19, 20, 21 et 22 (éch. de 0ᵐ,10 pour mètre).

Détails du racloir. — Les figures de 23 à 28 (éch. de 0ᵐ,10 pour mètre) indiquent :

Figure 23 ; mâchoire supérieure et mobile du racloir de la cage de spatards.

Figures 24 et 25 ; plan et coupe verticale $a b$ de la boîte ou partie fixe du racloir.

Figures 26, 27 et 28 ; élévation, plan et coupe suivant $d g$ du support en fonte que l'on place entre les deux cages pour porter la boîte du racloir.

Arbres d'accouplement et moufflettes. — Figures 28 *bis* et 29 (éch. de 0ᵐ,10 pour mètre) : arbre d'accouplement vu en coupe ; premier arbre de la transmission de mouvement avec une moufflette vue en coupe.

Griffe en deux parties. — Figure 30 (éch. de 0ᵐ,10 pour mètre) ; la première est calée sur l'arbre moteur, la seconde est mobile sur l'extrémité de l'arbre de la figure 29.

Nous n'avons pas indiqué, dans cette planche, la disposition du tablier et des gardes des cylindres ; elle est sensiblement la même que pour les cylindres dégrossisseurs (fig. 10 à 13, Pl. 51).

PLANCHE 54. — TRAIN DE CYLINDRES A PETITS FERS.

Train de cylindres à petits fers (par les Auteurs). — Les figures 1 et 2 (éch. de 0^m,05 pour mètre) donnent la disposition générale d'un train de petits fers.

Description. — Ce train se compose ainsi qu'il suit :

P, cage à pignons ;

C, cinq cages à cylindres, dont les trois premières portent des cylindres de 0^m,60 de table, et les deux autres des cylindres de 0^m,40 ; la dernière peut à volonté être disposée pour recevoir des spatards de 0^m,25 de table.

Le mouvement est transmis au train par l'arbre A, qui est relié au pignon du milieu par une moufflette. Toutes les cages peuvent recevoir trois cylindres ; mais lorsque l'on ne veut en employer que deux, on remplace le troisième par un petit arbre D.

Dans la fabrication ordinaire, on ne se sert que des deux premières cages et de la dernière : la première porte les *ébaucheurs* ; la seconde, les *finisseurs* ; et la dernière les *spatards*.

Lorsque l'on fait du petit rond de 5 à 6 millimètres de diamètre, tous les équipages sont employés : le premier porte trois ébaucheurs ; le deuxième, le troisième et le quatrième, chacun deux préparateurs alternativement disposés dans le haut ou le bas des cages ; et le dernier, deux finisseurs ronds.

Les fondations de ce train ressemblent tout à fait à ceux des autres trains ; nous ne nous en occuperons pas.

Cage à pignons. — Les figures 3, 4 et 5 (éch. de 0^m,10 pour mètre) représentent l'élévation, une coupe par l'axe et une coupe horizontale de la cage à pignons.

L'empoise P se règle avec des cales.

L'empoise Q est fixe et repose sur deux tasseaux en fer o et o'. Entre R et S, on place une clavette d d', qui permet de régler avec exactitude l'écartement des deux pignons supérieurs ; enfin, l'empoise T se trouve maintenue par des cales, qui la serrent entre le tourillon du cylindre et le chapeau de la cage.

Pignon d'accouplement. — Figure 6 (éch. de 0^m,10 pour mètre) ; élévation et coupe d'un des pignons d'accouplement ; les dents sont croisées comme dans les pignons du train de fer marchand.

Cage à cylindres. — Les figures 7, 8 et 9 (éch. de 0^m,10 pour mètre) en donnent l'élévation, la vue de côté et une coupe horizontale.

L'empoise P se règle de hauteur par la clef d d'.

L'empoise Q, qui porte le cylindre intermédiaire, repose sur deux tasseaux O et O' venus à la fonte.

L'empoise R, construite en fer, est double et porte deux coussinets; celui du bas se règle au moyen de cales que l'on peut interposer entre le cuivre et le fer; celui du haut repose sur la barre DD', que l'on règle de hauteur par des cales placées à ses extrémités dans la mortaise venue aux montants de la cage.

Les tasseaux en fer M M', placés dans les faces intérieures des montants, sont destinés à empêcher la pression, qui se développe pendant le passage du fer entre les cylindres inférieurs, de se transmettre aux tourillons du cylindre supérieur; il est, en effet, très-important d'adopter un système d'empoises qui mette obstacle à la multiplication des frottements dans un train qui marche à une grande vitesse.

L'empoise supérieure S porte une boîte de sûreté T, sur laquelle agit la vis V; cette vis est munie d'un écrou en bronze ou en fer, qui l'empêche de se desserrer pendant le travail. Le règlement latéral s'opère au moyen de dix petites vis v.

Empoises. — Figures 10, 11 et 12 (éch. de 0m,10 pour mètre) : détails de la double empoise en fer R de la figure 7. Figure 13; tasseau en fer M et M' (voir fig. 7 et 8).

Figures 14, 15 et 16 (éch. de 0m,10 pour mètre); empoise inférieure P (fig. 7) avec sa clavette.

Moufflette, Arbre d'accouplement, Griffe d'embrayage. — Figures 17, 18 et 19 (éch. de 0m, pour mètre); la griffe d'embrayage est placée à l'extrémité de l'arbre A, qui communique le mouvement au train (fig. 1).

Matériaux employés pour un train de petits fers :

Charpente.		6m3,60
Fontes : Cages.	4 200k,00	
Plaques.	3 400k,00	
Pignons, moufflettes, etc.	1 800 ,00	12 400k,00
Griffes, poulies, etc.	1 200 ,00	
Empoises, etc.	1 800 ,00	
Fers :.. Boulons.	490 ,00	
Vis, clefs, etc.	810 ,00	1 660 ,00
Entretoises, etc.	100 ,00	
Gardes, etc.	260 ,00	
Cuivres.		340 ,00

PLANCHE 55. — CYLINDRES A PETIT FER.

Ébaucheurs n° 1. — Figure 1 (éch. de 0m,50 pour mètre ou 1/2 d'exécution); ils servent aux fers de dimensions moyennes faits avec des billettes ou de petites trousses.

Cylindres à bandelettes. — Figure 2 (éch. de 0m,10 pour mètre); cylindres à bandelettes avec polisseur au milieu de la table ; ils sont disposés de manière à ce que le fer soit toujours rabattu sur les gardes.

Figure 3 (éch. de 0^m,10 pour mètre) ; cylindres à bandelettes avec polisseur à l'extrémité de la table ; dans cette disposition le fer qui passe entre les cylindres inférieurs tend toujours à se relever.

Fabrication des fers ronds à guides. — Les cannelures des figures 4, 5, 6, 7 et 8, sont de grandeur d'exécution, mais la longueur de la table est réduite (voir la cote).

Ébaucheurs n° 2 (fig. 4), servant pour les petits fers faits avec des billettes, et principalement pour les petits fers ronds à guides ; ils se placent toujours dans la première cage.

Préparateur ovale (fig. 5), placé dans la deuxième cage.

Préparateur carré (fig. 6), placé dans la troisième cage.

Finisseur ovale (fig. 7), placé dans la quatrième cage.

Finisseur rond (fig. 8), placé dans la cinquième cage.

Série de cannelures. — Figure 9 ; exemple de la série de cannelures que l'on peut employer pour le fer rond de 0^m,0056 de diamètre.

PLANCHE 56. — FABRICATION DES PETITS FERS RONDS.

Disposition générale. — Les figures 1 et 2 (éch. de 0^m,05 pour mètre) représentent, en élévation et en plan, la disposition des cylindres employés pour la fabrication du petit fer rond de 0^m,0056 de diamètre.

Les lignes à flèches indiquent les différents passages du fer.

La cage n° 1 contient trois ébaucheurs (n° 2) ;

La cage n° 2, deux préparateurs à cannelures ovales ;

La cage n° 3, deux préparateurs à cannelures carrées ;

La cage n° 4, deux finisseurs à cannelures ovales ;

La cage n° 5, deux finisseurs ronds.

Bobine. — Figure 3 et 4 (éch. de 0^m,05 pour mètre) : bobine sur laquelle on enroule le fil de fer. La bobine en fonte est portée sur un petit bâtis en bois, et traversée par un axe en fer pourvu d'une manivelle ; la joue extérieure a b est en tôle, et s'enlève à volonté.

Support de guides et guides. — Figure 5 et 6 (éch. de 0^m,20 pour mètre) ; pièce en fer ou en fonte, que l'on place entre les montants des cages pour supporter les guides.

Figure 7, 8 et 9 (éch. de 0^m,30 pour mètre) ; guide simple en fonte employé dans la cage n° 1.

Figure 7 ; vue en plan.

Figure 8 ; coupe par A B.

Figure 9; vue par bout.

Y Y, cylindres en élévation ; S S, support du guide ;

B, boulon d'attache ; P, pièce sur laquelle se serre l'écrou du boulon.

Figures 10, 11, 12 et 13 (éch. de 0^m,30 pour mètre) ; guide à boîtes en fer.

La figure 10 est une coupe longitudinale.

La figure 11, une coupe horizontale et une vue en plan.

La figure 12, une élévation par bout et une coupe par $a\,b\,d$ (fig. 11).

La figure 13 est la moitié du guide proprement dit.

Les supports sont les mêmes que dans le cas précédent.

D F E, boîte en fer fixée par le boulon B;

M M, pièces en fer mobiles placées dans la boîte et supportant les guides en fonte G G ;

V V, vis latérales servant à augmenter ou à diminuer l'écartement des pièces mobiles ;

V' V', vis postérieures servant à pousser les guides en avant.

Ce genre de guides est peu employé.

Figures 14 à 18 (éch. de 0^m,30 pour mètre) ; guides à grandes boîtes en fonte.

Les boîtes sont supportées de la même manière que celles en fer dont nous venons de parler.

Les figures 14, 15 et 16 représentent une de ces boîtes en élévation, plan et coupe.

Les guides en fonte ou en fer G G, munis d'un talon t, sont placés dans la boîte en nombre suffisant pour qu'il y en ait deux vis-à-vis chacune des cannelures où doit passer le fer. Ils sont maintenus en plan par les vis V V, qui traversent des écroux E, mobiles dans deux coulisses horizontales D D, D' D'.

F F, représente la barre de fer passant entre les guides. Le principal avantage de ces boîtes est de permettre la pose d'un grand nombre de guides ; on en fait aussi dans le même genre, qui n'en contiennent qu'une paire.

Figure 17; détails de deux guides pour fer carré et fer ovale.

Figure 18; détails du boulon et de la plaque de retenue de la boîte sur son support.

PLANCHE 57. — TRAIN DE FENDERIE.

Train de fenderie (par les Auteurs).—Figures 1, 2, 3 et 4 (éch. de 0^m,10 pour mètre) ; élévations, plan et coupe verticale d'une cage de fenderie.

Disposition d'une cage :

A B, plaque à quatre mamelons fixée sur une semelle de fondation ;

D D', colonnes engagées dans les mamelons et fixées par des clavettes; elles portent des vis en fer V ;

EE', empoises inférieures à douilles ;

F F', secondes empoises à douilles ;

GG, troisièmes empoises terminées par un demi-cercle ;

H H', empoises supérieures à douilles ;

SS, entretoises ;

R, rondelles en fonte ;

QQ', trousses de taillants ;

PP', porte-vergettes ;

O et O', vergettes supérieures et inférieures ;

TT', tirants qui retiennent les porte-vergettes ;

KK, guides attachés aux tirants TT'.

Figure 4 ; détail d'une colonne DD'.

Figure 5 ; empoise GG.

Figure 6 ; empoise supérieure HH'.

Figure 7 ; porte-vergettes : deux vues et une coupe transversale.

Figure 8 ; vergette.

Figure 9 ; assemblage des porte-vergettes et des vergettes.

Figures 10 et 11 ; détails des tirants et des guides qui y sont annexés.

Trousses de fenderie. — Figure 12 (éch. de 0^m,20 pour mètre) ; élévation de la trousse supérieure et coupe de celle du bas.

A B, arbre en fer, forgé avec la rondelle R ;

R', rondelle mobile en fer, dite rondelle de garde ;

T T, taillants en acier ou en fer aciéré ;

t t, rondelles d'entre-deux ;

b b', boulons d'assemblage des trousses.

Plan d'ensemble. — Figures 13 et 14 (éch. de 0^m,05 pour mètre) ; élévation et plan d'ensemble d'un train de fenderie.

Description des pièces qui le composent :

A, arbre moteur ;

G, griffes d'embrayage ;

M, arbre de transmission de mouvement ;

P, cage à pignons ; les pignons ont 0^m,35 de diamètre à la ligne de division, et portent 20 dents ;

L, arbre d'accouplement, tréflés à un bout et carrés de l'autre ;

F, cage de fenderie ;

La plaque de fondation P' Q repose sur des beffrois.

Disposition particulière. — Figure 15 (éch. de 0^m,025 pour mètre) ; plan d'ensemble d'un train échelonné.

A, cylindres à fer plat pour la préparation du fer ;

B, spatards munis de racloirs pour aplatir, allonger et polir la barre à fendre ;

P, plaque en fonte conduisant la barre à la cage F ;

F, cage de fenderie.

Matériaux employés pour la construction d'un train de fenderie :

Charpente...................................... 2^{m3},00

Fontes.. 4160^{L},00

Fers.. 300 ,00

Cuivres....................................... 100 ,00

Les trousses ne sont pas comprises dans les poids indiqués.

PLANCHE 58. — FOURS A RÉCHAUFFER LA TOLE.

Dispositions employées. — Cette planche comprend la plupart des dispositions de fours employés pour réchauffer les tôles.

Ils se divisent en deux classes :

Les fours dormants et les fours à sole.

Four dormant. — Les figures de 1 à 4 (éch. de 0^m,025 pour mètre) indiquent le mode de construction d'un four dormant proprement dit ; elle est très-simple, et les résultats que l'on en peut attendre dépendent essentiellement du mérite des ouvriers que l'on emploie.

La figure 16 donne le détail d'un barreau de grille.

Fours à sole. — Figures 5 à 8 (éch. de 0^m,025 pour mètre) : four à sole avec échappement par la voûte ; la sole est garnie de trois chenets en fonte *a a a*.

Figures 9 à 12 (éch. de 0^m,025 pour mètre) : four à sole avec échappement latéral ; cette disposition est préférable à la précédente, mais la section de la cheminée est trop faible.

Figures 13 à 15 (éch. de 0^m,025 pour mètre) : four à sole avec échappement par la sole ; il n'a lieu par la voûte que lorsque la porte du four est levée ; à cet effet, on s'arrange pour que le registre R s'élève lorsque l'on soulève la porte : il reste fermé pendant toute la durée du chauffage.

Cette disposition nous paraît être préférable aux précédentes.

Détails. — Les figures 17, 18, 19 et 20 (éch. de 0^m,05 pour mètre) donnent les détails de quelques pièces de fonte employées dans l'appareil représenté figures 9 à 12.

PLANCHE 59. — TRAIN DE TOLERIE.

Train de tôlerie (par les Auteurs). — Cette planche comprend l'ensemble et les principaux détails d'un train de laminoirs employés à la fabrication de la tôle.

Les figures 1 à 5 sont à l'échelle de 0^m,04 ; les détails, à celle de 0^m,10.

Composition du train (fig. 1 à 5). — Figure 1 ; élévation du train de tôlerie ; il se compose :

D'une cage à pignons, dont les détails sont exactement les mêmes que ceux du train de dégrossisseurs (Planche 51) ;

De deux cages à cylindres de 1^m,00 et 1^m,60 de table sur 0^m,48 de diamètre.

La disposition intérieure des cages ne présente d'autre particularité que la suppression des vis supérieures, qui sont remplacées par deux coins et une vis latérale, et la suspension du cylindre supérieur au moyen de bascules à contre-poids placées sous la plaque de fondation.

Figure 2 (coupe par A B) : elle représente, en élévation, la disposition intérieure d'une cage.

Figure 3 : coupe par la ligne brisée D E de la figure 2, en supposant que les empoises aient été enlevées.

Figures 4 et 5 : élévation et plan d'une cage avec indication du tablier et des gardes.

T, tablier en fonte soutenu par deux colonnes L ;

B B, barres de fer que l'on ajoute au tablier lorsqu'on lamine de grandes tôles ;

G G, gardes en fer ;

R R, rouleau en fonte placé du côté de la sortie.

Détails. — Figures 6 à 9 ; détail des coins Q Q' de la figure 2.

Figure 10 ; écrou en fer logé dans la mortaise E (fig. 2, et en plan fig. 3).

Figure 11 ; vis V V traversant l'écrou et appuyant sur le coin Q.

Figure 12 ; clef à deux branches F servant à manœuvrer la vis.

Figures 13 et 14 ; empoise supportant le cylindre supérieur, et reposant elle-même sur le sommet des tiges de suspension S S (fig. 1 et 2).

Figures 15, 16 et 17 ; détails du tablier en fonte T T (fig. 4 et 5).

Figure 18 ; tiges de suspension S S engagées dans les mortaises k k (voir fig. 3).

Figure 19 ; grand levier en fer L (fig. 1).

Figures 20 et 21 ; ensemble des pièces d'attache qui fixent la bascule à la semelle de la cage ; les pièces H H se fixent à la cage aux points h h (fig. 2 et 3), et sont assemblées avec H' H' par un axe M M ; H' et H' sont réunis par le clou N N, qui supporte le levier L (fig. 19).

Figures 22 et 23 ; balancier en fonte B B (fig. 2), recevant au centre le bout du grand levier et à ses deux extrémités b b, les tiges de suspension S S (fig. 1 et 2).

Figure 24 ; tringle en fer G (fig. 1 et 2), suspendue à l'extrémité du grand levier et portant des contre-poids en fonte P.

Figure 25 ; rondelle en fonte composant les contre-poids des bascules.

Matériaux employés pour le train de tôlerie : ils sont, à peu de différence près, les mêmes que dans le train de puddlage.

PLANCHE 60. — FABRICATION DES RAILS.

Forme des rails (éch. de 0^m,50 pour mètre) :

N° 1. — **Rails droits** à section presque rectangulaire, tels que ceux du chemin de Saint-Étienne à Lyon ;

N° 2. — **Rails à un seul champignon** avec ou sans talon, ondulés ou non ;

N° 3. — **Rails à deux champignons;**

N° 4. — **Rails américains** portant un champignon et une large embase ;

N° 5. — **Rails creux** de différentes formes.

Tracé des cannelures. — Figures 1 et 2 (éch. de 0^m,25 pour mètre); cylindres employés à Décazeville pour la fabrication des rails.

Figure 3 (éch. de 0^m,20 pour mètre); cylindres employés à l'usine de Terre-Noire pour la fabrication des rails du chemin de fer d'Andrézieux à Roanne (d'après M. Walter).

Figure 4 (éch. de 0^m,50 pour mètre); forme de l'avant dernière cannelure employée pour fabriquer des rails creux (usine de Dowlais, près Merthyr-tyd-will).

PLANCHE 61. — FABRICATION DES RAILS.

Scie à couper les rails. — Figures 1 à 3 (éch. de 0^m,04 pour mètre); élévation, plan et coupe.

Cet appareil est employé en Angleterre, et a été publié par M. *Joseph Glynn*[1]; il est destiné à couper à la fois les deux extrémités d'un même rail, et se compose comme il suit ;

A B, vaste bâtis en fonte portant deux glissières parallèles ;

G, G′, deux bâtis plus petits placés sur le premier. Chacun d'eux se compose de deux parties : la première se meut sur les glissières du grand bâtis, et porte elle-même deux glissières perpendiculaires aux premières, sur lesquelles peut se mouvoir la seconde partie; l'une porte la scie circulaire S par les deux paliers p et p', l'autre supporte le rail R par les pièces D et D′ (fig. 2) fixées aux crémaillères m, m', qui engrènent avec deux pignons portés par l'arbre horizontal $a b$. En imprimant à cet arbre un mouvement de rotation au moyen du petit volant V, on approche ou on éloigne le rail des scies, qui sont elles-mêmes mises en mouvement par des courroies qui s'enroulent sur les poulies P et P′. Elles font environ 1,000 tours par minutes; le rail est coupé en 12 ou 15 secondes.

D'après la disposition adoptée, on observe :

[1] *Transactions of the institution of civil Engineers*, vol. III, part. III.

1°. Que l'écartement des deux scies peut se régler à volonté;

2°. Que leur parallélisme est assuré;

3°. Que le parallélisme de leur axe à celui du rail est obtenu d'une manière sûre par la solidarité des pièces qui portent les scies et le rail.

Ce sont les principales conditions auxquelles doit satisfaire une machine à couper les rails.

Figure 4 (éch. de 0ᵐ,04 pour mètre) : chapeau en tôle dont on recouvre la scie pour préserver les ouvriers de la poussière incandescente qui se dégage pendant son travail.

La figure 5 (éch. de 0ᵐ,08 pour mètre) représente, en détail, le mode d'assemblage de la scie sur son axe, et la forme que l'on a donnée aux tourillons pour y conserver l'huile qui les lubrifie.

La figure 6 (grandeur d'exécution) indique la forme des dents de la scie et l'angle sous lequel on la fait agir sur le métal.

Scie de Decazeville. — Figures 7 à 11 (éch. de 0ᵐ,04 pour mètre), et 12 et 13 (éch. de 0ᵐ,08 pour mètre); élévation, plan, vue par bout, coupe et détails de la machine.

Cet appareil est destiné à couper un seul bout de rail.

Description de l'appareil. — On remarque les parties suivantes :

A B, A′B′, C D, semelles en fonte reliées au sol;

a b, a′ b′, cylindres en fonte tournés, et fixés sur A B et A′ B′;

F G, F′ G′, pièces reliant les semelles A B, A′ B′ et C D;

L M, L′ M′, bâtis mobiles glissant sur a b, a′ b′, reliés entre eux par le porte-rail M M′;

E K X, X K′E′, leviers en fer portant en X un écrou traversé par la vis V V, fixée en O, et manœuvrée par la manivelle m; les points K et K′ sont fixés de telle sorte qu'en tournant la manivelle on fait avancer et reculer la pièce M M′, et le rail qu'elle supporte;

g, g, galets sur lesquels on place le rail; ils tiennent à un petit pallier détaillé figure 12;

S S, scie circulaire placée à l'extrémité d'un arbre Q Q supporté par p et p′, et mue par une courroie qui s'enroule sur la poulie P. Pour arrêter le mouvement. on fait passer la courroie sur la poulie folle P′.

Figure 9; vue par bout.

Figure 10; coupe xy de la figure 8.

Figures 12 et 13 (éch. de 0ᵐ,08 pour mètre); détails du porte-galets et de la scie.

Cet appareil est assez mal disposé :

1°. Les supports de la scie et le bâtis du chariot ne sont pas solidaires, de sorte que l'on n'est jamais sûr du parallélisme du rail et de l'axe de la scie; c'est un grand défaut;

2°. Le bâtis du chariot manque de fixité ;

3°. Le mode de transmission de mouvement au chariot est mauvais ; le moindre jeu dans les assemblages des pièces E K X, X K' E', ou leur flexion, peuvent empêcher le chariot de se mouvoir parallèlement à lui-même.

L'appareil anglais dont nous avons parlé précédemment est établi dans de bien meilleures conditions.

Appareil à tailler les scies. — Les figures 14 et 15 (éch. de 0ᵐ,04 pour mètre) représentent, en élévation et en plan, l'outil employé à Decazeville pour tailler les dents des scies.

Bloc à redresser. — La figure 16 (éch. de 0ᵐ,04 pour mètre) représente l'enclume sur laquelle on place les rails pour les redresser à coups de masse.

Affranchissage des rails. — Quand la section doit être droite, on emploie un étau tel que celui des figures 17 et 18 (éch. de 0ᵐ,04 pour mètre). Lorsqu'elle est oblique, on se sert d'un appareil analogue à celui des figures 19 (éch. de 0ᵐ,04 pour mètre).

a b, représente la tranche prête à couper le rail.

Rails ondulés. — La figure 20 (éch. de 0ᵐ,04 pour mètre) représente la disposition de la cannelure où l'on donne à un rail la forme ondulée. Le cylindre femelle est creusé en excentrique, et la garde G est mobile autour d'un axe M, afin que son extrémité s'applique toujours exactement dans le fond de la cannelure.

On doit remarquer, dans cette cage, le mode de règlement du cylindre mâle : ses tourillons sont supportés par une barre de fer A B, dont les extrémités sont saisies par deux chapes en fer H et H' ; elles sont terminées par des parties taraudées qui s'engagent dans des mentonnets M' M', venus aux montants de la cage, sur lesquels on opère le serrage des écrous R et R' ; on règle par ce moyen, avec une grande exactitude, la hauteur du cylindre supérieur. Cette disposition est employée en Allemagne.

PLANCHE 62. — FABRICATION DES RAILS.

Scie de l'usine de Terre-Noire. — Figures 1 à 9 (éch. de 0ᵐ,05 pour mètre) ; élévation, plan, coupe transversale et détails de l'appareil.

Description des pièces.

A B, arbre horizontal porté sur trois paliers ;

P, P, P, paliers solidement fixés sur une même plaque de fondation ;

D, D', D", leviers calés sur A B, et supportant le rail R (fig. 9) ;

G G, G' G', flasques rapportés sur les leviers et soutenant le rail sur les côtés.

Du côté de la scie, la clavette *l* sert à assurer la position du rail ;

t t, tasseaux en fonte servant d'entretoises aux pièces G G, G' G' ;

V V, vis traversant l'écrou E, et fixé au levier D.

En tournant la manivelle M, on fait avancer ou reculer le rail.

S, scie circulaire fixée sur un arbre ab portant la poulie p ;

U, auge remplie d'eau dans laquelle se meut la scie (fig. 6 et 7) ;

F, flasques circulaires en fonte ou en tôle, garnies en bois à l'intérieur pour essuyer la scie après son passage dans l'eau (fig. 4 et 5). Quand cet appareil sert à couper le deuxième bout de rail, on ajuste à son extrémité G' une pièce en fer Q (fig. 8) portant un talon T, contre lequel vient buter le bout du rail déjà coupé. Cette disposition a pour objet l'affranchissage de tous les rails à la même longueur.

L'arrangement de cette machine et fort simple, et il paraît qu'elle fonctionne avec régularité ; elle est bien préférable à celle qui est employée à Decazeville pour le même objet.

Machine à dresser les rails. — Figures 10 et 11 (éch. de 0^m,05 pour mètre) représentant l'appareil employé au Creusot pour redresser les rails.

Description. — Le rail R R est placé sur une semelle en fonte S S, et appuyé contre deux tasseaux T T, dont on peut faire varier la position suivant l'étendue de la courbe qu'affecte le rail, et dont le point le plus saillant doit faire face à la vis V V.

P, pièce en fer placée entre la vis et le rail ;

V V, grosse vis traversant l'écrou en bronze E, et portant un petit engrenage G ;

P, pignon fixé sur l'arbre A B qui porte un volant L L et une manivelle M.

Pour faire travailler la machine, on met deux hommes au volant, dont l'un agit sur les bras mm, et l'autre sur la manivelle M.

Cet appareil fonctionne très-bien, et a été adopté en Angleterre.

Four à rails. — Les figures 12 et 13 (éch. de 0^m,05 pour mètre) donnent, en coupe verticale et horizontale, le four employé à Decazeville pour réchauffer les bouts de rails que l'on veut affranchir à la tranche ou à la scie.

Préparation des paquets. — Figures 14 à 22 (éch. de 0^m,30 pour mètre).

Figure 14 ; paquet composé de dix barres de 0^m,054, et de 0^m,108 en fer n° 1, et de deux couvertures en fer n° 2 ou n° 3.

Figure 15 ; ce paquet ne diffère du précédent qu'en ce qu'il comprend un échantillon de plus, du fer de 0^m,081 en n° 1.

Figure 16 ; paquet de Decazeville, de 0^m,974 de long, pesant 165 kil. ; il comprend :

2 couvertures en fer n° 3............................	55^k,00
4 barres de fer ballé n° 2..........................	25 ,00
8 barres de fer n° 1	85 ,00
Total.......................	165^k,00

Figure 17 ; paquet employé au Creusot pour le rail de la figure 18. Il a 1ᵐ,20 de long, pèse 210 kil., et donne un rail' (fig. 18) de 4ᵐ,80 de long, pesant 173 kil.

Figure 19 ; paquet disposé pour faire des couvertures.

Figure 20 ; forme du fer que l'on prépare pour faire entrer les bouts de rail- dans les paquets de couvertures.

Figure 21 ; paquet préparé pour faire les barres de 0ᵐ,040 sur 0ᵐ,020 qui entrent dans le paquet de la figure 16.

Figure 22 ; paquet disposé pour faire des couvertures; les pièces supérieures et inférieures sont en n° 2.

PLANCHE 63. — FERS DE FORMES EXCEPTIONNELLES.

1°. **Fers à rebords.** — Nᵒˢ 1 à 5 (1/2 d'exécution).

2°. **Fers à cornières.** — Nᵒˢ 1 à 10 (1/2 d'exécution).

On doit remarquer la forme du n° 2, qui est employée en Angleterre.

3°. **Fers à T.** — Quatre échantillons (1/2 d'exécution).

4°. **Fers à coins.** — Nᵒˢ 1 à 8 (grandeur naturelle).

5°. **Fers à vitrages.** — Nᵒˢ 1 à 9 (grandeur naturelle).

6°. **Fers à ridages.** — Nᵒˢ 1 à 6 (grandeur naturelle).

7°. **Mains-courantes.** — Dix échantillons (grandeur naturelle).

8°. **Fers divers.** — Trois échantillons (grandeur naturelle).

9°. **Fers à métiers.** — Deux échantillons (grandeur naturelle).

Cylindres employés pour les fers à rebords (par M. Vuillemin). — Figure 1 (éch. de 0ᵐ,10 pour mètre).

Cylindres employés pour les fers à cornières (par M. Vuillemin). — Figure 2 (éch. de 0ᵐ,20 pour mètre).

Table de fagotage. — Figures 3 et 4 (éch. de 0ᵐ,10 pour mètre); cette table est employée pour la confection des paquets de ferraille.

TT, forte table en bois;

R, R, rainures formées par les liteaux en bois ll, ll;

ACDB, forme en fonte ou en fer dans laquelle on dispose le paquet;

GG, barre de fer horizontale fixée à la table ;

LL', leviers en fer au moyen desquels on serre le paquet, en mettant le pied en L, et en frappant à coups de marteau sur la partie K.

PLANCHE 64. — FABRICATION DES TUBES EN FER.

Four à souder les tubes. — Figures 1 à 4 (éch. de 0ᵐ,025 pour mètre); ce four ne diffère des fours à réchauffer ordinaires que par la dimension de la grille, le surbaissement de la voûte et l'échappement par la sole.

Figures 1 et 2 ; élévation latérale et par bout.

Figures 3 et 4 ; coupes en long, verticale et horizontale.

G, grille ; A, autel ; S, sole ;

E, échappement de la flamme ;

P, première porte de travail : deux ouvertures ;

P', seconde porte à une seule ouverture faisant face au banc d'étirage.

Four à souder, soufflé. — Figures 5 à 7 (éch. de 0^m,025 pour mètre); ce four est composé de trois parties principales représentées par les coupes A D, M N et l'élévation (fig. 6).

G, grille où la houille se convertit en coke ; O, O, ouvertures par lesquelles le coke est jeté dans le foyer ;

F, foyer soufflé par quatre tuyères n°s 1, 2, 3 et 4 ; il est muni, à sa partie antérieure, d'une porte à deux ouvertures Q et P, par lesquelles on introduit les tubes ;

H, carneau qui reçoit la flamme du foyer F, et dans lequel on réchauffe les barres avant de les plier ;

R, porte de nettoyage ;

B, bouilleur d'une chaudière à vapeur chauffée par la chaleur perdue de l'appareil.

Marteau à plier. — Figures 8 et 9 (éch. de 0^m,05 pour mètre) ; élévation et plan.

S S, semelle de fondation ;

A, arbre moteur portant son excentrique B B ;

M, manche du marteau portant un contre-poids P ;

R R, supports de l'axe ;

F, tête du marteau ; Q, enclume en fonte reposant sur un stock en bois et maçonnerie ;

Tenailles-filières — Figure 10 (éch. de 0^m,05 pour mètre) ; cet appareil est le plus employé pour le soudage des tubes.

Filière à vis. — Figure 11 (éch. de 0^m,05 pour mètre) ; cet appareil, d'abord employé par White-house, a été abandonné.

Scorpion. — Figure 12 (éch. de 0^m,05 pour mètre) ; cette espèce de filière a été employée par Cowley et Dixon, à la fabrique de Walsal ; c'est une simple tenaille fixée sur le sol.

Banc à étirer. — Figures 13, 14 et 15 (éch. de 0^m,05 pour mètre) ; élévation, plan et coupe suivant $a\,b$.

Cet appareil se compose comme il suit :

P, P', P", supports en fonte portant une table de même métal (fig. 5).

N N, chaîne sans fin s'enroulant en A et A' sur deux roues dentées dont la première est placée sur l'arbre moteur.

T T, table en fonte portant trois rainures : celle du milieu reçoit la chaîne, les deux latérales reçoivent les roues du petit chariot H.

B, butoir en fonte composé de deux parties : l'une tient au bâtis, et porte une ouverture placée entre deux coulisses, dans lesquelles on introduit une plaque de fonte, qui porte elle-même une ouverture plus petite (correspondante à la première), à travers laquelle on fait passer les tubes. Cette pièce sert de point d'appui aux tenailles-filières.

H, petit chariot portant une tenaille L avec laquelle on saisit les tubes à étirer ; elle se relie à la chaîne par le crochet K. Le banc à étirer doit toujours être placé dans l'axe de la porte de travail P'.

Raccordement des tubes en fer.—Différents modèles représentés à l'échelle de 0ᵐ,10 pour mètre.

FIN DE LA DESCRIPTION DES PLANCHES RELATIVES A LA FABRICATION DU FER.

DESCRIPTION DES PLANCHES

AUX DISPOSITIONS GÉNÉRALES DES USINES.

PLANCHE 65. — MOTEURS HYDRAULIQUES.

Roue hydraulique de Tusey (par les auteurs). — Les fig. 1 et 2 (éch. de 0ᵐ,02 pour mètre) représentent cette roue en élévation et en plan. — La figure 3 (éch. de 0ᵐ,04) représente le tourteau d'assemblage des rayons sur l'arbre.

La roue de Tusey sert de moteur à une machine soufflante qui alimente un haut-fourneau et plusieurs wilkinsons : elle se compose de deux couronnes en fonte dont l'une à engrenage, comprenant entre elles des augets en bois, et rattachées aux deux tourteaux en fonte, calés sur un arbre de même matière, par des bras en fer faisant office de tirants. La position de l'engrenage sur la circonférence de la roue a permis d'adopter cette disposition, parce que les bras n'ont pas d'effort à transmettre à l'axe. Le coursier d'arrivée d'eau est en bois; le vannage en fonte. — La vanne latérale A B sert à la décharge des eaux quand elles sont en excès.

Roue de Wesserling. — Cette roue est, comme la précédente, une roue à augets; mais elle en diffère essentiellement par le mode de prise d'eau qui a lieu par un vannage latéral à compartiments, tandis que, dans la roue de Tusey, la prise d'eau a lieu en dessus.

La roue de Wesserling peut être considérée comme un véritable modèle de construction : les couronnes sont en fonte, les augets en tôle et les bras en fer. L'engrenage, qui communique le mouvement au pignon, est placé à la circonférence et porte sa denture à l'intérieur.

Figures 4 et 5 (éch. de 0ᵐ,02); coupe du vannage, élévation et plan de la roue.
Figure 6 (éch. de 0ᵐ,04); tourteau d'assemblage des bras.
Figures 7, 8 et 9 (éch. de 0ᵐ,04); détails de l'arbre en fonte sur lequel sont calés les tourteaux.

Les figures 10, 11 et 12 (éch. de 0ᵐ,04) représentent : l'assemblage des bras ou tirants avec les couronnes; l'assemblage des segments de l'engrenage; le détail des aubes en tôle.

Roue de Saint-Maur, près Paris (par M. E. Martin). — Cette roue, construite dans le genre des roues de côté à coursier circulaire, est établie à la forge de Saint-Maur, où elle fait mouvoir deux trains de cylindres et divers appareils

12

accessoires. Elle utilise une chute d'eau de 4ᵐ,00, et présente une force d'environ 40 à 50 chevaux.

L'arbre, les bras et les trois couronnes de la roue sont en fonte; les augets sont en tôle : elle est remarquable par la bonne disposition de son vannage et la situation particulière de l'engrenage ,.qui est fixé sur la couronne du milieu.

Figures 13 et 14 (éch. de 0ᵐ,02 pour mètre); élévation et plan de la roue : on doit remarquer dans le plan la disposition de l'arbre, qui est creux, et qui reçoit à chaque extrémité des tourillons rapportés.

Figure 15 (éch. de 0ᵐ,04 pour mètre); tourillon rapporté dans le bout de l'arbre.

Figure 16 (éch. de 0ᵐ,04); couronne latérale.

Figure 17; couronne du milieu avec engrenage.

Figure 18; extrémité des bras qui soutiennent la couronne du milieu.

Roue de la forge d'Abainville (Meuse) (par les auteurs). — Roue à augets dans un coursier circulaire recevant l'eau par côté.

Les couronnes, les bras et l'arbre sont en fonte; les augets sont en bois. La vanne est en fonte, et le coursier circulaire en bois.

Figures 19 et 20 (éch. de 0ᵐ,02); élévation, coupe et plan de la roue.

Figure 21 (éch. de 0ᵐ,04); les bras et les tourteaux sont coulés ensemble.

Figure 22 (éch. de 0ᵐ,04); couronne de côté.

Figure 23; couronne de côté portant un engrenage.

Figure 24; couronne du milieu dans laquelle s'assemblent les tirants en fer qui la relient aux deux tourteaux latéraux.

PLANCHE 66. — MOTEURS HYDRAULIQUES.

Roue de Romilly (par M. Ferry). — Roue à la Poncelet ou à aubes courbes. — L'arbre, les bras, les couronnes et les aubes sont en bois.

Figures 1 et 2 (éch. de 0ᵐ,02); élévation et plan de la roue. — La figure 2 indique le mode d'assemblage des tourillons, des bras avec les tourteaux et les couronnes. — La figure 3 (éch. de 0ᵐ,04 pour mètre) représente une coupe des aubes.

Figure 4; détails des tourillons.

Roue de la forge de Guerigny. — Cette roue, établie dans le même système que la précédente, se distingue par l'emploi du fer dans les bras, les couronnes et les aubes; les tourteaux et l'arbre sont en fonte.

Figure 5 (éch. de 0ᵐ,02 pour mètre); élévation et coupe de la roue.

Figures 6 et 7 (éch. de 0ᵐ,04); assemblage des bras avec les couronnes et les tourteaux.

Figures 8 et 9; assemblage des aubes et des couronnes; il a lieu par l'intermédiaire d'une cornière en fer.

Figure 10; arbre de la roue.

Roue de la soufflerie d'Éclaron. — Cette roue est à aubes planes dans un coursier circulaire en maçonnerie. La roue et le vannage sont en bois : elle est représentée en coupe par la figure 11 (éch. de 0ᵐ,02). — Les figures 11 *bis* représentent le détail des assemblages à l'échelle de 0ᵐ,04 par mètre.

Roue de soufflerie à aubes planes (par les auteurs). — Dans cette roue, l'arbre, les bras, les bracons et les aubes sont en bois ; les couronnes seules sont en fonte. — Le vannage est droit et en fonte.

Figures 12 et 13 (éch. de 0ᵐ,02 pour mètre) ; coupe et plan de la roue : A et B sont des coursiers par lesquels arrive l'eau.

Les figures 14 à 24 sont à l'échelle de 0ᵐ,04, et représentent différents détails.

Figures 14 et 15 ; assemblages des bras, des bracons et des aubes sur les couronnes.

Figures 16, 17 et 18 ; coupes de la couronne.

Figures 19 et 20 ; tourillon de la roue fixé à l'extrémité de l'arbre en bois.

Figure 21 ; coupe horizontale du vannage.

Figures 22, 23 et 24 ; détails de la plaque de vanne.

PLANCHE 67. — MACHINES A VAPEUR.

Machine à vapeur d'Abainville (par les auteurs). — Cette machine, construite aux ateliers de Chaillot, a été établie aux forges d'Abainville (Meuse) en 1837, pour y faire mouvoir plusieurs trains de laminoirs ; elle est représentée en élévation, coupe et plan dans les figures 1 et 2 (éch. de 0ᵐ,02 pour mètre).

Sa force est de 100 chevaux : elle emploie la vapeur à 3 atmosphères avec détente et condensation, et se trouve alimentée par deux chaudières placées à la suite de deux fours à réchauffer (voir la Planche 38).

Diamètre du cylindre	0ᵐ,90 ;
Course du piston	2 ,40 ;
Vitesse du piston	1 ,20 ;
Révolutions par minute	15.

La distribution se fait au moyen de soupapes mises en mouvement par des taquets situés sur la tringle de la pompe à air.

Cet appareil, d'une exécution parfaite, peut être considéré comme un modèle parmi les machines à balancier : il en existe peu dont les différentes parties présentent des proportions aussi bien entendues, tout en satisfaisant de la manière la plus complète aux exigences de l'art.

Machine à guides verticaux (par M. Pauwels). — Elle est représentée en élévation, coupe et plan dans les figures 3, 4 et 5 (éch. de 0ᵐ,02 pour mètre).

Cet appareil, de la force de 20 à 25 chevaux, emploie la vapeur à haute pression avec détente.

Ce système de glissières verticales est beaucoup plus économique que le système à balancier; il occupe aussi moins de place, mais il n'est guère applicable qu'à des appareils de petite force, parce qu'il ne présente pas une stabilité suffisante.

PLANCHE 68. — MACHINES A VAPEUR.

Machine oscillante de 60 chevaux (par M. Cavé). — Figures 1 et 2 (éch. de 0^m,02 pour mètre).

Cette machine à haute pression, détente et condensation, est établie aux forges de Troncey où elle conduit plusieurs trains de laminoirs. — Le peu de place qu'occupent ces appareils et leur prix peu élevé, rendent ce système parfaitement applicable dans les usines à fer : il a été récemment perfectionné par l'application d'une distribution à tiroirs et d'une détente variable.

Machine horizontale (construite en Amérique). — Figures 3 à 5 (éch. de 0^m,05 pour mètre). Ces figures peuvent donner une idée de l'extrême simplicité que présente la disposition des machines à vapeur horizontales; ce système peut à la fois s'appliquer aux grandes et petites forces : il présente plus de stabilité que tout autre, et cette stabilité s'obtient avec la plus grande facilité.

Dans cet appareil la distribution est conduite par la bielle; mais il vaut mieux faire mouvoir les tiroirs par un excentrique spécial, attendu que leur ouverture s'opère beaucoup plus rapidement au commencement de chaque course.

PLANCHE 69. — ENGRENAGES ET PALIERS.

Engrenages à dents de bois. — Figures 1 à 6 (éch. de 0^m,10 pour mètre).

La figure 1 représente la roue en élévation, et fait voir le mode de calage du moyeu sur son arbre : l'assemblage des bras avec la couronne est indiqué en coupe dans la figure 2.

Figure 3; plan d'une dent et de la mortaise qui les reçoit.

Figure 4; coupe des bras.

Figure 5; forme de la dent de bois.

Figure 6; autre forme souvent donnée aux dents de bois; elle leur laisse beaucoup plus de solidité. Les faces de la dent sont parallèles au rayon de la roue passant par son milieu, et elles se raccordent avec la partie encastrée dans la fonte par un chanfrein reproduit dans la couronne.

Pignon et roue en fonte (forges de Guerigny). — Figures 7 à 12 (éch. de 0^m,10 pour mètre).

Figure 7; élévation du pignon et de la roue.

Figure 8; coupe du manchon sur lequel est calée la couronne du pignon.

Figure 9; coupe de la couronne faite par le milieu de l'assemblage.

Figure 10; coupe CD sur la circonférence du manchon.

Figure 11; coupe E F de la roue, coupant la couronne, le moyeu et montrant le bras en élévation.

Figure 12; coupe transversale du bras.

Engrenage de la roue de Châtillon. — Figures 13 à 19 (éch. de 0ᵐ,05 pour mètre).

Figure 13; élévation de la roue.

Figure 14; coupe de la couronne.

Figure 15; plan de la mortaise dans laquelle sont calés les bras.

Figure 15 *bis*; coupe A B.

Figure 16; coupe des bras par C D.

Figure 17; élévation du manchon de calage fixé sur celui du tourillon.

Figure 18; coupe longitudinale montrant le tourillon et le bout de l'arbre.

Figure 19; coupe E F.

Engrenage de la forge de Denain. — Figures 20 à 23 (éch. de 0ᵐ,05 pour mètre). Cette roue est coulée en quatre parties assemblées entre elles par des boulons.

Figure 20; élévation de la roue.

Figure 21; coupe de la couronne et vue latérale du bras.

Figure 22; coupe A B du bras.

Figure 23; coupe C D du bras.

Arbre en fonte à Lavoulte. — Figure 24 (éch. de 0ᵐ,05 pour mètre).

Arbre et manivelle (marteau de Charenton). — Figures 25 à 28 (éch. de 0ᵐ,05 pour mètre). — Ces formes sont anciennes et ne s'appliquent plus aujourd'hui.

Paliers de Guerigny. — Figures 29 à 31 (éch. de 0ᵐ,05 pour mètre). — Élévation, coupe et plan.

Palier de balancier (Machine d'Abainville). — Figures 32 à 34 (éch. de 0ᵐ,05 pour mètre).

Palier d'arbre de transmission (Vierzon). — Figures 35 et 36 (éch. de 0ᵐ,05 pour mètre). C'est un palier à sellette se réglant dans tous les sens avec des cales en bois.

PLANCHE 70. — VOLANTS ET ENGRENAGES.

Toutes les figures sont à l'échelle de 0ᵐ,05 pour mètre.

Volant d'Imphy. — Figures 1 à 4.

Figure 1; élévation. Figure 2; coupe A B.

Figure 3; coupe C D.

Volant du Creusot. — Figures 5 à 7.

Volant de Morat (M. Cavé). — Figures 8 à 12.

Ce volant a des bras en fer assemblés sur le moyeu et sur la couronne; ce mode de construction est très-élégant et s'applique aujourd'hui dans un grand nombre de circonstances.

Volant de Charenton. — Figures 13 à 15.

Volant de Vierzon. — Figures 16 à 19. La couronne est cerclée en fer.

Assemblage de la couronne du volant d'Abainville (par les auteurs). — Figures 20 à 23.

Cet assemblage s'opère, comme on le voit, au moyen de queues d'hyronde en fer retenues par des boulons.

Volant de Vierzon (ancien). — Figures 24 à 26; ce volant est cerclé en fer.

Volant de Lavoulte. — Figures 27 à 29.

Volant de Guerigny. — Figures 30 à 32.

Arbre de volant (le Creusot). — Figure 33.

Engrenage de Morat (M. Cavé). — Figures 34 à 38. Cette roue est remarquable par la grandeur de son diamètre et sa légèreté.

Engrenage du Creusot. — Figures 39 à 42.

Ces différents exemples donnent une idée exacte de la plupart des modes de construction adoptés pour les volants.

PLANCHE 71. — POMPES ET RÉSERVOIRS. — TREUILS.

Pompe d'alimentation (par les auteurs). — Figures 1, 2 et 3 (éch. de $0^m,05$ pour mètre), et figure 4 (éch. de $0^m,10$ pour mètre).

Les différentes pièces relatives à cette pompe sont :

1° Une plaque de fondation boulonnée sur les semelles de fond des beffrois;

2° Le corps de la pompe et ses soupapes;

3° Le piston, sa bielle; les guides de la tige;

4° Le balancier en fer et ses deux paliers;

5° L'excentrique de communication de mouvement et sa bielle.

La course du plongeur est de $0^m,40$; son diamètre égale $0^m,125$; sa section égale $0^{m2},0123$. En supposant que sa vitesse soit de $0^m,30$, nous obtiendrons le volume fourni par minute par la formule 21 (page 850), d'où l'on tire :

$$V = \frac{SV}{0,04} = \frac{0,0123 \times 0,30}{0,04} = 0^{m3},092,$$

soit 92 litres par minute.

Figure 1; élévation latérale du système.

Figure 2; plan d'ensemble.

Figure 3; plan de la pompe et de la bielle du piston.

Figure 4; soupapes d'aspiration et d'expiration.

Réservoir d'eau (forge de Vierzon). — Figures 5, 6 et 7 (éch. de $0^m,02$ pour mètre).

Ce réservoir, composé de cinq plaques de fonte assemblées entre elles par des boulons, est placé sur trois supports en fonte établis sur un petit massif en maçonnerie. — Sa capacité est de 3^{m3},60, soit 3 600 litres.

Figure 5; élévation.

Figures 6 et 7; coupes A B et portion de la coupe C D.

Poids des pièces de la pompe et du réservoir :

	Fonte.	Fer.
Plaques du réservoir, bâtis, entretoises..........	4597^k,00	
Tuyaux, excentrique, plaque de fondation.......	2 184 ,00	
Collier d'excentrique, bielle, balancier et son axe..		197^k,00
Boulons des tuyaux, entretoises, etc...........		328 ,00
	6781^k,00	525^k,00
Pompe, robinets, etc.......................		823^f,00

Treuil à flasques tournantes (par les auteurs). — Figures 8 à 12 (éch. de 0^m,10 pour mètre). Ce treuil se compose de deux parties : la première est une colonne munie d'une large base solidement fixée sur une fondation en maçonnerie ou en charpente.

La seconde partie se compose de deux flasques assemblées entre elles et pouvant se mouvoir autour de la colonne qu'elles embrassent.

Ces deux flasques portent : 1° un arbre en fer supportant un tambour et un engrenage à frein ; 2° un arbre à manivelle portant un pignon et un rochet ; 3° une entretoise portant une manette et le valet du rochet.

Diamètre du tambour.................... $= 0^m$,15
— de l'engrenage................. $= 0$,9550
— du pignon .... $= 0$,105

Figure 8 ; élévation latérale.

Figure 9 ; plan d'ensemble.

Figure 10 ; coupe du tambour, et vue intérieure d'une des flasques mobiles.

Figure 11 ; coupe de l'engrenage.

Figure 12 ; manette d'embrayage du pignon.

Poids des pièces :

Fonte...................... 1031^k,00
Fer........................ 196 ,00
Forge, ajustage et pose........... 315^f

Treuil de montage (modèle des ateliers de Chaillot). — Figures 13 à 16 (éch. de 0^m,08 pour mètre).

Ce treuil se compose de deux flasques en fonte réunies entre elles par des entretoises, et fixées sur un bâtis en bois auquel on peut adapter des roues. Les flasques portent deux arbres dont l'un pour le tambour et l'engrenage, l'autre pour le pignon, le rochet et les manivelles. La manette d'embrayage et le valet du rochet sont portés par l'entretoise supérieure.

Diamètre du tambour.................. $=$ 0^m,127
—   de l'engrenage................ $=$ 0 ,630
—   du pignon.................. $=$ 0 ,086

Ce petit appareil, dont le prix est fort modique, fonctionne parfaitement et rend de grands services dans tous les montages.

PLANCHE 72. — TOURS A CYLINDRE.

Tours à pointes et à supports. — Figures 1 et 2 (éch. de 0^m,05 pour mètre).

La figure 1 représente deux tours à supports; la figure 2 un tour à pointe : ces tours sont mus par une roue hydraulique A, dont le mouvement est transmis par un système d'engrenages B, B', B".

D D'; tours à pointes.

E et E'; tours à supports.

Figures 3 et 4 ; poupée du tour à pointe.

Figures 5 et 6 ; contre-poupée de ce même tour.

Figure 7; plan et coupes de l'un des tours à supports.

Figures 8, 9 et 10 ; pièces diverses relatives à ces tours.

PLANCHE 73. — TOURS A CYLINDRES (DÉTAILS).

La figure 1 (éch. de 0^m,03 pour mètre) représente une coupe transversale de l'atelier de la Planche 72 : la roue et les engrenages de la communication de mouvement y sont indiqués en élévation.

Tours à supports. — Figures 2 à 10 (éch. de 0^m,08 pour mètre).

Figure 2; coupe transversale montrant le support en élévation et le chariot ou porte-outil en coupe. — A est le support du cylindre déjà tourné que l'on place au-dessus du second pour assurer la coïncidence des cannelures.

Figure 3; plan du support.

Figures 4, 5 et 6; plaque et paliers de la communication de mouvement du tour E (figure 1, Planche 71).

Figures 7 à 9; détails du chariot ou porte-outil.

Figure 10; contre-pointe du tour à support.

Détails d'un tour à pointes. — Figures 11 à 14 (éch. de 0^m,08 pour mètre).

Figures 11 et 12; contre-poupée d'un tour à pointes.

Figure 13; coussinet en bronze encastré dans les supports.

Figure 14; détails des supports G, G (Planche 71, figure 2) du porte-outil.

PLANCHE 74. — FORGE D'ALAIS.

La **forge d'Alais (Gard)** a été construite d'après les plans et sous la direction de M. Communeau.

Figure 1; plan de la forge (éch. de 0^m.002 pour mètre).

A et B; machines à vapeur.

C; chaudières à vapeur.

D; cheminée.

P, P, etc.; fours à puddler.

R, R, etc.; fours à réchauffer.

h; marteau frontal.

i; train de dégrossisseurs.

a, *b*, *c*, *d*, *e*, *f*; trains de finisseurs pour fers marchands, petits fers, fenderie, rails, etc., etc.

g; tours à cylindre.

Figures 2, 3 et 4 (éch. de 0^m,002 pour mètre); coupe longitudinale et élévations du bâtiment de la forge.

Figure 5 (éch. de 0^m,01 pour mètre); coupe transversale montrant la machine à vapeur des trains de finisseurs, et sa transmission de mouvement.

Figure 6 (éch. de 0^m,01 pour mètre): élévation d'une des grandes arcades, et perspective de l'intérieur du bâtiment.

La forge d'Alais est une des plus considérables de France; ses produits se sont considérablement augmentés et améliorés dans le courant de ces dernières années.

PLANCHE 75. — FORGE DE DECAZEVILLE.

La **forge de Decazeville** se compose d'un grand bâtiment dans lequel fonctionnent deux machines à vapeur conduisant chacune une série de trains de laminoirs. Ce bâtiment existe depuis la fondation de ce bel établissement. En 1842, M. Cabrol, le directeur de Decazeville, a fait construire une nouvelle forge qui doublera presque les moyens de fabrication. Les nouvelles constructions sont indiquées sur le plan par des hachures plus claires.

Figure 1 (éch. de 0^m,003 pour mètre); plan des deux forges ancienne et nouvelle, et du bâtiment des machines soufflantes.

Figure 2; élévation latérale des deux forges.

Figure 3; coupe en travers de l'ancienne forge.

Nous décrirons spécialement les appareils qui sont indiqués en détail dans la figure 1.

Ancienne forge. — A A'; deux machines à vapeur à basse pression de la force de 60 chevaux.

B B'; chaudières de ces machines.

C ; grande cheminée commune.

La machine à vapeur A conduit :

M ; un marteau frontal dont la bague à cames est montée sur l'axe même de la manivelle.

D ; un banc de deux cages de dégrossisseurs avec une cage de gros pignon.

F F' ; deux bancs de cylindres à petits fers.

S ; une cage de spatard pour feuillard.

G ; cisaille à gros fer.

H ; squeezer ou machine à comprimer les loupes de fer puddlé.

La machine à vapeur A' fait marcher :

D' ; un banc de cylindres finisseurs composé, savoir : de deux cages de laminoirs à rails avec cage à pignon ; une cage de spatards et une de fenderie avec ses pignons.

T ; un banc de cylindres à tôle comprenant une cage de laminoirs unis, une cage à pignon et une cisaille.

K ; un banc formé d'une cage de gros laminoirs avec sa cage à pignon.

G' G' ; cisailles mues par le petit arbre spécial g'.

X X ; deux tours à cylindres.

Cette seconde machine conduit tous les trains de finisseurs ; le travail de l'autre est principalement appliqué à la préparation du fer puddlé, aussi les fours à puddler entourent cette première machine et sont en P, P... P, et les fours à réchauffer en R, R.

V ; magasin à fer.

Nouvelle forge. — A" ; machine à vapeur à moyenne pression de la force de 90 chevaux.

B" ; chaudières de cette machine.

C" ; conduit souterrain amenant la flamme à la grande cheminée de la machine soufflante.

La machine à vapeur fait marcher :

M" ; marteau frontal dont la bague est montée sur l'axe même de la machine.

D" ; un banc de laminoirs puddleurs et finisseurs, composé : d'une cage à pignon, deux cages de cylindres et une de spatards.

T" ; un banc de deux cages de cylindres à tôle avec cage à pignon.

F" ; un banc de deux cages de laminoirs cadets de 0^m,25 de diamètre, avec cage à pignon et cage de spatard.

F'" ; un banc de trois cages et un spatard de petits laminoirs à guides ; les cages sont à trois cylindres.

S" ; une cage de spatards pour feuillards.

X" ; deux cisailles mues par un engrenage spécial.

R' ; fours à réchauffer.

P' ; fours à puddler.

La forge de Decazeville peut produire 18 à 20 000 tonnes de fer par an ; elle est aujourd'hui la plus considérable de France.

PLANCHE 76. — FORGE DU CREUSOT.

La **forge du Creusot** (en 1843) se compose d'une étendue couverte de 80 mètres de long sur une largeur de 50 mètres, offrant une surface totale de 4 000 mètres carrés.

Un des côtés est spécialement affecté à l'affinage et au puddlage du fer brut. La partie centrale renferme les trains de cylindres et les fours pour le finissage du fer. L'autre côté, qui sert jusqu'ici de magasin de cylindres, est destiné à recevoir de nouveaux trains qui seront conduits par une machine à vapeur.

A ; machine à vapeur de la force de 120 chevaux, à moyenne pression. Elle est alimentée par dix-huit chaudières cylindriques à tubes sans retour de flamme ni bouilleurs B. La fumée s'échappe par une grande cheminée C.

Cette machine fait marcher, par l'intermédiaire d'une communication de mouvement considérable, cinq systèmes de laminoirs, savoir :

D ; banc de deux cages de cylindres dégrossisseurs de fer puddlé ou affiné.

E ; banc de quatre cages de cylindres pour finissage, dont moitié pour les rails et les deux dernières cages pour le fer marchand et la préparation des couvertures de paquets de rails.

F ; banc de trois cages de cylindres petits mill.

G ; banc d'une cage pour tôle forte.

H ; banc de deux cages pour tôle mince.

v ; volant.

g g ; grues pour le service des cylindres.

c c c ; cisailles et leur communication de mouvement.

M ; machine de 16 chevaux conduisant alternativement les deux marteaux frontaux m et m'. L'un se refroidit quand l'autre fonctionne. Cette machine sert principalement à préparer le fer puddlé qui doit passer au cylindre.

N ; machine de 16 chevaux conduisant un marteau frontal m″ employé à la préparation des massiaux et blocs pour la grosse tôle, ou à la préparation des grosses pièces de fer. Il sert pour les loupes affinées au bois. La machine est munie d'une chaudière spéciale n.

g' ; grue pour le service des pièces que l'on forge à ce marteau.

Fours : a a ; seize fours à puddler.

— b ; four à réchauffer la ferraille.

— d d ; deux fours à réchauffer pour le marteau.

— e e ; deux feux d'affinerie.

— f f f ; quatre fours à recuire les tôles.

— h h ; trois fours à réchauffer les fortes tôles.

— i i i ; dix fours à souder.

O; coupage et confection des paquets de fer puddlé.

P; dressage et cisaillage des fers fins.

P'; dressage des rails.

Q; magasins.

R; dépôt des laminoirs.

S; dépôt de briques et de sable.

T; bureau et comptabilité.

La forge du Creusot s'occupe en ce moment du renouvellement et de l'augmentation de son matériel; elle sera montée pour une production de 15 à 18 000 tonnes de fer par an.

PLANCHE 77. — FORGE DE VIERZON.

La **forge de Vierzon** (par les auteurs) représentée à l'échelle de 0^m,005 pour mètre, se compose de deux parties à peu près distinctes : dans l'une on a concentré l'affinage au charbon de bois et les marteaux; dans l'autre, dont la construction ne date que de 1839, on a organisé la fabrication aux laminoirs.

Dans la forge au bois nous distinguons :

A, A', A"; six feux d'affinerie.

B; feu à la houille.

C; four à la houille pour le soudage au marteau.

D, D', D"; roues hydrauliques.

E, E', E"; marteaux à ordon.

F; machine à vapeur oscillante.

F'; soufflerie à quatre cylindres.

G, G', G"; chaudières à flammes perdues.

H; magasin de fer.

Dans la forge anglaise nous remarquons :

R; roue hydraulique de 60 chevaux.

L; train de trois cages dont une de spatards pour fer marchand.

M; train de cinq cages pour petits fers.

N; train de fenderie.

P; machine à comprimer.

Q, Q', Q"; cisailles.

R'; machine à vapeur oscillante de 70 chevaux.

S, S'; train de puddlage et de gros fers, rails, etc., de quatre cages.

M'; train de petits fers de quatre cages.

Q'''; cisaille.

T, T, T, etc.; quatorze fours à puddler.

C, C, C; onze fours à réchauffer.

G''', G''', etc.; chaudières à flammes perdues.

V, V', V°; treuils tournants pour le montage des cylindres.

Ce bel établisssement, redevable de sa réputation et de ses améliorations à l'esprit éminemment actif et progressif de M. Aubertot, peut, dès aujourd'hui, fabriquer 8 à 10 000 tonnes de fer par an. Il est encore au moment de prendre une nouvelle extension entre les mains de son nouveau propriétaire, M. le comte de Boissy.

PLANCHE 78. — FORGES D'ABAINVILLE (MEUSE).

Les **forges d'Abainville** (par les auteurs) se composaient autrefois de feux d'affinerie et de marteau à ordon; la fabrication était bornée comme celle des anciennes forges.

En 1825, M. Muel Doublat, son propriétaire, introduisit les procédés anglais de fabrication aux laminoirs que l'on organisait à la même époque à Fourchambault, au Creusot et à Châtillon-sur-Seine.

Assise sur un bon cours d'eau, cette usine conserva exclusivement ses moteurs hydrauliques jusqu'en 1834, époque à laquelle une machine à vapeur de 40 chevaux fut établie pour faire marcher le train de finisseurs. La vapeur était produite entièrement par la chaleur perdue de fours à réchauffer. Cette machine trop faible fut remplacée par la machine actuelle, et servit plus tard à faire marcher un marteau.

L'usine d'Abainville n'a pas le caractère des grandes forges purement à l'anglaise qui ont été créées d'un seul jet, elle se ressent de son origine et de ses développements successifs; on n'y trouve pas la régularité des bâtiments qui existent dans les autres. Mais la combinaison des moteurs hydrauliques avec ceux à vapeur y présente un grand intérêt.

Plan général de l'usine et de son cours d'eau. — Figure 1 (échelle de $\frac{1}{4000}$).

N° 1. Forge anglaise renfermant deux hauts-fourneaux.

N° 2. Tours à cylindres et briqueterie réfractaire mise en activité par une roue hydraulique.

N° 3. Haut-fourneau au bois avec halle à charbon et parc à mine; la soufflerie est mue par le cours d'eau.

Détails de la forge (éch. de 0^m,004 pour mètre).

Nous verrons successivement :

La fonderie; l'atelier de puddlage; l'ancienne forge; la nouvelle forge.

Fonderie. — Elle se compose d'un haut-fourneau au bois H.

Le vent est fourni par une soufflerie à balancier en fonte S, mue à volonté par la roue hydraulique à auget r ou par la machine à vapeur à moyenne pression et détente de la force de 16 chevaux V.

La régularité du vent est assurée au moyen du régulateur à cloche g.

Atelier de puddlage. — Six fours à puddler P, munis de petits fours pour le réchauffage de la fonte.

M; marteau frontal mû par une roue à aubes, recevant l'impulsion en dessous du centre.

R; roue hydraulique à auget recevant l'eau un peu au-dessus du centre.

O; machine oscillante à vapeur de la force de 40 chevaux.

Ces deux moteurs agissent à volonté sur les appareils suivants :

S; squeezer ou machine à cingler les loupes.

D; train de deux cages de laminoirs dégrossisseurs et leur cage à pignon.

C; deux cisailles pour le fer puddlé.

G; chaudière à vapeur avec bouilleurs alimentant la machine O au moyen de la chaleur perdue de deux fours à puddler.

F; deux feux d'affinerie au bois.

Ancienne et nouvelle forge pour le finissage du fer. — Les appareils de finissage du fer sont très-nombreux, parce que l'usine ne vend que des produits façonnés, dont le prix est assez élevé, et qui exigent plus de manipulation que le fer marchand en gros échantillons.

B B; sept fours à réchauffer dont cinq sont disposés de manière à pouvoir utiliser leur flamme perdue.

B'; four dormant pour recuire les tôles.

R'; roue hydraulique à aubes, de la force de 50 chevaux, faisant marcher deux trains de laminoirs de l'ancienne forge.

R"; roue à augets de la force de 40 chevaux.

V'; machine à vapeur à moyenne pression, détente et condensation, de la force de 100 chevaux.

A; train de deux cages de laminoirs de 0^m,35 de diamètre, faisant 70 à 100 tours, avec cage à pignon.

A'; trains de cinq cages de cylindres à petits fers et petits feuillards avec cage à pignon. Ces cages sont à trois cylindres.

M'; martinet à bascule mû dans des cages en fonte et donnant 120 à 180 coups par minute.

E; banc de cinq cages à trois cylindres pour ronds à guides avec deux cages à pignon pour communiquer le mouvement par une extrémité ou par l'autre.

T; banc de deux cages de cylindres à tôle avec cage à pignon. Le train sert également à la fabrication des gros fers. Les cylindres ont 0^m,50 de diamètre et font 30 à 35 tours.

C'; trois cisailles.

On voit qu'au moyen de griffes d'embrayage les trois moteurs R', R" et V' peuvent agir sur différents appareils, ainsi :

La roue hydraulique R' conduit les deux trains A et A'.

La machine à vapeur V' peut faire marcher les mêmes trains A et A', le martinet M' et le train de ronds à guides E.

Enfin la roue hydraulique R'' met en mouvement le banc de tôlerie et de gros fer T; les martinets M' ou le banc de petits fers E.

Par cette disposition, la machine à vapeur supplée à l'une ou à l'autre des roues hydrauliques.

G'; deux chaudières à bouilleurs de 8 mètres de longueur, recevant la flamme de deux fours à réchauffer, et suffisant pour alimenter la machine à vapeur V'.

V''; machine à vapeur à moyenne pression et à balancier, de la force de 40 chevaux. Elle donne le mouvement aux appareils suivants :

M''; gros marteau à bascule dont la bague à cames est montée sur l'axe même de la machine à vapeur; il bat 100 coups par minute, et sert à la préparation des massiaux de tôlerie et à la fabrication des grosses pièces de forge.

K; banc de deux cages et une cage à pignon, pour la fabrication des fers ballés et billettes; ces cylindres ont 0^m,35 de diamètre, et font 60 à 80 tours.

G''; grande chaudière à vapeur à trois bouilleurs alimentant la machine V' au moyen de la chaleur perdue de deux à trois fours à réchauffer.

Les autres parties de l'usine sont :

L; atelier de tournage et de réparation; forges maréchales. Le soufflage et le mouvement des tours sont produits par la machine V ou la roue r.

N; magasin aux fers.

Q; gazomètre à trois zones successives, destiné à alimenter les différents becs qui éclairent l'usine.

Le gaz est produit par la houille distillée dans des cornues, chauffées par la flamme perdue des fours à puddler.

X, X; rails pour le service intérieur.

PLANCHE 79. — FORGE DE KÖNIGSHUTTE (HAUTE-SILÉSIE).

La **forge de Königshutte**, représentée à l'échelle de 0^m,0054 pour mètre, comprend deux gros marteaux, trois trains de laminoirs, des cisailles pour le fer puddlé, le gros et le petit fer, et des tables à dresser. Les fours à puddler et à réchauffer, les forges à main, l'atelier de bottelage, les tours à cylindres, les magasins d'outils et de cylindres sont placés dans les bas côtés de l'usine.

Les appareils de fabrication sont mus par deux machines à vapeur : l'une de 60, l'autre de 80 chevaux.

La première, de 60 chevaux, conduit un gros marteau, un train de cylindres et des cisailles pour le fer brut.

Le marteau donne 70 coups par minute.

Le train des cylindres, composé de deux cages seulement, sert alternativement au dégrossissage du fer, au ballage et à la fabrication de la grosse tôle; il fait ordinairement 25 à 28 tours par minute, mais en employant toute la force du moteur.

La deuxième machine, de 80 chevaux, conduit un gros marteau à soulèvement (cames en dessous) destiné au soudage des paquets pour la grosse tôle ou les rails, trois cisailles et deux trains de laminoirs : le premier servant au finissage du fer marchand et de la verge, se compose de deux jeux de cylindres de 0ᵐ,42 de diamètre, d'une cage de spatards, et d'une cage de fenderie, et fait environ 85 tours par minute ;

Le second, destiné à la fabrication des petits fers de toute espèce, comprend trois cages à trois cylindres qui font 190 tours par minute.

Légende. — A A ; six chaudières à vapeur.

B B ; machine de 60 chevaux.

D ; gros marteau à cingler les loupes.

E E ; train de cylindres dégrossisseurs.

F ; cisaille à fer brut.

B' B'; machine de 80 chevaux.

D' ; marteau à soulèvement pour le soudage des paquets.

G G ; train de fer marchand et de fenderie (f), avec une cage de spatards (e).

H H ; train de cylindres à petit fer.

F' ; cisaille à gros fer. — F''; cisaille à petit fer. — F'''; cisaille d'affranchissage.

L L ; table à redresser.

P... P ; neuf fours à puddler.

Q... Q ; cinq fours à réchauffer.

T ; four à souder les blocs pour la tôle.

T'; four à réchauffer les tôles.

Y ; tours à cylindres.

U, U, U ; magasins d'outils.

V, V; dépôts de cylindres.

X ; atelier de bottelage avec une forge à main M ; et un petit four à chauffer M'.

PLANCHE 80. — FORGES DE JAMAILLE ET MOYEUVRE
(DÉPENDANCES D'HAYANGE).

Ces deux usines, représentées à l'échelle de 0ᵐ,005 pour mètre, sont complétement distinctes et sont comprises dans le bel ensemble d'établissements de Hayange, appartenant à M. de Vendel.

Forge de Jamaille. — Elle se compose d'un train de laminoirs à gros fers A A, d'un train de laminoirs à fer moyen B, d'un autre à petits fers C, et enfin de deux bancs de tôlerie D.

Deux roues hydrauliques, placées au-dessous du sol de la forge et dans l'alignement l'une de l'autre, font marcher ces divers appareils ainsi qu'une scierie E.

Huit fours à réchauffer sont distribués sur le pourtour de la forge.

Forge de Moyeuvre. — Elle sert à la fois à l'affinage du fer et à son laminage en petits échantillons. Elle est mise en mouvement par des roues hydrauliques, et se compose de :

F F ; deux feux d'affinerie au charbon.

G G ; onze fours à puddler.

H H ; deux fours à réchauffer.

I ; un marteau à ordon.

K ; un marteau frontal avec un banc de cylindres dégrossisseurs.

L ; un squeezer ou machine à comprimer, avec deux cages de cylindres ébaucheurs.

M ; un banc de cylindres pour petits fers.

Les établissements de M. de Wendel sont dirigés avec une grande habileté, et suivent tous les progrès de l'art avec un empressement digne des plus grands éloges.

PLANCHE 81. — FORGES BELGES (1).

Forge de Zône ou de Mont-sur-Marchienne. — Cette forge se compose d'un laminoir, d'une forge comtoise à deux feux, d'une fabrique de briques réfractaires, d'un atelier pour tourner les cylindres, d'une forge pour la confection des trousses de la fenderie, d'un atelier de maréchal, d'un atelier de charpentiers et menuisiers, de sept magasins distincts pour fers en verges, fers ébauchés, fontes et mitrailles, fers en barres, pièces de rechange, briques réfractaires et charbons de terre, et en général de tous les accessoires indispensables d'un grand établissement. Cette forge est activée par la rivière d'Heure. La force de la chute d'eau qui opère le mouvement des mécanismes est de 30 à 40 chevaux.

Ainsi que l'indique le plan, le laminoir comprend un train cingleur et ébaucheur, un train marchand et fendeur, un train à petits fers et une cisaille. Ces outils desservent cinq fours à puddler, marqués sur la planche par la lettre p, et trois fours à réchauffer marqués par la lettre c.

Depuis la construction du laminoir ainsi composé, on y a ajouté une fenderie ardennaise comprenant un train et un four. Le train de cette fenderie est mu par l'extrémité libre de l'arbre de la roue hydraulique. Le four, qui est un four dormant ordinaire, se trouve à proximité du train. On a de plus ajouté une cisaille et un four à puddler. Nous n'avons pas marqué ces additions sur le dessin, parce que le plan primitif vaut mieux que le plan modifié.

----

(1) Les planches 81 et 82, ainsi que leurs descriptions, sont extraites de l'ouvrage de M. Valérius.

La diversité de ces agents producteurs permet à la forge de Zône d'accorder sa fabrication avec les besoins des consommateurs. La force motrice n'étant pas suffisante pour activer toutes les industries à la fois, on ne fait fonctionner que les parties de l'usine qui sont désignées par les commandes. On peut fabriquer au laminoir 11 200 kil. de fer de toute espèce par 24 heures.

La forge de Zône, qui est un petit chef-d'œuvre de construction, se trouve au centre de la population la plus nombreuse et la plus industrieuse du pays de Charleroi. Les moyens faciles de communication qui l'environnent de tous côtés lui donnent une grande valeur. Les charbonnages qui l'alimentent n'en sont éloignés que de dix minutes. Les usines qui lui fournissent ses matières premières métalliques, savoir les hauts-fourneaux de Monceau, de Couillet et de Chatelineau, se trouvent dans son voisinage.

Usines du baron de Cartier à Yve.— Ces usines se composent de plusieurs hauts-fourneaux tant au coke qu'au charbon de bois, de feux d'affinerie, de platineries et d'un laminoir situé dans la commune de Walcourt. Le moteur de ces usines est l'eau de la rivière d'Yve.

Le dessin représente le plan du laminoir. La grande roue hydraulique fait mouvoir un train à ébaucher et à cingler, un train à tôle, un train marchand avec fenderie, un train à petits fers et une cisaille.

Le canal qui amène l'eau sur la roue (la huche à eau) a 4 pieds de largeur et 3 de profondeur.

La force du courant d'eau est de 70 chevaux. La roue hydraulique a 21 pieds anglais de diamètre. Trois trains du système peuvent fonctionner simultanément.

p; six fours à puddler. *c*; quatre fours de chaufferie, dont deux pour le train marchand et la fenderie, et deux pour le train à tôle et le petit train.

Le bâtiment du laminoir est formé d'une grande halle couverte de deux toitures qui s'appuient, par leur ligne de jonction au milieu de la halle, sur des piliers en fonte marqués sur le dessin. La roue hydraulique est couverte d'une chapelle appuyée sur des piliers mis en évidence sur le dessin.

Ce laminoir a été construit en 1830 par M. Bonehill. Les fours à puddler sont bien disposés; mais les fours de chaufferie auraient dû être plus rapprochés des trains qu'ils desservent. Il aurait fallu, en outre, joindre un four dormant ou un four à tôle proprement dit au four de chaufferie destiné pour la tôle. Ces corrections sont marquées par des lignes ponctuées sur le dessin.

Le combustible qui alimente le laminoir d'Yve est amené de Charleroi par les voitures qui prennent du minerai à Yve pour les usines de Charleroi.

Machine de Couillet (éch. de 0^m,01 pour mètre). — Cette machine, de la force de 60 chevaux, fait mouvoir :

Un marteau frontal; une presse; un train de cylindres dégrossisseurs; un train de rails; des cisailles et une scie à rails à deux lames (voir, pour plus de détails, la description de la Planche 82).

Usine de Monceau-sur-Sambre. — Cette usine, située sur la rive droite de la Sambre, entre la Sambre et la route de Charleroi à Mons, se compose de quatre hauts-fourneaux au coke de première classe et d'un laminoir qui est le plus grand du pays, après ceux de Couillet et de Seraing. Elle appartient à la banque de Belgique. Le laminoir a été construit en 1838 par un ingénieur anglais nommé Grenneville. Cette forge est bien remarquable par ses fours qui sont tous à tirage souterrain, mais non à chaudières; par l'énormité de sa cheminée générale qui sert pour vingt fours au moins, et qui a 200 pieds anglais de hauteur, 12 pieds carrés de section intérieure et 22 pieds carrés de section extérieure à la base; par la réunion de tous les travaux sur une seule machine, et par la disposition générale de l'établissement.

Le bâtiment du laminoir de Monceau-sur-Sambre se compose de trois grandes halles contiguës, couvertes chacune par un comble à deux pans. Les chaudières à vapeur et la cheminée générale se trouvent en dehors des halles, entre celles-ci et la route de Charleroi à Mons. La halle du milieu contient la transmission, les trains et le marteau. Il y a des fours dans les trois halles. Cependant la halle voisine de la cheminée générale contient le plus grand nombre de fours. Cette halle est, à proprement parler, le grand appentis à fours du laminoir. Le bâtiment de la machine à vapeur se trouve en partie dans la halle de fabrication, en partie dans la halle des fours. La troisième halle, celle qui se trouve le plus près de la Sambre, contient trois cisailles, deux fours à tôle, des fours à clavettes, un appareil à boîtes mû par la machine, et destiné à mettre les rails à longueur et d'équerre, enfin deux fours pour chauffer les extrémités des rails et couper dans ces boîtes. L'appareil à boîtes, le four à clavettes et les fours à rails occupent un compartiment particulier de la halle de devant.

a; machine à vapeur de la force de 65 à 70 chevaux. *b*; marteau frontal. *c*; train ébaucheur. *d*; train à tôle. *e*; train à gros fers marchands, à rails et à gros fers fendus. *f*; train de 10 pouces, à trois cylindres superposés et train de 8 pouces ou en coquille. *g*; trois cisailles. On voit que la cisaille à tôle est mue par une double manivelle. Le tourillon d'en haut de cette manivelle repose sur une crapaudine fixée à une poutre et boulonnée à son extrémité sur la table en fonte qui sert de base au train à tôle. B; balance pour peser les paquets. B″; balance pour le pesage des fers en barres.

h; deux fours pour tôle, dont l'un est un four à réchauffer ordinaire, et l'autre un four à tôle proprement dit. *i*; six fours à réchauffer. *k*; quinze fours à puddler.

Tous les fours, à l'exception des quatre fours à réchauffer les plus rapprochés du petit train *f*, des fours pour couper les rails et du four à clavettes, sont activés par la cheminée générale.

Usine de Moire. — La roue hydraulique met en mouvement :

Un marteau frontal; un train de cylindres ébaucheurs; un train de fer marchand; des laminoirs à petits fers et deux cisailles.

PLANCHE 82. — FORGES BELGES.

Usine de Couillet (éch. de 0^m,002 pour mètre). — L'usine de Couillet a été
construite, en 1835, par une société anonyme sous la raison de société anonyme
des hauts-fourneaux, usines et charbonnages de Marcinelle et Couillet. Elle se
compose de sept grands hauts-fourneaux au coke, d'un vaste atelier de construction
et d'un laminoir pour la fabrication du fer. Sa situation par rapport aux mines de
combustible et de minerai, et aux voies de communication, est très-heureuse. Elle
tire son combustible des houillères de Marcinelle et Châtelet, par rapport auxquelles elle occupe une position à peu près centrale, et dont elle n'est séparée que
par un bon quart de lieue environ. Ses approvisionnements en minerai se font sur
un rayon plus étendu. Elle est située sur la rive droite de la Sambre, à côté d'une
belle route et d'un chemin de fer qui relie les points les plus importants de la Belgique. L'usine de Couillet est la plus grande fabrique de fer de la Belgique. Nous
n'avons à nous occuper ici que du laminoir de cette belle usine.

Le laminoir de Couillet a été monté sous la direction d'un ingénieur anglais
nommé Haarodt Smidt. Il est placé entre la Sambre, l'atelier de construction et
les hauts-fourneaux qui composent le grand établissement de Couillet. La Planche
donne un plan de ce laminoir à l'échelle de 0^m,00 pour mètre. La Sambre se
trouve au nord et les hauts-fourneaux au midi du laminoir; l'atelier de construction est à l'ouest. Les hauts-fourneaux se composent de trois massifs dont l'un est
formé de trois hauts-fourneaux, et les deux autres de deux chacun. Ils sont placés
sur une ligne. Entre le laminoir et les hauts-fourneaux, il y a une grande cour.
Le laminoir est aussi séparé de la Sambre par une cour spacieuse. A l'est du laminoir, il y a un grand atelier pour la confection des chaudières et des bateaux à
vapeur. $i\,b\,R\,m\,S.x\,x\,x,$ etc., corps de bâtiment ou grande halle du laminoir contenant les machines de fabrication, savoir : tous les trains, le marteau, le squeezers,
les cisailles, etc. $L\,Q\,C\,G\,x\,x\,x\,E,$ galeries ou appentis occupés par les fours et les
machines motrices. On a indiqué sur la Planche les bâtiments pour les accessoires
indispensables de la forge, la halle pour le raccommodage des rails, le magasin, etc.

La grande halle de fabrication est couverte par un seul toit supporté par trois
murs et par des piliers en fonte $x\,x\,x$ d'un pied de diamètre environ. Le toit est à
lanterne, pour favoriser le renouvellement de l'air. Les appentis ont chacun trois
combles à deux pans supportés par les murs d'enceinte et deux lignes de piliers en
fonte; ces piliers ont environ un demi-pied de diamètre, et sont marqués sur le

dessin par des petits cercles. La toiture de l'appentis où se trouve le magasin est également à trois combles. Deux de ces combles couvrent le magasin et sont supportés au milieu par une ligne de piliers en fonte, indiquée par des cercles. Les ateliers qui font partie de cet appentis n'ont qu'un toit simple.

Le travail du laminoir est réparti sur deux machines, dont l'une est de 60 et l'autre de 80 chevaux. N° 1, bâtiment de la machine de 60 chevaux. N° 2, bâtiment de la machine de 80 chevaux. Les murs de ces bâtiments ont 4 pieds anglais d'épaisseur.

La machine n° 1 fait mouvoir un marteau frontal, un train ébaucheur *eb*, un train à rails *rl*, un squeezer *i*, une scie circulaire à deux lames *y* et deux cisailles marquées 3 et 4 sur la Planche. L'une de ces cisailles est à l'intérieur et l'autre à l'extérieur de la halle. Le train de rails se compose de deux équipages pour rails et d'un équipage pour corroyer. Celui-ci est le plus rapproché de la machine.

La machine n° 2 commande : 1° un train à tôle *tl*, composé de deux équipages pour tôle et d'un équipage pour corroyer; 2° un train double *fc* formé d'un train à rails et d'un train à fer fendu. Le train à rails est à deux équipages, et il est le plus rapproché de la machine; la fenderie occupe l'extrémité de la ligne; elle n'a qu'un équipage, mais, lorsqu'on fend, on remplace l'équipage à rails voisin par un équipage qui prépare le fer à passer dans la fenderie; 3° un train multiple à fer marchand de divers échantillons, formé de deux trains de 10 pouces et d'un train de 8 pouces. Tous ces trains sont à deux équipages; 4° six cisailles marquées 5, 6, 7, 8, 9 et 10 sur la Planche. Deux de ces cisailles sont sur la cour; 5° une scie circulaire à deux lames *u*, pour couper les extrémités des rails.

Les fours à réverbères employés à Couillet sont de deux espèces. Les uns sont à cheminée particulière, et les autres à cheminée commune ou générale. Ceux-ci peuvent être à chaudière ou simplement à tirage souterrain. Les fours à chaudière sont groupés deux à deux, trois à trois, quatre à quatre autour d'une chaudière à vapeur, et les produits de la combustion, dans ces fours, après avoir agi sous la chaudière, se rendent, par des canaux souterrains, dans la cheminée générale.

CG, CG, CG; cheminées générales placées sur une ligne contre le mur d'enceinte, du côté de la cour des hauts-fourneaux, et servant chacune pour plusieurs fours.

p, fours à puddler, et *c*, fours à réchauffer placés sous les appentis. Lorsque ces lettres sont placées au milieu d'une ligne, elles indiquent des massifs de deux fours. D (près de la machine n° 2), four à tôle. On voit que les fours à puddler sont placés dans le voisinage du marteau et du squeezer, et les fours à réchauffer près des cylindres à rails, à tôle ou à fers marchands. Sans le squeezer, quelques-uns des fours à puddler situés dans la galerie Q L E *x* seraient mal disposés, puisqu'ils se trouvent à une trop grande distance du marteau.

C S; fourneaux de deux chaudières supplémentaires.

Les fours à chaudière sont indiqués sur la Planche, puisque l'on a marqué les chaudières qu'ils chauffent.

Les canaux qui conduisent les produits de la combustion des fours à chaudière et à tirage souterrain dans les cheminées générales, sont marqués par des lignes ponctuées. On voit que la première cheminée générale à gauche sert seize fours. La cheminée du milieu reçoit les flammes de quatre fours à réchauffer, du four à tôle et des fourneaux des chaudières supplémentaires. Enfin il n'y a que quatre fours pour la dernière cheminée générale. Aussi a-t-on été obligé d'y pratiquer une ouverture à la base, comme l'indique le dessin, afin de diminuer le tirage.

Le four à réchauffer marqué par la lettre k, et appartenant à la cheminée générale du milieu, est à tirage souterrain, et ne contribue pas au chauffage de la chaudière près de laquelle il se trouve. On l'a construit après que le massif de la chaudière a été monté pour trois fours.

Tous les fours qui ne communiquent pas avec l'une des cheminées générales par un passage ponctué sont à cheminée particulière.

Les cheminées générales sont revêtues intérieurement de briques réfractaires jusqu'au sommet. Elles sont carrées et elles ont extérieurement 13 pieds anglais de côté à la base. Leur section intérieure est de 4 pieds anglais et elles ont 120 pieds de hauteur. Les passages voûtés qui conduisent à ces cheminées ont aussi une chemise en briques réfractaires. Trois hommes, en se tenant un peu courbés, peuvent y marcher de front.

Toutes les chaudières communiquent entre elles par des tuyaux de fonte d'environ 1 pied de diamètre. Ces tuyaux sont entourés de foin cordé et d'argile pour conserver la chaleur. Ils conduisent la vapeur aux machines motrices par des embranchements. Au-dessus des chaudières se trouve encore un autre canal en fonte, plus petit que le précédent, et au moyen duquel l'eau est remplacée dans les chaudières à mesure qu'elle se réduit en vapeur. A cet effet, les tuyaux dont il s'agit portent, au-dessus de chaque chaudière, un robinet qui, au moyen d'un flotteur, s'ouvre plus ou moins suivant la rapidité de l'évaporation. Ce conduit d'eau n'est pas marqué sur le dessin.

A côté du grand bureau du laminoir ou du bureau de la comptabilité se trouve une soufflerie qui alimente les forges voisines et les cubilots de l'atelier de construction. v, chaudière de cette machine soufflante; E, bureau pour les employés attachés au service du train ébaucheur; R, bureau des employés du train à rails n° 1 et du train à tôle; M, bureau pour les trains à rails n° 2 et à fers marchands; N, bureau du magasinier.

f (près du bureau de la comptabilité); balance pour la fonte et le fin métal employés dans les fours à puddler; e (près du bureau E), balance pour les ébauchés, et tous les fers martelés; comme les fers sont encore chauds quand on les pèse à la balance des ébauchés, il y a une ligne de plaques de traînage entre le laminoir et cette balance; *b* (vis-à-vis de la transmission de la machine n° 1), balance pour peser les paquets et les fers qu'on veut étirer au moyen des cylindres du train à rails n° 1; *t*, balance pour le service du train à tôle; *m*, balance pour les trains à rails n° 2 et à fers marchands; S, petite balance pour peser les fers fendus, les fers feuillards et les tringles avant le bottelage; B, B, B, balances pour peser les fers finis à l'entrée et à la sortie du magasin. Indépendamment de ces balances, on en a d'autres qui sont mobiles et servent à peser les rails et d'autres fers sur la cour, entre la Sambre et le laminoir.

E S (près du bureau E), bloc d'essai. Les résultats des essais que l'on fait chaque jour pour s'assurer de la qualité des fontes et du bon travail des ouvriers sont exposés au bureau E, où les préposés du laminoir viennent en prendre connaissance.

g, g, g, etc.; grues. Il y en a une près du train ébaucheur, une près du train à rails n° 1, une près du train marchand, une près de l'espace marqué *place,* une entre la forge du maître fendeur et la briqueterie, et une sur le bord de la Sambre. Cette dernière sert pour le chargement des bateaux au moyen desquels on expédie des rails ou d'autres fers. Toutes les autres grues sont employées à faciliter le placement et le déplacement des cylindres de laminoir.

Les cylindres de rechange pour chaque train se placent près de ce train, à peu près à portée de la grue qui y appartient, et de manière à gêner le moins possible la circulation. Pour qu'ils n'occupent pas trop de place, on les soutient au moyen de supports de fonte en étagère. Le plus grand nombre de cylindres se trouvent dans l'espace marqué *place,* en avant de cet espace et en avant de l'atelier du maître fendeur et des briquetiers, parce que la fabrication des fers marchands exige l'assortiment le plus considérable de cylindres.

Les rails, au sortir des laminoirs, sont dressés et ajustés au chaud sur des supports qui se trouvent sur la cour de Sambre, à peu près vis-à-vis et à une petite distance des trains à rails. On laisse ensuite refroidir les rails sur des appuis formés par des rails mis en travers du sol. Ces appuis se trouvent à droite des supports de dressage et d'ajustage à chaud. Les rails refroidis sont dressés et ajustés de nouveau sur des bancs et sur des blocs, et, s'il y a lieu, raccommodés et dépouillés de petites défectuosités dans l'atelier de raccommodage, où il y a, à cet effet, plusieurs forges de maréchal. Les quatre fours à réverbère qui se trouvent au milieu de cet atelier et que l'on a marqués sur le dessin, servent à chauffer les extrémités des rails qu'on doit couper dans des boîtes. Les bancs et les blocs de dressage et d'ajustage à froid sont disposés sur la cour de Sambre, entre l'atelier de raccommodage et l'atelier des menuisiers, ainsi que le long du bord de la Sambre.

Les fers ébauchés et les autres demi-produits, savoir les différents corroyés qui servent à la fabrication des fers finis de toute espèce, sont empilés sur la cour de

Sambre, dans l'espace compris entre le bureau E et l'atelier pour le raccommodage des rails.

Un chemin de fer, marqué sur le dessin, facilite le transport des demi-produits
au laminoir et des rails sur le rivage.

Le combustible est disposé en tas devant le laminoir, sur la cour des hauts-fourneaux, entre les deux premières cheminées générales, à mesure qu'il arrive des
houillères.

Les fontes et le fin métal se conservent sur la cour des hauts-fourneaux. Ils sont
disposés en piles devant les hauts-fourneaux et les fineries.

Usine de Seraing (éch. de 0^m,0015 pour mètre). — L'usine de Seraing est la
plus renommée de la Belgique. Cependant ce n'est ni à l'extension et à la grandeur
de sa fabrique de fer, ni à la disposition générale de son laminoir qu'elle doit la
réputation immense dont elle jouit. On peut même dire que parmi les grands avantages qui assurent le succès d'une usine à fer, Seraing n'en possède aucun que
d'autres usines de la Belgique ne présentent au même degré, sinon à un degré
plus élevé. Il en est des usines comme des individus. Ce n'est pas l'excessif développement d'un seul organe, mais l'ensemble harmonieux et le développement
simultané de tous les organes qui constituent chez l'homme la perfection, et lui
donne la supériorité. Un seul avantage, un seul côté fort, peuvent quelquefois
faire pencher la balance en faveur d'une usine, lorsque cet avantage n'est pas
racheté par une infériorité sous d'autres rapports.

Seraing est situé à proximité des meilleures houillères de Liége qui sont si remar-
quables par la pureté et l'excellente qualité du combustible qu'elles donnent. En
outre un réseau de chemins de fer, dont on ne trouve d'exemple en Belgique qu'à
Seraing, place, pour ainsi dire, chaque four au pied de la bure qui l'alimente.
Établi sur le bord de la Meuse, Seraing est en communication facile avec Liége,
Huy, Namur, et par suite, au moyen des grands chemins de fer qui sillonnent la
Belgique, avec tous les grands foyers de consommation du pays.

Seraing n'a pas épuisé ses ressources en essais ruineux. A la vérité, l'administration de Seraing a fait venir à grands frais de l'étranger des ingénieurs et des
hommes spéciaux; mais ces dépenses sont infiniment petites à côté de celles qu'occasionnent les hésitations et les tâtonnements. Dans une fabrique de fer, le salaire
d'un employé, fût-il énorme, n'est rien en comparaison des pertes que cet employé
peut prévenir ou occasionner. Encore en ce moment, Seraing rétribue largement
des ouvriers qui, dans toutes les autres usines du pays, ne recevraient que des
appointements très-modiques; mais, dans l'état actuel des choses, ces dépenses
sont réellement des économies.

Les laminoirs du district de Charleroi sont plus parfaits que ceux du district de
Liége. Mais, parmi les derniers, celui de Seraing est le moins mal disposé. La profusion de machines puissantes qu'on remarque à Seraing doit avoir occasionné de

grands frais d'établissement ; mais ces machines sont bien construites et rendent les chômages forcés impossibles. Ce grand nombre de bonnes machines est plutôt un bien qu'un mal. Tout le monde sait qu'une machine qui fonctionne bien n'est jamais trop chère.

Le laminoir de Seraing est bien petit eu égard à la puissance mécanique dont il dispose. Mais comme le service n'est pas gêné et que les chemins de fer y préviennent l'encombrement, le peu d'étendue de l'usine rend la surveillance plus facile et plus active, l'exécution des ordres plus prompte, l'obéissance due aux chefs plus parfaite. Il y a peu d'usines en Belgique où l'on remarque autant d'énergie, autant de mouvement, de vie et de discipline qu'à Seraing. Ce résultat tient en grande partie à la concentration de toutes les industries sur le minimum d'espace.

L'établissement de Seraing se compose de riches houillères, de deux hauts-fourneaux au coke avec une vaste fonderie qui est l'une des plus remarquables du pays, d'un laminoir et d'un atelier de construction distingué par le luxe de ses outils, et par les travaux importants qui en sont sortis. Les modèles de machines qu'on conserve à Seraing peuvent avoir coûté trois millions.

L'établissement de Seraing appartient à une société anonyme sous la raison de société anonyme pour l'exploitation des usines de John Cockerill, à Seraing et à Liége. Le capital social est de douze millions, dont la moitié appartient au gouvernement.

L'usine de Seraing a été élevée par John Cockerill sous les auspices du gouvernement.

La Planche 82 représente le plan du laminoir de Seraing à l'échelle de 0^m,0015. L'atelier de construction est situé au sud du laminoir ou du côté de la Meuse, et les hauts-fourneaux, suivis de la fonderie, se trouvent du côté opposé, c'est-à-dire au nord. On voit sur le plan le chemin de fer qui conduit aux houillères. Celles-ci se trouvent au nord de l'usine, et en sont séparées par une distance égale à une portée de fusil environ. A droite de l'établissement est le village de Seraing, et à gauche se trouvent un bassin et un canal aboutissant à la Meuse.

A Seraing, le laminoir proprement dit est activé par quatre machines à vapeur, dont trois se trouvent réunies dans un seul bâtiment, et sont à basse pression. La force de l'une des trois machines à basse pression est de 100 chevaux. C'est la machine désignée dans le plan sous le nom de grande machine. Les deux autres machines à basse pression sont chacune de 16 à 20 chevaux. Enfin, la quatrième machine est de 45 chevaux.

La grande machine commande, à l'aide d'une manivelle double, un train ébaucheur e, un train à tôle t, un train marchand m, un petit train bt, et quatre cisailles s. Les deux autres machines, placées sous la même halle, font marcher, l'une un marteau cingleur X′, et l'autre un marteau frontal à brammes X″ et un

15

martinet à bascule X. Le mouvement est transmis à ce dernier par des courroies
qui s'élèvent à une petite distance du toit du bâtiment, puis redescendent jusqu'au
martinet. La quatrième machine active un train à rails R, une cisaille S, et deux
scies circulaires pour couper les extrémités des rails. La scie circulaire placée dans
le bâtiment voisin intitulé *coupe des rails*, tire également son mouvement de la
machine du train à rails.

Il y a au laminoir de Seraing seize fours à puddler *p*, huit fours à réchauffer ordinaires *c*, deux fours à brammes *c'*, un four à tôle *t'*, un four à réverbère pour
chauffer les extrémités des rails, et un four *q* pour chauffer les barres appelées
crosses, queues ou gouvers. Le four au moyen duquel on chauffe les extrémités
des rails se trouve près de l'atelier marqué *coupe de rails*, et il est désigné par la
lettre *r*.

Quoique les fours soient peu nombreux, cependant la grande puissance mécanique dont on dispose permet de porter la quantité de fer fabriqué annuellement
de 11 à 12 millions de kilogrammes.

Indépendamment des foyers précités, le laminoir de Seraing renferme deux
fineries F. L'air nécessaire à l'alimentation de ces feux est fourni par une machine
à vapeur de la force de 70 chevaux, à basse pression. Cette machine, renfermée
dans la grande halle aux machines, est marquée *soufflerie*. Comme on travaille
rarement aux fineries, elle sert presque toujours pour les hauts-fourneaux qui
n'en sont séparés que par une faible distance.

Les deux ateliers de tourneurs qu'on remarque sur le plan sont commandés par
une machine de 8 chevaux. Ces ateliers sont bien placés. k, cinq chaudières qui
fournissent la vapeur à la grande machine et aux machines des marteaux. v, trois
chaudières pour la machine soufflante et pour la machine des tours. o, deux
cheminées en briques pour les foyers des chaudières précitées. La machine du
train à rails a deux chaudières. o', cheminée de ces chaudières. Elle est en tôle
et elle a 120 pieds anglais de hauteur. Les grandes cheminées en tôle sont très-
employées dans les usines de Liége où elles rendent de bons services. Les attaques
dirigées par plusieurs auteurs contre ces cheminées paraissent être dénuées de fondement.

b, sept balances. La balance placée près de l'atelier *coupe de rails* sert pour les
riquettes. Les grues sont marquées sur le dessin par des cercles.

B *d*, deux bancs à dresser pour les fers marchands et les petits fers. B *v*, banc
à vis pour le dressage des grosses pièces. B *s*, trois bancs de dressage pour
les rails.

e s, deux blocs d'essai, l'un pour les fers finis, l'autre pour les fers ébauchés.
Ce dernier se trouve près du magasin des fontes.

n, près du magasin d'entrée, deux presses pour le dressage des rails.

M *g*, magasin des matières auxiliaires, graisse, huiles, cordages, etc. C*r*, corridor. Sur le prolongement du réfectoire se trouve un hôpital pour les ouvriers blessés ou malades.

B*d*, bureau d'administration ou de comptabilité. A', bureau du contre-maître pour les fours. A, bureau d'expédition. L, entrée commune. *bs*, bureau des surveillants. *be*, bureau de l'écrivain. A", bureau du surveillant dans le magasin des fontes.

Seraing a la réputation de fabriquer les meilleurs fers de tringle et feuillards du continent.

Laminoir d'Anzin. — Le laminoir d'Anzin a été construit en 1835 par M. Bonehill de Marchienne. Le train cingleur et ébaucheur, le train marchand et fendeur, et le petit train peuvent fonctionner simultanément. La cheminée des trois chaudières à vapeur a 150 pieds anglais de hauteur et 12 pieds de côté à la base en dehors. Les fours désignés par la lettre *p* sont des fours à puddler, ceux qui sont marqués par la lettre *c* sont des fours à réchauffer ; enfin la lettre *t* indique les fours à tôle. Le laminoir d'Anzin appartient à la société de commerce de Bruxelles.

Usine d'Acoz (éch. de 0^m,01 pour mètre). — L'usine d'Acoz se compose de deux hauts-fourneaux au coke, d'une finerie et d'un laminoir.

Dans le laminoir, il y a quatre trains, savoir : un train cingleur et ébaucheur, un train marchand et à fendre, un petit train et un train à rails. On y remarque en outre trois cisailles et un tour à cylindres, mus par les machines qui commandent les trains.

Ce laminoir est intéressant parce qu'il offre un exemple instructif de la répartition des travaux sur trois machines. Le train cingleur et ébaucheur est mu par une machine à vapeur de la force de 30 chevaux. Le train marchand et à fendre est commandé par une roue hydraulique, et les deux autres trains obéissent à une machine à vapeur de 45 chevaux. Cet arrangement permet de travailler simultanément à tous les trains, et rend les chômages très-rares. En outre, s'il arrivait un accident à la machine du train cingleur-ébaucheur, on pourrait, à l'aide d'un arbre de communication, comme on le voit sur le dessin, adjoindre ce train au train marchand, et le faire fonctionner par la roue hydraulique. Ainsi, tout est calculé à cette usine de manière à prévenir les interruptions des travaux. Ce qui rend la disposition des parties mouvantes du laminoir d'Acoz le plus remarquable, c'est que ce laminoir n'a pas été construit d'une seule fois, mais à différentes reprises. Ordinairement on ne peut éviter des défauts dans la disposition des éléments d'une usine, lorsqu'on ne construit pas d'après un plan unique arrêté d'avance. L'usine d'Acoz avait été montée, dans le principe, pour marcher au moyen de l'eau, et c'est seulement plus tard qu'on a successivement soumis le train ébaucheur à une machine à vapeur, et ajouté les trains à rails et à petits fers. Le laminoir à moteur hydraulique a été construit par M. Bonehill. Pour un laminoir tant de fois refondu, on doit convenir que la disposition est heureuse et qu'elle laisse peu à désirer sous le rapport de l'unité de vue et de coordination.

Le dessin fait voir les cinq chaudières à vapeur, la cheminée générale des fourneaux de ces chaudières, les cylindres *c* des machines à vapeur, le puits P, trois escaliers, la huche à eau, la pale, les latrines, une grue, neuf fours à puddler, dont six sont ordinairement en activité, et quatre fours à réchauffer. Ceux-ci sont bien placés, mais la position de plusieurs des fours à puddler ne paraît pas aussi avantageuse.

PLANCHE 83. — TRANSMISSIONS DE MOUVEMENT POUR LAMINOIRS.

(Échelle de 0ᵐ,005 pour mètre).

Usine de Châtillon-sur-Seine (Côte-d'Or). — Figure 1 ; train de dégrossisseurs mis en mouvement par une roue hydraulique recevant l'eau par côté ; il se compose de deux cages de cylindres, dont l'une à cannelures ogives, l'autre à cannelures plates, et d'une cage à pignon. Le volant, qui est monté sur le prolongement de l'axe des cylindres, a 5 mètres de diamètre et fait 60 tours. La même roue hydraulique donne le mouvement à un marteau frontal dont la bague fait 15 tours.

Figure 2 ; ensemble de trains préparateurs et finisseurs mis en mouvement à volonté par une grande roue hydraulique, et par une machine à vapeur à basse pression de la force de 50 chevaux. Ces deux moteurs peuvent être employés simultanément ou séparément. Les appareils sont un marteau frontal à soulèvement, avec manche de bois ; une cage de cylindres ébaucheurs faisant 50 tours et ayant sur la même table des cannelures ogives et plates ; un banc de deux cages de cylindres finisseurs (gros mill) avec cage de spatards et cage à pignon ; ce banc est placé sur le prolongement de l'axe du volant ; il fait 110 tours environ ; —un banc de cinq cages de cylindres à petits fers, un de deux cages de cylindres durs ; ces cylindres font 180 tours par minute.

Figure 3 ; ensemble de trains de finisseurs conduit par une roue hydraulique, et comprenant : 1° sur l'axe du volant qui fait 70 tours, un banc de deux cages de cylindres préparateurs et finisseurs pour fers marchands ; 2° une cage de fenderie (50 tours) ; 3° un banc de cinq cages de cylindres cadets de 0ᵐ,27 de diamètre moyen, pour la fabrication de fer à petit échantillon (130 tours) ; 4° un banc de deux cages de cylindres finisseurs avec spatards, conduit par un engrenage spécial (70 tours).

Beaucoup de ces engrenages sont garnis de dents en bois, et marchent avec des pignons en fonte ajustés.

Forge de Buillon-sur-la-Loue. — Figure 4 ; grande roue hydraulique en bois conduisant de chaque côté un système de train de laminoirs. Chaque train n'est composé que d'une seule cage de cylindres et d'une cage à pignon. Un des systèmes renferme une cage de dégrossisseurs et une de préparateurs avec les cisailles. L'autre a une cage d'ébaucheurs, une de préparateurs à trois cylindres et deux petites cages à cylindres durs pour le finissage du petit fer de tréfilerie.

Forge de Chenecey (Doubs). — Figure 5; une roue hydraulique en bois, avec tourteaux en fonte, conduit d'une part une forte cage de gros dégrossisseurs du fer affiné avec volant et cisaille, et de l'autre côté un harnais complet pour le fer de tréfilerie, composé d'une cage de dégrossisseurs à trois cylindres, une autre cage à trois cylindres préparateurs et deux cages à deux cylindres de petits finisseurs durs à guides.

Forge de Framont (Vosges). — Figure 6; une très-belle roue en fonte de 7 mètres de diamètre et 3 mètres de largeur donne le mouvement à trois trains de cylindres réunis à un banc de deux cages de cylindres à tôle, un banc de deux cages de cylindres à fer marchand (gros mill) avec une cage de spatards et un banc de quatre cages de petits cylindres. Le volant est placé du côté de la tôlerie qui est sujette aux chocs les plus violents.

Forge d'Osnes (Ardennes). — Figure 7; grande roue hydraulique donnant le mouvement de chaque côté de son axe, d'une part à un marteau frontal (à manche de bois) et à une cage de dégrossisseurs, et d'autre part à deux cages de préparateurs finisseurs, et à une cage de fenderie formant un banc spécial.

Forge de Flize (Ardennes). — Figure 8; une cage de tôlerie et deux cages de cylindres finisseurs marchands sont conduits par une roue hydraulique.

Forge de Chehery (Ardennes). — Figure 9; un roue hydraulique de 7^m,70 de diamètre donne le mouvement à deux bancs de cylindres et à deux paires de cisailles. Sur l'arbre du volant il y a quatre cages de cylindres de 0^m,36 de diamètre, une de dégrossisseurs ogives, une de finisseurs pour fer puddlé, une de finisseurs pour fer marchand, et une cage pour fenderie ou spatards. Le banc de petits fers est composé de quatre cages à trois cylindres.

Usine à cuivre de Swansea (près Bradford). — Figure 10; une machine à vapeur à moyenne pression de la force de 120 chevaux, fait marcher cinq trains de laminoirs dont quatre sont employés à la préparation des doublages de navire en cuivre jaune (zinc et cuivre). Le cinquième sert pour la fabrication des ronds. De chaque côté de l'axe de la manivelle il y a un volant, de manière que les chocs transmis par cet axe ne soient que la moitié de ce qu'ils seraient si le volant était placé sur un des côtés, la disposition des laminoirs étant conservée.

Forge de Low-Moor (Angleterre). — Figure 11; machine de 60 chevaux conduisant un train de gros fers, un train de cylindres marchands, des cisailles et un marteau frontal pour le polissage des barres.

Phœnix Iron-Works (près Birmingham). — Figure 12; machine à vapeur de la force de 60 chevaux, conduisant un marteau frontal dont la bague est calée sur l'axe de la manivelle, un train de dégrossisseurs de deux cages, un train de tôlerie et un autre de fers marchands placé plus près du bâtiment de la machine.

Rolling Company (Birmingham). — Figure 13; usine pour le laminage du cuivre, composée de huit trains de cylindres formés d'une cage ou deux au plus, ne faisant que six à dix-huit tours par minute, parce que le cuivre est passé à froid. La machine à vapeur est de la force de 100 chevaux. Un volant puissant, faisant 70 à 80 tours, régularise le mouvement; sur le prolongement de ce banc se trouve un train de cylindres étireurs.

Dundyven Iron-Works (Glascow). — Figure 14; machine à vapeur de la force de 60 chevaux, conduisant un marteau frontal et deux trains de dégrossisseurs de puddlage placés d'une manière symétrique.

Etude de forge. — Figure 15; machine à vapeur de construction légère, agissant directement sur chaque train de cylindres, sans intermédiaires de communication de mouvement.

a; machine oscillante de la force de 25 chevaux sur l'axe d'un marteau frontal.

b; machine horizontale de 60 chevaux sur l'axe d'un train de quatre cages dont deux pour les rails et deux pour la préparation des couvertes.

d; machine horizontale de 40 chevaux, conduisant, par un couple d'engrenages, un train de finisseurs marchands avec cage de spatards.

PLANCHE 84. — USINE D'ALAIS.

Cette usine est représentée en plan et coupe par les figures 1 et 2 (éch. de 0^m,001 pour mètre). — Nous avons reproduit le plan primitif tel qu'il avait été conçu par M. Communeau, parce que nous le considérons comme un des meilleurs exemples que l'on puisse présenter sous le rapport de l'arrangement général d'une grande usine.

Légende.

A; deux puits pour l'extraction de la houille.

B; approvisionnement de minerai de fer.

C; dix-sept fours à griller les minerais.

D; soixante-douze fours à coke.

E; fabrication du coke en plein air.

F; six hauts-fourneaux.

G; trois halles de fonderies.

H; six fours à réverbère.

I; trois cubilots.

J; trois étuves.

K; trois grues.

L; deux fineries.

M; trois machines soufflantes de 75 chevaux chacune.

N; dix chaudières à vapeur.

O; cheminée de 55 mètres d'élévation.

P; machine de 12 chevaux pour préparer les terres réfractaires.

Q; atelier pour la fabrication des briques réfractaires.

R; four à cuire les briques.

S, S; atelier de forges à bras.

T; quatre bascules et bureaux.

U; réservoir d'eau.

V; atelier de menuiserie et magasin de modèles.

X; deux parcs pour l'approvisionnement du fin métal et de la fonte.

Y; deux parcs pour l'approvisionnement de la houille.

Z; un parc pour l'approvisionnement
des bois.

Z'; un parc pour l'approvisionnement
des pièces de moulage.

A'; huit chaudières à vapeur.

B'; cheminée de 50 mètres de hauteur.

C'; machine de 30 chevaux.

D'; machine de 80 chevaux.

E'; gros marteau et laminoirs dégrossisseurs.

F'; laminoirs divers.

G'; tours.

H'; trente fours à puddler et autres.

I'; magasin de fers.

J'; bureaux.

PLANCHE 85. — USINE DE DECAZEVILLE.

Cette usine, représentée à l'échelle de 0^m,001 pour mètre, est celle de France dont la production est la plus considérable. — Elle a été construite par M. Cabrol, qui la dirige encore aujourd'hui. — Le grand développement qu'a pris en France la consommation des fers à la houille, l'activité et le talent de son directeur ont complétement assuré la prospérité de ce magnifique établissement.

Légende.

A; forge.

B, B; nouvelle forge.

C; machines soufflantes;

D; fonderie des hauts-fourneaux.

E; moulerie et fonderie de deuxième fusion.

F; hauts-fourneaux.

G; halle et maison de chargement des hauts-fourneaux.

H; forges à bras.

I; forges de réparation d'outils.

K; maison du concierge et bascule de l'est.

L; bureaux et magasins.

M; magasins de feuillards et de mo-dèles.

N; atelier de burineurs et four à cou-per les rails.

O; maison du concierge.

P; maison d'administration.

Q; briqueterie.

R; modelerie.

S; casernes.

V; petit bassin.

X; grand bassin.

Y; écuries.

A'; maison de la machine de la Grange.

B'; vieille grange.

D'; ligne de 70 fours à coke.

E'; habitation de divers employés.

G'; anciens fours à coke.

Q'; magasin de modèles.

PLANCHE 86. — USINE DU CREUSOT.

Ce vaste établissement est représenté à l'échelle de 0^m,000699 pour mètre.

Placé sous l'habile direction de MM. Schneider, le Creusot est aujourd'hui assuré du brillant avenir que lui réservaient son heureuse position et ses immenses ressources en combustible.

Légende.

A; forge anglaise.
B; marteau.
C; forge des grosses pièces.
D; logement.
E; chaudières.
F; magasins.
G; tournerie.
H; alesoir.
I; fonderie.
J; hauts-fourneaux.
K; machine soufflante.
L; fonderie de cuivre.
M; pharmacie.
N; forges des hauts-fourneaux.
O; fours à coke.
P; logements d'ouvriers.
Q; fours de grillage.
R; fonderie de sable vert.
S; petites forges et martinet.
T; soufflerie.
U; forges à main.
V; modèles.

X; montage.
Y; tournerie et ajustage.
Z; chaudronnerie.
A'; charpentiers.
B'; charrons.
C'; clouterie.
D'; bureaux.
E'; direction.
F'; chantier de bois de construction.
G'; puits du Creusot.
H'; puits 19.
I'; puits 13.
J'; puits 12.
K'; puits des Noyers.
L'; puits 14.
M'; puits Chaptal.
N'; puits du sud.
O'; puits de Couche.
P'; puits des Nouillots.
Q'; la verrerie.
R'; mazerie.

FIN DE LA DESCRIPTION DES PLANCHES RELATIVES
AUX QUATRE PREMIÈRES SECTIONS.

DESCRIPTION DES PLANCHES

RELATIVES

A L'EXAMEN STATISTIQUE ET COMMERCIAL.

PLANCHE 87. — CARTE GÉNÉRALE.

Objet de cette carte. — Cette carte d'ensemble (éch. de $\frac{1}{2\,000\,000}$, ou de 0^m,001 pour 2 000 mètres) de la France, a pour but de faire juger de la position relative des groupes d'usines et de minerais, et des bassins houillers; elle a également pour but d'indiquer les voies de communication par lesquelles ces divers groupes peuvent échanger leurs produits, les déverser sur les marchés qu'ils approvisionnent et se pourvoir eux-mêmes des matières premières qui leur sont nécessaires.

Sa composition. — Pour la créer, nous avons donc rapporté sur une carte de France au $\frac{1}{700\,000}$, dont nous n'avions conservé que les divisions départementales, les cours d'eau principaux et les principales villes :

1° La division de notre sol en douze groupes métallurgiques; chaque division renfermant tous les départements qui ont des usines métallurgiques dans le groupe correspondant;

2° Les divers bassins houillers;

3° Tous les cours d'eau sur lesquels sont situées les usines et les exploitations, et l'indication des points où commence, sur nos fleuves et rivières, le flottage en trains et la navigation par bateau;

4° Tous les canaux existants ou en cours d'exécution (1);

5° Tous les chemins de fer existants, en cours d'exécution ou sur le point d'être créés.

---

(1) Pour les canaux et les cours d'eau, nous nous sommes aidés des excellentes cartes hydrographiques de M. E. Grangez.

Explication des signes. — Voici maintenant l'explication des divers signes
employés dans la carte principale :

Limites . . . . { de la France . . . .
                                { des départements . . . .
                                { des groupes métallurgiques . . . .

Cours d'eau . . . . { grands . . . .
                             { petits . . . .

Canaux . . . .

Chemins de fer . . . .

Origine . . . . { du flottage en trains . . . .
                               { de la navigation . . . .

Fin de la navigation maritime . . . .

Bassins houillers . . . .

Les grands chiffres romains indiquent les numéros des divers groupes métallurgiques.

Les cours d'eau aux bords desquels sont spécialement situées les exploitations et
les usines métallurgiques, ont été rayés de hachures, qui font juger d'un coup d'œil
des conditions naturelles qui ont donné naissance à la division de notre sol en
groupes.

PLANCHES 88, 89, 90, 91 ET 92.—CARTES GÉOLOGIQUES; GROUPES DE MINERAIS.

Objet de ces cartes. — Ces diverses cartes (éch. de $\frac{1}{...}$ ou de 0ᵐ,008
pour 4 000 mètres) ont été disposées principalement en vue de la description
géologique et géographique de nos divers groupes de minerais.

Les indications sur les gîtes ferrifères eussent été incomplètes si, à côté de la
composition du sol qui les recèle et de leur détermination géographique, nous
n'avions encore signalé les usines à fer qu'ils sont appelés à alimenter; il fallait y
joindre aussi les cours d'eau qui donnent leur force motrice aux usines et en char-
rient les produits, les principales voies de terre et de fer qui relient nos centres de
production et de consommation, et enfin les forêts qui jouent, aujourd'hui encore,
un rôle si important dans la métallurgie française.

Nous avons donc procédé ainsi qu'il suit :

De leur composition. — Nous avons relevé sur la belle carte géologique de
France les portions de notre territoire qui renferment des gîtes de minerais, et nous

les avons portées sur nos planches avec leurs divisions géologiques, les indications des exploitations de minerais et des usines métallurgiques, les gîtes de combustibles, les noms des principales villes et ceux des villages qui avoisinent les usines, enfin les cours d'eau, les canaux et les principales voies de terre (1).

A ces indications nous avons ajouté quelques usines récentes, ainsi que diverses voies de communication nouvellement créées, enfin les forêts.

De ces diverses portions de notre sol, ainsi détachées, nous avons formé cinq planches; la nécessité de ne pas morceler outre mesure l'étendue de la France, nous a forcés de disséminer sur diverses planches des portions de territoire appartenant à un même groupe; on trouvera ci-après l'indication des figures et planches relatives à chacun des groupes de minerais.

Répartition des groupes suivant les diverses planches. — Groupe de minerais n° 1. — Pl. 88, fig. 1; pl. 89, fig. 1; pl. 90, fig. 1, 2 et 3.

Groupe de minerais n° 2. — Pl. 90, fig. 4; pl. 91, fig. 1.

Groupe de minerais n° 3. — Pl. 88, fig. 2 et 3.

Groupe de minerais n° 4. — Pl. 88, fig. 4.

Groupe de minerais n° 5. — Pl. 89, fig. 2; pl. 92, fig. 1.

Groupe de minerais n° 6. — Pl. 92, fig. 2.

Groupe de minerais n° 7. — Pl. 90, fig. 5 et 6; pl. 92, fig. 3 et 3 *bis*.

Groupe de minerais n° 8. — Pl. 88, fig. 5 et 6; pl. 90, fig. 7, 8 et 9; pl. 91, fig. 2.

Groupe de minerais n° 9. — Pl. 90, fig. 8 *bis* et 10.

---

(1) Nous croyons devoir entrer ici en quelques détails sur la carte géologique de France et sur ses créateurs.

On sait que la terre végétale ne forme qu'une couverture, comparativement très-mince, superposée sur les masses minérales dont se compose le sol. L'ensemble de ces masses minérales forme un édifice souterrain dont les diverses parties sont disposées avec méthode, et dont il est nécessaire de connaître la structure pour être à même d'apprécier ou conjecturer les substances qu'il peut renfermer dans son intérieur et à sa surface.

C'est à ce point de vue que MM. Dufrénoy et Élie de Beaumont ont été chargés de l'exploration du sol de notre pays. Il ne s'agissait pas pour eux de la détermination du détail de la constitution géologique de la France; c'est là l'objet de cartes parcellaires; leur but était la fixation des limites qui séparent les uns des autres les différents terrains, chacun d'eux étant considéré en masse.

Ce sont ces limites qui ont été reportées sur une carte hydrographique de France, pour constituer la carte géologique; — on conçoit du reste que leur détermination n'a pu se faire qu'au moyen d'un certain nombre de points que l'on a supposé reliés par des lignes droites; en un mot, la carte géologique de France est une *carte générale des terrains.*

Quant à l'indication des mines et des usines métallurgiques qui figurent sur la carte géologique, elle appartient à M. Salomon, ancien élève de l'école polytechnique, chef de bureau dans la division de M. de Cheppe, au ministère des travaux publics.

Groupe de minerais n° 10. — Pl. 88, fig. 7 ; pl. 91, fig. 3, 3 *bis* et 4.

Groupe de minerais n° 11. — Pl. 91, fig. 5.

Groupe de minerais n° 12. — Pl. 92, fig. 4 et 4 *bis*.

Explication des signes. — Nous renvoyons à l'explication des signes de la planche 87, pour quelques signes des planches 88, 89, 90, 91, 92 qui sont identiques, et que nous n'avons pas jugé utile de reproduire de nouveau. Voici l'explication des signes conventionnels particuliers à ces dernières planches.

EXPLICATION DES LETTRES INDIQUANT LA NATURE GÉOLOGIQUE DES TERRAINS.

Dépôts postérieurs aux dernières dislocations du sol.........	a	a^1	Alluvions et tourbes.
		a'	Diluvium alpin et Loss.
Terrains tertiaires — supérieurs (Pliocènes).	p	p	Alluvions anciennes de la Bresse, sables des Landes, sables marins supérieurs de Montpellier.
Terrains tertiaires — moyens (Miocènes)..	m	m	Fahluns. Meulières. Grès de Fontainebleau. — Dénominations usitées dans le bassin de Paris.
Terrains tertiaires — inférieurs (Eocènes).	$.e$	e	Gypse. Calcaire grossier. Argile plastique. — Dénominations usitées dans le bassin de Paris.
Terrain crétacé supérieur......	c^1	c^1	Craie blanche et craie marneuse.
Terrain crétacé inférieur......	c'	c'	Grès vert supérieur (*craie tuffeau*) et inférieur. Formation wealdienne ou néocomienne.
Terrain jurassique...........	j	j^3	Étage supérieur du système oolithique.
		j^2	Étage moyen du système oolithique.
		j^1	Étage inférieur du système oolithique (comprenant les marnes supraliasiques).
		$j_\prime$	Calcaire à gryphées arquées.
		$j_{\prime\prime}$	Grès infra-liasique.
		$j_\circ$	Terrain jurassique modifié.

Suite de l'explication des lettres indiquant la nature géologique des terrains.

Terrain du Trias............	t	t^3	Marnes irisées (Marne rouge, *Keuper*).
		t^2	Muschelkalk.
		t^1	Grès bigarré (nouveau grès rouge des Anglais).
Grès des Vosges........... .	v	v	Grès des Vosg
Zechstein.................	z	z	Zechstein (calcaire magnésifère des Anglais).
Grès rouge..	r	r	Grès rouge (*rothelodte liegende* des Allemands).
Terrain carbonifère..........	H	H	Terrain houiller.
	h	h	Calcaire carbonifère.
Terrains de transition........	i	i^3	Terrains de transition supérieurs (système dévonien, vieux grès rouge des Anglais).
		i^2	Terrains de transition moyens (système silurien).
		i^1	Terrains de transition inférieurs (système cambrien).
		$\dot{t}$	Terrains de transition modifiés.
Terrains cristalisés (vulgairement appelés *terrains primitifs*).	y	y_{III}	Micaschiste et steaschiste.
		y_{II}	Micaschiste et gneiss.
		y_{I}	Gneiss et gneiss talqueux.
		y^1	Granite.
		y^2	Syénite.

Suite de l'explication des lettres indiquant la nature géologique des terrains.

Roches plutoniques intercalées dans diverses formations ...	π	π	Porphyres rouges quartzifères.
	δ	δ	Diorites et Trapps.
	o	o	Serpentines et euphotides.
	μ	μ	Mélaphyres et ophites des Pyrénées.
Terrains volcaniques.........	ω	ω^1	Trachytes.
		ω^2	Phonolithes.
		ω^3	Basaltes.
		ω^4	Volcans à cratères et coulées.

EXPLICATION DES SIGNES ET LETTRES RELATIFS AU GISEMENT DES SUBSTANCES MÉTALLIFÈRES ET DES COMBUSTIBLES MINÉRAUX.

♂	Minière de fer.	S	Sel.
♂	Mine de fer.	S¹	Sources salées.
M	Manganèse.	H	Houille.
Z	Zinc.	H T	Anthracite.
P	Plomb.	G P	Graphite.
P A	Plomb et argent.	C K	Combustible des marnes irisées ou du keuper.
C	Cuivre.	C J	Combustible des terrains jurassiques.
E	Étain.	C C	Combustible des terrains crétacés.
A	Antimoine.	L	Combustible des terrains tertiaires (lignite).

Suite de l'explication des signes et lettres relatifs au gisement des substances métallifères
et des combustibles minéraux.

V	Couperose.
A	Alun.
C B	Lignite, pétrole et naphte.

S B	Schiste carbo-bitumineux.
T	Tourbières.

EXPLICATION DES SIGNES RELATIFS A LA POSITION DES USINES ET A DIVERSES AUTRES INDICATIONS.

• ^{H}	Haut-fourneau.
• ^{F}	Affinerie.
• ^{fc}	Forge à la catalane.
• ^{a}	Aciéries proprement dites.
• ^{f}	Usines à fer diverses.
✿ ^{z}	Usine à zinc.
✿ ^{p}	Usine à plomb.
✿ ^{pa}	Usine à plomb et argent.
✿ ^{c}	Usine à cuivre.
✿ ^{at}	Usine à antimoine.

✿ ^{s}	Saline.
✿ ^{v}	Fabrique de couperose.
✿ ^{al}	Fabrique d'alun.
✿ ^{val}	Fabrique de couperose et d'alun.
✿ ^{b}	Usine à bitume.
	Limites d'affleurement des grandes masses géologiques.
	Limites des départements.
	Forêts.
	Séparation entre les portions d'un même département, qui font partie de groupes différents.

FIN DE LA DESCRIPTION DES PLANCHES.